普通高等教育“十三五”规划教材

普通化学

主　编　周享春

副主编　刘华荣　孙代红　谷惠文　邵明标

易洪潮　龚银香　童金强　陈　炼

参　编　李　静　罗晓明　赵　春　王兰洁

蒋林玲　胡圣扬　陈　颖

内容简介

本书引入数字化技术并适当更新内容。全书分两大部分，即基础部分和拓展部分。基础部分包括原子结构与元素周期律、化学健与分子结构、热化学及化学反应的方向和限度、化学反应速率、物质的聚集状态、酸碱平衡、沉淀-溶解平衡、配位化合物、氧化还原反应与电化学、过渡元素。拓展部分包括化学与能源、化学与生命，旨在分析化学在上述的学科领域的渗透和应用。本书在内容上力求体现基础性和应用性、系统性和前沿性的有机结合。

本书可作为高等院校非化学、化工类各专业（地质、资工、油工、油气储运、勘查技术与工程、地球物理、机械设计制造、材料成型、给排水、水文、环境生态、地化、临床医学、护理、森林、园林等）的“普通化学”“工程化学”和“大学化学”课程的教材。

图书在版编目(CIP)数据

普通化学/周享春主编. —北京：北京大学出版社，2013.9 (2019年修订)

普通高等教育“十三五”规划教材

ISBN 978-7-301-23191-3

Ⅰ. ①普… Ⅱ. ①周… Ⅲ. ①普通化学—高等学校—教材 Ⅳ. ①O6

中国版本图书馆CIP数据核字(2013)第215590号

书　　名　普通化学
PUTONG HUAXUE

著作责任者　周享春　主编

策划编辑　童君鑫

责任编辑　王显超

数字编辑　刘　蓉

标准书号　ISBN 978-7-301-23191-3

出版发行　北京大学出版社

地　　址　北京市海淀区成府路205号　100871

网　　址　http://www.pup.cn　新浪微博：@北京大学出版社

电子信箱　pup_6@163.com

电　　话　邮购部 010-62752015　发行部 010-62750672　编辑部 010-62750667

印 刷 者　三河市北燕印装有限公司

经 销 者　新华书店

787毫米×1092毫米　16开本　21.75印张　510千字

2013年9月第1版　2019年7月第5次印刷

定　　价　49.00元

前　言

普通化学是对地质、资工、油工、油气储运、勘查技术与工程、地球物理、机械设计制造、材料成型、给排水、水文、环境生态、地化、临床医学、护理、森林、园林等专业开设的一门必修基础课程。《普通化学》自2013年由北京大学出版社出版以来，在全国很多高等学校被使用，受到有关专家、教师和学生的好评。出版至今的六年间，科学技术突飞猛进，国家正在实施“中国制造2025”“互联网＋”“网络强国”等重大战略，信息化时代的互联网技术已深入到教育与教学的各个领域。本次修订在保留原知识框架的基础上，引入数字化技术并适当更新内容。本书具有以下特点。

（1）每一章增加3～4个专题，反映与教学内容紧密联系的科学、技术的最新成果及相关领域著名科学家的奋斗简史，以拓宽学生的知识视野、培养学生的学习兴趣和创新、创业能力。增加的内容以二维码链接形式呈现。利用移动设备扫描二维码，可进行在线学习。

（2）教学内容注重“少而精”的原则，尽量做到由浅入深、理论联系实践，力求叙述简洁。适当删减了与后续课程无关的纯理论知识，增加了与实际应用或后续课程紧密联系的理论知识，适当降低了计算题的难度。

（3）努力做到基础性和应用性、系统性和前沿性的有机结合。

（4）注重启发性教学。在引出重要问题时，简述了化学科学史和重要历史事件，主要章节配有一定趣味性的演示实验。

（5）与学生所学专业紧密联系。在保证化学反应的基本原理、物质结构理论、四大平衡理论、过渡元素等基础知识的同时，安排了化学与能源、化学与生命等社会普遍关注的热点内容。

（6）配套多媒体课件及课后习题解答，便于教师教学和学生自学。

本书由周享春主编，刘华荣、孙代红、谷惠文、邵明标、易洪潮、龚银香、童金强、陈炼副主编，李静、罗晓明、赵春、王兰洁、蒋林玲、胡圣扬、陈颖参编，具体分工如下：第1章由周享春编写，第2章由刘华荣编写，第3、11、12章由孙代红编写，第4章由谷惠文编写，第5章由邵明标编写，第6章由易洪潮编写，第7章由龚银香编写，第8章由童金强编写，第9章由陈炼编写，第10章由李静编写；二维码部分由周享春、孙代红、李静、罗晓明、赵春、王兰洁、蒋林玲、胡圣扬、陈颖负责；附录数据由周享春、孙代红、李静收集、整理。周享春对全书各章节及二维码部分进行了全面修改并定稿。

在本书的编写过程中，编者参考了兄弟院校同类教材的体系、内容及相关专著，在此对资料的作者表示感谢。

由于编者水平有限，书中难免有疏漏和不妥之处，敬请读者和同行批评指正。

编　者

2019年3月

目　录

第1章 原子结构与元素周期律

(1) 了解核外电子运动的特殊性——波粒二象性。

(2) 理解波函数角度分布图，电子云角度分布图和电子云径向分布图。

(3) 掌握四个量子数的量子化条件及其物理意义；掌握电子层，电子亚层，能级和轨道等的含义。

(4) 能运用不相容原理、能量最低原理和洪特规则写出一般元素的原子核外电子排布式和价电子构型。

(5) 理解原子结构和元素周期表的关系，元素若干性质(原子半径、电离能、电子亲合能和电负性)与原子结构的关系。

迄今为止，人们已发现了118种元素。正是这些元素的原子组成了数以万计的具有不同性质的物质。物质在性质上的差别是由于物质的内部结构不同而引起的。物质进行化学反应的基本微粒是原子，在化学反应中，原子核并不发生变化，只是核外电子的运动状态发生变化。因此，要了解物质的性质、化学反应及性质与结构之间的关系，必须首先研究原子的内部结构，特别是原子结构及核外电子的运动状态。

1.1 核外电子的运动状态

1.1.1 原子结构理论的发展简史

面对丰富多彩的客观物质世界，古代的希腊、中国和印度的自然哲学家对物质之源提出了许多臆测。公元前约四百年，古希腊唯物主义哲学家德谟克利特(Democritus)提出了万物由“原子”产生的思想。希腊语中，“atoms”意为“不可再分”。尽管德谟克利特的概念与现代原子概念相当接近，但在当时的争论中却不占上风。另一位古希腊唯心主义哲学家亚里士多德(Aristotle)提出物质是由土、气、火、水四种元素组成。例如，一段木材燃烧能产生火和烟(气)，余下灰烬(土)，也许瞬间有少量树液(水)出现。四元素说占统治地位长达1500年。

人类对原子结构的认识由臆测发展到科学，主要是依据科学实验的结果。到了18世纪末，欧洲已进入资本主义上升时期，生产的迅速发展推动了科学的进展，化学实验室里开始有了较精密的天平，使化学科学从对物质变化的简单定性研究进入到定量研究，进而陆续发现一些元素互相化合时质量关系的基本定律，为化学新理论的诞生打下了基础。这些定律主要有：质量守恒定律，即参加化学反应的全部反应物的质量等于反应后全部产物的质量；定组成定律，即一种纯净的化合物无论来源如何，各组分元素的质量都有一定的比例；倍比定律，即当甲乙两元素相互化合生成两种以上化合物时，在这些化合物中，与同一质量甲元素相化合的乙元素的质量互成简单整数比。例如，氢和氧互相化合生成水和过氧化氢，在这两种化合物中，氢和氧的质量比分别是1∶7.94和1∶15.88，即与1份质量的氢相化合的氧的质量比为7.94∶15.88＝1∶2。这些基本定律都是经验规律，是在对大量实验材料进行分析和归纳的基础上得出的结论。究竟是什么原因形成了这些质量关系的规律？这样的新问题摆在化学家面前，迫使他们必须进一步探求新的理论，从而用统一的观点去阐明各个规律的本质。

1803年，道尔顿(Dalton)提出了第一个现代原子论，其主要内容有以下三点：①一切物质都是由不可见的、不可再分割的原子组成，原子不能自生自灭；②同种类的原子在质量、形状和性质上都完全相同，不同种类的原子则不同；③每一种物质都是由它自己的原子组成的。单质是由简单原子组成的，化合物是由复杂原子组成的，而复杂原子又是由为数不多的简单原子所组成的。复杂原子的质量等于组成它的简单原子的质量的总和。他还第一次列出了一些元素的原子量。道尔顿的原子论合理地解释了当时的各个化学基本定律。

1811年，意大利化学家阿佛伽德罗(Avogadro)引入了分子的概念。他认为，原子虽然是构成物质的最小微粒，但它并不能独立存在。原子只有相互结合在一起形成一个新的微粒即分子以后，才可能独立存在。如果是同种原子相结合，形成的是单质的分子；如果是不同种原子相结合，则形成化合物的分子。他强调，不应把单质分子和简单原子混为一谈。同时，他还提出了著名的阿佛伽德罗定律：同温同压下，同体积的气体含有相同的分子数。

原子分子论的建立，阐明了原子、分子间的联系和差别，使人们在认识物质的深度上产生了一个飞跃，澄清了长期以来的混乱。但原子分子论也只是一定历史发展阶段的相对真理。19世纪末，科学上一系列新的发现，打破了原子不可再分的形而上学观点，人们对物质结构的认识又进入一个新的阶段。

19世纪末，生产技术的发展，使人类可以借助于实验来观察电子的行踪，确定电子的荷质比。1897年，汤姆逊(Thomson)发现了电子，使原子不可再分的概念永远被摒弃。发现电子后，汤姆逊当即提出了自己关于原子结构的模型。他认为，原子是由带正电的连续体和在其内部运动的负电子构成的。该模型提出不久就面临了困境。

随着电子的发现，接着又发现了α粒子、质子和中子，特别是1911年卢瑟福(Rutherford)的α粒子散射实验证明：汤姆逊所说的原子中带正电的连续体实际上只能是一个非常小的核，而负电子则受这个核吸引在核的外围空间运动。卢瑟福称其为行星式原子的模型。但是这个行星式原子模型却与经典电磁理论、原子的稳定性和线状光谱发生了矛盾。按照麦克斯韦(Maxwell)的电磁理论，绕核运动的电子应不停地、连续地辐射电磁波，得到连续光谱；由于电磁波的辐射，电子的能量将逐渐地减小，最终会落到带正电的原子核上。但事实上，原子却是稳定地存在着，并且原子可以发射出频率不连续的线状光谱。

20世纪初，量子论和光子学说使人类对原子结构的认识发生了质的飞跃。1905年，爱因斯坦(Einstein)提出了光子学说。其主要根据是：当光照射时，某些金属会发生光电效应。光电效应证明，光不仅具有波动性，而且具有粒子性，即具有波粒二象性。

1913年，玻尔(Bohr)在牛顿力学的基础上，吸收了量子论和光子学说的思想，建立了玻尔原子模型。玻尔原子模型成功地解释了氢原子的线状光谱。但对电子的波粒二象性所产生的电子衍射实验结果，以及多电子体系的光谱，却无能为力。用牛顿经典力学来认识电子运动规律的主要困难在于：电子是微观粒子，它的质量很小，又在原子这样小的空间(直径约10^{-10}m)内作高速运动。计算求得氢原子在正常状态下电子的运动速度为2.18×10^{6}m·s^{-1}，约为光速的1%。因此微观粒子与宏观物体不同，不能用经典力学来正确描述，要同时测准速度和位置是不可能的；微观粒子具有波粒二象性，需要用量子力学来描述。

1926年，奥地利物理学家薛定谔(Schrodinger)建立了原子结构的量子力学理论，提出了描述微观粒子(电子)运动的波动方程——薛定谔方程。

1.1.2 核外电子运动的量子化特性——氢原子光谱和玻尔理论

1. 氢原子光谱

核外电子的分布规律和运动状态，以及近代原子结构理论的研究和确立都是从氢原子光谱实验开始的。如果把一只装有氢气的放电管，通过高压电流，则氢原子被激发后所发出的光经过棱镜分光后，在可见、紫外、红外光区可得到一系列按波长次序排列的不连续的线状光谱。在可见光区(波长λ=400～700nm)有4条颜色不同的谱线，通常用H_α(红，656.3nm)，H_β(绿，486.1nm)，H_γ(蓝，434.1nm)，H_δ(紫，410.2nm)来表示，如图1.1所示。

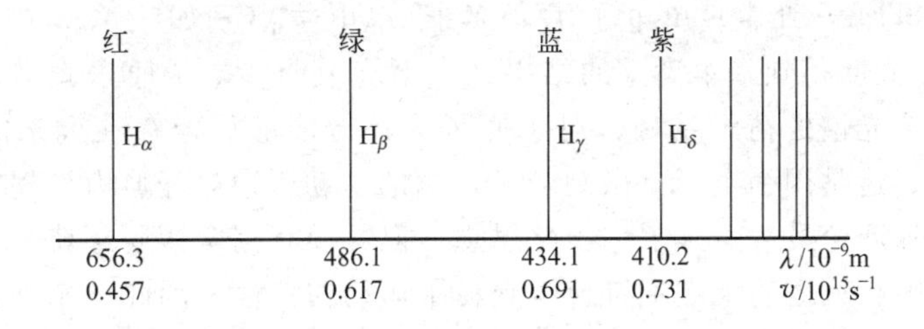

图1.1 氢原子光谱在可见光区的主要谱线

如何解释氢原子线状光谱的实验事实？当时被科学界承认的卢瑟福行星式原子模型已无能为力。按照经典电磁学理论，如果电子绕核做圆周运动，它应该不断发射出连续的电磁波，那么原子光谱应该是连续的，而且电子的能量应该因此而逐渐降低，并最后坠入原子核。然而事实并非如此，原子能稳定的存在，且可以发射出频率不连续的线状光谱。那么氢原子光谱与氢原子核外电子的运动状态有怎样的关系呢？

2. 玻尔理论

丹麦年轻的物理学家玻尔(Bohr)从普朗克(Planck)的量子学说和爱因斯坦的光子学说的成功中获得启示，于1913年在卢瑟福有核原子模型的基础上，提出了氢原子结构的玻尔理论，其要点如下。

(1) 在原子中，电子不能沿着任意的轨道绕核运动，而只能在那些符合一定条件的轨道上运动。电子在这种轨道上运动时，既不吸收能量也不放出能量，而是处于一种稳定状态。

(2) 电子在不同轨道上运动时具有不同的能量，电子运动时所处的能量状态称为能级。电子在轨道上运动时所具有的能量只能取某些不连续的数值，即电子的能量是量子化的。玻尔推导出轨道半径和能量的关系式如下。

$$r_n = a_0 n^2 \tag{1-1}$$

$$E_n = -B\frac{1}{n^2} = -2.179\times10^{-18}\frac{1}{n^2} \tag{1-2}$$

式中，n 为量子数，其值可取 1，2，3 等正整数；负号表示原子核对电子的吸引；$B=2.179\times10^{-18}$J。当 $n=1$ 时，轨道半径为 52.9pm，能量 $E=-2.179\times10^{-18}$J，是离核最近、能量最低的轨道，这时的能量状态称为氢原子的基态能级。$n=2$，3，…，轨道依次离核渐远，且能量逐渐升高，这些能量状态称为氢原子的激发态能级。

(3) 只有当电子在不同轨道之间跃迁时，才有能量的吸收或放出。当电子从能量较高(E_2)的轨道跃迁到能量较低(E_1)的轨道时，原子以辐射一定频率的光的形式放出能量。光的频率取决于跃迁两能级间的能量差，光子的能量与辐射能的频率成正比：

$$E_2 - E_1 = \Delta E = h\nu \tag{1-3}$$

式中，h 为普朗克常数(6.626×10^{-34}J·s)，E 的常用单位为 J。

玻尔理论不是直接由实验方法确立的，而是在上述三条假设的基础上进行数学处理的结果。应用上述玻尔理论可以解释氢原子光谱，当电子从 $n=3$，4，5，6 等轨道跃迁到$n=2$ 的轨道时，按式(1-2)和式(1-3)计算求得：辐射出来的原子光谱的波长分别等于 656.3nm、486.1nm、434.1nm、410.2nm，即氢原子光谱中可见光区的 H_α、H_β、H_γ 和 H_δ 的波长。

【诺贝尔与诺贝尔奖】

玻尔理论成功地解释了氢原子光谱线的形成和规律，其精确程度令物理学界大为震惊，玻尔因此获得 1922 年诺贝尔物理学奖。然而应用玻尔理论，除氢原子和某些单电子类氢离子(单电子离子如 He^+，Li^{2+}，Be^{3+}，B^{4+} 等)尚能得到基本满意的结果外，不能说明多电子原子光谱，也不能说明氢原子光谱的精细结构，对于原子为什么能够稳定存在也未能做出满意的解释。这是因为电子是微观粒子，它的运动不遵守经典力学规律而有其特有的性质和规律。玻尔理论虽然引入了量子化思想，但并没有完全摆脱经典力学的束缚，它的电子绕核运动的固有轨道的观点不符合微观粒子运动的特性，因此玻尔理论必将被随后发展起来的量子力学理论所代替。

1.1.3 微观粒子的运动特征

与宏观物体相比，分子、原子、电子等物质称为微观粒子。微观粒子的运动规律有别于宏观物体，有其自身特有的运动特征和规律，即波粒二象性，体现在量子化及统计性上。

【让光线穿透金属】

1. 波粒二象性

光的本质是波，还是微粒的问题，在 17～18 世纪一直争论不休。光的干涉、衍射现象表现出光的波动性，而光压、光电效应则表现出光的粒子性，说明光既具有波的性质又具有微粒的性质，称为光的波粒二象性(wave-particle duality)。光子具有运动质量，根据爱因斯坦提出的质能定律，有

$$E=mc^2 \tag{1-4}$$

光子的能量与光波的频率 ν 成正比，即

$$E=h\nu \tag{1-5}$$

式中，比例常数 h 称为普朗克常数，$h=6.626\times10^{-34}\,\text{J}\cdot\text{s}$；$c$ 为光速，$c=2.998\times10^{8}\,\text{m}\cdot\text{s}^{-1}$。结合式(1-4)及式(1-5)

$$c=\lambda\nu$$

光的波粒二象性可表示为

$$mc=E/c=h\nu/c$$

$$p=h/\lambda \tag{1-6}$$

式中，p 为光子的动量。

2. 德布罗依波

1924 年，法国物理学家德布罗依(De Broglie)在光的波粒二象性启发下，大胆假设微观粒子的波粒二象性是一种具有普遍意义的现象。他认为不仅光具有波粒二象性，而且所有微观粒子，如电子、原子等也具有波粒二象性，并预言高速运动的微观粒子(如电子等)的波长为

$$\lambda=h/p=h/mv \tag{1-7}$$

式中，m 是微观粒子的质量，v 是微观粒子的运动速度，p 是微观粒子的动量。式(1-7)即为著名的德布罗依关系式。虽然它形式上与式(1-6)(爱因斯坦的关系式)相同，但必须指出，将波粒二象性的概念从光子应用于微观粒子，当时还是一个全新的假设。这种实物微粒所具有的波称为德布罗依波(也称物质波)。

1927 年，德布罗依的大胆假设被戴维逊(Davisson)和盖革(Geiger)的电子衍射实验所证实，电子衍射实验示意图如图 1.2 所示。他们发现，当经过电势差加速的电子束入射到镍单晶上，观察散射电子束的强度与散射角的关系，结果得到完全类似于单色光通过小圆孔那样的衍射图像。从实验所得的衍射图，可以计算电子波的波长。结果表明，动量 p 与波长 λ 之间的关系完全符合式(1-7)，说明德布罗依的关系式是正确的。

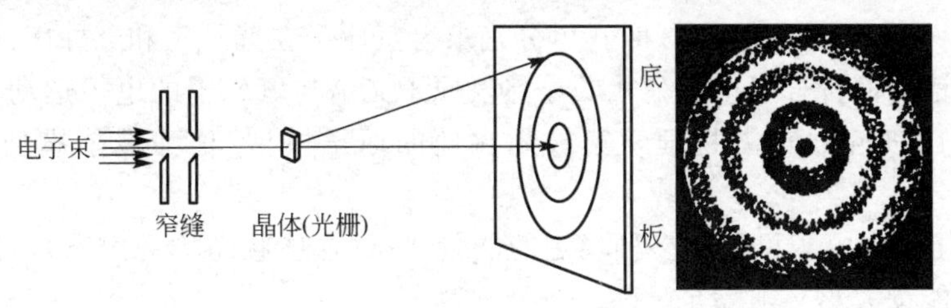

图 1.2 电子衍射实验示意图

电子衍射实验表明：一个动量为 p、能量为 E 的微观粒子，在运动时表现为一个波长为 $\lambda=h/mv$、频率为 $\nu=E/h$ 的沿微粒运动方向传播的波(物质波)。因此，电子等实物微粒也具有波粒二象性。

【例 1-1】 电子的质量为 $9.10\times10^{-31}\,\text{kg}$，当在电势差为 1.00V 的电场中运动速度达 $6.00\times10^{5}\,\text{m}\cdot\text{s}^{-1}$时，其波长为多少？

解： 根据式(1-7)，$\lambda=\dfrac{h}{m_e\cdot v_e}$

$$=\frac{6.626\times10^{-34}\,\text{kg}\cdot\text{m}^2\cdot\text{s}^{-1}}{9.10\times10^{-31}\,\text{kg}\times6.00\times10^{5}\,\text{m}\cdot\text{s}^{-1}}\approx1.21\times10^{-9}\,(\text{m})$$

该电子波长与X射线的波长相当，可用实验测定。

实验进一步证明，不仅电子，其他如质子、中子和原子等一切微观粒子均具有波动性，都符合式(1-7)的关系。由此可见，波粒二象性是微观粒子运动的特征。因而描述微观粒子的运动不能用经典的牛顿力学理论，而必须用建立在量子力学理论基础上的波动方程。

3. 量子化

太阳或白炽灯发出的白光，通过三角棱镜的分光作用，可分出红、橙、黄、绿、青、蓝、紫等光谱，这种光谱称为连续光谱(continuous spectrum)。而原子(离子)受激发后则产生不同种类的光线，经三角棱镜分光后，得到分立的、彼此间隔的线状光谱(line spectrum)，称为原子光谱(atomic spectrum)。相对于连续光谱，原子光谱为不连续光谱(uncontinuous spectrum)。任何原子被激发后都能产生原子光谱，光谱中每条谱线表征光的相应波长和频率。不同的原子有各自不同的特征光谱。氢原子光谱是最简单的原子光谱。例如，氢原子光谱中从红外区到紫外区，呈现多条具有特征频率的谱线。

1913年，瑞典物理学家里德伯(Rydberg)仔细测定了氢原子光谱在可见光区各谱线的频率，找出了能概括谱线之间关系的公式——里德伯公式：

$$\nu=R_{\mathrm{H}}\left(\frac{1}{n_1^2}-\frac{1}{n_2^2}\right) \tag{1-8}$$

式中，n_1，n_2 为正整数，且 $n_2>n_1$；$R_{\mathrm{H}}=3.289\times10^{15}\ \mathrm{s}^{-1}$，称为里德伯常数。

当把 $n_1=2$，$n_2=3$、4、5、6 分别代入式(1-8)，可计算出可见光区4条谱线的频率。如 $n_2=3$ 时：

$$\nu=3.289\times10^{15}\,\mathrm{s}^{-1}\times\left(\frac{1}{2^2}-\frac{1}{3^2}\right)=0.457\times10^{15}\,\mathrm{s}^{-1}$$

$$\lambda=\frac{c}{\nu}=\frac{2.998\times10^{8}\,\mathrm{m\cdot s^{-1}}}{0.457\times10^{15}\,\mathrm{s}^{-1}}\approx656\times10^{-9}\,\mathrm{m}=656\,\mathrm{nm}(H_{\alpha}\text{线})$$

当 $n_1=1$，$n_2>1$ 或 $n_1=3$，$n_2>3$ 时，可分别求得氢原子在紫外区和红外区谱线的频率。

氢原子光谱为何符合里德伯公式？显然氢原子光谱与氢原子的电子运动状态之间存在着内在联系。1913年，丹麦物理学家玻尔在他的原子模型(称为玻尔模型)中指出如下所述。

(1) 氢原子中，电子可处于多种稳定的能量状态(这些状态称为定态)，每一种可能存在的定态，其能量大小必须满足

$$E_n=-2.179\times10^{-18}\frac{1}{n^2}(\mathrm{J})$$

式中，负号表示核对电子的吸引；n 为任意正整数1，2，3，…，$n=1$ 即氢原子处于能量最低的状态，也称基态，其余为激发态。

(2) n 愈大，表示电子离核愈远，能量愈高。$n=\infty$ 时，表示电子不再受原子核的吸引，离核而去，这一过程称为电离。n 的大小表示氢原子的能级高低。

(3) 电子处于定态时的原子并不辐射能量。电子由一种定态(能级)跃迁到另一种定态(能级)的过程中，以电磁波的形式放出或吸收辐射能($h\nu$)，辐射能的频率取决于两定态能级的能量之差：

$$\Delta E=h\nu \tag{1-9}$$

由高能态跃迁到低能态($\Delta E<0$)，则放出辐射能；反之，则吸收辐射能。氢原子能级与氢原子光谱之间的关系如图1.3所示。

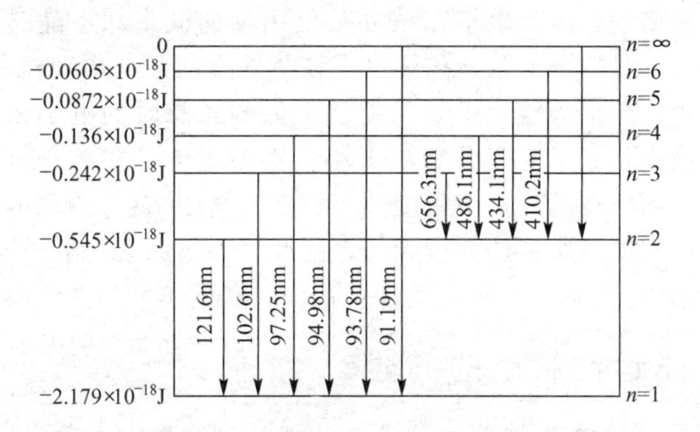

图1.3 氢原子能级与光谱的关系

由上所述及图1.3可知，原子中电子的能量状态不是任意的，而是有一定条件的，它具有微小而分立的能量单位——量子(quantum)($h\nu$)。也就是说，物质吸收或放出的能量就像物质微粒一样，只能以单个的、一定分量的能量，一份一份地按照这一基本分量($h\nu$)的倍数吸收或放出能量，即能量是量子化的。由于原子的两种定态能级之间的能量差不是任意的，即能量是量子化的、不连续的，由此产生的原子光谱必然是分立的、不连续的。

微观粒子的能量及其他物理量具有量子化的特征是一切微观粒子的共性，是区别于宏观物体的重要特性之一。

4. 测不准原理

在经典力学中，宏观物体在任一瞬间的位置和动量都可以用牛顿定律准确测定。例如，太空中的卫星，人们在任何时刻都能同时准确测知其运动速度(或动量)和空间位置(相对于参考坐标)。换言之，它的运动轨道是可测知的，即可以描绘出物体的运动轨迹(轨道)。

而对具有波粒二象性的微观粒子，它们的运动并不服从牛顿定律，不能同时准确测定它们的速度和位置。1927年，海森堡(Heisenberg)经严格推导提出了测不准原理(uncertainty principle)：电子在核外空间所处的位置(以原子核为坐标原点)与电子运动的动量两者不能同时准确地测定，Δx(位置误差)与Δp(动量误差)的乘积为一定值$\frac{h}{4\pi}$(h为普朗克常数)，即

$$\Delta x \cdot \Delta p=\frac{h}{4\pi} \qquad (1-10)$$

因此，也就无法描绘出电子运动的轨迹。必须指出，测不准原理并不意味着微观粒子的运动是不可认识的。实际上，测不准原理正是反映了微观粒子的波粒二象性，是对微观粒子运动规律认识的进一步深化。

在图1.2的电子衍射实验中，如果电子流的强度很弱，且射出的电子是一个一个依次射到底板上的，则每个电子在底板上只留下一个黑点，显示出其微粒性。但我们无法预测黑点的位置，所以每个电子在底板上留下的位置都是无法预测的。在经历了无数个电子后，在底板上留下的衍射环与较强电子流在短时间内的衍射图是一致的。这表明无论是“单射”还是“连射”，电子在底板上的概率分布是一样的，也反映出电子的运动规律具有统计性。

微观粒子的运动规律可以用量子力学中的统计方法来描述。例如，以原子核为坐标原点，电子在核外定态轨道上运动，虽然无法确定电子在某一时刻会在哪一处出现，但是电子在核外某处出现的概率却不随时间改变而变化。电子云就是用来形象地描述电子在核外空间某处出现概率的一种图示方法。图 1.4 所示为氢原子处于能量最低的状态时的电子云，图中黑点的疏密程度表示概率密度的相对大小。由图 1.4 可知：离核愈近，概率密度愈大；离核愈远，概率密度愈小。在离核距离(r)相等的球面上概率密度相等，与电子所处的方位无关，因此基态氢原子的电子云是球形对称的。

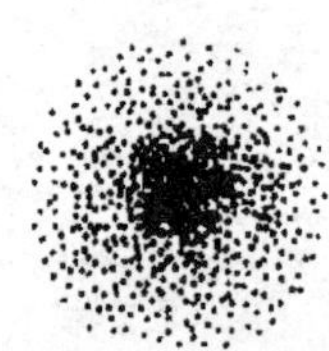

图 1.4　基态氢原子电子云

综上所述，微观粒子具有“波粒二象性、量子化和测不准”三大特征。

1.1.4　核外电子运动状态的描述

在微观粒子波粒二象性的概念提出后不久，奥地利物理学家薛定谔于 1926 年提出了描述微观粒子运动的波动方程，从而建立了近代量子力学理论。量子力学的最基本的假设就是任何微观体系的运动状态都可用一个波函数 ψ 来描述，微观粒子在空间某点出现的概率密度可用 $|\psi|^2$ 来表示。由于微粒在三维空间里运动，所以它的运动状态必须用含有空间坐标 x，y，z 的波函数 $\psi(x, y, z)$来描述，即波函数是一个描述波的数学关系式，含有 x，y，z 三个变量。波函数 ψ 可通过薛定谔方程求得。

1. 薛定谔方程

薛定谔从微观粒子具有波粒二象性出发，通过光学和力学方程之间的类比，提出了著名的薛定谔方程，它是描述微观粒子运动的基本方程，这个二阶偏微分方程为

$$\frac{\partial^2\psi}{\partial x^2}+\frac{\partial^2\psi}{\partial y^2}+\frac{\partial^2\psi}{\partial z^2}+\frac{8\pi^2 m}{h^2}(E-V)\psi=0 \tag{1-11}$$

对于氢原子来说，E 是总能量，等于势能与动能之和；V 是势能，表示原子核对电子的吸引能；m 是电子的质量；ψ 是波函数；h 是普朗克常数；x，y，z 是空间坐标。

解偏微分方程式(1-11)，就是要解出其中的总能量 E 和波函数 ψ(具体解法不是本课程的任务，我们用到的只是求解的结论)。解薛定谔方程可以解出一系列波函数 ψ。各个 ψ 代表电子在原子中的各种运动状态，它们是三维(x，y，z)空间坐标的函数，而且也都是由 3 个量子数 n，l，m 所决定的，一般写成 $\psi_{n,l,m}(x, y, z)$的形式。

为了数学处理方便，通常将直角坐标(x，y，z)转化为球极坐标(r，θ，ϕ)，得到 $\psi_{n,l,m}(r, \theta, \phi)$。球极坐标如图 1.5 所示，球极坐标与直角坐标的关系如图 1.6 所示。再用变量分离法求解，将原有的波函数分解成径向部分与角度部分的乘积，即

$$\psi_{n,l,m}(r, \theta, \phi)=R_{n,l}(r)\cdot Y_{l,m}(\theta, \phi)$$

式中，$R(r)$称为波函数的径向部分，也称径向波函数。它只随电子离核的距离 r 而变化，并含有 n，l 两个量子数；$Y(\theta, \phi)$则称为波函数的角度部分，又称角度波函数，它随角度(θ，ϕ)而变化，含有 l，m 两个量子数。

2. 波函数(ψ)与电子云($|\psi|^2$)

波函数 ψ 是描述核外电子在空间运动状态的数学表达式，核外电子运动的规律受它控制。波函数 ψ 没有明确而直观的物理意义，但粒子运动在某一时刻某一点的波函数的绝对

值的平方$|\psi|^2$却有明确的物理意义，它代表核外空间某点电子出现的概率密度。在核外空间某点附近的微体积$d\tau$中，电子出现的概率$d\omega$可表示为

$$d\omega=|\psi|^2 d\tau \tag{1-12}$$

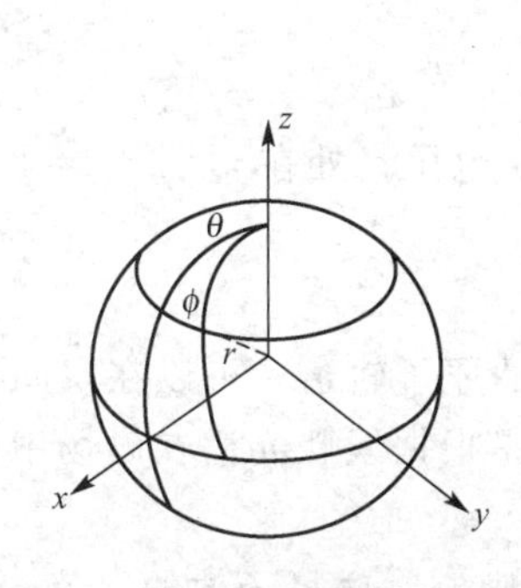

图 1.5　球坐标

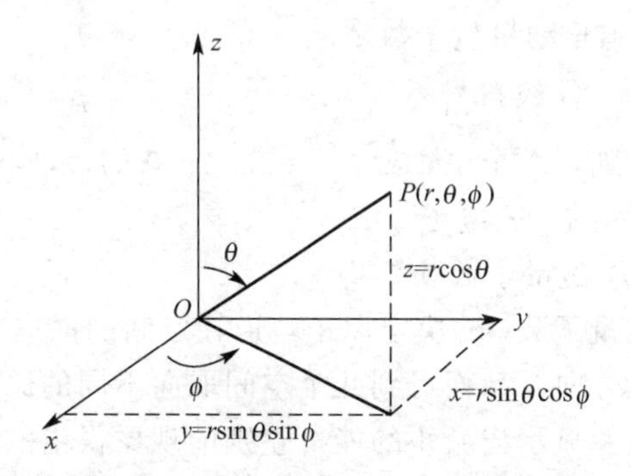

图 1.6　球坐标与直角坐标关系

因此，$|\psi|^2$代表在单位体积内发现电子的概率，称为概率密度。该$|\psi|^2$值可从理论上计算得到。

如果用电子的疏密来表示$|\psi|^2$值的大小，可得到如图 1.4 所示的基态氢原子的电子云。因此电子云是$|\psi|^2$(概率密度)的形象化描述。因而，人们也把$|\psi|^2$称为电子云，而把描述电子运动状态的波函数ψ称为原子轨道。

3. 四个量子数

在求解薛定谔方程时，为使求得的波函数$\psi(r, \theta, \phi)$和能量E具有一定的物理意义，因而在求解过程中必须引进n，l，m三个量子数。

(1) 主量子数n。

主量子数(n)在确定电子运动的能量时起主要作用。在氢原子中，电子的能量则完全由主量子数n决定：

$$E_n=-2.179\times10^{-18}\frac{1}{n^2}(\mathrm{J})$$

n可取值 1，2，3，4，5，…

当主量子数增加时，电子的能量随之增加，其与核的平均距离也相应增大。在一个原子内，具有相同主量子数的电子，几乎在与核距离相同的空间范围内运动，构成一个核外电子“层”。常用英文大写字母表示核外电子层，主量子数n与电子层符号的对应关系如下。

主量子数n	1	2	3	4	5	6	7
电子层符号	K	L	M	N	O	P	Q

(2) 轨道角动量量子数l。

轨道角动量量子数(l)确定原子轨道的形状，并在多电子原子中和主量子数一起决定电子的能级。

电子绕核运动时，不仅具有一定的能量，而且也有一定的角动量M，它的大小同原子轨道的形状有密切关系。当$M=0$时，即$l=0$，说明原子中电子运动的情况与角度无关，即原子轨道是球形对称的。当$l=1$时，其原子轨道呈哑铃形分布；当$l=2$时，其原子轨道呈花瓣形分布；当$l=3$时，其原子轨道呈纺锤体形分布。

对于给定的主量子数 n，量子力学证明 l 只能取小于 n 的正整数：

$$l=0,1,2,3,4,\cdots,(n-1)$$

相应的能级符号为 s，p，d，f，g…轨道角动量量子数与能级符号的关系为

轨道角动量量子数 l	0	1	2	3	4
能级符号	s	p	d	f	g

例如，一个电子处在 $n=2$、$l=0$ 的运动状态，就是 $2s$ 电子；处在 $n=2$、$l=1$ 的运动状态，就是 $2p$ 电子。

(3) 磁量子数 m。

磁量子数(m)决定原子轨道在空间的取向。某种形状的原子轨道，可以在空间取不同的伸展方向，从而得到几个空间取向不同的原子轨道。这是根据线状光谱在磁场中还能发生分裂并显示出微小的能量差别的现象得出的结果。

磁量子数(m)的量子化条件受轨道角动量量子数(l)的限制。磁量子数的取值：$m=0$，±1，±2，…，$\pm l$，共有$(2l+1)$个值。磁量子数 m 与轨道角动量量子数 l 的关系及由它们确定的空间取向数如下。

l	m	轨道名称及空间取向数
0	0	s 轨道，一种
1	$+1，0，-1$	p 轨道，三种
2	$+2，+1，0，-1，-2$	d 轨道，五种
3	$+3，+2，+1，0，-1，-2，-3$	f 轨道，七种

原子轨道在空间有不同的取向，它们也是量子化的。磁量子数 m 决定原子轨道的空间取向数或原子轨道的数目。对某一个给定的轨道角动量量子数 l，磁量子数 m 共可取$(2l+1)$个值。这些状态的能量在没有外加磁场时是相同的。例如，p 电子的三种空间运动状态(p_x，p_y，p_z)能量完全相同；d 电子的五种空间运动状态能量完全相同；f 电子的七种空间运动状态能量也完全相同。这些在无外加磁场条件下能量相等的轨道称为等价轨道(或简并轨道)。但是，在磁场的作用下，由于原子轨道的分布方向不同而会显示出能量的微小差别，这就是线状光谱在磁场中会发生分裂的原因。

由此可知，电子处于不同的运动状态，s，p，d 和 f 都有相应的原子轨道，要用不同的波函数来表示。而波函数 $\psi_{n,l,m}$ 就是由 n，l，m 决定的数学表达式，是薛定谔方程合理的解。$\psi_{n,l,m}$ 有时又称为“原子轨道”，它与玻尔理论的“轨道”是不同的。$\psi_{n,l,m}$ 并非一个具体数值，而是一个函数式，它是量子力学中表征微观粒子运动状态的一个函数。微观粒子的各种物理量均可由波函数而得。

(4) 自旋角动量量子数 s_i。

n，l，m 三个量子数是解薛定谔方程要求的量子化条件。实验也证明这些条件与实验结果相符。但在无外磁场的情况下，用高分辨率的光谱仪观察氢原子光谱时，发现原来的一条谱线又裂分为靠得很近的两条谱线，反映出电子运动的两种不同的状态。为了解释这一现象，又提出了第四个量子数，称为自旋角动量量子数，用 s_i 表示。前面三个量子数(n，l，m)决定电子绕核运动的状态，常称为轨道量子数。电子除绕核运动外，其自身还作自旋运动。量子力学中分别用自旋角动量量子数：$s_i=+1/2$ 和 $s_i=-1/2$ 表示电子的两

种不同的自旋运动状态。

通常图示用箭头“↑”“↓”符号表示。两个电子的自旋状态为“↑↑”时，称为自旋平行；自旋状态为“↑↓”时，称为自旋相反。

综上所述，主量子数 n 和轨道角动量量子数 l 决定原子轨道的能量；轨道角动量量子数 l 决定原子轨道的形状；磁量子数 m 决定原子轨道的空间取向或原子轨道的数目；自旋角动量量子数 s_i 决定电子运动的自旋状态。也就是说，电子在核外运动的状态可以用四个量子数来描述。根据四个量子数数值间的关系，可以算出各电子层中可能有的运动状态数(即最多可填充的电子数)。

各电子层可能有的状态数，K层为2个，L层为8个，M为18个，N层为32个。归纳得出：各电子层可能有的状态数等于主量子数平方的二倍，即状态数$=2n^2$。

以上这些结论，对于我们用原子结构的知识来讨论原子的电子构型和周期表是很有用的。

4. 原子轨道的角度分布图及电子云的角度分布图和径向分布图

由于电子的波函数是一个三维空间的函数，很难用适当的、简单的图形表示清楚，这里通过变量分离的方法，分别从 ψ 随角度的变化和随半径的变化两个侧面来讨论，给出相应的图形。氢原子波函数可写成仅包含半径变量 r 的径向部分 R 和只包含角度变量的角度部分 Y，即 $\psi=R\cdot Y$。

(1) 原子轨道的角度分布图。

原子轨道的角度分布图又称波函数的角度分布图。例如，p_z 原子轨道函数的角度分布曲面是两个对顶的“球壳”。曲面上一叶的波函数数值为正，下一叶为负，不要误解为正电荷和负电荷。s，p，d 电子的原子轨道(波函数)在三维空间(x，y，z)中的角度分布情况如图1.7所示。

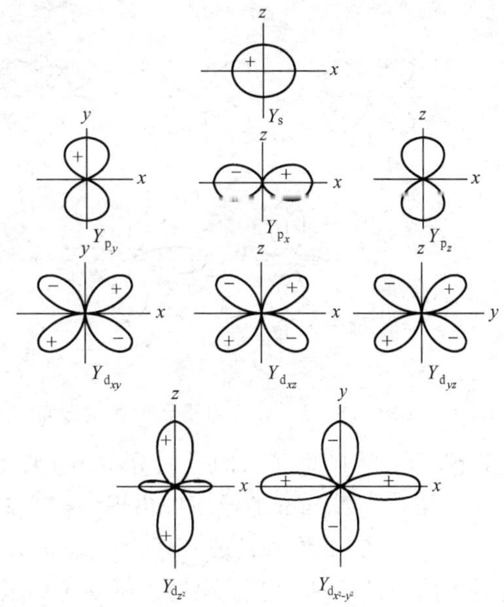

图1.7　s，p，d 原子轨道的角度分布图

(2) 电子云的角度分布图。

电子云的角度分布图是波函数角度部分函数 $Y(\theta,\phi)$ 的平方 $|Y|^2$ 随 θ，ϕ 角度变化的图形(图1.8)，可以反映电子在核外空间不同角度出现的概率密度的大小。电子云的角度分布图与相应的原子轨道的角度分布图是相似的，它们之间的主要区别如下所述。

① 原子轨道角度分布图中 Y 有正、负之分，而电子云角度分布图中 $|Y|^2$ 则无正、负号，因为 $|Y|$ 平方后总是正值。

② 由于 $|Y|<1$ 时，$|Y|^2$ 一定小于 $|Y|$，因而电子云角度分布图要比相应的原子轨道角度分布图稍“瘦”些。

原子轨道和电子云的角度分布图在化学键的形成、分子的空间构型的讨论中有重要意义。

(3) 电子云的径向分布图。

电子云的角度分布图只能反映电子在核外空间不同角度的概率密度大小，并不能反映电子出现的概率大小与离核远近的关系。通常用电子云的径向分布图来反映电子在核外空间出现的概率与离核远近的关系。

一个离核距离为 r，厚度为 $\mathrm{d}r$ 的薄球壳(图 1.9)，以 r 为半径的球面面积为 $4\pi r^2$，球壳的体积($\mathrm{d}\tau$)为 $4\pi r^2\mathrm{d}r$。据式(1-12)，电子在球壳内出现的概率为

$$\mathrm{d}w=|\psi|^2\mathrm{d}\tau=|\psi|^2 4\pi r^2\mathrm{d}r=R^2(r)4\pi r^2\mathrm{d}r$$

式中，R 为波函数的径向部分。令

$$D(r)=R^2(r)4\pi r^2$$

$D(r)$称为径向分布函数。以 $D(r)$对 r 作图即可得电子云径向分布图。

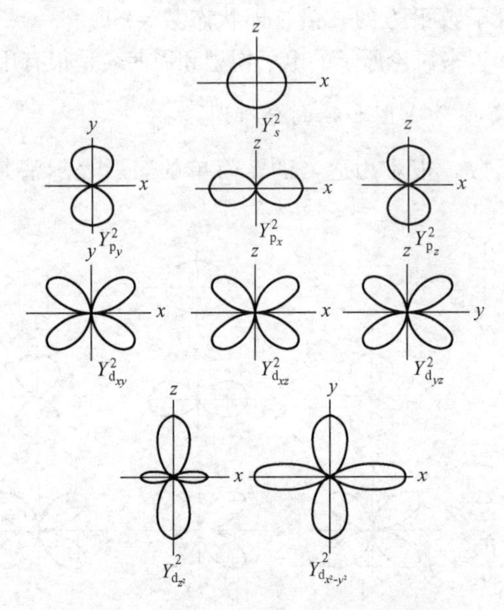

图 1.8　s，p，d 电子云的角度分布图

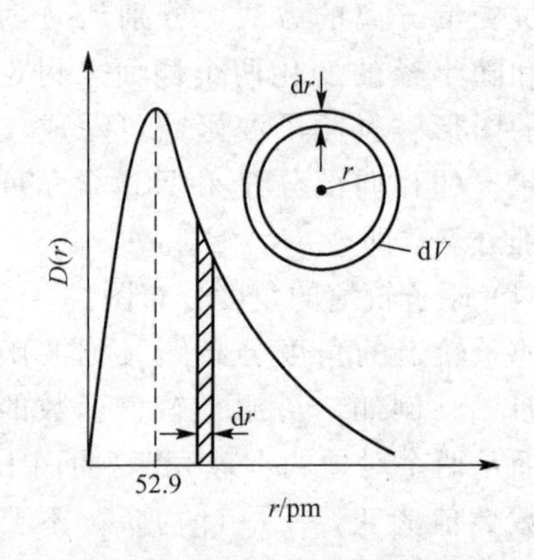

图 1.9　1s 电子云的径向分布图

图 1.9 为 1s 电子云的径向分布图。曲线在 $r=52.9\mathrm{pm}$ 处有一极大值，表示 1s 电子在离核半径 $r=52.9\mathrm{pm}$ 的球面处出现的概率最大，球面外或球面内电子都有可能出现，但概率较小。52.9pm 恰好是玻尔理论中基态氢原子的半径，与量子力学虽有相似之处，但二者有本质上的区别。玻尔理论中氢原子的电子只能在 $r=52.9\mathrm{pm}$ 处运动，而量子力学认为电子只是在 $r=52.9\mathrm{pm}$ 的薄球壳内出现的概率最大。

氢原子电子云的径向分布示意图如图 1.10 所示。从图 1.10 中可以看出，电子云径向分布曲线上有$(n-l)$个峰值。例如，3d 电子，$n=3$，$l=2$，$n-l=1$，只出现一个峰；3s 电子，$n=3$，$l=0$，$n-l=3$，有三个峰。当 l 相同而 n 增大时，如 1s，2s，3s，电子云沿 r 扩展得越远，或者说电子离核的平均距离越远；当 n 相同而 l 不同时，如 3s，3p，3d，这三个轨道上的电子离核的平均距离则较为接近。因为 l 越小，峰的数目越多，l 小者离核最远的峰虽比 l 大者离核远，但 l 小者离核最近的小峰却比 l 大者最小的峰离核更近。

主量子数 n 越大，电子离核平均距离越远；主量子数 n 相同，电子离核平均距离相近。因此，从电子云的径向分布可看出，核外电子是按 n 值分层的，n 值决定了电子层数。

必须指出，上述电子云的角度分布图和径向分布图都只是反映电子云的两个侧面，把两者综合起来才能得到电子云的空间图像。

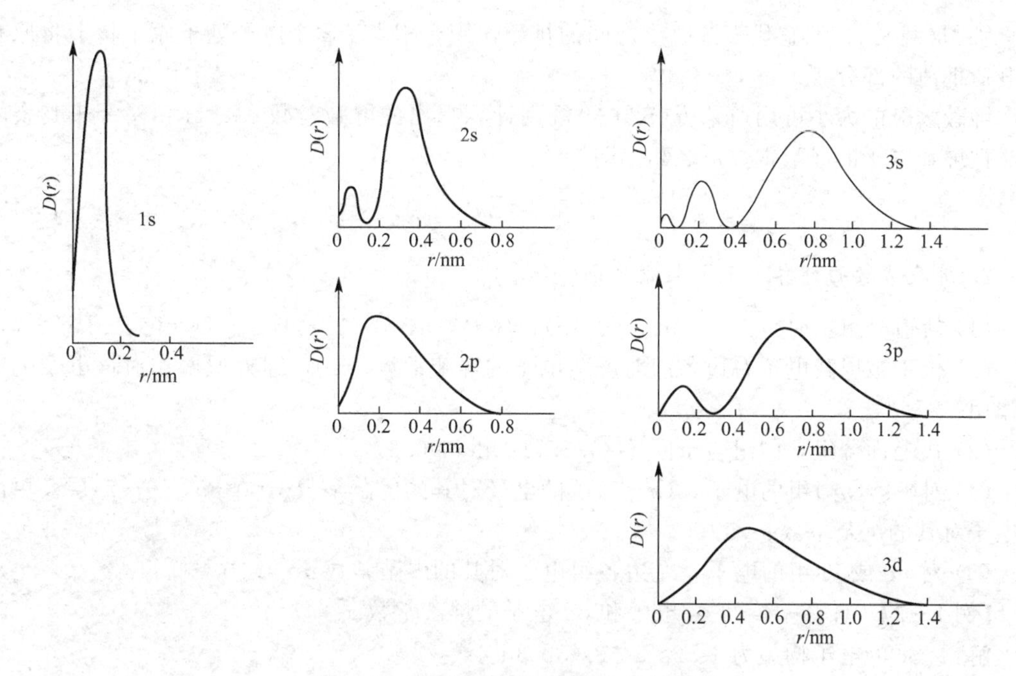

图 1.10 氢原子电子云径向分布示意图

1.2 多电子原子结构

多电子原子中电子的能级，除了与核电荷大小有关外，还与电子之间的相互作用有关。

1.2.1 屏蔽效应与多电子原子中的轨道能级顺序

1. 屏蔽效应

对于氢原子来说，核电荷 $Z=1$，原子核外仅有 1 个电子，这个电子只受到原子核的作用。其电子运动的能级由下式决定。

$$E_n=-2.179\times10^{-18}\frac{1}{n^2}(\mathrm{J})$$

在多电子原子中，电子不仅受原子核的吸引，而且它们彼此之间也存在着相互排斥作用。例如，锂原子是由带三个单位正电荷的原子核($Z=3$)和三个电子构成的，其中两个电子在 1s 状态，一个在 2s 状态。对于所选定的任何一个电子来说，它是处在原子核和其余两个电子的共同作用之中，而且这三个电子又在不停地运动。因此，要精确地确定其余两个电子对这个电子的作用是很困难的。

用一种近似的处理方法：把其余两个电子对所选定电子的排斥作用，认为是它们屏蔽或削弱了原子核对选定电子的吸引作用。其他电子对某个选定电子的排斥作用，相当于降低部分核电荷对指定电子的吸引力，使作用在指定电子上的有效核电荷降低，这种抵消部分核电荷的作用，称为屏蔽效应。这样，在多电子原子中，对所选定的任何一个电子所受的作用，可以看成来自一个核电荷为($Z-\sigma$)的单中心势场。($Z-\sigma$)$=Z^*$ 称为有效核电荷。

σ 称为“屏蔽常数”，它代表了电子之间的排斥作用，相当于 σ 个电子处于原子核上将原有核电荷抵消的部分。

屏蔽效应的大小可用斯莱脱(Slater)规则计算得出的屏蔽常数 σ_i 表示。σ_i 等于其余电子对被屏蔽电子的屏蔽常数 σ 之和，即

$$\sigma_i = \sum \sigma \tag{1-13}$$

2. 屏蔽常数的计算——斯莱脱规则

(1) 轨道分组：(1s)，(2s2p)，(3s3p)，(3d)，(4s4p)，(4d)，(4f)，(5s5p)…

(2) 位于被屏蔽电子右边各组对屏蔽电子的屏蔽常数 $\sigma=0$，即近似看作对该电子无屏蔽作用。

(3) 按上面分组，同组电子间 $\sigma=0.35$(1s 组 $\sigma=0.3$)。

(4) 对(ns)(np)组的电子，($n-1$)层的电子对其的屏蔽常数 $\sigma=0.85$，($n-2$)层及更内层电子对其的屏蔽常数 $\sigma=1.00$。

(5) 对 nd 或 nf 组的电子，左边各组电子对其的屏蔽常数 $\sigma=1.00$。

【例 1-2】 计算 $_{21}$Sc 的 4s 电子和 3d 电子的屏蔽常数 σ_i。

解：$_{21}$Sc 的电子构型为 $1s^2 2s^2 2p^6 3s^2 3p^6 3d^1 4s^2$

分组：$(1s)^2 (2s2p)^8 (3s3p)^8 (3d)^1 (4s)^2$

$$\sigma_{4s} = 10 \times 1.00 + 9 \times 0.85 + 1 \times 0.35 = 18.00$$

$$\sigma_{3d} = 18 \times 1.00 = 18.00$$

3. 有效核电荷——多电子原子中轨道能量的计算

核电荷数(Z)减去屏蔽常数(σ_i)等于有效核电荷(Z^*)，即

$$Z^* = Z - \sigma_i \tag{1-14}$$

多电子原子中，每个电子不但受其他电子的屏蔽，而且指定电子也对其他电子产生屏蔽作用。电子的轨道能量可按下式估算。

$$E_i = -2.179 \times 10^{-18} \left(\frac{Z^*}{n^*}\right)^2 (\mathrm{J})$$

式中，Z^* 为作用在某一电子上的有效核电荷数；n^* 为该电子的有效主量子数，与主量子数 n 有关。

n	1	2	3	4	5	6
n^*	1.0	2.0	3.0	3.7	4.0	4.2

Z^* 确定后，就能计算多电子原子中各轨道的近似能量。

【例 1-3】 试确定 $_{19}$K 的最后一个电子是填在 3d 还是 4s 轨道？

解：若最后一个电子是填在 3d 轨道，则 K 原子的电子层结构式为

$$1s^2 2s^2 2p^6 3s^2 3p^6 3d^1$$

若最后一个电子是填在 4s 轨道，则 K 原子的电子层结构式为

$$1s^2 2s^2 2p^6 3s^2 3p^6 4s^1$$

$$Z^*_{3d} = 19 - (18 \times 1.00) = 1.00$$

$$Z^*_{4s} = 19 - (10 \times 1.00 + 8 \times 0.85) = 2.20$$

$$E_{3d} = -2.179\times10^{-18}\times(1.00/3.0)^2 \approx -0.24\times10^{-18}(J)$$

$$E_{4s} = -2.179\times10^{-18}\times(2.2/3.7)^2 \approx -0.77\times10^{-18}(J)$$

由于 $E_{4s}<E_{3d}$，根据能量最低原理，${}_{19}K$ 原子最后一个电子应填入 4s 轨道，电子结构式为 $1s^2 2s^2 2p^6 3s^2 3p^6 4s^1$。

【例 1-4】 试计算${}_{21}Sc$ 的 E_{3d} 和 E_{4s}，确定${}_{21}Sc$ 在失电子时是先失 3d 电子还是 4s 电子?

解：${}_{21}Sc$ 的电子结构式为 $1s^2 2s^2 2p^6 3s^2 3p^6 3d^1 4s^2$

根据【例 1-2】，已知 $\sigma_{4s}=\sigma_{3d}=18.00$

$$Z^*_{3d} = Z-\sigma_i = 21-18.0 = 3.00$$

$$Z^*_{4s} = 21-18.0 = 3.00$$

$$E_{3d} = -2.179\times10^{-18}\times(3.0/3.0)^2 \approx -2.2\times10^{-18}(J)$$

$$E_{4s} = -2.179\times10^{-18}\times(3.0/3.7)^2 \approx -1.4\times10^{-18}(J)$$

由于 $E_{4s}>E_{3d}$，所以${}_{21}Sc$ 原子在失电子时先失去 4s 电子。过渡金属原子在失电子时一般都是先失去 ns 电子，再失$(n-1)$d 电子的。

4. 多电子原子中轨道能级顺序

(1) 在同一原子中，当原子的轨道角动量量子数 l 相同时，主量子数 n 值愈大，相应的轨道能量愈高。因而有

$$E_{1s}<E_{2s}<E_{3s}\cdots;\quad E_{2p}<E_{3p}<E_{4p}\cdots;$$
$$E_{3d}<E_{4d}<E_{5d}\cdots;\quad E_{4f}<E_{5f}$$

(2) 当原子的主量子数 n 相同时，随着轨道角动量量子数 l 的增大，相应轨道的能量也随之升高。因而有

$$E_{ns}<E_{np}<E_{nd}<E_{nf}$$

钻穿效应：在多电子原子中，每个电子既被其他电子所屏蔽，也对其他电子起屏蔽作用。在原子核附近出现概率较大的电子，可更多地避免其他电子的屏蔽，受到原子核较强的吸引而更靠近核，这种外层电子渗入内层空间而接近原子核的作用称为钻穿效应，也称穿透效应。这可以从电子运动具有波动性来理解。钻穿作用与原子轨道的径向分布函数有关。这里近似地借用氢原子的径向分布函数图(图 1.10)来解释。当 n 相同而 l 不同时，l 愈小的轨道的第一个峰钻得愈深，即离核愈近，如 3p 比 3d 多一个离核较近的小峰，3s 又比 3p 多一个离核较近的小峰。因而钻穿效应愈大的电子，所受的屏蔽效应愈小，受到核的吸引力愈大，电子的能量则愈低。

(3) 当主量子数 n 与轨道角动量量子数 l 均不相同时，应求出 Z^* 再求出 E_i。

(4) 计算表明，多电子原子中轨道能量顺序为

$E(1s)<E(2s)<E(2p)<E(3s)<E(3p)<E(4s)<E(3d)<E(4p)<E(5s)<E(4d)<E(5p)<E(6s)<E(4f)<E(5d)<E(6p)<E(7s)<E(5f)<E(6d)<E(7p)$

5. 鲍林近似能级图

鲍林(Pauling)根据光谱实验数据及理论计算结果，把原子轨道能级按从低到高分为 7 个能级组，如图 1.11 所示。图中每个小圆圈代表一个原子轨道。

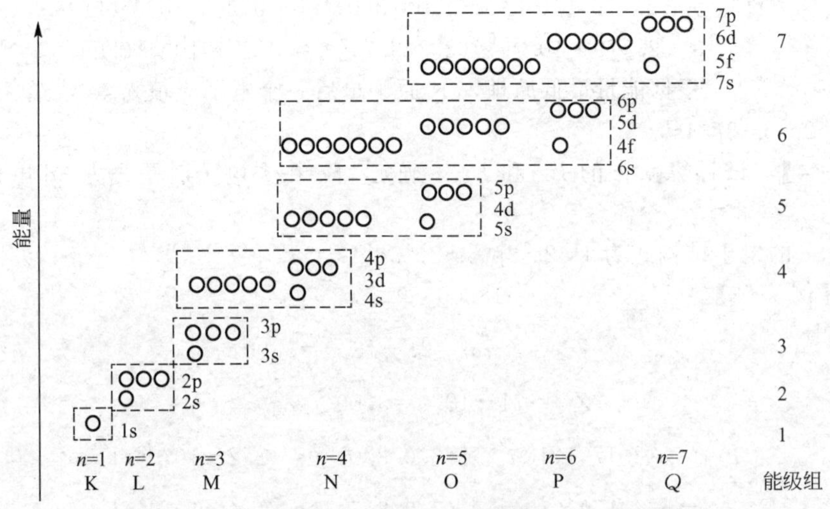

图 1.11　轨道填充顺序图

量子力学中把同一原子或分子中能量相同的状态称为简并状态，相应的轨道称为简并轨道。例如，p 轨道有 3 个为简并轨道；d 轨道有 5 个简并轨道；而 f 轨道有 7 个简并轨道。

有了鲍林近似能级图，各元素基态原子的核外电子可按这一能级图从低到高顺序填入。在应用鲍林近似能级图时，必须注意以下三点。

(1) 鲍林近似能级图仅反映多电子原子中原子轨道能量的近似高低，并非所有原子均相同。光谱实验与理论计算表明，随原子序数 z 的增加，原子核对电子吸引作用增强，轨道能量降低。由于不同轨道能量下降的程度不同，能级相对次序有所变化，即有个别过渡元素(如 Nb，Pt，Pd 等元素)稍有出入。

(2) 鲍林近似能级图只适用于多电子原子，即不适用于氢原子和类氢原子。氢原子和类氢原子不存在能级分裂现象，自然也谈不上能级交错。

(3) 鲍林近似能级图严格意义上只能称为“顺序图”。顺序是指轨道被填充的顺序或电子填入轨道的顺序。换一种说法，填充顺序并不总是能代表原子中电子的实际能级。例如，Mn 原子($Z=25$)，最先的 18 个电子填入 $n=1\sim3$ 的 9 个轨道，接下来 2 个电子填入 4s 轨道，最后 5 个电子填入顺序图中能级最高的 3d 轨道。但是，如果你由此得出“Mn 原子中 3d 电子的能级高于 4s 电子”，那就错了，金属锰与酸反应生成 Mn^{2+}，失去的 2 个电子属于 4s 而非 3d 电子。

1.2.2　原子核外电子的排布

1. 核外电子排布的一般原则

了解核外电子的排布，有助于对元素性质周期性变化规律的理解，以及对元素周期表结构和元素分类本质的认识。在已发现的 118 种元素中，除氢以外的原子都属于多电子原子。多电子原子核外电子的排布遵循以下三条原则。

(1) 能量最低原理：系统的能量越低，稳定性越强。基态原子核外电子的排布尽可能先占据能量较低的轨道，即按鲍林近似能级图的顺序依次填充电子。

(2) 泡利不相容原理：在同一个原子中不可能有四个量子数完全相同的两个电子存在。在轨道量子数 n，l，m 确定的一个原子轨道上最多可容纳两个电子，而这两个电子的自旋方向必须相反，即自旋角动量量子数分别为 $+1/2$ 和 $-1/2$。按照这个原理，s 轨道可容纳 2 个电子，p，d，f 轨道依次最多可容纳 6，10，14 个电子，并可推知每一电子层可容纳的最多电子数为 $2n^2$。

(3) 洪特规则：洪特(Hund)根据大量光谱实验指出，电子在能量相同的轨道(即简并轨道)上排布时，总是尽可能以自旋方向相同的方式分占不同的轨道，因为这样的排布方式使原子的能量最低。图 1.12 所示为氮原子的电子排布式，N 原子的三个 2p 电子分别占据 p_x，p_y，p_z 三个简并轨道，且自旋角动量量子数相同(自旋平行)。此外，作为洪特规则的补充，当亚层的简并轨道被电子半充满、全充满或全空时最为稳定。

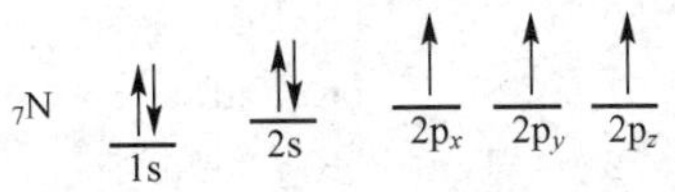

$_7$N ↑↓ 1s ↑↓ 2s ↑ $2p_x$ ↑ $2p_y$ ↑ $2p_z$

图 1.12 氮原子电子排布式

2. 电子排布式与电子构型

下面运用核外电子排布的一般原则来讨论核外电子排布的几个实例。

例如，7 号元素$_7$N 的核外电子排布式为

$$1s^2 2s^2 2p^3$$

这种用主量子数 n 和角量子数 l 表示的电子排布式称为电子构型(或电子组态、电子结构式、电子排布式)，右上角的数字是轨道中的电子数目。为了表明这些电子的磁量子数和自旋角动量量子数，也可用图 1.12 的图示形式表示，常称为轨道排布式。短横“—”也可用“□”或“○”表示，即“—”、“□”或“○”表示 n，l，m 确定的一个轨道。↓、↑表示电子的两种自旋状态。

为了避免电子排布式书写过繁，常把电子排布已达稀有气体结构的内层，用稀有气体元素符号外加方括号(称为“原子实”)表示。例如，钠原子的电子构型为 $1s^2 2s^2 2p^6 3s^1$。它可表示为 [Ne] $3s^1$。原子实以外的电子排布称外层电子构型。必须指出，虽然原子中的电子是按鲍林近似能级图由低到高的顺序填充的，但在书写原子的电子构型时，外层电子构型应按 $(n-2)$f，$(n-1)$d，ns，np 的顺序书写。

例如：

$_{24}$Cr 电子构型 [Ar] $3d^5 4s^1$　　$_{29}$Cu 电子构型 [Ar] $3d^{10} 4s^1$

$_{64}$Gd 电子构型 [Xe] $4f^7 5d^1 6s^2$　　$_{82}$Pb 电子构型 [Xe] $4f^{14} 5d^1 6s^2 6p^2$

对绝大多数元素的原子来说，按电子排布规则得出的电子排布式与光谱实验的结论是一致的。然而有些副族元素如$_{74}$W([Xe] $4f^{14} 5d^4 6s^2$)等，不能用上述规则予以完满解释，这种情况在第 6、7 周期元素中较多。应该说，这些原子的核外电子排布仍然是服从能量最低原理的，说明现有的电子排布规则还有局限性，有待进一步发展和完善，以使它更加符合实际。元素基态原子的电子构型见表 1-1。

表 1-1　元素基态原子的电子构型

原子序数	元素	电子构型	原子序数	元素	电子构型	原子序数	元素	电子构型
1	H	$1s^1$	41	Nb	[Kr] $4d^4 5s^1$	81	Tl	[Xe] $4f^{14} 5d^{10} 6s^2 6p^1$
2	He	$1s^2$	42	Mo	[Kr] $4d^5 5s^1$	82	Pb	[Xe] $4f^{14} 5d^{10} 6s^2 6p^2$
3	Li	[He] $2s^1$	43	Tc	[Kr] $4d^5 5s^2$	83	Bi	[Xe] $4f^{14} 5d^{10} 6s^2 6p^3$
4	Be	[He] $2s^2$	44	Ru	[Kr] $4d^7 5s^1$	84	Po	[Xe] $4f^{14} 5d^{10} 6s^2 6p^4$
5	B	[He] $2s^2 2p^1$	45	Rh	[Kr] $4d^8 5s^1$	85	At	[Xe] $4f^{14} 5d^{10} 6s^2 6p^5$
6	C	[He] $2s^2 2p^2$	46	Pd	[Kr] $4d^{10}$	86	Rn	[Xe] $4f^{14} 5d^{10} 6s^2 6p^6$
7	N	[He] $2s^2 2p^3$	47	Ag	[Kr] $4d^{10} 5s^1$	87	Fr	[Rn] $7s^1$
8	O	[He] $2s^2 2p^4$	48	Cd	[Kr] $4d^{10} 5s^2$	88	Ra	[Rn] $7s^2$
9	F	[He] $2s^2 2p^5$	49	In	[Kr] $4d^{10} 5s^2 5p^1$	89	Ac	[Rn] $6d^1 7s^2$
10	Ne	[He] $2s^2 2p^6$	50	Sn	[Kr] $4d^{10} 5s^2 5p^2$	90	Th	[Rn] $6d^2 7s^2$
11	Na	[Ne] $3s^1$	51	Sb	[Kr] $4d^{10} 5s^2 5p^3$	91	Pa	[Rn] $5f^2 6d^1 7s^2$
12	Mg	[Ne] $3s^2$	52	Te	[Kr] $4d^{10} 5s^2 5p^4$	92	U	[Rn] $5f^3 6d^1 7s^2$
13	Al	[Ne] $3s^2 3p^1$	53	I	[Kr] $4d^{10} 5s^2 5p^5$	93	Np	[Rn] $5f^4 6d^1 7s^2$
14	Si	[Ne] $3s^2 3p^2$	54	Xe	[Kr] $4d^{10} 5s^2 5p^6$	94	Pu	[Rn] $5f^6 7s^2$
15	P	[Ne] $3s^2 3p^3$	55	Cs	[Xe] $6s^1$	95	Am	[Rn] $5f^7 7s^2$
16	S	[Ne] $3s^2 3p^4$	56	Ba	[Xe] $6s^2$	96	Cm	[Rn] $5f^7 6d^1 7s^2$
17	Cl	[Ne] $3s^2 3p^5$	57	La	[Xe] $5d^1 6s^2$	97	Bk	[Rn] $5f^9 7s^2$
18	Ar	[Ne] $3s^2 3p^6$	58	Ce	[Xe] $4f^1 5d^1 6s^2$	98	Cf	[Rn] $5f^{10} 7s^2$
19	K	[Ar] $4s^1$	59	Pr	[Xe] $4f^3 6s^2$	99	Es	[Rn] $5f^{11} 7s^2$
20	Ca	[Ar] $4s^2$	60	Nd	[Xe] $4f^4 6s^2$	100	Fm	[Rn] $5f^{12} 7s^2$
21	Sc	[Ar] $3d^1 4s^2$	61	Pm	[Xe] $4f^5 6s^2$	101	Md	[Rn] $5f^{13} 7s^2$
22	Ti	[Ar] $3d^2 4s^2$	62	Sm	[Xe] $4f^6 6s^2$	102	No	[Rn] $5f^{14} 7s^2$
23	V	[Ar] $3d^3 4s^2$	63	Eu	[Xe] $4f^7 6s^2$	103	Lr	[Rn] $5f^{14} 6d^1 7s^2$
24	Cr	[Ar] $3d^5 4s^1$	64	Gd	[Xe] $4f^7 5d^1 6s^2$	104	Rf	[Rn] $5f^{14} 6d^2 7s^2$
25	Mn	[Ar] $3d^5 4s^2$	65	Tb	[Xe] $4f^9 6s^2$	105	Db	[Rn] $5f^{14} 6d^3 7s^2$
26	Fe	[Ar] $3d^6 4s^2$	66	Dy	[Xe] $4f^{10} 6s^2$	106	Sg	[Rn] $5f^{14} 6d^4 7s^2$
27	Co	[Ar] $3d^7 4s^2$	67	Ho	[Xe] $4f^{11} 6s^2$	107	Bh	[Rn] $5f^{14} 6d^5 7s^2$
28	Ni	[Ar] $3d^8 4s^2$	68	Er	[Xe] $4f^{12} 6s^2$	108	Hs	[Rn] $5f^{14} 6d^6 7s^2$
29	Cu	[Ar] $3d^{10} 4s^1$	69	Tm	[Xe] $4f^{13} 6s^2$	109	Mt	[Rn] $5f^{14} 6d^7 7s^2$
30	Zn	[Ar] $3d^{10} 4s^2$	70	Yb	[Xe] $4f^{14} 6s^2$	110	Ds	
31	Ga	[Ar] $3d^{10} 4s^2 4p^1$	71	Lu	[Xe] $4f^{14} 5d^1 6s^2$	111	Rg	
32	Ge	[Ar] $3d^{10} 4s^2 4p^2$	72	Hf	[Xe] $4f^{14} 5d^2 6s^2$	112	Uub	
33	As	[Ar] $3d^{10} 4s^2 4p^3$	73	Ta	[Xe] $4f^{14} 5d^3 6s^2$	113	Nh	
34	Se	[Ar] $3d^{10} 4s^2 4p^4$	74	W	[Xe] $4f^{14} 5d^4 6s^2$	114	Fl	
35	Br	[Ar] $3d^{10} 4s^2 4p^5$	75	Re	[Xe] $4f^{14} 5d^5 6s^2$	115	Mc	
36	Kr	[Ar] $3d^{10} 4s^2 4p^6$	76	Os	[Xe] $4f^{14} 5d^6 6s^2$	116	Lv	
37	Rb	[Kr] $5s^1$	77	Ir	[Xe] $4f^{14} 5d^7 6s^2$	117	Ts	
38	Sr	[Kr] $5s^2$	78	Pt	[Xe] $4f^{14} 5d^9 6s^1$	118	Og	
39	Y	[Kr] $4d^1 5s^2$	79	Au	[Xe] $4f^{14} 5d^{10} 6s^1$			
40	Zr	[Kr] $4d^2 5s^2$	80	Hg	[Xe] $4f^{14} 5d^{10} 6s^2$			

注意：当原子失去电子成为阳离子时，其电子是按 $np \to ns \to (n-1)d \to (n-2)f$ 的顺序失去电子的。

例如，Fe^{2+} 的电子构型为［Ar］$3d^6 4s^0$（先失去 4s 轨道上的两个电子），而不是［Ar］$3d^4 4s^2$（先失去 3d 轨道上的两个电子）。原因是同一元素的阳离子比原子的有效核电荷多，造成基态阳离子的轨道能级与基态原子的轨道能级有所不同。

1.2.3 原子结构与元素周期系的关系

元素周期律也称元素周期系，自门捷列夫以来逐渐充实和完善。20 世纪 30 年代量子力学的发展使人们弄清了元素周期律与元素核外电子的排布，特别是与外层电子的排布有关。

【门捷列夫——世界欠你一个诺贝尔奖】

1. 元素性质呈现周期性的内因

元素性质随着核电荷数的递增而呈现周期性的变化，这个规律称为元素周期律。为什么元素性质会随着核电核数的递增而呈现周期性的变化呢？

这是因为：当把元素按原子序数(即核电荷)递增的顺序依次排列成周期表时，原子最外层上的电子数目由 1 到 8，呈现出明显的周期性变化，即电子构型重复 ns^1 到 ns^2np^6 的变化。所以，每一周期(除第 1 周期外)都是由碱金属开始，以稀有气体结束。而每一次这样的重复，都意味着一个新周期的开始和一个旧周期的结束。同时，原子最外层电子数目的每一次重复出现，使元素性质在发展变化中重复呈现某些相似的性质。因为元素的化学性质，主要取决于它的最外电子层的构型；而最外电子层的构型，又是由核电荷数和核外电子排布规律所决定的。因此，元素周期律正是原子内部结构周期性变化的反映，元素性质的周期性来源于原子电子层构型的周期性。

2. 原子的电子层构型和周期的划分

【周期表中还会有第八、第九周期吗】

目前人们常用的是长式周期表，它将元素分为 7 个周期。核外电子排布的周期性变化使得元素性质呈现周期性的规律，即元素周期律。

(1) 元素所在的周期数等于该元素原子的电子层数。即第 1 周期元素原子有一个电子层，主量子数 $n=1$；第 3 周期元素有三个电子层，最外层主量子数 $n=3$，余类推。因此，这种相互关系又可以表示为

$$周期数=最外电子层的主量子数\ n$$

例如，$_{26}Fe[Ar]3d^6 4s^2$ 为第四周期元素；$_{47}Ag[Kr]4d^{10} 5s^1$ 为第五周期元素。

(2) 各周期元素的数目等于相应能级组中原子轨道所能容纳的电子数目。各周期元素的数目与相应能级组的原子轨道的关系见表 1-2。

表 1-2 各电子层能容纳的电子总数

周期	元素数目	相应能级组中原子轨道	电子最大容量
1	2	1s	2
2	8	2s 2p	8
3	8	3s 3p	8
4	18	4s 3d 4p	18
5	18	5s 4d 5p	18
6	32	6s 4f 5d 6p	32
7	20(未完)	7s 5f 6d 7p(未完)	未满

3. 原子的电子构型和族的划分

（1）价电子构型。

价电子是原子发生化学反应时易参与形成化学键的电子，相应的电子排布即为价电子构型。

主族元素：价电子构型＝最外层电子构型($nsnp$)

副族元素：价电子构型＝$(n-2)f(n-1)dnsnp$

(2) 主族元素。

主族元素包括：ⅠA～ⅧA(即0族)，元素的最后一个电子填入 ns 或 np 亚层。

主族元素的族数＝原子的最外电子层的电子数($ns+np$)

例如，元素$_7$N，电子结构式为 $1s^2 2s^2 2p^3$，最后一个电子填入 2p 亚层，价电子总数为 5，因而是ⅤA 元素。

其中 0 族元素为稀有气体，价电子构型为 $ns^2 np^6$（除 He），为 8 电子稳定结构，根据 Hund 规则补充，全满电子构型特别稳定。

主族元素的最高氧化数，恰好等于原子最外电子层上的电子数目。在同一族内，虽然不同元素的原子电子层数是不相同的，然而都有相同的最外层电子数。例如，碱金属都是 ns^1，卤素都是 $ns^2 np^5$。因此，同一族元素的性质非常相似。而碱金属和卤素比较，两者的电子构型不同，性质也不相同。碱金属最外层仅有 1 个电子 ns^1，容易失去而形成正离子，因此碱金属显很强的金属性；而卤素的最外层有 7 个电子 $ns^2 np^5$，有强烈的夺取一个电子的倾向，它夺取一个电子后就形成 8 电子构型的负离子；卤素也可以形成共价化合物，最高氧化数为Ⅶ。因此，卤素显很强的非金属性。

(3) 副族元素。

ⅢB～Ⅷ族＋ⅠB～ⅡB 族共 10 列，其中Ⅷ族有 3 列。副族元素也称过渡元素(同一周期从 s 区向 p 区过渡)。

ⅠB～ⅡB 最后一个电子填入 ns 轨道

族数＝最外层电子数

ⅢB～ⅦB 最后一个电子填入$(n-1)$d 轨道

族数＝最外层电子数＋$(n-1)$d 电子数

Ⅷ族较特殊，有三列，共 9 个元素：

Fe　Co　Ni　为铁系元素

Ru　Rh　Pd
Os　Ir　Pt　}为铂系元素

La 系和 Ac 系元素，也称内过渡元素。

第六周期ⅢB 位置从$_{57}$La 到$_{71}$Lu 共 15 个元素称镧系元素，用符号 Ln 表示；

【居里夫人——世界上第一个两次获得诺贝尔奖的人】

第七周期ⅢB 位置从$_{89}$Ac 到$_{103}$Lr(铹)共 15 个元素称锕系元素，用符号 An 表示。它们的最后一个电子填入外数第三层$(n-2)$f。

4. 原子的电子构型和元素的分区

周期表中的元素除了按周期和族划分外，还可根据原子的电子构型的特征分为五个区。

(1) s 区元素：最外层电子构型是 $ns^{1\sim2}$，包括ⅠA 族碱金属和ⅡA

族碱土金属。这些元素的原子容易失去1个或2个电子，形成+1或+2价离子，它们是活泼金属。

(2) p区元素：包括电子构型从$ns^2np^{1\sim6}$的元素，即ⅢA～ⅧA(或0族)族元素，位于长周期表的右侧，共6族元素。

对0族元素，除He原子核外只有2个电子($1s^2$)外，其余稀有气体原子最外电子层的s和p轨道都已填满，共有8个电子。这样的电子构型是比较稳定的。正是由于这个原因，人们曾经认为它们不会形成化合物，取名为惰性气体，化合价为零，故称为零族。其实，所谓8电子稳定构型是相对的。1962年以后，实验证明，某些稀有气体在一定条件下可以形成具有真正化学键的化合物，如XeF_2和XeO_3等。故有的周期表将“零族”改名为“ⅧA族”，将“惰性气体”改名为“稀有气体”。

(3) d区元素：本区元素的原子的电子构型中，最外层ns轨道的电子数为1～2个，次外层$(n-1)$d轨道上的电子数在1～9，包括ⅢB族到第Ⅷ族元素。d区元素又称为过渡元素。

d区元素的化学性质和原子核外d电子构型有较大的关系。由于最外层电子数皆为1～2个，这些元素的电子构型差别大都在次外层的d轨道上，因此，它们都是金属元素，性质比较相似，从左到右，性质变化比较缓慢。

(4) ds区元素：电子构型是$(n-1)d^{10}ns^1$和$(n-1)d^{10}ns^2$，包括ⅠB族和ⅡB族元素。

(5) f区元素：本区元素的差别在倒数第三层$(n-2)$f轨道上电子数不同。由于最外两层电子数基本相同，故它们的化学性质非常相似，包括镧系元素和锕系元素。

综上所述，原子的电子构型与元素周期表的关系十分密切。

1.3 元素的原子半径、电离能、电子亲合能和电负性

元素游离原子的某些性质与原子结构密切相关，如原子半径、电离势、电子亲合势和电负性等，它们随着原子序数增大，由于电子构型的周期性变化，而呈现出明显的周期性。

1.3.1 原子半径

因电子在核外各处都有出现的可能性，仅概率大小不同而已，所以对单个原子来讲并不存在明确的界面。所谓原子半径，是根据相邻原子的核间距测出的。由于相邻原子间成键的情况不同，可给出不同类型的原子半径。同种元素的两个原子以共价单键连接时，其核间距的一半称为该原子的共价半径。例如，Cl_2中氯原子间是以共价单键相连，其核间距为198.8pm，所以氯原子的共价半径为99.4pm。金属晶格中金属原子核间距的一半，称为金属半径。同种元素的共价半径和金属半径数值不同，后者一般比前者大10%～15%。

原子半径在周期表中的变化规律可归纳如下。

(1) 同一主族自上而下半径增大。这是因为电子层数逐渐增加的缘故。同一副族自上而下半径一般也增大，但增幅不大，特别是第五和第六周期的副族元素，它们的原子半径十分接近，这是由于镧系收缩所造成的。

镧系收缩：镧系元素依次增加的电子是填充在外数第三电子层的4f轨道中，由于4f

电子的递增不能完全抵消核电荷的递增，La～Lu 有效核电荷逐渐增加，因此对外电子层的引力逐渐增强，以致外电子层逐渐向核收缩。镧系元素的原子半径总趋势是逐渐缩小的，而+3 价离子半径则极有规律地依次缩小。镧系元素这种原子半径和离子半径依次缩小的现象，称为镧系收缩。镧系收缩是重要的化学现象之一。由于它的存在，使镧后元素铪 Hf、钽 Ta、钨 W 等的原子和离子半径，分别与同族上一周期的锆 Zr、铌 Nb、钼 Mo 等几乎相等，造成了 Zr 和 Hf，Nb 和 Ta，Mo 和 W 化学性质非常相似，以致难以分离。此外，在ⅧB 族九种元素中，Fe、Co、Ni 性质相似，Ru、Rh、Pd 和 Os、Ir、Pt 性质相似。而铁系元素与铂系元素性质差别较大，这也是镧系收缩造成的。

(2) 同一周期从左到右，原子半径逐渐减小。但主族元素比副族元素减小的幅度大得多。这是因为主族元素从左到右，新增加的电子都填充在最外层，它对处于同一层的电子屏蔽作用较小($\sigma=0.35$)，故每向右移动一元素，有效核电荷可增加 0.65。副族元素从左到右新增加的电子填充在次外层 d 轨道上，它对外层电子屏蔽作用较大($\sigma=0.85$)，故有效核电荷只增加 0.15。所以副族元素比主族元素半径减小缓慢得多。

1.3.2 电离能

1. 第一电离能

基态的气态原子，失去一个电子形成+1 价的气态阳离子所需要的能量，称为该原子的第一电离能(势)。常用符号 I_1 表示。例如：

$$H(g) \longrightarrow H^+(g) + e; \quad \Delta H = I_1 = 21.784 \times 10^{-19}\,J$$

$$Na(g) \longrightarrow Na^+(g) + e; \quad \Delta H = I_1 = 8.233 \times 10^{-19}\,J$$

但是 $Na(s) \longrightarrow Na^+(g) + e$；$\Delta H \neq I_1$，电离能应该为正值，因为从原子取走电子需要吸收能量。

2. 第二电离能

从+1 价的气态阳离子再失去一个电子，生成+2 价的气态阳离子时，所需要的能量称为第二电离能。余此类推。

$$Al(g) \longrightarrow Al^+(g) + e; \quad \Delta H = I_1$$

$$Al^+(g) \longrightarrow Al^{2+}(g) + e; \quad \Delta H = I_2$$

$$Al^{2+}(g) \longrightarrow Al^{3+}(g) + e; \quad \Delta H = I_3$$

$$Al(s) \rightarrow Al^{3+}(g) + e; \quad \Delta H = \Delta H_{Al,升华} + I_1 + I_2 + I_3$$

各级电离能的大小顺序是：$I_1 < I_2 < I_3$，因为离子正电荷越高，半径越小，所以失去电子逐渐变难，需要能量越高。表 1-3 列出了 1～36 号元素第Ⅰ～Ⅵ电离能的数据。

表 1-3 电离能($\times 10^{-19}$ J 或 eV)

元素	电子层结构	Ⅰ	Ⅱ	Ⅲ	Ⅳ	Ⅴ	Ⅵ
H	$1s^1$	21.784					
		13.598					
He	$1s^2$	39.388	87.174				
		24.578	54.146				

（续）

元素	电子层结构		Ⅰ	Ⅱ	Ⅲ	Ⅳ	Ⅴ	Ⅵ
Li	$2s^1$		8.638	121.172	196.167			
			5.392	75.638	122.451			
Be	$2s^2$		14.934	29.174	246.537	348.776		
			9.322	18.211	153.893	217.713		
B	$2s^2$	$2p^1$	13.293	40.297	60.764	415.508	545.028	
			8.298	25.154	37.930	259.368	340.217	
C	$2s^2$	$2p^2$	18.039	39.062	76.715	103.316	628.107	748.950
			11.260	24.383	47.877	64.492	392.077	489.981
N	$2s^2$	$2p^3$	23.284	47.421	76.012	124.110	156.817	884.395
			14.534	29.601	470448	77.472	97.888	552.057
O	$2s^2$	$2p^4$	21.816	59.256	88.004	124.014	182.461	221.262
			13.618	35.116	54.934	77.412	113.896	138.116
F	$2s^2$	$2p^5$	27.910	56.022	100.457	139.595	183.013	251.772
			17.422	34.970	62.707	87.138	114.240	157.161
Ne	$2s^2$	$2p^6$	34.546	65.621	101.647	155.57	202.188	253.004
			21.546	40.962	63.45	97.11	126.21	157.93
Na	$3s^1$		8.233	75.752	114.767	158.454	221.701	275.784
			5.139	47.286	71.64	98.91	138.39	172.15
Mg	$3s^2$		12.249	24.086	128.389	175.003	226.999	298.773
			7.646	15.035	80.143	109.24	141.26	186.50
Al	$3s^2$	$3p^1$	9.59	30.163	45.572	192.224	246.243	305.133
			5.986	18.828	28.447	119.99	153.71	190.47
Si	$3s^2$	$3p^2$	13.058	26.185	53.654	72.316	267.166	328.490
			80151	16.345	33.492	45.141	166.77	205.05
P	$3s^2$	$3p^3$	16.799	31.600	48.348	82.295	104.167	353.129
			10.486	19.725	30.18	51.37	65.023	220.43
S	$3s^2$	$3p^4$	16.597	37.375	55.798	75.775	116.433	141.055
			10.360	23.33	34.83	47.30	72.68	88.049
Cl	$3s^2$	$3p^5$	20.773	38.144	63.455	85.643	108.62	155.442
			12.967	23.81	39.61	53.46	67.8	97.03
Ar	$3s^2$	$3p^6$	25.246	44.262	65.266	59.816	120.18	145.793
			15.759	27.629	40.74	59.81	75.02	91.007
K	$4s^1$		6.954	50.663	73.243	97.578	132.42	160.2
			4.341	31.625	45.72	60.91	82.66	100.0
Ca	$4s^2$		9.793	19.017	81.555	107.494	135.225	174.266
			6.113	11.871	50.908	67.10	84.41	108.78

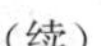
（续）

元素	电子层结构		Ⅰ	Ⅱ	Ⅲ	Ⅳ	Ⅴ	Ⅵ
Sc	$3d^1$	$4s^2$	10.477	20.506	39.666	117.699	146.839	177.98
			6.54	12.80	24.76	73.47	91.66	111.1
Ti	$3d^2$	$4s^2$	10.926	21.755	44.041	69.312	158.950	191.215
			6.82	13.58	27.491	43.266	99.22	119.36
V	$3d^3$	$4s^2$	10.798	23.469	46.955	74.825	104.499	205.248
			6.74	14.65	29.310	46.707	65.23	128.12
Cr	$3d^5$	$4s^1$	10.839	26.433	49.598	78.658	111.019	145.077
			6.766	16.50	30.96	49.1	69.3	90.56
Mn	$3d^5$	$4s^2$	11.911	25.055	53.953	82.02	115.985	152
			70435	15.64	33.667	51.2	72.4	95
Fe	$3d^6$	$4s^2$	12.608	25.920	49.103	87.79	120.15	158
			7.870	16.18	30.651	54.8	75.0	99
Co	$3d^7$	$4s^2$	12.592	27.330	53.667	82.18	127.4	163
			7.86	17.06	33.50	51.3	79.5	102
Ni	$3d^8$	$4s^9$	12.231	29.105	56.342	87.95	120.95	173
			7.635	18.168	35.17	54.9	75.5	108
Cu	$3d^{10}$	$4s^1$	12.377	32.508	59.002	88.43	128.0	165
			7.726	20.292	36.83	55.2	79.9	103
Zn	$3d^{10}$	$4s^2$	15.049	28.776	63.635	95.16	132.3	173
			9.394	17.964	39.722	59.4	82.6	108
Ga	$4s^2$	$4p^1$	9.610	32.857	49.197	103		
			5.999	20.51	30.71	64		
Ge	$4s^2$	$4p^2$	12.654	25.926	54.820	73.227	149.79	
			7.899	15.934	34.22	45.71	93.5	
As	$4s^2$	$4p^3$	15.716	29.850	45.418	80.308	100.33	204.4
			9.81	18.633	28.351	50.13	62.63	127.6
Se	$4s^2$	$4p^4$	15.623	33.946	49.374	68.796	109.42	130.88
			9.752	21.19	30.820	42.944	68.3	81.70
Br	$4s^2$	$4p^5$	18.926	34.924	57.7	75.775	95.64	141.94
			11.814	21.8	36	47.3	59.7	68.6
Kr	$4s^2$	$4p^6$	22.426	39.023	59.194	84.11	103.65	125.6
			13.999	24.359	36.95	52.5	64.7	78.5

元素的原子电离能越小，表示气态原子越容易失去电子，即该元素在气态时的金属性越强。常用的是第一电离能的数据。图 1.13 所示是元素第一电离能随原子序数增加所呈现的周期性变化。

电离能的数值大小主要取决于原子的有效核电荷、原子半径及原子的电子构型。元素

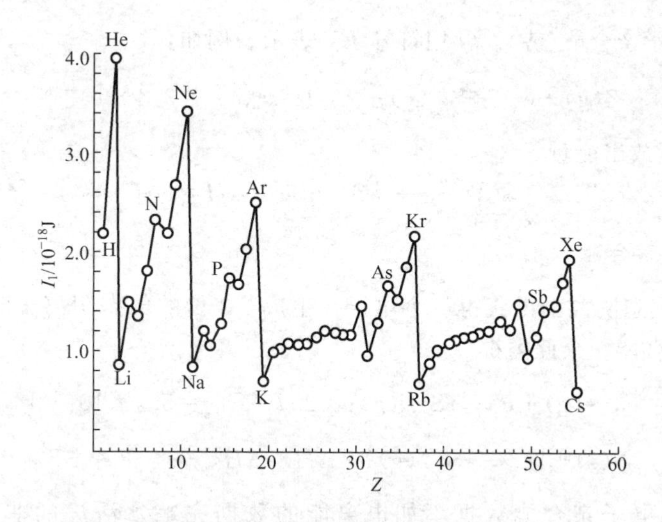

图 1.13 元素第一电离能的周期性

的电离能在周期系中呈现有规律的变化。

(1) 同一周期的元素具有相同的电子层数，从左到右有效核电荷逐渐增大，原子的半径逐渐减小，核对外层电子的引力逐渐加大。因此，越靠右的元素，越不易失去电子，电离能也就越大。

(2) 同一族元素电子层数不同，最外层电子数相同原子半径增大起主要作用，因此，半径越大，核对电子的引力越小，越易失去电子，电离能也就越小。

(3) 电子构型是影响电离能的第三个因素。各周期中稀有气体元素的电离能最大，部分原因是稀元素的原子具有相对稳定的8电子最外层构型。某些元素具有全充满和半充满的电子构型，稳定性也较高。例如，$_{30}$Zn[Ar]$3d^{10}4s^2$，$_{48}$Cd[Kr]$4d^{10}5s^2$，$_{80}$Hg[Xe]$4f^{14}5d^{10}6s^2$比同周期相邻元素的电离能高。又如N、P、As等元素也比左邻右舍的电离能高，这是因为它们都具有半充满的np^3构型。

从表1-3中可以看出，钠的第一电离能较低，为5.139eV，而第二电离能突跃地升高，为47.286eV，表明Na易失去一个电子，成为+1价的离子。镁的第一、二电离能较低分别为7.646eV和15.035eV，而第三电离能突跃地升高，为80.143eV，表明镁易失去两个电子，第3个电子难失去，形成+2价的离子。铝的第一、二、三电离能相差不大，而第四电离势突跃升高，表明铝易失去3个电子，形成+3价的离子。

因此，电离能不仅能用来衡量元素的原子在气态时失电子能力的强弱，还是元素通常价态易存在的能量因素之一。反过来，不同级电离能有突跃性的变化，又是核外电子分层排布的有力证明。表1-3上粗线就是表明：第一到第四电离能发生突跃的分界线。由此可见，原子的电子构型从电子的能量分布来看，的确可以看作是分层的，层与层间电离能相差较大，而同层内电离能差别较小。电离能的实验测定，可以用原子发射光谱和电子脉冲等方法，得到相当准确和完全的数据，所以电离能成了原子的电子层结构最好的实验佐证。

1.3.3 电子亲合能(势)

1. 第一电子亲合能

处于基态的气态原子，获得一个电子，生成-1价的气态阴离子所放出的能量，称为该原子的第一电子亲合能(势)。常用符号 E_{A1} 表示。例如：

$$S(g) + e \longrightarrow S^-(g); \quad \Delta H = E_{A1} = -3.4 \times 10^{-18}\,J$$

式中，“－”表示放出能量。

但是 $$S(s) + e \longrightarrow S^-(g); \quad \Delta H \neq E_{A1}$$

2. 第二电子亲合能

从－1 价的气态阴离子再获得一个电子，生成－2 价的气态阴离子时，所需要的能量称为第二电子亲合能。余此类推。

$$S^-(g) + e \longrightarrow S^{2-}(g); \quad \Delta H = E_{A2} = 5.4 \times 10^{-18}\,J$$

$$S(s) + 2e \longrightarrow S^{2-}(g); \quad \Delta H = \Delta H_{S,升华} + E_{A1} + E_{A2}$$

目前元素的电子亲合能数据不如电离能的数据完整，活泼的非金属一般具有较高的电子亲合能($-E_{A1}$)。亲合能($-E_{A1}$)越大，该元素越容易获得电子。金属元素的电子亲合能($-E_{A1}$)都比较小，说明金属在通常情况下难于获得电子形成负价阴离子。

最大的电子亲合能不是出现在每族的第 2 周期的元素，而常常是第 3 周期以下的元素。这一反常现象可以这样解释：第 2 周期的非金属元素(如 F、O 等)因原子半径极小，电子密度极大，电子间排斥力很强，以致当加合一个电子形成负离子时，放出的能量很小。

3. 电子亲和能的周期性变化

同一周期，从左到右$|E_{A1}|$逐渐增大，每一周期的卤素最大。氮族元素由于其价电子构型为 ns^2np^3，p 亚层半满，根据 Hund 规则较稳定，所以电子亲和能较小。稀有气体的价电子构型为 ns^2np^6 的 8 电子稳定结构，所以其电子亲和能为正值。

同一主族，$|E_{A1}|$自上而下逐渐减小，但第 2 周期$|E_{A1}|$小于同族第 3 周期相应元素，这就是第 2 周期的特殊性。

必须注意：电离能 I、电子亲和能 E_{A1} 仅反映元素的气态孤立原子得失电子能力的大小，不适用于判断水溶液中元素得失电子能力的大小。此时应用电极电势的大小来判断元素得失电子的能力即氧化还原能力的大小。

1.3.4 电负性(χ)

物质发生化学反应时，是原子的外层电子在发生变化。原子对电子吸引能力的不同，是造成元素化学性质有差别的本质原因。元素的电负性的概念，就是用来表示元素在相互化合时，原子对电子吸引能力大小的。由于定义和计算电负性有多种方法，且电负性的数值也不尽相同，因此电负性的标度法还正在发展中。目前应用较多的是鲍林提出的电负性概念。现简要介绍鲍林的电负性概念。

1932 年，鲍林提出：“电负性是元素的原子在分子中吸引电子的能力”。鲍林根据热化学的数据和分子的键能，指定氟的电负性为 4.0，从而求出了其他元素的相对电负性，见表 1－4。

表 1-4 元素的鲍林电负性

H 2.1																	He (3.2)
Li 1.0	Be 1.5											B 2.0	C 2.5	N 3.0	O 3.5	F 4.0	Ne (5.1)
Na 0.9	Mg 1.2											Al 1.5	Si 1.8	P 2.1	S 2.5	Cl 3.0	Ar (3.3)
K 0.8	Ca 1.0	Sc 1.3	Ti 1.5	V 1.6	Cr 1.6	Mn 1.5	Fe 1.8	Co 1.9	Ni 1.9	Cu 1.9	Zn 1.6	Ga 1.6	Ge 1.8	As 2.0	Se 2.4	Br 2.8	Kr 3.0
Rb 0.8	Sr 1.0	Y 1.2	Zr 1.4	Nb 1.6	Mo 1.8	Tc 1.9	Ru 2.2	Rh 2.2	Pd 2.2	Ag 1.9	Cd 1.7	In 1.7	Sn 1.8	Sb 1.9	Te 2.1	I 2.5	Xe 2.6
Cs 0.7	Ba 0.9	La～Lu 1.0～1.2	Hf 1.3	Ta 1.5	W 1.7	Re 1.9	Os 2.2	Ir 2.2	Pt 2.2	Au 2.4	Hg 1.9	Tl 1.8	Pb 1.9	Bi 1.9	Po 2.0	At 2.2	Rn —
Fr 0.7	Ra 0.9	Ac～No 1.1～1.3															

从表 1-4 可知，元素的电负性也呈周期性变化，归纳如下。

(1) 同一周期元素从左到右电负性逐渐增加。过渡元素的电负性变化不大，没有明显的变化规律。

(2) 同一主族元素从上到下电负性逐渐减小。同一副族元素，从上到下，ⅢB～ⅤB，电负性逐渐减小；ⅥB～ⅡB 电负性逐渐增加。

(3) 稀有气体的电负性是同周期元素中最高的，其中 Ne 的电负性最高(5.1)，不易形成化学键，Xe 的电负性(2.6)比 O、F 小，故有氙的氧化物及氟化物。

电负性是判断元素的金属性或非金属性大小及了解元素化学性质的重要参数。$\chi=2$ 是金属和非金属的近似分界点，电负性越大非金属性越强。电负性大的元素集中在周期表的右上角，F 是电负性最高的元素(除稀有气体 Ne 外)。周期表的左下角集中了电负性较小的元素，Cs 和 Fr 是电负性最小的元素。电负性数据是研究化学键性质的重要参数。电负性差值大的元素之间的化学键以离子键为主，电负性相同或相近的非金属元素以共价键结合，电负性相等或相近的金属元素以金属键结合。

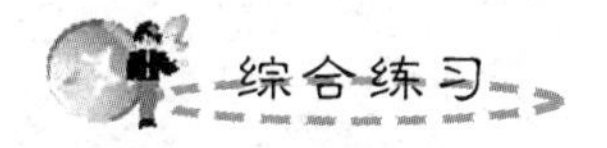

一、思考题

1. 当氢原子的一个电子从第二能级跃迁至第一能级，发射出光子的波长是 121.6nm，当电子从第三能级跃迁至第二能级，发射出光子的波长是 656.3nm。试通过计算回答下面的问题。

(1) 哪一种光子的能量大？

(2) 求氢原子中电子的第三与第二能级的能量差，以及第二与第一能级的能量差。

2. 玻尔理论有哪几条主要假设？根据这些假设得到哪些结果？解决了什么问题？有

什么缺点？

3. 原子轨道、概率密度和电子云等概念有何联系和区别？

4. 下列说法是否正确？应如何改正？

(1)“s电子绕核旋转，其轨道为一圆圈，而p电子是走∞字形”。

(2)“主量子数为1时，有自旋相反的两条轨道”。

(3)“主量子数为3时，有3s，3p，3d，3f四条轨道”。

(4) 氢原子轨道的能级只与主量子数n有关。

5. 有无以下的电子运动状态？

(1) $n=1$，$l=1$，$m=0$；

(2) $n=2$，$l=0$，$m=\pm1$；

(3) $n=3$，$l=3$，$m=\pm3$；

(4) $n=4$，$l=3$，$m=\pm2$。

6. 画出下列电子云的空间图形：

(1) d_{z}^{2}； (2) d_{xy}； (3) $d_{x^2-y^2}$； (4) s； (5) p_x。

7. 什么叫屏蔽效应？什么叫钻穿效应？如何解释下列轨道能量的差别？

(1) $E_{1s}<E_{2s}<E_{3s}<E_{4s}$；

(2) $E_{3s}<E_{3p}<E_{3d}$；

(3) $E_{4s}<E_{3d}$。

8. 试以铁原子为例说明电子层、能级、能级组等概念的联系和区别。

9. 在氢原子中4s和3d，哪一个轨道能量高？19号元素钾和20号元素钙的4s和4d，哪一个能量高？说明理由。

10. 写出下列元素的价电子层构型：

原子序数为9，12，16，35的元素，ⅡA族，ⅡB族，ⅣA族，稀有气体。

11. 已知下列元素原子的电子层构型为

$$3s^2；4s^2 4p^1；3d^5 4s^2；3s^2 3p^3$$

它们分别属于第几周期？第几族？最高化合价是多少？

12. 多电子原子中核外电子排布遵守哪些基本规律？由此说明周期表1～36号元素的电子排布。

13. 说明下列事实的原因：

(1) 元素最外层电子数不超过8个；

(2) 元素次外层电子数不超过18个；

(3) 各周期所包含的元素数分别为2、8、8、18、18、32个。

14. 写出具有下列电子排布的原子的核电荷数和名称：

(1) $1s^2 2s^2 2p^6 3s^2 3p^6$；

(2) $1s^2 2s^2 2p^6 3s^2 3p^6 3d^{10} 4s^2 4p^6 4d^7 5s^1$；

(3) $1s^2 2s^2 2p^6 3s^2 3p^6 3d^{10} 4s^2 4p^6 4d^{10} 4f^7 5s^2 5p^6 5d^1 6s^2$。

15. 简述下列术语的含义：电离能、电子亲合能、电负性。它们和元素周期律有什么样的关系？

16. 根据轨道填充顺序图，指出下表中各电子层的电子数有无错误，并说明理由。

元素	K	L	M	N	O	P
19	2	8	9			
22	2	10	8	2		
30	2	8	18	2		
33	2	8	20	3		
60	2	8	18	18	12	2

17.（1）主、副族元素的电子构型各有什么特点？

（2）周期表中 s 区、p 区、d 区和 ds 区元素的电子构型各有什么特点？

（3）具有下列电子构型的元素位于周期表中哪一个区？它们是金属还是非金属元素？

$$ns^2;\ ns^2np^5;\ (n-1)d^5ns^2;\ (n-1)d^{10}ns^2$$

18. 根据钾、钙的电离能数据，从电子构型说明在化学反应过程中，钾表现+1 价，钙表现+2 价的原因？

二、练习题

1. 选择题

（1）在下列所示的电子排布中，（　　）是激发态原子，（　　）是不存在的。

（A）$1s^22s^22p^6$　　（B）$1s^22s^23s^1$

（C）$1s^22s^14d^1$　　（D）$1s^22s^22p^63s^1$

（E）$1s^22s^22p^52d^13s^1$

（2）屏蔽效应起着（　　）。

（A）对核电荷的增强作用　　（B）对核电荷的抵消作用

（C）正负离子间的吸引作用　　（D）正负离子间电子层的排斥作用

（3）已知当氢原子的一个电子从第二能级跃迁至第一能级时，发射出光子的波长是 121.6nm，可计算出氢原子中电子的第二能级与第一能级的能量差应为（　　）。

（A）1.63×10^{-18}J　　（B）3.26×10^{-18}J

（C）4.08×10^{-19}J　　（D）8.15×10^{-19}J

（4）说明电子运动时确有波动性的著名实验是（　　）。

（A）阴极射线管中产生的阴极射线　　（B）光电效应

（C）α 粒子散射实验　　（D）戴维逊-盖革的电子衍射实验

（5）镧系元素都有同样的 $6s^2$ 电子构型，但它们在（　　）填充程度不同。

（A）6p 能级　　（B）5d 能级

（C）4d 能级　　（D）4f 能级

（6）A 原子基态的电子排布为 $[Kr]4d^{10}5s^25p^1$，它在周期表中位于（　　），B 原子基态的电子排布为 $[Kr]4d^{10}5s^1$，它在周期表中位于（　　），C 原子基态的电子排布为 $[Ar]3d^74s^2$，它在周期表中位于（　　）。

（A）s 区ⅠA　　（B）p 区ⅢA　　（C）d 区ⅥB　　（D）d 区ⅧB

（E）ds 区ⅠB　　（F）p 区ⅤA

（7）He^+ 离子中 3s、3p、3d、4s 轨道的能量关系为（　　）。

（A）3s<3p<3d<4s　　（B）3s<3p<4s<3d

（C）3s=3p=3d=4s　　（D）3s=3p=3d<4s

(8) 量子数 $n=3$，$m=0$ 时，可允许的最多电子数为(　　)。

(A) 2　　(B) 6　　(C) 8　　(D) 16

(9) 价电子构型为 $4d^{10}5s^1$ 的元素，其原子序数为(　　)。

(A) 19　　(B) 29　　(C) 37　　(D) 47

(10) 某原子在第三电子层中有 10 个电子，其电子构型为(　　)。

(A) [Ne]$3s^23p^33d^54s^2$　　(B) [Ne]$3s^23p^63d^{10}4s^2$

(C) [Ne]$3s^23p^63d^24s^2$　　(D) [Ne]$3s^23p^64s^2$

(11) 3d 电子的径向分布函数图有(　　)。

(A) 1 个峰　　(B) 2 个峰　　(C) 3 个峰　　(D) 4 个峰

(12) 下列微粒半径由大到小的顺序是(　　)。

(A) Cl^-、K^+、Ca^{2+}、Na^+　　(B) Cl^-、Ca^{2+}、K^+、Na^+

(C) Na^+、K^+、Ca^{2+}、Cl^-　　(D) K^+、Ca^{2+}、Cl^-、Na^+

(13) 描述铝原子最外层 p 电子的一组量子数是(　　)。

(A) $3, 0, 0, +\frac{1}{2}$　　(B) $3, 0, 1, -\frac{1}{2}$

(C) $3, 1, -1, -\frac{1}{2}$　　(D) $3, 0, 1, +\frac{1}{2}$

(14) 对于基态$_{37}$Rb(铷)原子来说，其中某电子的可能的量子数组为(　　)。

(A) $\left(6, 0, 0, +\frac{1}{2}\right)$　　(B) $\left(5, 1, 0, +\frac{1}{2}\right)$

(C) $\left(5, 1, 1, +\frac{1}{2}\right)$　　(D) $\left(5, 0, 0, +\frac{1}{2}\right)$

2. 指出下列各电子结构式中，哪一种表示基态原子，哪一种表示激发态原子，哪一种表示是错误的？

(1) $1s^22s^1$　　(2) $1s^22s^12d^1$

(3) $1s^22s^12p^2$　　(4) $1s^22s^22p^13s^2$

(5) $1s^22s^42p^2$　　(6) $1s^22s^22p^63s^23p^63d^1$

3. 下列各组量子数中，哪组代表基态 Al 原子最易失去电子？哪组代表 Al 原子最难失去电子？

(1) $1, 0, 0, -\frac{1}{2}$　　(2) $2, 1, 1, -\frac{1}{2}$

(3) $3, 0, 0, +\frac{1}{2}$　　(4) $3, 1, 1, -\frac{1}{2}$

(5) $2, 0, 0, +\frac{1}{2}$

4. 符合下列每一种情况的各是哪一族或哪一元素？

(1) 最外层有 6 个 p 电子；

(2) 在 $n=4$，$l=0$ 轨道上的两个电子和 $n=3$，$l=2$ 轨道上的 5 个电子是价电子；

(3) 3d 轨道全充满，4s 轨道只有一个电子；

(4) +3 价离子的电子构型与氩原子实 [Ar] 相同；

(5) 在前六周期元素(稀有气体元素除外)中，原子半径最大；

(6) 在各周期中，第一电离能 I_1 最高的一类元素；

(7) 电负性相差最大的两个元素；

(8) +1 价离子最外层有 18 个电子。

5. 指出下列各组中错误的量子数并写出正确的。

(1) 3，0，−2，$+\frac{1}{2}$　　(2) 2，−1，0，$-\frac{1}{2}$

(3) 1，0，0，0　　(4) 2，2，−1，$-\frac{1}{2}$

(5) 2，2，2，2

6. 指出下列各能级对应的 n 和 l 值，每一能级包含的轨道各有多少？

(1) 2p　　(2) 4f　　(3) 6s　　(4) 5d

7. 写出下列各种情况的合理量子数。

(1) n=(　　)，$l=2$，$m=0$，$s_i=+\frac{1}{2}$

(2) $n=3$，l=(　　)，$m=1$，$s_i=-\frac{1}{2}$

(3) $n=4$，$l=3$，$m=0$，s_i=(　　)

(4) $n=2$，$l=0$，m=(　　)，$s_i=+\frac{1}{2}$

(5) $n=1$，l=(　　)，m=(　　)，s_i=(　　)

8. 试将某一多电子原子中具有下列各套量子数的电子，按能量由低到高排序，若能量相同，则排在一起。

序号	n	l	m	s_i
(1)	3	2	1	+1/2
(2)	4	3	2	−1/2
(3)	2	0	0	+1/2
(4)	3	2	0	+1/2
(5)	1	0	0	−1/2
(6)	3	1	1	+1/2

9. 试用 s，p，d，f 符号来表示下列各元素原子的电子结构。

(1) $_{18}$Ar　(2) $_{26}$Fe　(3) $_{53}$I　(4) $_{47}$Ag

10. 已知四种元素的原子的价电子层结构分别为 $4s^1$，$3s^2 3p^5$，$3d^2 4s^2$，$5d^{10} 6s^2$，试回答下面的问题。

(1) 它们在周期系中各处于哪一区？哪一周期？哪一族？

(2) 它们的最高氧化态各是多少？

(3) 电负性的相对大小。

11. 第五周期某元素，其原子失去 2 个电子，在 $l=2$ 的轨道内电子全充满，试推断该元素的原子序数、电子结构，并指出位于周期表中哪一族？是什么元素？

12. 已知甲元素是第三周期 p 区元素，其最低氧化态为 −1 价，乙元素是第四周期 d

区元素，其最高氧化态为+4 价。试填下表：

元素	外层电子构型	族	金属或非金属	电负性相对高低
甲				
乙				

13. 指出符合下列各特征的元素名称。

(1) 具有 $1s^2 2s^2 2p^6 3s^2 3p^6 3d^8 4s^2$ 电子层结构的元素；

(2) 碱金属族中原子半径最大的元素；

(3) ⅡA 族中第一电离能最大的元素；

(4) ⅦA 族中具有最大电子亲和能的元素；

(5) +2 价离子具有 [Ar]$3d^5$ 结构的元素。

14. 元素钛 Ti 的电子构型是 [Ar]$3d^2 4s^2$，就其 22 个电子回答下面的问题。

(1) 属于哪几个电子层？哪几个亚层？

(2) 填充了几个能级组的多少个能级？

(3) 占据着多少个原子轨道？

(4) 其中单电子轨道有几个？

(5) 价电子数有几个？

15. 有 A、B 两元素，A 原子的 M 层和 N 层电子数分别比 B 原子的同层电子数少 7 个和 4 个，写出 A、B 原子的名称和电子构型，并说明推理过程。

第2章 化学键与分子结构

(1) 理解化学键的本质；掌握离子键理论的基本要点；理解决定离子化合物性质的因素及离子化合物的特征。

(2) 掌握价键理论的基本要点及共价键的特征；理解键参数的意义。

(3) 能用杂化轨道理论来解释一般分子的构型。

(4) 能用价层电子对互斥理论来预言一般主族元素分子的构型。

(5) 掌握分子轨道理论的基本要点，并能用其来处理第一、第二周期同核双原子分子。

(6) 了解离子极化作用、分子间力和氢键、离子晶体晶格能对物质性质的影响。

(7) 了解各类晶体的内部结构和特征。

物质通常以分子或晶体的形式存在。分子是保持物质基本化学性质的最小微粒，同时也是参与化学反应的基本单元。物质的性质主要决定于分子的性质，而分子的性质又是由分子的内部结构决定的。研究分子结构，对于了解物质的性质和化学变化的规律具有十分重要的意义。通常把分子内直接相邻的原子之间强烈的相互作用，称为化学键。化学键一般可分为离子键、共价键和金属键。分子结构通常包括：分子的化学组成；在分子(或晶体) 中相邻原子(或离子) 间直接的、强烈的相互作用力，即化学键问题；分子(或晶体) 中原子的空间排布、键长、键角和几何形状，即空间构型问题；分子与分子之间较弱的相互作用力，即分子间力问题。

2.1　键参数和分子的性质

【超分子化学】

原子之所以会以一定结构型式的单质或化合物存在，是由于原子之间发生了相互作用，形成了相对稳定的聚合体。当聚合体的能量低于单个原子或离子 100kJ·mol^{-1}以上时，就认为形成了化学键。化学键把原子或离子结合成单质或化合物。通过化学键而形成的新分子，其结构和性能则不同于游离态的单个原子或离子。

化学键的性质在理论上可以由量子力学计算作定量的讨论，也可以用某些物理量来描述。例如，表征键的强弱用键能；描述分子的空间结构用键长、键角；讨论键的极性用偶极矩等。这些表征化学键性质的物理量，如键能、键长、键角和偶极矩等称为键参数。

2.1.1 键能

在化学研究中，通常用键能来衡量化学键的强弱。键能的定义为：在标准状态(101.3kPa，298K)下，将气态分子 AB(g)解离为气态原子 A(g)、B(g)所需要的能量。通常用符号 E 表示，单位是 $kJ \cdot mol^{-1}$。

$$AB(g) \longrightarrow A(g) + B(g) \qquad E(A—B)$$

对于双原子分子，键能等于键的离解能 D，其大小等于标准状态下，气态原子生成气态分子时所放出的能量，而符号相反。

例如，H—H 键的键能

$$H_2(g) = 2H(g)$$

$$E(H—H) = D(H—H) = 436kJ \cdot mol^{-1}$$

Cl—Cl 键的键能

$$Cl_2(g) = 2Cl(g)$$

$$E(Cl—Cl) = D(Cl—Cl) = 247kJ \cdot mol^{-1}$$

通常，键能愈大，键愈牢固，由该键构成的分子也就愈稳定。表 2-1 摘录了一些普通双原子分子的键能。

表 2-1　双原子分子的键能(离解能)($kJ \cdot mol^{-1}$)

分子名称	离解能	分子名称	离解能
Li_2	105	LiH	243
Na_2	71.1	NaH	197
K_2	50.2	KH	180
Rb_2	40.0	RbH	163
Cs_2	43.5	CsH	176
F_2	155	HF	565
Cl_2	247	HCl	431
Br_2	193	HBr	366
I_2	151	HI	299
N_2	946	NO	628
O_2	493	CO	1071
H_2	435		

从表 2-1 中给出的数据可以看出，双原子分子的键能和周期表中它所在的族有关。例如，碱金属双原子分子的键能都比较小，并且随原子序数的增加而减小。卤化氢 HX 的键能比较大，但也随卤素原子序数的增加而减小。有的彼此相邻族的单质分子的键能差别却很大，O_2 的离解能只有 N_2 的一半多一点，但是却比 F_2 离解能大三倍多。共价键理论认为这是由于 N_2 分子为叁键，O_2 分子为双键，F_2 分子为单键的缘故。

在多原子分子中，两原子之间的键能主要取决于成键原子本身的性质，但也和分子中存在的其他原子有关。例如，在不同的分子中氢原子和氧原子之间的键能数值如下。

$H_2O(g)=H(g)+OH(g)$　　$D(H—OH)=500.8kJ\cdot mol^{-1}$

$OH(g)=O(g)+H(g)$　　$D(O—H)=424.7kJ\cdot mol^{-1}$

$HCOOH=HCOO(g)+H(g)$　　$D(HCOO—H)=431.0kJ\cdot mol^{-1}$

显然，O—H 键的离解能在不同的多原子分子中的数值是有差别的，但是一般情况下差别并不大。不同的多原子分子中，一种键的离解能接近常数是很有意义的。这使我们可以取不同分子中键能的平均值，作为平均键能。例如，O—H 键的平均键能为 $463kJ\cdot mol^{-1}$。表 2-2 列出常见的某些键的平均键能。平均键能只是一种近似值。有的书上又把平均键能统称为键能。

表 2-2　平均键能($kJ\cdot mol^{-1}$)

键的种类	键　能	键种类	键　能
C—H	413	C—C	346
C—F	460	C=C	610
C—Cl	335	C≡C	835
C—Br	289	C—O	356
C—I	230	C=O	745
C—N	335	O　H	463

原子化能：把一个气态多原子分子分解为组成它的全部气态原子时所需要的能量称为原子化能，等于该分子中全部化学键键能的总和。

如果分子中只含有一种键，且都是单键，键能可用键离解能的平均值表示。如 NH_3 分子中含有三个 N—H 键。

$NH_3(g)$ ══ $H(g)+NH_2(g)$　　$D_1=433.1kJ\cdot mol^{-1}$

$NH_2(g)$ ══ $NH(g)+H(g)$　　$D_2=397.5kJ\cdot mol^{-1}$

$NH(g)$ ══ $N(g)+H(g)$　　$D_3=338.9kJ\cdot mol^{-1}$

$$E(N—H)=\overline{D}(N—H)=(D_1+D_2+D_3)/3$$
$$=(433.1+397.5+338.9)/3\approx 389.8(kJ\cdot mol^{-1})$$

键能 E↑，键强度↑，化学键越牢固，分子稳定性↑。

对同种原子的键能 E 有：单键<双键<叁键。

例如，$E(C—C)=346kJ\cdot mol^{-1}$，$E(C=C)=610kJ\cdot mol^{-1}$，$E(C≡C)=835kJ\cdot mol^{-1}$

2.1.2　键长

分子中两个原子核间的平衡距离称为键长(或核间距)。理论上用量子力学近似方法可以计算出键长。实际上对于复杂分子往往是通过光谱或衍射等实验方法来测定键长。表 2-3 列出了一些化学键的键长数据。

通常，两个原子之间所形成的键越短，键就越牢固。

表 2-3 单键、双键、叁键的键能和键长

键的种类	键能/$(kJ \cdot mol^{-1})$	键长/pm
C—C	346	154
C ═C	610	134
C ≡C	835	120
N—N	138	146
N ═N	161	125
N ≡N	945.6	110

2.1.3 键角

在分子中，键与键之间的夹角称为健角。键角是反映分子空间结构的重要因素之一。例如，水分子中 2 个 O—H 键之间的夹角是 104.5°，这说明水分子是角形结构。又如 CO_2 分子中 O—C—O 键角等于 180°，这说明 CO_2 分子是直线形的。根据分子中键的极性和键角可以推测出分子的空间构型及其他物理性质。

2.1.4 键的极性

在单质分子中的两个原子之间形成的化学键，由于原子核正电荷中心和负电荷中心重合，形成非极性键，如 H_2、O_2、N_2 和 Cl_2 等双原子分子及金刚石、晶态硅和晶态硼中的共价键。

不同原子间形成的共价键，由于原子的电负性不同，成键原子的电荷分布不对称，电负性较大的原子带负电荷，电负性较小的原子带正电荷，正负电荷中心不重合，形成极性键。根据成键原子的电负性差异，可以估测键的极性大小。离子键是最强的极性键。键的极性的大小可用键矩来衡量，键矩的定义为

$$\mu = q \cdot l$$

式中，q 为电量，l 通常取两个原子的核间距。键矩是矢量，其方向从正电荷中心指向负电荷中心，其值可由实验测定。μ 的单位为库仑·米(C·m)。

2.1.5 分子的极性

两个相同原子形成的单质分子，由非极性共价键结合成非极性分子。由两个不同原子形成的分子，如 HCl，由于氯原子对电子的吸引力大于氢原子，使共用电子对偏向氯原子一边，结果氯原子一边显负电，而氢原子一边显正电，在分子中形成正负两极，这种分子称为极性分子。

分子的极性是否就等于键的极性呢？如果组成分子的化学键都是非极性键，则分子当然是非极性的；但在组成分子的化学键为极性键时，分子则可能有极性，也可能没有极性。

在双原子分子中，键有极性，分子就有极性。但以极性键组成的多原子分子却不一定是极性分子，这取决于分子的空间构型。例如，在 CO_2 分子中，氧的电负性大于碳，在 C—O 键中，共用电子对偏向于氧一边，故 C—O 是极性键。但是由于 CO_2 分子的空间结构是线型对称的(O=C=O)，两个 C—O 键的极性相互抵消，其正负电荷中心是重合的，

因此，CO_2 是非极性分子。同样，在 CCl_4 分子中 C—Cl 虽然是极性建，但分子为对称的正四面体空间构型，键的极性相互抵消，分子没有极性。如果空间构型不完全对称，键的极性不能完全抵消，由极性键组成的多原子分子也仍然有极性，如 SO_2、H_2O、NH_3 等都是极性分子。

分子极性的大小可用分子偶极矩来衡量。物理学中，把大小相等、符号相反、彼此相距为 d 的两个电荷（$+q$ 和 $-q$）组成的体系称为偶极子，其电量与距离之积，就是分子的偶极矩（μ）。

$$\mu = q \cdot d$$

分子偶极矩也是一个矢量，既有大小，又有方向，其方向是从正极到负极。因为电子的电荷等于 1.60×10^{-19} C（库仑），已知分子偶极矩的数值，可以求出偶极长度，即正、负电荷中心之间的距离 d。两个中心间的距离和分子的直径有相同的数量级，即 10^{-10} m。所以，分子偶极矩的大小数量级为 10^{-30} C·m（库·米）。表 2-4 列出某些物质的分子偶极矩和几何构型。

表 2-4　一些物质分子的偶极矩和几何构型

分子式	偶极矩（$\times 10^{-30}$ C·m）	几何构型	分子式	偶极矩（$\times 10^{-30}$ C·m）	几何构型
H_2	0	直线	CO	0.40	直线
CCl_4	0	正四面体	H_2S	3.67	V形
N_2	0	直线	SO_2	5.33	V形
$BeCl_2$	0	直线	H_2O	6.17	V形
CO_2	0	直线	NH_3	4.90	三角锥形
BCl_3	0	平面三角形	HF	6.37	直线
CS_2	0	直线	HCl	3.57	直线
CH_4	0	正四面体	HBr	2.67	直线
$CHCl_3$	3.50	四面体	HI	1.40	直线

分子偶极矩的数据可以由实验测定。例如，实验测得 NH_3 的偶极矩不等于零，是极性分子。由此可以推断氮原子和三个氢原子不会是平面三角形构型，NH_3 的三角锥形结构就是考虑了 NH_3 有极性而推测出来的。应用分子偶极矩的数值预测分子几何构型的方法：首先确定每个键的极性，每个键都具有自己特征的偶极矩。分子的总偶极矩是各单个键偶极矩的矢量和。

分子偶极矩的数值还可以用来计算化合物分子中原子的电荷分布。例如，已知氯化氢偶极矩的数值等于 3.57×10^{-30} C·m，氯化氢分子中 H—Cl 的核间距为 1.27×10^{-10} m，就可以计算出氯化氢分子中氢原子和氯原子的电荷分布。

假设分子中的键是离子型，那么每一个离子（H^+ 和 Cl^-）电荷的绝对值应等于 1.60×10^{-19} C。在这种情况下分子的电偶极矩应等于 20.3×10^{-30} C·m，计算如下。

$$\mu = q \cdot d = 1.60 \times 10^{-19} \times 1.27 \times 10^{-10} \approx 20.3 \times 10^{-30}\,(\mathrm{C \cdot m})$$

但实际测得 HCl 的分子偶极矩只有 $3.57 \times 10^{-30}\,\mathrm{C \cdot m}$，为 100%离子键时所得数值的

$$\frac{3.57}{20.3} \times 100\% \approx 0.176 \times 100\% = 17.6\%$$

即该键的离子性为 17.6%。这说明 HCl 分子中原子的电荷分布 $\delta(\mathrm{H}) = +0.176$，$\delta(\mathrm{Cl}) = -0.176$，即 H—Cl 键只含有 17.6%的离子键成分。

2.2 化学键理论

在自然界中，除了稀有气体元素的原子能以单原子分子的形式稳定存在外，其他元素的原子之间则以一定的方式结合成分子或以晶体的形式稳定存在。本节将在原子结构理论的基础上介绍有关化学键的理论知识。

由于参与化学反应的基本单元是分子，而分子的性质是由其内部结构决定的，所以研究化学键理论是现代化学的一个中心任务。

2.2.1 离子键理论

1. 离子键理论的基本要点

离子键理论是由德国化学家柯塞尔(Kossel)在 1916 年提出的。他认为原子在反应中失去或得到电子以达到稀有气体的稳定结构，由此形成的正离子和负离子之间以静电引力相互吸引在一起。因而离子键的本质就是正、负离子间的静电吸引作用，其基本要点如下。

(1) 当活泼金属原子与活泼非金属原子相互接近时，它们有得到或失去电子成为稀有气体稳定结构的趋势，由此形成相应的正离子和负离子。

(2) 正、负离子靠静电引力相互吸引而形成离子晶体。

2. 离子键的特点

由于离子键是由正、负离子之间通过静电引力形成的，因此离子键的特点是没有饱和性和方向性。

没有饱和性是指在空间条件许可的情况下，每个离子可吸引尽可能多的带相反电荷的离子。正、负离子可近似看作点电荷，所以其作用不存在方向问题。由于离子键的这两个特点，所以在离子晶体中不存在单个的“分子”，整个离子晶体就是一个巨型分子，即无限分子。例如，NaCl 晶体，其化学式仅表示 Na^+ 离子与 Cl^- 离子的离子数目之比为 1∶1，并不是其分子式，整个 NaCl 晶体就是一个大分子。

3. 晶格能

由离子键形成的化合物称为离子型化合物，其相应的晶体为离子晶体。在离子晶体中，用晶格能来量度离子键的强弱。离子晶体的晶格能是指由气态的阳离子和气态的阴离子结合生成 1mol 离子化合物固体时所放出的能量，用符号 U 表示。举例如下。

$$Na^+(g)+Cl^-(g)\longrightarrow NaCl(s) \qquad U(NaCl)=\Delta H^\ominus$$

根据理论推导，晶格能也可由下面的公式计算：

$$U=-\frac{138840z_+z_-A}{d}\left(1-\frac{1}{n}\right) \qquad (2-1)$$

式中，U 为晶格能，单位为 $kJ\cdot mol^{-1}$；138840 是晶格能采用 $kJ\cdot mol^{-1}$ 为单位并把 d 的单位从 pm 换算为 m 而引入的；d 为正、负离子核间距离，可近似用($r_+ + r_-$)表示，单位为 pm；z_+，z_- 分别为正、负离子的电荷数的绝对值；A 是马德隆(Madelung)常数，与离子晶体的构型有关，对于 CsCl、NaCl 和 ZnS 型离子晶体，分别为 1.763、1.748 和 1.630；n 为波恩指数，n 的数值与离子的电子层结构类型有关，见表 2-5。如果正负离子属于不同的电子层结构类型，则 n 取平均值。

表 2-5 波恩指数

离子的电子层结构类型	He	Ne	Ar，Cu^+	Kr，Ag^+	Xe，Au^+
n	5	7	9	10	12

例如，根据 NaBr 晶体的结构数据

$z_+=z_-=1$，$A=1.748$，$n=(7+10)/2=8.5$，$d=(95+195)pm=290pm$，可得

$$U=-\frac{138840\times1\times1\times1.748}{290}\left(1-\frac{1}{8.5}\right)\approx-738.4(kJ\cdot mol^{-1})$$

由式(2-1)可知，晶格能与 z_+ 和 z_- 成正比，与 d 成反比。晶格能大的离子化合物较稳定，反映在物理性质上则硬度高、熔点高、热膨胀系数小。如果离子晶体中正、负离子的电荷 z_+ 和 z_- 相同，构型也相同(A 相同)，则 d 较大者熔点较低；如果离子晶体构型相同，d 相近，则电荷高的硬度高、熔点高，见表 2-6。

表 2-6 NaCl 型晶体 z、d 与物理性质的关系

NaCl 型晶体	NaF	NaCl	NaBr	MgO	ScN	TiC
离子间距/pm	231	276	290	205	223	223
$z_+=z_-$	1	1	1	2	3	4
熔点/K	1261	1119	1048	3098		3140±90
硬度	3.2	2.5		6.5	7～8	8～9
热膨胀系数 $a_v/10^{-6}K^{-1}$	39	40	43			

2.2.2 价键理论

离子键理论能很好地说明电负性差值较大的离子型化合物(如 CsF、NaBr、NaCl 等)的成键与性质，但无法解释同种元素间形成的单质分子(如 H_2、N_2 等)及电负性接近的非金属元素间形成的大量化合物(如 HCl、CO_2、NH_3 等)和大量的有机化合物。

在德国化学家柯塞尔提出离子键理论的同时，美国化学家路易斯提出了共价键的电子理论。他认为原子结合成分子时，原子间可共用一对或几对电子，形成稳定的分子。这是早期的共价键理论。在 20 世纪 30 年代初，随着量子力学的发展，建立了两种共价键理论

【鲍林——继居里夫人之后获得两次诺贝尔奖的人】

来解释共价键的形成，这就是价键理论和分子轨道理论。

1927 年，英国物理学家海特勒(Heitler)和德国物理学家伦敦(London)成功地用量子力学处理 H_2 分子的结构。1931 年，美国化学家鲍林和斯莱脱将其处理 H_2 分子的方法推广应用于其他分子系统而发展成为价键理论(valence bond theory)，简称 VB 法或电子配对法。

1. 氢分子的形成

氢分子是由两个氢原子构成的。每个氢原子在稳定状态时各有一个 1s 电子，由于在一个 1s 轨道上最多可以容纳两个自旋相反的电子，那么每个氢原子的 1s 轨道上都还可以接受一个与之自旋相反的电子。当具有自旋状态相反的未成对电子的两个氢原子相互靠近时，它们之间产生了强烈的吸引作用，自旋相反的未成对电子相互配对形成共价键，从而形成了稳定的氢气分子。

量子力学处理氢分子结构的结果从理论上解释了为什么电子配对可以形成共价键。用薛定谔方程处理氢分子系统时，得到氢原子相互作用能(E)与它们核间距之间的关系，如图 2.1 所示。结果表明，若两个氢原子的核外电子自旋方向相同，两原子靠近时两核间电子云密度小，系统能量 E_{II} 始终高于两个孤立氢原子的能量之和(E_a+E_b)(E_a、E_b 分别为 a 原子和 b 原子的能量)，称为推斥态[图 2.2(a)]，不能形成稳定的 H_2 分子。若两个氢原子的电子自旋方向相反，两个氢原子靠近时两核间的电子云密度大，系统的能量 E_{I} 逐渐降低，并低于两个孤立氢原子的能量之和，称为吸引态[图 2.2(b)]。当两个氢原子的核间距为 74pm 时，其能量达到最低点，$E_s=-436\mathrm{kJ\cdot mol^{-1}}$，两个氢原子之间形成了稳定的共价键，这样便形成了稳定的氢分子。

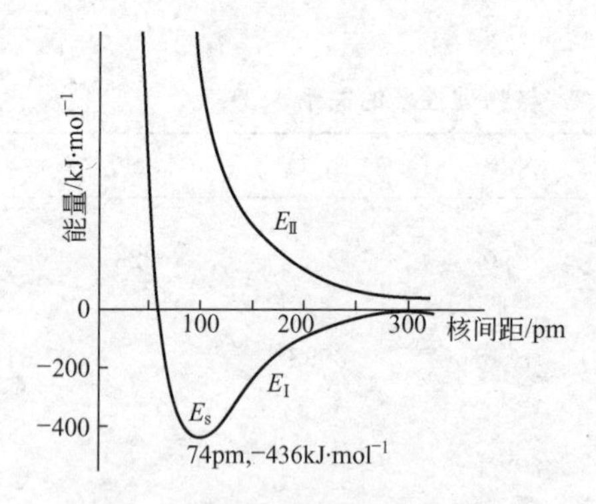

图 2.1 氢分子形成过程的能量变化

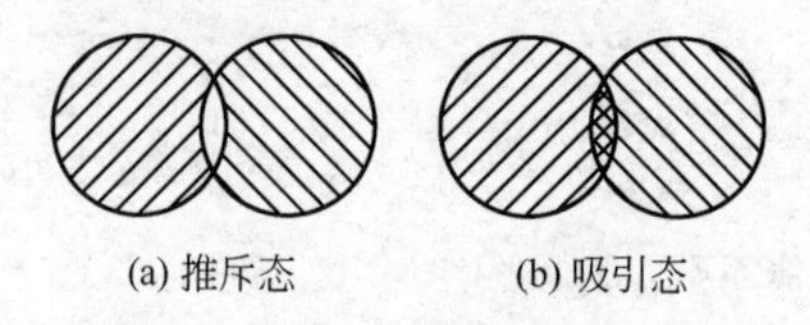

图 2.2 氢分子的两种状态

量子力学对氢分子结构的处理阐明了共价键的本质是电性的。氢分子的基态所以能成键是由于两个氢原子的 1s 原子轨道在互相叠加时，两个 ψ_{1s} 符号相同，叠加后使核间的电子云密度加大，称为原子轨道的重叠。在两个原子之间出现了一个电子云密度较大的区域，这样一方面降低了两核间的正电排斥，另一方面又增强了两核对电子云密度大的区域的吸引，这都有利于系统势能的降低，有利于形成稳定的化学键。

2. 价键理论的基本要点

(1) 自旋相反的未成对电子相互配对时，由于它们的波函数符号相同，按量子力学的术语是原子轨道的对称性匹配，电子在两核间的概率密度增大，此时系统的能量最低，可以形成稳定的共价键。

(2) A、B两原于各有一个未成对电子，并自旋方向相反，则互相配对构成共价单键，如H—H单键。H—Cl也是以单键结合的，因为H原子上有一个1s电子，而Cl原子有一个未成对的3p电子。如果A、B两原子各有两个或三个未成对电子，则在两个原子间可以形成共价双键或共价叁键。例如，N≡N分子以叁键结合，因为每个N原子有三个未成对的2p电子。He原子则因为没有未成对电子，所以不能形成双原子分子。如果A原子有两个未成对电子，B原子只有一个未成对电子，则A原子可同时与两个B原子形成共价单键，故形成AB_2分子，如H_2O分子。若A原子有能量合适的空轨道，B原子有孤电子对，B原子的孤电子对所占据的原子轨道与A原子的空轨道能有效地重叠，则B原子的孤电子对可以与A原子共享，这样形成的共价键称为配位键，以符号A←B表示。

(3) 原子轨道叠加时，轨道重叠程度越大，电子在两核间出现的概率越大，形成的共价键也越稳定。因此，共价键应尽可能沿着原子轨道最大重叠的方向形成，这就是最大重叠原理。

3. 共价键的特征

(1) 饱和性。所谓共价键的饱和性是指每个原子的成键总数或以单键相连的原子数目是一定的。因为共价键的本质是原子轨道的重叠和共用电子对的形成，而每个原子的未成对电子数是一定的，所以形成共用电子对的数目也是一定的。例如，两个H原子的未成对电子配对形成H_2分子后，如有第三个H原子接近该H_2分子，则不能形成H_3分子。又如N原子有三个未成对电子，可与三个H原子结合，生成三个共价键，形成NH_3分子。这就是共价键的饱和性。

(2) 方向性。根据最大重叠原理，在形成共价键时，原子间总是尽可能地沿着原子轨道最大重叠的方向成键。成键电子的原子轨道重叠程度越高，电子在两核间出现的概率密度越大，形成的共价键就越稳定。除了s轨道呈球形对称外，其他的原子轨道(p，d，f)在空间都有一定的伸展方向。因此，在形成共价键时，除了s轨道和s轨道之间在任何方向上都能达到最大程度的重叠外，p，d，f原子轨道的重叠，只有沿着一定的方向才能发生最大程度的重叠。这就是共价键的方向性。图2.3所示是H原子的1s轨道与Cl原子的$3p_x$轨道的三种重叠情形。

① H沿着x轴方向接近Cl，形成稳定的共价键，如图2.3(a)所示。

② H向Cl接近时偏离了x方向，轨道间的重叠较小，结合不稳定，H有向x轴方向移动的倾向，如图2.3(b)所示。

③ H沿z轴方向接近Cl原子，两个原子轨道间不发生有效重叠，因而H与Cl在这个方向不能结合形成HCl分子，如图2.3(c)所示。

4. 共价键的类型

由于原子轨道重叠的情况不同，可以形成不同类型的共价键。一般共价键可分为σ键和π键。

当键合原子沿键轴接近时，原子轨道沿键轴以“头碰头”的方式重叠，其重叠部分对键轴呈圆柱形对称，由此形成的共价键叫σ键。例如，H_2分子中的s－s，Cl_2分子中的p_x

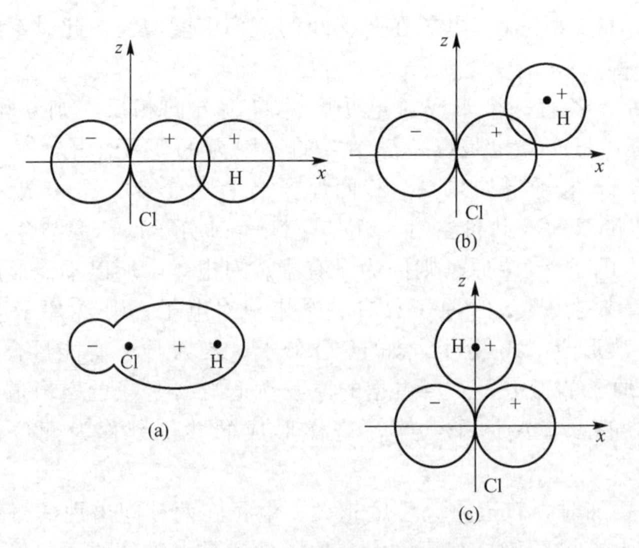

图 2.3　s 轨道和 p_x 轨道的三种重叠情况

$-p_x$，HCl 分子中的 $s-p_x$ 等原子轨道的重叠形成 σ 键。

当键合原子沿键轴接近时，原子轨道沿键轴以“肩并肩”（即“平行”）的方式重叠，其重叠部分对通过键轴并垂直于重叠部分的平面呈反对称，该平面为节面，节面上的电子云为零，由此形成的共价键叫 π 键。例如 N_2 分子中，除了 p_x-p_x 重叠形成 σ 键外，还有两个由 p_y-p_y 和 p_z-p_z 重叠形成的 π 键，所以 N_2 分子具有三重键，由一个 σ 键和两个 π 键组成。

若有三个或三个以上以 σ 键相连的原子处于同一平面，同时每个原子又有一个相互平行的 p 轨道，而这些 p 轨道上的电子总数 m 又小于 p 轨道数 n 的两倍（$2n$）时，则这些 p 轨道相互重叠形成的 π 键称为大 π 键，用符号 Π_n^m 表示，读作 n 中心 m 电子大 π 键。如 NO_2 分子中存在 Π_3^3 大 π 键，O_3、SO_2、HNO_3 等分子中存在 Π_3^4 大 π 键，丁二烯和苯分子中分别存在 Π_4^4 和 Π_6^6 大 π 键。大 π 键上的电子属于构成大 π 键的所有原子，称为非定域电子（或离域电子）。

从价键理论考虑，共价单键为 σ 键，π 键只能和 σ 键一起存在，即 π 键只能存在于双键和叁键中；σ 键比 π 键稳定，因为当两个成键原子的核间距一定时，原子轨道“头碰头”重叠比“肩并肩”重叠更加有效。

2.3　杂化轨道理论

价键理论成功地阐明了共价键的本质及特性，但是对于分子结构中的不少实验事实，它却无法解释。例如，甲烷分子按价键理论推断，C 原子的电子排布为 $1s^2 2s^2 2p_x^1 2p_y^1$，只有 2 个单电子，只能形成两个共价键，且键角(键轴之间的夹角)应该为 90°。但经实验测定，四个 C—H 键的键角均为 109.5°；对于水分子来说，按价键理论两个 O—H 键间的夹角也应当是 90°，但经实验测定，两个 O—H 键的键角为 104.5°。这些推论显然与实验事实不符。实际上，不仅是 CH_4 和 H_2O，还有许多其他分子的键角都不是 90°，而且能形成比用原有原子轨道成键更稳定的化学键。为了解决这些矛盾，1931 年鲍林(Pauling)和斯莱脱(Slater)提出了杂化轨道理论。可以把杂化轨道理论看作是价键理论(VB法)的补充和发展。

1. 杂化轨道理论的基本要点

(1) 杂化与杂化轨道。

从电子具有波性，而波可以叠加出发，原子在形成分子过程中，中心原子中能量相近的不同类型的原子轨道(即波函数)可以相互叠加、混杂，重新分配能量与轨道的空间伸展方向以满足成键的要求，组成数目相同、能量简并而成键能力更强的新的原子轨道。这一过程称为(轨道的)杂化，形成的新原子轨道称为杂化轨道。

(2) 杂化轨道理论的基本要点。

① 中心原子中能量相近的原子轨道才能杂化。

② 若参与杂化的原子轨道已有成对电子，一般使成对电子中的一个激发到空轨道后再杂化，激发电子所需的能量完全可从成键后放出的能量得到补偿。

③ 有几个轨道参与杂化，就能得到几个杂化轨道。杂化轨道的能量是简并的。

④ 不同类型的杂化轨道有不同的空间取向，从而决定了共价型多原子分子或离子的不同的空间构型。

2. 杂化轨道理论的类型

(1) sp 杂化。

以 $BeCl_2$ 分子的空间构型为例来讨论 sp 杂化。因为铍的电负性比同族的金属大，它跟氯气反应能生成 $BeCl_2$ 共价分子。在蒸气状态时，氯化铍是由线型的 Cl—Be—Cl 分子组成的。那么 $BeCl_2$ 分子是怎样形成的呢？铍的电子构型是 $1s^2 2s^2$。在基态时，铍应该是不能成键的；但在激发状态时，铍的电子构型成为 $1s^2 2s^1 2p^1$，提供了两个未成对电子，这说明铍可以跟氯气形成 $BeCl_2$ 分子。但问题并没完全解决，其原因如下。①激发态铍的两个未成对电子，一个是 2s，一个是 2p，且轨道的能量不相等，而两个氯原子的 3p 轨道又是等价的，究竟是哪一个氯原子的 3p 轨道与铍原子的 2s 轨道发生重叠呢？②铍的 2s 轨道与 2p 轨道成键能力不同，形成的两个 Be—Cl 键，其键长和键能也不应该相等。然而实验测得，这两个键，无论是键长还是键能都是完全相等的。为了解决这一矛盾，杂化轨道理论认为：在 $BeCl_2$ 分子中，成键的轨道不是纯粹的 2s 和 2p，而是由它们“混合”起来重新组成的两个彼此呈直线分布的新轨道，其中每一新轨道含有 1/2s 和 1/2p 的成分。这样的新轨道称为 sp 杂化轨道。

如图 2.4 所示，铍原子利用这两个 sp 杂化轨道跟两个氯原子形成两个完全等同的共价键。sp 杂化轨道一头大、一头小。成键时用较大的一头重叠，比未杂化的 p 轨道可以重叠得更多，形成的共价键也就更稳定。这样，用 sp 杂化轨道，就解释了直线型 $BeCl_2$ 分子的空间构型和稳定性。$BeCl_2$ 分子中 Be 原子的 sp 杂化轨道的形成过程如图 2.5 所示。

那么，为什么铍原子的四个电子不单独分占四个轨道，进而形成四个杂化轨道呢？或者说为什么铍不能形成 $BeCl_4$ 分子呢？因为组成杂化轨道的原子轨道，其能量相差不能太大。2s 轨道和 2p 轨道在能量上是比较接近的，而 2s、2p 和 1s 相比能量相差较大，不易形成杂化轨道。

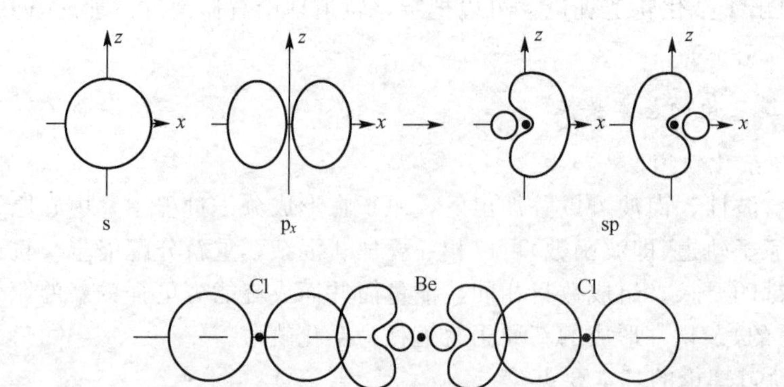

图 2.4　$BeCl_2$ 分子的形成示意图

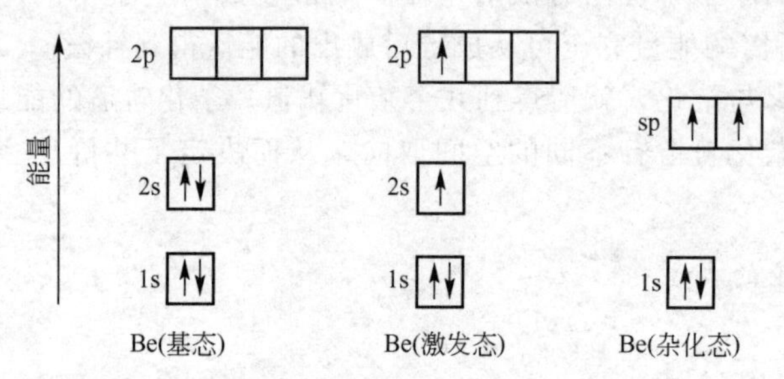

图 2.5　$BeCl_2$ 分子中 Be 原子的 sp 杂化轨道形成示意图

(2) sp^2 杂化。

实验测得在 BF_3 分子中，原子都在同一平面上，任意两个键所成的键角都是 120°，且这三个键都是等同的。这是由于 B 原子利用 sp^2 杂化轨道成键的结果，每一个杂化轨道具有 1/3 的 s 成分和 2/3 的 p 成分。三个轨道彼此间以 120°排列，如图 2.6 所示。中心硼原子用 sp^2 杂化轨道与 3 个 F 原子成键，整个分子呈平面三角形。这就说明了 BF_3 的几何构型特点。

(3) sp^3 杂化。

C 原子的电子构型为 $1s^2 2s^2 2p_x{}^1 2p_y{}^1$。从经典的价键理论推测，似乎碳跟氢原子结合应该生成 CH_2 分子。因为基态 C 原子只有两个 p 轨道可用来与两个氢原子结合成键。而且 H—C—H 键的键角应该是 90°。因为 p_x 与 p_y 是互相垂直的。但实际上一个 C 原子和四个 H 原子结合生成 CH_4 分子。在 CH_4 分子中，四个 C—H 键是等同的，且相互间的夹角为 109.5°。

根据杂化轨道理论，碳原子在反应时，激发一个 2s 电子到 2p 轨道上。这时，一个 2s 轨道与三个 2p 轨道混合起来，形成四个等价的 sp^3 杂化轨道。每个 sp^3 杂化轨道具有 1/4 的 s 成分和 3/4 的 p 成分，它的形状和单纯的 s 轨道与 p 轨道不同，一头特别大，一头特别小。sp^3 杂化轨道分别指向正四面体的四个顶角，四个轨道的对称轴彼此间的夹角正好是 109.5°，四个 H 原子就沿着上述四个轴的方向与 C 原子成键形成 CH_4 分子。这样，在 CH_4 分子中所有 H—C—H 键角都是 109.5°，且所有的 C—H 键都是等同的，如图 2.7 所示。

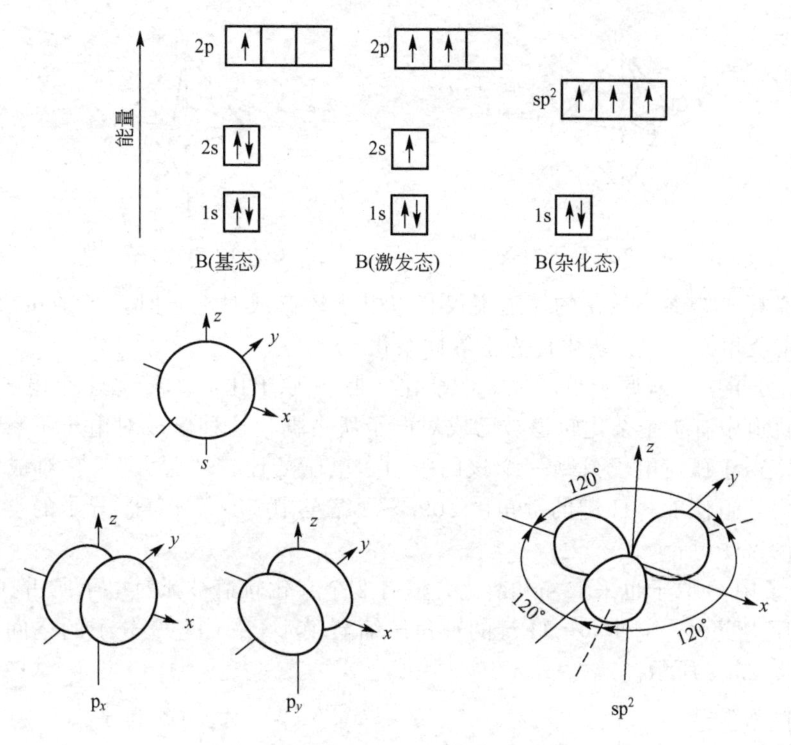

图 2.6 B 原子的 sp^2 杂化示意图

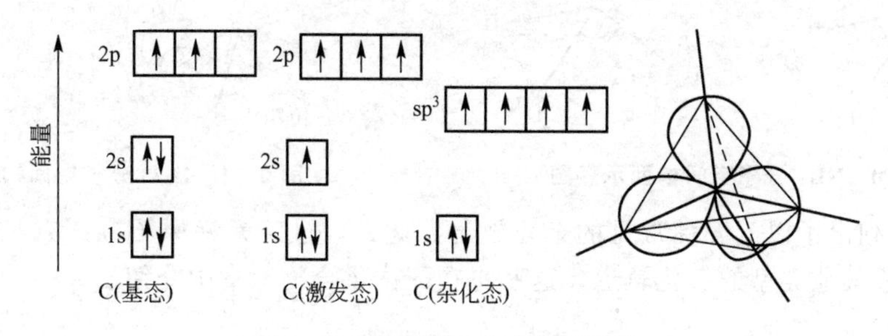

图 2.7 C 原子的 sp^3 杂化示意图

（4）sp^3d 杂化和 sp^3d^2 杂化。

PCl_5 中 P 原子采取 sp^3d 杂化。P 原子的 1 个 3s 电子激发至 3d 轨道，形成 5 个 sp^3d 杂化轨道。这 5 个杂化轨道中 3 个杂化轨道互成 120 度，位于一个平面上，另外 2 个杂化轨道垂直于这个平面，所以 PCl_5 分子的空间构型为三角双锥形，如图 2.8 所示。

SF_6 分子中 S 原子的一个 3s 电子和 1 个 3p 电子可激发至 3d 轨道，形成 6 个 sp^3d^2 杂化轨道。这 6 个 sp^3d^2 杂化轨道的夹角为 90°，所以 SF_6 分子的空间构型为正八面体，如图 2.9 所示。

3. 不等性杂化

等性杂化：在前面几例中，参与杂化的轨道均仅有一个成单的电子，各杂化轨道的 s、p、d 的成分均相等，这类杂化称为等性杂化。

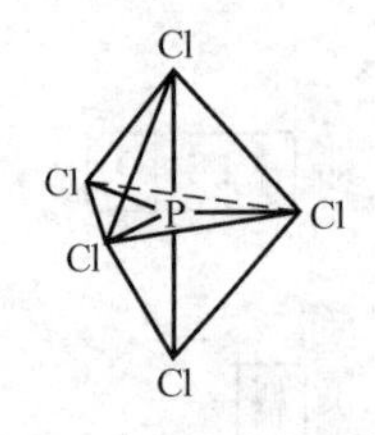

图 2.8 PCl_5 分子构型

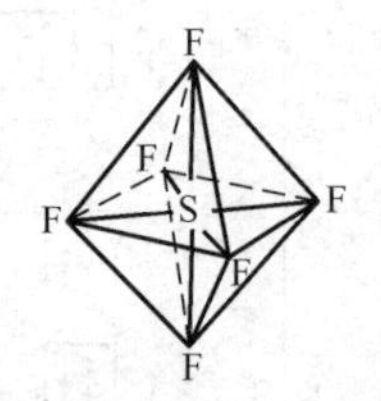

图 2.9 SF_6 分子构型

不等性杂化：当参与杂化的轨道不仅有单电子还有成对电子时，各杂化轨道的 s、p、d 的成分不完全相等，这类杂化称为不等性杂化。

在 NH_3 分子中，N 原子也形成 sp^3 杂化。但 N 原子比 C 原子多 1 个电子，因此在 4 个 sp^3 杂化轨道中有 1 个杂化轨道被已成对电子所占据。这种已成对电子不参与成键，称为孤对电子。由于孤对电子只受一个核的吸引，电子云比较“肥大”，它对成键电子对产生较大的斥力，迫使 N—H 键的键角由 109.5°压缩至 107°18′。NH_3 分子的空间构型为三角锥形，如图 2.10 所示。

H_2O 分子中 O 原子也采取 sp^3 杂化，但有 2 个杂化轨道被孤对电子所占据，2 对孤对电子产生的斥力更大，迫使 O—H 键的键角压缩至 104°45′。H_2O 分子的空间构型为角形（V 形），如图 2.11 所示。

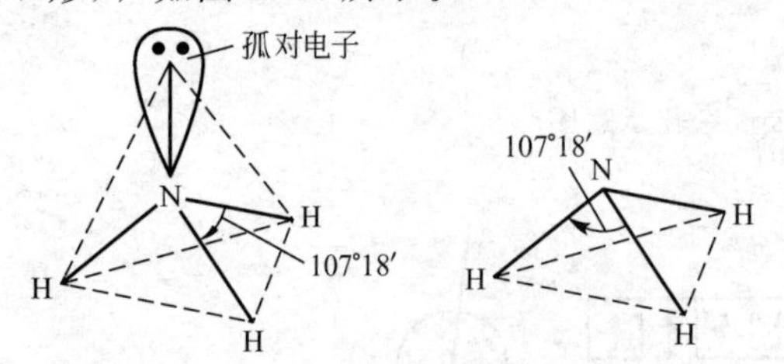

图 2.10 NH_3 分子空间构型示意图

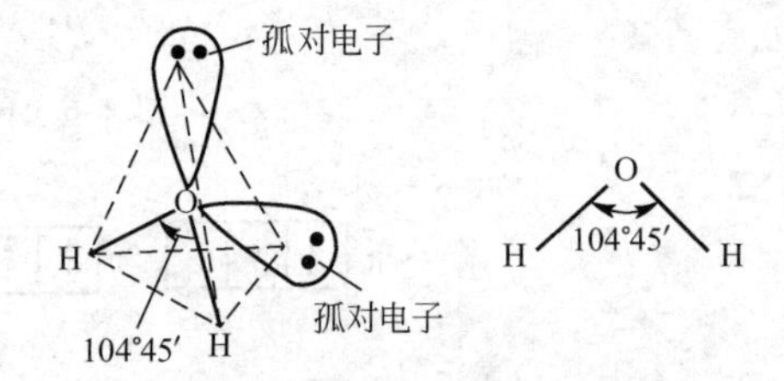

图 2.11 H_2O 分子空间构型示意图

表 2-7 列出了以上五种常见的杂化轨道。此外，过渡元素原子$(n-1)$d 轨道与 nsnp 轨道还能形成其他类型的杂化轨道，这些将在配位化合物一章中介绍。

表 2-7 杂 化 轨 道

杂化类型	轨道数目	轨道形状	实 例
sp	2	直线	$BeCl_2$、$HgCl_2$
sp^2	3	平面三角	BF_3
sp^3	4	四面体	CH_4、NH_3、H_2O
sp^3d	5	三角双锥	PCl_5
sp^3d^2	6	八面体	SF_6

对中心原子，其主要杂化类型有如下规律。

(1) ⅥA：O、S、Se 等化合物多为不等性 sp^3 杂化，两对孤对电子，为 V 形结构，如 OF_2、H_2S、H_2Se 等。

(2) ⅤA：N、P、As 等化合物多为不等性 sp^3 杂化，一对孤对电子，为三角锥形结构，如 NH_3、NF_3、PH_3、PCl_3、AsH_3 等。

(3) ⅣA：C、Si、Ge等化合物多为等性sp^3杂化，正四面体形结构，如CH_4、SiH_4、GeH_4等。对双键C原子(如乙烯、苯中的C原子)，通常采取sp^2杂化；对叁键C原子(如乙炔中C原子)，通常采取sp杂化。

(4) ⅢA：B、Al等化合物多为等性sp^2杂化，平面三角形结构，如BF_3、$AlCl_3$等。

(5) ⅡA、ⅡB：其共价化合物为等性sp杂化，直线型结构，如$BeCl_2$、$HgCl_2$等。

(6) 在中心原子配位数较大的分子中还有d轨道参与杂化，如sp^3d^2、d^2sp^3、sp^3d、dsp^2等各种杂化形式。

(7) 在第8章配位化合物中，中心原子以空轨道杂化接受配体提供的孤对电子，也是等性杂化。

杂化轨道理论能很好地说明共价分子中形成的化学键及共价分子的空间构型。但是，对于一个新的或人们不熟悉的简单分子，其中心原子轨道的杂化形式往往是未知的，因而就无法判断其分子空间构型。这时，人们往往先用价层电子对互斥理论(VSEPR)预测其分子空间构型，而后通过价电子对的空间排布确定中心原子杂化类型，再确定其成键情况。

2.4 分子间的作用力和氢键

分子间作用力又称范德华力。分子间作用力和氢键比化学键弱得多，化学键键能为100～800kJ·mol^{-1}，而前者约为2～40kJ·mol^{-1}。但分子间作用力和氢键对物质的性质却有很大的影响，如气体液化的难易、分子晶体的稳定性，有关物质的熔点、沸点、溶解度等。19世纪后期，范德华在研究气体的行为时发现实际气体不同于理想气体，表明气体分子间存在作用力，并提出了著名的范德华方程，以修正实际气体对理想气体的偏差。在液体和固体中，分子间也存在这种力。这种分子之间既不是离子的、又不是共价的相互吸引和排斥力称为分子间作用力。

2.4.1 分子间作用力

分子间作用力，按作用力产生的原因和特性可分为三部分：取向力、诱导力和色散力。

1. 取向力

极性分子与极性分子之间，偶极定向排列产生的作用力称为取向力。显然，分子偶极矩愈大，取向力越大，如图2.12所示。

2. 诱导力

如图2.13所示，当极性分子与非极性分子靠近时，极性分子的偶极使非极性分子变形，产生的偶极称为诱导偶极。诱导偶极与极性分子的固有偶极相吸引产生的作用力，称为诱导力。

同样，极性分子与极性分子相互接近时，彼此间的相互作用，除了取向力外，在偶极的相互影响下，每个分子也会发生变形，产生诱导偶极。因此，诱导力也存在于极性分子之间。

3. 色散力

由于每个分子中的电子和原子核均处于不断的运动之中，因此，经常会发生电子云和原子核之间的瞬时相对位移，从而产生瞬间偶极。两个瞬间偶极必然是处于异极相邻的状态而相互吸引，称为色散力，如图 2.14 所示。色散力普遍存在于各种分子之间，并且没有方向性。分子的相对分子量愈大，越容易变形，色散力越大。

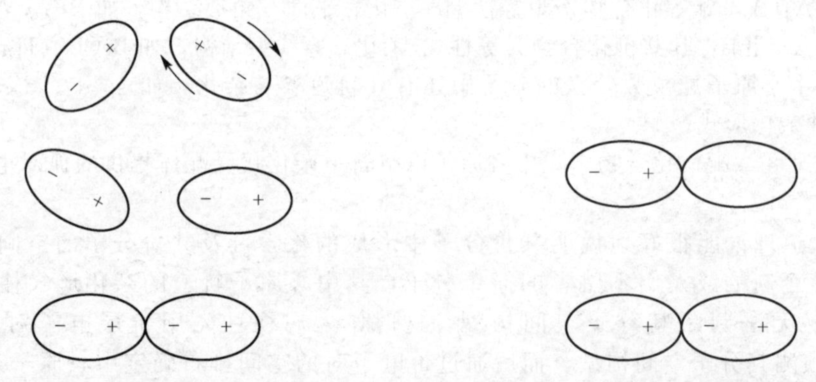

图 2.12　两个极性分子相互作用示意图

图 2.13　极性分子与非极性分子相互作用示意图

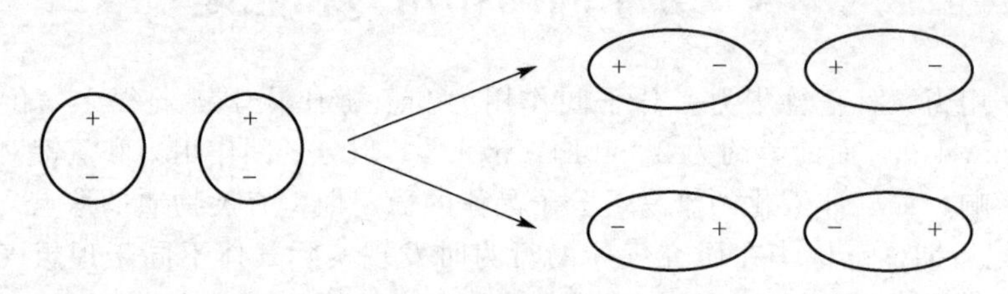

图 2.14　色散力产生示意图

上述三种作用力在分子间的总作用力中的分配情况，列于表 2-8 中。

表 2-8　分子间作用力分配情况($kJ \cdot mol^{-1}$)

分子	取向	诱导	色散	总和
Ar	0.000	0.000	8.5	8.5
CO	0.003	0.008	8.75	8.76
HI	0.025	0.113	25.87	26.00
HBr	0.69	0.502	21.94	23.13
HCl	3.31	1.00	16.83	21.14
NH_3	13.31	1.55	14.95	29.81
H_2O	36.39	1.93	9.00	47.32

分子间作用力有以下特点。

(1) 一般只有几个至几十个 $kJ \cdot mol^{-1}$，比化学键能小 1～2 个数量级。

(2) 分子间作用力的范围约几百皮米，一般不具有方向性和饱和性。

(3) 对于大多数分子，色散力是主要的。只有极性很大的分子，取向力才占较大比重。诱导力通常都很小。

(4) 分子间作用力的大小直接影响物质的许多物理、化学性质，如熔点、沸点、溶解度、表面吸附等。例如，HX的分子量依 HCl、HBr、HI 顺序增加，则分子间力(主要是色散力)也依次增加，故其沸点熔点依次增高。然而它们化学键的键能依次减小，所以其热稳定性依次减小。此外，分子间力愈大，它的气体分子越容易被吸附、被液化。

2.4.2 氢键

(1) 氢键的形成。

与电负性大的原子 X 结合的 H 原子(X—H)带有部分正电荷，能够与另一个电负性大的原子 Y(或 X)结合形成聚集体 X—H…Y(或 X—H…X)，这种结合作用称为氢键。形成氢键的原子 X 和 Y 具有电负性大、半径小、有孤对电子等特性。因此，能形成特征氢键的原子是 F、O、N 原子。X 和 Y 可以是相同元素的原子(如 O—H…O)，也可以是不同元素的原子(如 N—H…O)。

大家知道，卤素氢化物的性质随着分子量的增大而递变，但第一个元素氟却有些例外。在第 VIA 族的氢化物中，H_2O 的性质也很特殊。卤素和第 VIA 族元素的氢化物的沸点列于表 2-9 中。

表 2-9 第 VIA、VIIA 族元素的氢化物的沸点

氢化物	沸点	氢化物	沸点
HF	+20℃	H_2O	100.00℃
HCl	−84℃	H_2S	−60.75℃
HBr	−67℃	H_2Se	−41.5℃
HI	−35℃	H_2Te	−1.3℃

将表 2-9 所列的沸点的数值对周期数作图(图 2.15)，就可更方便地看出氢化物沸点的变化趋势。按分子量减小的次序推测，HF、H_2O 的沸点应比 HCl、H_2S 更低，但实际上却要高得多。此外，氢氟酸的酸性比其他氢卤酸也显著地减弱。

HF 和 H_2O 的性质的反常现象，说明了 HF 分子之间和水分子之间有很大的作用力，以致使这些简单的分子成为缔合分子。

分子缔合的重要原因是分子间形成了氢键。氢键是由于与电负性极强的元素(如氟、氧等)相结合的氢原子，和另一分子中电负性极强的原子间产生引力而形成的。以水分子为例来说明氢键的形成。在水分子中氢与氧以共价键结合，由于氧的电负性较大，共用电子对强烈地偏向氧一方，而使氢带正电荷，同时，氢原子用自己唯一的电子形成共价键后，已无内层电子。它不被其他原子的电子云所排斥，而能与另一水分子中氧原子上的孤对电子相互吸引，如图 2.16 所示。结果水分子间便形成氢键 O—H…O 而缔合在一起。氢与原来水分子中的氧以共价键结合，相距较近(99pm)；而与另一水分子中的氧则以氢键结合，相距较远(177pm)。所以，O—H…O 之间的距离共 276pm。

HF 也因氢键的形成而发生缔合现象，生成$(HF)_n$(n=2，3，4 等)。

氢键的形成条件如下。

① H 原子与电负性很大的原子 X 形成共价键。

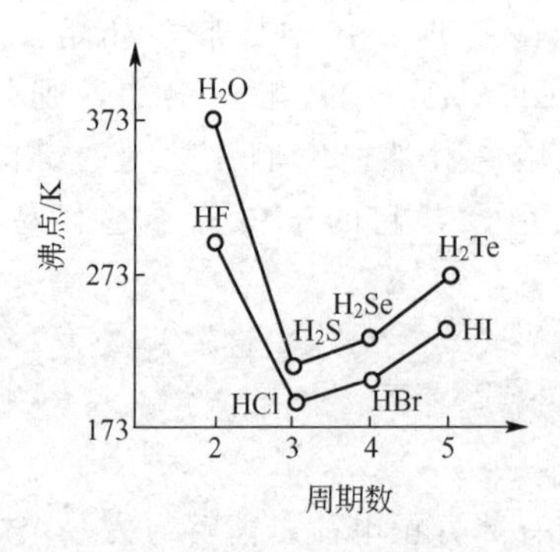

图 2.15 卤素、氧族元素氢化物的沸点

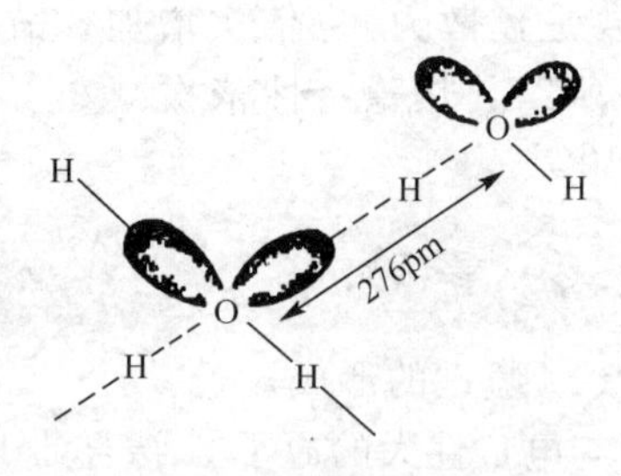

图 2.16 水分子间的氢键

② 有另一个电负性很大且具有孤对电子的原子 X(或 Y)，主要为 F、O、N(Cl、S 较少)。

氢键的特征如下。

① 作用力的大小与分子间力相近，它的键能一般在 $41.84\text{kJ}\cdot\text{mol}^{-1}$ 以下，比化学键的键能要小得多。

② 氢键有方向性与饱和性，但分子间力无方向性和饱和性。

③ 分子间氢键为使系统更稳定、能量更低，要求∠XHY 保持 180°键角；而分子内氢键由于结构要求，无法保持 180°键角，如 HNO_3、DNA 的双螺旋结构就是靠氢键形成的。

能够形成氢键的物质是很广泛的，如水、醇、胺、羧酸、无机酸、水合物、氨合物等。在生命过程中，具有意义的基本物质(蛋白质、脂肪、糖)都含有氢键。氢键能存在于晶态、液态，甚至于气态之中。

(2) 氢键对物质的物理性质的影响。

实验已证明存在两种氢键。一个分子的 X—H 键与另一个分子的原子 Y 相结合而成的氢键，称为分子间氢键。一个分子的 X—H 键与它内部的原子 Y 相结合而成的氢键，称为分子内氢键。

① 分子间氢键。由于强的分子间氢键的生成，可使得甲酸、醋酸等缔合成二聚物。

$$\text{H—C}\begin{matrix}\text{O}\cdots\text{H—O}\\ \text{O—H}\cdots\text{O}\end{matrix}\text{C—H}$$

由于氢键而缔合，可使物质的介电常数增大。水的介电常数高，就和水分子间形成氢键而缔合有关。

氢键也存在于晶体中。在 KHF_2 的二氟化物离子中，发现了极强的氢键(F…H…F)。F—F 距离只有 226pm，两个 F 原子与 H 原子的距离相等，而一般氢键 X—H…Y 中，H 总是离 X 近而离 Y 远。

② 分子内氢键。例如，在苯酚的邻位上有—CHO、—COOH、—OH、—NO_2 等时可形成氢键的螯合环。

O H
O
C
H

分子内氢键不可能在一条直线上。分子内氢键的生成，一般会使化合物沸点、熔点降低，汽化热、升华热减小；也常影响化合物的溶解度，如邻位硝基苯酚比其间位、对位更不易溶于水，而更易溶于非极性溶剂中。

综上可知如下内容。a. 分子间氢键的形成，相当于形成大分子，分子间结合力增强，使化合物的熔点、沸点、熔化热、汽化热、黏度等增大，蒸气压则减小；而分子内氢键的形成，使分子内部结合更紧密，分子变形性下降，分子间作用力下降，一般使化合物的熔点、沸点、熔化热、汽化热、升华热等减小。b. 溶质与溶剂形成氢键，溶质的溶解度增加；溶质形成分子间氢键，相当于形成溶质大分子，在极性溶剂中溶质溶解度下降，但在非极性溶剂中，溶质溶解度增加。溶质形成分子内氢键，分子紧缩变小，溶质分子极性降低，在极性溶剂中溶质溶解度降低，但在非极性溶剂中的溶质溶解度则增大。例如，邻硝基苯酚易形成分子内氢键，比间硝基苯酚和对硝基苯酚在水中的溶解度更小，更易溶于苯中。

2.5 晶　　体

固态物质可分为晶体和非晶体两大类。其中非晶体由于内部质点排列不规则，所以没有一定的结晶外形。例如，生活上用的石蜡和玻璃，高炉砌炉时作为黏结剂的沥青，高炉冶炼时排出的玻璃状炉渣都是非晶体。非晶体这种聚集状态是不稳定的，在一定的条件下可转化成晶体。非晶体表现为各个方向的性质相同，没有固定的熔点。加热非晶体时，温度升到某一程度后开始软化，流动性增加，最后变成液体。从软化到完全熔化，中间经过一定的较宽的温度范围，并且在这个过程中，没有固定的熔解热效应。而晶体则有许多不同于非晶体的特征。

2.5.1 晶体的特征和分类

【红宝石晶体和激光材料】

1. 晶体的特征

(1) 有规则的几何外形。

晶体的外表特征是有一定的、整齐的、规则的几何外形。如食盐就具有立方体外形。虽然有时由于生成晶体的条件不同，所得到的晶体在外形上可能有些歪曲，但晶体表面的夹角(称为晶角)α、β、γ总是不变的。

(2) 有固定的熔点。

晶体有固定的熔点。加热晶体，达到熔点时，即开始熔化。在没有全部熔化以前，继续加热，温度不再上升。这时所供给的热量全部用来使晶体熔化。晶体完全熔化后，温度才开始上升。

(3) 有各向异性。

由于晶格各个方向排列的质点的距离不同，因此晶体各个方向上的性质也不一定相同。这就是晶体各向异性。例如，云母的解理性(晶体容易沿着某一平面剥离的现象)就不相同。如沿两层的平面方向剥离，就容易；如垂直于这个平面方向剥离，就困难得多。蓝晶石($Al_2O_3 \cdot SiO_2$)在不同方向上的硬度是不同的。又如石墨在与层垂直的方向上的电导率为与层平行的方向上的电导率的$1/10^4$。这种各向异性还表现在晶体的光学性质、热学性质及其他电学性质上。

晶体的这些特性是晶体内部结构的反映。应用X射线研究晶体的结构表明：组成晶体的粒子(分子、原子、离子)是有规则地排列在空间的一定的点上，这些点的结合形成晶格，排有粒子的那些点称为晶格结点。

晶格中含有晶体结构中具有代表性的最小重复单位，称为晶胞。晶胞在三维空间中无限地、周期性地重复就成为晶格。晶胞在三维空间无限地重复就产生宏观的晶体。因此，晶体的性质是由晶胞的大小、形状和质点的种类(分子、原子或离子)它们之间的作用力(库仑力、范德华力等)所决定的。

晶体还有单晶体和多晶体之别。单晶体是由一个晶核在各个方向上均衡生长起来的。这种晶体是比较少见的，但可由人工培养长成。常见的晶体的整个结构不是由同一晶格所贯穿，而是由很多取向不同的单晶颗粒拼凑而成的。这种晶体称为多晶体。对多晶体来说，由于组成它们的晶粒取向不同，使它们的各向异性相互抵消，因此多晶体一般并不表现出显著的各向异性。

2. 晶体的分类

按晶格上质点的种类和质点间作用力的性质(化学键的键型)不同，晶体可分为四种基本类型，如图2.17所示。

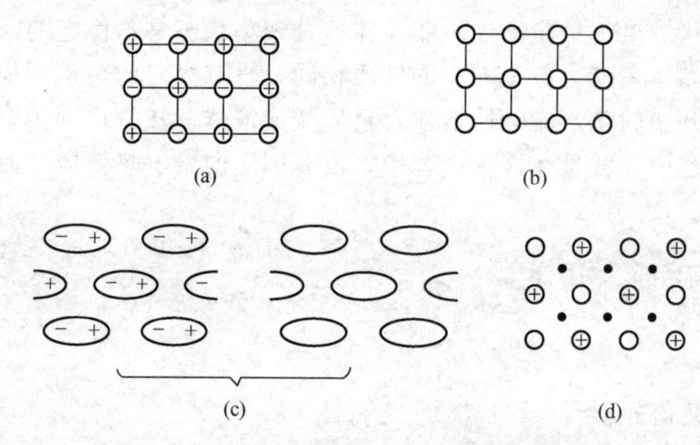

图2.17　各种晶体中晶格结点上质点的示意图

(1) 离子晶体：晶格结点上分别排列着正、负离子，正、负离子间的作用力为离子键，如图2.17(a)所示。

(2) 原子晶体：晶格结点上的粒子是原子，微粒间的作用力为共价键，如图2.17(b)所示。

(3) 分子晶体：晶格结点上的粒子是分子(极性分子或非极性分子)，微粒间的作用力是分子间力(及氢键)，如图2.17(c)所示。

(4) 金属晶体：晶格结点上的微粒是金属的原子或金属阳离子，微粒间的作用力为金属键，如图2.17(d)所示。

2.5.2　离子晶体

正、负离子通过离子键结合堆积形成离子晶体。即在晶格结点上分别排列着正、负离子，由于离子键无方向性和饱和性，正、负离子用密堆积方式交替做有规则的排列。每个离子都被若干个异电荷离子所包围，在空间形成一个庞大的分子，整个晶体就是一个大分子。

离子晶体在空间的排布方式，即晶体类型和配位数主要决定于离子的数目，正、负离子的半径比和离子的电子构型。离子的配位数是指离子周围最邻近的相反电荷离子的数目。对AB型离子晶体，正、负离子的半径比和晶体构型的关系见表2-10。

表2-10 离子半径与晶体构型(AB型离子晶体)的关系

半径比 r^+/r^-	配位数	晶体构型	实例
0.225～0.414	4	ZnS型	BaS、ZnO、CuCl等
0.414～0.732	6	NaCl型	NaBr、LiF、MgO等
0.732～1.00	8	CsCl型	CsBr、CsI、NH_4Cl等

NaCl、CsCl、ZnS是AB型离子晶体常见的三种类型，其晶体在空间的排布形式分别如图2.18、图2.19、图2.20所示。

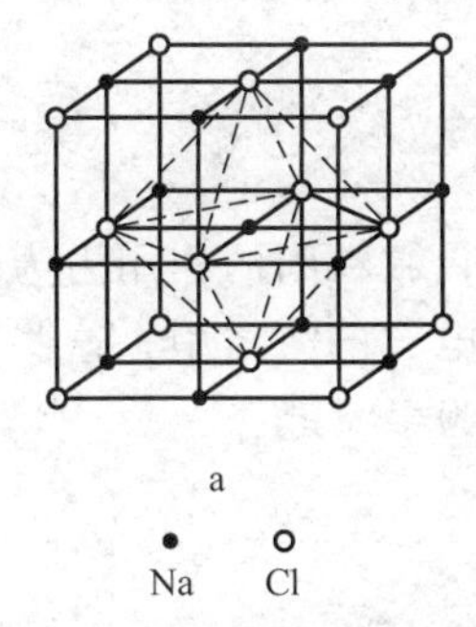

图2.18 NaCl型离子晶体

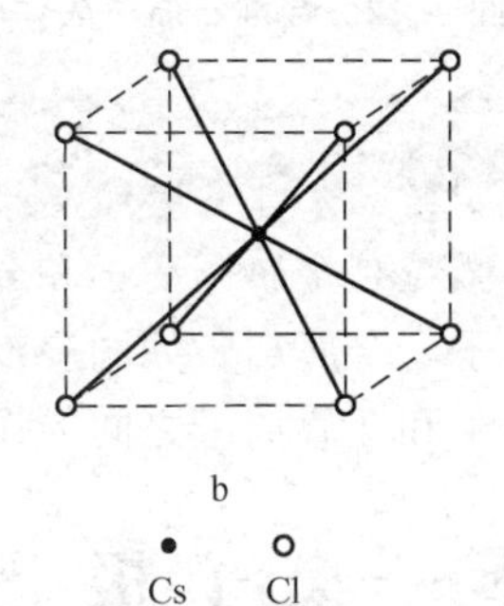

图2.19 CsCl型离子晶体

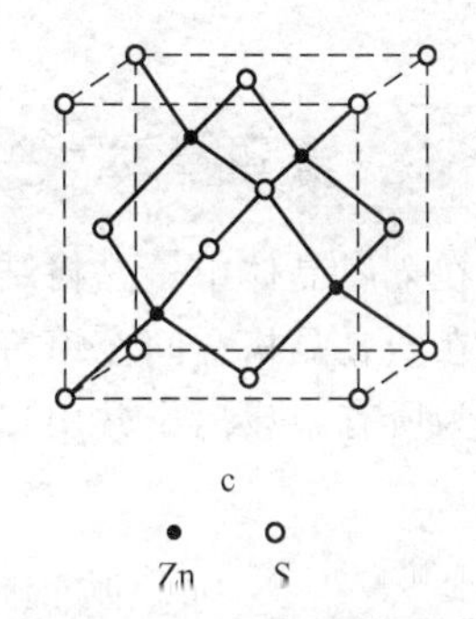

图2.20 ZnS型离子晶体

2.5.3 分子晶体

由共价键所形成的单质或化合物，由于分子间力的大小不同，在常温下以气、液、固态存在，当温度降至一定程度时，气、液态的物质都能凝结成固态形成晶体。这时，晶格结点上的微粒是共价分子(极性或非极性分子)，分子之间通过分子间力(及氢键)结合而形成的晶体称为分子晶体，如图2.21所示。例如，固态的氢、氯、二氧化碳(干冰)、冰(H_2O)、白磷(P_4)、单质疏(S_8)和绝大多数有机化合物等共价型化合物都属于分子晶体。

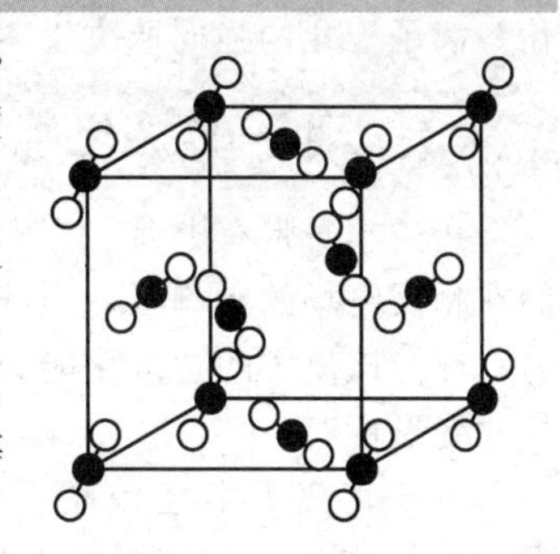

图2.21 CO_2 分子晶体

在分子晶体中，晶格结点上的粒子是分子(极性分子、非极性分子)，微粒间的作用力是分子间力(及氢键)，所以微粒间作用力远比化学键弱，因此熔点、沸点低，硬度小。这类晶体熔化时不导电，只有极性的分子型晶体溶于水时，由于发生电离才导电，如HCl等。

2.5.4 原子晶体

晶格结点上的微粒是原子，原子间通过共价键而形成的晶体称为原子晶体，如图2.22所示，如金刚石C、单质Si、金刚砂(SiC)、石英(SiO_2)等。在原子晶体中不存在独立的简单分子，整个晶体就是一个巨型分子。例如，在金刚石中，晶格结点上都是碳原子，每

个碳原子以 sp^3 杂化轨道和其他 4 个碳原子以共价键结合，形成一个巨型分子。由于原子晶体中粒子间以共价键结合，其特点是熔点、沸点高，硬度大。例如，金刚石的熔点是单质中最高的，硬度也是最大的。这类晶体一般不导电，熔融时也不导电，在大多数溶剂中不溶解。由于共价键有方向性和饱和性，原子晶体的配位数一般比离子晶体小。

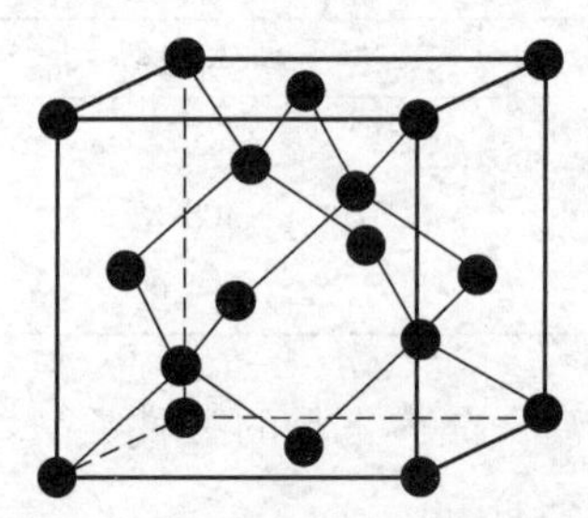

图 2.22　金刚石原子晶体

2.5.5　金属晶体

在金属晶体中，晶格结点上的微粒是金属阳离子和金属原子，微粒间的作用力为金属键。在金属晶格空间充填着自由电子，金属离子如同浸没在自由电子的海洋中，这些自由电子为所有金属离子共用，自由电子和金属离子之间的作用力称为金属键。

2.6　离子极化

离子是带电体，可以产生电场。在该电场的作用下，周围带相反电荷的离子的电子云发生变形，从而使离子正、负电荷中心不再重合，产生诱导偶极，这一现象称为离子的极化。离子极化的强弱取决于离子的两方面性质，即离子的极化能力、离子的变形性。

2.6.1　离子的极化能力和变形性

离子本身带有电荷，当电荷相反的离子相互接近时就有可能发生极化，也就是说，它们在相反电场的影响下，电子云发生变形。一种离子具有的使异号离子极化而变形的能力，称为该离子的“极化能力”。被异号离子极化而发生电子云变形的性质，称为该离子的“变形性”。

由于正离子半径较小，产生的电场较强，所以使相邻负离子变形极化的能力较强；而负离子由于半径较大，其电场较弱，所以本身变形极化的能力较大。因此，考虑离子极化作用时，一般考虑正离子对负离子的极化能力大小和负离子在正离子极化作用下的变形性的大小。若正离子的极化能力越强，负离子的变形性越大，则离子极化作用越强。

下面分别讨论离子的极化能力、变形性的某些规律及附加极化作用。

1. 离子的极化能力

离子的极化能力一般考虑正离子的极化能力。

(1) 离子正电荷数越大，半径越小，极化能力越强。

(2) 阳离子的外层电子构型对其极化能力有一定的影响。阳离子极化能力强弱的顺序为

18、(18＋2)及2电子构型＞(9～17)电子构型＞8电子构型

电子构型举例如下。

18电子构型：Cu^{+}，Ag^{+}，Au^{+}；Zn^{2+}，Cd^{2+}，Hg^{2+}。

18＋2电子构型：Sn^{2+}，Pb^{2+}，Sb^{3+}。

2电子构型：Li^{+}，Be^{2+}。

(9～17)电子构型：过渡金属离子。

8电子构型：碱金属、碱土金属离子。

2. 离子的变形性

离子的变形性主要考虑阴离子的变形性，用极化率α表示离子变形性的大小。

(1) 对电子层结构相同的阴离子，负电荷数越大，变形性越大(如$O^{2-}>F^{-}$)；半径越大，变形性越大(如$F^{-}<Cl^{-}<Br^{-}<I^{-}$)。

(2) 对于一些复杂的无机阴离子，如$SO_4{}^{2-}$，一方面有较大的离子半径，它们的极化能力较弱，另一方面它们作为一个整体(离子内部原子间相互作用大，组成结构紧密、对称性强的原子集团)，变形性也较小。而且复杂阴离子的中心离子氧化值越高，变形性越小。

阴离子变形性规律如下。

$$ClO_4{}^{-}<F^{-}<NO_3{}^{-}<H_2O<OH^{-}<CN^{-}<Cl^{-}<Br^{-}<I^{-}$$

$$SO_4{}^{2-}<H_2O<CO_3{}^{2-}<O^{2-}<S^{2-}$$

(3) 离子的变形性也与离子的电子构型有关，通常有如下规律。

18、(18＋2)及2电子变形性＞(9～17)电子＞8电子构型

从上面几点可以归纳如下：最容易变形的离子是体积大的阴离子和18电子构型或不规则电子构型的少电荷阳离子(如Ag^{+}、Pb^{2+}、Hg^{2+}等)。最不容易变形的离子是半径小、电荷高的稀有气体型阳离子，如Be^{2+}、Al^{3+}、Si^{4+}等。

3. 附加极化作用

每个离子一方面作为带电体，使邻近离子发生变形；另一方面在周围离子的作用下，本身也发生变形，阴、阳离子相互极化的结果是彼此的变形性增大，产生的诱导偶极矩加大，从而进一步增强了它们的极化能力，这种增强的极化作用称为附加极化。每个离子的总极化作用应是它原来的极化作用和附加极化作用之和。离子的外层电子构型对附加极化作用的大小有很重要的影响。18、(18＋2)电子构型的阳离子不仅具有较强的极化能力，而且自身容易被极化而变形，因而增加了附加极化作用。一般是所含d电子数越多，电子层数越多，这种附加极化作用越大。

2.6.2 离子极化对化学键型的影响

阴、阳离子在结合成化合物时，如果相互间完全没有极化作用，则其间的化学键纯属离子键。实际上，相互极化的关系或多或少存在着，对于含d^x或d^{10}电子的阳离子与半径大或电荷高的阴离子结合时尤为重要。由于阴、阳离子相互极化，使电子云发生强烈变形，从而使阴、阳离子外层电子云重叠。相互极化作用越强，电子云重叠的程度也越大，键的极性越小，键长缩短，从而由离子键过渡到共价键，如图2.23所示。

以卤化银为例，其键型变化见表2-11。

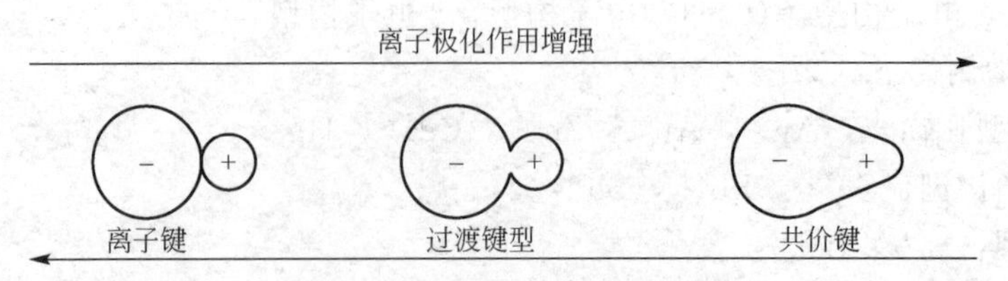

图 2.23　离子极化对键型的影响

表 2-11　卤化银键型变化情况

名称	离子半径之和/pm	实测键长/pm	键型
AgF	257	246	离子型
AgCl	302	277	过渡型
AgBr	320	288	过渡型
AgI	337	299	共价型

由此可见，键长与正、负离子半径之和基本一致的是离子型；键长与正、负离子半径之和差别显著的，基本上是共价型；差别不是很大的是过渡型。

2.6.3　离子极化对化合物性质的影响

1. 化合物的溶解度降低

离子的相互极化改变了彼此的电荷分布，导致离子间距离的缩短和轨道的重叠，离子键逐渐向共价键过渡，使化合物在水中的溶解度降低。由于偶极水分子的吸引，离子键结合的无机化合物一般是可溶于水的，而共价型的无机晶体，却难溶于水，如氟化银易溶于水(在 298K 时，溶解度为 1.4×10^{-1} mol·L^{-1})，而 AgCl、AgBr、AgI 的溶解度依次递减(在 298K 时依次为 1.3×10^{-5} mol·L^{-1}、7.3×10^{-7} mol·L^{-1}、9.2×10^{-9} mol·L^{-1})。这主要是因为 F^- 离子半径很小，不易发生变形，Ag^+ 和 F^- 的相互极化作用小，AgF 属于离子晶体，可溶于水。而银的其他卤化物，随着 Cl—Br—I 的顺序，共价程度增强，因而它们的溶解性依次递减。Cu^+ 的卤化物和 Ag^+ 的卤化物行为类似。Cu^+ 和 Ag^+ 的离子半径和 Na^+、K^+ 近似，为什么它们的卤化物在水中的溶解性有如此大的差别呢？这是由于 Cu^+ 和 Ag^+ 离子的最外电子层构型与 Na^+、K^+ 不同。Cu^+ 和 Ag^+ 为 18 电子构型，极化能力和变形性均很大，与卤素离子 X^-(F^- 除外)相互极化作用强，除氟化物外，其卤化物均为共价化合物，均难溶于水。而 Na^+ 和 K^+ 为 8 电子构型，极化能力和变形性均很小，与卤素离子 X^- 相互极化作用弱，其卤化物均为离子型化合物，均易溶于水。由于 S^{2-} 离子的负电荷高、半径又大，变形性和极化能力都很大，所以铜副族元素硫化物的溶解度皆非常小，CuS 的溶解度为 1.13×10^{-18} mol·L^{-1}，Ag_2S 的溶解度为 2.56×10^{-17} mol·L^{-1}。

应当指出，虽然影响无机化合物溶解度的因素很多，但离子的极化往往起很重要的作用。

2. 晶格类型的转变

通过上节离子极化对化学键型的影响的讨论，可以看到键型的过渡既缩短了离子间的距离，也往往减小了晶体的配位数。硫化镉的离子半径比 $r_+/r_- = 97/184 \approx 0.53$，应属NaCl型晶体，实际上CdS晶体却属于ZnS型，原因就在于 Cd^{2+} 离子部分地钻入 S^{2-} 的电子云中，犹如减小了离子半径比，使之不再等于正负离子半径比的理论比值0.53，而是减小到小于0.414，因而改变了晶型。

3. 导致化合物颜色的加深

离子型化合物的极化程度越大，化合物的颜色越深。例如，Ag^+ 离子和 X^- 卤素离子都是无色的，但AgCl为白色，AgBr为浅黄色，AgI为较深的黄色；Ag_2CrO_4 是砖红色而不是黄色，这都与离子极化作用有关。但应注意，影响化合物颜色的因素很多，离子极化仅是其中的一个因素。

离子极化对 HgX_2、PbX_2、BiX_3、NiX_2 等化合物颜色的影响见表2－12。

在某些金属的硫化物、硒化物、碲化物及氧化物与氢氧化物之间，均有这种现象。

表2－12　HgX_2、PbX_2、BiX_3、NiX_2 等化合物的颜色

名称	Hg^{2+}	Pb^{2+}	Bi^{3+}	Ni^{2+}
Cl	白色	白色	白色	黄褐色
Br	白色	白色	橙色	棕色
I	红色	黄色	黄色	黑色

4. 导致熔点、沸点降低

(1) 离子极化对化合物熔、沸点的影响。

例如，NaCl、$MgCl_2$、$AlCl_3$、$SiCl_4$、PCl_5。

从左→右，阳离子电荷数(Z_+)逐渐增加、半径(r_+)逐渐减小，正离子极化能力逐渐增强；负离子均为 Cl^-，变形性不变，氯化物的极化作用逐渐增强，共价成分逐渐增加，故从NaCl→PCl_5，熔点、沸点逐渐降低。

又如，NaF、NaCl、NaBr、NaI。

从NaF→NaI，r_- 逐渐增加，负离子变形性逐渐增加；正离子均为 Na^+，极化能力不变。所以，从NaF→NaI，卤化钠的极化作用逐渐增强，共价成分逐渐增加，熔点、沸点逐渐下降。

必须指出，到目前为止，离子极化作用的理论还很不完善，仅能定性解释部分化合物的性质，若作为一种理论，有待进一步完善与发展。

(2) 判断晶体物质熔点、沸点的方法。

判断晶体物质的熔点，不能仅考虑离子极化作用。首先要确定是什么类型的晶体，再确定用什么方法来判断。

① F_2、Cl_2、Br_2、I_2 为分子晶体，相对分子质量越大，分子间力越大，熔点、沸点越高。

② LiF、NaF、KF、RbF、CsF为离子晶体，F^- 半径很小，不易变形，不存在离子极化作用。阳离子半径(r_+)越大，晶格能(U)越小，熔点、沸点越低。

③ Na_2O、MgO、Al_2O_3 为离子晶体，O^{2-} 半径很小，不易变形，不存在离子极化作

用。r_+越小，Z_+电荷越大，晶格能(U)越大，熔点、沸点越高。

④ 熔点：$FeCl_2>FeCl_3$；$CuCl>CuCl_2$；$PbCl_2>PbI_2$。

这是因为Fe^{3+}比Fe^{2+}、Cu^{2+}比Cu^+的极化作用强，I^-比Cl^-变形性大的缘故。

总之，对离子晶体，若无离子极化作用，用晶格能(U)判断熔点；若有离子极化作用，则用离子极化理论判断熔点。

对各种晶体，一般分子晶体熔点最低，原子晶体和离子晶体熔点较高，金属晶体则高低均有。

2.6.4 多键型晶体

除了上述四种典型的晶体外，也有混合型的情况，如石墨，在它的晶体中，同层的碳原子以 sp^2 杂化形成共价键，每个碳原子以三个共价键与另外三个碳原子相连。六个碳原子在同一平面上形成了正六边形的环，伸展形成片层结构，这里C—C键的键长均为142pm，如图2.24所示。在同一平面的碳原子还各剩下一个p轨道，它们相互重叠形成大π键。大π键中电子比较自由，相当于金属中的自由电子，所以石墨能导热和导电。

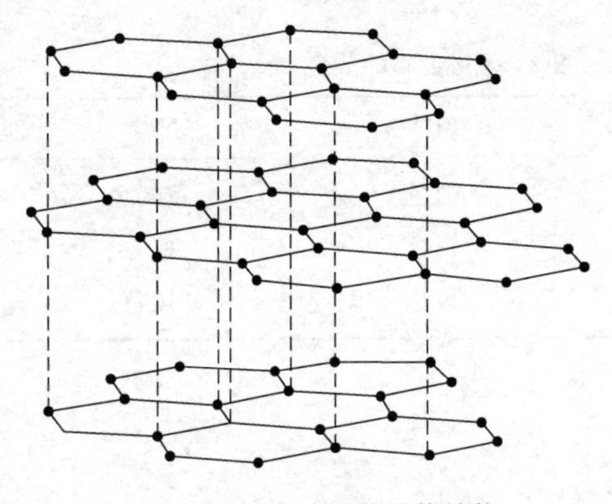

图2.24 石墨的层状晶体结构

石墨晶体中层与层之间相隔340pm，距离较大，是以微弱的范德华力结合起来的，所以石墨片层之间容易滑动。但是，由于同一平面层上的碳原子间结合力很强，极难破坏，所以石墨的熔点很高，化学性质也很稳定。

石墨是原子晶体、金属晶体、分子晶体之间的一种混合型。具有多键型结构的晶体尚有黑磷、云母、六方氮化硼BN等。

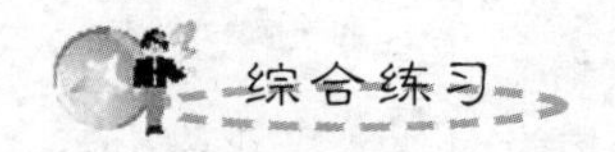

一、思考题

1. 举例说明下列概念有何区别。

离子键和共价键，极性键和极性分子，σ键和π键，分子间力和氢键。

2. 以O_2和N_2分子结构为例，说明价键理论和分子轨道理论的主要论点。

3. 根据杂化理论回答下列问题。

分子	CH_4	H_2O	NH_3	CO_2	C_2H_4
键角	109.5°	104.5°	107°	180°	120°

(1) 上表中各种物质中心原子以何种类型杂化轨道成键？

(2) NH_3、H_2O的键角为什么比CH_4小？CO_2的键角为何是180°？

4. 下列分子中哪些是非极性分子？哪些是极性分子？

(1) $BeCl_2$　(2) BCl_3　(3) H_2S　(4) HCl　(5) CCl_4　(6) $CHCl_3$

5. 用VB法和MO法分别说明为什么 H_2 分子能稳定存在，而 He_2 不能稳定存在？

6. 说明下列每组分子之间存在着什么形式的分子间作用力(取向力、诱导力、色散力、氢键)？

(1) 苯和 CCl_4　(2) 甲醇和水　(3) HBr 气体

(4) He 和水　(5) NaCl 和水

7. O_2^- 的键长为12.1pm，O_2^+ 的键长为11.2 pm；N_2 的键长为10.9 pm，N_2^+ 的键长为11.2 pm，用分子轨道理论解释为何 O_2^+ 键长比 O_2^- 短，而 N_2^+ 的键长却比 N_2 的键长要长。

8. 下列化合物中是否存在氢键？若存在氢键，属何种类型？

(1) NH_3　(2) H_3BO_3　(3) CF_3H　(4) C_6H_6　(5) C_2H_6

9. 根据晶体物质的晶格结点上占据的质点种类(分子、原子或离子)和质点间作用力的不同，可把晶体分为几种类型？

10. 试判断下列晶体的熔点哪个高？哪个低？从质点间的作用力考虑各属于何种类型？

(1) CsCl，Au，CO_2，HCl　(2) NaI，N_2，NH_3，Si(原子晶体)

11. 试指出下列物质固化时可以结晶成何种类型的晶体？

(1) O_2　(2) H_2S　(3) Pt　(4) KCl　(5) Ge

12. 试解释下列现象？

(1) 为什么 CO_2 和 SiO_2 的物理性质差得很远？

(2) 卫生球(萘 $C_{10}H_8$ 的晶体)的气味很大，这与它的结构有什么关系？

(3) NaCl 和 AgCl 的阳离子都是+1价离子，但为什么 NaCl 易溶于水，AgCl 却难溶于水？

二、练习题

1. 选择题

(1)下列物质在水溶液中溶解度最小的是(　　)。

(A) NaCl　(B) AgCl　(C) CaS　(D) Ag_2S

(2) 下列化合物熔点的高低顺序为(　　)。

(A) SiO_2＞HCl＞HF　(B) HCl＞HF＞SiO_2

(C) SiO_2＞HF＞HCl　(D) HF＞SiO_2＞HCl

(3) 在下列化合物中，(　　)不具有孤对电子。

(A) H_2O　(B) NH_3　(C) NH_4^+　(D) H_2S

(4) 形成 HCl 分子时原子轨道重叠是(　　)。

(A) s—s 重叠　(B) p_y—p_y(或 p_z—p_z)重叠

(C) s—p_x 重叠　(D) p_x—p_x 重叠

(5) BCl_3 分子的几何构型是平面三角形，B 与 Cl 所成的键是(　　)。

(A)(sp^2—p)σ 键　(B)(sp—s)σ 键

(C)(sp^2—s)σ 键　(D)(sp—p)σ 键

(6) 下列化合物中具有 sp—sp^3 杂化轨道重叠所形成的键是(　　)，以 sp^2—sp^3 杂化轨道重叠所形成的键是(　　)。

(A) $CH_3—C≡CH$　　(B) $CH_3CH═CHCH_3$

(C) $H—C≡C—H$　　(D) $CH_3—CH_2—CH_2—CH_3$

(7) 下列物质中属于分子间氢键的是(　　)，属于分子内氢键的是(　　)。

(A) NH_3　　(B) C_6H_6

(C) C_2H_4　　(D) C_2H_5OH

(E) H_3BO_3　　(F) HNO_3

(8)离子晶体 AB 的晶格能等于(　　)。

(A) A—B 间离子键的键能

(B) A 离子与一个 B 离子间的势能

(C) 1mol 气态 A^+ 离子与 1mol 气态 B^- 离子反应形成 1mol AB 离子晶体时放出的能量

(D) 1mol 气态 A 原子与 1mol 气态 B 原子反应形成 1mol AB 离子晶体时放出的能量

(9) 下列物质熔点变化的顺序中，不正确的是(　　)。

(A) $NaF>NaCl>NaBr>NaI$　　(B) $NaCl<MgCl_2<AlCl_3<SiCl_4$

(C) $LiF>NaCl>KBr>CsI$　　(D) $Al_2O_3>MgO>CaO>BaO$

(10) 下列晶体中熔化时只需克服色散力的是(　　)。

(A) $HgCl_2$　　(B) CH_3COOH　　(C) $CH_3CH_2OCH_2CH_3$

(D) SiO_2　　(E) $CHCl_3$　　(F) CS_2

(11) 下列各物质化学键中只存在 σ 键的是(　　)；同时存在 σ 键和 π 键的是(　　)。

(A) PH_3　　(B) 乙烯　　(C) 乙烷　　(D) SiO_2

(E) N_2　　(F) 乙炔　　(G) CH_2O

(12) 下列分子中，中心原子在成键时以 sp^3 不等性杂化的是(　　)。

(A) $BeCl_2$　　(B) PH_3　　(C) H_2S　　(D) SiH_4

2. 用杂化轨道理论解释为何 PCl_3 是三角锥形，且键角为 101°，而 BCl_3 却是平面三角形的几何构型。

3. 下列双原子分子或离子，哪些可稳定存在？哪些不可稳定存在？请将能稳定存在的双原子分子或离子按稳定性由大到小的顺序排列起来。

H_2　　He_2　　He_2^+　　Be_2　　C_2　　N_2　　N_2^+

4. 试由下列各物质的沸点推断它们分子间力的大小。列出分子间力由大到小的顺序，并说明这一顺序与相对分子质量的大小有何关系？

Cl_2：−34.1℃　　O_2：−183.0℃　　N_2：−198.0℃

H_2：−252.8℃　　I_2：181.2℃　　Br_2：58.8℃

5. 指出下列各组物质熔点由高到低的顺序。

(1) NaF　KF　CaO　KCl　　(2) SiF_4　SiC　$SiCl_4$

(3) AlN　NH_3　PH_3　　(4) Na_2S　CS_2　CO_2

6. 已知 NH_3、H_2S、BeH_2 和 CH_4 的偶极矩分别为 4.90×10^{-30} C·m、3.67×10^{-30} C·m、0C·m 和 0C·m，试回答下列问题。

(1) 分子极性的大小。

(2) 中心原子的杂化轨道类型。

(3) 分子的几何构型。

7. 将下列离子按极化能力从大到小的顺序排列。

Mg^{2+} Li^{+} Fe^{2+} Zn^{2+}

8. 判断下列各组分子之间存在着什么形式的分子间作用力。

(1) CO_2 与 N_2 (2) HBr(气) (3) N_2 与 NH_3 (4) HF 水溶液

9. 用离子极化的观点解释下列现象。

(1) AgF 在水中溶解度较大，而 AgCl 却难溶于水。

(2) Cu^{+} 的卤化物 CuX 的 $r_+/r_- > 0.414$，但它们都是 ZnS 型结构。

(3) Pb^{2+}、Hg^{2+}、I^- 均为无色离子，但 PbI_2 呈金黄色，HgI_2 呈朱红色。

10. 一价铜的卤化物 CuF、CuCl、CuBr、CuI 按 r_+/r_- 均应归于 NaCl 型晶体，但实际上都是 ZnS 型，为什么？

11. 下列说法中哪些正确？哪些不正确？

(1) 所有不同类原子间的化学键至少具有弱极性。

(2) 色散力不仅存在于非极性分子之间。

(3) 原子形成共价键数目等于游离的气态原子的未成对电子数。

(4) 凡是含氢的化合物，其分子之间都能形成氢键。

12. 下列分子中哪些有极性？哪些无极性？从分子构型加以说明。

(1) SO_2 (2) SO_3 (3) CS_2 (4) BF_3

(5) NF_3 (6) NO_2 (7) $CHCl_3$ (8) SiH_4

第3章 热化学及化学反应的方向和限度

(1) 理解反应进度ξ、系统与环境、状态与状态函数的概念。

(2) 理解热力学第一定律、第二定律和第三定律的基本内容。

(3) 掌握化学反应的标准摩尔焓变的各种计算方法。

(4) 掌握化学反应的标准摩尔熵变和标准摩尔吉布斯函数变的计算方法。

(5) 会用ΔG来判断化学反应的方向，并了解温度对ΔG的影响。

(6) 了解实验平衡常数和标准平衡常数及标准平衡常数与标准摩尔吉布斯函数变的关系。

(7) 掌握不同反应类型的标准平衡常数表达式，并能从该表达式来理解化学平衡的移动。

(8) 掌握有关化学平衡的计算，包括运用多重平衡规则进行的计算。

研究化学反应，并使某反应实现工业生产，必须解决以下四个问题。①化学反应能否自发进行？即化学反应的可能性和方向性问题。②如果能够自发进行，那么有无热量放出、吸收或放出多少热量？即能量守恒和转化问题。③在给定条件下，有多少反应物可以最大限度地转化为生成物？即化学反应的平衡和限度问题。④实现这种转化需要多少时间？即化学反应的速率问题。这些问题可归结为三个方面，即化学反应热力学、化学反应平衡和化学反应动力学问题。本章将讨论这些问题。

3.1 热化学基本概念

3.1.1 化学反应进度

1. 化学反应计量方程式

对于任一已配平的化学反应方程式，按国家法定计量单位可表示为

$$0 = \sum_{B} \nu_B B \quad (3-1)$$

式中，B为化学反应方程式中的反应物或生成物，称为物质B；ν_B：物质B的化学计量数，其量纲为1，规定反应物的化学计量数为负值，而生成物的化学计量数为正值；$\sum_{B}$ 为对各物种B求和。

例如，反应

$$N_2 + 3H_2 = 2NH_3$$

可改写为

$$0 = -N_2 - 3H_2 + 2NH_3$$

化学计量数 ν_B 分别为

$$\nu(N_2) = -1,\ \nu(H_2) = -3,\ \nu(NH_3) = +2$$

2. 化学反应进度 ξ

反应进度：是用来表示系统中化学反应进行程度的一个物理量，用符号“ξ”表示，读作“克赛”。

反应进度最早由比利时热化学家德唐德(De Donder)引入，1982年《物理化学和分子物理学的量和单位》(GB 3102.8—1982)引入，1992年IUPAC推荐使用。反应进度在反应热的计算、反应速率的表示和化学平衡的计算中普遍应用。引入反应进度的最大优点是在反应进行到任意时刻时，可用任一反应物或生成物来表示反应进行的程度，所得结果总是相等的。

对于任意反应

$$0 = \sum_{B} \nu_B B$$

反应开始时：$t=0$，$\xi(0)=0$，$n_B = n_B(0)$

反应开始后：$t=t$，$\xi(t)=\xi$，$n_B = n_B(\xi)$

定义
$$\xi = \frac{n_B(\xi) - n_B(0)}{\nu_B} = \frac{\Delta n_B}{\nu_B} \quad (\text{mol}) \quad (3-2)$$

即反应进度(ξ)的定义：任一反应物(或生成物)的物质的量的改变值与该物质计量数的比值。对于任一化学反应式，ν_B为定值，反应进度(ξ)越大，则Δn_B越大，即反应进行的程度越大。反应进度与物质的量n具有相同的量纲，SI单位为mol。

$$n_B(\xi) = n_B(0) + \nu_B \xi$$

当反应进度ξ有微小变化时，则

$$d\xi = \frac{dn_B}{\nu_B} \quad (3-3)$$

或

$$dn_B = \nu_B d\xi$$

$$\Delta n_B = \nu_B \Delta\xi$$

上式表示，当反应进度从ξ变化到$\xi + d\xi$，即有$d\xi$的变化时，在反应中任一物质B的物质的量的改变值为$dn_B = \nu_B d\xi$。反应开始时$\xi = 0$mol，当$\xi = 1$mol时，则反应按照所给定的反应式进行了1mol反应。例如，对于反应

$$N_2(g) + 3H_2(g) = 2NH_3(g)$$

若ξ(或$\Delta\xi$)$=1$mol时，表示进行了1mol反应，即1mol $N_2(g)$和3mol $H_2(g)$完全反应生成了2mol的$NH_3(g)$。这时，系统中各组分物质的量的改变量分别为

$$\Delta n(N_2)=-1\times1\text{mol}=-1\text{mol}\quad \Delta n(H_2)=-3\times1\text{mol}=-3\text{mol}$$

$$\Delta n(NH_3)=2\times1\text{mol}=2\text{mol}$$

对于反应

$$\frac{1}{2}N_2(g)+\frac{3}{2}H_2(g)\text{===}NH_3(g)$$

若 ξ(或 $\Delta\xi$)=1mol，也表示进行了 1mol 反应，即 1/2mol N_2(g) 与 3/2molH_2(g)完全反应生成了 1mol 的 NH_3(g)。这时，系统中各组分物质的量的改变量分别为

$$\Delta n(N_2)=-\frac{1}{2}\times1\text{mol}=-\frac{1}{2}\text{mol}\quad \Delta n(H_2)=-\frac{3}{2}\times1\text{mol}=-\frac{3}{2}\text{mol}$$

$$\Delta n(NH_3)=1\times1\text{mol}=1\text{mol}$$

【例 3-1】 在合成氨的合成塔中，10mol N_2(g)和 20mol H_2(g)反应，生成了 4.0mol 的 NH_3(g)，分别计算下面两个反应的反应进度。

(1) $N_2(g)+3H_2(g)\text{===}2NH_3(g)$

(2) $\frac{1}{2}N_2(g)+\frac{3}{2}H_2(g)\text{===}NH_3(g)$

解：

	$n(N_2)$/mol	$n(H_2)$/mol	$n(NH_3)$/mol
$t=0$，$\xi=0$，	10	20	0
$t=t$，$\xi=\xi$，	8	14	4

分别用 N_2、H_2、NH_3 的物质的量的变化计算 ξ。

对反应(1)

$$\xi=(8-10)/(-1)=(14-20)/(-3)=(4-0)/2=2.0(\text{mol})$$

对反应(2)

$$\xi=(8-10)/(-0.5)=(14-20)/(-1.5)=(4-0)/1=4.0(\text{mol})$$

可见，反应进度(ξ)与化学反应式的写法有关，即 ξ 与计量数 ν 有关，所以在使用反应进度时，一定要指明反应方程式。

对任一化学反应 $a\text{A}+b\text{B}\text{===}g\text{G}+d\text{D}$，有

$$\xi=\frac{\Delta n_A}{\nu_A}=\frac{\Delta n_B}{\nu_B}=\frac{\Delta n_G}{\nu_G}=\frac{\Delta n_D}{\nu_D}$$

即在表示反应进度时，物质 B 和 nB 可以不同，但用不同物种表示的同一反应的 ξ 不变。

3.1.2 系统和环境

系统：是人们所选择的研究对象。在化学中，是人为地划分出来供人们研究的部分物质或空间。

环境：是系统以外并与系统密切相关的部分。

系统是人为划分的。例如，一瓶气体，我们研究其中的气体，则气体就是系统，而瓶子和瓶子以外的物质就是环境。这里，系统和环境有明显的界面。但并不是所有系统和环境都有明显界面，如合成氨的合成塔中有 N_2、H_2、NH_3 的混合气体，当我们选择 N_2 为系统时，则 H_2、NH_3、合成塔及以外的其他物质就是环境，这时系统和环境没有明显的界面。

根据系统与环境之间能量和物质的交换情况，可将系统分为三类。

(1) 敞开系统：系统与环境之间既有物质交换，又有能量交换。

(2) 封闭系统：系统与环境之间没有物质交换，但有能量交换。

(3) 隔离系统：系统与环境之间既没有物质交换，又没有能量交换，是一种理想系统。

3.1.3 状态和状态函数

系统的状态：由一系列表征系统性质的宏观物理量(如 n、T、p、V、ρ 等)所确定下来的系统的存在形式，是系统中所有宏观性质的综合表现。

如果系统中物质的量(n)、温度(T)、压力(p)、体积(V)、密度(ρ)及后面将要介绍的热力学能(U)、焓(H)、熵(S)、吉布斯函数(G)等宏观性质均有确定值，就称这个系统处于一定的状态；改变其中任何一个性质，系统的状态就发生了变化。反过来说，当系统处于一定状态时，则确定系统状态的所有宏观性质都确定了，所有的宏观物理量必有定值。

状态函数：籍以确定系统状态的宏观物理量。或者说状态函数是由系统状态所决定的性质。温度、压力、体积、密度、热力学能、焓、熵、吉布斯函数等都是状态函数。

状态函数特性：状态函数的变化值(增量)只取决于系统的始态与终态，而与变化的具体途径无关，如

$$\Delta n = n_2 - n_1 \qquad \Delta p = p_2 - p_1$$
$$\Delta T = T_2 - T_1 \qquad \Delta V = V_2 - V_1$$

例如，一烧杯中的水，温度由 293K 升高到 313K，可以采取两条途径：①先加热到 323K，再冷却至 313K；②先冷却至 273K，再加热到 313K。温度的变化值不变，ΔT = 313K − 293K = 20K，只决定于系统的始、终态，与变化的途径无关。

描述系统状态的各个函数间往往有一定的关系，因此，只要确定系统的一些状态函数，其他的状态函数也就随之而定。例如，理想气体系统，系统的状态可以用 T、p、V、n 来描述，这四个函数间有 $pV = nRT$ 的函数关系。因此理想气体的某一状态只需要其中任意三个物理量便可确定。

3.1.4 过程和途径

过程：当系统发生一个任意的状态变化时，我们说系统经历了一个过程。在实际工作中，有三种常见的过程：①恒温过程，即系统始、终态的温度与环境温度相等且恒定不变的过程；②恒压过程，即系统始、终态压力与环境压力相等且恒定不变的过程；③恒容过程，即系统体积恒定不变的过程。

途径：系统从始态变到终态，可以经历不同的历程，状态变化时经历的具体历程(路线或步骤)称为途径。

例如，一定量的理想气体，从始态 A(200kPa，298K)变化到终态 B(100kPa，398K)，可采取两种途径。

(1) 先恒压升温至 T_2，再恒温减压到达终态。即先从 200kPa，298K 变化到 200kPa，398K；再由此变化到 100kPa，398K。

(2) 先恒温降压至 p_2，再恒压升温到达终态。即先从 200kPa，298K 变化到 100kPa，298K；再由此变化到 100kPa，398K。

两种途径的状态函数的变化值 $\Delta p = p_2 - p_1$，$\Delta T = T_2 - T_1$，只与系统的始、终态有关，而与途径无关。

3.1.5 热和功

系统状态发生变化时，系统与环境之间一般会有能量交换，能量交换的形式主要是热

和功，单位均为焦耳(J)或千焦(kJ)。

热(Q)：系统与环境之间因温度不同而引起的能量交换形式称为热，用Q来表示。

规定：系统吸热，Q为正值，即$Q>0$；系统放热，Q为负值，即$Q<0$。

功(W)：除热以外，系统和环境之间其他的能量交换形式统称为功。

规定：系统得功(环境对系统做功)，W为正值，即$W>0$；系统失功(系统对环境做功)，W为负值，即$W<0$。

功有多种形式。在热力学中，通常把功分成两大类：一类是体积功；另一类是非体积功。由于系统的体积变化而与环境交换的功称为体积功(或膨胀功)，用$-p\Delta V$表示；除体积功以外的所有其他功称为非体积功(或有用功)，用W_f表示。非体积功有电功、机械功、表面功等。

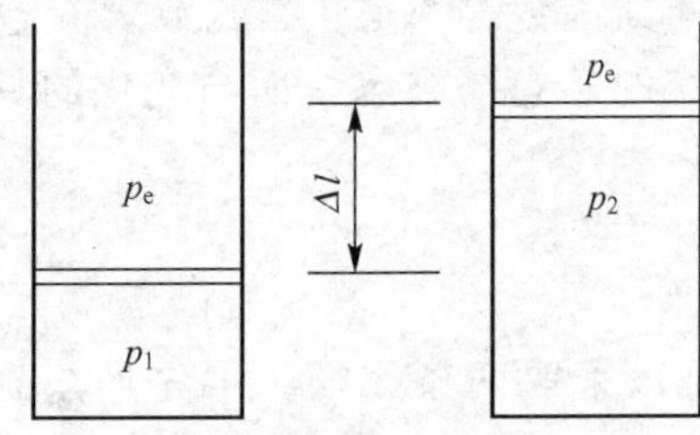

图 3.1　体积功示意图

体积功对于化学过程来说，具有特殊意义。气体恒压过程所做的体积功可用图 3.1 来说明。

对恒压过程，系统始态压力(p_1)和终态压力(p_2)相同，且等于环境的压力(p_e)，即

$$p_1=p_2=p_e=\text{常数}$$

设活塞面积为S，活塞移动的距离为Δl，则体积功为

$$W_{体}=-F\cdot\Delta l=-p_eS\Delta l=-p_e\Delta V$$

膨胀时，体积功为负值，而Δl和$\Delta V>0$；压缩时，体积功为正值，而Δl和$\Delta V<0$，所以式中有一个负号。

当系统的压力p与环境的压力p_e保持相等时，p_e可用p代替，于是

$$W_{体}=-p\Delta V \tag{3-4}$$

所以，环境对系统所做的总功为

$$W_{总}=-p\Delta V+W_f \tag{3-5}$$

式中，W_f为非体积功。

需要指出的是，Q和W均不是状态函数，与状态变化的具体途径有关，没有过程也就没有热和功，因而不能说系统含多少热(或功)。

3.1.6　热力学能(U)

通常系统的能量由三部分组成：整体的动能、整体的位能和热力学能。

热力学能又称为内能，它是系统内部各种形式能量的总和，包括分子运动的平动能、转动能、振动能、电子运动及原子核的能量和分子间相互作用的位能等。可见，热力学能是系统的性质之一，只取决于系统的状态。系统的状态一定，系统的热力学能就有一定值。因此，热力学能是状态函数。热力学能用符号U表示，单位为 J 或 kJ。

目前，系统在一定状态下，U的绝对值还无法确定。但人们感兴趣的是系统在状态变化过程中热力学能的变化值(ΔU)。$\Delta U>0$，系统能量升高；$\Delta U<0$，系统能量下降。

3.1.7　热力学第一定律

热力学有三大定律，它们不是推导出来的，而是无数次实验的总结。建立在这些定律

基础上的结论都是可靠的。这里先介绍热力学第一定律。

热力学第一定律即能量守恒和转化定律。即在隔离系统中，能量的形式可以相互转化，但不会凭空产生，也不会自行消失。

若把隔离系统分成系统与环境两部分，系统热力学能的改变值等于系统与环境之间的能量传递。其数学表达式为

$$\Delta U = Q + W \tag{3-6}$$

式中，ΔU 是系统状态变化时热力学能的改变值，是可测的；Q 和 W 分别是系统在状态变化过程中与环境交换的热和功。上式的物理意义：系统热力学能的改变值等于系统从环境吸收的热量加上环境对系统所做的功。

【例 3-2】 某系统从环境吸收热量并膨胀做功，已知从环境吸收热 200kJ，对环境做功 100kJ，求该过程中系统的热力学能变和环境的热力学能变。

解： 由热力学第一定律可知

$$\begin{aligned}\Delta U(\text{系统}) &= Q + W \\ &= 200 + (-100) = 100(\text{kJ})\\ \Delta U(\text{环境}) &= Q + W \\ &= (-200) + 100 = -100(\text{kJ})\end{aligned}$$

即完成这一过程后,系统净增加 100kJ 的热力学能,而环境净减少 100kJ 的热力学能,系统与环境的总和(即隔离系统)保持能量守恒。即

$$\Delta U(\text{系统}) + \Delta U(\text{环境}) = 0$$

3.2 热 化 学

化学反应常常伴有热量的吸收和放出。热化学就是把热力学理论和方法应用于化学反应，研究化学反应热效应及其变化规律的科学。

3.2.1 化学反应热效应

在研究化学反应时，通常把反应物作为始态，把生成物作为终态。在系统只做体积功时，始、终态间热力学能的改变值 ΔU(简称热力学能变)以热和功的形式表现出来。根据热力学第一定律，$\Delta U = Q + W$。而以热(Q)的形式表现出来的那部分能量称为化学反应热效应。

热是一个过程量，与过程有关。恒容过程的热效应称为恒容热效应，简称恒容热；恒压过程的热效应称为恒压热效应，简称恒压热。在恒容和恒压条件下，化学反应的热效应分别称为恒容反应热 Q_V 和恒压反应热 Q_p。

1. 恒容反应热 Q_V

在恒温条件下，如果化学反应在容积恒定的容器中进行，且不做非体积功，则该过程中系统与环境之间交换的热量称为恒容反应热。

因为是恒容过程，$\Delta V = 0$，体积功 $-p\Delta V = 0$；同时系统不做非体积功，$W_f = 0$，所以系统与环境交换的总功 $W = 0$。

根据热力学第一定律

$$\Delta U = Q + W = Q = Q_V$$

即 $$Q_V = \Delta U \tag{3-7}$$

式(3-7)说明，在恒温、恒容且不做非体积功的封闭系统中，恒容反应热 Q_V 在数值上等于系统状态变化的热力学能变。虽然热力学能 U 的绝对值无法知道，但可通过测定恒容反应热 Q_V，来求得系统的热力学能变 ΔU。

2. 恒压反应热 Q_p

在恒温条件下，如果化学反应在恒压条件下进行，且只做体积功而不做非体积功，则该过程中系统与环境之间交换的热量称为恒压反应热。

恒压，且不做非体积功，即

$$p_1 = p_2 = p_e = p，W = W_{体} = -p\Delta V$$

根据热力学第一定律 $\Delta U = Q + W$ 得

$$\Delta U = Q_p - p\Delta V$$

$$\begin{aligned} Q_p &= \Delta U + p\Delta V \\ &= (U_2 - U_1) + p(V_2 - V_1) \\ &= (U_2 + pV_2) - (U_1 + pV_1) \\ &= (U_2 + p_2V_2) - (U_1 + p_1V_1) \end{aligned}$$

令 $$H = U + pV \tag{3-8}$$

则 $$Q_p = H_2 - H_1 = \Delta H \tag{3-9}$$

式(3-8)中，U、p、V 都是状态函数，所以 H 也是状态函数，这个新的状态函数称为焓。焓具有能量的量纲，没有明确的物理意义。由于不能确定 U 的绝对值，所以也不能确定 H 的绝对值。

式(3-9)表示：在恒温、恒压且不做非体积功的封闭系统中，系统与环境交换的热量全部用于改变系统的焓值。恒压热效应(Q_p)在数值上等于系统或化学反应的焓变值(ΔH)。

恒温、恒压且不做非体积功的过程中，$\Delta H > 0$，表明系统是吸热的；$\Delta H < 0$，表明系统是放热的。焓变 ΔH 在特定条件下等于 Q_p，并不意味着焓就是系统所含的热。热是系统在状态发生变化时与环境之间的能量交换形式之一。若为非恒温、恒压过程，焓变 ΔH 仍有确定的数值，但此时 $Q \neq \Delta H$。

3. Q_V 与 Q_p 之间的关系

在恒压且不做非体积功的条件下，由 $\Delta U = Q_p - p\Delta V$ 和 $Q_p = \Delta H$ 得

$$\Delta U = \Delta H - p\Delta V \tag{3-10}$$

(1) 当反应物和生成物都为固体和液体时：

$p\Delta V$ 值很小，可忽略不计，故 $\Delta H \approx \Delta U$，即 $Q_p \approx Q_V$

(2) 对有气体参与的化学反应：

假设气体为理想气体，$p\Delta V$ 值较大，则式(3-10)可变化为

$$\begin{aligned} \Delta H &= \Delta U + pV_{生成物} - pV_{反应物} \\ &= \Delta U + n(\mathrm{g})_{生成物}RT - n(\mathrm{g})_{反应物}RT \\ &= \Delta U + \Delta n(\mathrm{g})RT \end{aligned}$$

即 $$\Delta H = \Delta U + \Delta n(\mathrm{g})RT \tag{3-11}$$

式(3-11)中，$\Delta n(\mathrm{g})$ 为气体生成物的物质的量之和减去气体反应物的物质的量之和。即

$$\Delta n(\mathrm{g}) = \xi \sum_{\mathrm{B}} \nu_{\mathrm{B(g)}} \tag{3-12}$$

式(3－12)中，$\sum_{\mathrm{B}} \nu_{\mathrm{B(g)}}$ 为化学反应计量反应方程式中气体物质的化学计量数的代数和(反应物 ν_{B} 取“－”，生成物 ν_{B} 取“＋”)。

所以，Q_p 和 Q_V 的关系为

$$Q_p = Q_V + \Delta n(\mathrm{g})RT \tag{3-13}$$

【例 3－3】 在 298.15K 和 100kPa 下，2.0mol H_2 完全燃烧放出 483.64kJ 的热量。假设均为理想气体，求该反应 $2H_2(g)+O_2(g)═══2H_2O(g)$ 的 ΔH 和 ΔU。

解： 该反应在恒温恒压下进行，所以

$$\Delta H = Q_p = -483.64\mathrm{kJ}$$

$$\begin{aligned}\Delta n(\mathrm{g}) &= \xi \sum_{\mathrm{B}} \nu_{\mathrm{B}(g)} = v_{\mathrm{B}}^{-1} \Delta n_{\mathrm{B}} \sum_{\mathrm{B}} \nu_{\mathrm{B}(g)} \\ &= (-2.0\mathrm{mol}/-2)(2-2-1) \\ &= -1.0(\mathrm{mol})\end{aligned}$$

$$\begin{aligned}\Delta U &= \Delta H - \Delta n(\mathrm{g})RT \\ &= -483.64-(-1)\times 8.314\times 10^{-3}\times 298.15 \\ &= -481.16(\mathrm{kJ})\end{aligned}$$

显然，即使有气体参与的反应，$p\Delta V$ 即 $\Delta n(\mathrm{g})RT$ 与 ΔH 相比也只是一个较小的数值。因此，在一般情况下，可认为 ΔH 在数值上近似等于 ΔU。

由于大量的化学反应都是在压力基本恒定的条件下进行的，因此恒压反应热尤为重要。

3.2.2 盖斯定律

【盖斯——热化学的奠基人】

1840 年，俄国化学家盖斯(Hess)从大量热化学实验中总结出一条定律：在恒压(或恒容)且不做非体积功的条件下，化学反应的热效应只取决于反应系统的始态与终态，而与变化途径无关。即在恒压(或恒容)且不做非体积功的条件下，化学反应不管是一步完成还是分几步完成，其热效应是相同的。这一定律称为盖斯定律。

根据恒压反应热 Q_p 与 ΔH、恒容反应热 Q_V 与 ΔU 的关系，盖斯定律是不难理解的。因为在恒压且不做非体积功条件下，$Q_p=\Delta H$；在恒容且不做非体积功的条件下，$Q_V=\Delta U$。H 和 U 是状态函数，状态函数的变化量只与系统的始态与终态有关，而与变化的途径无关。所以，化学反应的热效应只取决于反应系统的始态与终态，而与变化途径无关。

盖斯定律可用图 3.2 来说明。

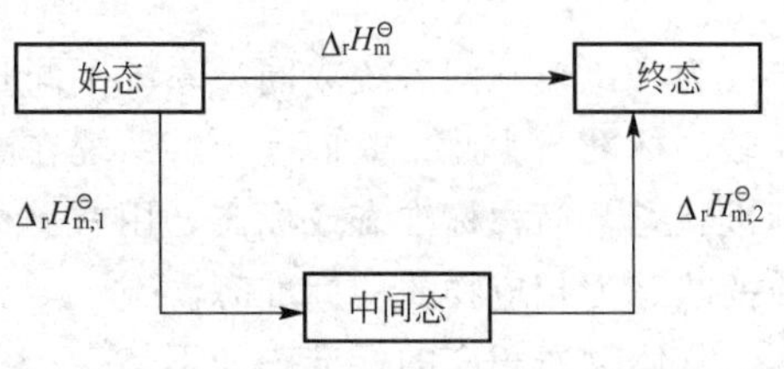

图 3.2 三个恒压反应热之间的关系

因为反应的焓变（或热力学能变）只与系统的始态与终态有关，而与变化的途径无关，所以

$$\Delta_r H_m^{\ominus} = \Delta_r H_{m,1}^{\ominus} + \Delta_r H_{m,2}^{\ominus}$$

盖斯定律用于计算难以测量的某些反应的反应热尤为方便。例如，石墨和氧气反应生成一氧化碳，难免有二氧化碳产生，因此该反应的反应热无法直接测量，可以用盖斯定律间接求得。

【例 3-4】 已知在 298.15K 下，反应

(1) $C(s)+O_2(g)═══CO_2(g)$　　　　$\Delta_r H_{m,1}^{\ominus}=-393.51kJ\cdot mol^{-1}$

(2) $CO(g)+\frac{1}{2}O_2(g)═══CO_2(g)$　　　　$\Delta_r H_{m,2}^{\ominus}=-282.98kJ\cdot mol^{-1}$

求反应(3)$C(s)+1/2O_2 \rightarrow CO(g)$的反应热 $\Delta_r H_m^{\ominus}$。

解：方法 1：设计两条途径

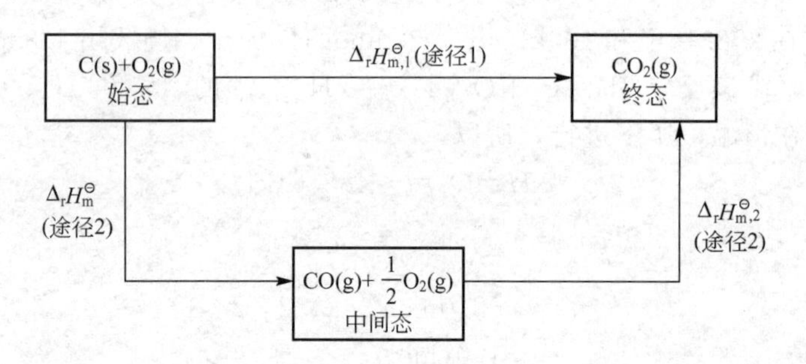

根据盖斯定律，可知：$\Delta_r H_{m,1}^{\ominus}=\Delta_r H_m^{\ominus}+\Delta_r H_{m,2}^{\ominus}$

所以

$$\begin{aligned}\Delta_r H_m^{\ominus}&=\Delta_r H_{m,1}^{\ominus}-\Delta_r H_{m,2}^{\ominus}\\&=-393.51-(-282.98)\\&=-110.53(kJ\cdot mol^{-1})\end{aligned}$$

方法 2：利用反应方程式进行计算

因为(1)－(2)得(3)，所以

$$\begin{aligned}\Delta_r H_m^{\ominus}&=\Delta_r H_{m,1}^{\ominus}-\Delta_r H_{m,2}^{\ominus}\\&=-393.51-(-282.98)=-110.53(kJ\cdot mol^{-1})\end{aligned}$$

必须注意：在利用化学反应方程式之间的代数关系进行运算把相同项消去时，不仅物质种类必须相同，而且状态(即物态、温度、压力等)也要相同，否则不能消去。

应用盖斯定律对某些恒压反应进行计算时，可以根据已知的有关数据设计步骤，而不必考虑反应实际能否按所设计的步骤进行，然后通过计算求得反应热，这样就大大减少了繁杂的实验测定工作，更重要的是某些无法由实验测得的反应热可以利用盖斯定律计算求得。

3.2.3 反应焓变的计算

1. 物质的标准态

为了比较不同系统或同一系统不同状态的热力学函数的变化，需要规定一个状态作为比较的标准。为此，人们规定：系统在温度 T 及标准压力 $p^{\ominus}=100kPa$ 下的状态为热力学标准状态，简称标准态或标态，用右上标“$^{\ominus}$”表示。当系统处于标准态时，系统中各物质的状态为相应物质的标准态。

具体物质相应的标准态如下。

(1)纯理想气体物质的标准态：是该气体处于标准压力 $p^{\ominus}$下的状态；混合理想气体中任一组分的标准态是该气体组分的分压为 $p^{\ominus}$时的状态。

(2)纯液体（或纯固体）物质的标准态：是标准压力 $p^{\ominus}$下的纯液体（或纯固体）。

(3)溶液中溶质的标准态：标准压力 $p^{\ominus}$ 下的溶质的浓度为 $c^{\ominus}$ ($c^{\ominus}=1.0\text{mol}\cdot\text{L}^{-1}$)的溶液。严格地说是标准压力 $p^{\ominus}$ 下，各溶质的浓度均为 $b^{\ominus}$($b^{\ominus}=1.0\text{mol}\cdot\text{kg}^{-1}$)时的状态。

注意：在标准态的规定中只规定了压力 $p^{\ominus}$，并没有规定温度。处于标准状态和不同温度下的系统的热力学函数有不同的值。一般文献上的热力学函数值均为 298.15K(即 25℃)时的数值，如果温度不是 298.15K，则须特别指明。

2. 摩尔反应焓变 $\Delta_r H_m$ 与标准摩尔反应焓变 $\Delta_r H_m^{\ominus}$

(1) 摩尔反应焓变 $\Delta_r H_m$。

发生 1mol 反应的焓变，即单位反应进度($\xi=1$)时反应的焓变称为摩尔反应焓变。若某化学反应，在反应进度为 ξ 时的反应焓变为 $\Delta_r H$，则摩尔反应焓变 $\Delta_r H_m$ 为

$$\Delta_r H_m=\frac{\Delta_r H}{\xi} \tag{3-14}$$

而

$$\xi=\frac{\Delta n_B}{\nu_B}$$

所以

$$\Delta_r H_m=\frac{\Delta_r H}{\xi}=\frac{\nu_B \Delta_r H}{\Delta n_B} \tag{3-15}$$

$\Delta_r H_m$ 的单位为 $\text{J}\cdot\text{mol}^{-1}$ 或 $\text{kJ}\cdot\text{mol}^{-1}$。

由于反应进度 ξ 与化学反应计量方程式的写法有关，因此计算一个化学反应的 $\Delta_r H_m$ 时必须明确写出其化学反应计量方程式。

(2) 标准摩尔反应焓变 $\Delta_r H_m^{\ominus}$。

化学反应中各物质均处于温度为 T 的标准态下的摩尔反应焓变，称为标准摩尔反应焓变，用符号 $\Delta_r H_m^{\ominus}(T)$ 表示，若 $T=298.15\text{K}$，则可用 $\Delta_r H_m^{\ominus}$ 表示(即不必注明温度)。

3. 热化学反应方程式

表明化学反应与反应热关系的化学反应方程式，称为热化学反应方程式。例如，在 298.15K、标准压力下：

$$H_2(g)+1/2O_2(g)=\!=\!=H_2O(g) \qquad \Delta_r H_m^{\ominus}=-241.84\text{kJ}\cdot\text{mol}^{-1}$$

$$C(\text{石墨, s})+O_2(g)=\!=\!=CO_2(g) \qquad \Delta_r H_m^{\ominus}=-393.51\text{kJ}\cdot\text{mol}^{-1}$$

热化学反应方程式可以像普通代数方程式一样进行加、减、乘、除运算。书写热化学反应式应注意以下几点。

(1) 对同一反应，不同的化学计量方程式，$\Delta_r H_m^{\ominus}$ 的数值不同。例如：

$$2H_2(g)+O_2(g)\longrightarrow 2H_2O(g) \quad \Delta_r H_m^{\ominus}=-483.64\text{kJ}\cdot\text{mol}^{-1}$$

(2) 由于 U、H 与系统状态有关，所以应注明反应式中各物质的状态。气、液、固分别用 g、l、s 表示，aq 代表水溶液，(aq，∞)代表无限稀释水溶液。固体有不同晶型时还要注明其晶型，如 C(石墨)、C(金刚石)、P(白磷)、P(红磷)等。

(3) 注明温度和压力，如果 $T=298.15\text{K}$、$p=p^{\ominus}$ 时可以省略。

4. 标准摩尔生成焓 $\Delta_f H_m^{\ominus}$

在温度 T 及标准状态下，由稳定状态(参考状态)的单质出发，生成 1mol 某物质(B)时的标准摩尔反应焓变称为该物质(B)在温度 T 时的标准摩尔生成焓。用符号 $\Delta_f H_m^{\ominus}$(B，物态，T)表示，单位为 $\text{kJ}\cdot\text{mol}^{-1}$，若温度为 298.15K 时，$T$ 不必标出。例如：

$$C(石墨)+O_2(g)=\!=\!=CO_2(g) \quad \Delta_r H_m^\ominus=-393.51kJ\cdot mol^{-1}$$

则 $CO_2(g)$ 在 $T=298.15K$ 的标准摩尔生成焓 $\Delta_f H_m^\ominus(CO_2, g)=-393.51kJ\cdot mol^{-1}$
又如：

$$H_2(g)+1/2O_2(g)=\!=\!=H_2O(l) \quad \Delta_r H_m^\ominus=-285.85kJ\cdot mol^{-1}$$

则 $H_2O(l)$ 在 $T=298.15K$ 的标准摩尔生成焓 $\Delta_f H_m^\ominus(H_2O,l)=-285.85kJ\cdot mol^{-1}$，一些物质在298.15K时的标准摩尔生成焓数据载于附录Ⅲ中。

在使用标准摩尔生成焓 $\Delta_f H_m^\ominus$ 数据时，应注意下面几个问题。

(1) 从定义出发，稳定单质的标准摩尔生成焓 $\Delta_f H_m^\ominus(B)=0$，不稳定单质或稳定单质的变体 $\Delta_f H_m^\ominus(B)\neq 0$，如 $\Delta_f H_m^\ominus$（石墨）$=0kJ\cdot mol^{-1}$，$\Delta_f H_m^\ominus$（金刚石）$=1.896kJ\cdot mol^{-1}$。常见稳定单质C为石墨，S为正交硫，P为白磷(红磷为负值)，Sn为白锡。

(2) 使用 $\Delta_f H_m^\ominus(B)$ 时，应注意B的各种聚集状态，如 $\Delta_f H_m^\ominus(H_2O, g)=-241.825kJ\cdot mol^{-1}$，而 $\Delta_f H_m^\ominus(H_2O, l)=-285.83kJ\cdot mol^{-1}$。

(3) 水合离子的标准摩尔生成焓 $\Delta_f H_m^\ominus$：由稳定单质溶于大量水形成无限稀薄的溶液，并生成1mol水合离子B(aq)时的标准摩尔反应焓变，称为该水合离子的标准摩尔生成焓。规定298.15K时，水合氢离子的标准摩尔生成焓为零，即

$$1/2\ H_2(g)+aq \longrightarrow H^+(aq)+e^- \quad \Delta_f H_m^\ominus(H^+, \infty, aq, 298.15K)=0kJ\cdot mol^{-1}$$

其他水合离子与之比较，便可求得它们的标准摩尔生成焓(见附录Ⅲ)。

5. 标准摩尔燃烧焓 $\Delta_c H_m^\ominus$

在温度 T 及标准状态下，1mol某物质B完全燃烧(或完全氧化)的标准摩尔反应焓变称为该物质B的标准摩尔燃烧焓，简称燃烧焓，用符号 $\Delta_c H_m^\ominus(B, 物态, T)$ 表示，下标“c”表示燃烧，若温度为298.15K，T 可省略，单位为 $kJ\cdot mol^{-1}$。例如：

$$CH_4(g)+2O_2(g)=\!=\!=CO_2(g)+2H_2O(l) \quad \Delta_r H_m^\ominus=-890.70kJ\cdot mol^{-1}$$

则甲烷的标准摩尔燃烧焓 $\Delta_c H_m^\ominus(CH_4, g)=-890.70kJ\cdot mol^{-1}$

所谓完全燃烧（或完全氧化），是指反应物中的C变为 $CO_2(g)$，H变为 $H_2O(l)$，S变为 $SO_2(g)$，N变为 $N_2(g)$，Cl变为 $HCl(aq)$；显然这些燃烧产物的燃烧焓为零。本书附录Ⅲ列出了一些物质的标准摩尔燃烧焓数据可供查用。

许多有机化合物易燃、易氧化，因此燃烧焓数据在有机化学中应用非常广泛。对燃料型物质，燃烧焓数据是判断其热值的重要指标之一；对食品，燃烧焓数据是判断其营养价值的重要指标之一。

6. 标准摩尔反应焓变的计算

(1) 根据标准摩尔生成焓 $\Delta_f H_m^\ominus$ 计算标准摩尔反应焓变。

如何利用标准摩尔生成焓计算化学反应热，可用图3.3说明如下。

根据盖斯定律：

$$\Delta_f H^\ominus(R)+\Delta_r H_m^\ominus=\Delta_f H^\ominus(P)$$

$$\Delta_r H_m^\ominus=\Delta_f H^\ominus(P)-\Delta_f H^\ominus(R) \qquad (3-16)$$

即化学反应的标准摩尔反应焓变，等于生成物的标准摩尔生成焓之和减去反应物的标准摩尔生成焓之和。式中，“P”表示生成物，“R”表示反应物。

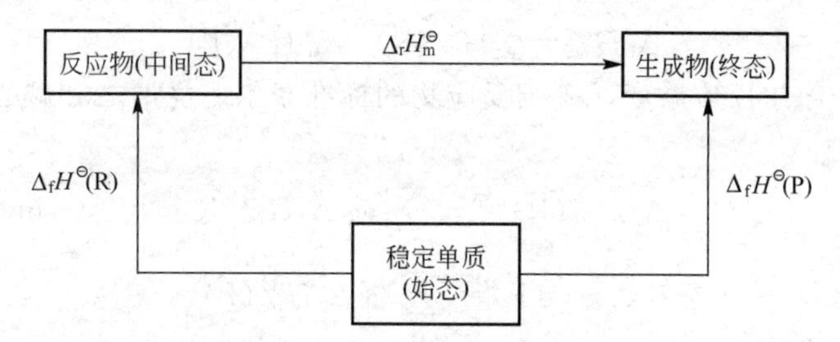

图 3.3 标准摩尔生成焓与标准摩尔反应焓变的关系

P—生成物；R—反应物

而
$$\Delta_f H^\ominus(R) = -\sum_R \nu_R \Delta_f H_m^\ominus(R)$$
$$\Delta_f H^\ominus(P) = \sum_P \nu_P \Delta_f H_m^\ominus(P)$$

所以
$$\begin{aligned}\Delta_r H_m^\ominus &= \Delta_f H^\ominus(P) - \Delta_f H^\ominus(R)\\ &= \sum_P \nu_P \Delta_f H_m^\ominus(P) - \left[-\sum_R \nu_R \Delta_f H_m^\ominus(R)\right]\\ &= \sum_B \nu_B \Delta_f H_m^\ominus(B)\end{aligned}$$

即
$$\Delta_r H_m^\ominus = \sum_B \nu_B \Delta_f H_m^\ominus(B) \tag{3-17}$$

式(3－17)表示：化学反应的标准摩尔反应焓变，等于各反应物和生成物的标准摩尔生成焓与相应各化学计量数(ν)乘积的代数和(对反应物 ν 取"－"，对生成物 ν 取"＋")。

【例 3－5】 计算 298.15K 下，反应 $4NH_3(g)+5O_2(g)=4NO(g)+6H_2O(g)$ 的标准摩尔反应焓变。

解：
$$\begin{aligned}\Delta_r H_m^\ominus &= [4\Delta_f H_m^\ominus(NO, g)+6\Delta_f H_m^\ominus(H_2O, g)]-[4\Delta_f H_m^\ominus(NH_3, g)\\ &\quad +5\Delta_f H_m^\ominus(O_2, g)]\\ &= [4\times 89.86+6\times(-241.825)]-[4\times(-46.19)+5\times 0]\\ &= -906.75(kJ\cdot mol^{-1})\end{aligned}$$

(2) 根据标准摩尔燃烧焓 $\Delta_c H_m^\ominus$ 计算标准摩尔反应焓变。

如何利用标准摩尔燃烧焓数据计算反应热效应，可用图 3.4 说明如下。

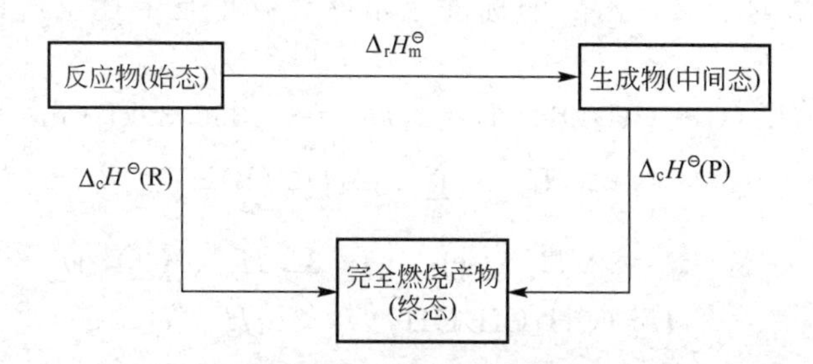

图 3.4 标准摩尔燃烧焓与标准摩尔反应焓变的关系

P—生成物；R—反应物

根据盖斯定律，有
$$\Delta_r H_m^\ominus + \Delta_c H^\ominus(P) = \Delta_c H^\ominus(R)$$

$$\Delta_r H_m^\ominus = \Delta_c H^\ominus(R) - \Delta_c H^\ominus(P) \qquad (3-18)$$

即化学反应的标准摩尔反应焓变，等于反应物的标准摩尔燃烧焓之和减去生成物的标准摩尔燃烧焓之和。

又
$$\Delta_c H^\ominus(R) = -\sum_R \nu_R \Delta_c H_m^\ominus(R)$$
$$\Delta_c H^\ominus(P) = \sum_P \nu_P \Delta_c H_m^\ominus(P)$$

所以
$$\begin{aligned}\Delta_r H_m^\ominus &= \Delta_c H^\ominus(R) - \Delta_c H^\ominus(P)\\ &= -\sum_R \nu_R \Delta_c H_m^\ominus(R) - \sum_P \nu_P \Delta_c H_m^\ominus(P)\\ &= -\sum_B \nu_B \Delta_c H_m^\ominus(B)\end{aligned}$$

即
$$\Delta_r H_m^\ominus = -\sum_B \nu_B \Delta_c H_m^\ominus(B) \qquad (3-19)$$

式(3-19)表示：化学反应的标准摩尔反应焓变，等于各反应物和生成物的标准摩尔燃烧焓与相应各化学计量数(ν)乘积的代数和的负值(对反应物 ν 取“－”，对生成物 ν 取“＋”)。

【例 3-6】 求298.15K、标准状态下反应$(COOH)_2(s)+2CH_3OH(l)═══(COOCH_3)_2(l)+2H_2O(l)$的反应热效应。

解：
$$\begin{aligned}\Delta_r H_m^\ominus &= \Delta_c H^\ominus(R) - \Delta_c H^\ominus(P)\\ &= \Delta_c H_m^\ominus[(COOH)_2, s] + 2\Delta_c H_m^\ominus(CH_3OH, l) - \Delta_c H_m^\ominus[(COOCH_3)_2, l]\\ &\quad -2\Delta_c H_m^\ominus(H_2O, l)\\ &= (-246.0) + 2\times(-726.64) - (-1677.8) - 2\times 0\\ &= -21.48(kJ\cdot mol^{-1})\end{aligned}$$

【例 3-7】 已知乙醇的标准摩尔燃烧焓为$-1366.75kJ\cdot mol^{-1}$，计算298.15K时乙醇的标准摩尔生成焓。

解： 乙醇的燃烧反应为

$$CH_3CH_2OH(l) + 3O_2(g) ═══ 2CO_2(g) + 3H_2O(l)$$
$$\Delta_c H_m^\ominus(CH_3CH_2OH, l) = -1366.75kJ\cdot mol^{-1}$$

根据标准摩尔燃烧焓的定义，乙醇的标准摩尔燃烧焓也是上述反应的标准摩尔反应焓变，即

$$\Delta_c H_m^\ominus(CH_3CH_2OH, l) = \Delta_r H_m^\ominus = -1366.80kJ\cdot mol^{-1}$$

因为
$$\Delta_r H_m^\ominus = \sum_B \nu_B \Delta_f H_m^\ominus(B)$$

$$\begin{aligned}\Delta_r H_m^\ominus &= 2\Delta_f H_m^\ominus(CO_2, g) + 3\Delta_f H_m^\ominus(H_2O, l)\\ &\quad - \Delta_f H_m^\ominus(CH_3CH_2OH, l) - 3\Delta_f H_m^\ominus(O_2, g)\end{aligned}$$

所以
$$\begin{aligned}\Delta_f H_m^\ominus(CH_3CH_2OH, l) &= 2\Delta_f H_m^\ominus(CO_2, g) + 3\Delta_f H_m^\ominus(H_2O, l)\\ &\quad -3\Delta_f H_m^\ominus(O_2, g) - \Delta_r H_m^\ominus\end{aligned}$$

由附录Ⅲ查得有关数据并代入上式，得

$$\begin{aligned}\Delta_f H_m^\ominus(CH_3CH_2OH, l) &= 2\times(-393.511) + 3\times(-285.838) - 3\times 0 - (-1366.80)\\ &= -277.934(kJ\cdot mol^{-1})\end{aligned}$$

3.3 化学反应的方向和限度

3.3.1 化学反应的自发性

1. 自发过程及其特征

自然界发生的过程都具有一定的方向性。例如，水总是自动从高处流向低处，直至两处水位相等；热总是自动从高温物体传到低温物体，直至两者温度相等；正电荷总是从高电位处传递到低电位处，直至两处电位相等；溶质在不均匀的溶液中，总是从高浓度处扩散到低浓度处，直至溶液中各处浓度相等；铁在潮湿的空气中会自动生成铁锈；把锌放入 $CuSO_4$ 溶液中能自动生成铜和 $ZnSO_4$ 等。

自发过程与自发反应：在一定条件下，不需要借助外力就能自动进行的过程称为自发过程；相应的，在一定条件下不需外力就能自动进行的化学反应称为自发反应。否则为非自发过程和非自发反应。

自发过程有如下特征。

(1) 自发过程不需要环境对系统做功就能自动进行，并可以借助一定的装置对环境做有用功。

(2) 自发过程只能单向自动进行，其逆过程是非自发的。

(3) 在一定的条件下，自发过程有一定的进行限度。自发过程的最大限度是系统达到平衡状态。

2. 影响自发过程方向的因素

一个化学反应能否自发进行，取决于什么因素呢？许多自发反应都是放热的，如甲烷和氢气的燃烧、铁生锈等都是放热反应。

$$CH_4(g)+2O_2(g) = 2H_2O(l)+CO_2(g) \quad \Delta_r H_m^{\ominus}=-890.31\text{kJ}\cdot\text{mol}^{-1}$$

$$H_2(g)+\frac{1}{2}O_2(g) = H_2O(l) \quad \Delta_r H_m^{\ominus}=-285.8\text{kJ}\cdot\text{mol}^{-1}$$

$$2Fe(s)+\frac{3}{2}O_2(g) = Fe_2O_3(s) \quad \Delta_r H_m^{\ominus}=-824.2\text{kJ}\cdot\text{mol}^{-1}$$

因此，19 世纪 70 年代，法国化学家贝特洛(Berthelot)和丹麦化学家汤姆森(Thomson)认为：放热反应($\Delta_r H<0$)能自发进行，吸热反应($\Delta_r H>0$)不能自发进行。然而，进一步的研究发现，许多吸热反应也能自发进行。例如，在 101.3kPa，温度高于 0℃时，冰能从环境吸热自动融化为水；碳酸钙在高温下吸收热量自发分解为氧化钙和二氧化碳，其热化学方程如下：

$$H_2O(s) = H_2O(l) \quad \Delta_r H_m^{\ominus}=6.01\text{kJ}\cdot\text{mol}^{-1}$$

$$CaCO_3(s) = CaO(s)+CO_2(g) \quad \Delta_r H_m^{\ominus}=178.5\text{kJ}\cdot\text{mol}^{-1}$$

又如许多盐类(如硝酸钾、硫酸铵等)溶于水时均为自发的吸热过程。显然，只用焓变作为自发反应的判据是片面的，那么控制自发变化方向的因素还有哪些呢？试想一下，一盘整齐的积木拿在手里，一放手积木就会自动落下，并变为凌乱状态，这一过程一方面系统能量降低，另一方面，系统的混乱度增大。经验表明：系统趋向于能量降低和混乱度增大，能量和混乱度同时制约自发过程的方向。

3.3.2 熵

1. 熵的概念

(1) 混乱度。

系统内部质点排列的混乱程度称为混乱度，也称无序度。系统的混乱度和系统的微观状态数（Ω）成正比。

最大混乱度原理：系统不仅有趋于最低能量的趋势，而且有趋于最大混乱度的趋势。

下列自发的吸热反应，相对于反应物，其生成物的混乱度增加。

$$H_2O(s) \longrightarrow H_2O(l) \longrightarrow H_2O(g) \qquad \Omega \uparrow$$

$$CaCO_3(s) \xrightarrow{\text{高温}} CaO(s) + CO_2(g) \qquad \Omega \uparrow$$

$$(NH_4)_2Cr_2O_7 \longrightarrow Cr_2O_3(s) + N_2(g) + H_2O(g) \qquad \Omega \uparrow$$

(2) 熵与熵变。

混乱度的大小在热力学中用一个新的热力学函数——熵来量度，用符号“S”表示，单位为 $J \cdot mol^{-1} \cdot K^{-1}$。

熵(S)与微观状态数(Ω)之间有如下关系：

$$S = k\ln\Omega \qquad (3-20)$$

式中，$k = 1.38 \times 10^{-23} J \cdot K^{-1}$，称为波耳兹曼(Boltzmann)常数。

熵是反映系统状态的一个物理量，所以熵是状态函数。系统的状态不同，熵值亦不同。某系统或物质处于一定状态时，内部粒子的排列及运动的剧烈程度是一定的。系统或物质的混乱度越大，其熵值也越大；反之，熵值越小。

既然熵(S)是状态函数，所以

$$\Delta S = S_2 - S_1$$

【威廉汤姆孙——热力学之父

(3) 熵增原理。

对于隔离(或孤立)系统，系统的能量在状态变化前、后是不变的。这时自发变化的方向只取决于熵，即朝着熵增大的方向进行，这就是熵增原理，可表示为

$$\Delta S_{\text{隔离}} = S_{\text{终态}} - S_{\text{始态}} > 0(\text{熵增}) \qquad \text{自发进行}$$

$$\Delta S_{\text{隔离}} = S_{\text{终态}} - S_{\text{始态}} = 0 \qquad \text{平衡状态}$$

$$\Delta S_{\text{隔离}} = S_{\text{终态}} - S_{\text{始态}} < 0 \qquad \text{非自发进行}$$

熵增原理反映了热力学第二定律的核心内容。

(4) 热力学第三定律。

任何纯物质系统，温度越低，内部微粒运动的速率越慢，排列越有序，混乱度越小，其熵值越小。温度降到 0K 时，系统内的一切热运动全部停止了，系统处于理想的最有序状态，纯物质理想晶体的微观粒子排列得整齐有序，其微观状态数 $\Omega = 1$，这时熵值为零。即 0K 时，任何纯物质理想晶体的熵值为零，$S^*(0K) = 0$，这就是热力学第三定律。式中，“$*$”表示理想晶体。

(5) 摩尔规定熵 $S_m(B, T)$和标准摩尔熵 $S_m^{\ominus}(B, T)$。

以热力学第三定律为基础，可求得 1mol 某物质在其他温度下的熵值，称为摩尔规定熵，用符号 $S_m(B, T)$表示。即以 $S^*(0K) = 0$ 为始态、以温度为 T 的指定状态 $S_m(B, T)$

为终态，所算出的1mol某物质B的熵变值$\Delta_r S_m(B)$，称为摩尔规定熵。

$$S_m(B, T)=\Delta_r S_m(B)=S_m(B, T)-S_m^*(B, 0K) \quad (3-21)$$

在标准状态下的摩尔规定熵，称为该物质的标准摩尔熵，用符号$S_m^{\ominus}(B, T)$表示。附录Ⅲ列出了一些重要物质在298.15K的标准摩尔熵以供查用。

注意：

① 在298.15K及标准态下，稳定态单质的标准摩尔熵$S_m^{\ominus}(B)\neq0$，这与标准态时稳定态单质的标准摩尔生成焓$\Delta_f H_m^{\ominus}(B)=0$是不同的。

② 物质的熵值随温度的升高而增大，即T越高，$S_m^{\ominus}(B)$越大。

③ 同一物质不同聚集状态的$S_m^{\ominus}(B)$值不同，标准摩尔熵相对大小顺序为：$s<l<g$。

④ 相同状态下，分子结构相似的物质，相对分子质量M越大，标准摩尔熵$S_m^{\ominus}(B)$越大；当M相近时，结构复杂的分子的熵值大于简单分子；当结构相似、M相近时，熵值也相近。

⑤ 对水合离子，其标准摩尔熵是以$S_m^{\ominus}(H^+, aq)=0$为基准求得的相对值；一些水合离子在298.15K时的标准摩尔熵也列在附录Ⅲ中。

2. 标准摩尔反应熵变的计算

【熵与生命】

由于熵是一个状态函数，与系统的始态和终态有关，而与途径无关。标准摩尔反应熵变$\Delta_r S_m^{\ominus}$的计算与标准摩尔反应焓变$\Delta_r H_m^{\ominus}$的计算类似。

对任一反应 $$0=\sum_B \nu_B B$$

其标准摩尔反应熵变为 $$\Delta_r S_m^{\ominus}=\sum_B \nu_B S_m^{\ominus}(B) \quad (3-22)$$

即标准摩尔反应熵变等于各反应物和产物标准摩尔熵与相应各化学计量数乘积的代数和（对计量数ν_B，反应物取“－”，生成物取“＋”）。或等于产物与反应物的标准摩尔熵之差（对计量数ν_B，反应物和生成物均取“＋”）。

【例3-8】 求下列反应在298.15K时的标准摩尔反应熵变$\Delta_r S_m^{\ominus}$。

$$NH_4Cl(s)=NH_3(g)+HCl(g)$$

解：查表并将数据代入下式

$$\begin{aligned}\Delta_r S_m^{\ominus}&=S_m^{\ominus}(NH_3, g)+S_m^{\ominus}(HCl, g)-S_m^{\ominus}(NH_4Cl, s)\\&=192.61+186.786-94.60\\&=284.80(J\cdot mol^{-1}\cdot K^{-1})\end{aligned}$$

该反应的$\Delta_r S_m^{\ominus}>0$，这是由于从反应物到产物，物质的聚集状态由固态变成气态，且分子数也增多，故系统的混乱度增大，熵值增加。一般情况下，气体物质的量增加的反应，熵值增加，其标准摩尔反应熵变总是正值，反之是负值；对于气体物质的量不变的反应，其熵值变化很小。实验证明，温度对标准摩尔反应熵变和标准摩尔反应焓变的影响一般很小，所以，在温度变化范围不是很大并作一般估算时，可忽略温度对两者的影响。即当反应不在298.15K时，可近似用$\Delta_r H_m^{\ominus}(298.15K)$和$\Delta_r S_m^{\ominus}(298.15K)$代替。

熵增是影响反应自发进行方向的因素之一，但系统熵增的过程并不一定都是自发的，如石灰石的热分解反应。

$$CaCO_3(s)=CaO(s)+CO_2(g) \quad \Delta_r S_m^{\ominus}=160.59J\cdot mol\cdot K^{-1}$$

反应终了有$CO_2(g)$生成，系统的混乱度增大，熵值增加。该反应虽是一个熵增反应，但在298.15K和标准态时，$CaCO_3(s)$的热分解反应并不自发。温度对这个反应的影响很明显，当系统温度在高温时，反应由非自发变为自发。

熵减的过程也可能是自发的，如铁的锈蚀：

$$2Fe(s)+\frac{3}{2}O_2(g)═══Fe_2O_3(s) \quad \Delta_r S_m^\ominus = -271.9J \cdot mol \cdot K^{-1}$$

室温下，在潮湿的空气中，铁的锈蚀会很严重。

由上述讨论可知，在一定的压力下判断反应的自发性，需综合考虑系统的焓变和熵变这两个因素。

3.3.3 化学反应方向的判据

1. 吉布斯函数

1876年，美国化学家吉布斯（Gibbs）证明：在恒温恒压下，如果一个反应(或变化)能用来做非体积功，则反应是自发的，如果由环境提供非体积功使反应发生，则反应是非自发的，如下列三个反应。

① $CH_4(g)+2O_2(g)═══CO_2(g)+2H_2O(l)$

② $Cu^{2+}(aq)+Zn(s)═══Cu(s)+Zn^{2+}(aq)$

③ $H_2O(l)═══H_2(g)+\frac{1}{2}O_2(g)$

在标准状态下，甲烷在内燃机中燃烧可做机械功，铜锌原电池可做电功，所以反应①和②可自发进行；欲使反应③进行，环境必须对系统做电功进行电解，因为水不能自发地分解为氢气和氧气。

吉布斯把恒温恒压下系统做非体积功的能力称为自由能，我们把它称为吉布斯函数或吉布斯自由能，用符号“G”表示。

热力学定义：

$$G=H-TS \tag{3-23}$$

由于H、T、S都是状态函数，所以G也是状态函数。当一个系统从初始状态变化到终了状态时，系统的吉布斯函数的变化值为

$$\Delta G=G_{终态}-G_{始态}$$

吉布斯函数的改变值(ΔG)，又称为吉布斯函数变。

2. 化学反应方向的判据

吉布斯函数是系统做非体积功的能力，如果系统对环境做非体积功，则系统的吉布斯函数值必然减少。热力学研究证明，在恒温、恒压过程中：

$$\Delta G=G_{终态}-G_{始态}\leqslant W_f$$

$$-W_f\leqslant-\Delta G \tag{3-24}$$

即在恒温恒压条件下，系统吉布斯函数的减少值($-\Delta G$)等于系统所能做的最大非体积功($-W_f$)。

在恒温恒压条件下，若系统发生1mol化学反应，且不做非体积功，即$W_f=0$，则式(3-24)变为

$$\Delta_r G_m\leqslant 0$$

$\Delta_r G_m$称为摩尔反应吉布斯函数变，量纲为$kJ \cdot mol^{-1}$，可以作为化学反应能否自发进行的判据。

(1) $\Delta_r G_m < 0$，正反应自发进行。

(2) $\Delta_r G_m = 0$，反应处于平衡状态。

(3) $\Delta_r G_m > 0$，正反应不能自发进行，但逆反应可自发进行。

由此可知：恒温恒压条件下，自发反应总是朝着系统吉布斯函数减小的方向进行。

若化学反应在标准状态下进行，这时的摩尔反应吉布斯函数变称为标准摩尔反应吉布斯函数变，符号为$\Delta_r G_m^\ominus$，可作为标准状态下化学反应能否自发进行的判据。即

(1) $\Delta_r G_m^\ominus < 0$，正反应自发进行。

(2) $\Delta_r G_m^\ominus = 0$，反应处于平衡状态。

(3) $\Delta_r G_m^\ominus > 0$，正反应不能自发进行，但逆反应可自发进行。

3. 温度对反应自发性的影响

根据吉布斯函数的定义式$G = H - TS$，对于恒温过程，吉布斯函数变为

$$\Delta G = \Delta H - T\Delta S \tag{3-25a}$$

将此式应用于化学反应，可得

$$\Delta_r G_m = \Delta_r H_m - T\Delta_r S_m \tag{3-25b}$$

若反应在标准状态下进行，则

$$\Delta_r G_m^\ominus = \Delta_r H_m^\ominus - T\Delta_r S_m^\ominus \tag{3-25c}$$

应用式(3-25)可以计算任何温度T时的$\Delta_r G_m^\ominus$(或$\Delta_r G_m$)。由于温度对焓变、熵变影响不大，式中$\Delta_r H_m^\ominus$和$\Delta_r S_m^\ominus$可用298.15K时的数据。从吉布斯函数变$\Delta_r G_m$与温度的关系式(3-25)可以看出，$\Delta_r G_m$作为化学反应方向的判据，包含了焓变、熵变和温度三个因素，反应进行的方向取决于$\Delta_r H_m$和$T\Delta_r S_m$的相对大小。

(1) $\Delta_r H_m < 0$，$\Delta_r S_m > 0$，放热、熵增的反应，在任何温度下的$\Delta_r G_m < 0$，正向反应自发进行。例如

$$2N_2O(g) \longrightarrow 2N_2(g) + O_2(g)$$

(2) $\Delta_r H_m > 0$，$\Delta_r S_m < 0$，吸热、熵减的反应，在任何温度下的$\Delta_r G_m > 0$，正向反应为非自发进行。例如

$$3O_2(g) \longrightarrow 2O_3(g)$$

(3) $\Delta_r H_m < 0$，$\Delta_r S_m < 0$，放热、熵减的反应，在较低温度下可能使$\Delta_r G_m < 0$，正向反应自发进行；在较高温度下可能使$\Delta_r G_m > 0$，正向反应非自发进行。例如

$$NH_3(g) + HCl(g) \longrightarrow NH_4Cl(s)$$

(4) $\Delta_r H_m > 0$，$\Delta_r S_m > 0$，吸热、熵增的反应，在较高温度下可能使$\Delta_r G_m < 0$，正向反应自发进行；在较低温度下可能使$\Delta_r G_m > 0$，正向反应非自发进行。例如

$$CaCO_3(s) \longrightarrow CaO(s) + CO_2(g)$$

上述讨论概括于表3-1中。

表3-1 恒压下温度对反应自发性的影响

	$\Delta_r H_m$	$\Delta_r S_m$	$\Delta_r G_m = \Delta_r H_m - T\Delta_r S_m$		反应的自发性
			低温	高温	
1	−	+	−	−	任何温度下正向反应均为自发

（续）

	$\Delta_r H_m$	$\Delta_r S_m$	$\Delta_r G_m = \Delta_r H_m - T\Delta_r S_m$		反应的自发性
			低温	高温	
2	+	−	+	+	任何温度下正向反应均为非自发
3	−	−	−	+	低温时正向反应自发 高温时正向反应非自发
4	+	+	+	−	低温时正向反应非自发 高温时正向反应自发

在恒压条件下，若化学反应的 $\Delta_r H_m$ 和 $\Delta_r S_m$ 正、负号相同时，可以通过改变温度使化学反应方向逆转，由自发反应转变为非自发反应，或由非自发反应转变为自发反应，这个温度称为转变温度，用 $T_{转}$ 表示。在转变温度下，反应处于平衡状态，这时存在

$$\Delta_r G_m = \Delta_r H_m - T\Delta_r S_m = 0$$

$$\Delta_r G_m = 0，T_{转}\Delta_r S_m = \Delta_r H_m$$

$$T_{转} = \frac{\Delta_r H_m}{\Delta_r S_m} \tag{3-26a}$$

如果忽略温度、压力对 $\Delta_r H_m$、$\Delta_r S_m$ 的影响，则

$$\Delta_r H_m \approx \Delta_r H_m^{\ominus}，\Delta_r S_m \approx \Delta_r S_m^{\ominus}，T_{转}\Delta_r S_m^{\ominus} = \Delta_r H_m^{\ominus}$$

$$T_{转} = \frac{\Delta_r H_m^{\ominus}}{\Delta_r S_m^{\ominus}} \tag{3-26b}$$

【例 3-9】 讨论标准状态下温度对下列反应方向的影响。

$$CaCO_3(s) \rightleftharpoons CaO(s) + CO_2(g)$$

解：

	$CaCO_3(s) \rightleftharpoons$	$CaO(s) +$	$CO_2(g)$
$\Delta_f H_m^{\ominus}(kJ \cdot mol^{-1})$	−1206.9	−635.1	−393.5
$S_m^{\ominus}(J \cdot mol^{-1} \cdot K^{-1})$	92.9	39.7	213.6
$\Delta_f G_m^{\ominus}(kJ \cdot mol^{-1})$	−1128.8	−604.2	−394.4

298.15K 时：

$$\Delta_r G_m^{\ominus} = \sum_B \nu_B \Delta_f G_m^{\ominus}(B)$$

$$= -394.4 - 604.2 + 1128.8$$

$$= 130.2(kJ \cdot mol^{-1}) > 0$$

298.15K 时，$\Delta_r G_m^{\ominus} > 0$，所以反应非自发进行。

$$\Delta_r H_m^{\ominus} = -393.5 - 635.1 - (-1206.9) = 178.3(kJ \cdot mol^{-1}),$$

$$\Delta_r S_m^{\ominus} = 213.6 + 39.7 - 92.9 = 160.4(J \cdot mol^{-1} \cdot K^{-1})$$

该反应为吸热、熵增反应，高温下自发，转变温度为

$$\Delta_r G_m^{\ominus} = \Delta_r H_m^{\ominus} - T\Delta_r S_m^{\ominus} < 0$$

$$T > \Delta_r H_m^\ominus / \Delta_r S_m^\ominus = 178.3 \times 10^3 / 160.4$$
$$\approx 1112(K)$$

所以，$T>1112K$ 时反应自发进行。

3.3.4 标准摩尔生成吉布斯函数与标准摩尔反应吉布斯函数变

1. 标准摩尔生成吉布斯函数 $\Delta_f G_m^\ominus$

定义：在温度 T 及标准状态下，由稳定状态(参考状态)的单质出发，生成 1mol 某物质 B 时的标准摩尔反应吉布斯函数变 $\Delta_r G_m^\ominus$，称为物质 B 在温度 T 时的标准摩尔生成吉布斯函数，用符号 $\Delta_f G_m^\ominus$(B，物态，T)表示，单位为 $kJ \cdot mol^{-1}$。若温度为 298.15K，温度 T 不必标出。由定义可知：稳定态单质的标准摩尔生成吉布斯函数为零。

与标准摩尔生成焓相同，在书写生成反应方程式时，物质 B 应为唯一生成物，且物质 B 的化学计量数 $\nu_B=1$。例如，298.15K 时，下列反应

$$C(s，石墨) + 2H_2(g) + \frac{1}{2}O_2(g) = CH_3OH(l)$$

$$\Delta_r G_m^\ominus = \Delta_f G_m^\ominus(CH_3OH，l) = -166.27 kJ \cdot mol^{-1}$$

即上述反应的标准摩尔吉布斯函数变就是 $CH_3OH(l)$ 的标准摩尔生成吉布斯函数。

对水合离子：规定 $\Delta_f G_m^\ominus(H^+，aq)=0$，并以此为基准求得其他水合离子的标准摩尔生成吉布斯函数的相对值。

附录Ⅲ中列出了 298.15K 时常见物质的标准摩尔生成吉布斯函数的数据。可以利用标准摩尔生成吉布斯函数，计算 298.15K 时的标准摩尔反应吉布斯函数变，这与由 $\Delta_f H_m^\ominus$ 计算 $\Delta_r H_m^\ominus$ 是类似的。

2. 标准摩尔反应吉布斯函数变 $\Delta_r G_m^\ominus$ 的计算

对任一化学反应

$$0 = \sum_B \nu_B B$$

(1) 在温度为 298.15K 时的两种计算方法。

① 根据标准摩尔生成吉布斯函数($\Delta_f G_m^\ominus$)进行计算：

$$\Delta_r G_m^\ominus = \sum_B \nu_B \Delta_f G_m^\ominus(B) \tag{3-27}$$

式(3-27)表示：化学反应的标准摩尔反应的吉布斯函数变，等于各反应物和生成物的标准摩尔生成吉布斯函数与相应各化学计量数(ν)乘积的代数和(对反应物，ν 取“－”；对生成物，ν 取“＋”)，或化学反应的标准摩尔反应吉布斯函数变，等于生成物的标准摩尔生成吉布斯函数之和减去反应物的标准摩尔生成吉布斯函数之和(对反应物和生成物，ν 均取“＋”)。

【例 3-10】 计算反应 $2NO(g)+O_2(g) = 2NO_2(g)$ 在 298.15K 时的标准摩尔反应吉布斯函数变 $\Delta_r G_m^\ominus$，并判断此时反应的方向。

解：

$$\Delta_r G_m^\ominus = \sum_B \nu_B \Delta_f G_m^\ominus(B)$$
$$= 2\times 51.86 - 2\times 90.37 - 1\times 0$$
$$= -77.02(kJ \cdot mol^{-1}) < 0$$

此时反应正向进行。

② 根据标准摩尔吉布斯函数变($\Delta_r G_m^\ominus$)与温度(T)的关系式来求

$$\Delta_r G_m^\ominus = \Delta_r H_m^\ominus - T\Delta_r S_m^\ominus$$

(2) 在温度为 T 时的计算方法。

由于化学反应的标准摩尔反应的吉布斯函数变 $\Delta_r G_m^\ominus$ 随温度变化很大，当反应温度不是 298.15K 时，不能用式(3－27)来计算 $\Delta_r G_m^\ominus(T)$，可根据吉布斯函数变与温度的关系式(3－25)进行近似计算。

$$\Delta_r G_m^\ominus = \Delta_r H_m^\ominus - T\Delta_r S_m^\ominus$$

由于 $\Delta_r H_m^\ominus$ 和 $\Delta_r S_m^\ominus$ 随温度的变化很小，因此可用 298.15K 时的数据来代替其他任意温度下的数据，即

$$\Delta_r G_m^\ominus \approx \Delta_r H_m^\ominus(298.15\text{K}) - T\Delta_r S_m^\ominus(298.15\text{K}) \quad (3-28)$$

【例 3－11】 已知 298.15K、100kPa 下反应 $MgO(s) + SO_3(g) \longrightarrow MgSO_4(s)$ $\Delta_r H_m^\ominus = -287.6\text{kJ} \cdot \text{mol}^{-1}$，$\Delta_r S_m^\ominus = -191.9\text{J} \cdot \text{mol}^{-1} \cdot \text{K}^{-1}$，问：

(1) 该反应此时能否自发进行？

(2) 该反应是温度升高有利还是降低有利？

(3) 求该反应在标准状态下逆向反应的最低分解温度。

解：(1) 在 298.15K、100kPa 时

$$\begin{aligned}\Delta_r G_m^\ominus &= \Delta_r H_m^\ominus - T\Delta_r S_m^\ominus \\ &= (-287.6) - 298.15 \times (-191.9) \times 10^{-3} \\ &\approx -230.4(\text{kJ} \cdot \text{mol}^{-1}) < 0\end{aligned}$$

反应能自发进行。

(2) $\Delta_r H_m^\ominus < 0$，所以温度降低对反应有利。

(3) 要使反应逆向进行，则 $\Delta_r G_m^\ominus > 0$，即

$$\begin{aligned}\Delta_r G_m^\ominus &= \Delta_r H_m^\ominus - T\Delta_r S_m^\ominus > 0 \\ &= -287.6 - T \times (-191.9 \times 10^{-3}) > 0\end{aligned}$$

$$T > 287.6/(191.9 \times 10^{-3}) \approx 1499(\text{K})$$

所以，$T > 1499\text{K}$，反应逆向进行；$T < 1499\text{K}$，反应正向进行；$T = 1499\text{K}$，反应达到平衡状态。

注意：$\Delta_r G_m^\ominus < 0$，只能说明自发反应的可能性，并没考虑反应的现实性(即反应速率问题)。

3.4 化学平衡及其移动

如果一个化学反应可以自发进行，那么进行的程度如何？最大转化率是多少？这就是化学反应的限度问题，即化学平衡问题。化学平衡涉及面广，有均相平衡、多相平衡等，溶液中有四大平衡(酸碱平衡、沉淀溶解平衡、氧化还原平衡和配位平衡)。研究化学平衡及其规律，可以帮助人们找到适当的反应条件，最大限度地提高产品转化率。本节应用热力学基本原理，讨论化学平衡建立的条件及化学平衡移动的方向与化学反应的限度等问题。

3.4.1 可逆反应与化学平衡

1. 可逆反应

在一定条件下，可同时向正、逆两个方向进行的化学反应称为可逆反应。并把从左向右进行的反应称为正反应；从右向左进行的反应称为逆反应。大多数的化学反应均为可逆反应，只是可逆程度不同而已。例如，高温下一氧化碳和水蒸气的反应就是一个可逆反应，其反应式为

$$CO(g)+H_2O(g)\rightleftharpoons CO_2(g)+H_2(g)$$

2. 化学平衡

在恒温、恒压且无非体积功的条件下，$\Delta_r G_m<0$，正反应自发进行。随着化学反应的不断进行，系统的吉布斯函数(G)在不断变化，直至最终系统的吉布斯函数(G)值不再改变，即反应的$\Delta_r G_m=0$，化学反应达到最大限度，正、逆反应的速率相等，系统内各物质B的组成不再随时间而改变，达到热力学平衡状态，简称化学平衡。

例如，在四个密闭容器中分别加入不同数量的$H_2(g)$、$I_2(g)$和HI(g)，发生如下反应。

$$H_2(g)+I_2(g)\rightleftharpoons 2HI(g)$$

将反应系统加热到427℃，恒温，不断测定$H_2(g)$、$I_2(g)$和HI(g)的分压，经一定时间后$H_2(g)$、$I_2(g)$和HI(g)三种气体的分压均不再随时间而变化，说明系统达到了平衡状态。

化学平衡具有以下特征。

(1) 化学平衡是一个动态平衡，反应系统达到平衡时，表面上反应已经停止，实际上正、逆反应仍在以相同的速率进行。

(2) 化学平衡是相对的、有条件的。当维系平衡的条件发生变化时，原有的平衡将被破坏，代之以新的平衡。

(3) 在一定温度下化学平衡一旦建立，就有确定的平衡常数。

3.4.2 平衡常数

1. 实验平衡常数

在一定条件下，任何一个可逆反应达到平衡时，测定此时系统内各物质的浓度(或分压)，发现系统内各物质的浓度(或分压)以反应方程式中化学计量数(ν_B)为指数的幂的乘积为一常数，由于这个常数是由实验测得的，故称为实验平衡常数(或经验平衡常数)。实验平衡常数有浓度平衡常数和压力平衡常数之分。

(1) 浓度平衡常数K_c。

任一可逆反应

$$0=\sum_B \nu_B B$$

在一定温度下达到平衡时，各反应物和生成物的平衡浓度以其化学计量数为指数的幂的乘积为一常数（或者说各生成物的平衡浓度以其计量系数为指数的幂的乘积与各反应物的平

衡浓度以其计量系数为指数的幂的乘积之比为一常数)。这个常数称为浓度平衡常数，用K_c表示，量纲为$(\mathrm{mol \cdot I^{-1}})^{\Delta n}$。数学表达式为

$$K_c = \prod_{B} (c_B)^{\nu_B} \tag{3-29}$$

式中，c_B为组分B的平衡浓度；Π表示连乘积；ν_B为各反应物和生成物的计量数(反应物取“－”，生成物取“＋”)。

(2) 压力平衡常数K_p。

气相反应的平衡常数不仅可以用平衡浓度来表示，还可以用各气体物质的平衡分压来表示。在一定温度下，气相反应达到平衡时，各反应物和生成物的平衡分压以其化学计量数为指数的幂的乘积为一常数，这个常数称为压力平衡常数，用K_p表示，量纲为$(\mathrm{Pa})^{\Delta n}$或$(\mathrm{kPa})^{\Delta n}$。数学表达式为

$$K_p = \prod_{B} (p_B)^{\nu_B} \tag{3-30}$$

式中，p_B为气体组分B的平衡分压。

对同一气相反应，平衡常数既可用K_c表示，也可用K_p表示。对于理想气体，$p_B = c_B RT$，K_p和K_c的关系式为

$$K_p = K_c (RT)^{\Delta n} \tag{3-31}$$

式中，Δn为化学反应计量方程式中，气体生成物的计量系数之和减去气体反应物的计量系数之和，即

$$\Delta n(\mathrm{g}) = \sum_{B} \nu_B(\mathrm{g}) \tag{3-32}$$

2. 标准平衡常数

物质的平衡浓度(或平衡分压)除以标准浓度$c^{\ominus}$(或标准压力$p^{\ominus}$)，称为相对平衡浓度(或相对平衡分压)。实验平衡常数表达式中的平衡浓度(或平衡分压)，如果换成相对平衡浓度(或相对平衡分压)，相应的平衡常数则为标准平衡常数，用$K^{\ominus}$表示，量纲为1。

气相反应

$$0 = \sum_{B} \nu_B \mathrm{B(g)}$$

$$K^{\ominus} = \prod_{B} (p_B / p^{\ominus})^{\nu_B} \tag{3-33}$$

例如

$$\mathrm{N_2(g) + 3H_2(g) \rightleftharpoons 2NH_3(g)}$$

$$K^{\ominus} = \frac{[p(\mathrm{NH_3})/p^{\ominus}]^2}{[p(\mathrm{N_2})/p^{\ominus}][p(\mathrm{H_2})/p^{\ominus}]^3}$$

溶液中溶质的反应

$$0 = \sum_{B} \nu_B \mathrm{B(aq)}$$

$$K^{\ominus} = \prod_{B} (c_B / c^{\ominus})^{\nu_B} \tag{3-34}$$

由于$c^{\ominus} = 1\mathrm{mol \cdot L^{-1}}$，为简单起见，式(3-34)中$c^{\ominus}$在与$K^{\ominus}$有关的数值计算中常予以省略。

对于一般的化学反应：

$$a\mathrm{A(g)} + b\mathrm{B(aq)} + c\mathrm{C(s)} \rightleftharpoons x\mathrm{X(l)} + y\mathrm{Y(g)} + z\mathrm{Z(aq)}$$

$$K^{\ominus} = \frac{[p(\mathrm{Y})/p^{\ominus}]^y [c(\mathrm{Z})/c^{\ominus}]^z}{[p(\mathrm{A})/p^{\ominus}]^a [c(\mathrm{B})/c^{\ominus}]^b} \tag{3-35}$$

例如，实验室中制备氯气的反应：

$$MnO_2(s)+2Cl^-(aq)+4H^+(aq) \rightleftharpoons Mn^{2+}(aq)+Cl_2(g)+2H_2O(l)$$

其标准平衡常数表达式为

$$K^\ominus=\frac{\dfrac{c(Mn^{2+})}{c^\ominus}\cdot\dfrac{p(Cl_2)}{p^\ominus}}{\left(\dfrac{c(Cl^-)}{c^\ominus}\right)^2\left(\dfrac{c(H^+)}{c^\ominus}\right)^4}$$

书写标准平衡常数表达式时必须注意以下两点。

(1) 表达式中气体以相对平衡分压($p_B/p^\ominus$)表示，溶液中的溶质以相对平衡浓度($c_B/c^\ominus$)表示；纯固体、纯液体不写入平衡常数的表达式中；在水溶液中进行的反应，水的浓度视为常数，不写入平衡常数表达式中。

(2) $K^\ominus$与化学反应方程式写法有关，平衡常数表达式必须与化学反应方程式相对应。同一反应，以不同的反应方程式表示时，平衡常数及其表达式也不相同。例如，合成氨反应：

(a)
$$N_2(g)+3H_2(g) \rightleftharpoons 2NH_3(g)$$

$$K_1^\ominus=\frac{[p(NH_3)/p^\ominus]^2}{[p(N_2)/p^\ominus][p(H_2)/p^\ominus]^3}$$

(b)
$$\frac{1}{2}N_2(g)+\frac{3}{2}H_2(g) \rightleftharpoons NH_3(g)$$

$$K_2^\ominus=\frac{[p(NH_3)/p^\ominus]}{[p(N_2)/p^\ominus]^{\frac{1}{2}}[p(H_2)/p^\ominus]^{\frac{3}{2}}}$$

显然，$K_1^\ominus \neq K_2^\ominus$，$K_1^\ominus=(K_2^\ominus)^2$。

平衡常数与化学反应的本性和温度有关。不同的反应在相同的温度下，有不同的平衡常数；同一反应在不同的温度下也有不同的平衡常数；相同温度下(浓度、压力不同)，同一反应的平衡常数相同。平衡常数可以衡量化学反应进行的限度，对同类型反应，在给定条件下，$K^\ominus$越大，反应进行得越完全。

3. 多重平衡规则

如果一个反应是其他几个反应的和（或差)，则这个反应的平衡常数等于这几个反应的平衡常数的积（或商)，这个规则称为多重平衡规则。

【例3-12】 已知下列反应(1)、(2)、(3)的平衡常数分别为$K_1^\ominus$、$K_2^\ominus$、$K_3^\ominus$，讨论$K_1^\ominus$、$K_2^\ominus$、$K_3^\ominus$ 的关系。

(1) $SO_2(g)+\frac{1}{2}O_2(g) \rightleftharpoons SO_3(g)$
$$K_1^\ominus=\frac{\left(\dfrac{p(SO_3)}{p^\ominus}\right)}{\left(\dfrac{p(SO_2)}{p^\ominus}\right)\left(\dfrac{p(O_2)}{p^\ominus}\right)^{1/2}}$$

(2) $NO_2(g) \rightleftharpoons NO(g)+\frac{1}{2}O_2(g)$
$$K_2^\ominus=\frac{\left(\dfrac{p(NO)}{p^\ominus}\right)\left(\dfrac{p(O_2)}{p^\ominus}\right)^{1/2}}{\left(\dfrac{p(NO_2)}{p^\ominus}\right)}$$

(3) $SO_2(g)+NO_2(g) \rightleftharpoons SO_3(g)+NO(g)$
$$K_3^\ominus=\frac{\left(\dfrac{p(SO_3)}{p^\ominus}\right)\left(\dfrac{p(NO)}{p^\ominus}\right)}{\left(\dfrac{p(SO_2)}{p^\ominus}\right)\left(\dfrac{p(NO_2)}{p^\ominus}\right)}$$

解：(1)+(2)得(3)

$$K_3^{\ominus}=K_1^{\ominus}\cdot K_2^{\ominus}$$

(3)−(1)得(2)

$$K_2^{\ominus}=K_3^{\ominus}/K_1^{\ominus}$$

根据多重平衡规则，人们可以应用若干已知反应的平衡常数，求得某个或某些其他反应的平衡常数，而无须一一通过实验测定。

4. 化学反应进行的程度

工业上常用转化率 α 来衡量反应进行的限度，转化率定义为

$$\alpha=\frac{\text{某反应物已转化的量}}{\text{某反应物的起始总量}}\times 100\% \tag{3-36}$$

化学反应达到平衡时，系统的组成不再随时间而变，此时反应物最大限度地转变为生成物。利用平衡常数可以计算平衡时各反应物和生成物的浓度或分压，以及反应物的转化率。化学反应达平衡时的转化率称为平衡转化率，是理论上该反应的最大转化率。而在实际生产中，往往系统还没有达到平衡，反应物就离开了反应容器，所以一般实际转化率要低于平衡转化率。

3.4.3 标准平衡常数与标准摩尔吉布斯函数变

1. 标准平衡常数与标准摩尔吉布斯函数变之间的关系

通过前面的讨论，我们知道：用 $\Delta_r G_m$ 和 $K^{\ominus}$ 都可以判断化学反应进行的程度，那么这两者之间必然存在某种内在联系。热力学研究证明，在恒温、恒压条件下，任意状态下化学反应的 $\Delta_r G_m$ 与其标准态 $\Delta_r G_m^{\ominus}$ 有如下关系：

$$\Delta_r G_m=\Delta_r G_m^{\ominus}+RT\ln Q \tag{3-37}$$

式中，Q 为反应商。

对于一般的化学反应：

$$a\text{A(g)}+b\text{B(aq)}+c\text{C(s)}\rightleftharpoons x\text{X(l)}+y\text{Y(g)}+z\text{Z(aq)}$$

$$Q=\frac{[p^*(\text{Y})/p^{\ominus}]^y[c^*(\text{Z})/c^{\ominus}]^z}{[p^*(\text{A})/p^{\ominus}]^a[c^*(\text{B})/c^{\ominus}]^b} \tag{3-38}$$

式中，c^* 和 p^* 为任意态的(包括平衡态)的浓度或分压。

反应商 Q 的表达式与标准平衡常数 $K^{\ominus}$ 的表达式形式相同，不同之处在于 Q 表达式中的浓度和分压为任意态的(包括平衡态)，而 $K^{\ominus}$ 表达式中的浓度和分压是平衡态的。为使用方便，将 Q 表达式中浓度和分压的“*”省去。

当反应达到平衡时，反应的 $\Delta_r G_m=0$，此时反应方程式中物质 B 的浓度或分压均为平衡态的浓度或分压。所以，此时 $Q=K^{\ominus}$，所以有

$$0=\Delta_r G_m^{\ominus}+RT\ln K^{\ominus}$$

$$\Delta_r G_m^{\ominus}=-RT\ln K^{\ominus} \tag{3-39}$$

式(3-39)即为化学反应的标准平衡常数与化学反应的标准摩尔吉布斯函数变之间的关系式。因此，只要知道温度 T 时的 $\Delta_r G_m^{\ominus}$，就可求得该反应在温度 T 时的标准平衡常数 $K^{\ominus}$。

从式(3-39)可以看出，在一定温度下，化学反应的 $\Delta_r G_m^{\ominus}$ 值愈小，则 $K^{\ominus}$ 值愈大，反应就进行得愈完全；反之，若 $\Delta_r G_m^{\ominus}$ 值愈大，则 $K^{\ominus}$ 值愈小，反应进行的程度亦愈小。因

此，$\Delta_r G_m^\ominus$ 反映了标准状态时化学反应进行的完全程度。

2. 化学反应等温方程式

将式(3-39)代入式(3-37)可得

$$\Delta_r G_m = -RT\ln K^\ominus + RT\ln Q = RT\ln \frac{Q}{K^\ominus} \qquad (3-40)$$

式(3-40)称为化学反应等温式，简称反应等温式。它表明了恒温恒压条件下，化学反应的摩尔吉布斯函数变 $\Delta_r G_m$ 与标准平衡常数 $K^\ominus$ 及反应商 Q 之间的关系。
将 $K^\ominus$ 与 Q 进行比较，可以得出判断化学反应进行方向的判据：

$Q<K^\ominus$，$\Delta_r G_m<0$　　反应正向自发进行

$Q=K^\ominus$，$\Delta_r G_m=0$　　平衡状态

$Q>K^\ominus$，$\Delta_r G_m>0$　　反应逆向自发进行

上述判据称为化学反应进行方向的反应商判据。

【例3-13】 在2000℃时，反应 $N_2(g)+O_2(g)$══$2NO(g)$ 的 $K^\ominus=0.10$，判断 $p(N_2)=25.0$kPa，$p(O_2)=50.0$kPa，$p(NO)=10.0$kPa 时，反应进行的方向。

解：

$$Q=\frac{[p(NO)/p^\ominus]^2}{[p(N_2)/p^\ominus][p(O_2)/p^\ominus]}$$

$$Q=\frac{(10.0/100)^2}{(25.00/100)(50.0/100)}=0.08$$

$Q<K^\ominus$，所以反应正向自发进行。

3.4.4 影响化学平衡的因素

化学平衡是相对的，有条件的。改变平衡条件(如浓度、压力、温度)，系统旧的平衡将被打破，从而在新的条件下建立新的平衡。这种因外界条件的改变而使化学反应从一种平衡状态向另一种平衡状态转变的过程称为化学平衡的移动。

1. 浓度(或气体分压)对化学平衡的影响

由反应商判据可知，在一定温度下，一个已达化学平衡的反应系统，$Q=K^\ominus$，增加反应物的浓度(或分压)或降低生成物的浓度(或分压)，Q 值变小，则 $Q<K^\ominus$，平衡向正方向移动；反之，降低反应物浓度(或分压)或增加生成物浓度(或分压)，Q 值变大，则 $Q>K^\ominus$，平衡向逆反应方向移动。

【例3-14】 在500℃时，CO的转化反应 $CO(g)+H_2O(g)$══$CO_2(g)+H_2(g)$ 的 $K^\ominus=0.5$。起始浓度为 $c(CO)=1.00$mol·L^{-1}，$c(H_2O)=3.00$mol·L^{-1}，试计算

(1) 平衡时各物质的浓度；

(2) CO(g)转变成 $CO_2(g)$ 的转化率；

(3) 若将平衡体系中 $CO_2(g)$ 的浓度减少0.2mol·L^{-1}，平衡向什么方向移动？

解： 设平衡时生成的 CO_2 浓度为 $x$mol·L^{-1}。

(1)	$CO(g)$	$+H_2O(g)$══	$CO_2(g)$	$+H_2(g)$
起始浓度(mol·L^{-1})	1.00	3.00	0	0
变化浓度(mol·L^{-1})	$-x$	$-x$	x	x
平衡浓度(mol·L^{-1})	$1.00-x$	$3.00-x$	x	x

$$K^{\ominus}=\frac{[p(CO_2)/p^{\ominus}][p(H_2)/p^{\ominus}]}{[p(CO)/p^{\ominus}][p(H_2O)/p^{\ominus}]}$$

根据分压定律 $p_i=c_iRT$，所以

$$K^{\ominus}=\frac{[c(CO_2)RT/p^{\ominus}][c(H_2)RT/p^{\ominus}]}{[c(CO)RT/p^{\ominus}][c(H_2O)RT/p^{\ominus}]}$$

$$=\frac{c(CO_2)c(H_2)}{c(CO)c(H_2O)}$$

$$0.50=\frac{x^2}{(1.00-x)(3.00-x)}$$

$$x\approx 0.64\text{mol}\cdot\text{L}^{-1}$$

平衡时，$c(CO_2)=c(H_2)=0.64\text{mol}\cdot\text{L}^{-1}$

$c(CO)=1.00-0.64=0.36\text{mol}\cdot\text{L}^{-1}$

$c(H_2O)=3.00-0.64=2.36\text{mol}\cdot\text{L}^{-1}$

(2) CO 的转化率

$$\alpha=\frac{0.64}{1.00}\times 100\%=64\%$$

(3)	$CO(g)$	+	$H_2O(g)$	═══	$CO_2(g)$	+	$H_2(g)$
平衡浓度($\text{mol}\cdot\text{L}^{-1}$)	0.36		2.36		0.64		0.64
减少后浓度($\text{mol}\cdot\text{L}^{-1}$)	0.36		2.36		0.64−0.2		0.64

$$Q=\frac{[p(CO_2)/p^{\ominus}][p(H_2)/p^{\ominus}]}{[p(CO)/p^{\ominus}][p(H_2O)/p^{\ominus}]}=\frac{c(CO_2)c(H_2)}{c(CO)c(H_2O)}$$

$$=\frac{(0.64-0.2)\times 0.64}{0.36\times 2.36}\approx 0.33$$

$Q<K^{\ominus}$，平衡向正反应方向移动。

在考虑平衡问题时，应该注意以下三点。

(1) 在实际反应时，人们为了尽可能地充分利用某一种原料，往往使用过量的另一种原料（廉价、易得）与其反应，以使平衡尽可能向正反应方向移动，提高前者的转化率。

(2) 如果从平衡系统中不断降低生成物的浓度（或分压），则平衡将不断地向生成物方向移动，直至某反应物基本上被消耗完全，使可逆反应进行得比较完全。

(3) 如果系统中存在多个平衡，则须应用多重平衡规则。

2. 压力对化学平衡的影响

只有液体和固体参与的反应系统，压力变化对平衡的影响很小，可以忽略。但有气体参与的反应系统，系统压力变化对平衡的影响与反应系统有关。

(1) T 不变，增大系统总压（如总压增大到原总压的 x 倍）。

已知 $p\propto 1/V$，若体积压缩至原体积的 $1/x$，则各组分的压力 $p'_B=xp_B$。

对气相反应

$$aA(g)+bB(g)\rightleftharpoons gG(g)+dD(g)$$

$$K^{\ominus}=\frac{(p_G/p^{\ominus})^g\ (p_D/p^{\ominus})^d}{(p_A/p^{\ominus})^a\ (p_B/p^{\ominus})^b}$$

$$Q=\frac{(xp_G/p^{\ominus})^g\ (xp_D/p^{\ominus})^d}{(xp_A/p^{\ominus})^a\ (xp_B/p^{\ominus})^b}=x^{\Delta n}\cdot K^{\ominus}$$

式中，$\Delta n=(g+d)-(a+b)$为反应方程式中气体物质计量系数的代数和，即气态产物的计量系数之和减去气态反应物的计量系数之和。

讨论：

① 当$\Delta n<0$时，反应后气体分子总数减少。增大总压，$x^{\Delta n}<1$，$Q=x^{\Delta n}K^{\ominus}<K^{\ominus}$，平衡向右移动；

② 当$\Delta n>0$时，反应后气体分子总数增加。增大总压，$x^{\Delta n}>1$，$Q=x^{\Delta n}K^{\ominus}>K^{\ominus}$，平衡向左移动；

③ 当$\Delta n=0$时，反应后气体分子总数不变。增大总压，$x^{\Delta n}=1$，$Q=K^{\ominus}$，平衡不发生移动。

结论：

① 增加系统总压，平衡向气体分子数减小的方向移动；

② 降低系统总压，平衡向气体分子数增加的方向移动；

③ 改变总压，对气体分子数不变的平衡没有影响。

(2) 引入不参与反应的惰性气体。

① 恒温恒压。总压(p)不变，引入不参与反应的惰性气体，各组分的分压p_B必然降低，相当于总压降低，平衡向气体分子数增加的方向移动。

② 恒温恒容。体积(V)不变，引入不参与反应的惰性气体，虽然总压增加，但各组分的分压(p_B)不变，Q不变，对平衡无影响。

(3) 改变反应物或生成物的分压。

由$p_B=c_BRT$，改变分压与改变浓度对平衡的影响一致。

通过上述讨论可得出：压力对平衡的影响关键看各组分的分压p_B是否改变，以及反应前后气体分子总数的改变值(Δn)。

3. 温度对化学平衡的影响

温度对平衡的影响与浓度、压力的影响有本质上的区别。浓度和压力改变时，$K^{\ominus}$不变，通过改变Q值，使$Q\neq K^{\ominus}$，导致平衡移动；而温度改变时则通过改变$K^{\ominus}$，使得$K^{\ominus}\neq Q$，从而引起平衡的移动。

由$\Delta_r G_m^{\ominus}=-RT\ln K^{\ominus}$和$\Delta_r G_m^{\ominus}=\Delta_r H_m^{\ominus}-T\Delta_r S_m^{\ominus}$得

$$\ln K^{\ominus}=-\frac{\Delta_r H_m^{\ominus}}{RT}+\frac{\Delta_r S_m^{\ominus}}{R} \tag{3-41}$$

在温度变化不大时，$\Delta_r H_m^{\ominus}$和$\Delta_r S_m^{\ominus}$可看作常数。若反应在T_1和T_2时的平衡常数分别为$K_1^{\ominus}$和$K_2^{\ominus}$，则近似地有

$$\ln K_1^{\ominus}=-\left(\frac{\Delta_r H_m^{\ominus}}{RT_1}+\frac{\Delta_r S_m^{\ominus}}{R}\right) \tag{a}$$

$$\ln K_2^{\ominus}=-\frac{\Delta_r H_m^{\ominus}}{RT_2}+\frac{\Delta_r S_m^{\ominus}}{R} \tag{b}$$

式(b)－式(a)，得

$$\ln\frac{K_2^{\ominus}}{K_1^{\ominus}}=-\frac{\Delta_r H_m^{\ominus}}{R}\left(\frac{1}{T_2}-\frac{1}{T_1}\right) \tag{3-42}$$

式(3-42)称为范特霍夫(Van't Hoff)公式。应用范特霍夫公式可以根据某反应在温度T_1

时的平衡常数 $K_1^\ominus$，计算该反应在温度 T_2 时的平衡常数 $K_2^\ominus$；还可以根据反应在两个温度下的平衡常数，求得反应的标准摩尔反应焓变 $\Delta_r H_m^\ominus$。此外，根据范特霍夫公式，可以判断温度变化对化学平衡移动方向的影响情况。

(1) 对放热反应，$\Delta_r H_m^\ominus < 0$，升高温度($T_2 > T_1$)，则 $K_2^\ominus < K_1^\ominus$，平衡向逆反应方向移动(即升高温度，平衡向吸热反应方向移动)；降低温度($T_2 < T_1$)，则 $K_2^\ominus > K_1^\ominus$，平衡向正反应方向移动(即降低温度，平衡向放热反应方向移动)。

(2) 对吸热反应，$\Delta_r H_m^\ominus > 0$，升高温度($T_2 > T_1$)，$K_2^\ominus > K_1^\ominus$，平衡向正反应方向移动(即升高温度，平衡向吸热反应方向移动)；降低温度($T_2 < T_1$)，则 $K_2^\ominus < K_1^\ominus$，平衡向逆反应方向移动(即降低温度，平衡向放热反应方向移动)。

【例 3-15】 反应 $2SO_2(g) + O_2(g) = 2SO_3(g)$ 在 700K 时，$K^\ominus = 1.0 \times 10^5$，反应的标准摩尔焓变 $\Delta_r H_m^\ominus = -317 kJ \cdot mol^{-1}$，求反应在 800K 时的 $K^\ominus$。

解：

$$\ln \frac{K_2^\ominus}{K_1^\ominus} = -\frac{\Delta_r H_m^\ominus}{R}\left(\frac{1}{T_2} - \frac{1}{T_1}\right)$$

$$\ln \frac{K_2^\ominus}{1.0 \times 10^5} = -\frac{317 \times 10^3}{8.314}\left(\frac{1}{800} - \frac{1}{700}\right)$$

$$K_2^\ominus \approx 1.1 \times 10^2$$

4. 勒夏特列原理

1907 年，勒夏特列(Le Chatelier)在总结了大量实验事实的基础上，得出平衡移动的普遍原理：任何一个处于化学平衡的系统，当某一确定系统平衡的因素（如浓度、压力、温度等）发生改变时，系统的平衡将发生移动。平衡移动的方向总是向着减弱外界因素的改变对系统影响的方向。

例如，增大反应物浓度或分压（或者降低生成物浓度或分压），平衡向反应物浓度或分压减小（或者生成物浓度或分压增大）的方向移动；增大总压，平衡向气体分子数减少的方向移动；升高温度，平衡向吸热反应的方向移动。

应该指出的是，勒夏特列原理仅适用于已达平衡的系统，而对于未达平衡的系统则不适用。勒夏特列原理也适用于其他平衡，如相平衡。

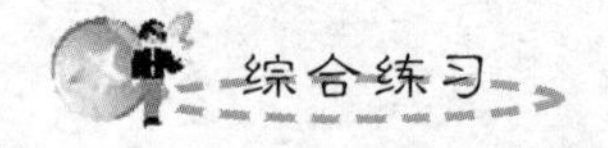

综合练习

一、思考题

1. 试说明下列术语的含义。

(1) 状态函数；(2) 系统与环境；(3) 过程与途径；(4) 标准状态；

(5) 标准摩尔生成焓和标准摩尔燃烧焓；(6) 焓、熵、吉布斯自由能。

2. 若把合成氨反应的化学计量方程式分别写成 $N_2(g) + 3H_2(g) = 2NH_3(g)$ 和 $\frac{1}{2}N_2(g) + \frac{3}{2}H_2(g) = NH_3(g)$，二者的 $\Delta_r H_m^\ominus$ 和 $\Delta_r G_m^\ominus$ 是否相同？两者间有何关系？

3. 判断下列化学反应在 298.15K 及 100kPa 下能否正向进行？为什么？

$(NH_4)_2Cr_2O_7(s) = Cr_2O_3(s) + N_2(g) + 4H_2O(g)$，$\Delta_r H_m^\ominus = -315 kJ \cdot mol^{-1}$

4. 在恒压条件下，温度对反应的自发性有何影响？举例说明。

二、练习题

1. 选择题

(1) 下列各组物理量中，全部是状态函数的是(　　)。

(A) P，Q，V　　(B) H，U，W

(C) U，H，G　　(D) S，ΔH，ΔG

(2) 某温度下，反应 $2SO_2(g)+O_2(g)=\!=\!=2SO_3(g)$ 的平衡常数为 K，则同一温度下，反应 $SO_3(g)=\!=\!=SO_2(g)+1/2O_2(g)$ 的平衡常数为(　　)。

(A) $1/(K^{\ominus})^{1/2}$　　(B) $K^{\ominus}/2$　　(C) $1/K^{\ominus}$　　(D) $2K^{\ominus}$

(3) $CaO(s)+H_2O(l)=\!=\!=Ca(OH)_2(s)$，在 298.15K 及标准状态下反应自发进行，高温时其逆反应自发进行，这表明该反应的类型是(　　)。

(A) $\Delta_r H_m^{\ominus}<0$，$\Delta_r S_m^{\ominus}<0$　　(B) $\Delta_r H_m^{\ominus}<0$，$\Delta_r S_m^{\ominus}>0$

(C) $\Delta_r H_m^{\ominus}>0$，$\Delta_r S_m^{\ominus}>0$　　(D) $\Delta_r H_m^{\ominus}>0$，$\Delta_r S_m^{\ominus}<0$

(4) 反应 B→A，B→C 的恒压热效应分别为 ΔH_1，ΔH_2，则反应 C→A 的恒压热效应为(　　)。

(A) $\Delta H_1+\Delta H_2$　　(B) $\Delta H_1-\Delta H_2$　　(C) $\Delta H_2-\Delta H_1$　　(D) $2\Delta H_1-2\Delta H_2$

(5) 在恒压下，任何温度时都可自发进行的反应是(　　)。

(A) $\Delta H^{\ominus}>0$　$\Delta S^{\ominus}<0$　　(B) $\Delta H^{\ominus}<0$　$\Delta S^{\ominus}>0$

(C) $\Delta H^{\ominus}>0$　$\Delta S^{\ominus}>0$　　(D) $\Delta H^{\ominus}<0$　$\Delta S^{\ominus}<0$

(6) 在 $P^{\ominus}$ 和 373K 时，$H_2O(g)\longrightarrow H_2O(l)$ 体系中应是(　　)。

(A) $\Delta H=0$　　(B) $\Delta S=0$　　(C) $\Delta G=0$　　(D) $\Delta U=0$

(7) 已知 $CuCl_2(s)+Cu(s)=\!=\!=2\,CuCl(s)$　　$\Delta_r H_m^{\ominus}=170kJ/mol$

$Cu(s)+Cl_2(g)=\!=\!=CuCl_2(s)$　　$\Delta_r H_m^{\ominus}=-206kJ/mol$

则 CuCl(s)的 $\Delta_f H_m^{\ominus}$ 应为(　　)。

(A) 36kJ/mol　　(B) 18kJ/mol　　(C) −18kJ/mol　　(D) −36kJ/mol

(8) 水的汽化热 44.0kJ/mol，则 1.00mol 水蒸气在 100℃ 时凝聚为液态水的熵变为(　　)。

(A) $118J\cdot mol^{-1}\cdot K^{-1}$　　(B) 0

(C) $-118J\cdot mol^{-1}\cdot K^{-1}$　　(D) $-59J\cdot mol^{-1}\cdot K^{-1}$

(9) PCl_5 分解反应为 $PCl_5=\!=\!=PCl_3+Cl_2$ 在 200℃ 达到平衡时，PCl_5 有 48%分解；在 300℃平衡时有 97%分解，则此反应是(　　)。

(A) 放热反应　　(B) 吸热反应

(C) 既不放热也不吸热　　(D) 平衡常数为 2

(10) 标准压力下，石墨燃烧反应 $\Delta_r H_m^{\ominus}=-393.7kJ\cdot mol^{-1}$，金刚石燃烧反应的焓变是 $-395.6kJ\cdot mol^{-1}$，则石墨转化为金刚石时反应的焓变为(　　)。

(A) $-789.3kJ\cdot mol^{-1}$　　(B) 0

(C) $1.9kJ\cdot mol^{-1}$　　(D) $-1.9kJ\cdot mol^{-1}$

2. 由附录查出 298.15K 时有关的 $\Delta_f H_m^{\ominus}$ 数值，计算下列反应的 $\Delta_r H_m^{\ominus}$。

(1) $N_2H_4(l)+O_2(g)=\!=\!=N_2(g)+2H_2O(l)$

(2) $H_2O(l)+\frac{1}{2}O_2(g)$ $=\!=\!=$ $H_2O_2(g)$

(3) $H_2O_2(g)$ $=\!=\!=$ $H_2O_2(l)$

不再查表，根据上述三个反应的 $\Delta_r H_m^\ominus$，计算反应的 $\Delta_r H_m^\ominus$。

(4) $N_2H_4(l)+2H_2O_2(l)$ $=\!=\!=$ $N_2(g)+4H_2O(l)$

3. 已知下列反应的标准摩尔反应焓变，计算乙酸甲酯 $CH_3COOCH_3(l)$ 的标准摩尔生成焓。

(1) $C(石墨, s)+O_2(g)$ $=\!=\!=$ $CO_2(g)$ $\quad \Delta_r H_{m,1}^\ominus=-393.51kJ\cdot mol^{-1}$

(2) $H_2(g)+\frac{1}{2}O_2(g)$ $=\!=\!=$ $H_2O(l)$ $\quad \Delta_r H_{m,2}^\ominus=-285.85kJ\cdot mol^{-1}$

(3) $CH_3COOCH_3(l)+\frac{7}{2}O_2(g)$ $=\!=\!=$ $3CO_2(g)+3H_2O(l)$ $\Delta_r H_{m,3}^\ominus=-1788.2kJ\cdot mol^{-1}$

4. 大力神火箭发动机采用液态 N_2H_4 和气体 N_2O_4 作燃料，反应产生的大量热量和气体推动火箭升高。

$$2N_2H_4(l)+N_2O_4(g)=\!=\!=3N_2(g)+4H_2O(g)$$

利用有关数据，计算反应在 298.15K 时的标准摩尔反应焓变 $\Delta_r H_m^\ominus$。若该反应的热能完全转变为使 100kg 重物垂直升高的势能，试求此重物可达到的高度(已知 $\Delta_f H_m^\ominus(N_2H_4, l)=50.63kJ\cdot mol^{-1}$)。

5. 已知反应：$S(单)+O_2(g)$ $=\!=\!=$ $SO_2(g)$，$\Delta_r H_m^\ominus=-297.09kJ\cdot mol^{-1}$。$S(正)+O_2(g)$ $=\!=\!=$ $SO_2(g)$，$\Delta_r H_{m,2}^\ominus=-296.80kJ\cdot mol^{-1}$。单斜硫和正交硫的标准摩尔熵 $S_m^\ominus$ 分别为 $32.6J\cdot mol^{-1}\cdot K^{-1}$ 和 $31.8J\cdot mol^{-1}\cdot K^{-1}$。计算说明在标准状态下，当温度为 25℃和 120℃时，硫的哪种晶型更稳定？两种晶型的转变温度为多少？

6. 计算石灰石热分解反应 $CaCO_3(s)\longrightarrow CaO(s)+CO_2(g)$ 在 25℃和 1000℃时的标准摩尔反应吉布斯函数变 $\Delta_r G_m^\ominus$，并分析该反应的自发性。

7. 估算反应 $2NaHCO_3(s)\longrightarrow Na_2CO_3(s)+CO_2(g)+H_2O(g)$ 在标准状态下的最低分解温度。

8. 反应 $CaCO_3(s)\rightleftharpoons CaO(s)+CO_2(g)$，已知在 298.15K 时，$\Delta_r G_m^\ominus=130.86kJ\cdot mol^{-1}$。

(1) 求该反应在标准状态和 298.15K 时的 $K^\ominus$。

(2) 若温度不变，当平衡体系中各组分的分压由 100kPa 降到 100×10^{-4}kPa 时，该反应能否正向自发进行。

第4章 化学反应速率

(1) 了解化学反应速率的概念及其实验测定方法。

(2) 掌握质量作用定律和化学反应的速率方程式。

(3) 了解碰撞理论和过渡状态理论。

(4) 掌握温度与反应速率关系的阿仑尼乌斯经验式，并能用活化分子、活化能等概念解释各种外界因素对反应速率的影响。

(5) 理解浓度、温度和催化剂对反应速率的影响。

【“飞秒”化学】

有些化学反应进行得很快，甚至在瞬间即可完成，如酸碱反应、爆炸反应等。另有一些反应却进行得很慢，如常温常压下，氢气与氧气生成水的反应，此反应从化学热力学分析，在常温下自发进行的趋势很大，但反应速率却非常慢。将氢气与氧气在常温下混合，经过很长时间(甚至几年)后，都检测不出有水生成。我们研究化学反应速率的目的，就是要找出有关反应速率的规律并加以利用。在化工生产中，对于对人类有用的反应，如合成氨，我们希望反应速率越快越好，这样可以提高生产效率。另外，还有一些对人类不利的反应，如金属的锈蚀、食物的变质及塑料的老化等，我们希望反应速率越慢越好，以减少损失。因此，研究化学反应速率问题对化工生产及人们的日常生活具有重要意义。

4.1 化学反应速率的概念

化学反应速率是描述化学反应进行快慢的一个物理量，过去常用反应物或生成物的浓度随时间的变化率来表示。在定容条件下，化学反应的平均速率用 $\bar{v}_B$ 表示。

$$\bar{v}_B = \pm\frac{c_2 - c_1}{t_2 - t_1} = \pm\frac{\Delta c_B}{\Delta t} \tag{4-1}$$

因为反应速率只能是正值，式(4-1)中，正号表示用生成物浓度的变化表示反应速率，负号表示用反应物浓度的变化表示反应速率；Δc_B表示某组分 B 在 Δt 时间内浓度的变化量。

化学反应的瞬时速率用某一瞬间反应物或生成物浓度随时间的变化率来表示。

$$v_B = \pm \lim_{\Delta t \to 0} \frac{\Delta c_B}{\Delta t} = \pm \frac{dc_B}{dt} \tag{4-2}$$

对于合成氨反应

$$N_2(g) + 3H_2(g) \xlongequal{} 2NH_3(g)$$

若在 dt 时间内，$N_2(g)$浓度的减少值为 dx，则

$$v(N_2) = -\frac{dc(N_2)}{dt} = -\frac{dx}{dt}$$

$$v(H_2) = -\frac{dc(H_2)}{dt} = -\frac{3dx}{dt}$$

$$v(NH_3) = \frac{dc(NH_3)}{dt} = \frac{2dx}{dt}$$

可以看出，用不同组分浓度的变化率来表示同一反应的反应速率，其数值可能不同。为了使同一反应只有一个反应速率，国家标准规定，化学反应速率是反应进度(ξ)随时间的变化率。

对于化学反应

$$0 = \sum_B \nu_B B$$

反应速率

$$r = \frac{d\xi}{dt} = \frac{1}{\nu_B}\frac{dn_B}{dt} \tag{4-3}$$

若反应系统的体积 V 不随时间而变，即在定容条件下，反应速率(v)定义为

$$v = \frac{r}{V} = \frac{1}{\nu_B}\frac{dn_B}{V dt} = \frac{1}{\nu_B}\frac{dc_B}{dt} \tag{4-4}$$

即定容条件下，反应速率定义为：任一组分 B 的浓度随时间的变化率除以相应的化学计量数 ν_B(对反应物，ν_B取“−”；对生成物，ν_B取“+”)。

反应速率 v 的量纲为浓度·时间$^{-1}$，常用量纲为 $mol \cdot L^{-1} \cdot s^{-1}$，随反应的快慢不同，时间单位可取 s、min、h、d、a 等；由于反应进度ξ与反应方程式有关，所以在表示反应速率时，也应指明反应方程式。

上述合成氨反应的反应速率为

$$\begin{aligned} v &= \frac{1}{-1}\frac{dc(N_2)}{dt} = \frac{1}{-3}\frac{dc(H_2)}{dt} = \frac{1}{2}\frac{dc(NH_3)}{dt} \\ &= \frac{1}{-1}\left(\frac{-dx}{dt}\right) = \frac{1}{-3}\left(\frac{-3dx}{dt}\right) = \frac{1}{2}\left(\frac{2dx}{dt}\right) \\ &= \frac{dx}{dt} \end{aligned}$$

可见，用不同物质浓度的变化表示的反应速率除以反应式中相应的化学计量数(ν)所得到的反应速率 v 的数值与所选物质的种类无关，但与反应式的写法有关。

反应速率是通过实验测得的，在不同时刻取样，用化学分析法或仪器分析法测定反应物或生成物的浓度，作 $c-t$ 关系曲线，再作切线，即可得到不同时刻的反应速率。

4.2 反应历程和化学反应速率方程

4.2.1 反应历程与基元反应

在化学反应中，反应物转变为生成物的具体途径和步骤，称为反应历程（或反应机理）。反应物微粒（分子、原子、离子或自由基）经一步作用就直接转化为生成物的反应称为基元反应(也称元反应)。由一个基元反应组成的化学反应称为简单反应。由两个或两个以上的基元反应组成的化学反应称为复杂反应(或非基元反应)。复杂反应中，速率最慢的基元反应称为复杂反应的定速步骤，如

① $I_2(g) \rightleftharpoons 2I(g)$是基元反应。

② $CO(g)+NO_2(g) = CO_2(g)+NO(g)$实验证实是基元反应，也是简单反应。

研究表明，只有少数化学反应是简单反应，绝大多数化学反应都是复杂反应。在很长一个时期，人们一直认为碘分子和氢分子生成碘化氢的反应是简单反应，即

$$H_2(g)+I_2(g) = 2HI(g)$$

现在已被实验证明它是由以下两个基元反应组成的复杂反应。

$$I_2(g) \xrightleftharpoons{\text{快}} 2I(g)$$

$$H_2(g)+2I(g) \xrightarrow{\text{慢}} 2HI(g)$$

第一步反应较快。第二步反应较慢，是定速步骤。

又如，HCl(g)的合成反应 $H_2(g)+Cl_2(g) \longrightarrow 2HCl(g)$，在光照条件下，是由以下四个基元反应所组成的复杂反应。

① $Cl_2(g)+M \longrightarrow 2Cl(g)+M$

② $Cl(g)+H_2(g) \longrightarrow HCl(g)+H(g)$

③ $H(g)+Cl_2(g) \longrightarrow HCl(g)+Cl(g)$

④ $Cl(g)+Cl(g)+M \longrightarrow Cl_2(g)+M$

式中，M为惰性物质，可以是器壁或不参与反应的第三种物质，M只起传递能量的作用。

4.2.2 化学反应速率方程

对于一个给定的化学反应，反应速率与反应物浓度之间的定量关系式，称为化学反应速率方程。

1. 基元反应的速率方程

1864年，挪威科学家古德堡(Guldberg)和魏格(Waage)在大量实验的基础上，总结出基元反应的反应速率与反应物浓度之间的定量关系：在一定温度下，化学反应速率与各反应物浓度幂($c^{-\nu_B}$)的乘积成正比，浓度的幂次为基元反应方程式中相应组分的计量系数的负值($-\nu_B$)。基元反应的这一规律称为质量作用定律。

对基元反应或简单反应：

$$aA+bB+\cdots \longrightarrow \cdots+yY+zZ$$

其速率方程式为

$$v=kc^{a}(\mathrm{A})c^{b}(\mathrm{B})\cdots \tag{4-5}$$

式(4－5)是质量作用定律的数学表达式，也是基元反应的速率方程式。速率方程中的比例系数 k，称为速率常数，表示各反应物浓度均为单位浓度时的反应速率。k 值越大，反应速率越快。不同的反应有不同的 k 值。k 值的大小与反应物的浓度无关，但与温度和催化剂有关。改变温度或使用催化剂，k 值一般会有较大变化。

式(4－5)中各浓度项的幂次 a，b，…分别称为反应物 A，B，…的反应级数。该反应的总反应级数(reaction order)n 则是各反应物 A，B，…的级数之和，即

$$n=a+b+\cdots$$

在基元反应中，a，b，…分别为反应物 A，B，…的计量系数。当 $n=0$，1，2，…时，分别称为零级反应、一级反应、二级反应等。各反应物的级数与其计量系数相等，因此，基元反应的速率方程可以根据化学反应方程式，由质量作用定律写出。

例如，基元反应 $CO(g)+NO_2(g)=\!=\!=CO_2(g)+NO(g)$ 的速率方程式为

$$v=kc(\mathrm{NO_2})c(\mathrm{CO})$$

2. 复杂反应的速率方程

对复杂反应，各反应物的反应级数一般与其计量系数不相等，因此，复杂反应的速率方程一般不能根据化学反应方程式确定，必须通过实验来确定。

速率方程的一般形式为

$$v=kc^{\alpha}(\mathrm{A})c^{\beta}(\mathrm{B})\cdots \tag{4-6}$$

如果是非基元反应，则 α，β 的数值必须通过实验来测定。反应级数可以为零、整数，也可以为分数，如反应

$$H_2(g)+Cl_2(g)\longrightarrow 2HCl(g) \qquad v=kc(\mathrm{H_2})c^{\frac{1}{2}}(\mathrm{Cl_2})$$

书写速率方程时还须注意，固体或纯液体、稀溶液中溶剂的浓度视为常数，不写入速率方程式中，如蔗糖的水解反应

$$C_{12}H_{22}O_{11}+H_2O\longrightarrow C_6H_{12}O_6+C_6H_{12}O_6$$

是一个双分子反应，其速率方程式为

$$v=kc(\mathrm{H_2O})c(\mathrm{C_{12}H_{22}O_{11}})$$

由于 H_2O 是大量的，在反应过程中可视 H_2O 的浓度基本未变，其浓度作为常量与 k 合并，得到

$$v=k'c(\mathrm{C_{12}H_{22}O_{11}})$$

其中，$k'=kc(\mathrm{H_2O})$。所以蔗糖的水解反应是双分子反应，却是一级反应(也称假一级反应)。

【例 4－1】 在 1073K 时，测得反应 $2NO(g)+2H_2(g)\longrightarrow N_2(g)+2H_2O(g)$ 的反应物的初始浓度和生成 $N_2(g)$ 的初始反应速率如下表：

实验序号	初始浓度/mol·L^{-1}		初始速率/mol·L^{-1}·s^{-1}
	c(NO)	$c(\mathrm{H_2})$	
1	2.00×10^{-3}	6.00×10^{-2}	1.92×10^{-3}
2	1.00×10^{-3}	6.00×10^{-2}	0.48×10^{-3}
3	2.00×10^{-3}	3.00×10^{-2}	0.96×10^{-3}

(1) 写出该反应的速率方程式，求出反应级数。

(2) 求 1073K 时该反应的速率常数。

(3) 计算 1073K 时，$c(NO)=c(H_2)=4.00\times10^{-3}\,mol\cdot L^{-1}$时的反应速率。

解：(1) 根据式(4－6)，该反应的速率方程式为

$$v=kc^{\alpha}(NO)c^{\beta}(H_2)$$

将 1，2 号实验数据分别代入速率方程式，得

$$1.92\times10^{-3}=k(2.00\times10^{-3})^{\alpha}(6.00\times10^{-2})^{\beta} \qquad (a)$$

$$0.48\times10^{-3}=k(1.00\times10^{-3})^{\alpha}(6.00\times10^{-2})^{\beta} \qquad (b)$$

式(a)除以式(b)，得

$$\left(\frac{2.0\times10^{-3}}{1.0\times10^{-3}}\right)^{\alpha}=\left(\frac{1.92\times10^{-3}}{0.48\times10^{-3}}\right)$$

解得 $\alpha=2$

同样，将 1，3 号实验数据分别代入速率方程式，然后两式相除，得

$$\left(\frac{6.00\times10^{-3}}{3.00\times10^{-3}}\right)^{\beta}=\left(\frac{1.92\times10^{-3}}{0.96\times10^{-3}}\right)$$

解得 $\beta=1$。

所以，该反应的速率方程式为

$$v=kc^2(NO)c(H_2)$$

该反应的总反应级数 $n=\alpha+\beta=2+1=3$。

(2) 将 1 号（或任一号）实验数据代入速率方程式，即可求得速率常数。

$$\begin{aligned}k&=v/[c^2(NO)c(H_2)]\\&=1.92\times10^{-3}/[(2.00\times10^{-3})^2(6.00\times10^{-2})]\\&=8.00\times10^3(mol^{-2}\cdot L^2\cdot s^{-1})\end{aligned}$$

(3) $$\begin{aligned}v&=kc^2(NO)c(H_2)\\&=8.00\times10^3\times(4.00\times10^{-3})^2(4.00\times10^{-3})\\&=5.12\times10^{-4}(mol\cdot L^{-1}\cdot s^{-1})\end{aligned}$$

3. 反应级数与反应分子数的关系

在反应速率方程中，反应物浓度项的幂指数之和称为反应级数。基元反应都具有简单的反应级数，而复合反应的级数可以是整数或分数。

反应级数反映了反应物浓度对反应速率的影响程度。反应级数越大，反应物浓度对反应速率的影响就越大。反应级数通常是通过实验测定的。

反应分子数是指基元反应中参加反应的微粒(分子、原子、离子、自由基等)的数目。根据反应分子数，可以把基元反应分为单分子反应、双分子反应和三分子反应。在基元反应中，反应级数和反应分子数是一致的。

4.3 简单反应级数的反应

4.3.1 零级反应

零级反应的反应速率与反应物的浓度无关，反应速率 $v=$常数。

对零级反应：

$$B \longrightarrow P$$

其反应速率为

$$v=\frac{1}{\nu_B}\times\frac{dc_B}{dt}=-\frac{dc_B}{dt}$$

速率方程为

$$v=kc_B^0=k$$

得

$$-\frac{dc_B}{dt}=k$$

因此

$$dc_B=-kdt$$

设反应起始($t=0$)时反应物B的浓度为c_0，反应进行到t时的浓度为c_B，对上式积分，即

$$\int_{c_0}^{c_B}dc_B=-k\int_0^t dt$$

则

$$c_B-c_0=-k\cdot t \tag{4-7}$$

式(4-7)为零级反应的反应物浓度随时间变化的关系式。

半衰期($t_{1/2}$)：我们把反应物消耗一半所需的时间，称为半衰期，用$t_{1/2}$表示。

可根据式(4-7)求出零级反应的半衰期。

当$t=t_{1/2}$时，$c_B=c_0/2$

$$t_{1/2}=\frac{c_0}{2k} \tag{4-8}$$

零级反应具有如下特征。

(1) 速率常数的单位为速率单位，其SI单位为$mol\cdot L^{-1}\cdot s^{-1}$。

(2) 根据速率方程的积分式$c_B-c_0=-k\cdot t$，以c_B对t作图为一直线，直线的斜率为$-k$，截距为c_0。

(3) 反应的半衰期$\left(t_{1/2}=\frac{c_0}{2k}\right)$与反应物的起始浓度$c_0$成正比，与速率常数成反比。

(4) 零级反应较少，常见于固相表面发生的多相催化反应及生物化学中的酶催化反应。例如，NH_3在金属钨表面的分解反应

$$2NH_3(g)\xrightarrow{W}N_2(g)+3H_2(g)$$

4.3.2 一级反应

凡反应速率与反应物浓度的一次方成正比的反应称为一级反应。放射性同位素的蜕变为一级反应。设一级反应为

$$B \longrightarrow P$$

由$v=kc_B$及$v=-\frac{dc_B}{dt}$，得

$$\frac{dc_B}{c_B}=-kdt$$

积分 $\int_{c_0}^{c_B}\frac{dc_B}{c_B}=-k\int_0^t dt$，得

$$\ln\frac{c_B}{c_0}=-kt$$

即

$$\ln c_B=\ln c_0-kt \tag{4-9}$$

式(4-9)是一级反应的反应物浓度随时间变化的关系式。

将 $c_B=c_0/2$ 代入式(4-9)，可求得一级反应的半衰期：

$$\ln(c_0/2)=\ln c_0-kt_{1/2}$$

$$t_{1/2}=\ln 2/k\approx 0.693/k \tag{4-10}$$

一级反应具有如下特征。

(1) 速率常数的 SI 单位为 s^{-1}。

(2) 根据速率方程的积分式 $\ln c_B=\ln c_0-kt$，以 $\ln c_B$ 对 t 作图得一直线，直线的斜率为 $-k$，截距为 $\ln c_0$。

(3) 反应的半衰期($t_{1/2}=0.693/k$)与速率常数成反比，与反应物的起始浓度无关。

【例4-2】 从考古发现的某古书卷中取出的小块纸片，测得其中 $^{14}C/^{12}C$ 的值为现在活的植物体内 $^{14}C/^{12}C$ 的值的 0.795 倍。试估算该古书卷的年代。活的植物体内，^{14}C 的浓度近似为一常数。已知：

$$^{14}_{6}C \longrightarrow {}^{14}_{7}N+{}^{0}_{-1}e^-,\quad t_{(1/2)}=5730a。$$

解：可用式(4-10)求得此一级反应速率常数 k：

$$t_{(1/2)}=0.693/k$$

$$k=\frac{0.693}{5730a}\approx 1.21\times 10^{-4}a^{-1}$$

根据式(4-9)及题意 $c=0.795c_0$，可得

$$\ln c=\ln c_0-kt$$

$$\ln\frac{c_0}{c}=kt$$

$$\ln\frac{c_0}{c}=\ln\frac{c_0}{0.795c_0}=\ln 1.26=kt=(1.21\times 10^{-4}a^{-1})t$$

$$t\approx 1900a$$

4.3.3 二级反应

二级反应有两类：

(1) $2B\longrightarrow P$；

(2) $A+B\longrightarrow P$。

对反应(1)，有

$$v=kc_B^2=-\frac{dc_B}{2dt}$$

分离变量积分

$$\int_{c_0}^{c_B}\frac{dc_B}{c_B^2}=-2k\int_0^t dt$$

得

$$\frac{1}{c_B}-\frac{1}{c_0}=2kt \tag{4-11}$$

反应的半衰期

$$t_{1/2}=\frac{1}{2kc_0} \tag{4-12}$$

对反应(2)，

A+B⟶P，若组分 A 和 B 的起始浓度相等，即 $c_A=c_B$，则

$$v=kc_Ac_B=kc_B^2=-\frac{dc_B}{dt}$$

分离变量积分

$$\int_{c_0}^{c_B}\frac{dc_B}{c_B^2}=-k\int_0^t dt$$

得

$$\frac{1}{c_B}-\frac{1}{c_0}=kt \tag{4-13}$$

反应的半衰期

$$t_{1/2}=\frac{1}{kc_0} \tag{4-14}$$

对 $c_A\neq c_B$的二级反应，因较为复杂，故不在此介绍。

4.4 反应速率理论

为了从根本上阐明反应进行快慢的原因及其影响因素，先后提出了一些化学反应速率理论，其中比较有影响的是有效碰撞理论和过渡状态理论。

4.4.1 有效碰撞理论

1918 年，路易斯(Lewis)以气体分子运动论为基础，研究了一些气体反应，提出了双分子反应的有效碰撞理论。

有效碰撞理论的基本要点如下。

(1) 反应物分子间必须相互碰撞才可能发生反应，相互碰撞是发生反应的前提条件。反应速率与单位体积、单位时间内分子间的碰撞次数即碰撞频率(z)成正比。

(2) 并不是每一次碰撞都能发生化学反应，多数化学反应中，只有极少数分子在碰撞时才能发生反应。发生了反应的碰撞称为有效碰撞。要发生有效碰撞，需要具备以下两个条件。

① 反应物分子要有较高的能量。只有具有较高能量的分子在相互碰撞时才能克服电子云间的排斥作用而相互靠近，从而使原有的化学键断开，形成新的分子，即发生化学反应。具有较高能量、能够发生有效碰撞的分子称为活化分子。要使普通分子(具有平均能量的分子)成为活化分子所需的最低能量称为活化能，用 E_a 表示，单位为 $kJ\cdot mol^{-1}$，$E_a=E_0-E_k$(即活化能等于活化分子的最低能量与气体分子的平均能量之差)。气体分子的能量分布如图 4.1 所示，横坐标为能量，纵坐标 $\Delta N/(N\Delta E)$ 表示具有能量在 E 到 $E+$

ΔE 范围内单位能量区间的分子分数。E_k 为气体分子的平均能量，E_0 为活化分子的最低能量。曲线下的面积表示分子百分数总和为100%，阴影部分的面积表示活化分子的百分数。在一定温度下，反应的活化能越大，其活化分子百分数越小，单位时间内有效碰撞次数就越少，则反应速率越小；反之，反应的活化能越小，其活化分子百分数就越大，单位时间内有效碰撞次数就越多，则反应速率越大。

② 分子间的碰撞要有适当的取向(或方位)。例如，CO 与 NO_2 的反应如图 4.2 所示，只有 CO 中的 C 与 NO_2 中的 O 迎头相碰才有可能发生有效碰撞。对结构复杂的分子，方位因素的影响更大。两分子取向有利于发生反应的碰撞机会占总碰撞机会的百分数称为方位因子（p），方位因子越大，则反应速率越大。

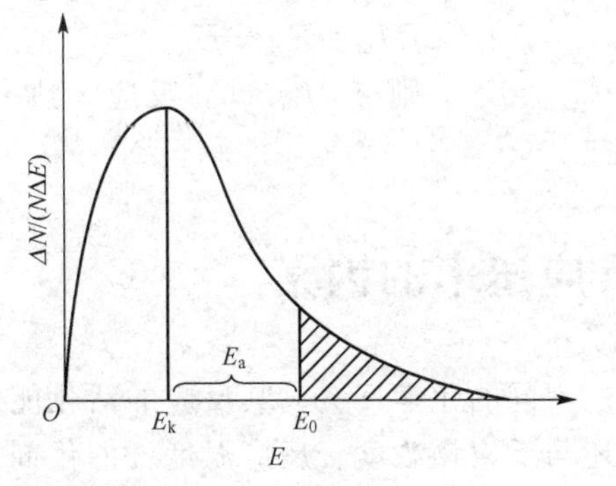

图 4.1 气体分子的能量分布和活化能

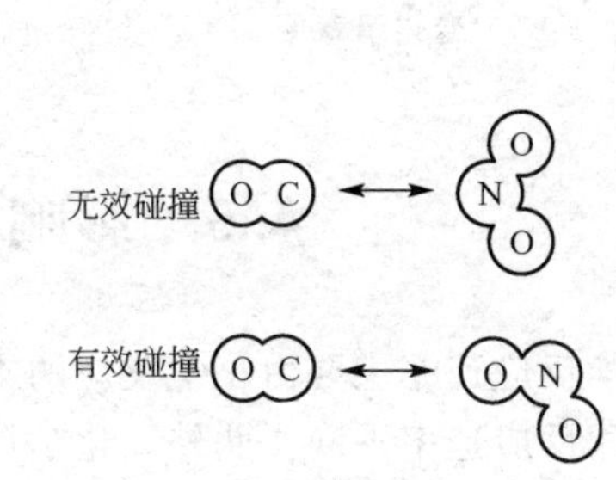

图 4.2 分子碰撞的不同取向

总之，只有反应物的活化分子以适当的方向碰撞，才能发生反应。

根据碰撞理论，反应速率与方位因子(p)、活化分子百分数(f)和碰撞频率(z)成正比：

$$v = pfz \tag{4-15}$$

碰撞理论直观明了，用于解释简单分子的反应比较成功，反应速率的理论估算与实验值基本吻合。但对一些分子结构比较复杂的反应，如有机化合物分子之间的反应就不能进行圆满的解释。这是因为碰撞理论简单地把分子看成是没有内部结构和内部运动的刚性球体。

4.4.2 过渡状态理论

随着人们对原子、分子内部结构认识的深化，20 世纪 30 年代中期，埃林(Eyring)等人在量子力学和统计力学的基础上，提出了过渡状态理论。

过渡状态理论的基本要点如下。

(1) 化学反应不是通过反应物分子之间的简单碰撞完成的，反应过程中必须经过一个中间过渡状态，即反应物分子间首先形成活化配合物，活化配合物又称过渡状态。活化配合物的能量较高，不稳定、寿命短，会很快分解。它既可分解生成产物，也可以分解成为原来的反应物，如

$$NO_2(g) + CO(g) \xrightarrow{>500K} NO(g) + CO_2(g)$$

其反应过程为

$$NO_2(g) + CO(g) \rightleftharpoons [O—N\cdots O\cdots C—O] \longrightarrow NO(g) + CO_2(g)$$

当 CO(g)和 NO_2(g)吸收能量，按适当的取向相互靠近时，首先形成活化配合物，此时 N…O键部分减弱，O…C 键部分形成，随着 N…O 键进一步减弱，O…C 键进一步增强，最终生成 NO(g)和 CO_2(g)。

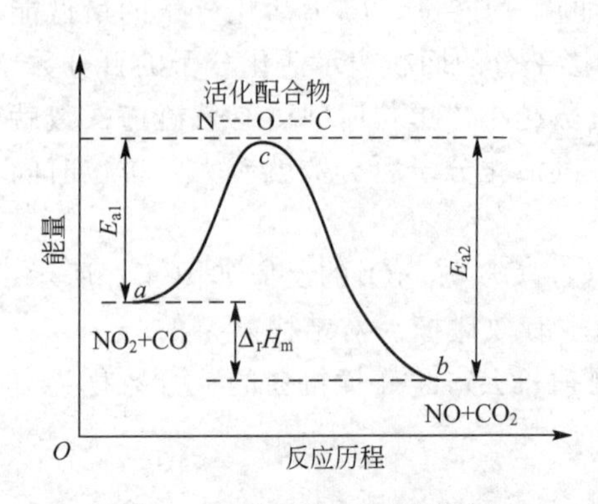

图 4.3　反应历程与系统的能量变化示意图

(2) 反应的活化能越大，反应速率越慢；反应的活化能越小，反应速率越快。过渡状态理论的活化能，是指活化配合物的能量与反应物（或生成物）的平均能量之差。活化配合物的能量与反应物的平均能量之差为正反应的活化能；活化配合物的能量与生成物的平均能量之差为逆反应的活化能。图 4.3 是反应历程与系统的能量关系图。E_{a_1}、E_{a_2} 分别为正、逆反应的活化能。化学反应热效应等于正、逆反应的活化能之差：

$$\Delta_r H_m = E_{a_1} - E_{a_2}$$

若 $E_{a_1} > E_{a_2}$，则 $\Delta_r H_m > 0$，反应吸热；反之，反应放热。

4.5　影响化学反应速率的因素

化学反应速率主要由化学反应的本性决定。不同的化学反应，其反应的活化能大小不同，因而反应速率不同。此外，化学反应速率还与反应物浓度、反应温度、催化剂等因素有关。

4.5.1　浓度对反应速率的影响

1. 根据碰撞理论定性分析

根据碰撞理论，对某一化学反应，在一定温度下，系统中活化分子的百分数是一定的。当反应物浓度增大时，单位体积内分子总数增加，活化分子的总数也相应增加，单位体积内分子的有效碰撞次数增多，因此反应速率加快。对于有气体参加的反应，增大系统的压力意味着增大了浓度。

2. 根据反应速率方程定量计算

对于反应

$$aA + bB + \cdots \longrightarrow \cdots + yY + zZ$$

(1) 若为基元反应，根据质量作用定律，其动力学方程为

$$v = k{c_A}^a {c_B}^b \cdots$$

(2) 若为非基元反应(复杂反应)，应从实验数据求出速率方程

$$v = kc^{\alpha}(A)c^{\beta}(B)$$

4.5.2　温度对反应速率的影响

1. 根据碰撞理论定性分析

对某一反应系统，各组分浓度一定。温度升高，一方面分子运动速率加快，反应物分子间碰撞频率增加，从而使有效碰撞次数增加，反应速率加快；另一方面，温度升高，分

子的平均能量增加，从而使活化分子百分数增加，有效碰撞次数增加，反应速率加快。所以，温度升高，绝大多数化学反应速率是加快的。

2. 根据范特霍夫规则和阿仑尼乌斯方程定量计算

(1) 范特霍夫规则。

1884年，范特霍夫(Van't Hoff)根据实验结果总结出一条经验规则：在一般情况下，对反应物浓度(或分压)不变的反应，温度每升高10K，反应速率约增加2～4倍。即

$$\frac{v(T+10\text{K})}{v(T)}=\frac{k(T+10\text{K})}{k(T)}=2\sim4 \tag{4-16}$$

(2) 阿仑尼乌斯方程。

从速率方程式的一般形式 $v=kc^{\alpha}(\text{A})c^{\beta}(\text{B})\cdots$ 中可以看出：反应速率与浓度 c 和速率常数 k 有关。在浓度不变的情况下，反应速率取决于速率常数 k，改变温度使反应速率改变，是通过改变速率常数来实现的。因此，讨论温度对反应速率的影响，可以归结为温度对速率常数的影响。速率常数和温度之间有怎样的关系呢？

1889年，阿仑尼乌斯(Arrhenius)在大量实验事实的基础上，提出了速率常数与温度关系的经验式，称之为阿仑尼乌斯方程式。

$$k=A\text{e}^{-\frac{E_a}{RT}} \tag{4-17}$$

式中，A 称指前因子，为经验常数，A 与温度、浓度无关，不同反应 A 值不同，其单位与 k 相同；R 为摩尔气体常数；T 为热力学温度；E_a为活化能(单位为 $\text{J}\cdot\text{mol}^{-1}$)。对某一给定反应，$E_a$为定值。当反应温度区间变化不大时，$E_a$和 A 不随温度而改变。由式(4-17)可以看出，温度升高，k 值增大，由于 k 与温度 T 为指数关系，所以温度变化对 k 值的影响较大。同时还可以看出，活化能 E_a越小，则 k 值越大，反应速率越大。

对式(4-17)取对数，阿仑尼乌斯方程式变为

$$\ln k=-\frac{E_a}{RT}+\ln A \tag{4-18}$$

若某一反应的活化能为 E_a，温度 T_1时的速率常数为 k_1，温度 T_2时的速率常数为 k_2，则

$$\ln k_1=-\frac{E_a}{RT_1}+\ln A \tag{a}$$

$$\ln k_2=-\frac{E_a}{RT_2}+\ln A \tag{b}$$

式(b)－式(a)，得

$$\ln\frac{k_2}{k_1}=-\frac{E_a}{R}(\frac{1}{T_2}-\frac{1}{T_1}) \tag{4-19}$$

【例4-3】 已知反应 $N_2O_5(g)\longrightarrow N_2O_4(g)+O_2(g)$ 在298K和338K时的反应速率常数分别为 $k_1=3.46\times10^5\,\text{s}^{-1}$ 和 $k_2=4.87\times10^7\,\text{s}^{-1}$，求该反应的活化能 E_a和318K时的速率常数 k_3。

解：(1) 由

$$\ln\frac{k_2}{k_1}=-\frac{E_a}{R}\left(\frac{1}{T_2}-\frac{1}{T_1}\right)$$

$$\ln\frac{4.87\times10^7}{3.46\times10^5}=-\frac{E_a}{8.314}\left(\frac{1}{338}-\frac{1}{298}\right)$$

得

$$E_a \approx 1.04 \times 10^5 (J \cdot mol^{-1}) = 104 (kJ \cdot mol^{-1})$$

(2)
$$\ln \frac{k_3}{k_1} = \ln \frac{k_3}{3.46 \times 10^5} = -\frac{1.04 \times 10^5}{8.314}\left(\frac{1}{318} - \frac{1}{298}\right)$$

$$k_3 \approx 4.8 \times 10^6 (s^{-1})$$

4.5.3 催化剂对反应速率的影响

催化剂是影响反应速率的重要因素之一。在化工生产中，80%以上的反应过程都使用催化剂。例如，石油裂解、合成氨、硫酸的生产、油脂氢化等都要使用催化剂。催化剂多半是金属、金属氧化物、配合物和多酸化合物等。生物体内各种各样的生物化学变化，几乎都要在各种不同的酶催化下才能进行。

【奥斯特瓦尔德——化学动力学和催化理论奠基人】

1. 催化剂与催化作用

催化剂是一种能显著改变化学反应速率，但不改变反应的平衡位置，而在反应结束后其自身的质量、组成和化学性质基本不变的物质。催化剂有正负之分。能使反应速率加快的催化剂称为正催化剂。能使反应速率减慢的催化剂称为负催化剂或阻化剂、抑制剂。一般所说的催化剂均指正催化剂。

催化剂对化学反应的作用称为催化作用。由于催化剂与反应物分子形成能量较低的活化配合物，改变了反应的途径，降低了反应的活化能（图 4.4），从而加快反应速率。催化剂在反应过程中并不消耗，但却参与了化学反应，在其中某一步基元反应中被消耗，在后面的基元反应中又再生出来。可见，催化反应都是复杂反应。

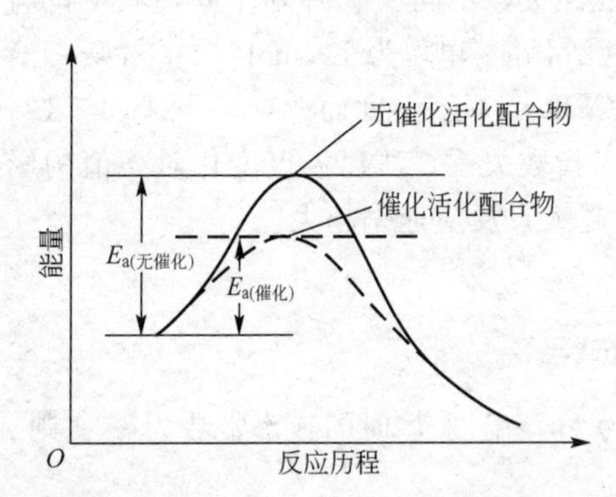

图 4.4 催化剂改变反应途径示意图

催化剂的主要特征如下。

（1）在反应过程中，催化剂与反应物之间形成一种能量较低的活化配合物，改变了反应的历程，大大降低了反应的活化能，从而使反应速率加快。例如，合成氨反应

$$N_2(g) + 3H_2(g) \xlongequal{} 2NH_3(g)$$

不加催化剂，反应的活化能约为 $176kJ \cdot mol^{-1}$；若加铁催化剂，活化能降为 $58 \sim 67kJ \cdot mol^{-1}$，反应速率可提高 10^{16} 倍。

（2）催化剂同时加快正、逆反应速率，缩短平衡到达的时间，但不能改变平衡状态，反应的平衡常数不受影响；热力学上不能进行的反应，催化剂对它不起作用。

（3）催化剂有选择性。某种催化剂只对某些反应起催化作用，每个反应都有它特有的催化剂。例如，生产硫酸过程中，将 SO_2 氧化为 SO_3，用 V_2O_5 作催化剂效果较好。另外，相同反应物能生成多种产物时，选用不同催化剂，可得到不同产物。例如，乙烯的催化氧化，若用银网催化，主要产物是环氧乙烷；而用 $PdCl_2$ 和 $CuCl_2$ 催化，主要产物是乙醛。

（4）反应前后催化剂的质量、组成和化学性质基本不变。

2. 均相催化与多相催化

催化剂与反应物处于同一相中进行的催化反应，称为均相催化。过氧化氢的碘离子催化分解是均相催化的典型实例。催化剂与反应物处于不同相中的催化反应，称为多相催化反应。多相催化反应发生在催化剂表面(或相界面)，催化剂表面积越大，催化效率越高，反应速率越快。在化工生产中，为了增大反应物与催化剂之间的接触表面，往往将催化剂的活性组分附着在一些多孔性的物质(载体)上，如硅藻土、高岭土、活性炭、硅胶等。这类催化剂称为负载型催化剂，它们比普通催化剂往往有更高的催化活性和选择性。固体催化剂在化工生产中用得最多，如合成氨、接触法制硫酸、原油裂解及基本有机合成工业等几乎都用固体催化剂。

3. 酶及其催化作用

在生物体内几乎所有的化学反应都是由酶催化的，如果体内缺少某种酶，生物体就会发生相应的病变。酶是一类结构和功能特殊的蛋白质，它在生物体内所起的催化作用称为酶催化作用。例如，食物中的蛋白质的水解(即消化)，在体外需在强酸(或强碱)条件下煮沸相当长的时间，而在人体内正常体温下，在胃蛋白酶的作用下短时间内即可完成。

【格哈德杜·马克——迟到的诺贝尔奖得主】

酶催化作用的主要特征如下。

(1) 高度的专一性。酶催化作用选择性很强，一种酶往往只对一种特定的反应有效。例如，淀粉酶只能水解淀粉，脲酶只能将尿素转化为 NH_3 和 CO_2。酶催化的选择性甚至达到原子水平。

(2) 高的催化效率。酶催化效率比通常的无机或有机催化剂高出 $10^8 \sim 10^{12}$ 倍。酶的高效催化在于它能大大降低反应的活化能。例如，蔗糖水解反应，在转化酶催化下，可使其活化能从 $107.1\text{kJ} \cdot \text{mol}^{-1}$ 降至 $39.1\text{kJ} \cdot \text{mol}^{-1}$。

(3) 温和的催化条件。酶催化反应所需的条件温和，一般在常温常压下就可以进行。例如，工业上合成氨，在铁触媒催化下需高温($\sim 770\text{K}$)、高压($\sim 5 \times 10^7 \text{Pa}$)，且需特殊的设备，而某些植物茎中的固氮酶，在常温常压下即可把空气中的 N_2 转化为 NH_3。

(4) 特殊的酸碱环境需求。酶具有许多极性基团，因此溶液的 pH 对酶的活性影响很大。酶只在一定的 pH 范围内才能表现出活性。若溶液偏离最佳 pH 时，酶的活性就降低甚至完全丧失。例如，人体内的酶催化反应一般在体温 37℃ 和血液 pH 约 7.35～7.45 的条件下进行。酶遇到高温、强酸、强碱、重金属离子或紫外线照射等因素，就会失去活性。

酶催化具有高度专一性和高效性、反应条件温和、节能环保、应用前景广阔，但机理复杂，它是化学家和生物学家正在孜孜以求，努力探索的课题。

4.6 化学反应基本原理的应用

化学热力学告诉我们一个化学反应在给定条件下能否自发进行，进行的程度有多大，反应物的最大转化率是多少；而化学动力学则告诉我们在给定的条件下，该反应进行的快慢。在实际生产过程和科学研究中，我们不仅要考虑化学反应的热力学问题，还要同时考虑化学反应的动力学问题，即要综合考虑反应的平衡与反应的速率问题。

例如，合成氨反应

$$N_2(g)+3H_2(g)=\!=\!=2NH_3(g) \qquad \Delta_r H_m^{\ominus}=-92.4kJ \cdot mol^{-1}$$

是一个气体分子数减小的放热反应。

从平衡角度看，压力越大、温度越低，反应的平衡转化率越高；从反应速率的角度看，温度越高，反应速率越快。

综合考虑两种因素，合成氨反应一般采用的工艺条件是高温、中压，使用铁触媒（Fe催化剂）。

一、思考题

1. 试说明下列术语的含义。

(1) 平均速率；(2) 瞬时速率；(3) 活化能；(4) 基元反应；(5) 反应级数；(6) 催化剂；(7) 催化作用。

2. 简述碰撞理论和过渡状态理论的基本要点。

3. 某可逆反应 $A(g)+B(g) \rightleftharpoons 2C$ 的 $\Delta_r H_m^{\ominus}<0$，平衡时，若改变下述各项条件，试将其他各项发生的变化填入下表。

改变条件	正反应速率	速率常数 $k_{正}$	平衡常数	平衡移动方向
增加 A 的分压				
增加 C 的浓度				
降低温度				
使用催化剂				

4. 下列说法是否正确？并说明理由。

(1) 所有反应的反应速率都随时间的变化而变化。

(2) 某反应 $A(g)+B(g) \longrightarrow C(g)$ 的速率方程式为 $v=kc(A)c(B)$，则该反应一定是基元反应。

(3) 速率方程式是质量作用定律的数学表达式。

(4) 反应级数等于反应方程式中各反应物的计量系数之和。

(5) 催化剂可以提高反应物的转化率。

(6) 催化剂使正逆反应速率同时增加，且增加的倍数相同。

(7) 活化能高的反应，其反应速率慢、平衡常数小。

5. 比较反应 $N_2(g)+O_2(g)=\!=\!=2NO(g)$ 和 $N_2(g)+3H_2(g)=\!=\!=2NH_3(g)$ 在 427℃时，反应自发进行可能性的大小。依据反应速率理论，提出最佳的固氮反应的思路与方法。

二、练习题

1. 选择题

(1) 反应 $3H_2(g)+N_2(g)=\!=\!=2NH_3(g)$ 的 $\Delta_r H^{\ominus}<0$，欲增大正反应速率，下列措施中无用的是（　　）。

(A) 增加 H_2 的分压　　(B) 升温

(C) 减小 NH_3 的分压　　(D) 加正催化剂

(2) 已知化学反应 $2H_2(g)+2NO(g) = 2H_2O(g)+N_2(g)$ 的速率方程式为 $v=kp(H_2)p^2(NO)$，则该反应的级数为(　　)。

(A) 1　　(B) 2　　(C) 3　　(D) 4

(3) A+B ═ C+D 是吸热的可逆反应，其中正反应的活化能为 E_a(正)，逆反应的活化能为 E_a(逆)，则下列表述中正确的是(　　)。

(A) E_a(正)>E_a(逆)　　(B) E_a(正)=E_a(逆)

(C) E_a(正)<E_a(逆)　　(D) 无法确定

(4) 一般说温度升高，反应速率明显增加，主要原因在于(　　)。

(A) 反应物浓度增大　　(B) 反应物压力增加

(C) 活化能降低　　(D) 活化分子百分率增加

(5) 对于一个确定的化学反应来说，下列说法正确的是(　　)。

(A) $\Delta_r G_m^{\ominus}$ 越负，反应速率越快　　(B) $\Delta_r H_m^{\ominus}$ 越负，反应速率越快

(C) 活化能越大，反应速率越快　　(D) 活化能越小，反应速率越快

(6) 下列叙述中正确的是(　　)。

(A) 非基元反应是由若干个基元反应组成的

(B) 凡速率方程中各物质浓度的指数等于反应式中其计量系数时，反应必为基元反应

(C) 反应级数等于反应物在方程式中计量系数之和

(D) 反应速率与反应物浓度成正比

2. 已知反应 $N_2O_4(g) \rightleftharpoons 2NO_2(g)$ 在总压为 101.3kPa 和温度为 325K 时达到平衡，$N_2O_4(g)$ 的转化率为 50.2%。

(1) 求该反应的 $K^{\ominus}$。

(2) 相同温度、压力为 5×101.3kPa 时，求 $N_2O_4(g)$ 的平衡转化率 α。

3. 在 298K 时，测得反应 $2NO+O_2 \longrightarrow 2NO_2$ 的反应速率及有关实验数据如下。

实验序号	初始浓度/mol·L⁻¹		初始速率/mol·L⁻¹·s⁻¹
	$c(NO)$	$c(O_2)$	
1	0.010	0.010	1.6×10^{-2}
2	0.010	0.020	3.2×10^{-2}
3	0.020	0.010	6.4×10^{-2}

(1) 求该反应的速率方程式和反应级数。

(2) 求 298K 时反应的速率常数。

(3) 求 $c(NO)=0.030mol\cdot L^{-1}$，$c(O_2)=0.020mol\cdot L^{-1}$，298K 时的反应速率。

4. 臭氧的热分解反应：$2O_3 \longrightarrow 3O_2$ 的历程如下。

(1) $O_3 \rightleftharpoons O_2+O$　　(快反应)

(2) $O+O_3 \longrightarrow 2O_2$　　(慢反应)

试证明：$-\dfrac{dc(O_3)}{dt}=k\dfrac{c^2(O_3)}{c(O_2)}$

5. 某基元反应 $A + B \longrightarrow C$，在 1.20L 溶液中，$c(A) = 4.0 mol \cdot L^{-1}$，$c(B) = 3.0 mol \cdot L^{-1}$时，$v = 4.20 \times 10^{-3} mol \cdot L^{-1} \cdot s^{-1}$。写出该反应的速率方程式，并计算其速率常数。

6. 某人发烧至 40℃时，体内某一酶催化反应的速率常数为正常体温（37℃）的 1.25 倍，求该酶催化反应的活化能。

7. 298K 时，反应 $2N_2O(g) \longrightarrow 2N_2(g) + O_2(g)$，$\Delta_r H_m^{\ominus} = -164.1 kJ \cdot mol^{-1}$，$E_a = 240 kJ \cdot mol^{-1}$。该反应用 Cl_2 催化，催化反应的 $E_a = 140 kJ \cdot mol^{-1}$。催化后反应速率提高了多少倍？催化反应的逆反应的活化能是多少？

第5章 物质的聚集状态

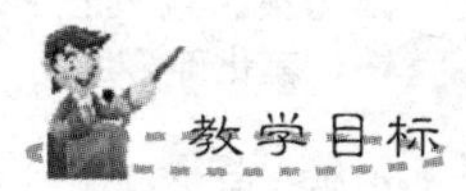

(1) 了解分散系的分类及主要特征。
(2) 掌握理想气体状态方程式和气体分压定理。
(3) 掌握溶液浓度的表示方法。
(4) 掌握稀溶液的通性及其应用。
(5) 理解胶体的基本概念、结构及其性质。
(6) 了解高分子溶液、表面活性物质、乳浊液的基本概念和特征。
(7) 了解活度、活度系数和离子强度的概念。

物质通常以三种不同的聚集状态存在，即气态、液态和固态。这三种聚集状态各有其特点，并且在一定的条件下可以相互转化。当物质处于不同的聚集状态时，其物理性质和化学性质是不同的。物质聚集状态的变化虽然是物理变化，但常与化学反应密切相关。在化工生产和科学研究中，大多数化学反应都是在气相和液相中进行的。本来是固体的物料，为了便于处理和输送，在可能的条件下通常也制成溶液。因此，学习、研究物质的聚集状态的有关知识具有十分重要的意义。

【物质的第四态和第五态】

5.1 分 散 系

5.1.1 分散系的概念

一种或几种物质分散成微小的粒子分布在另一种物质中所构成的系统称为分散系。例如，细小的水滴分散在空气中形成的云雾、奶油分散在水中形成的牛奶、各种金属化合物分散在岩石中形成的矿石等都是分散系。分散系中被分散的物质称为分散质(或分散相)，容纳分散质的物质称为分散剂(或分散介质)。上述例子中，小水滴、奶油、金属化合物是分散质，空气、水、岩石是分散剂。分散质处于分割成粒子的不连续状态，而分散剂则处于连续状态。

5.1.2 分散系的分类

按照分散质粒子直径大小不同，可将分散系分为三类，见表5-1。

表5-1 按分散质粒子大小分类的各种分散系

类型	粒子直径/nm	分散系名称	主要特征	实例
低分子或离子分散系	<1	真溶液	最稳定，扩散快，能透过滤纸及半透膜，对光散射极弱，单相系统	氢氧化钠、盐酸、碳酸钠等水溶液
胶体分散系	1～100	高分子溶液	很稳定，扩散慢，能透过滤纸，不能透过半透膜，光散射弱，黏度大，单相系统	蛋白质、核酸等水溶液，橡胶的苯溶液
		溶胶	稳定，扩散慢，能透过滤纸，不能透过半透膜，光散射强，多相系统	碘化银、氢氧化铁、硫化砷溶胶
粗分散系	>100	乳状液 悬浊液	不稳定，扩散慢，不能透过滤纸及半透膜，无光散射，多相系统	牛奶、泥浆

以上三种分散系之间虽然有明显的区别，但没有明显的界线，某些系统可以同时表现出两种或者三种分散系的性质，因此以分散质粒子直径的大小作为分散系分类的依据是相对的，分散系之间性质和状态的差异也是逐步过渡的。

在分散系内，分散质和分散剂可以是固体、液体或气体，故按物质的聚集状态分类，分散系可以分为九种，见表5-2。

表5-2 按聚集状态分类的各种分散系

分散质	分散剂	实例
固	液	糖水、溶胶、油漆、泥浆
液	液	豆浆、牛奶、石油、白酒
气	液	汽水、肥皂泡沫
固	固	矿石、合金、有色玻璃
液	固	珍珠、硅胶、肌肉、毛发
气	固	泡沫塑料、海绵、木炭
固	气	烟、灰尘
液	气	云、雾
气	气	煤气、空气、混合气

5.2 气　　体

5.2.1 理想气体状态方程

我们把分子本身不占体积，分子间没有相互作用力的气体称为理想气体。理想气体实际上是不存在的，它是一种科学的抽象。我们通常遇到的实际气体均是非理想气体，因为它的分子本身既占有体积，而且分子间又有作用力存在。但是当实际气体处于低压（低于数百千帕）高温（高于273K）的条件下，这时分子间距离很大，气体的体积已远远超过分子本身所占的体积，因而可忽略分子本身的体积，而且分子间作用力也因分子间距离增大而迅速减小，故可把它近似地看作理想气体。

理想气体状态方程为

$$pV=nRT \tag{5-1}$$

该方程式表明了气体的压力(p)，体积(V)、温度(T)和物质的量(n)之间的关系。R 称为摩尔气体常数。

$$R=8.314\text{Pa}\cdot\text{m}^3\cdot\text{mol}^{-1}\cdot\text{K}^{-1}（即\ \text{J}\cdot\text{mol}^{-1}\cdot\text{K}^{-1}）$$

理想气体状态方程还可表示为

$$pV=\frac{m}{M}RT \tag{5-2}$$

$$pM=\rho RT \tag{5-3}$$

式中，m 为气体的质量，单位为kg；M 为摩尔质量，单位为 $\text{kg}\cdot\text{mol}^{-1}$；$\rho$ 为密度，单位为 $\text{kg}\cdot\text{m}^{-3}$。

5.2.2 道尔顿分压定律

1801年道尔顿(Dalton)通过实验发现：混合气体的总压力等于各组分气体分压力之和。所谓某组分的分压力是指该组分在同一温度下单独占有混合气体的容积时所产生的压力。以上关系就称为道尔顿分压定律。

若用 p_1，p_2，…表示气体1，2，…的分压力，p 代表总压力，则道尔顿分压定律可表示为

$$p=p_1+p_2+\cdots$$

或

$$p=\sum p_i \tag{5-4}$$

设有一混合气体，有多个组分，p_i 和 n_i 分别表示任意一组分的分压和物质的量，V 为混合气体的体积，则

$$p_i=\frac{n_i}{V}RT \tag{5-5}$$

由道尔顿分压定律可知

$$p=\sum p_i=\sum n_i\frac{RT}{V}=n\frac{RT}{V} \tag{5-6}$$

式中，n 为混合气体的总物质的量。

$$p_i=\frac{n_i}{n}p \tag{5-7}$$

则

$$p_i=x_i\text{p} \tag{5-8}$$

式中的 x_i 称为任意组分 i 的摩尔分数。

混合物中各组分摩尔分数之和必等于1。式(5-8)表示混合气体中某组分的分压力等于该组分的摩尔分数与混合气体总压力的乘积。这是道尔顿分压定律的另一种表达形式。

应当指出，只有理想气体才严格遵守道尔顿分压定律，实际气体只有在低压和高温条

件下，才近似适用。

道尔顿分压定律对于研究气体混合物非常重要。在实验室中常用排水取气法收集气体。用这种方法收集的气体中总是含有饱和的水蒸气。在这种情况下所测出的压力应是混合气体的总压力，即

$$p(\text{总压})=p(\text{气体})+p(\text{水蒸气})$$

因此

$$p(\text{气体})=p(\text{总压})-p(\text{水蒸气})$$

5.2.3 气体分体积定律

在温度、压力一定的情况下，混合气体的体积等于组成该混合气体的各组分的分体积之和，这一关系称为气体分体积定律。即

$$V=V_1+V_2+\cdots+V_i+\cdots \tag{5-9}$$

所谓某一组分的分体积，就是该组分单独存在并具有与混合气体相同温度和压力时所占有的体积。同样，某组分的分体积与该组分的摩尔分数成正比，即

$$V_i=\frac{n_i}{n}V=x_iV \tag{5-10}$$

5.2.4 实际气体

实际气体的分子间有相互作用，分子本身也具有一定的体积，因而实际气体不符合理想气体模型。针对这一问题，人们提出了修正的气体状态方程。1873年，荷兰科学家范德华针对引起实际气体与理想气体产生偏差的两个主要因素，即实际气体分子自身具有体积和分子间作用力，对理想气体状态方程进行了修正，得到著名的范德华方程式，即

$$\left(p+\frac{n^2a}{V^2}\right)(V-nb)=nRT \tag{5-11}$$

式中，a 和 b 称为范德华常数。常数 a 用于校正压力，b 用于修正体积，均可由实验确定。表5-3列出了一些常见气体的范德华常数。

表5-3 几种常见气体的范德华常数

气体	$a/\text{L}^2\cdot\text{kPa}\cdot\text{mol}^{-2}$	$b/\text{L}\cdot\text{mol}^{-1}$	沸点/℃	液态的摩尔体积/$\text{L}\cdot\text{mol}^{-1}$
He	3.457	0.02370	−269	0.027
H_2	24.76	0.02661	−253	0.029
O_2	137.8	0.03183	−183	0.028
N_2	140.8	0.03913	−196	0.035
CO_2	363.9	0.04267	−7(升华)	0.040
C_2H_2	444.7	0.05136	−104	—
Cl_2	657.7	0.05622	−34	0.054

由表5-3中数据可知，常数 b 大致等于气体在液态时的摩尔体积。如 H_2 的液态摩尔体积为 $0.029\text{L}\cdot\text{mol}^{-1}$，而它的 b 等于 $0.02661\text{L}\cdot\text{mol}^{-1}$，这表明气体分子的体积虽小，但不等于零，而大致相当于 b。因此，n mol 气体可压缩的体积修正为 $V-nb$。表中数据还表明，常数 a 值随沸点升高而增大，液体沸点高意味着分子间作用力大，分子间的相互作用力可以看作是气体的内聚力，它使气体的实际压力减小，所以需要加一个修正项，

n mol气体的压力可修正为 $p+an^2/V^2$，其中 an^2/V^2 相当于气体的内聚力。

用范德华方程计算实际气体比用理想气体方程计算的结果要准确得多，见表 5-4。

表 5-4 理想气体方程和范德华方程计算结果比较

温度/K	1molCO_2气体体积/mL	实测压力/kPa	压力计算值			
			p_i/kPa	误差/%	p_{vdw}/kPa	误差/%
273	1320	1520	1722	13	1560	2.6
	880	2150	2583	20	2239	4.1
	660	2702	3444	27	2836	5.0
373	1320	2227	2340	5	2218	0.4
	880	3243	3515	8	3231	0.3
	660	4229	4690	11	4181	1.0

5.3 溶液的浓度

广义的浓度定义，是溶液中的溶质相对于溶液或溶剂的相对量。它是一个强度量，不随溶液的总量而变。在历史上由于不同的实际需要而形成了多种浓度表示方法。近年来，趋向于仅用一定体积的溶液中溶质的“物质的量”来表示浓度，称为“物质的量浓度”，并简称为“浓度”，可认为是浓度的狭义定义。然而，在目前的生产和科研中，仍不可避免地使用各种不同的方法来表示溶液的浓度。

5.3.1 物质的量浓度

单位体积的溶液中所含溶质 B 的物质的量，称为溶质 B 的物质的量浓度，用 $c(\mathrm{B})$ 表示。即

$$c(\mathrm{B})=\frac{n(\mathrm{B})}{V} \tag{5-12}$$

式中，$n(\mathrm{B})$ 表示物质 B 的物质的量，单位为 mol；V 表示溶液的体积，单位为 L；$c(\mathrm{B})$ 的单位通常用 $\mathrm{mol\cdot L^{-1}}$。

根据 SI 规定，使用物质的量单位 mol 时，要指明物质的基本单元。

基本单元是指系统中的基本组分，它既可以是分子、原子、离子、电子及其他粒子，也可以是这些粒子的特定组合，还可以指某一特定的过程或反应。基本单元选择不同，意义就不同。例如，H_2SO_4、$1/2H_2SO_4$ 是两个不同的基本单元，1mol H_2SO_4 可以与 2mol NaOH 反应，而 1mol 1/2 H_2SO_4 只能与 1mol NaOH 反应。再如，$2H_2+O_2=2H_2O$ 和 $H_2+1/2\ O_2=\!=\!=H_2O$ 是两个不同的反应基本单元，1mol 这样的反应，前者生成 2mol 水，而后者则生成 1mol 水。所以在使用物质的量浓度时，必须注明物质的基本单元。例如，$c(KMnO_4)=0.10\mathrm{mol\cdot L^{-1}}$ 与 $c(1/5KMnO_4)=0.10\mathrm{mol\cdot L^{-1}}$ 的两种溶液，它们所表示的同体积的溶液中，$KMnO_4$ 的质量是不同的。

另外，溶液中的溶质溶解时，经常会发生解离等现象。例如，将 HAc 溶于水时，部分 HAc 将发生解离生成 Ac^-，即 $HAc \rightleftharpoons H^+ + Ac^-$。所以，HAc 在水中具有两种存在

形式。因此，我们所说的浓度具有两种：一种是利用溶质的量计算而得到的浓度，称为分析浓度，用符号 c 表示，它代表溶质的总浓度；另一种浓度是系统处于平衡状态时，各种存在形式的浓度，用符号 $c(M)$表示。例如，$c(HAc)$、$c(Ac^-)$表示 HAc 解离达到平衡状态时，溶液中剩余 HAc 的浓度和生成 Ac^- 的浓度，这种浓度称为平衡浓度。显然，分析浓度等于各种存在形式的平衡浓度之和，即 $c=c(HAc)+c(Ac^-)$。

5.3.2 质量摩尔浓度

单位质量的溶剂中含有溶质 B 的物质的量称为质量摩尔浓度，用 $b(B)$表示，即

$$b(B)=\frac{n(B)}{m(A)} \tag{5-13}$$

式中，$n(B)$代表溶质的物质的量，单位为 mol；$m(A)$代表溶剂的质量，单位为 kg；$b(B)$的单位为 $mol \cdot kg^{-1}$。

5.3.3 摩尔分数

混合系统(溶液)中某组分 B 的物质的量占全部系统(溶液)的物质的量的分数，称为组分 B 的摩尔分数，用 $x(B)$表示，即

$$x(B)=\frac{n(B)}{n} \tag{5-14}$$

式中，$n(B)$代表组分 B 的物质的量，单位为 mol；n 代表混合系统(溶质和溶剂)总的物质的量，单位为 mol；$x(B)$的量纲为 1。

5.3.4 质量分数

混合系统中，某组分 B 的质量占混合物的总质量的分数，称为组分 B 的质量分数，用 $w(B)$表示，即

$$w(B)=\frac{m(B)}{m}\times 100\% \tag{5-15}$$

式中，$m(B)$代表组分 B 的质量；m 代表混合物的总质量；$w(B)$的量纲为 1。

5.3.5 几种溶液浓度之间的关系

1. 物质的量浓度与质量分数

如果已知溶液的密度 ρ，同时已知溶液中溶质 B 的质量分数 $w(B)$，则该溶液的浓度可表示为

$$c(B)=\frac{n(B)}{V}=\frac{m(B)}{M(B)V}=\frac{m(B)}{M(B)m/\rho}=\frac{\rho m(B)}{M(B)m}=\frac{w(B)\rho}{M(B)} \tag{5-16}$$

式中，$M(B)$为溶质 B 的摩尔质量。

2. 物质的量浓度与质量摩尔浓度

如果已知溶液的密度 ρ 和溶液的质量 m，则有

$$c(B)=\frac{n(B)}{V}=\frac{n(B)}{m/\rho}=\frac{n(B)\rho}{m}$$

若该系统是一个两组分系统，且 B 组分的含量较少，则溶液的质量 m 近似等于溶剂

的质量$m(\mathrm{A})$，上式可近似成为

$$c(\mathrm{B})=\frac{n(\mathrm{B})\rho}{m}=\frac{n(\mathrm{B})\rho}{m(\mathrm{A})}=b(\mathrm{B})\rho \tag{5-17}$$

若该溶液是稀的水溶液，则

$$c(\mathrm{B})\approx b(\mathrm{B}) \tag{5-18}$$

【例 5-1】 在 200g 的水中溶解 34.2g 蔗糖($C_{12}H_{22}O_{11}$)，溶液的密度为$1.0638\mathrm{g\cdot mL^{-1}}$，则蔗糖的物质的量浓度、质量摩尔浓度、摩尔分数和质量分数各是多少?

解：(1)

$$V=\frac{m(\mathrm{B})+m(\mathrm{A})}{\rho}=\frac{34.2+200}{1.0638}\approx 220(\mathrm{mL})$$

$$n(\mathrm{B})=\frac{m(\mathrm{B})}{M(\mathrm{B})}=\frac{34.2}{342}=0.100(\mathrm{mol})$$

$$c(\mathrm{B})=\frac{n(\mathrm{B})}{V}=\frac{0.100}{220\times 10^{-3}}\approx 0.454(\mathrm{mol\cdot L^{-1}})$$

(2)

$$b(\mathrm{B})=\frac{n(\mathrm{B})}{m(\mathrm{A})}=\frac{0.100}{200\times 10^{-3}}=0.500\ (\mathrm{mol\cdot kg^{-1}})$$

(3)

$$n(\mathrm{A})=\frac{m(\mathrm{A})}{M(\mathrm{A})}=\frac{200}{18.02}\approx 11.1\ (\mathrm{mol})$$

$$x(\mathrm{B})=\frac{n(\mathrm{B})}{n(\mathrm{B})+n(\mathrm{A})}=\frac{0.100}{0.100+11.1}\approx 8.93\times 10^{-3}$$

(4) $$w(\mathrm{B})=\frac{m(\mathrm{B})}{m(\mathrm{B})+m(\mathrm{A})}\times 100\%=\frac{34.2}{34.2+200}\times 100\%\approx 0.146\times 100\%=14.6\%$$

5.4 非电解质稀溶液的依数性

物质的溶解是一个物理化学过程。溶解的结果，是溶质和溶剂的某些性质发生了变化。这些性质变化可分为两类：第一类性质变化决定于溶质的本性，如溶液的颜色、密度、导电性等；第二类性质变化仅与溶质的浓度有关，而与溶质的本性无关，如非电解质溶液的蒸气压下降、沸点上升、凝固点下降和具有渗透压等。例如，不同种类的难挥发的非电解质葡萄糖、蔗糖、甘油等配成相同浓度的水溶液，它们的沸点上升、凝固点下降、渗透压几乎都相同。这些性质变化仅适用于难挥发的非电解质稀溶液，所以又称稀溶液的依数性，或稀溶液的通性。

5.4.1 溶液的蒸气压下降

在一定温度下将某纯溶剂如纯水，放在密闭容器中，水面上一部分动能较高的水分子从水面逸出，扩散到容器的空间中成为水蒸气，这种过程称为蒸发。在水分子不断蒸发的同时，有一些水蒸气分子碰撞到水面而又凝结成液态水，这种过程称为凝聚。最初蒸发速度大，随着蒸气浓度的增加，凝聚速度也随之增加，最终必然达到凝聚速度与蒸发速度相等的平衡状态[图 5.1(a)]。在平衡时，水面上的蒸气浓度不再改变，这时，水面上的蒸气压力称为饱和水蒸气压，简称水蒸气压。水

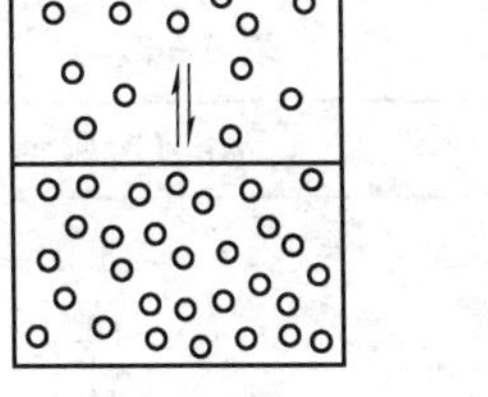

(a) 纯水的蒸气压　　(b) 溶液的蒸气压

图 5.1 溶液蒸气压下降示意图

蒸气压与温度有关，温度越高，水蒸气压也越高。

如果在水中加入一些难挥发的物质(溶质)时，由于溶质的加入必然会降低单位体积内水分子的数目。在单位时间内逸出液面的水分子数目便相应地减少了，因此溶液在较低的蒸气压下建立平衡，即溶液的蒸气压比纯溶剂的蒸气压低[图 5.1(b)]。这里所指的溶液的蒸气压，实际上是指溶液中溶剂的蒸气压，因为难挥发的溶质的蒸气压很小，可忽略。

实验证明，在一定温度下，难挥发非电解质稀溶液的蒸气压等于纯溶剂的蒸气压乘以溶剂在溶液中的摩尔分数。这就是著名的拉乌尔(Raoult)定律，即

$$p=p_{\mathrm{A}}^{*}x(\mathrm{A}) \tag{5-19}$$

式中，p 为溶液的蒸气压，p_{A}^{*} 为纯溶剂的蒸气压，$x(\mathrm{A})$为溶剂的摩尔分数。设 $x(\mathrm{B})$为溶质的摩尔分数，则 $x(\mathrm{A})=1-x(\mathrm{B})$，代入式(5-19)，得

$$p=p_{\mathrm{A}}^{*}[1-x(\mathrm{B})]$$

$$\Delta p=p_{\mathrm{A}}^{*}-p=p_{\mathrm{A}}^{*}x(\mathrm{B}) \tag{5-20}$$

上式表明，在一定温度下，难挥发非电解质稀溶液的蒸气压下降值与溶质的摩尔分数成正比，这一规律通常称为拉乌尔定律。此定律只适用于稀溶液，溶液越稀，越符合定律。

当溶液的浓度很稀时，有

$$x(\mathrm{B})=\frac{n(\mathrm{B})}{n(\mathrm{B})+n(\mathrm{A})}\approx\frac{n(\mathrm{B})}{n(\mathrm{A})}$$

若溶剂的质量为 1 kg，则

$$n(\mathrm{A})=\frac{1000}{M(\mathrm{A})}$$

式中，$M(\mathrm{A})$为溶剂的摩尔质量。质量摩尔浓度 $b(\mathrm{B})$在数值上等于 $n(\mathrm{B})$，所以

$$x(\mathrm{B})=\frac{n(\mathrm{B})}{n(\mathrm{A})}=b(\mathrm{B})\cdot\frac{M(\mathrm{A})}{1000}$$

$$\Delta p=p_{\mathrm{A}}^{*}b(\mathrm{B})\cdot\frac{M(\mathrm{A})}{1000}=kb(\mathrm{B}) \tag{5-21}$$

式中，k 为比例常数，$k=p_{\mathrm{A}}^{*}\cdot\frac{M(\mathrm{A})}{1000}$，只与纯溶剂有关。

式(5-21)表明，非电解质稀溶液蒸气压的下降值与溶液的质量摩尔浓度 $b(\mathrm{B})$成正比。这是拉乌尔定律的另一种形式。

表 5-5 列出了糖水溶液的蒸气压降低的实验值与计算值，二者相当吻合。

表 5-5　20℃时糖水溶液的蒸气压降低值

$b(\mathrm{B})/\mathrm{mol}\cdot\mathrm{kg}^{-1}$	Δp（实验值)/Pa	Δp（计算值)/Pa	误差/%
0.0984	4.1	4.1	0.0
0.3945	16.4	16.5	0.6
0.5858	24.8	24.8	0.0
0.9968	41.3	41.0	0.7

5.4.2 溶液的凝固点下降

物质的凝固点，是指在一定外界压力下物质的液相蒸气压和固相蒸气压相等时的温度，即固、液共存的温度。在外压为101.3kPa下，冰和水的蒸气压都等于0.611kPa时的温度为273.15K，此时，冰和水共存，称为水的凝固点，又称为冰点①。温度高于273.15K时，水的蒸气压低于冰的蒸气压，冰转化为水；温度低于273.15K时，冰的蒸气压低于水的蒸气压，水转化为冰。

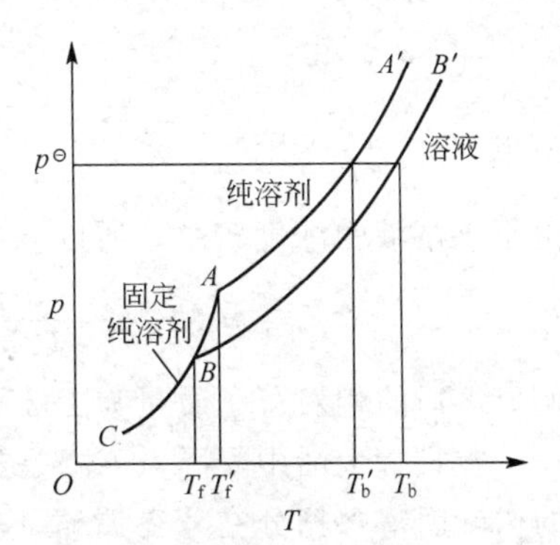

图 5.2 溶液的沸点升高、凝固点降低示意图

溶液的凝固点是指溶液中的溶剂和它的固态共存的温度。当水中溶有少量(非挥发性非电解质)溶质后，溶液(中的溶剂的)蒸气压下降，但不会改变溶剂的固态物质(冰)的蒸气压，因而当溶液处于纯水凝固点的温度时，冰将融化为水，只有当温度下降到某一个数值，冰和溶液的蒸气压相等，冰和溶液才能共存。可见，溶液的凝固点低于纯溶剂，通常称为溶液的凝固点下降。如图5.2所示，在A点，纯溶剂(水)与冰的蒸气压相等，此时的温度是纯溶剂的凝固点T_f'，随着溶质的加入，纯溶剂的蒸气压曲线(AA')下移为溶液的蒸气压曲线(BB')，该曲线与冰的蒸气压曲线交汇的B点的温度为溶液的凝固点T_f。

实验证明，溶液的凝固点下降值与溶液的质量摩尔浓度成正比。

$$\Delta T_f = K_f \cdot b(B) \tag{5-22}$$

式中，ΔT_f为溶液凝固点下降值，单位为K或℃；K_f为溶液凝固点下降常数，单位为$K \cdot kg \cdot mol^{-1}$或$℃ \cdot kg \cdot mol^{-1}$，表5-6列举了几种常见溶剂的$K_f$值；$b(B)$为溶质的质量摩尔浓度，单位为$mol \cdot kg^{-1}$。

表5-6 几种溶剂的T_f和K_f值

溶剂	T_f/K	$K_f/K \cdot kg \cdot mol^{-1}$
水(H_2O)	273.15	1.83
苯(C_6H_6)	278.66	5.12
硝基苯($C_6H_5NO_2$)	278.85	6.90
萘($C_{10}H_8$)	353.35	6.80
醋酸(CH_3COOH)	289.75	3.90
环己烷(C_6H_{12})	279.65	20.2

用凝固点下降实验测量溶质的摩尔质量，是测定相对分子质量的经典实验方法之一。

① 液态水的冰点是水在溶解饱和的空气后测得的数据，完全纯净的水与冰及水蒸气达到平衡的温度称为水的三相点，简言之，水的冰点和三相点不是一个概念。水的三相点经我国物理化学家黄子卿(1900—1982)在1938年测定为0.00981℃(273.15981K)，此时水蒸气的压强为611.73Pa。三相点是系统的平衡条件决定的，温度和压力是固定的数值，不随外界条件而改变。国际单位制用水的三相点定义热力学温度，即1/273.16为热力学温度的单位——开尔文(K)。

【例 5-2】 有一质量分数为 1.0%的水溶液，测得其凝固点为 273.05K。计算溶质的相对分子质量。

解：根据公式 $\Delta T_f = K_f \cdot b(B)$，而

$$b(B)=\frac{n(B)}{m(A)},\quad n(B)=\frac{m(B)}{M(B)}$$

故

$$\Delta T_f = K_f \frac{m(B)}{m(A)\cdot M(B)}$$

所以

$$M(B)=\frac{K_f \cdot m(B)}{m(A)\cdot \Delta T_f}$$

由于该溶液的浓度较小，所以 $m(A)+m(B)\approx m(A)$，即 $m(B)/m(A)\approx 1.0\%$。

$$M(B)=\frac{1.83\times 1.0\%}{(273.15-273.05)}=0.183(kg\cdot mol^{-1})$$

所以溶质的相对分子质量为 183。

在日常生活中凝固点下降是经常遇到的现象。例如，海水的凝固点低于 0℃；常青树的树叶因富含糖分在寒冬常青不冻，等等。利用凝固点下降，撒盐可将道路上的积雪融化；冬天施工的混凝土中常添加氯化钙；为防止冬天汽车水箱冻裂常加入适量的乙二醇或甲醇、甘油；实验室用食盐或氯化钙固体与冰混合配制制冷剂，因凝固点下降，混合物中的冰融化吸热，导致体系温度下降。尽管我们日常遇到的溶液不一定是难挥发非电解质的溶液，但溶液的凝固点仍要下降，只是不符合拉乌尔定律的定量关系而已。表 5-7 给出了一些常用的实验室制冷剂，以备读者使用时查阅。

表 5-7 实验室常用的冰盐制冷剂

盐	m/g	t/℃	盐	m/g	t/℃
$CaCl_2\cdot 6H_2O$	41	−9.0	$NaNO_3$	59	−18.5
$CaCl_2$	80	−11	$(NH_4)_2SO_4$	62	−19
$Na_2S_2O_3\cdot 5H_2O$	67.5	−11	NaCl	33	−21.2
KCl	30	−11	$CaCl_2\cdot 6H_2O$	82	−21.5
NH_4Cl	25	−15.8	$CaCl_2\cdot 6H_2O$	125	−40.3
NH_4NO_3	60	−17.3	$CaCl_2\cdot 6H_2O$	143	−55

注：m 为与 100g 冰(或雪)混合的盐的质量，t 为最低制冷温度。

5.4.3 溶液的沸点升高

沸点是指液体的蒸气压等于外界大气压力时液体对应的温度。例如，当水的蒸气压等于外界大气压力(101.325kPa)时，水开始沸腾，此时对应的温度就是水的沸点(373.15K，该沸点被称为正常沸点)。可见，液体的沸点与外界压力有关，外界压力降低，液体的沸点将下降。

对于水溶液而言，由于溶液的蒸气压总是低于溶剂的蒸气压，所以当纯溶剂的蒸气压达到外界压力而开始沸腾时，溶液的蒸气压尚低于外界压力，若要维持溶液的蒸气压也等于外界压力，必须使溶液的温度进一步升高，所以溶液的沸点总是高于纯溶剂的沸点(图 5.2)。若纯溶剂的沸点为 T_b'，溶液的沸点为 T_b，T_b 与 T_b'的差值即为溶液的沸点升

高值 ΔT_b。溶液浓度越大，其蒸气压下降越显著，沸点升高也越显著，根据拉乌尔定律可以推导出：

$$\Delta T_b = K_b \cdot b(B) \tag{5-23}$$

式中，ΔT_b 为溶液沸点的升高值，单位为 K 或℃；K_b 为溶液沸点升高常数，单位为 $K \cdot kg \cdot mol^{-1}$ 或 $℃ \cdot kg \cdot mol^{-1}$；$b(B)$ 为溶质的质量摩尔浓度，单位为 $mol \cdot kg^{-1}$。K_b 只与溶剂的性质有关，而与溶质的本性无关。不同的溶剂有不同的 K_b 值，它们可以由理论推算，也可以由实验测得。表 5-8 中列举了几种常见溶剂的 K_b 值。

表 5-8 几种常见溶剂的 T_b 和 K_b 值

溶剂	T_b/K	$K_b/K \cdot kg \cdot mol^{-1}$
水(H_2O)	373.15	0.52
苯(C_6H_6)	353.35	2.53
四氯化碳(CCl_4)	351.65	4.88
丙酮(CH_3COCH_3)	329.65	1.71
三氯甲烷($CHCl_3$)	334.45	3.63
乙醚($C_2H_5OC_2H_5$)	307.55	2.16

沸点升高实验也是测定溶质的摩尔质量(相对分子质量)的经典方法之一，但由于同一物质的溶液凝固点下降常数要比沸点升高常数大，而且溶液凝固点的测定也比沸点测定相对容易，因此通常用测凝固点的方法来估算溶质的相对分子质量。由于凝固点的测定是在低温下进行的，所以被测试样的组成与结构不会遭到破坏，因此，凝固点下降方法通常用于生物体液及易被破坏的试样中可溶性物质浓度的测定。

5.4.4 溶液的渗透压

如果用一种半透膜(如动物的膀胱，植物的表皮层，人造羊皮纸等)将蔗糖溶液和水分隔开(图 5.3)，若这种半透膜仅允许水分子通过，而糖分子却不能通过，则糖分子扩散就受到了限制。由于在单位体积内，纯水比糖水中的水分子数目多一些，所以在单位时间内，进入糖水中的水分子数目比离开的多，结果使糖水的液面升高。这种溶剂分子通过半透膜自动扩散的过程称为渗透。如果我们在蔗糖溶液的液面上施加压力，使两边的液面重新相平，这时水分子从两边穿过的速度完全相等，即达到渗透平衡。这时溶液液面上所施加的压力就是该溶液的渗透压。因此渗透压是为了在半透膜两边维持渗透平衡而需要在溶液液面上施加的额外压力。

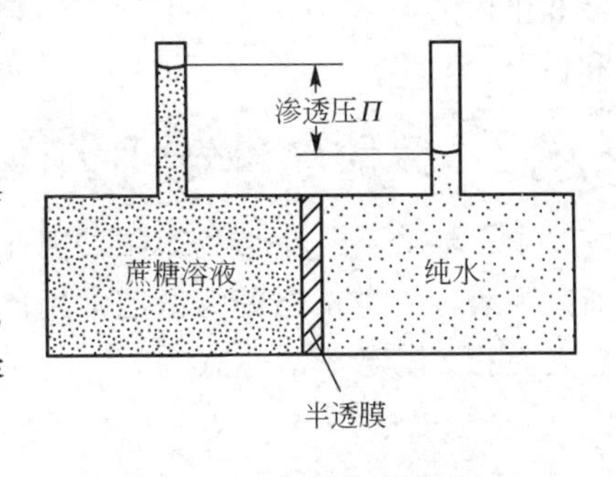

图 5.3 产生渗透压示意图

如果外加在溶液上的压力超过渗透压，则反而会使溶液中的水向纯水的方向扩散，使水的体积增加，这个过程称为反渗透。反渗透广泛应用于海水淡化，速溶咖啡和速溶茶的生产，工业废水或污水处理和溶液的浓缩等方面。

1886 年，荷兰物理学家范特霍夫(Van't Hoff)在前人实验的基础上，得出了稀溶液的渗透压定律：

$$\Pi V=n(\mathrm{B})RT \quad 或 \quad \Pi=\frac{n(\mathrm{B})}{V}RT=c(\mathrm{B})RT \tag{5-24}$$

式中，Π 为溶液的渗透压，单位为 kPa；R 为摩尔气体常数，$R=8.314\mathrm{kPa\cdot L\cdot mol^{-1}\cdot K^{-1}}$；$T$ 为系统的温度，单位为 K。

由此可以看出，通过对溶液渗透压的测定，也能估算出溶质的相对分子质量。

【例 5-3】 有一蛋白质的饱和水溶液，每升含有蛋白质 5.18g，已知在 298.15K 时溶液的渗透压为 413Pa，求此蛋白质的相对分子质量。

解：根据公式

$$\Pi=c(\mathrm{B})RT$$

得

$$M(\mathrm{B})=\frac{m(\mathrm{B})\cdot R\cdot T}{\Pi\cdot V}=\frac{5.18\times8.314\times10^{3}\times298.15}{413\times1}$$

$$\approx31090(\mathrm{g\cdot mol^{-1}})$$

即该蛋白质的相对分子质量为 $31090\mathrm{g\cdot mol^{-1}}$。

渗透压在自然界中起着极为重要的作用，是生命活动中的重要现象。生物体内的细胞膜是一种天然的完美半透膜。它可以分离新陈代谢中的废物，维持体内电解质的平衡。通过膜吸收营养成分为各器官提供能量，维持生命过程的继续，几乎生命体内所有功能都依靠半透膜来完成。肺泡的薄膜可以扩张和收缩；血液在膜上和空气接触，吸收其中的氧，而血液又不会溢出；皮肤可以透气出汗、排泄废物等。生物膜具有如此多的功能，因此人们希望能人工合成各种用途的人工膜，一方面用以满足不同的需要，另一方面可以借助于人工膜来研究细胞膜的作用机理，研究生命的维持过程。膜技术已发展成为膜科学，膜的制备及应用研究无论从应用角度还是从理论角度，都具有非常广阔的前景。

5.5 胶体溶液

胶体分散系是由颗粒直径在 $10^{-9}\sim10^{-7}$ m 的分散质组成的系统。它可分为两类：一类是胶体溶液，又称溶胶，它是由一些小分子化合物聚集成一个单独的大颗粒多相集合系统，如 $Fe(OH)_3$ 胶体和 As_2S_3 胶体等；另一类是高分子溶液，它是由一些高分子化合物所组成的溶液。高分子化合物由于其相对分子质量较大，整个分子属于胶体分散系，因此它表现出许多与胶体相同的性质，所以把高分子化合物溶液看作是胶体的一部分，如淀粉溶液和蛋白质溶液等。事实上，它们是一个均相的真溶液。在这一节中主要介绍胶体的结构和性质。

5.5.1 分散度和表面吸附

由于溶胶是一个多相系统，因此相与相之间就会存在界面，有时也将相与相之间的界面称为表面。分散系的分散度常用比表面积来衡量。所谓比表面积就是单位体积分散质的总表面积。其数学表达式为

$$s=\frac{S}{V} \tag{5-25}$$

式中，s 为分散质的比表面积，单位是 m^{-1}；S 为分散质的总表面积，单位是 m^2；V 为分散质的体积，单位是 m^3。

分散质的颗粒越小，比表面积越大，系统的分散度越高。

相界面上的质点与相内部的质点所受到的作用力是不同的，内部质点所受合力为0，而表面质点因受到气体分子的吸引力较小，其合力不为零且方向指向液体或固体的内部(图5.4)，因而表面质点都有向相内部迁移，而使表面积缩小的趋势。如果要增加表面积，必须将部分相内部质点迁移到表面，这样就需要克服相内质点的阻力而消耗能量，所消耗的能量转变成了表面质点的位能，因而表面层质点比相内质点能量高，高出来的这部分能量就称为表面自由能，简称表面能。系统的分散度越高，比表面积越大，表面自由能就越高，系统就越不稳定，因此液体和固体都有自动降低表面自由能的趋势。表面吸附是降低表面自由能的有效手段之一。

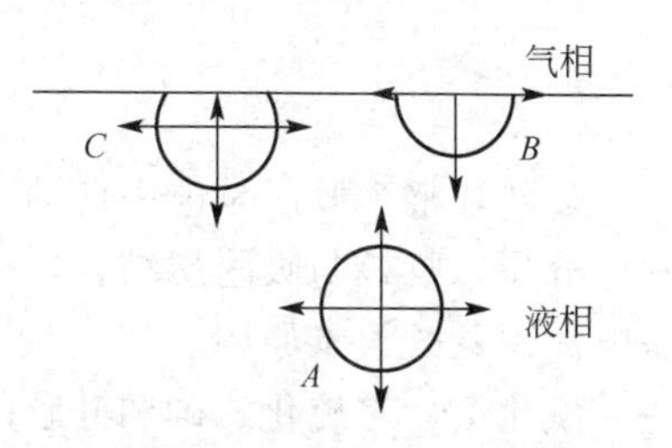

图5.4 相界面与相内部质点受力情况示意图

吸附是指物质的表面吸住周围介质中分子、原子或离子的过程。有吸附能力的物质称为吸附剂；被吸附的物质称为吸附质。吸附剂的吸附能力与比表面积有关，比表面积越大，吸附能力越强。通过吸附质在吸附剂表面的相对浓集，改善了吸附剂表面质点的受力情况，降低了它的表面自由能。

5.5.2 胶团结构

溶胶的性质与其结构密切相关，实验证明胶团具有吸附和扩散双电层结构。

由于溶胶是一个高度分散的系统，胶体粒子的总表面积非常大，因而具有很高的吸附能力，并能选择性地吸附异性电荷的离子。例如，三氯化铁通过下列水解作用形成溶胶。

$$FeCl_3 + 3H_2O \xlongequal{} Fe(OH)_3 + 3HCl$$

溶液中一部分 $Fe(OH)_3$ 与 HCl 反应生成 FeOCl，而 FeOCl 存在下列平衡。

$$Fe(OH)_3 + HCl \xlongequal{} FeOCl + 2H_2O$$

$$FeOCl \xlongequal{} FeO^+ + Cl^-$$

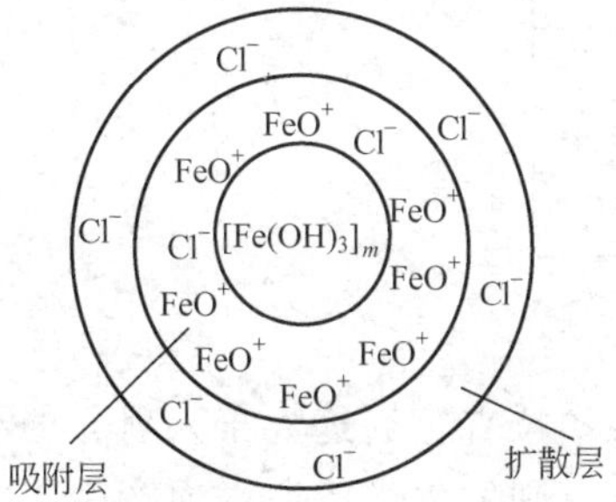

由大量 $Fe(OH)_3$ 分子集聚而成的胶核 $[Fe(OH)_3]_m$ 选择性地吸附了与它的组成相类似的 FeO^+ 离子而带正电荷，在此，被胶核吸附的离子称为电位离子。此时，由于胶核表面带有较为集中的正电荷，所以它会通过静电引力而吸引带负电的 Cl^-，通常将这些带相反电荷的离子，称为反离子。电位离子与被其较强吸附的反离子构成吸附层，胶核与吸附层一起称为胶粒。由于静电引力，带正电荷的胶粒又吸引溶液中的 Cl^-，形成扩散层，胶粒与扩散层一起称为胶团。其结构如图5.5所示。

图5.5 $[Fe(OH)_3]_m$ 胶体粒子的胶团示意图

胶团结构也可以用下式表示。

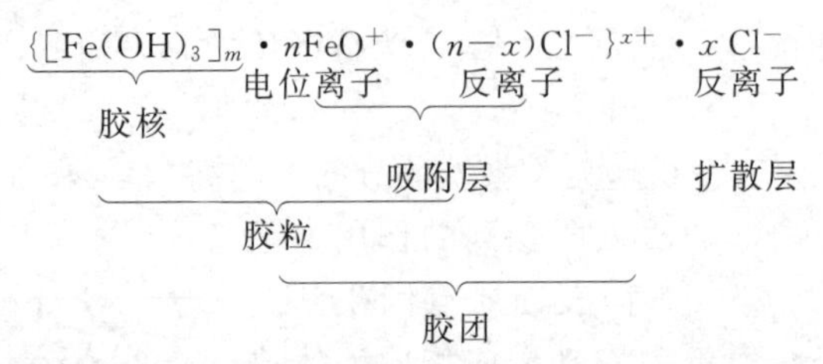

显然，整个胶团是电中性的。当电流通过时，氢氧化铁胶团将在吸附层与扩散层之间发生分裂，胶核与吸附层结合在一起向负极移动，扩散层中的异性离子向正极移动。这就是电泳现象的根本原因。

碘化银、三硫化二砷和硅胶的胶团结构式可表示如下：

$$\{(AgI)_m \cdot nI^- \cdot (n-x)K^+\}^{x-} \cdot xK^+$$

$$\{(As_2S_3)_m \cdot nHS^- \cdot (n-x)H^+\}^{x-} \cdot xH^+$$

$$\{(H_2SiO_3)_m \cdot nHSiO_3^- \cdot (n-x)H^+\}^{x-} \cdot xH^+$$

应当注意的是，在制备胶体时，一定要有稳定剂存在。通常，稳定剂就是在吸附层中的离子。否则胶粒就会因为无静电排斥力而相互碰撞，最终聚合成大颗粒而从溶液中沉淀出来。

5.5.3　胶体溶液的性质

1. 动力学性质——布朗运动

布朗(Brown)用显微镜观察到悬浮在液面上的花粉颗粒不断地做无规则运动，后来用超显微镜观察到溶胶中的胶粒的运动也与此类似，故称为布朗运动。布朗运动是不断热运动的液体介质分子对胶粒撞击的结果。对很小但又比液体介质分子大得多的胶粒来说，由于不断地受到不同方向、不同速度的液体分子的撞击，受到的力是不均匀的，所以它们时刻以不同的方向、不同的速度做不规则运动。胶粒越小，布朗运动就越剧烈。布朗运动是胶体分散系的特征之一。

2. 光学性质——丁铎尔(Tyndall)效应

将一束光线照射在一个溶胶系统上，在与入射光垂直的方向上可以观察到一条混浊发亮的光柱(图 5.6)，这个现象称为丁铎尔效应。丁铎尔效应是溶胶特有的现象，可以用于区别溶胶和真溶液。

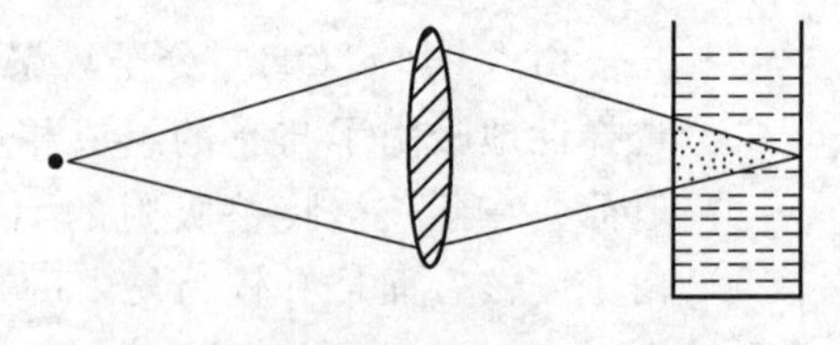

图 5.6　丁铎尔效应

根据光学理论，当光线照射在分散质粒子上时，如果颗粒直径远远大于入射光的波长，则发生光的反射；如果颗粒直径略小于入射光的波长，则发生光的散射而产生丁铎尔现象。可见光的波长范围在 400～700nm，胶体颗粒直径范围在 1～100nm，所以可见光通过溶胶时产生明显的散射作用，出现丁铎尔效应。如果分散质颗粒太小(小于

1nm)，对光的散射极弱，则发生光的透射现象。据此，可以用丁铎尔效应来区别溶胶和真溶液。超显微镜就是利用光散射原理设计制造的，用于研究胶粒的运动。

3. 电学性质——电泳

在外加电场的作用下，胶体粒子相对于静止介质做定向移动的现象称为电泳。例如，在一个U形管中装入金黄色的 As_2S_3 溶胶，在U形管的两端各插入一银电极(图5.7)，通电后可以观察到正极附近的溶胶颜色逐渐变深，负极附近的溶胶颜色逐渐变浅。As_2S_3 溶胶的胶粒在电场中由负极向正极运动，显然它是带负电的。大多数金属硫化物、硅酸、土壤、淀粉及金、银等胶粒带负电，称负溶胶；大多数金属氢氧化物的胶粒带正电，称正溶胶。

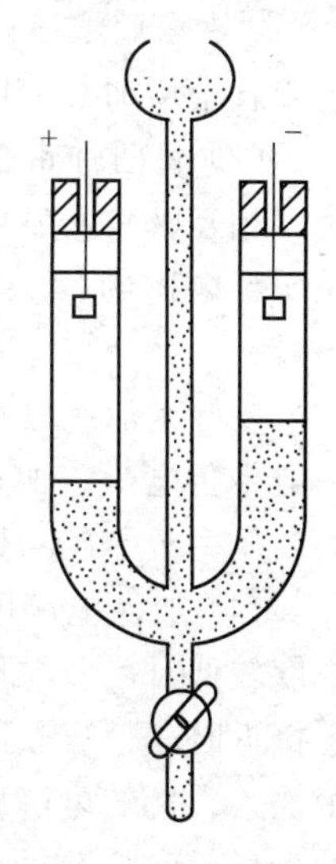

图5.7 电泳管

溶胶粒子带电的主要原因有以下两点。

(1) 吸附作用。溶胶系统具有较高的表面能，而这些小颗粒为了减小其表面能，就要根据相似相吸的原则对系统中的物质进行吸附。例如，硫化砷溶胶的制备通常是将 H_2S 气体通入饱和 H_3AsO_4 溶液中，经过一段时间以后，生成淡黄色 As_2S_3 溶胶。由于 H_2S 在溶液中电离产生大量的 HS^-，所以 As_2S_3 吸附 HS^- 以后，该溶胶就带负电。

(2) 电离作用。有部分溶胶粒子带电是由于其自身表面电离所造成的。例如，硅胶粒子带电是因为 H_2SiO_3 电离形成 $HSiO_3^-$ 或 SiO_3^{2-}，并附着在表面而带负电。其反应式为

$$H_2SiO_3 = HSiO_3^- + H^+ = SiO_3^{2-} + 2H^+$$

应该指出，溶胶粒子带电原因十分复杂，以上两种情况只能说明溶胶粒子带电的某些规律。至于溶胶粒子究竟怎样带电，或者带什么电荷都还需要通过实验来证实。

5.5.4 溶胶的稳定性与聚沉

1. 稳定性

溶胶是多相、高分散系统，具有很大的表面能，有自发聚集成较大颗粒以降低表面能的趋势，因而是热力学不稳定系统。但事实上溶胶往往能存在很长时间。溶胶之所以有相对的稳定性，主要原因如下。

(1) 布朗运动。溶胶因分散度大，粒径小，布朗运动剧烈，故能克服重力引起的沉降作用。

(2) 胶粒带电。由于胶粒带有相同电荷，当两胶粒相互接近时，静电斥力的作用使它们又相互分开。胶粒带电是多数溶胶能稳定存在的主要原因。

(3) 溶剂化作用。溶胶胶团结构中的吸附层和扩散层的离子都是溶剂化的，在此溶剂化层的保护下，胶粒很难因碰撞而聚沉。

2. 聚沉作用

溶胶的稳定性是相对的，只要破坏了溶胶的稳定性因素，胶粒就会相互聚集成大颗粒而沉降，此过程称为溶胶的聚沉。促使溶胶聚沉的主要因素如下。

(1) 加热。加热可使胶粒的运动加剧，从而破坏了胶粒的溶剂化膜，同时加热可使胶

核对电位离子的吸附力下降，减少了胶粒所带的电荷数，降低了其稳定性，使胶粒间碰撞聚结的可能性大大增强。

(2) 溶胶浓度过大。溶胶的浓度过大，单位体积中胶粒的数目较多，因而胶粒的碰撞机会就会增加，溶胶容易发生聚沉。

(3) 将两种带相反电荷的溶胶按适当比例混合。将电性相反的两种溶胶混合后，由于胶粒相互吸引而发生的聚沉现象称为相互聚沉作用，简称互聚。实验表明，只有当两种胶粒所带电荷的代数值为零时才能发生聚沉。因此，溶胶的互聚作用取决于两种溶胶的用量。

实际生活中常用明矾[$KAl(SO_4)_2 \cdot 12H_2O$]来净化水。天然水中的悬浮粒子(硅酸等)一般带负电荷，加入明矾后，生成带正电荷的 $Al(OH)_3$溶胶，两者发生聚沉，同时水中的杂质由于 $Al(OH)_3$的吸附作用而一起下沉，达到净化水的目的。

(4) 加入电解质。对溶胶聚沉影响最大的还是在溶胶中加入电解质。当溶胶内电解质浓度较低时，胶粒周围的反离子扩散层较厚，因而胶粒之间的间距较大。这时两个胶粒相互接近时，带有相同电荷的扩散层就会产生斥力，防止胶粒碰撞而聚结沉淀。如果在溶液中加入大量的电解质，由于离子总浓度的增加，大量的离子进入扩散层内，迫使扩散层中的反离子向胶粒靠近，扩散层就会变薄，因而胶粒变小。同时由于离子浓度的增加，相对减小了胶粒所带电荷，使胶粒之间的静电斥力减弱，胶粒之间的碰撞变得更容易，聚沉的机会就大大增加。

电解质对溶胶的聚沉作用主要取决于那些与胶粒所带电荷相反的离子。一般来说，离子电荷越高，对溶胶的聚沉作用就越大。对带有相同电荷的离子来说，它们的聚沉差别虽不大，但也存在差异，随着离子半径的减小，电荷密度增加，其水化半径也相应增加，因而离子的聚沉能力就会减弱。例如，碱金属离子在相同阴离子的条件下，对带负电溶胶的聚沉能力大小为 $Rb^+ > K^+ > Na^+ > Li^+$；而碱土金属离子的聚沉能力大小为 $Ba^{2+} > Sr^{2+} > Ca^{2+} > Mg^{2+}$。这种带有相同电荷离子对溶胶的聚沉能力的大小顺序称为感胶离子序。

电解质的聚沉能力通常用聚沉值的大小来表示。所谓聚沉值是指一定时间内，使一定量的溶胶完全聚沉所需要的电解质的最低浓度。不难看出，电解质的聚沉值越大，则其聚沉能力越小；而电解质聚沉值越小，则其聚沉能力越大。例如，NaCl、$MgCl_2$、$AlCl_3$三种电解质对 As_2S_3 负溶胶的聚沉值分别为 $51mmol \cdot L^{-1}$，$0.72mmol \cdot L^{-1}$ 和 $0.093mmol \cdot L^{-1}$，说明对于 As_2S_3负溶胶而言，三价 Al^{3+} 的聚沉能力最强，一价 Na^+ 的聚沉能力最弱。

5.6 高分子溶液和乳浊液

5.6.1 高分子溶液

高分子化合物是指相对分子质量在 1000 以上的有机大分子化合物。许多天然有机物如蛋白质、纤维素、淀粉、橡胶及人工合成的各种塑料等都是高分子化合物。

大多数高分子化合物的分子结构呈线状或线状带支链。虽然它们分子的长度有的可达几百纳米，但它们的截面积却只有普通分子的大小。当高分子化合物溶解在适当的溶剂中，就形成高分子化合物溶液，简称高分子溶液。

高分子溶液由于其溶质的颗粒大小与溶胶粒子相近，属于胶体分散系，所以它表现出某些溶胶的性质，如不能透过半透膜、扩散速率慢等。然而，它的分散质粒子为单个大分子，是一个分子分散的单相均匀系统，因此它又表现出溶液的某些性质，与溶胶的性质有许多不同之处。

高分子化合物像一般溶质一样，在适当溶剂中其分子能强烈自发溶剂化而逐步溶胀，形成很厚的溶剂化膜，使它能稳定地分散于溶液中而不凝结，最后溶解成溶液，具有一定溶解度。例如，蛋白质、淀粉溶于水，天然橡胶溶于苯都能形成高分子溶液。除去溶剂后，重新加入溶剂时仍可溶解，因此与溶胶相反，高分子溶液是一种热力学稳定系统。

高分子溶液其溶质与溶剂之间没有明显的界面，因而对光的散射作用很弱，丁铎尔效应不像溶胶那样明显。另外，高分子化合物还具有很大的黏度，这与它的链状结构和高度溶剂化的性质有关。

5.6.2 高分子化合物对溶胶的保护作用

在容易聚沉的溶胶中，加入适量的大分子物质溶液(如动物胶、蛋白质等)，可以大大地增加溶胶的稳定性，这种作用称为高分子化合物对溶胶的保护作用。土壤中的胶体，因受到腐殖质等大分子物质的保护作用，更加稳定，因而有利于营养物质的迁移。又如，人血液中含有碳酸镁、碳酸钙等难溶盐，它们都是以溶胶形式存在，且被血清蛋白等保护着。当人患某些疾病时，保护物质含量减少，导致溶胶聚沉，这就是各种结石病产生的主要原因。产生保护作用的原因是高分子化合物被吸附在胶粒表面，使胶粒表面形成一层溶剂化保护膜，从而提高了溶胶的稳定性。但在溶胶中加入少量的高分子化合物后，反而使溶胶对电解质的敏感性大大增加，降低了其稳定性，这种现象称为高分子的敏化作用。产生敏化作用的原因是加入的高分子化合物量太少，不足以包住胶粒，反而使大量的胶粒吸附在高分子的表面，使胶粒间可以互相“桥联”变大而易于聚沉。

5.6.3 高分子溶液的盐析

高分子溶液具有一定的抗电解质聚沉能力，加入少量的电解质，它的稳定性并不受影响。这是因为在高分子溶液中，本身带有较多的可电离或已电离的亲水基团，如—OH、—COOH、—NH_2等。这些基团具有很强的水化能力，它们能使高分子化合物表面形成一个较厚的水化膜，能稳定地存在于溶液之中，不易聚沉。要使高分子化合物从溶液中聚沉出来，除中和高分子化合物所带的电荷外，更重要的是破坏其水化膜，因此，必须加入大量的电解质。电解质的离子要实现其自身的水化，就要大量夺取高分子化合物水化膜上的溶剂化水，从而破坏水化膜，使高分子溶液失去稳定性，发生聚沉。像这种通过加入大量电解质使高分子化合物聚沉的作用称为盐析。加入乙醇、丙酮等溶剂，也能将高分子溶质沉淀出来。因为这些溶剂也像电解质的离子一样有强的亲水性，会破坏高分子化合物的水化膜。在研究天然产物时，常常用盐析和加入乙醇等溶剂的方法来分离蛋白质和其他的物质。

5.6.4 表面活性剂

溶于水(或油)后能显著降低水(或油)的表面自由能的物质称为表面活性物质或表面活性剂。表面活性物质的特性取决于其分子结构。它的分子都是由极性基团和非极性基团两部分组成，极性基团如—OH、—COOH、—COO^-、—NH_2、—SO_3H 等，对水的亲和力很强，称为亲水基；非极性基团如脂肪烃基—R、芳香烃基—Ar等，对油的亲和力较强，称为亲油基或疏水基。当表面活性物质溶于水(或油)后，分子中的亲水基进入水相，疏水基则进入气相或油相，这样表面活性剂分子就浓集在两相界面上，形成了定向排列的分子膜，使相界面上的分子受力不均匀的情况得到改善，从而降低了水的表面自由能。因此，在油水系统中，加入适量的表面活性剂后，油水之间不再分层，即形成一个相对稳定的混合系统。

【生物表面活性剂】

表面活性剂的用途非常广泛，素有“工业味精”之称。它除了具有优良的洗涤性能外，还具有润湿、乳化、渗透、分散、柔软、平滑、防水、防蚀、抗静电、杀菌、消毒等性能，根据不同的需求，可以应用在各种不同的领域。在农业生产中，使用的各种有机农药，水溶性差，必须加入表面活性剂使其乳化，这样才能使农药均匀喷洒并在植物叶面上迅速润湿铺展，降低成本，提高药效。

5.6.5 乳状液

乳状液是分散质和分散剂为互不相溶的液体的粗分散系。牛奶、豆浆、某些植物茎叶裂口渗出的白浆(如橡胶树的胶乳)、人和动物机体中的血液、淋巴液等都是乳状液。在乳状液中被分散的液滴的直径约在 0.1～50μm。根据分散质与分散剂的不同性质，乳状液又可分为两大类：一类是“油”(通常指有机物)分散在水中所形成的系统，以油/水型表示，如牛奶、豆浆、农药乳化剂等；另一类是水分散在“油”中形成的水/油型乳状液，如石油。

将油和水一起放在容器内剧烈震荡，可以得到乳状液。但是这样得到的乳状液并不稳定，停止震荡后，分散的液滴相碰后会自动合并，油水会迅速分离成两个互不相溶的液层。可见乳状液也像溶胶那样需要有第三种物质作为稳定剂，才能形成一种稳定的系统。在油水混合时加入少量肥皂，则形成的乳状液在停止震荡后分层很慢，肥皂就起了一种稳定剂的作用。乳状液的稳定剂称为乳化剂，许多乳化剂都是表面活性剂。因此，表面活性剂有时也称为乳化剂。而乳化剂可根据其亲和能力的差别分为亲水性乳化剂和亲油性乳化剂。常用的亲水性乳化剂有钾肥皂、钠肥皂、蛋白质、动物胶等。亲油性乳化剂有钙肥皂、高级醇类、高级酸类、石墨等。

【制皂工艺】

在制备不同类型的乳状液时，要选择不同类型的乳化剂。例如，亲水性乳化剂适合制备油/水型乳状液，不适合制备水/油型乳状液。这是因为亲水性乳化剂的亲水基团结合能力比亲油基团的结合能力大，乳化剂分子的大部分分布在油滴表面。因此，它在油滴表面形成一较厚的保护膜，防止油滴之间相互碰撞而聚结[图 5.8(a)]。相反该乳化剂不能在水滴表面较好地形成保护膜，因为表面活性剂分子大部分被拉入水滴中，因此水滴表面的保护膜厚度不够，水滴之间碰撞后，容易聚结而分层。同理，在制备水/油型乳状液时，最好选用亲油性乳化剂[图 5.8(b)]。可以通过向乳状液中加水的方法来区分不同类型的乳状液。加水稀释后，乳状液不出现分层，说明水是一种分散剂，则为油/水型乳状液；加水稀释后，乳状液出现分层，则为水/油型乳状液。牛奶是一种油/水型乳状液，所以加水稀释后不出现分层。

极细的固体粉末也可以起乳化剂的作用。非极性的亲油固体粉末，如炭黑，是一种水/油型乳化剂，而二氧化硅等亲水粒子是油/水型乳化剂。去污粉(主要是碳酸钙细粉)或细炉灰(碳酸盐或二氧化硅细粉)等擦洗器皿油污后，用水一冲器皿便很干净，就是因为形成了油/水型乳状液。

乳状液在石油钻探、日用化工、制药、有机农药、食品、制革、涂料等工业生产中应用非常广泛。在人体的生理活动中，乳状液也有重要的作用。例如，食物中的脂肪在消化液(水溶液)中是不溶解的，但经过胆汁中胆酸的乳化作用和小肠的蠕动，使脂肪形成微小的液滴，其表面积大大增加，从而有利于肠壁的吸收。

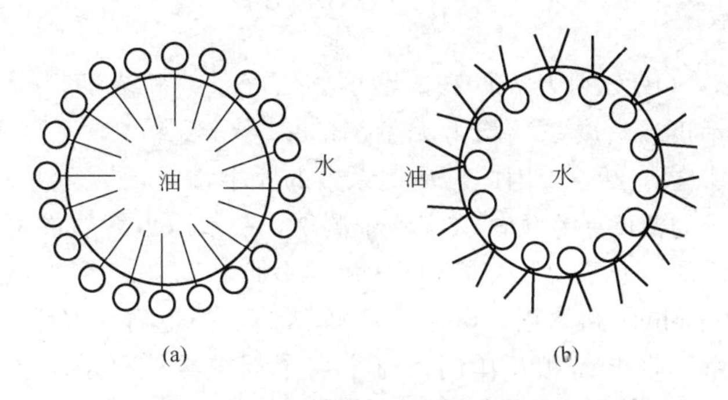

图 5.8 表面活性剂对乳状液类型的影响

在生产实践中，有时又需要破坏乳状液，使油、水两相分开，便于工业加工，如天然橡胶汁和原油在炼制加工前的脱水等。乳状液的破坏称为破乳，常用的方法有电解破乳法、化学破乳法、离心分离法、静电破乳法、加压过滤法等。

5.7 电解质溶液

实际上，无论是电解质溶液还是非电解质溶液，无论是浓溶液还是稀溶液，都有蒸气压下降、沸点上升、凝固点下降和渗透压等现象。但电解质溶液和非电解质的浓溶液不服从非电解质稀溶液依数性定律的定量关系。对于非电解质的浓溶液来说，单位体积内溶质分子数增多，溶质分子之间、溶质分子与溶剂分子之间的相互影响大大加强。这些复杂的因素使其与非电解质稀溶液的定量关系产生了偏差。对于电解质溶液来说，电解质的电离则是其不服从依数性定律的主要原因。由于发生电离，溶液中微粒数增多，所以电解质溶液的蒸气压下降、沸点上升、凝固点下降和渗透压总是比相同浓度的非电解质溶液要大一些。

1887 年，阿仑尼乌斯(Arrhenius)根据稀溶液的依数性定律不适用于电解质溶液，以及电解质溶液具有导电性的事实，提出了电离理论。按照电离理论，电解质在水溶液中要电离成带电荷的正离子和负离子。电解质可分为强电解质和弱电解质。强电解质在水溶液中完全电离成离子，而弱电解质仅部分电离成离子，存在着电离平衡。弱电解质溶液在本书后面还要作详细讨论，这里仅简要介绍一下强电解质溶液的有关问题。

NaCl、KCl 等强电解质在水溶液中应该全部以离子形式存在。但根据其导电性能或对其他性质的测定，其电离度(电离百分数)总是小于100%(表5-9)。这种实验测得的电离度称为表观电离度。强电解质溶液的表观电离度比实际电离度要小。这就是说，溶液中所能观测到的离子浓度即有效浓度比实际离子浓度要小。

表5-9 强电解质的表观电离度(298K，0.10mol·L⁻¹)

电解质	KCl	$ZnSO_4$	HCl	HNO_3	H_2SO_4	NaOH	$Ba(OH)_2$
表观电离度/%	86	40	92	92	61	91	81

为了更为精确地研究溶液的性质，人们引入了活度的概念。活度是与有效浓度有关的物理量，以 α 表示：

$$\alpha(\mathrm{B})=\frac{\gamma(\mathrm{B})c(\mathrm{B})}{c^{\ominus}} \tag{5-26}$$

式中，$\alpha(\mathrm{B})$、$\gamma(\mathrm{B})$、$c(\mathrm{B})$分别为溶质B的活度、活度系数和浓度，$c^{\ominus}$为标准态浓度，通常为$1\mathrm{mol}\cdot\mathrm{L}^{-1}$。活度、活度系数均为无量纲的量。一般来说，活度系数 $\gamma<1$，只有当溶液无限稀释时，才会有 $\gamma=1$。因此，活度系数的大小，反映了溶液中粒子间相互作用的程度。由于单个离子的活度系数无法从实验中测得，一般取电解质的两种离子的活度系数的平均值，称为平均活度系数 $\gamma_{\pm}$，通常可从化学手册上查到。

1923年，德拜(Debye)和休克尔(Hückel)等认为，强电解质在溶液中是完全电离的，但电离产生的离子由于带电而相互作用，每个离子都被异性离子所包围，形成了“离子氛”，阳离子周围有较多的阴离子，阴离子周围有较多的阳离子，使得离子在溶液中不完全自由。溶液在通过电流时，阳离子向阴极移动，但它的离子氛却向阳极移动，加之强电解质溶液中的离子较多，离子间平均距离小，离子间吸引力和排斥力都比较显著等因素，离子的运动速度显然比毫无牵挂来得慢一些，因此溶液的导电性就比完全电离的理论模型要低一些，产生不完全电离的假象。

某离子的活度系数不仅受它本身的浓度和电荷的影响，也受溶液中其他离子的浓度及电荷的影响，为了表征这些影响，引入离子强度的概念。离子强度 I 的定义为

$$I=\frac{1}{2}\sum[c(\mathrm{B})z^2(\mathrm{B})] \tag{5-27}$$

式中，$c(\mathrm{B})$为离子B的浓度，$z(\mathrm{B})$为离子B的电荷。

【例5-4】 计算含有0.1mol/L HCl和0.1mol/L $CaCl_2$的混合溶液的离子强度。

解：

$$I=\frac{1}{2}[c(\mathrm{H}^+)z(\mathrm{H}^+)^2+c(\mathrm{Ca}^{2+})z(\mathrm{Ca}^{2+})^2+c(\mathrm{Cl}^-)z(\mathrm{Cl}^-)^2]$$
$$=0.4(\mathrm{mol/L})$$

离子强度越大，活度系数 γ 值越小。当离子强度小于 1×10^{-4} 时，γ 值接近于1，即活度近似等于实际浓度。高价离子的 γ 值小于低价离子，特别是在较大离子强度的情况下两者的差距很大。

电解质溶液的浓度和活度之间一般是有差别的，严格地说，都应该用活度来进行计算。但对于稀溶液、弱电解质溶液、难溶强电解质溶液作近似计算时，通常就用浓度进行计算。这是因为在这些情况下溶液中的离子浓度很低，离子强度很小，γ 值十分接近于1。

在实际工作中，为了使实验数据具有可比性，常常需保持溶液的活度系数不发生大的变化。由于活度系数与离子强度有一定的关系，当溶液中的离子强度基本不变时，离子的活度系数也基本不变。用一种离子浓度较大，而不参与反应的强电解质来维持溶液中一定的离子强度，是一种常用的方法。

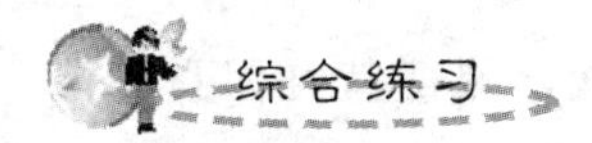

【离子液体】

一、思考题

1. 对稀溶液依数性定律进行计算的公式是否适用于电解质稀溶液和易挥发溶质的稀溶液？为什么？

2. 把一块冰放在温度为273.15K的水中，另一块冰放在273.15K的盐水中，有什么现象？

3. 什么是渗透压？产生渗透压的原因和条件是什么？

4. 难挥发溶质的溶液，在不断沸腾过程中，它的沸点是否恒定？在不断冷却过程中，它的凝固点是否恒定？为什么？

5. 溶胶稳定的因素有哪些？促使溶胶聚沉的办法有哪些？用电解质聚沉溶胶时有何规律？

6. 乳状液的类型与所选用的乳化剂的类型有何关系？举例说明。

7. 解释下列现象。

(1) 明矾能净水。

(2) 用井水洗衣服时，肥皂的去污能力比较差。

(3) 江河入海口常常形成三角洲。

二、练习题

1. 选择题

(1) 0.1mol·L^{-1}KCl水溶液在100℃时的蒸气压为(　　)。

(A) 101.3kPa　　(B) 10.1kPa

(C) 略低于101.3kPa　　(D) 略高于101.3kPa

(2) 溶胶发生电泳时，向某一方向定向移动的是(　　)。

(A) 胶核　　(B) 吸附层　　(C) 胶团　　(D) 胶粒

(3) 欲使水与苯形成水/油型乳浊液，选用的乳化剂应是(　　)。

(A) 钠皂　　(B) 钾皂　　(C) 钙皂　　(D) SiO_2粉末

(4) 甲醛(CH_2O)溶液和葡萄糖($C_6H_{12}O_6$)溶液在指定温度下渗透压相等，同体积的甲醛和葡萄糖两种溶液中，所含甲醛和葡萄糖质量之比是(　　)。

(A) 6∶1　　(B) 1∶6　　(C) 1∶1　　(D) 无法确定

(5) 下列物质各10g，分别溶于1000g苯中，配成四种溶液，它们的凝固点最低的是(　　)。

(A) CH_3Cl　　(B) CH_2Cl_2　　(C) $CHCl_3$　　(D) 都一样

2. 有两种溶液，一是1.5g尿素[$(NH_2)_2CO$]溶解在200g水中，另一种是42.8g未知物溶解在1000g水中。这两种水溶液都在同一温度下结冰，计算该未知物的摩尔质量。

3. 计算5.0%的蔗糖($C_{12}H_{22}O_{11}$)水溶液与5.0%的葡萄糖($C_6H_{12}O_6$)水溶液的沸点。

4. 比较下列各水溶液的指定性质的高低(或大小)次序。

(1) 凝固点：0.1mol·kg^{-1} $C_{12}H_{22}O_{11}$溶液，0.1mol·kg^{-1} CH_3COOH溶液，0.1mol·kg^{-1}KCl溶液。

(2) 渗透压：0.1mol·L^{-1} $C_6H_{12}O_6$溶液，0.1mol·L^{-1} $CaCl_2$溶液，0.1mol·L^{-1} KCl溶液，1mol·L^{-1} $CaCl_2$溶液(提示：从溶液中的粒子数考虑)。

5. 医学上用的葡萄糖($C_6H_{12}O_6$)注射液是血液的等渗溶液，测得其凝固点下降为0.543℃。

(1) 计算葡萄糖溶液的质量分数。

(2) 如果血液的温度为37℃，血液的渗透压是多少?

6. 孕甾酮是一种雌性激素，它含有9.5%H、10.5%O、80.0%C。将1.50g孕甾酮溶于10.0g苯中所得溶液在3.07℃时凝固，计算孕甾酮的摩尔质量，并确定其分子式。

7. 海水中含有下列离子，它们的质量摩尔浓度如下：$b(Cl^-)=0.57$mol·kg^{-1}，$b(SO_4^{2-})=0.029$mol·kg^{-1}，$b(HCO_3^-)=0.002$mol·kg^{-1}，$b(Na^+)=0.49$mol·kg^{-1}，$b(Mg^{2+})=0.055$mol·kg^{-1}，$b(K^+)=0.011$mol·kg^{-1}和$b(Ca^{2+})=0.011$mol·kg^{-1}。计算海水的近似凝固点和沸点。

8. 将10.0mL 0.01mol·L^{-1}的KCl溶液和100mL 0.05mol·L^{-1}的$AgNO_3$溶液混合以制备AgCl溶胶，则该溶胶在电场中向何极移动?写出胶团结构式。

9. 三支试管中均放入20.00mL同种溶胶。欲使该溶胶聚沉，至少在第一支试管中加入0.53mL 4.0mol·L^{-1}的KCl溶液，在第二支试管中加入1.25mL 0.05mol·L^{-1}的Na_2SO_4溶液，在第三支试管中加入0.74 mL 0.0033mol·L^{-1}的Na_3PO_4溶液。试计算每种电解质溶液的聚沉值，并确定该溶胶的电性。

第6章

酸碱平衡

(1) 了解酸碱理论的发展过程，掌握质子酸碱理论。

(2) 掌握弱酸弱碱的解离平衡，酸碱水溶液的酸度、质子条件式及有关离子浓度的近似计算。

(3) 掌握缓冲溶液的性质、组成、酸度的近似计算及缓冲溶液的配制。

(4) 掌握指示剂的变色原理及变色范围。

酸和碱是两类极为重要的化学物质，酸碱反应是一类极为重要的化学反应。很多化学反应和生物化学反应都属于酸碱反应，而且许多其他类型的化学反应，如沉淀反应、氧化还原反应、配位反应及一些有机合成反应等，均需在一定的酸碱条件下才能顺利进行。研究溶液中的酸碱平衡规律，对化学学科本身和与之相关的其他学科(如生命科学、医学科学、食品科学、土壤科学)及生产实践都具有重要的意义。

6.1 酸碱质子理论

人类很早就发现并使用了酸和碱。盐酸、硫酸、硝酸等强酸是炼金术家在公元1100—1600年间发现的。但当时人们并不知道酸、碱的组成。人们对于酸、碱的认识，经历了一个由浅入深，由低级到高级的过程。最初，人们是根据物质的性质来区分酸和碱的。有酸味、能使蓝色石蕊变成红色的是酸；有涩味、滑腻感，能使红色石蕊变成蓝色的是碱。酸、碱能相互反应，反应后酸、碱的性质便消失了。为什么酸类或碱类物质都有某些共同的特性呢？后来，人们又试图从酸的组成来定义酸。由于当时人们知道的酸为数不多，而且大都是含氧酸。于是，1787年法国化学家拉瓦锡(Lavoisier)提出氧是酸的组成部分；19世纪初，氢碘酸等无氧酸相继被发现，分析这些酸都含氢元素而不含氧元素。因此，1811年英国化学家戴维(Davy)又提出，凡是酸的组成中都含有氢元素，它们具有的共同的酸性是由氢元素产生的。随着科学技术的进步

【阿伦尼乌斯——电离学说创始人】

和生产的发展，人们对酸碱本质的认识不断深化，提出了多种酸碱理论。其中比较重要的有1884年瑞典化学家阿伦尼乌斯(Arrhenius)的酸碱电离理论，1905年美国科学家富兰克林(Franklin)的酸碱溶剂理论，1923年丹麦物理化学家布朗斯特(Bronsted)和英国化学家劳瑞(Lowry)提出了酸碱质子理论。同年，美国化学家路易斯(Lewis)提出了酸碱电子理论，1963年美国化学家皮尔逊(Pearson)提出了软硬酸碱理论。本节重点讨论酸碱质子理论。

6.1.1 酸碱理论简介

1. 酸碱电离理论

酸碱电离理论认为：电离时产生的阳离子全部是H^+离子的化合物称为酸；电离时产生的阴离子全部是OH^-离子的化合物称为碱。酸碱电离理论从物质的化学组成上揭示了酸碱的本质，明确指出H^+是酸的特征，OH^-是碱的特征，中和反应的实质就是H^+与OH^-反应而生成水。电离理论还应用化学平衡原理找到衡量酸碱的定量标度。因此，它是人们对酸碱认识由现象到本质的一次飞跃，对化学科学的发展起了积极作用，直到现在仍然普遍应用。

然而，酸碱电离理论也有其局限性，它把酸碱仅限于水溶液中。近几十年来，科学实验中越来越多地使用非水溶剂(如液氨、乙醇、醋酸、苯、四氯化碳、丙酮、BrF_3等)。按照电离理论，离开水溶液就没有酸、碱及酸碱反应。电离理论无法说明物质在非水溶液中的酸碱性问题。另外，电离理论把碱限制为氢氧化物，因而对氨水表现碱性这一事实也无法解释。

2. 酸碱溶剂理论

酸碱溶剂理论认为：凡能离解而产生溶剂正离子的物质是酸；凡能离解而产生溶剂负离子的物质是碱。酸碱反应是正离子与负离子化合而形成溶剂分子的反应。

按照酸碱溶剂理论，在水溶液中，水为溶剂，水离解产生的正离子是H^+，负离子为OH^-。因此，凡能离解出H^+的物质是酸，凡能离解出OH^-的物质是碱。酸碱反应就是H^+和OH^-化合而生成溶剂H_2O的反应。溶剂理论对于水溶液中的酸碱概念的解释与电离理论是一致的，但在非水溶液中就有许多不同的酸和碱。例如，以液态NH_3为溶剂时，溶剂的离解反应为

$$2NH_3 \rightleftharpoons NH_4^+ + NH_2^-$$

NH_4Cl在液氨中表现为酸，它的离解反应为

$$NH_4Cl \longrightarrow NH_4^+ + Cl^-$$

氨基化钠在液氨中表现为碱，它的离解反应为

$$NaNH_2 \longrightarrow Na^+ + NH_2^-$$

酸碱反应是NH_4^+和NH_2^-结合为NH_3的反应。

$$NH_4^+ + NH_2^- \longrightarrow 2NH_3$$

常见的非水溶剂还有甲醇、乙醇、冰乙酸、丙酮和苯等。

由此可见，水只是许多溶剂中的一种。各种溶剂离解后的正、负离子不同，因而有不同的酸和碱。溶剂理论扩大了酸碱的范畴，在非水溶剂系统中应用更为广泛，但它也有局限性。它只适用于溶剂能离解成正、负离子的系统，对于不能离解的溶剂及无溶剂的酸碱系统则不适用。

3. 酸碱质子理论

(1) 质子酸碱的定义。

酸碱质子理论认为：凡能给出质子(H^+)的物质是酸，凡能接受质子(H^+)的物质是

碱。酸碱可以是阴离子、阳离子或中性分子。能给出多个质子的物质是多元酸，能接受多个质子的物质是多元碱。

(2) 酸碱共轭关系与共轭酸碱对。

酸(HA)给出质子后变为它的共轭碱(A^-)，碱(A^-)接受质子后变为它的共轭酸(HA)，其间可以相互转化，这种酸碱之间相互联系、相互依存的关系称为共轭关系。把 HA 和 A^- 称为共轭酸碱对，可表示为

$$\text{酸(HA)} \rightleftharpoons \text{碱}(A^-) + \text{质子}(H^+)$$

例如：

$$HCl \rightleftharpoons Cl^- + H^+$$
$$NH_4^+ \rightleftharpoons NH_3 + H^+$$
$$H_2CO_3 \rightleftharpoons HCO_3^- + H^+$$
$$HCO_3^- \rightleftharpoons CO_3^{2-} + H^+$$
$$H_3O^+ \rightleftharpoons H_2O + H^+$$
$$H_2O \rightleftharpoons OH^- + H^+$$
$$[Fe(H_2O)_6]^{3+} \rightleftharpoons [Fe(OH)(H_2O)_5]^{2+} + H^+$$

上述各个共轭酸碱对的质子得失反应，称为酸碱半反应。酸越强，它的共轭碱就越弱；酸越弱，它的共轭碱就越强。

(3) 两性物质。

同一物质在某一反应中是酸，但在另一个反应中又是碱，这种在一定条件下可以是失去质子，而在另一条件下又可以接受质子的物质称为（酸碱）两性物质。例如，H_2O、HCO_3^-、$[Fe(OH)(H_2O)_5]^{2+}$ 等均是两性物质。

(4) 质子酸碱反应的实质。

酸碱质子理论认为，上述表示酸碱共轭关系的半反应是不能单独发生的。酸给出的质子必须有另一种与其是非共轭关系的碱来接受，这样质子的转移才能实现，才有可能发生酸碱反应。因此，酸碱反应的实质是两个共轭酸碱对之间的质子传递反应，即由强酸、强碱生成弱酸、弱碱的过程。

一个酸碱反应包含两个酸碱半反应。例如，NH_3 与 HCl 之间的酸碱反应。

半反应 1：$HCl(\text{酸}_1) \rightleftharpoons Cl^-(\text{碱}_1) + H^+$

半反应 2：$NH_3(\text{碱}_2) + H^+ \rightleftharpoons NH_4^+(\text{酸}_2)$

总反应：$HCl(\text{酸}_1) + NH_3(\text{碱}_2) \rightleftharpoons NH_4^+(\text{酸}_2) + Cl^-(\text{碱}_1)$

根据酸碱质子理论，电离理论中的弱酸(碱)的解离反应、酸碱中和反应、盐类的水解反应等都可归结为质子酸碱反应，在酸碱质子理论中没有盐的概念。例如：

$$HCl(\text{酸}_1) + H_2O(\text{碱}_2) = H_3O^+(\text{酸}_2) + Cl^-(\text{碱}_1)$$
$$HAc(\text{酸}_1) + H_2O(\text{碱}_2) \rightleftharpoons H_3O^+(\text{酸}_2) + Ac^-(\text{碱}_1)$$
$$H_2O(\text{酸}_1) + NH_3(\text{碱}_2) \rightleftharpoons NH_4^+(\text{酸}_2) + OH^-(\text{碱}_1)$$
$$HAc(\text{酸}_1) + NH_3(\text{碱}_2) \rightleftharpoons NH_4^+(\text{酸}_2) + Ac^-(\text{碱}_1)$$
$$NH_4^+(\text{酸}_1) + H_2O(\text{碱}_2) \rightleftharpoons H_3O^+(\text{酸}_2) + NH_3(\text{碱}_1)$$

通过上面的分析可以看出，酸碱质子理论扩大了酸碱的含义和酸碱反应的范围，摆脱了酸碱必须在水溶液中发生反应的局限性，解决了一些非水溶剂或气体间的酸碱反应问题，并把水溶液中进行的各种离子反应系统地归纳为质子传递的酸碱反应。关于酸碱的定量标度问题，质子理论亦能像电离理论一样，应用平衡常数来定量地衡量在某溶剂中酸或

碱的强度，这就使质子理论得到了广泛应用。但是，质子理论只限于质子的给出和接受，所以化合物中必须含有氢，它不能解释不含氢的一类化合物的反应。

4. 酸碱电子理论

酸碱电子理论认为，凡能接受电子对的物质是酸，凡能给出电子对的物质是碱。酸(碱)可以是中性分子，也可以是离子。酸是电子对的接受体，碱是电子对的给予体。酸碱之间以共价配位键相结合，生成酸碱配合物。例如

酸(电子对接受体)＋碱(电子对给予体)⟶酸碱配合物

$$H^+ + :OH^- \longrightarrow H:OH$$

$$Ag^+ + 2[:NH_3] \longrightarrow [H_3N \rightarrow Ag \leftarrow NH_3]^+$$

酸碱电子理论更加扩大了酸碱的范围。由于在化合物中配位键的普遍存在，大多数无机化合物都是酸碱配合物。有机化合物也是如此。例如，乙醇可以看做是由 $C_2H_5^+$(酸)和 OH^-(碱)以配位键结合而成的酸碱配合物 $C_2H_5 \leftarrow OH$。

酸碱电子理论对酸碱的定义，摆脱了体系必须具有某种离子或元素，也不受溶剂的限制，而立论于物质的普遍组分，以电子的给出和接受来说明酸碱的反应，故它更能体现物质的本质属性，较前面几个酸碱理论更为全面和广泛。但是由于路易斯理论对酸碱的认识过于笼统，因而不易掌握酸碱的特征。

5. 软硬酸碱理论

软硬酸碱理论，是在酸碱电子理论的基础上，结合授受电子对的难易程度，把路易斯酸碱分为硬酸、软酸、交界酸和硬碱、软碱、交界碱各三类。硬酸的特征是电荷较多，半径较小，外层电子被原子核束缚得较紧而不易变形的正离子，如 B^{3+}、Al^{3+}、Fe^{3+} 等。软酸则是电荷较少，半径较大，外层电子被原子核束缚得较松而容易变形的正离子，如 Cu^+、Ag^+、Cd^{2+} 等。Fe^{2+}、Cu^{2+} 等为交界酸。作为硬碱的负离子或分子，其配位原子是一些电负性大、吸引电子能力强的元素，这些配位原子的半径较小，难失去电子，不易变形，如 F^-、OH^- 和 H_2O 等；作为软碱的负离子或分子，其配位原子则是一些电负性较小、吸引电子能力弱的元素，这些原子的半径较大，易失去电子，容易变形，如 I^-、SCN^-、CN^-、CO 等。Br^-、NO_2^- 等为交界碱。

关于酸碱反应，根据实验事实总结出一条规律：“硬酸与硬碱结合，软酸与软碱结合，常可形成稳定的配合物”，简称为“硬亲硬，软亲软”。这一规律称为软硬酸碱规则。

软硬酸碱规则基本上是经验的，尚有不少例外。例如，作为软碱的 CN^-，它既可与软酸 Ag^+、Hg^{2+} 等形成稳定的配合物，也可与硬酸 Fe^{3+}、Co^{3+} 等形成稳定的配合物。由于配合物的成键情况比较复杂，人们对软硬酸碱理论的认识还有待深入。

各种酸碱理论都有其优越性和科学性，但都有一定的局限性。总的来说，酸碱质子理论是目前应用最广泛的一种酸碱理论。

6.1.2 酸碱的相对强弱

1. 水的质子自递反应

(1) 水的解离平衡与离子积常数。

水作为最重要的溶剂，既可作为酸给出质子，又可作为碱接受质子，故水是两性物

质，与之相应的两个半反应为

$$H_2O \rightleftharpoons H^+ + OH^-$$

$$H_2O + H^+ \rightleftharpoons H_3O^+$$

因此，在水中存在水分子之间的质子转移反应，即

$$H_2O(酸_1) + H_2O(碱_2) \rightleftharpoons H_3O^+(酸_2) + OH^-(碱_1)$$

该反应称为水的质子自递反应。为了简便起见，水合质子 H_3O^+ 常简化为 H^+，故水的质子自递反应又常简化为

$$H_2O \rightleftharpoons H^+ + OH^-$$

但应注意，与酸碱半反应不同，它代表一个完整的酸碱反应——水的质子自递反应。该反应的标准平衡常数 $K_w^{\ominus}$ 称为水的质子自递常数，也称为水的离子积常数，其表达式为

$$K_w^{\ominus} = \frac{c(H^+)}{c^{\ominus}} \cdot \frac{c(OH^-)}{c^{\ominus}} \tag{6-1}$$

式中，$c^{\ominus}$ 为标准态浓度($c^{\ominus} = 1 mol \cdot L^{-1}$)，为简便起见，本书在平衡常数表达式中常省去，故上式可简化为

$$K_w^{\ominus} = c(H^+) \cdot c(OH^-) \tag{6-2}$$

$K_w^{\ominus}$ 与浓度、压力无关，而与温度有关。在一定温度下，$K_w^{\ominus}$ 是一个常数。在 22～25℃的纯水中，有

$$c(H^+) = c(OH^-) = 1.00 \times 10^{-7} mol \cdot L^{-1}$$

即

$$K_w^{\ominus} = 1.00 \times 10^{-14}$$

由于 $K_w^{\ominus}$ 随温度变化不是很明显。为方便起见，一般在室温条件下，$K_w^{\ominus}$ 均取值 1.0×10^{-14}，$pK_w^{\ominus} = 14.00$。溶液中 $c(H^+)$或 $c(OH^-)$的改变能引起 H_2O 的解离平衡发生移动，但 $K_w^{\ominus} = c(H^+) \cdot c(OH^-)$保持不变。

(2) 溶液的酸碱性。

因为

$$K_w^{\ominus} = c(H^+) \cdot c(OH^-) = 1.0 \times 10^{-14}$$

所以

$c(H^+) = c(OH^-) = 1.0 \times 10^{-7} mol \cdot L^{-1}$ 溶液显中性

$c(H^+) > 1.0 \times 10^{-7} mol \cdot L^{-1}$，$c(H^+) > c(OH^-)$ 溶液显酸性

$c(H^+) < 1.0 \times 10^{-7} mol \cdot L^{-1}$，$c(H^+) < c(OH^-)$ 溶液显碱性

2. 弱酸、弱碱的解离平衡

(1) 酸碱解离常数与酸碱的相对强弱。

在水溶液中，酸的解离就是酸与水之间的质子转移反应，即酸(HA)给出质子转变为其共轭碱(A^-)，而水(H_2O)接受质子转变为其共轭酸(H_3O^+)；碱的解离就是碱与水之间的质子转移反应，即碱(B)接受质子转变为其共轭酸(HB^+)，而水(H_2O)给出质子转变为其共轭碱(OH^-)。酸碱的强度则取决于酸将质子给予溶剂分子或碱从溶剂分子夺取质子的能力强弱，酸将质子给予溶剂分子的能力越强，其酸性就越强，反之就越弱；碱从溶剂分子夺取质子的能力越强，其碱性就越强，反之就越弱。酸碱的强度可通过其在溶剂中的质子转移反应的标准平衡常数 $K_a^{\ominus}$ 或 $K_b^{\ominus}$ 来定量标度。$K_a^{\ominus}$ 或 $K_b^{\ominus}$ 在温度一定时为常

数，分别称为酸的解离常数(简称酸常数)或碱的解离常数(简称碱常数)。$K_a^{\ominus}$ 或 $K_b^{\ominus}$ 值越大，表示该酸或该碱强度越大。

例如，HAc、NH_4^+、HS^- 三种酸与 H_2O 的反应及其相应的 $K_a^{\ominus}$ 值如下。

$$HAc + H_2O \rightleftharpoons H_3O^+ + Ac^-$$

或

$$HAc \rightleftharpoons H^+ + Ac^-$$

$$K_a^{\ominus}(HAc) = \frac{c(H^+)c(Ac^-)}{c(HAc)} = 1.8 \times 10^{-5}$$

$$NH_4^+ + H_2O \rightleftharpoons NH_3 + H_3O^+$$

或

$$NH_4^+ \rightleftharpoons NH_3 + H^+$$

$$K_a^{\ominus}(NH_4^+) = \frac{c(NH_3)c(H^+)}{c(NH_4^+)} = 5.6 \times 10^{-10}$$

$$HS^- + H_2O \rightleftharpoons H_3O^+ + S^{2-}$$

或

$$HS^- \rightleftharpoons H^+ + S^{2-}$$

$$K_a^{\ominus}(HS^-) = \frac{c(H^+)c(S^-)}{c(HS^-)} = 1.3 \times 10^{-13}$$

显然，$K_a^{\ominus}(HAc) > K_a^{\ominus}(NH_4^+) > K_a^{\ominus}(HS^-)$，因此这三种酸的强弱顺序为 HAc > NH_4^+ > HS^-。

多元弱酸(碱)在水溶液中的解离是逐级进行的，如 H_2CO_3。

$$H_2CO_3 \rightleftharpoons HCO_3^- + H^+$$

$$K_{a_1}^{\ominus} = \frac{c(H^+)c(HCO_3^-)}{c(H_2CO_3)} = 4.3 \times 10^{-7}$$

$$HCO_3^- \rightleftharpoons CO_3^{2-} + H^+$$

$$K_{a_2}^{\ominus} = \frac{c(H^+)c(CO_3^{2-})}{c(HCO_3^-)} = 5.6 \times 10^{-11}$$

又如二元弱碱 CO_3^{2-} 的解离。

$$CO_3^{2-} + H_2O \rightleftharpoons HCO_3^- + OH^-$$

$$K_{b_1}^{\ominus} = \frac{c(OH^-)c(HCO_3^-)}{c(CO_3^{2-})} = 1.8 \times 10^{-4}$$

$$HCO_3^- + H_2O \rightleftharpoons H_2CO_3 + OH^-$$

$$K_{b_2}^{\ominus} = \frac{c(OH^-)c(H_2CO_3)}{c(HCO_3^-)} = 2.4 \times 10^{-8}$$

可见，$K_{a_1}^{\ominus} \gg K_{a_2}^{\ominus}$，$K_{b_1}^{\ominus} \gg K_{b_2}^{\ominus}$。

(2) 共轭酸碱对的 $K_a^{\ominus}$ 与 $K_b^{\ominus}$ 之间的关系。

既然共轭酸碱具有相互依存的关系，则 $K_a^{\ominus}$ 与 $K_b^{\ominus}$ 之间必然有一定相关性。例如，某一元弱酸 HA 的 $K_a^{\ominus}$ 与其共轭碱 A^- 的 $K_b^{\ominus}$ 之间的关系如下。

$$HA \rightleftharpoons A^- + H^+$$

$$K_a^{\ominus} = \frac{c(H^+)c(A^-)}{c(HA)}$$

$$A^- + H_2O \rightleftharpoons HA + OH^-$$

$$K_b^\ominus = \frac{c(HA)c(OH^-)}{c(A^-)}$$

$$K_a^\ominus \times K_b^\ominus = \frac{c(H^+)c(A^-)}{c(HA)} \times \frac{c(HA)c(OH^-)}{c(A^-)} = c(H^+) \cdot c(OH^-) = K_w^\ominus$$

即

$$K_a^\ominus K_b^\ominus = K_w^\ominus$$

或写成

$$pK_a^\ominus + pK_b^\ominus = pK_w^\ominus$$

例如，对于醋酸(HAc)及其共轭碱(Ac^-)、氨(NH_3)及其共轭酸(NH_4^+)，它们的解离常数有如下关系：

$$K_a^\ominus(HAc)K_b^\ominus(Ac^-) = K_w^\ominus$$

$$K_a^\ominus(NH_3)K_b^\ominus(NH_4^+) = K_w^\ominus$$

可见，若某酸的酸性越强(即酸解离常数 $K_a^\ominus$ 越大)，则其共轭碱的碱性就越弱(即碱解离常数 $K_b^\ominus$ 越小)；若某碱的碱性越强($K_b^\ominus$ 越大)，则其共轭酸的酸性就越弱($K_a^\ominus$ 越小)。

对多元弱酸、弱碱，也可用上述方法推导出其各级 $K_a^\ominus$ 及 $K_b^\ominus$ 之间的关系。例如，磷酸(H_3PO_4)的三级解离为

$$H_3PO_4 \rightleftharpoons H^+ + H_2PO_4^-$$

$$K_{a_1}^\ominus = \frac{c(H^+)c(H_2PO_4^-)}{c(H_3PO_4)} = 7.52 \times 10^{-3}$$

$$H_2PO_4^- \rightleftharpoons H^+ + HPO_4^{2-}$$

$$K_{a_2}^\ominus = \frac{c(H^+)c(HPO_4^{2-})}{c(H_2PO_4^-)} = 6.23 \times 10^{-8}$$

$$HPO_4^{2-} \rightleftharpoons H^+ + PO_4^{3-}$$

$$K_{a_3}^\ominus = \frac{c(H^+)c(PO_4^{3-})}{c(HPO_4^{2-})} = 2.2 \times 10^{-13}$$

可见，$K_{a_1}^\ominus \gg K_{a_2}^\ominus \gg K_{a_3}^\ominus$。

磷酸的各级共轭碱的解离常数分别为

$$PO_4^{3-} + H_2O \rightleftharpoons OH^- + HPO_4^{2-}$$

$$K_{b_1}^\ominus = \frac{c(OH^-)c(HPO_4^{2-})}{c(PO_4^{3-})} = 4.55 \times 10^{-2}$$

$$HPO_4^{2-} + H_2O \rightleftharpoons OH^- + H_2PO_4^-$$

$$K_{b_2}^\ominus = \frac{c(OH^-)c(H_2PO_4^-)}{c(HPO_4^{2-})} = 1.6 \times 10^{-7}$$

$$H_2PO_4^- + H_2O \rightleftharpoons OH^- + H_3PO_4$$

$$K_{b_3}^\ominus = \frac{c(OH^-)c(H_3PO_4)}{c(H_2PO_4^-)} = 1.3 \times 10^{-12}$$

可见，$K_{b_1} \gg K_{b_2} \gg K_{b_3}$。

由上述关系很易得出：

$$K_{a_1}^\ominus K_{b_3}^\ominus = K_{a_2}^\ominus K_{b_2}^\ominus = K_{a_3}^\ominus K_{b_1}^\ominus = K_w^\ominus$$

所以，共轭酸碱对的 $K_a^\ominus$ 与 $K_b^\ominus$ 之间的关系可归纳为

一元酸(碱)：
$$K_a^\ominus K_b^\ominus = K_w^\ominus \tag{6-3}$$
二元酸(碱)：
$$K_{a_1}^\ominus K_{b_2}^\ominus = K_{a_2}^\ominus K_{b_1}^\ominus = K_w^\ominus \tag{6-4}$$
三元酸(碱)：
$$K_{a_1}^\ominus K_{b_3}^\ominus = K_{a_2}^\ominus K_{b_2}^\ominus = K_{a_3}^\ominus K_{b_1}^\ominus = K_w^\ominus \tag{6-5}$$

3. 解离度和稀释定律

(1) 解离度的概念。

一般认为强电解质完全解离，而弱电解质只是小部分解离为离子，绝大部分仍然以分子形式存在，未解离的分子和离子之间形成平衡。

$$HAc \rightleftharpoons H^+ + Ac^-$$
$$NH_3 + H_2O \rightleftharpoons NH_4^+ + OH^-$$

通常用解离度(α)来表示弱电解质在溶液中达到解离平衡时解离程度的大小。解离度(α)定义为弱电解质在溶液中达到解离平衡时，已解离的分子数占该弱电解质原来分子总数的百分率。即

$$\alpha = \frac{\text{已解离的分子数}}{\text{溶液中原有该弱电解质分子总数}} \times 100\% \tag{6-6}$$

例如，0.10mol·L^{-1} HAc 的解离度是 1.32%，则溶液中

$$c(H^+) = 0.10\text{mol}\cdot\text{L}^{-1} \times 1.32\% = 0.00132\text{mol}\cdot\text{L}^{-1}$$
$$pH = 2.88$$

(2) 解离度和解离常数之间的联系与区别。

解离度和解离常数都表示弱电解质在溶液中达到解离平衡时解离程度的大小，二者通过稀释定律联系起来。

解离度属平衡转化率，表示弱电解质在一定条件下的解离百分数。在一定温度下，其大小与弱电解质浓度有关，弱电解质的浓度越小，其解离度越大。而解离常数属平衡常数，在一定温度下，其值不受弱电解质浓度的影响。因此，弱酸、弱碱的解离常数比解离度能更好地反映弱酸、弱碱的相对强弱。

(3) 解离度与解离常数之间的关系——稀释定律。

我们以弱酸 HA 为例来讨论解离度与解离常数之间的关系，设 HA 的起始浓度为 c_0，解离度为 α，则

	HA	$\rightleftharpoons$	H^+	+	A^-
起始浓度(mol·L^{-1})	c_0		0		0
平衡浓度(mol·L^{-1})	$c_0 - c_0\alpha$		$c_0\alpha$		$c_0\alpha$

$$K_a^\ominus = \frac{c(H^+)\cdot c(A^-)}{c(HA)} = \frac{(c_0\alpha)^2}{c_0 - c_0\alpha} = \frac{c_0\alpha^2}{1-\alpha}$$

当弱酸 HA 的解离度 $\alpha < 5\%$时，$1-\alpha \approx 1$，上式可近似为

$$\alpha = \sqrt{\frac{K_a^\ominus}{c_0}} \tag{6-7}$$

同理，对弱碱也可推得类似的关系式。

$$\alpha=\sqrt{\frac{K_b^{\ominus}}{c_0}} \qquad (6-8)$$

式(6－7)、式(6－8)成立的前提：c_0不是很小，而α不是很大。该式表明，弱酸(碱)溶液的解离度与其浓度的平方根成反比，与其解离常数的平方根成正比。这一关系称为稀释定律。

6.2 溶液酸度的计算

溶液的酸度对许多化学反应有着重要的影响，在分析化学(特别是滴定分析)中需要严格地控制溶液的酸度。因此，根据酸(碱)解离常数 $K_a^{\ominus}$($K_b^{\ominus}$)及浓度来计算溶液的 H^+ 浓度具有重要的理论和实际意义。

6.2.1 质子平衡式

按照酸碱质子理论，酸碱反应的实质是质子的转移。因此，当反应达到平衡时，碱所获得的质子总数等于酸所失去的质子总数。其数学表达式称为质子平衡式(Proton Balance Equation)，用 PBE 表示。常利用质子平衡式来处理酸碱平衡时溶液酸度的计算问题。

质子平衡式反映了质子转移的数量关系。要反映质子的转移，必须选择一些物质作为得失质子的参照物。通常选择在溶液中大量存在并参与质子转移的物质(如溶剂和溶质本身)作为质子得失的参照物，称为参考水准(或零水准)。选定了参考水准后，就可根据得、失质子数相等的原则，写出质子平衡式。

例如，在 NaH_2PO_4 水溶液中，大量存在并参与了质子转移的物质是 $H_2PO_4^-$ 和 H_2O，存在的型体有 $H_2PO_4^-$、HPO_4^{2-}、PO_4^{3-}、H_3PO_4、H_2O、H_3O^+、OH^-、Na^+ 等。其中 Na^+ 不参与质子转移，其他型体的质子转移情况如下。

$$H_2PO_4^- + H_2O \rightleftharpoons HPO_4^{2-} + H_3O^+$$

$$H_2PO_4^- + 2H_2O \rightleftharpoons PO_4^{3-} + 2H_3O^+$$

$$H_2PO_4^- + H_2O \rightleftharpoons H_3PO_4 + OH^-$$

$$H_2O + H_2O \rightleftharpoons OH^- + H_3O^+$$

或用下图表示：

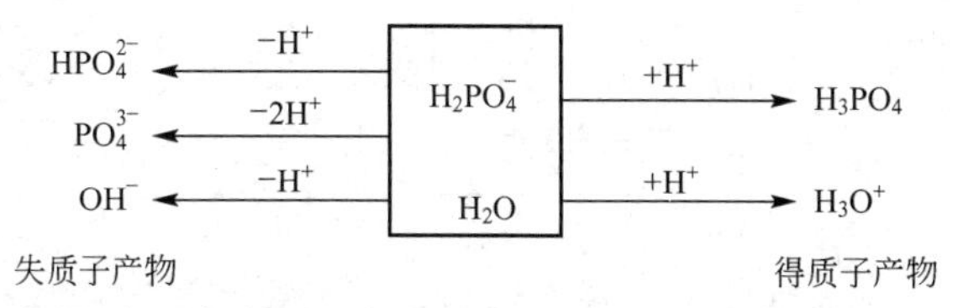

所以，NaH_2PO_4 水溶液的质子条件式(PBE)为

$$c(OH^-) + c(HPO_4^{2-}) + 2c(PO_4^{3-}) = c(H^+) + c(H_3PO_4)$$

【例 6－1】 写出 NH_4NaHPO_4 水溶液的质子条件式。

解： 选 NH_4^+、HPO_4^{2-} 和 H_2O 为参考水准，则它们的质子转移情况为

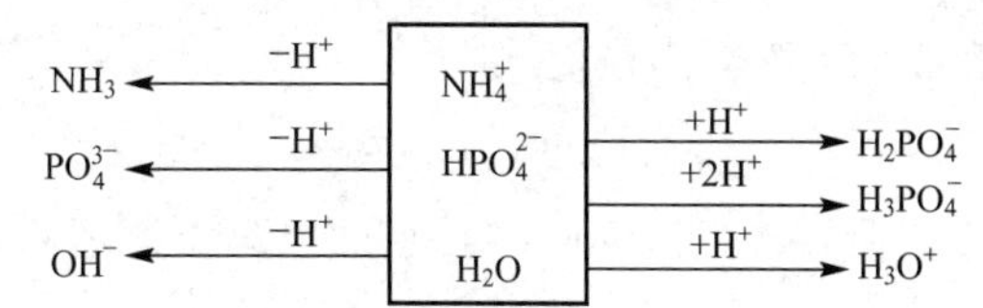

故 NH_4NaHPO_4 水溶液的 PBE 为

$$c(OH^-)+c(NH_3)+c(PO_4^{3-})=c(H^+)+c(H_2PO_4^-)+2c(H_3PO_4)$$

【例 6-2】 写出 HCl+HAc 混合溶液的质子条件式。

解： 选 HCl、HAc 和 H_2O 为参考水准，则它们的质子转移情况为

$$HCl \xrightarrow{-H^+} Cl^-$$

$$HAc \xrightarrow{-H^+} Ac^-$$

$$H_3O^+ \xleftarrow{+H^+} H_2O \xrightarrow{-H^+} OH^-$$

故 HCl+HAc 混合溶液的 PBE 为

$$c(H^+)=c(Ac^-)+c(OH^-)+c(Cl^-)$$

6.2.2 一元弱酸(碱)水溶液酸度的计算

设某一元弱酸 HA 的分析浓度为 c，则它们的质子转移情况为

$$HA \xrightarrow{-H^+} A^-$$

$$H_3O^+ \xleftarrow{+H^+} H_2O \xrightarrow{-H^+} OH^-$$

其质子平衡式(PBE)为

$$c(H^+)=c(A^-)+c(OH^-)$$

而

$$c(A^-)=\frac{K_a^{\ominus}c(HA)}{c(H^+)},\ c(OH^-)=\frac{K_w^{\ominus}}{c(H^+)}$$

所以

$$c(H^+)=\frac{K_a^{\ominus}c(HA)}{c(H^+)}+\frac{K_w^{\ominus}}{c(H^+)}$$

$$c(H^+)^2=K_a^{\ominus}\cdot c(HA)+K_w^{\ominus}$$

$$c(H^+)=\sqrt{K_a^{\ominus}c(HA)+K_w^{\ominus}} \tag{6-9}$$

式(6-9)是求解一元弱酸 H^+ 浓度的精确式，$c(HA)$是 HA 的平衡浓度。解此方程比较复杂，实际工作中可视情况作合理的近似处理。如果允许计算误差不大于 5%，可作下面几种近似处理。

(1) 当 $c_aK_a^{\ominus}\geqslant 20K_w^{\ominus}$，$c_a/K_a^{\ominus}<500$ 时，即酸不是太弱，可忽略水的电离，则

$$c(HA)=c_a-c(H^+)$$

$$c(H^+)=\sqrt{K_a^{\ominus}[c_a-c(H^+)]}$$

$$c^2(H^+)+K_a^{\ominus}\cdot c(H^+)-K_a^{\ominus}c_a=0$$

$$c(H^+)=\frac{-K_a^{\ominus}+\sqrt{K_a^{\ominus 2}+4K_a^{\ominus}c_a}}{2} \tag{6-10}$$

(2) 当 $c_aK_a^{\ominus}\geqslant 20K_w^{\ominus}$，$c_a/K_a^{\ominus}\geqslant 500$ 时，可以认为

$$c_a-c(H^+)\approx c_a$$

则得到计算一元弱酸水溶液 H^+ 浓度的最简式

$$c(H^+)=\sqrt{c_aK_a^{\ominus}} \tag{6-11}$$

(3) 当 $c_aK_a^{\ominus}\leqslant 20K_w^{\ominus}$，但 $c_a/K_a^{\ominus}\geqslant 500$ 时，水的电离不能忽略，但

$$c_a - c(H^+) \approx c_a$$

所以

$$c(H^+) = \sqrt{c_a K_a^\ominus + K_w^\ominus} \tag{6-12}$$

一元弱碱水溶液中 $c(OH^-)$ 的计算与弱酸水溶液中 $c(H^+)$ 的计算方法相同，只需将有关公式中的 $c(H^+)$、c_a、$K_a^\ominus$ 分别换成 $c(OH^-)$、c_b、$K_b^\ominus$ 即可。

6.2.3 多元弱酸(碱)水溶液酸度的计算

多元弱酸是分步解离的，一般来说

$$K_{a_1}^\ominus > K_{a_2}^\ominus > K_{a_3}^\ominus \cdots > K_{a_n}^\ominus$$

若 $K_{a_1}^\ominus / K_{a_2}^\ominus > 10^{1.6}$，则可认为溶液中的 H^+ 主要由第一级解离所生成，即可忽略其他各级解离，按一元弱酸来处理。

(1) 若 $c_a K_{a_1}^\ominus \geqslant 20 K_w^\ominus$，但 $c_a / K_{a_1}^\ominus < 500$

$$c(H^+) = \frac{-K_{a_1}^\ominus + \sqrt{(K_{a_1}^\ominus)^2 + 4K_{a_1}^\ominus c_a}}{2} \tag{6-13}$$

(2) 若 $c_a K_{a_1}^\ominus \geqslant 20 K_w^\ominus$，且 $c_a / K_{a_1}^\ominus \geqslant 500$，则得到计算多元弱酸水溶液 H^+ 浓度的最简式：

$$c(H^+) = \sqrt{c_a K_{a_1}^\ominus} \tag{6-14}$$

多元弱碱水溶液 $c(OH^-)$ 的计算，与多元弱酸水溶液中 $c(H^+)$ 的计算方法相同，只需将有关公式中的 $c(H^+)$、c_a、$K_{a_1}^\ominus$ 分别换成 $c(OH^-)$、c_b、$K_{b_1}^\ominus$ 即可。

6.2.4 两性物质的水溶液

两性物质是指既能给出质子又能接受质子的一类物质。常遇到的两性物质主要是电离理论中的酸式盐(如 $NaHCO_3$、Na_2HPO_4、NaH_2PO_4、$NaHC_2O_4$ 等)及弱酸弱碱盐(如 NH_4Ac 等)。

1. 酸式盐(NaHA)

以二元弱酸(H_2A)的酸式盐(NaHA)为例，设 NaHA 的分析浓度为 c，H_2A 的解离常数为 $K_{a_1}^\ominus$ 和 $K_{a_2}^\ominus$，则 H_2A 水溶液中的质子转移情况为

$$H_2A \xleftarrow{+H^+} HA^- \xrightarrow{-H^+} A^{2-}$$

$$H_3O^+ \xleftarrow{+H^+} H_2O \xrightarrow{-H^+} OH^-$$

其 PBE 为

$$c(H^+) + c(H_2A) = c(OH^-) + c(A^{2-})$$

根据有关的解离常数表达式，可得

$$c(H_2A) = \frac{c(H^+)c(HA^-)}{K_{a_1}^\ominus}$$

$$c(A^{2-}) = \frac{K_{a_2}^\ominus \cdot c(HA^-)}{c(H^+)}$$

$$c(OH^-) = \frac{K_w^\ominus}{c(H^+)}$$

所以

$$c(H^+) + \frac{c(H^+)c(HA^-)}{K_{a_1}^\ominus} = \frac{K_w^\ominus}{c(H^+)} + \frac{K_{a_2}^\ominus c(HA^-)}{c(H^+)}$$

整理得

$$c(H^+)=\sqrt{\frac{K_{a_1}^{\ominus}[K_{a_2}^{\ominus}c(HA^-)+K_w^{\ominus}]}{K_{a_1}^{\ominus}+c(HA^-)}}$$

一般情况下，两性物质 HA^- 的酸式解离和碱式解离倾向都很小(即 $K_{a_2}^{\ominus}$ 和 $K_{b_2}^{\ominus}$ 都很小)，因此 HA^- 的平衡浓度应近似等于 HA^- 的分析浓度，即

$$c(HA^-)\approx c$$

$$c(H^+)=\sqrt{\frac{K_{a_1}^{\ominus}(K_{a_2}^{\ominus}c+K_w^{\ominus})}{K_{a_1}^{\ominus}+c}} \tag{6-15}$$

对式(6－15)可作下述的近似处理：

(1) 若 $cK_{a_2}^{\ominus}\geqslant 20K_w^{\ominus}$，$c<20K_{a_1}^{\ominus}$，则

$$c(H^+)=\sqrt{\frac{K_{a_1}^{\ominus}K_{a_2}^{\ominus}c}{K_{a_1}^{\ominus}+c}} \tag{6-16}$$

(2) 若 $cK_{a_2}^{\ominus}\geqslant 20K_w^{\ominus}$，且 $c\geqslant 20K_{a_1}^{\ominus}$，则得到计算两性物质 NaHA 水溶液 H^+ 浓度的最简式

$$c(H^+)=\sqrt{K_{a_1}^{\ominus}K_{a_2}^{\ominus}} \tag{6-17}$$

(3) 若 $cK_{a_2}^{\ominus}<20K_w^{\ominus}$，$c\geqslant 20K_{a_1}^{\ominus}$，则式(6－15)中的 $K_{a_1}^{\ominus}$ 项可略去，则得近似式

$$c(H^+)=\sqrt{\frac{K_{a_1}^{\ominus}(K_{a_2}^{\ominus}c+K_w^{\ominus})}{c}} \tag{6-18}$$

2. 酸式盐 (Na_2HA)

对 Na_2HA 型两性物质，处理方法与 NaHA 型相同，只需将式(6－16)～式(6－18)中的 $K_{a_1}^{\ominus}$ 替换成 $K_{a_2}^{\ominus}$，$K_{a_2}^{\ominus}$ 替换成 $K_{a_3}^{\ominus}$ 即可。

3. *弱酸弱碱盐溶液*

对弱酸弱碱盐溶液的 pH 的计算，也可按上述所介绍的方法作近似处理，这里以 $0.10mol\cdot L^{-1}$ NH_4Ac 为例来进行讨论。

Ac^- 作碱，其共轭酸的解离常数 $K_a^{\ominus}(HAc)$ 作为 $K_{a_1}^{\ominus}$；NH_4^+ 作酸，其解离常数 $K_a^{\ominus}(NH_4^+)$ 作为 $K_{a_2}^{\ominus}$。

由于 $cK_{a_2}^{\ominus}=c\dfrac{K_w^{\ominus}}{K_b^{\ominus}(NH_3)}>20K_w^{\ominus}$，$c>20K_{a_1}^{\ominus}$，所以可按最简式计算

$$c(H^+)=\sqrt{K_{a_1}^{\ominus}K_{a_2}^{\ominus}}=\sqrt{K_a^{\ominus}(HAc)\times\frac{K_w}{K_b^{\ominus}(NH_3)}}=\sqrt{\frac{1.8\times10^{-5}}{1.8\times10^{-5}}\times10^{-14}}$$

$$=1.0\times10^{-7}(mol\cdot L^{-1})$$

显然，如果设弱酸(如 HAc)的解离常数为 $K_a^{\ominus}$，设弱碱(如 NH_3)的解离常数为 $K_b^{\ominus}$，则计算弱酸弱碱盐(如 NH_4Ac)溶液 H^+ 浓度的最简式为

$$c(H^+)=\sqrt{K_a^{\ominus}\frac{K_w}{K_b^{\ominus}}} \tag{6-19}$$

下面将应用以上所介绍的方法来求算一些水溶液体系的酸度。

【例 6－3】 已知 $K_a^{\ominus}(HAc)=1.8\times10^{-5}$，计算 $0.10mol\cdot L^{-1}$ HAc 溶液的 pH 与 HAc 的解离度。

解： 因为 $c_a K_a^\ominus > 20K_w^\ominus$，且 $c_a / K_a^\ominus > 500$ 所以可用最简式计算：

$$c(H^+) = \sqrt{c_a K_a^\ominus} = \sqrt{0.10 \times 1.8 \times 10^{-5}} \approx 1.3 \times 10^{-3} (mol \cdot L^{-1})$$

$$pH = 2.88$$

$$\alpha = \frac{c(H^+)}{c_a} = \frac{1.3 \times 10^{-3}}{0.10} \times 100\% = 1.3\%$$

【例 6-4】 已知 $K_a^\ominus(HAc) = 1.8 \times 10^{-5}$，计算 0.10mol·L^{-1} NaAc 溶液的 pH。

解： $$K_b^\ominus(Ac^-) = K_w^\ominus / K_a^\ominus(HAc) = \frac{1.0 \times 10^{-14}}{1.8 \times 10^{-5}} \approx 5.6 \times 10^{-10}$$

因为 $c_b K_b^\ominus > 20K_w^\ominus$，且 $c_b / K_b^\ominus > 500$，所以可用最简式计算：

$$c(OH^-) = \sqrt{c_b K_b^\ominus} = \sqrt{0.10 \times 5.6 \times 10^{-10}} \approx 7.5 \times 10^{-6} (mol \cdot L^{-1})$$

$$pOH = 5.12$$

$$pH = 8.88$$

【例 6-5】 已知 $K_b^\ominus(NH_3 \cdot H_2O) = 1.8 \times 10^{-5}$，计算 0.050mol·L^{-1} NH_4Cl 溶液的 pH。

解： $$K_a^\ominus(NH_4^+) = K_w^\ominus / K_b^\ominus = \frac{10^{-14}}{1.8 \times 10^{-5}} \approx 5.6 \times 10^{-10}$$

因为 $c_a K_a^\ominus > 20K_w^\ominus$，且 $c_a / K_a^\ominus > 500$，所以可用最简式计算：

$$c(H^+) = \sqrt{c_a K_a^\ominus}$$

$$= \sqrt{0.050 \times 5.6 \times 10^{-10}} \approx 5.3 \times 10^{-6} (mol \cdot L^{-1})$$

$$pH = 5.28$$

【例 6-6】 已知 H_2CO_3 的 $K_{a_1}^\ominus = 4.30 \times 10^{-7}$，$K_{a_2}^\ominus = 5.62 \times 10^{-11}$，计算 0.10mol·L^{-1} Na_2CO_3 溶液的 pH。

解：

$$K_{b_1}^\ominus(CO_3^{2-}) = K_w^\ominus / K_{a_2}^\ominus = \frac{10^{-14}}{5.62 \times 10^{-11}} \approx 1.78 \times 10^{-4}$$

$$K_{b_2}^\ominus(CO_3^{2-}) = K_w^\ominus / K_{a_1}^\ominus = \frac{10^{-14}}{4.30 \times 10^{-7}} \approx 2.33 \times 10^{-8}$$

$$K_{b_1}^\ominus / K_{b_2}^\ominus = 1.78 \times 10^{-4} / 2.33 \times 10^{-8} > 10^{1.6}$$

因为 $c_b K_{b_1}^\ominus > 20K_w^\ominus$，且 $c_b / K_{b_1}^\ominus > 500$，所以可用最简式计算：

$$c(OH^-) = \sqrt{c_b K_{b_1}^\ominus}$$

$$= \sqrt{0.10 \times 1.78 \times 10^{-4}} \approx 4.22 \times 10^{-3} (mol \cdot L^{-1})$$

$$pOH = 2.37$$

$$pH = 11.63$$

【例 6-7】 已知 H_2CO_3 的 $K_{a_1}^\ominus = 4.30 \times 10^{-7}$，$K_{a_2}^\ominus = 5.61 \times 10^{-11}$，计算 0.10mol·L^{-1} $NaHCO_3$ 溶液的 pH。

解： 因为 $cK_{a_2}^\ominus \geqslant 20K_w^\ominus$，且 $c > 20K_{a_1}^\ominus$，所以可用最简式计算，即

$$c(H^+) = \sqrt{K_{a_1}^\ominus K_{a_2}^\ominus} = \sqrt{4.30 \times 10^{-7} \times 5.61 \times 10^{-11}} \approx 4.91 \times 10^{-9}$$

$$pH = 8.31$$

【例 6-8】 计算 1.0×10^{-2} mol·L^{-1} Na_2HPO_4 水溶液的 pH。已知 H_3PO_4 的各级解

离常数分别为 $K_{a_1}^{\ominus}=7.52\times10^{-3}$，$K_{a_2}^{\ominus}=6.23\times10^{-8}$，$K_{a_3}^{\ominus}=2.2\times10^{-13}$。

解：Na_2HPO_4属于 Na_2HA 型两性物质。

因为 $cK_{a_3}^{\ominus}<20K_w^{\ominus}$，$c>20K_{a_2}^{\ominus}$，所以可将式(6-18)变形为

$$c(H^+)=\sqrt{\frac{K_{a_2}^{\ominus}(K_{a_3}^{\ominus}c+K_w^{\ominus})}{c}}$$

$$c(H^+)=\sqrt{\frac{6.23\times10^{-8}(2.2\times10^{-13}\times1.0\times10^{-2}+1.0\times10^{-14})}{1.0\times10^{-12}}}\approx2.76\times10^{-10}(mol)$$

$$pH=9.56$$

【肾脏在酸碱平衡中的作用】

6.2.5 酸碱平衡的移动

酸碱平衡和其他化学平衡一样，是一个暂时的、相对的、有条件的动态平衡。当外界条件发生改变时，旧的平衡就被破坏，经过质子转移，重新建立新的平衡，这就是酸碱平衡的移动。影响酸碱平衡的主要因素有浓度、同离子效应和盐效应。

1. 浓度对酸碱平衡的影响

对于浓度为 c、已达平衡的某一元弱酸 HA 水溶液，存在

$$HA \rightleftharpoons H^+ + A^-$$

$$K_a^{\ominus}=\frac{c(H^+)c(A^-)}{c(HA)}$$

若向此系统中加入水进行稀释，使系统体积变为原来的 n 倍，则此时反应商为

$$Q=\frac{\frac{c(H^+)}{n}\cdot\frac{c(A^-)}{n}}{\frac{c(HA)}{n}}=\frac{K_a^{\ominus}}{n}<K_a^{\ominus}$$

因此，稀释后平衡向弱酸 HA 离解的方向移动，即 HA 的解离度(α)增大。但值得注意的是，弱酸弱碱经稀释后，虽然解离度增大，但溶液中的 $c(H^+)$或 $c(OH^-)$不是升高了，而是降低了。这是由于稀释时，解离度(α)增大的倍数总是小于溶液稀释的倍数。

2. 同离子效应

在 HAc 溶液中滴加甲基橙指示剂，溶液将呈红色，这证明 HAc 溶液呈酸性。若再加入少量固体 NaAc，振荡摇匀，则发现红色逐渐变为黄色。该实验表明，溶液中加入 NaAc 后，HAc 溶液的酸度降低了。这是由于 HAc 溶液中存在下列解离平衡：

$$HAc \rightleftharpoons H^+ + Ac^-$$

NaAc 为强电解质，在水中完全解离为 Na^+ 和 Ac^-，从而使溶液中 Ac^- 的浓度增大，造成 HAc 的质子转移平衡向左移动，从而降低了 HAc 的解离度，使溶液中 H^+ 浓度降低。

同理，在 NH_3溶液中加入少量固体 NH_4Cl，由于 NH_4^+ 的作用，也将使 NH_3的质子转移平衡向左移动，解离度降低。

$$NH_3 + H_2O \rightleftharpoons NH_4^+ + OH^-$$

这种在已建立了解离平衡的弱酸或弱碱溶液中，加入与弱酸或弱碱含有相同离子的强电解质，从而使弱酸或弱碱解离度降低的作用，称为同离子效应。

3. 盐效应

若在 HAc 溶液中加入不含相同离子的强电解质(如 NaCl、KNO_3等)时，由于溶液中离子间相互牵制作用增强，Ac^- 和 H^+ 结合成分子的机会减小，故表现为 HAc 的解离度(α)略有增高，这种在弱电解质溶液中加入不含相同离子的强电解质，使弱电解质解离度增加的现象称为**盐效应**。

值得注意的是，虽然在发生同离子效应时，总伴随着盐效应的发生，但由于同离子效应总是比盐效应强得多，所以在一般计算时主要考虑同离子效应。

【例 6-9】 计算下列两溶液的 pH 和 HAc 的电离度。

(1) $0.10\text{mol}\cdot\text{L}^{-1}$ HAc 溶液。

(2) $0.10\text{mol}\cdot\text{L}^{-1}$ HAc 溶液中加入少量 NaAc 固体，使 $c(\text{NaAc})=0.10\text{mol}\cdot\text{L}^{-1}$。已知 $K_a^{\ominus}(\text{HAc})=1.8\times10^{-5}$。

解：(1) 忽略水的解离

$$\text{HAc}\rightleftharpoons\text{H}^+ + \text{Ac}^-$$

$$K_a^{\ominus}=\frac{c(\text{H}^+)c(\text{Ac}^-)}{c(\text{HAc})}=\frac{c^2(\text{H}^+)}{0.10-c(\text{H}^+)}$$

由于弱酸电离度 α 较小，故$[0.10-c(\text{H}^+)]\approx0.10$，则

$$K_a^{\ominus}=\frac{c^2(\text{H}^+)}{0.10}$$

解之得

$$c(\text{H}^+)=\sqrt{0.10K_a^{\ominus}}\approx1.3\times10^{-3}(\text{mol}\cdot\text{L}^{-1})$$

$$\text{pH}=2.87$$

$$\alpha=\frac{c(\text{H}^+)}{c}\times100\%=\frac{1.3\times10^{-3}}{0.10}\times100\%=1.3\%$$

(2) 忽略水的解离，有

$$K_a^{\ominus}=\frac{c(\text{H}^+)c(\text{Ac}^-)}{c(\text{HAc})}$$

NaAc 加入后，由于同离子效应使得 HAc 电离度 α 更小，则

$$c(\text{HAc})\approx0.10\text{mol}\cdot\text{L}^{-1},\ c(\text{Ac}^-)\approx0.10\text{mol}\cdot\text{K}^{-1}$$

$$1.8\times10^{-5}=\frac{c(\text{H}^+)\times0.10}{0.10}$$

解之得

$$c(\text{H}^+)=1.8\times10^{-5}\text{mol}\cdot\text{K}^{-1}$$

$$\text{pH}=4.74$$

$$\alpha=\frac{c(\text{H}^+)}{c}\times100\%=\frac{1.8\times10^{-5}}{0.10}\times100\%=0.018\%$$

以上计算说明，加入 NaAc 后，HAc 的电离度 α 大大地降低了。而实验证明在 $0.10\text{mol}\cdot\text{L}^{-1}$ HAc 溶液中加入少量 NaCl，使 $c(\text{NaCl})=0.10\text{mol}\cdot\text{L}^{-1}$，能使 HAc 的电离度 α 从 1.3%增加到 1.7%，使 $c(\text{H}^+)$从 $1.3\times10^{-3}\text{mol}\cdot\text{L}^{-1}$增加到 $1.7\times10^{-3}\text{mol}\cdot\text{L}^{-1}$。可见在一般情况下，盐效应比同离子效应弱得多，如果忽略盐效应，引起的误差也不会太大。

6.2.6 酸碱指示剂

在实际工作中常采用酸度计、pH 试纸或酸碱指示剂来测定溶液的酸度。酸度计是一

种电位差计。测定时，用 pH 玻璃电极作指示电极、甘汞电极作参比电极，与待测溶液组成一个测量电池，通过测定该电池的电动势从而得到待测溶液的 pH。pH 试纸是由多种酸碱指示剂按一定比例配制而成的。本节只介绍用酸碱指示剂测定溶液酸度的原理。

1. 酸碱指示剂原理

在一定 pH 范围内，能够借助其本身颜色的改变来指示溶液 pH 的一类物质，称为酸碱指示剂。酸碱指示剂通常是有机弱酸或弱碱，且其共轭酸碱对具有不同的结构及颜色。当溶液 pH 发生改变时，必然影响其解离平衡，使各存在型体的分布发生相应的改变。指示剂共轭酸碱对之间各型体的相互转化，引起指示剂的颜色发生相应的改变。

例如，酚酞指示剂是一种无色的多元有机弱酸，在水溶液中存在下列平衡和颜色变化。

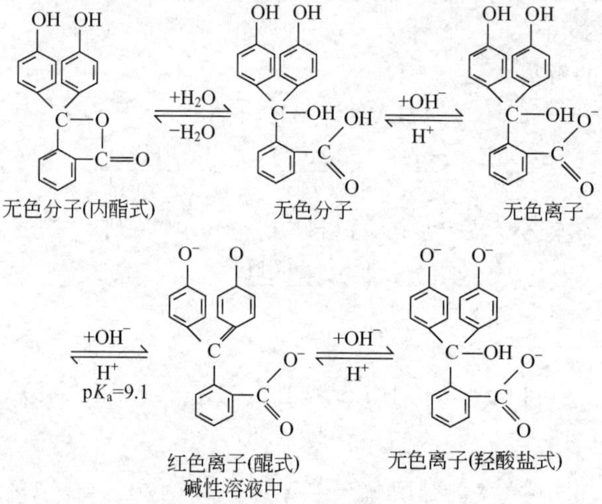

无色分子(内酯式) $\underset{-H_2O}{\overset{+H_2O}{\rightleftharpoons}}$ 无色分子 $\underset{H^+}{\overset{+OH^-}{\rightleftharpoons}}$ 无色离子

$\underset{H^+,\ pK_a=9.1}{\overset{+OH^-}{\rightleftharpoons}}$ 红色离子(醌式) 碱性溶液中 $\underset{H^+}{\overset{+OH^-}{\rightleftharpoons}}$ 无色离子(羟酸盐式)

由平衡关系看出，酸性溶液中酚酞以无色的分子形式存在(内酯式结构)；在碱性溶液中转化为红色醌式结构；在强碱性溶液中，又转化为无色的羧酸盐式结构。

另一种常用的酸碱指示剂甲基橙则是一种黄色的有机弱碱，在水溶液中存在如下的解离平衡及颜色变化：

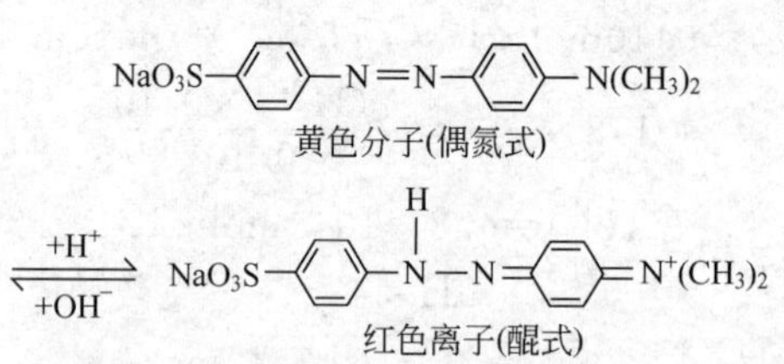

$NaO_3S-C_6H_4-N=N-C_6H_4-N(CH_3)_2$

黄色分子(偶氮式)

$\underset{+OH^-}{\overset{+H^+}{\rightleftharpoons}}$ $NaO_3S-C_6H_4-NH-N=C_6H_4=N^+(CH_3)_2$

红色离子(醌式)

由平衡关系可以看出，增大溶液酸度，平衡向右移动，甲基橙主要以醌式结构存在，呈红色；降低溶液酸度时，则主要以偶氮式结构存在，呈黄色。

2. 指示剂的变色范围

指示剂颜色的改变源于体系 pH 的改变，但并不是溶液 pH 的任何变化都能引起指示剂颜色的明显变化。下面以弱酸型酸碱指示剂 HIn 为例，讨论酸碱指示剂在水溶液中的变色情况。该指示剂在水溶液中存在下列平衡。

$$HIn \rightleftharpoons H^+ + In^-$$

$$K_a^{\ominus}(\mathrm{HIn})=\frac{c(\mathrm{H^+})c(\mathrm{In^-})}{c(\mathrm{HIn})}$$

$K_a^{\ominus}(\mathrm{HIn})$为指示剂的标准解离平衡常数。由上式得

$$\frac{c(\mathrm{HIn})}{c(\mathrm{In^-})}=\frac{c(\mathrm{H^+})}{K_a^{\ominus}(\mathrm{HIn})}$$

$\frac{c(\mathrm{HIn})}{c(\mathrm{In^-})}\geqslant 10$　　呈现 HIn 酸色

$\frac{1}{10}<\frac{c(\mathrm{HIn})}{c(\mathrm{In^-})}<10$　　呈现过渡色

$\frac{c(\mathrm{HIn})}{c(\mathrm{In^-})}\leqslant\frac{1}{10}$　　呈现 $\mathrm{In^-}$ 碱色

显然，溶液呈现的颜色取决于指示剂酸式型体与碱式型体浓度的比值，而该比值又取决于 $c(\mathrm{H^+})$ 和 $K_a^{\ominus}(\mathrm{HIn})$ 两项。对一种给定的指示剂，一般而言 $K_a^{\ominus}(\mathrm{HIn})$ 是一个常数。因此溶液的颜色变化是由溶液的 $c(\mathrm{H^+})$ 即酸度决定的。即指示剂颜色的改变源于体系 pH 的改变；反过来，指示剂颜色的改变可以指示溶液 pH 的改变。但值得指出的是，并非 $c(\mathrm{HIn})/c(\mathrm{In^-})$ 的任何微小变化都能使人观察到溶液颜色的变化，因为人眼对颜色的辨别能力是有限的。一般来讲，当一种颜色物质的浓度是另一种颜色物质浓度的 10 倍以上时，人眼就能辨别出这种浓度大的物质的颜色，而不能辨别出另一种浓度小的物质的颜色。而当两物质的浓度差别不是很大(10 倍以内)时，则人眼看到是这两种颜色的混合色(或过渡色)。因此，指示剂颜色的变化与溶液 pH 有如下关系。

$$c(\mathrm{H^+})=K_a^{\ominus}(\mathrm{HIn})\frac{c(\mathrm{HIn})}{c(\mathrm{In^-})}$$

$$-\lg c(\mathrm{H^+})=-\lg K_a^{\ominus}(\mathrm{HIn})-\lg\frac{c(\mathrm{HIn})}{c(\mathrm{In^-})}$$

$$\mathrm{pH}=\mathrm{p}K_a^{\ominus}(\mathrm{HIn})-\lg\frac{c(\mathrm{HIn})}{c(\mathrm{In^-})}$$

$\frac{c(\mathrm{HIn})}{c(\mathrm{In^-})}\geqslant 10$，即 $\mathrm{pH}\leqslant\mathrm{p}K_a^{\ominus}(\mathrm{HIn})-1$　显酸色

$\frac{1}{10}<\frac{c(\mathrm{HIn})}{c(\mathrm{In^-})}<10$，即 $\mathrm{p}K_a^{\ominus}(\mathrm{HIn})-1<\mathrm{pH}<\mathrm{p}K_a^{\ominus}(\mathrm{HIn})+1$　显过渡色

$\frac{c(\mathrm{HIn})}{c(\mathrm{In^-})}\leqslant\frac{1}{10}$，即 $\mathrm{pH}\geqslant\mathrm{p}K_a^{\ominus}(\mathrm{HIn})+1$　显碱色

指示剂理论变色范围为

$$\mathrm{pH}=\mathrm{p}K_a^{\ominus}(\mathrm{HIn})\pm 1 \tag{6-20}$$

我们把 $\mathrm{pH}=\mathrm{p}K_a^{\ominus}(\mathrm{HIn})\pm 1$ 称为酸碱指示剂的理论变色范围。而当 $\mathrm{pH}=\mathrm{p}K_a^{\ominus}(\mathrm{HIn})$ 时，$c(\mathrm{HIn})=c(\mathrm{In^-})$，即酸式型体与碱式型体浓度相等，因此把 $\mathrm{pH}=\mathrm{p}K_a^{\ominus}(\mathrm{HIn})$ 称为酸碱指示剂的理论变色点。

指示剂的变色范围理论上是 2 个 pH 单位，但实际上指示剂的变色范围主要是依靠人眼观察得来的。由于人眼对各种颜色的敏感度不同，加上指示剂两种颜色互相掩盖，所以导致指示剂实际变色范围与理论变色范围有一定差异。例如，甲基橙的 $\mathrm{p}K_a^{\ominus}(\mathrm{HIn})=3.4$，理论变色范围为 pH＝2.4～4.4，而实测结果是 pH＝3.1～4.4；pH＜3.1 溶液呈红色，pH＞4.4 溶液呈黄色，pH＝3.1～4.4，溶液呈现混合色——橙色。

表 6－1 列出了一些常用酸碱指示剂及其变色范围。

表 6－1 几种常用的酸碱指示剂

指示剂	变色范围 pH	颜色		$pK_a^{\ominus}$(HIn)	浓 度
		酸色	碱色		
百里酚蓝（第一次变色）	1.2～2.8	红	黄	1.6	0.1％的 20％酒精溶液
甲基黄	2.9～4.0	红	黄	3.3	0.1％的 90％酒精溶液
甲基橙	3.1～4.4	红	黄	3.4	0.05％的水溶液
溴酚蓝	3.1～4.6	黄	紫	4.1	0.1％的 20％酒精溶液或其钠盐的水溶液
溴甲酚绿	4.0～5.6	黄	蓝	4.9	0.1％的 20％酒精溶液或其钠盐的水溶液
甲基红	4.4～6.2	红	黄	5.2	0.1％的 60％酒精溶液或其钠盐的水溶液
溴百里酚蓝	6.0～7.6	黄	蓝	7.3	0.1％的 20％酒精溶液或其钠盐的水溶液
中性红	6.8～8.0	红	黄橙	7.4	0.1％的 60％酒精溶液
酚红	6.7～8.4	黄	红	8.0	0.1％的 60％酒精溶液或其钠盐的水溶液
酚酞	8.0～9.6	无	红	9.1	0.5％的 90％酒精溶液
百里酚蓝	8.0～9.6	黄	蓝	8.9	0.1％的 20％酒精溶液
百里酚酞	9.4～10.6	无	蓝	10.0	0.1％的 90％酒精溶液

3. 使用指示剂时应注意的问题

（1）指示剂用量。指示剂用量不能太多，也不能太少。用量太少，颜色太浅，不易观察溶液的变色情况；用量太多，由于指示剂本身就是弱酸或弱碱，则指示剂本身会或多或少地消耗标准溶液。另外，对双色指示剂，用量过多时，颜色过深会使终点颜色变化不明显；对单色指示剂，指示剂用量的改变还会改变指示剂的变色范围。例如，酚酞是单色指示剂，用量过多将会使变色范围朝 pH 较低的一方移动。

（2）温度、溶剂及一些强电解质的存在。温度、溶剂及一些强电解质的存在会影响酸碱指示剂的 $pK_a^{\ominus}$(HIn)，从而影响指示剂的变色范围。例如，甲基橙在 18℃时变色范围为 pH＝3.1～4.4，而在 100℃时为 pH＝2.5～3.7。因此，在滴定中应注意控制合适的滴定条件。

（3）指示剂的颜色变化方向。在具体选择指示剂时，还应注意滴定过程中指示剂的颜色变化方向。例如，酚酞由酸式色变为碱式色，即由无色变为红色，颜色变化明显，容易观察；反之，则由红色到无色，颜色变化不明显，往往滴定过量。因此，酚酞指示剂最好用在碱滴定酸的体系。

4. 混合指示剂

在酸碱滴定中，为了使终点颜色变化敏锐，或使指示剂变色范围更窄，可采用混合指示剂。混合指示剂主要是利用颜色的互补作用来提高指示剂的变色敏锐程度或使指示剂变色范围变窄。混合指示剂的配法有如下两种。

(1) 由两种或两种以上的酸碱指示剂混合而成，由于颜色互补，使颜色变化敏锐并使变色范围变窄。例如，甲酚红(pH 7.2～8.8，黄～紫)和百里酚蓝(pH 8.0～9.6，黄～蓝)按1∶3混合，所得混合指示剂的变色范围变窄，为pH 8.2(粉红)～8.4(紫)。常用的pH试纸就是将多种酸碱指示剂按一定比例混合浸制而成，能在不同的pH时显示不同的颜色，从而较为准确地确定溶液的酸度。pH试纸可分为广泛pH试纸和精密pH试纸两类，其中精密pH试纸就是利用混合指示剂的原理使酸度的确定能控制在较窄的范围内。

(2) 由一种酸碱指示剂与一种颜色不随pH改变的惰性染料混合而成。由于颜色互补使变色敏锐，但变色范围不变。例如，甲基橙(pH 3.1～4.4，红～橙～黄)与靛蓝(惰性染料，蓝色)混合而成的混合指示剂，其颜色变化为pH 3.1(紫)～4.4(绿)，中间过渡色为近于无色的浅灰色，颜色变化十分明显，易于观察。常用混合指示剂列于表6-2。

表6-2 常用酸碱混合指示剂

指示剂溶液的组成	变色点pH	颜色		备注
		酸色	碱色	
1份0.1%甲基黄乙醇溶液 1份0.1%亚甲基蓝乙醇溶液	3.25	蓝紫	绿	pH=3.2蓝紫色 pH=3.4绿色
1份0.1%甲基橙水溶液 1份0.25%靛蓝二磺酸钠水溶液	4.1	紫	黄绿	pH=4.1灰色
3份0.1%溴甲酚绿乙醇溶液 1份0.2%甲基红乙醇溶液	5.1	酒红	绿	颜色变化极显著
1份0.1%溴甲酚绿钠盐水溶液 1份0.1%氯酚红钠盐水溶液	6.1	黄绿	蓝紫	pH=5.4蓝绿色 pH=5.8蓝色 pH=6.0蓝微带紫色 pH=6.2蓝紫色
1份0.1%中性红乙醇溶液 1份0.1%亚甲基蓝乙醇溶液	7.0	蓝紫	绿	pH=7.0蓝紫色
1份0.1%甲酚红钠盐水溶液 3份0.1%百里酚蓝钠盐水溶液	8.3	黄	紫	pH=8.2粉色 pH=8.4紫色
1份0.1%酚酞乙醇溶液 2份0.1%甲基绿乙醇溶液	8.9	绿	紫	pH=8.8浅蓝色 pH=9.0紫色
1份0.1%酚酞乙醇溶液 1份0.1%百里酚乙醇溶液	9.9	无	紫	pH=9.6玫瑰色 pH=10.0紫色

6.3 缓冲溶液

一般水溶液，常常容易受外界加酸、加碱或稀释而改变其原有的pH。许多化学反应和生物化学过程中，都需要使溶液的pH保持在一定范围之内，才能使反应和过程正常进行。例如，加碱分离Al^{3+}、Mg^{2+}离子，如果OH^-浓度太小，Al^{3+}沉淀不完全；OH^-浓度太大，已沉淀的$Al(OH)_3$又可能被溶解，而且Mg^{2+}也可能会有一些沉淀出来。所以要控制一定的pH才能使它们有效地分离。人体血液的pH是7.4左右，大于7.8或小于7.0就会导致死亡。因此，我们不仅要学会计算溶液的pH，还要能够设法控制pH，这就要依靠缓冲溶液。

6.3.1 缓冲溶液的概念和组成

【缓冲溶液对生命体的意义】

1. 缓冲溶液的概念

为便于了解缓冲溶液的概念，先分析几个实验现象。

(1) 在一定条件下，纯水的pH为7.00，如果在50mL纯水中加入0.05mL 1.0mol·L^{-1} HCl溶液或0.05mL 1.0mol·L^{-1} NaOH溶液，则溶液的pH分别由7.00降低到3.00或增加到11.00，即pH改变了4个单位。可见纯水不具有保持pH相对稳定的性能。

(2) 如果在50mL含有0.10mol·L^{-1} HAc和0.10mol·L^{-1} NaAc的混合溶液(pH=4.76)中，加入0.05mL 1.0mol·L^{-1} HCl溶液或0.05mL 1.0mol·L^{-1} NaOH溶液，则溶液的pH分别由4.76降低到4.75或增加到4.77，即pH都只改变了0.01个单位。

实验结果表明，在像HAc-NaAc这样的弱酸及其共轭碱所组成的溶液中，加入少量强酸或强碱时，溶液的pH改变很小。这样的溶液具有保持pH相对稳定的性能。

在含有共轭酸碱对（弱酸-弱酸盐或弱碱-弱碱盐）的混合溶液中加入少量强酸或强碱或稍加稀释，溶液的pH基本上没有变化，这种具有保持溶液pH相对稳定的性能的溶液称为缓冲溶液。缓冲溶液的特点是在适度范围内具有抗酸、抗碱、抗适当稀释(或浓缩)的性能。缓冲溶液的重要作用就是控制溶液的pH在一定的范围之内。

2. 缓冲溶液的组成

酸碱缓冲溶液按组成可分为以下三类。

(1) 由弱酸(碱)与其共轭碱(酸)组成的体系，如$HAc-Ac^-$、$NH_4^+-NH_3$、$H_2CO_3-HCO_3^-$、$(CH_2)_6N_4H^+-(CH_2)_6N_4$等，根据控制溶液pH的需要选配适当的缓冲体系。

(2) 强酸或强碱溶液。由于其酸度或碱度较高，外加少量酸、碱或稀释时，溶液pH的相对改变不大，此类体系主要用于强酸(碱)条件下pH的控制。

(3) 两性物质及次级盐或弱酸、弱碱盐，如$H_2PO_4^--HPO_4^{2-}$、NH_4Ac。

在实际工作中，第一类使用最多。

6.3.2 缓冲作用原理

缓冲溶液为什么具有缓冲作用呢？以HAc-NaAc缓冲体系为例，体系中存在如下平衡。

$$HAc + H_2O \rightleftharpoons Ac^- + H_3O^+$$

HAc只有部分解离，而NaAc完全解离，使体系中的Ac^-浓度增大。由于同离子效应，就抑制了 HAc 的解离，故 HAc－NaAc 溶液体系中大量存在的是 HAc 和 Ac^-，而只有较少量的 H^+。当外加少量的酸(相当于加 H^+)后，H^+ 将与溶液中的 Ac^- 结合生成 HAc 分子，上述平衡体系将向左移动，解离平衡向减小 H^+ 浓度的方向移动，从而部分抵消了外加的少量 H^+，保持了溶液 pH 基本不变；当外加少量碱(相当于加 OH^-)时，OH^- 就会与体系中的 H^+ 结合成 H_2O，使上述平衡向右移动，以补充 H^+ 的消耗，从而也抵消了外加的少量 OH^-，维持了溶液 pH 基本不变；当加水稀释时，一方面降低了溶液的 H^+ 浓度，但另一方面由于电离度的加大和同离子效应的减弱，又使平衡向增大 H^+ 浓度的方向移动，使溶液的 H^+ 浓度变化不大，故 pH 基本不变。

弱碱及其共轭酸体系的缓冲作用原理也与此类似。

6.3.3 缓冲溶液 pH 的计算

对弱酸 HA 与其共轭碱 A^- 组成的缓冲溶液，设弱酸 HA 的起始浓度为 c_a，弱碱 A^- 的起始浓度为 c_b。在一定条件下，存在下列解离平衡。

$$HA+H_2O \rightleftharpoons H_3O^+ + A^-$$

$$K_a^{\ominus}=\frac{c(H^+)c(A^-)}{c(HA)}$$

$$c(H^+)=K_a^{\ominus}\frac{c(HA)}{c(A^-)}$$

由于缓冲溶液一般具有较大的共轭酸、碱浓度 c_a 及 c_b，若 $c_a, c_b \geqslant 20c(H^+)$ 或 c_a，$c_b \geqslant 20c(OH^-)$，则 $c(OH^-)$ 及 $c(H^+)$ 均可忽略，这样就可得到计算缓冲溶液酸度的最简式：

$$c(HA)=c_a-c(H^+)\approx c_a$$

$$c(A^-)=c_b+c(H^+)\approx c_b$$

$$c(H^+)=K_a^{\ominus}\frac{c_a}{c_b} \qquad (6-21a)$$

即

$$pH=pK_a^{\ominus}-\lg\frac{c_a}{c_b} \qquad (6-21b)$$

式(6－21)是计算缓冲溶液酸度的最简式。对于一般缓冲溶液 pH 的计算，大多使用最简式。

同理可得计算弱碱及其共轭酸组成的缓冲溶液的 pOH 的最简式，即

$$c(OH^-)=K_b^{\ominus}\frac{c_b}{c_a} \qquad (6-22a)$$

$$pOH=pK_b^{\ominus}-\lg\frac{c_b}{c_a} \qquad (6-22b)$$

$$pH=14.00-pOH$$

【例 6－10】 90mL 0.010mol·L^{-1} HAc 和 30mL 0.010mol·L^{-1} NaOH 混合后，溶液的 pH 为多少(已知 HAc 的 $pK_a^{\ominus}=4.75$)?

解： 反应后系统为 HAc＋NaAc

$$c_a=\frac{(90-30)\times 0.010}{90+30}=0.0050(mol\cdot L^{-1})$$

$$c_b=\frac{30\times 0.010}{90+30}=0.0025(mol\cdot L^{-1})$$

$$\mathrm{pH}=\mathrm{p}K_{\mathrm{a}}^{\ominus}-\lg\frac{c_{\mathrm{a}}}{c_{\mathrm{b}}}$$

$$=4.75-\lg\frac{0.0050}{0.0025}\approx4.45$$

【例 6-11】 计算 10mL 0.30mol·L^{-1} NH_3 与 10mL 0.10mol·L^{-1} HCl 混合后溶液的 pH(已知 NH_3的 $K_{\mathrm{b}}^{\ominus}=1.8\times10^{-5}$)。

解：

$$\mathrm{p}K_{\mathrm{b}}^{\ominus}(\mathrm{NH_3})=4.75$$

$$\mathrm{p}K_{\mathrm{a}}^{\ominus}(\mathrm{NH_4^+})=14.00-4.75=9.25$$

$$c_{\mathrm{a}}=c(\mathrm{NH_4^+})=\frac{0.10\times10}{10+10}=0.050(\mathrm{mol\cdot L^{-1}})$$

$$c_{\mathrm{b}}=c(\mathrm{NH_3})=\frac{0.30\times10-0.10\times10}{10+10}=0.10(\mathrm{mol\cdot L^{-1}})$$

$$\mathrm{pOH}=\mathrm{p}K_{\mathrm{b}}^{\ominus}(\mathrm{NH_3})-\lg\frac{c_{\mathrm{b}}}{c_{\mathrm{a}}}=4.75-\lg\frac{0.10}{0.050}\approx4.45$$

$$\mathrm{pH}=14.00-4.45=9.55$$

或

$$\mathrm{pH}=\mathrm{p}K_{\mathrm{a}}^{\ominus}(\mathrm{NH_4^+})-\lg\frac{c_{\mathrm{a}}}{c_{\mathrm{b}}}=9.24-\lg\frac{0.1}{0.2}\approx9.55$$

6.3.4 缓冲容量

任何缓冲溶液的缓冲能力都是有一定限度的，溶液缓冲能力的大小常用缓冲容量来度量。实验证明，缓冲溶液的缓冲容量的大小，取决于缓冲组分的浓度的大小及缓冲组分浓度的比值。当缓冲组分即共轭酸碱对的浓度较大时，缓冲能力较大；当共轭酸碱对的总浓度一定时，二者的浓度比值为 1∶1 时缓冲能力最大。因此在实际配制缓冲溶液时，应使缓冲组分的浓度较大(但也不宜过大，否则易造成对化学反应或生化反应的不良影响)。实际工作中常使共轭酸碱的浓度在 0.1mol·L^{-1}～1mol·L^{-1}。另外，还应使共轭酸碱对的浓度比尽量接近 1∶1，一般应将其控制在 10∶1～1∶10 范围内，即利用确定的一对共轭酸碱对配制缓冲溶液时，pH 应控制在 $\mathrm{pH}=\mathrm{p}K_{\mathrm{a}}^{\ominus}\pm1$ 范围内，超出了此范围，则缓冲溶液的缓冲能力很小，甚至丧失了缓冲作用。

缓冲溶液的配制可按下列步骤和要求进行。

(1) 依据要求配制的缓冲溶液的 pH，首先选择合适的缓冲对，使其 $\mathrm{p}K_{\mathrm{a}}^{\ominus}$ 尽量接近所要配制的缓冲溶液的 pH。最大差别不要超过 1，即 $\mathrm{p}K_{\mathrm{a}}^{\ominus}=\mathrm{pH}\pm1$。

(2) 根据选择的缓冲对的 $\mathrm{p}K_{\mathrm{a}}^{\ominus}$ 和所要配制的缓冲溶液的 pH，计算出缓冲对的浓度比。

(3) 根据上述结果，配制缓冲溶液，并使共轭酸碱的浓度尽量在 0.1～1.0mol·L^{-1} 范围内。对于要求精细控制 pH 的体系还可在缓冲溶液配好后，用酸度计测定并微调其 pH。

(4) 选择的缓冲对还应满足不干扰主化学反应、原料廉价易得、配制容易等条件。

【例 6-12】 如何配制 1.0L 具有中等缓冲能力的 pH=5.00 的缓冲溶液？

解： (1) 因为 HAc 的 $\mathrm{p}K_{\mathrm{a}}^{\ominus}=4.75$，接近 5.0，故选用 HAc-NaAc 缓冲体系。

(2) 求缓冲体系的浓度比。

由于

$$pH = pK_a^{\ominus} - \lg \frac{c_a}{c_b} = 4.75 - \lg \frac{c_a}{c_b} = 5.0$$

所以

$$\frac{c_a}{c_b} = \frac{c_{HAc}}{c_{NaAc}} = 0.562$$

(3) 求所需 HAc 和 NaAc 的体积：

为使缓冲溶液具有一定的缓冲能力和计算方便，选用 $0.50mol \cdot L^{-1}$ HAc 和 $0.50mol \cdot L^{-1}$ NaAc溶液配制。设所需 HAc 和 NaAc 溶液的体积分别为 x 和 y，则

$$\begin{cases} x + y = 1.0 \\ \dfrac{0.50x}{0.50y} = 0.562 \end{cases}$$

解之得

$$x = 0.36L,\ y = 0.64L$$

即将 360mL $0.50mol \cdot L^{-1}$ HAc 溶液与 640mL $0.50mol \cdot L^{-1}$ NaAc 溶液混匀，即制得 pH=5.0 的缓冲溶液 1.0L。

【例 6-13】 今有三种酸 $(CH_3)_2AsO_2H$、$ClCH_2COOH$、CH_3COOH，它们的解离常数 $K_a^{\ominus}$ 分别为 6.40×10^{-7}、1.40×10^{-3}、1.8×10^{-5}，试问：

(1) 欲配制 pH=6.50 的缓冲溶液，采用哪种酸最好？

(2) 需要多少克这种酸和多少克 NaOH 以配制 1.00L 缓冲溶液，其中酸和它的对应盐的总浓度等于 $1.00mol \cdot L^{-1}$？

解：(1)

$(CH_3)_2AsO_2H$ $\quad pK_a^{\ominus} = -\lg 6.4\times10^{-7} \approx 6.19$

$ClCH_2COOH$ $\quad pK_a^{\ominus} = -\lg 1.4\times10^{-3} \approx 2.85$

CH_3COOH $\quad pK_a^{\ominus} = -\lg 1.8\times10^{-5} \approx 4.75$

显然，$(CH_3)_2AsO_2H$ 的 $pK_a^{\ominus}$ 更接近所需的 pH，故应选 $(CH_3)_2AsO_2H$。

(2) 设缓冲体系中 $(CH_3)_2AsO_2H$ 的平衡浓度为 x，则其共轭碱的浓度为 $(1-x)$。根据 $pH = pK_a^{\ominus} - \lg \frac{c_a}{c_b}$ 得

$$6.5 = 6.19 - \lg \frac{x}{1-x}$$

解之得

$$x = 0.332(mol \cdot L^{-1})$$

加入 NaOH

$$(1-0.332)\times40 = 26.7(g)$$

加入 $(CH_3)_2AsO_2H$

$$(0.332+0.668)\times138 = 138(g)$$

所以，欲配制 pH=6.50 的缓冲溶液 1.00L，需要 138g $(CH_3)_2AsO_2H$ 和 26.7gNaOH。

6.3.5 重要的缓冲溶液

表 6-3 列出了最常用的几种标准缓冲溶液，它们的 pH 是经过实验准确测定的，目前已被国际上规定作为测定溶液 pH 时的标准参照溶液。

表 6-3 pH 标准缓冲溶液

pH 标准缓冲溶液	pH 标准值(>5℃)
$0.034mol\cdot L^{-1}$ 饱和酒石酸氢钾	3.56
$0.05mol\cdot L^{-1}$ 邻苯二甲酸氢钾	4.01
$0.025mol\cdot L^{-1}$ KH_2PO_4-$0.025mol\cdot L^{-1}$ Na_2HPO_4	6.86
$0.01mol\cdot L^{-1}$ 硼砂	9.18

6.4 弱酸(碱)溶液中各型体的分布

在弱酸(碱)的解离平衡系统中，溶液中同时存在多个型体。从平衡移动的原理可知，改变溶液的酸度可以使酸(碱)解离平衡发生移动，这实际上也是一种同离子效应，即 H^+ 的同离子效应。

为了表示溶液中弱酸(碱)各型体在不同 pH 时的分布情况，化学上常引入分布系数这一概念。某型体的平衡浓度在总浓度 c(即分析浓度)中所占有的分数称为该型体的分布分数，又称分布系数，用符号 δ 表示。分布分数的大小主要取决于弱酸(碱)的性质，同时还与溶液的 pH 有关。知道了分布分数和分析浓度，就可求得各种型体的平衡浓度。

6.4.1 一元弱酸(碱)溶液

一元弱酸(HA)在水溶液中存在下列解离平衡并以 HA 和 A^- 两种型体存在。设它们的总浓度为 c，HA 和 A^- 的平衡浓度分别为 $c(HA)$ 和 $c(A^-)$，则

$$HA \rightleftharpoons H^+ + A^-$$

分析浓度：
$$c=c(HA)+c(A^-)$$

分布分数：
$$\delta(HA)+\delta(A^-)=1 \tag{6-23}$$

$$K_a^{\ominus}=\frac{c(H^+)c(A^-)}{c(HA)}$$

HA 和 A^- 的分布分数 $\delta(HA)$ 和 $\delta(A^-)$ 分别为

$$\delta(HA)=\frac{c(HA)}{c}=\frac{c(HA)}{c(HA)+c(A^-)}=\frac{1}{1+\dfrac{c(A^-)}{c(HA)}}$$

$$=\frac{1}{1+\dfrac{K_a^{\ominus}}{c(H^+)}}=\frac{c(H^+)}{c(H^+)+K_a^{\ominus}} \tag{6-24}$$

$$\delta(A^-)=\frac{c(A^-)}{c}=\frac{c(A^-)}{c(HA)+c(A^-)}=\frac{1}{\dfrac{c(HA)}{c(A^-)}+1}$$

$$=\frac{1}{\dfrac{c(H^+)}{K_a^{\ominus}}+1}=\frac{K_a^{\ominus}}{c(H^+)+K_a^{\ominus}} \tag{6-25}$$

从上式可知如下内容。

(1) $K_a^{\ominus}(HA)$ 在一定温度下为常数，$c(H^+)$ 越高，$\delta(A^-)$ 越小，$\delta(HA)$ 越大。

(2) 当 $K_a^{\ominus}(HA)=c(H^+)$时，$\delta(A^-)=\delta(HA)=50\%$，$pH=K_a^{\ominus}(HA)$；

当 $pH<K_a^{\ominus}(HA)$时，$\delta(A^-)<\delta(HA)$；

当 $pH>K_a^{\ominus}(HA)$时，$\delta(A^-)>\delta(HA)$。

(3) $c(HA)=c\times\delta_{HA}=c\times\dfrac{c(H^+)}{c(H^+)+K_a^{\ominus}}$

$$c(A^-)=c\times\delta_{A^-}=c\times\frac{K_a^{\ominus}}{c(H^+)+K_a^{\ominus}}$$

由此可见，对于给定的弱酸，由于 $K_a^{\ominus}$ 与浓度无关，故溶液中各型体的分布分数仅是 $c(H^+)$的函数，即 δ 仅取决于溶液的酸度，而与弱酸总浓度无关。

对于一元弱碱，可根据其共轭酸的 $K_a^{\ominus}$，用与以上完全相同的方法导出其水溶液中各型体的分布分数。例如，NH_3水溶液中：

$$\delta(NH_4^+)=\frac{c(H^+)}{c(H^+)+K_a^{\ominus}(NH_4^+)}$$

$$\delta(NH_3)=\frac{K_a^{\ominus}(NH_4^+)}{c(H^+)+K_a^{\ominus}(NH_4^+)}$$

【例 6-14】 计算 pH=4.00 时，分析浓度为 $0.10mol\cdot L^{-1}$的 HAc 溶液中 HAc 和 Ac^-的分布系数和平衡浓度。已知 HAc 的解离常数 $K_a^{\ominus}=1.8\times10^{-5}$。

解： $\delta(HAc)=\dfrac{c(H^+)}{c(H^+)+K_a^{\ominus}}=\dfrac{1.0\times10^{-4}}{1.0\times10^{-4}+1.76\times10^{-5}}\approx0.85$

$$\delta(Ac^-)=\frac{K_{HAc}^{\ominus}}{c(H^+)+K_{(HAc)}^{\ominus}}$$

$$=\frac{1.76\times10^{-5}}{1.0\times10^{-4}+1.76\times10^{-5}}\approx0.15$$

$$c(HAc)=\delta(HAc)\times c=0.85\times0.10=0.085(mol\cdot L^{-1})$$

$$c(Ac^-)=\delta(Ac^-)\times c=0.15\times0.10$$
$$=0.015(mol\cdot L^{-1})$$

为研究不同酸度下各存在型体的分布，可计算出某一元弱酸(碱)在任意酸度下的分布分数，然后以 pH 为横坐标、δ 为纵坐标，绘制出 δ-pH 曲线，即为该弱酸(碱)型体分布图。不难理解，对任意一元弱酸，当 $pH<pK_a^{\ominus}$ 时，HA 为主要存在型体；$pH>pK_a^{\ominus}$ 时，A^-为主要存在型体；$pH=pK_a^{\ominus}$ 时，两种型体浓度相等。HAc 水溶液的型体分布图如图 6.1 所示。

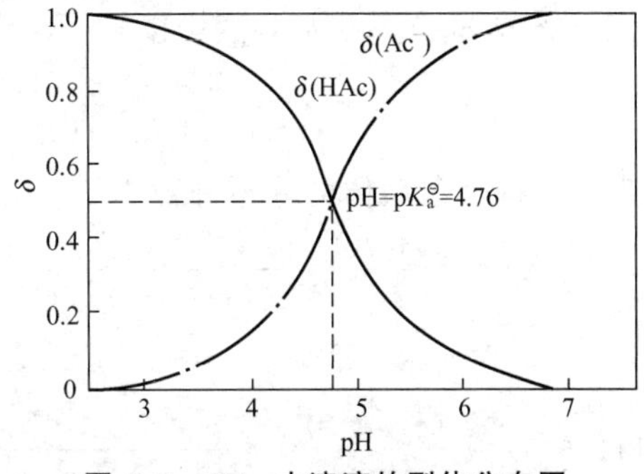

图 6.1 HAc 水溶液的型体分布图

6.4.2 多元弱酸(碱)溶液

二元弱酸 H_2A 在水溶液中存在下列平衡，并以 H_2A、HA^- 和 A^{2-} 三种型体存在。

$$H_2A \rightleftharpoons H^+ + HA^-$$

$$K_{a_1}^{\ominus}=\frac{c(H^+)c(HA^-)}{c(H_2A)}$$

$$HA^- \rightleftharpoons H^+ + A^{2-}$$

$$K_{a_2}^{\ominus}=\frac{c(H^+)c(A^{2-})}{c(HA^-)}$$

$$c=c(H_2A)+c(HA^-)+c(A^{2-})$$

$$\delta(H_2A)+\delta(HA^-)+\delta(A^{2-})=1 \tag{6-26}$$

$$\delta(H_2A)=\frac{c(H_2A)}{c}=\frac{1}{1+\frac{K_{a_1}^{\ominus}}{c(H^+)}+\frac{K_{a_1}^{\ominus}K_{a_2}^{\ominus}}{c^2(H^+)}}=\frac{c^2(H^+)}{c^2(H^+)+c(H^+)K_{a_1}^{\ominus}+K_{a_1}^{\ominus}K_{a_2}^{\ominus}} \tag{6-27}$$

$$\delta(HA^-)=\frac{c(HA^-)}{c}=\frac{c(H^+)\cdot K_{a_1}^{\ominus}}{c^2(H^+)+c(H^+)K_{a_1}^{\ominus}+K_{a_1}^{\ominus}\cdot K_{a_2}^{\ominus}} \tag{6-28}$$

$$\delta(A^{2-})=\frac{c(A^{2-})}{c}=\frac{K_{a_1}^{\ominus}\cdot K_{a_2}^{\ominus}}{c^2(H^+)+c(H^+)K_{a_1}^{\ominus}+K_{a_1}^{\ominus}\cdot K_{a_2}^{\ominus}} \tag{6-29}$$

酒石酸为二元弱酸，其解离常数 $pK_{a_1}^{\ominus}=3.04$，$pK_{a_2}^{\ominus}=4.37$，酒石酸溶液中 3 种存在型体的 δ-pH 分布曲线如图 6.2 所示。曲线可分为 3 个区域：当 $pH<pK_{a_1}^{\ominus}$ 时，H_2A 占优势；当 $pK_{a_1}^{\ominus}<pH<pK_{a_2}^{\ominus}$ 时，HA^- 占优势；$pH>K_{a_2}^{\ominus}$ 时，A^{2-} 占优势。

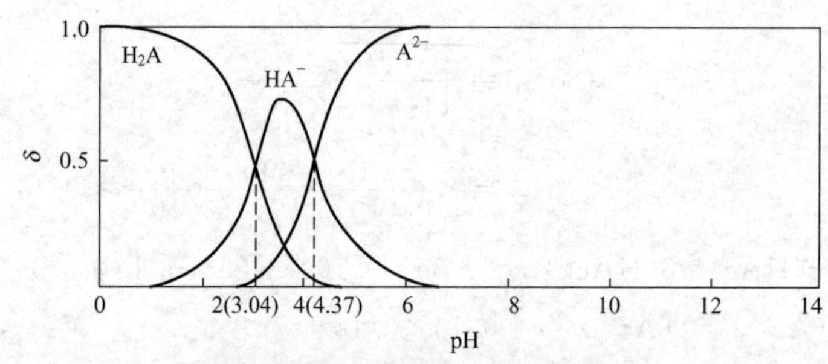

图 6.2 酒石酸溶液的型体分布图

对三元弱酸 H_3A，在水溶液中以 H_3A、H_2A^-、HA^{2-} 和 A^{3-} 四种型体存在。

$$c=c(H_3A)+c(H_2A^-)+c(HA^{2-})+c(A^{3-})$$

$$\delta(H_3A)+\delta(H_2A^-)+\delta(HA^{2-})+\delta(A^{3-})=1 \tag{6-30}$$

同理，可推得各型体的分布分数为

$$\delta(H_3A)=\frac{c(H_3A)}{c}=\frac{c^3(H^+)}{c^3(H^+)+c^2(H^+)\cdot K_{a_1}^{\ominus}+c(H^+)\cdot K_{a_1}^{\ominus}\cdot K_{a_2}^{\ominus}+K_{a_1}^{\ominus}\cdot K_{a_2}^{\ominus}\cdot K_{a_3}^{\ominus}} \tag{6-31}$$

$$\delta(H_2A^-)=\frac{c(H_2A^-)}{c}=\frac{c^2(H^+)\cdot K_{a_1}^{\ominus}}{c^3(H^+)+c^2(H^+)\cdot K_{a_1}^{\ominus}+c(H^+)\cdot K_{a_1}^{\ominus}\cdot K_{a_2}^{\ominus}+K_{a_1}^{\ominus}\cdot K_{a_2}^{\ominus}\cdot K_{a_3}^{\ominus}} \tag{6-32}$$

$$\delta(HA^{2-})=\frac{c(HA^{2-})}{c}=\frac{c(H^+)\cdot K_{a_1}^{\ominus}\cdot K_{a_2}^{\ominus}}{c^3(H^+)+c^2(H^+)\cdot K_{a_1}^{\ominus}+c(H^+)\cdot K_{a_1}^{\ominus}\cdot K_{a_2}^{\ominus}+K_{a_1}^{\ominus}\cdot K_{a_2}^{\ominus}\cdot K_{a_3}^{\ominus}} \tag{6-33}$$

$$\delta(A^{3-})=\frac{c(A^{3-})}{c}=\frac{K_{a_1}^{\ominus}\cdot K_{a_2}^{\ominus}\cdot K_{a_3}^{\ominus}}{c^3(H^+)+c^2(H^+)\cdot K_{a_1}^{\ominus}+c(H^+)\cdot K_{a_1}^{\ominus}\cdot K_{a_2}^{\ominus}+K_{a_1}^{\ominus}\cdot K_{a_2}^{\ominus}\cdot K_{a_3}^{\ominus}} \tag{6-34}$$

磷酸为三元酸，其解离常数 $pK_{a_1}^{\ominus}=2.12$，$pK_{a_2}^{\ominus}=7.20$，$pK_{a_3}^{\ominus}=12.36$，磷酸溶液中四种存在型体的 δ-pH 分布曲线如图 6.3 所示。

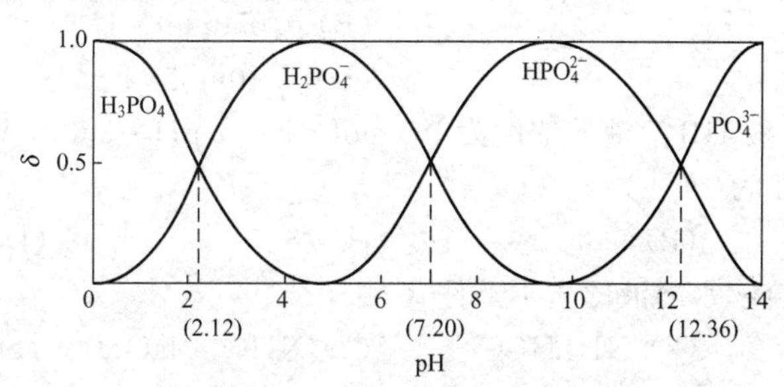

图 6.3　磷酸水溶液的型体分布图

一、思考题

1. 试述几种酸碱理论的基本要点。

2. 什么是缓冲溶液？试举例说明缓冲溶液的缓冲作用原理。

3. 什么叫同离子效应？它们对弱酸，弱碱的解离平衡有何影响？

4. 与在水中的 HAc 的酸性比较，在 HAc 的氢氟酸溶液中，HAc 的酸性有何变化？在 HAc 的液氨溶液中又如何？

5. 分析浓度、平衡浓度、分布系数之间是什么关系？

二、练习题

1. 选择题

(1) 下列离子中只能作碱的是(　　)。

(A) H_2O　　(B) HCO_3^-　　(C) S^{2-}　　(D) $[Fe(H_2O)_6]^{3+}$

(2) 在水溶液中能大量共存的一组物质是（　　）。

(A) H_3PO_4 和 PO_4^{3-}　　(B) $H_2PO_4^-$ 和 PO_4^{3-}

(C) HPO_4^{2-} 和 PO_4^{3-}　　(D) H_3PO_4 和 HPO_4^{2-}

(3)下列各组混合液中，可作为缓冲溶液使用的是（　　）。

(A) $0.1mol\cdot L^{-1}$ HCl 与 $0.05mol\cdot L^{-1}$ NaOH 等体积混合

(B) $0.1mol\cdot L^{-1}$ HAc 0.1mL 与 $0.1mol\cdot L^{-1}$ NaAc 1L 相混合

(C) $0.2mol\cdot L^{-1}$ $NaHCO_3$ 与 $0.1mol\cdot L^{-1}$ NaOH 等体积混合

(D) $0.1mol\cdot L^{-1}$ $NH_3\cdot H_2O$ 1mL 与 $0.1mol\cdot L^{-1}$ NH_4Cl 1mL 及 1L 水相混合

(4) 由总浓度一定的 $HPO_4^{2-}-PO_4^{3-}$ 缓冲对组成的缓冲溶液，缓冲能力最大的溶液 pH 为(　　)。

(A) 2.1　　(B) 7.2　　(C) 7.2±1　　(D) 12.2

(5) ① $0.05mol\cdot L^{-1}$ NH_4Cl 和 $0.05mol\cdot L^{-1}$ $NH_3\cdot H_2O$ 等体积混合液；②$0.05mol\cdot L^{-1}$ HAc和 $0.05mol\cdot L^{-1}$ NaAc 等体积混合液；③$0.05mol\cdot L^{-1}$ HAc 溶液；

④0.05mol・L^{-1}NaAc溶液。上述试液的pH由高到低的排列顺序是(　　)。

(A) ①>②>③>④　　(B) ④>③>②>①

(C) ③>②>①>④　　(D) ①>④>②>③

(6) 已知某二元弱酸H_2B的$pK_{a_1}^{\ominus}=3.00$，$pK_{a_2}^{\ominus}=7.00$，则pH=3.00的0.20mol・L^{-1} H_2B溶液中，$c(HB^-)$为(　　)。

(A) 0.15mol・L^{-1}　　(B) 0.050mol・L^{-1}

(C) 0.025mol・L^{-1}　　(D) 0.10mol・L^{-1}

(7) 已知一元弱酸HB溶液的浓度为0.1mol・L^{-1}，pH=3.00，则0.1mol・L^{-1}的共轭碱NaB溶液的pH为(　　)。

(A) 11.00　　(B) 9.00　　(C) 8.50　　(D) 9.50

2. 写出下列化合物水溶液的质子条件式。

(1) NaH_2PO_4　　(2) NH_4HCO_3　　(3) NH_3+NaOH　　(4) HCl+HAc

3. 已知下列各种弱酸的$K_a^{\ominus}$值，求它们的共轭碱的$K_b^{\ominus}$值，并将各碱按照碱性由强到弱的顺序进行排列。

(1) HCN　　$K_a^{\ominus}=6.2\times10^{-10}$　　(2) HCOOH　　$K_a^{\ominus}=1.8\times10^{-4}$

(3) C_6H_5OH　　$K_a^{\ominus}=1.1\times10^{-10}$　　(4) H_3BO_3　　$K_a^{\ominus}=5.8\times10^{-10}$

(5)H_3PO_4　$K_{a_1}^{\ominus}(H_3PO_4)=7.6\times10^{-3}$，$K_{a_2}^{\ominus}(H_3PO_4)=6.3\times10^{-8}$，$K_{a_3}^{\ominus}(H_3PO_4)=4.4\times10^{-13}$

(6) $H_2C_2O_4$　$K_{a_1}^{\ominus}=5.9\times10^{-2}$，$K_{a_2}^{\ominus}=6.4\times10^{-5}$

4. 计算下列各水溶液的pH。

(1) 0.100mol・L^{-1}HAc溶液　　(2) 0.100mol・$L^{-1}$$NH_4Cl$溶液

(3) 0.0500mol・L^{-1} Na_3PO_4溶液　　(4) 1.00×10^{-4}mol・$L^{-1}$$NH_4Ac$溶液

(5) 1.00×10^{-3}mol・L^{-1} Na_2HPO_4溶液

5. 在110mL浓度为0.1mol/L的HAc溶液中，加入10mL浓度为0.10mol・L^{-1}的NaOH溶液，则混合溶液的pH为多少？已知HAc的$pK_a^{\ominus}=4.75$。

6. 草酸的$pK_{a_1}^{\ominus}=1.2$，$pK_{a_2}^{\ominus}=4.2$，分别估计下列情况溶液的pH或pH范围。

(1) $C_2O_4^{2-}$为主要存在型体。

(2) $HC_2O_4^-$为主要存在型体。

(3) $c(HC_2O_4^-)=c(C_2O_4^{2-})$。

(4) $c(H_2C_2O_4)=c(HC_2O_4^-)$。

7. 欲配制250mL pH=5.00的缓冲溶液，需在12.5mL 1.00mol・L^{-1}NaAc溶液中加入6.00mol・L^{-1}HAc溶液和水各多少毫升？

8. 制备200mL pH=8.00的缓冲溶液，应取0.500mol・$L^{-1}$$NH_4Cl$和0.500mol・$L^{-1}$ NH_3各多少毫升？已知$K_b^{\ominus}(NH_3)=1.8\times10^{-5}$。

9. 某人称取CCl_3COOH 16.34g和NaOH 3.0g溶解于水并稀释至1.0L。求：

(1) 由此配成的缓冲溶液的pH为多少？

(2) 要配制pH=0.64的缓冲溶液，在此缓冲溶液中加盐酸或氢氧化钠的物质的量为多少？设加强酸或强碱后溶液体积不变，已知$K_a^{\ominus}(CCl_3COOH)=0.23$，$M(CCl_3COOH)=163.4g\cdot mol^{-1}$。

第7章 沉淀—溶解平衡

(1) 掌握溶度积的概念、溶度积与溶解度的换算。

(2) 了解影响沉淀-溶解平衡的因素，能利用溶度积原理判断沉淀的生成及溶解。

(3) 掌握沉淀溶解平衡的有关计算。

(4) 了解多种沉淀之间的平衡，了解影响沉淀纯度的因素。

在科学研究和生产实践中，经常利用沉淀的生成或溶解来制备所需的物质或材料。如何判断沉淀与溶解反应发生的方向？如何使沉淀的生成或溶解更完全？如何使沉淀更纯净？如何利用沉淀-溶解平衡来测定某种待测物的含量或浓度？要解答这些问题，就需要了解沉淀的生成、溶解和转化的规律。

7.1 溶度积原理

绝对不溶于水的物质是不存在的，习惯上所谓的不溶于水的物质，只不过是在水中的溶解度极小而已。通常把在水中溶解度小于0.01g/100g(H_2O)的物质称为难溶物质；溶解度在0.01～0.1g/100g(H_2O)之间的物质称为微溶物质；溶解度大于0.1g/100g(H_2O)的物质称为“易溶物质”。例如，25℃时，AgCl的溶解度为1.35×10^{-4}g/100g(H_2O)，$BaSO_4$的溶解度为2.23×10^{-4}g/100g(H_2O)，HgS的溶解度为1.30×10^{-6}g/100g(H_2O)。它们都是难溶物质，但它们的溶解度却有很大的差异。

7.1.1 溶度积常数

固体电解质溶于水后，在水溶液中以水合离子的形式存在。当溶液达到饱和后，未溶解的固体与溶液中的水合离子之间将形成动态平衡，这种平衡可表示如下：

$$\text{固体电解质} \underset{\text{沉淀}}{\overset{\text{溶解}}{\rightleftharpoons}} \text{溶液中的水合离子}$$

这种平衡涉及固相和液相中的离子，是一种多相平衡。以 AgCl 为例，AgCl(s)是由 Ag^{+} 和 Cl^{-} 组成的晶体，将其放入水中时，晶体中的 Ag^{+} 和 Cl^{-} 在水分子的作用下，不断由晶体表面溶入溶液中，成为无规则运动的水合离子，这一过程称为溶解过程。与此同时，已经溶解在溶液中的 Ag^{+}(aq)和 Cl^{-}(aq)在不断运动中相互碰撞或与未溶解的 AgCl(s)表面碰撞，也会不断地从液相回到固相表面，并且以 AgCl(s)形式析出，这一过程称为沉淀。任何难溶电解质的溶解和沉淀过程都是相互可逆的。开始时，溶解速率大于沉淀速率，经过一定时间后，溶解和沉淀速率相等时，溶液成为 AgCl(s)的饱和溶液，同时溶解中建立了一种动态的多相离子平衡。它可表示为

$$\mathrm{AgCl(s)} \underset{\text{沉淀}}{\overset{\text{溶解}}{\rightleftharpoons}} \mathrm{Ag^{+}(aq)} + \mathrm{Cl^{-}(aq)}$$

该反应的标准平衡常数为

$$K^{\ominus} = c(\mathrm{Ag^{+}}) \cdot c(\mathrm{Cl^{-}})$$

对于一般的难溶电解质的沉淀-溶解平衡可表示为

$$\mathrm{A}_n\mathrm{B}_m(\mathrm{s}) \rightleftharpoons n\mathrm{A}^{m+}(\mathrm{aq}) + m\mathrm{B}^{n-}(\mathrm{aq})$$

其标准平衡常数为

$$K_{sp}^{\ominus} = c^{n}(\mathrm{A}^{m+}) \cdot c^{m}(\mathrm{B}^{n-}) \qquad (7-1)$$

式(7-1)表示在一定温度下，难溶电解质在其饱和溶液中各离子浓度幂的乘积是一个常数。这个常数称为难溶电解质的溶度积常数，简称溶度积，用符号 $K_{sp}^{\ominus}$ 表示。

$K_{sp}^{\ominus}$ 的大小反映了难溶电解质的溶解能力，其值与温度有关，与浓度无关。一些常见的难溶强电解质的 $K_{sp}^{\ominus}$ 见附录Ⅵ。

严格地讲，溶度积应为沉淀-溶解平衡中各离子活度的幂的乘积。但在溶液中难溶电解质的离子浓度很低，故离子浓度与活度相差很小，$\gamma_{\pm} \approx 1$。

【例 7-1】 由附录Ⅲ的热力学函数计算 298K 时 AgCl 的溶度积常数。

解：

$$\mathrm{AgCl(s)} \rightleftharpoons \mathrm{Ag^{+}(aq)} + \mathrm{Cl^{-}(aq)}$$

$\Delta_f G_m^{\ominus}/\mathrm{kJ \cdot mol^{-1}}$ $\quad -109.8 \quad 77.11 \quad -131.2$

$$\Delta_r G_m^{\ominus} = \Sigma \nu_B \Delta_f G_m^{\ominus}(B) = (77.11 - 131.2) - (-109.8) = 55.71(\mathrm{kJ \cdot mol^{-1}})$$

由

$$\Delta_r G_m^{\ominus} = -RT\ln K_{sp}^{\ominus}$$

得

$$\ln K_{sp}^{\ominus} = \frac{-\Delta_r G_m^{\ominus}}{RT} = \frac{-55.71 \times 10^{3}}{(8.314 \times 298.15)} \approx -22.47$$

$$K_{sp}^{\ominus} = 1.74 \times 10^{-10}$$

7.1.2 溶度积和溶解度的相互换算

在一定温度下，溶度积和溶解度都可以表示难溶电解质的溶解能力。因此，难溶电解质的溶度积可以通过其溶解度来求得。反之，通过溶度积也可以求得溶解度。在换算时，要注意所用的浓度单位。溶度积表达式中，离子的浓度用物质的量浓度；而溶解度的单位常有多种表示方法，所以由溶解度求得溶度积时，要先把溶解度换算成物质的量浓度。

【例 7-2】 已知室温条件下，$BaSO_4$ 和 Ag_2CrO_4 的溶度积分别是 1.07×10^{-10} 和 1.12×10^{-12}，求它们的溶解度。

解：(1) $BaSO_4$ 的溶解平衡为

$$BaSO_4(s) \rightleftharpoons Ba^{2+}(aq) + SO_4^{2-}(aq)$$

设 $BaSO_4$ 的溶解度为 $s(mol \cdot L^{-1})$，则 $c(Ba^{2+}) = c(SO_4^{2-}) = s$，得

$$K_{sp}^{\ominus}(BaSO_4) = c(Ba^{2+}) \cdot c(SO_4^{2-}) = s^2 = 1.07 \times 10^{-10}$$

所以 $$s = \sqrt{1.07 \times 10^{-10}} \approx 1.03 \times 10^{-5}(mol \cdot L^{-1})$$

(2) Ag_2CrO_4 的溶解平衡为

$$Ag_2CrO_4(s) \rightleftharpoons 2Ag^+(aq) + CrO_4^{2-}(aq)$$

设 Ag_2CrO_4 的溶解度为 $s(mol \cdot L^{-1})$，则 $c(CrO_4^{2-}) = s$，$c(Ag^+) = 2s$，则

$$K_{sp}^{\ominus}(Ag_2CrO_4) = c^2(Ag^+) \cdot c(CrO_4^{2-}) = (2s)^2 \cdot s = 4s^3 = 1.12 \times 10^{-12}$$

所以 $$s = \sqrt[3]{\frac{1.12 \times 10^{-12}}{4}} \approx 6.54 \times 10^{-5}(mol \cdot L^{-1})$$

结果表明，$BaSO_4$ 的溶度积($K_{sp}^{\ominus}$)虽然比 Ag_2CrO_4 的溶度积($K_{sp}^{\ominus}$)大，但是 $BaSO_4$ 的溶解度却比 Ag_2CrO_4 的溶解度小。这是由于 $BaSO_4$ 属AB型难溶电解质，而 Ag_2CrO_4 属 A_2B 型难溶电解质。对于不同类型的难溶电解质，不能从溶度积的大小直接判断其溶解度的大小，必须通过计算才能得出结论。对于同一类型的难溶电解质，可以由溶度积的大小直接比较它们溶解度的大小。例如，AgCl、$PbSO_4$、$BaSO_4$ 等难溶电解质均属AB型物质，在一定温度下，$K_{sp}^{\ominus}$ 越大，则溶解度也越大。

【例7-3】 在25℃时，Ag_2CrO_4 的溶解度是 $0.0217g \cdot L^{-1}$，试计算 Ag_2CrO_4 的溶度积 $K_{sp}^{\ominus}$。

解： Ag_2CrO_4 的溶解度

$$c(Ag_2CrO_4) = \frac{s(Ag_2CrO_4)}{M(Ag_2CrO_4)}$$

$$= \frac{0.0217g \cdot L^{-1}}{331.8g \cdot mol^{-1}} \approx 6.54 \times 10^{-5} mol \cdot L^{-1}$$

Ag_2CrO_4 的溶解平衡为

$$Ag_2CrO_4(s) \rightleftharpoons 2Ag^+(aq) + CrO_4^{2-}(aq)$$

平衡浓度$(mol \cdot L^{-1})$ $\qquad 2s \qquad s$

所以 $$K_{sp}^{\ominus} = c(Ag^+)^2 \cdot c(CrO_4^{2-}) = (2s)^2 \cdot s = 4s^3$$

$$= 4 \times (6.54 \times 10^{-5})^3 \approx 1.12 \times 10^{-12}$$

必须指出的是，上述溶度积和溶解度之间的换算是有条件的。第一，难溶电解质的离子在溶液中应不发生水解、聚合、配位等副反应；第二，难溶电解质要一步完全电离。只有符合这两个条件的难溶电解质，其 s 和 $K_{sp}^{\ominus}$ 之间才存在以上简单的数学关系。

7.2 沉淀的类型及溶度积规则

7.2.1 沉淀的类型和性质

沉淀按其外观特征和物理性质，可粗略地分成三类：①晶形沉淀，其外观特征为颗粒状的结晶，如 $BaSO_4$、$MgNH_4PO_4$ 等；②无定形沉淀，其外观特征呈胶状或絮状，如 $Fe_2O_3 \cdot nH_2O$，$Al_2O_3 \cdot nH_2O$ 等；③凝乳状沉淀，其外观特征介于晶形沉淀和无定形沉淀之间，如AgCl等。它们之间的主要差别是沉淀颗粒的大小不同，晶形沉淀的颗粒最大，其直径为0.1～1μm，无定形沉淀

【尿结石的形成】

的颗粒较小，其直径仅有 0.02μm，凝乳状沉淀的颗粒大小则介于两者之间。

晶形沉淀是由较大的沉淀颗粒所组成的，其内部构晶离子（即组成沉淀的离子）有规则地排列，结构紧密，具有明显的晶面，沉淀的体积一般比较小，容易沉降于容器的底部，沉淀便于过滤和洗涤。晶形沉淀还可分为粗晶形沉淀（如 $MgNH_4PO_4$）和细晶形沉淀（如 $BaSO_4$）。无定形沉淀是由许多疏松聚集在一起的微小颗粒所形成的，这些微小颗粒杂乱无章地聚集在一起，因而没有明显的晶面，而且颗粒中常含有大量的溶剂分子，所以呈疏松的絮状沉淀，整个沉淀的体积比较大，不易沉降于容器的底部，因此不易过滤和洗涤。

沉淀的形状及颗粒的大小与难溶化合物的溶解度有关。溶解度越大，则沉淀的颗粒越大，易形成晶形沉淀；沉淀的溶解度越小，则沉淀颗粒越小，易形成无定形沉淀。此外，沉淀的颗粒大小还与沉淀时构晶离子的浓度、沉淀条件及后处理过程有关。例如，在稀溶液中沉淀出来的 $BaSO_4$ 为细晶形沉淀，但在水和乙醇的混合溶剂中，将浓的 $Ba(SCN)_2$ 和 $MnSO_4$ 溶液混合，则得到凝乳状的 $BaSO_4$ 沉淀。

7.2.2 溶度积规则

难溶电解质在一定条件下，沉淀能否生成或溶解，可根据溶度积规则来判断。

在难溶电解质溶液中，其离子浓度幂的乘积称为离子积，用 Q_i 表示。对于 A_nB_m 型难溶电解质，有

$$A_nB_m(s) \rightleftharpoons nA^{m+}(aq) + mB^{n-}(aq)$$

$$Q_i = c^n(A^{m+}) \cdot c^m(B^{n+}) \tag{7-2}$$

Q_i 和 $K_{sp}^{\ominus}$ 的表达式相同，但意义不同。$K_{sp}^{\ominus}$ 表示难溶电解质沉淀-溶解平衡时饱和溶液中离子浓度幂的乘积。对某一难溶电解质来说，在一定温度下 $K_{sp}^{\ominus}$ 为一常数。而 Q_i 则表示任何情况下离子浓度幂的乘积。$K_{sp}^{\ominus}$ 只是 Q_i 的一种特殊情况，是平衡条件下的 Q_i。

在任何给定的溶液中，可根据 Q_i 和 $K_{sp}^{\ominus}$ 的相对大小来判断沉淀的生成和溶解。

(1) 当 $Q_i > K_{sp}^{\ominus}$ 时，溶液为过饱和溶液，平衡向生成沉淀的方向移动，直至达到新的平衡为止。故 $Q_i > K_{sp}^{\ominus}$ 是沉淀生成的条件。

(2) 当 $Q_i = K_{sp}^{\ominus}$ 时，溶液为饱和溶液。体系处于动态平衡状态，离子和沉淀的量都不随时间而改变。

(3) 当 $Q_i < K_{sp}^{\ominus}$ 时，溶液为不饱和溶液。若溶液中有难溶固体电解质存在，则沉淀溶解，直至溶液达到饱和为止。故 $Q_i < K_{sp}^{\ominus}$ 是沉淀溶解的条件。

上述规则称为溶度积规则。它是难溶电解质多相平衡移动规律的总结。在一定温度下，控制难溶电解质溶液中离子的浓度，使溶液中离子积 Q_i 大于或小于溶度积 $K_{sp}^{\ominus}$，就可使难溶电解质生成沉淀或使沉淀溶解，从而使沉淀-溶解平衡向我们所需要的方向转化。

【例 7-4】 将 20mL 浓度为 $0.010 mol \cdot L^{-1}$ 的 $BaCl_2$ 溶液加入到 60mL 浓度为 $0.080 mol \cdot L^{-1}$ 的 K_2SO_4 溶液中，是否能析出 $BaSO_4$ 沉淀？已知 $K_{sp}^{\ominus}(BaSO_4) = 1.07 \times 10^{-10}$。

解： 混合后溶液总体积为 20+60=80(mL)，溶液混合后离子的浓度为

$$c(Ba^{2+}) = \frac{20 \times 0.010}{20+60} = 2.5 \times 10^{-3} (mol \cdot L^{-1})$$

$$c(SO_4^{2-}) = \frac{60 \times 0.080}{20+60} = 6.0 \times 10^{-2} (mol \cdot L^{-1})$$

所以 $Q_i=c(Ba^{2+})c(SO_4^{2-})=2.5\times10^{-3}\times6.0\times10^{-2}=1.5\times10^{-4}>K_{sp}^{\ominus}$
故有 $BaSO_4$ 沉淀生成。

【例 7-5】 在 $0.10mol\cdot L^{-1}$ $FeCl_3$ 溶液中，加入等体积的含有 $0.20mol\cdot L^{-1}$ $NH_3\cdot H_2O$ 和 $2.0mol\cdot L^{-1}$ NH_4Cl 的混合溶液，问能否产生 $Fe(OH)_3$ 沉淀？已知 $K_{sp}^{\ominus}[Fe(OH)_3]=4.0\times10^{-38}$。

解：由于等体积混合，各物质的浓度均减小一半，即

$$c(Fe^{3+})=0.050mol\cdot L^{-1}\qquad c(NH_4Cl)=1.0mol\cdot L^{-1}$$

$$c(NH_3\cdot H_2O)=0.10mol\cdot L^{-1}$$

设 $c(OH^-)$ 为 $x mol\cdot L^{-1}$，即

$$NH_3\cdot H_2O \rightleftharpoons NH_4^+ + OH^-$$

$$\text{平衡浓度}\quad 0.10-x\qquad 1.0+x\qquad x$$

$$K_b^{\ominus}=\frac{c(NH_4^+)c(OH^-)}{c(NH_3\cdot H_2O)}=1.8\times10^{-5}$$

因为 x 很小，$0.10-x\approx0.1$，$1.0+x\approx1.0$，所以

$$\frac{1.0x}{0.10}=1.8\times10^{-5}$$

解得 $x=1.8\times10^{-6}$，即 $c(OH^-)=1.8\times10^{-6}mol\cdot L^{-1}$。

$$Q_i=c(Fe^{3+})c^3(OH^-)=0.050\times(1.8\times10^{-6})^3\approx2.9\times10^{-19}$$

$Q_i>K_{sp}^{\ominus}$，故有 $Fe(OH)_3$ 沉淀生成。
或根据弱碱及其共轭酸组成的缓冲溶液的 pH 计算式

$$c(OH^-)=K_b^{\ominus}\frac{c_b}{c_a}$$

得

$$c(OH^-)=K_b^{\ominus}\frac{c_b}{c_a}=1.8\times10^{-5}\frac{0.10}{1.0}=1.8\times10^{-6}(mol\cdot L^{-1})$$

其余步骤相同。

【骨骼的形成与龋齿的产生】

7.3 沉淀-溶解平衡的移动

7.3.1 同离子效应和盐效应

1. 同离子效应

向难溶电解质的溶液中加入与其具有相同离子的可溶性强电解质时，溶液中难溶电解质与可溶性强电解质相同的那种离子的浓度显著增大，按照平衡移动原理，平衡将向生成沉淀的方向移动。其结果是难溶电解质的溶解度降低。这种因加入含有共同离子的可溶性强电解质而使难溶电解质的溶解度降低的现象称为同离子效应。

例如，在 AgCl 的饱和溶液中加入 NaCl 时，仍会有 AgCl 沉淀析出。这是因为 AgCl 饱和溶液中存在下列平衡。

$$AgCl(s) \rightleftharpoons Ag^+(aq)+Cl^-(aq)$$

当在溶液中加入与 AgCl 含有相同离子的 NaCl 时，溶液中 Cl^- 浓度增大，使 $Q_i>$

$K_{sp}^{\ominus}$，平衡向生成 AgCl 沉淀的方向移动，故有沉淀析出。直到溶液中 $Q_i=K_{sp}^{\ominus}$，建立新的平衡时沉淀才停止析出。此时，AgCl 的溶解度比在纯水中要小。

【例 7-6】 计算 25℃下，$CaF_2(s)$在以下不同溶液中的溶解度。

(1) 在水中的溶解度。

(2) 在 $0.010mol\cdot L^{-1}$的 $Ca(NO_3)_2$溶液中的溶解度。

(3) 在 $0.010mol\cdot L^{-1}$的 NaF 溶液中的溶解度。

已知 $K_{sp}^{\ominus}(CaF_2)=2.7\times10^{-11}$。

解：(1) 设 CaF_2在水中溶解度为 s_1，则

$$CaF_2(s)\rightleftharpoons Ca^{2+}(aq)+2F^-(aq)$$

平衡浓度 $\qquad s_1 \qquad 2s_1$

$$K_{sp}^{\ominus}=c(Ca^{2+})c^2(F^-)=s_1(2s_1)^2=4s_1^3$$

$$s_1=\sqrt[3]{\frac{K_{sp}^{\ominus}}{4}}=\sqrt[3]{\frac{2.7\times10^{-11}}{4}}\approx1.9\times10^{-4}(mol\cdot L^{-1})$$

(2) 设 CaF_2在 $0.010mol\cdot L^{-1}$的 $Ca(NO_3)_2$溶液中的溶解度为 s_2，则

$$CaF_2(s)\rightleftharpoons Ca^{2+}(aq)+2F^-(aq)$$

平衡浓度 $\qquad 0.010+s_2 \qquad 2s_2$

$$K_{sp}^{\ominus}=c(Ca^{2+})c^2(F^-)=(0.010+s_2)(2s_2)^2=2.7\times10^{-11}$$

因为 $0.010+2s_2\approx0.01$，$0.010\times4s_2^2=2.7\times10^{-11}$，

所以 $\qquad s_2\approx2.6\times10^{-5}(mol\cdot L^{-1})$

(3) 设 CaF_2在 $0.010mol\cdot L^{-1}$的 NaF 溶液中的溶解度为 s_3，则

$$CaF_2(s)\rightleftharpoons Ca^{2+}(aq)+2F^-(aq)$$

平衡浓度 $\qquad s_3 \qquad 0.010+2s_3$

因为 $0.010+2s_3\approx0.010$，所以

$$K_{sp}^{\ominus}=c(Ca^{2+})c^2(F^-)=s_3(0.01)^2=2.7\times10^{-11}$$

$$s_3=2.7\times10^{-7}(mol\cdot L^{-1})$$

比较 s_1、s_2、s_3，可以看出，水中 CaF_2的溶解度 s_1最大。在 $Ca(NO_3)_2$和 NaF 溶液中由于含有 CaF_2解离出的相同离子 Ca^{2+}和 F^-，使 CaF_2的溶解度均有所降低。

同离子效应使难溶电解质的溶解度大为降低，当应用沉淀反应来分离溶液中的离子时，为了使离子沉淀完全，往往需要加入适当过量的沉淀剂。例如，为了使 Ba^{2+}尽可能完全地生成 $BaSO_4$沉淀，就不能仅按反应所需的量加入 Na_2SO_4，而应当加入适当过量的 Na_2SO_4，这样，在有过量的 Na_2SO_4存在的条件下，因同离子效应，溶液中的 Ba^{2+}就可以沉淀得非常完全。不过，这里所谓的完全，并不是要使溶液中的某种离子的浓度降低到零。按照化学平衡的观点，这实际上是达不到的。当溶液中的某种离子的浓度降低到小于 $10^{-5}mol\cdot L^{-1}$时，按定性的要求就认为这种离子沉淀完全了。若按定量的要求，沉淀完全时该离子的浓度必须小于 $10^{-6}mol\cdot L^{-1}$。

从溶液中分离出的沉淀物，常常夹带各种杂质，要除去这些杂质得到纯净的沉淀，就必须对沉淀进行洗涤。沉淀在水中总有一定程度的溶解，当利用沉淀的量来对某种离子的含量进行测定时，在洗涤过程中沉淀的溶解将会对测定结果造成很大的误差。因此，在洗涤沉淀时，为防止沉淀的溶解损失，常常用含有与沉淀具有相同离子的电解质的稀溶液作洗涤剂对沉淀进行洗涤，而不是直接用水洗涤。例如，在洗涤 $BaSO_4$沉淀时，可用很稀的

$(NH_4)_2SO_4$溶液或很稀的H_2SO_4溶液洗涤，沉淀中存在的$(NH_4)_2SO_4$或H_2SO_4经灼烧可挥发除去。

加入适当过量的沉淀剂可以使难溶电解质沉淀得更加完全，但沉淀剂的加入量并非越多越好，有时当沉淀剂过量太多时，沉淀反而会出现溶解现象。这与我们将要讨论的盐效应有关。

2. 盐效应

人们从实验中发现，难溶电解质在不具有共同离子的强电解质溶液中的溶解度比在纯水中的溶解度要大一些。例如在25℃时，AgCl在纯水中的溶解度为$1.33\times10^{-5}\,mol\cdot L^{-1}$，而在$0.010mol\cdot L^{-1}$的$KNO_3$溶液中的溶解度则为$1.43\times10^{-5}\,mol\cdot L^{-1}$。这种因为有其他电解质的存在而使难溶电解质的溶解度增大的现象就称为盐效应。

至于盐效应产生的原因，按化学热力学的观点，对于一般的难溶电解质$A_nB_m(s)$的沉淀-溶解平衡可表示为

$$A_nB_m(s)\rightleftharpoons nA^{m+}(aq)+mB^{n-}(aq)$$

以平衡浓度表示的标准平衡常数并不严格。严格地讲，应用活度代替浓度。严格的标准平衡常数为

$$K_{sp}^{\ominus}=a^n(A^{m+})\cdot a^m(B^{n-})=\left[\frac{\gamma_+c(A^{m+})}{c^{\ominus}}\right]^n\left[\frac{\gamma_-c(B^{n-})}{c^{\ominus}}\right]^m$$

在一定温度下，当溶液中离子浓度增大时，离子间的相互牵制作用加强，活度系数γ变小，活度在数值上小于浓度且差距变大。在$K_{sp}^{\ominus}$不变的情况下，平衡时$A^{m+}(aq)$和$B^{n-}(aq)$的浓度必然会有所增大。因此在有其他电解质存在的情况下，难溶电解质的溶解度会有所增大。

在难溶电解质的溶液中只要有其他电解质的存在就会产生盐效应，这些电解质既可以是盐，也可以是酸或碱，既可以是与难溶电解质不具有共同离子的电解质，也可以是与难溶电解质具有共同离子的电解质。所以当向难溶电解质溶液中加入过量沉淀剂时，在产生同离子效应的同时也会产生盐效应。在沉淀剂过量不多的情况下，同离子效应是主要的。随着过量沉淀剂的增多，离子浓度不断增大，盐效应会越来越显著。当过量沉淀剂的浓度增大到一定程度后，盐效应的作用超过同离子效应的作用。这时，难溶电解质的溶解度不是变小，而是有所增大。因此使用过量太多的沉淀剂，并不能达到沉淀更完全的目的。

在实际工作中，为了使实验数据保持一致，常用一种惰性电解质来维持溶液中的离子强度基本不变，从而可保持活度系数基本不变，以消除盐效应的影响。

7.3.2 沉淀的溶解

在难溶电解质的饱和溶液中，加入某种物质改变溶液的酸度、通过氧化还原反应或生成配合物的方法都可以使有关离子的浓度降低，从而使难溶电解质的$Q_i<K_{sp}^{\ominus}$，根据溶度积规则，难溶电解质的沉淀就会溶解。

1. 生成弱电解质使沉淀溶解

难溶的弱酸盐、氢氧化物等都能溶于酸而生成弱电解质。例如，在含有固体$CaCO_3$的饱和溶液中加入盐酸后，体系中存在下列平衡的移动。

$$
\begin{array}{l}
CaCO_3(s) \rightleftharpoons Ca^{2+} + CO_3^{2-} \\
\qquad\qquad\qquad\quad + \\
\qquad\qquad\qquad\quad H^+ \\
\qquad\qquad\qquad\quad \Updownarrow \\
\qquad\qquad\qquad HCO_3^- + H^+ \rightleftharpoons H_2CO_3 \rightarrow CO_2\uparrow + H_2O
\end{array}
$$

总反应为 $CaCO_3(s) + 2H^+(aq) \rightleftharpoons Ca^{2+}(aq) + H_2CO_3$

$$H_2CO_3 \rightarrow CO_2\uparrow + H_2O$$

此反应的平衡常数为

$$K^{\ominus} = \frac{c(Ca^{2+})c(H_2CO_3)}{c^2(H^+)} = \frac{c(Ca^{2+})c(H_2CO_3)c(CO_3^{2-})}{c^2(H^+)c(CO_3^{2-})}$$

$$= \frac{K_{sp}^{\ominus}(CaCO_3)}{K_{a_1}^{\ominus} \cdot K_{a_2}^{\ominus}} = \frac{4.96\times10^{-9}}{4.3\times10^{-7}\times5.61\times10^{-11}} = 2.06\times10^{8}$$

计算结果表明，该反应右向进行的程度很大，而且 H^+ 与 CO_3^{2-} 结合生成不稳定的 H_2CO_3，再分解为 CO_2 和 H_2O，从而使 $CaCO_3$ 饱和溶液中 CO_3^{2-} 离子浓度大大减小，以致离子积小于溶度积($Q_i < K_{sp}^{\ominus}$)，因而 $CaCO_3$ 沉淀溶解。这种由于加酸生成弱电解质而使沉淀溶解的方法，称为沉淀的酸溶解。

金属硫化物也是弱酸盐，在酸溶解时，H^+ 和 S^{2-} 先生成 HS^-，HS^- 又进一步和 H^+ 结合成 H_2S 分子，结果 S^{2-} 浓度降低，使 $Q_i < K_{sp}^{\ominus}$，金属硫化物开始溶解。例如，ZnS 的酸溶解可用下式表示：

$$
\begin{array}{l}
ZnS(s) \rightleftharpoons Zn^{2+} + S^{2-} \\
\qquad\qquad\qquad\quad + \\
\qquad\qquad\qquad\quad H^+ \\
\qquad\qquad\qquad\quad \Updownarrow \\
\qquad\qquad\qquad\quad HS^- + H^+ \rightleftharpoons H_2S
\end{array}
$$

在饱和 H_2S 溶液中(H_2S 的浓度为 $0.10mol\cdot L^{-1}$)，S^{2-} 和 H^+ 浓度的关系为

$$H_2S \rightleftharpoons 2H^+ + S^{2-}$$

$$K^{\ominus} = K_{a_1}^{\ominus}K_{a_2}^{\ominus} = \frac{c^2(H^+)c(S^{2-})}{c(H_2S)}$$

所以 $c^2(H^+)c(S^{2-}) = K_{a_1}^{\ominus}K_{a_2}^{\ominus}c(H_2S)$

$$= 1.1\times10^{-7}\times1.3\times10^{-13}\times0.10 = 1.4\times10^{-21}$$

根据上式可以计算出使金属硫化物溶解时 H^+ 的浓度。

【例 7-7】 要使 0.10mol ZnS 完全溶于 1L 盐酸中，计算所需盐酸的最低浓度。已知 $K_{sp}^{\ominus}(ZnS) = 1.6\times10^{-24}$。

解：当 0.10mol ZnS 完全溶解于 1L 盐酸中时，$c(Zn^{2+}) = 0.10mol\cdot L^{-1}$，$c(H_2S) = 0.10mol\cdot L^{-1}$

因为 $K_{sp}^{\ominus}(ZnS) = c(Zn^{2+})c(S^{2-})$，所以

$$c(S^{2-}) = \frac{K_{sp}^{\ominus}(ZnS)}{c(Zn^{2+})} = \frac{1.6\times10^{-24}}{0.10} = 1.6\times10^{-23}(mol\cdot L^{-1})$$

根据 $K_{a_1}^{\ominus}K_{a_2}^{\ominus} = \dfrac{c^2(H^+)c(S^{2-})}{c(H_2S)}$，得

$$c(H^+)=\sqrt{\frac{K_{a1}^{\ominus}K_{a2}^{\ominus}c(H_2S)}{c(S^{2-})}}=\sqrt{\frac{1.4\times10^{-21}}{1.6\times10^{-23}}}=9.4(mol\cdot L^{-1})$$

溶解 0.10mol ZnS 时消耗掉 0.20mol 盐酸，故所需盐酸的最初浓度为 $9.4mol\cdot L^{-1}+0.20mol\cdot L^{-1}=9.6mol\cdot L^{-1}$。

难溶的金属氢氧化物，如 $Fe(OH)_3$、$Cu(OH)_2$ 等都能溶于酸。这是因为 H^+ 与金属氢氧化物解离出来的 OH^- 不断反应生成弱电解质 H_2O，从而破坏了原有的沉淀-溶解平衡，使金属氢氧化物不断溶解，金属氢氧化物溶于强酸的总反应式为

$$M(OH)_n+nH^+=M^{n+}+nH_2O$$

反应的平衡常数为

$$K^{\ominus}=\frac{c(M^{n+})}{c^n(H^+)}=\frac{c(M^{n+})c^n(OH^-)}{c^n(H^+)c^n(OH^-)}=\frac{K_{sp}^{\ominus}}{(K_w^{\ominus})^n}$$

室温时，$K_w^{\ominus}=1.0\times10^{-14}$，而一般 $M(OH)_n$ 的 $K_{sp}^{\ominus}$ 大于 $(10^{-14})^n$，所以反应平衡常数都大于 1，表明一般金属氢氧化物都能溶于强酸。

对于难溶的两性氢氧化物，如 $Zn(OH)_2$、$Al(OH)_3$、$Sn(OH)_2$ 等，不仅易溶于强酸，而且易溶于强碱，以 $Zn(OH)_2$ 为例，其原理如下。

$$2H^+ + ZnO_2^{2-} \rightleftharpoons Zn(OH)_2 \rightleftharpoons Zn^{2+} + 2OH^-$$

+	+
$2OH^-$ 加碱平衡向左移动	$2H^+$ 加酸平衡向右移动
↓	↓
$2H_2O$	$2H_2O$

2. 通过氧化还原反应使沉淀溶解

当难溶电解质的组成离子具有氧化性或还原性时，沉淀-溶解平衡会受到氧化还原反应的影响。例如，CuS 不溶于浓盐酸而能溶解于浓硝酸中，是因为浓硝酸具有强氧化性，可以将具有还原性的 S^{2-} 氧化为 SO_4^{2-}，使 S^{2-} 的浓度大大降低，从而 $Q_i<K_{sp}^{\ominus}$，CuS 沉淀溶解。

$$3CuS+8NO_3^-+8H^+=3Cu^{2+}+8NO+3SO_4^{2-}+4H_2O$$

氧化还原反应的发生，使难溶电解质的组成离子的氧化态发生变化，原来建立起的沉淀-溶解平衡遭到破坏，最终使沉淀转化为另外的物质。CuCl 为白色沉淀，如果将含沉淀的水溶液放置于空气中，空气中的 O_2 可以将 Cu(Ⅰ)氧化为 Cu^{2+}，随着氧化反应的进行沉淀渐渐溶解，最终变成 $CuCl_2$ 溶液，白色的 CuCl 沉淀也就不复存在了。

$$4CuCl+O_2+4H^+=4Cu^{2+}+4Cl^-+2H_2O$$

沉淀的形成也会改变一些物质的氧化还原性质，从而影响氧化还原反应进行的方向。例如，Cu^{2+} 本来是一种较弱的氧化剂，但在与 KI 反应时，因可形成难溶的 CuI 沉淀，结果 Cu^{2+} 可以将 I^- 氧化成 I_2：

$$2Cu^{2+}+4I^-=2CuI+I_2$$

3. 生成配合物使沉淀溶解

通过加入配位剂，使难溶电解质的组成离子形成稳定的配离子，降低难溶电解质组成离子在溶液中的浓度，从而使其溶解。例如，AgCl 不溶于稀硝酸，但可溶于氨水。其溶解过程为

$$
\begin{aligned}
AgCl(s) &\rightleftharpoons Ag^{+} + Cl^{-} \\
&\qquad\quad + \\
&\qquad 2NH_3 \rightleftharpoons [Ag(NH_3)_2]^{+}
\end{aligned}
$$

由于 NH_3 和 Ag^{+} 结合而生成稳定的配离子 $[Ag(NH_3)_2]^{+}$，大大降低了 Ag^{+} 的浓度，使 $Q_i < K_{sp}^{\ominus}$，故 AgCl 沉淀开始溶解。

难溶卤化物可以与过量的卤素离子形成配离子而溶解，如

$$AgI + I^{-} \rightleftharpoons [AgI_2]^{-}$$

$$PbI_2 + 2I^{-} \rightleftharpoons [PbI_4]^{2-}$$

$$HgI_2 + 2I^{-} \rightleftharpoons [HgI_4]^{2-}$$

$$CuI + I^{-} \rightleftharpoons [CuI_2]^{-}$$

两性氢氧化物在强碱性溶液中也能生成羟合配离子而溶解，如 $Al(OH)_3$ 与 OH^{-} 反应，生成配离子 $[Al(OH)_4]^{-}$。

对于溶度积特别小的难溶电解质来说，必须同时降低难溶电解质所解离出的正、负离子的浓度，才能有效地使难溶物的离子积 Q_i 小于其溶度积 $K_{sp}^{\ominus}$，从而达到溶解的目的。例如，HgS 的溶度积($K_{sp}^{\ominus} = 6.44 \times 10^{-53}$)特别小，它既不溶于非氧化性强酸，也不溶于氧化性硝酸，但可溶于王水中。总的溶解反应方程为

$$3HgS + 2HNO_3 + 12HCl \rightleftharpoons 3H_2[HgCl_4] + 3S\downarrow + 2NO\uparrow + 4H_2O$$

HgS 之所以能溶于王水，一方面是利用王水的氧化性把 S^{2-} 氧化为单质 S，另一方面是王水中大量的 Cl^{-} 还可与 Hg^{2+} 配位形成稳定的配离子 $[HgCl_4]^{2-}$，从而同时降低了 S^{2-} 和 Hg^{2+} 的浓度，使 $Q_i < K_{sp}^{\ominus}$，这样 HgS 便溶于王水中。

7.3.3 影响沉淀溶解度的其他因素

1. 温度的影响

大多数难溶化合物的溶解过程都是吸热过程，因此沉淀的溶解度随温度升高而增大。但不同物质增大的程度不同。例如，AgCl 的溶解度随温度升高而迅速增大，而 $BaSO_4$ 在相同情况下则增加得很少。在定量分析中，为了获得较好的沉淀，通常在热溶液中进行沉淀。对于一些热溶液中溶解度较大的沉淀，如 $MgNH_4PO_4 \cdot 6H_2O$ 和 CaC_2O_4 等，其沉淀溶解损失很大，不容忽视。因此，沉淀必须放置冷却至室温后，再进行过滤和洗涤，以减少溶解损失；对于一些无定形沉淀，如 $Fe_2O_3 \cdot nH_2O$、$Al_2O_3 \cdot nH_2O$ 等，其溶解度很小，热溶液对溶解度影响也不大，而冷却后难于过滤、洗涤，所以要趁热过滤并用热的洗涤液洗涤。

2. 溶剂的影响

大多数无机难溶化合物是离子型晶体，它们在水中的溶解度一般比在有机溶剂中的溶解度大，因此，若在水溶液中加入与水能混溶的有机溶剂（如乙醇或丙酮等），可以显著降低沉淀的溶解度。例如，钾盐在水中易溶，用质量法测定钾，沉淀为 K_2PtCl_6，它在水中的溶解度较大，若加入乙醇，则可使溶解度大大降低，沉淀完全。

3. 沉淀颗粒大小的影响

对于同一种沉淀物质，颗粒越小，溶解度越大。反之，颗粒越大，溶解度越小。这是

因为处于晶体边缘、棱角或晶面上的离子受晶体内部离子的吸引力较小，受到溶剂分子的作用力比较大。因此，易于进入溶液，其溶解度就较大。小晶粒比大晶粒有更多的离子处于边缘、晶面或棱角，所以溶解度较大。

4. 胶溶现象的影响

在进行沉淀反应时，尤其是对于无定形沉淀的沉淀反应，如果操作不当，常常会形成胶体溶液，甚至会使已经沉降下来的胶体沉淀重新分散于溶液中，这种现象就称为“胶溶”。由于胶溶现象的发生，使得无法得到沉淀。为了避免这种现象的发生，在进行胶体沉淀时往往加入大量的强电解质，以促使胶粒聚沉。

7.4 多种沉淀之间的转化

7.4.1 分步沉淀

如果在溶液中有两种或两种以上的离子都能与加入的沉淀剂发生沉淀反应，它们将根据溶度积的大小按一定的先后次序生成沉淀，这种先后沉淀的现象，称为分步沉淀。例如，在含有相同浓度的 Cl^- 和 I^- 的混合溶液中，逐滴加入 $AgNO_3$ 溶液，先只产生黄色的 AgI 沉淀，当加入到一定量 $AgNO_3$ 时，才出现白色的 AgCl 沉淀。

假定上述溶液中 Cl^- 和 I^- 的浓度均为 $0.010\,mol \cdot L^{-1}$，在此溶液中加入 $AgNO_3$ 溶液，由于 AgCl、AgI 的溶度积不同，相应沉淀开始析出时所需的 Ag^+ 浓度不同。

AgI 开始析出时所需 Ag^+ 浓度为

$$c(Ag^+)=\frac{K_{sp}^{\ominus}(AgI)}{c(I^-)}=\frac{8.51\times10^{-17}}{0.010}=8.51\times10^{-15}(mol\cdot L^{-1})$$

AgCl 开始析出时所需 Ag^+ 浓度为

$$c(Ag^+)=\frac{K_{sp}^{\ominus}(AgCl)}{c(Cl^-)}=\frac{1.77\times10^{-10}}{0.010}=1.77\times10^{-8}(mol\cdot L^{-1})$$

结果表明，沉淀 I^- 所需 Ag^+ 浓度比沉淀 Cl^- 所需 Ag^+ 浓度小得多，所以 AgI 先沉淀。

不断滴入 $AgNO_3$ 溶液，随着 AgI 的析出，溶液中的 I^- 浓度不断减小，而 Ag^+ 浓度不断增加。当 Ag^+ 增大到 $1.77\times10^{-8}\,mol\cdot L^{-1}$ 时，AgCl 即开始生成沉淀。此时溶液中存在的 I^- 的浓度为

$$c(I^-)=\frac{K_{sp}^{\ominus}(AgI)}{c(Ag^+)}=\frac{8.51\times10^{-17}}{1.77\times10^{-8}}\approx4.8\times10^{-9}(mol\cdot L^{-1})$$

I^- 的浓度此时小于 $1.0\times10^{-6}\,mol\cdot L^{-1}$。可以认为，当 AgCl 开始沉淀时，$I^-$ 已经沉淀完全。如果能适当控制反应条件，就可使 Cl^- 和 I^- 分离。

总之，当溶液中同时存在几种离子时，离子积首先达到溶度积的难溶电解质首先生成沉淀，离子积后达到溶度积的则后生成沉淀。对于同一类型的难溶电解质，溶度积差别越大，利用分步沉淀就可以分离得越完全。

除碱金属和部分碱土金属外，许多金属氢氧化物的溶解度都比较小。在科研和生产实践中，常根据金属氢氧化物溶解度的差别，控制溶液的 pH，使某些金属氢氧化物沉淀出

来，另一些金属离子仍保留在溶液中，从而达到分离的目的。

【例 7-8】 溶液中含有 Fe^{3+} 和 Fe^{2+}，它们的浓度均为 $0.050\text{mol}\cdot\text{L}^{-1}$，如果要求 Fe^{3+} 沉淀完全而 Fe^{2+} 留在溶液中，需如何控制溶液的 pH？已知：$K_{sp}^{\ominus}[Fe(OH)_3]=4.0\times10^{-38}$，$K_{sp}^{\ominus}[Fe(OH)_2]=8.0\times10^{-16}$。

解：Fe^{3+} 沉淀完全时，$c(Fe^{3+})=1.0\times10^{-6}\,\text{mol}\cdot\text{L}^{-1}$，$Fe^{3+}$ 沉淀完全所需的 $c(OH^-)$ 为

$$c(OH^-)=\sqrt[3]{\frac{K_{sp}^{\ominus}(Fe(OH)_3}{c(Fe^{3+})}}=\sqrt[3]{\frac{4.0\times10^{-38}}{1.0\times10^{-6}}}\approx3.4\times10^{-11}(\text{mol}\cdot\text{L}^{-1})$$

$$pOH=-\lg c(OH^-)=10.47$$

$$pH=14.00-pOH=14.00-10.47=3.53$$

Fe^{2+} 开始沉淀时所需的 $c(OH^-)$ 为

$$c(OH^-)=\sqrt{\frac{K_{sp}^{\ominus}(Fe(OH)_2)}{c(Fe^{2+})}}=\sqrt{\frac{8.0\times10^{-16}}{0.050}}\approx1.26\times10^{-7}(\text{mol}\cdot\text{L}^{-1})$$

$$pOH=-\lg c(OH^-)=6.90$$

$$pH=14.00-pOH=14.00-6.90=7.10$$

故溶液的 pH 应控制在 3.53～7.10，这样既可使 Fe^{3+} 完全沉淀，又可使 Fe^{2+} 留在溶液中。

【例 7-9】 某溶液中 Zn^{2+} 和 Mn^{2+} 的浓度都为 $0.10\text{mol}\cdot\text{L}^{-1}$，向溶液中通入 H_2S 气体，使溶液中的 H_2S 始终处于饱和状态，溶液的 pH 应控制在什么范围可以使这两种离子完全分离？已知：$K_{sp}^{\ominus}(ZnS)=1.6\times10^{-24}$，$K_{sp}^{\ominus}(MnS)=2.5\times10^{-13}$，氢硫酸（$H_2S$）的解离常数 $K_{a_1}^{\ominus}=1.07\times10^{-7}$，$K_{a_2}^{\ominus}=1.26\times10^{-13}$。

解：ZnS 比 MnS 更容易生成沉淀。

(1) 计算 Zn^{2+} 沉淀完全时的 $c(S^{2-})$、$c(H^+)$ 和 pH。

$$c(S^{2-})=\frac{K_{sp}^{\ominus}(ZnS)}{c(Zn^{2+})}=\frac{1.6\times10^{-24}}{1.0\times10^{-6}}=1.6\times10^{-18}(\text{mol}\cdot\text{L}^{-1})$$

$$H_2S \rightleftharpoons 2H^+ + S^{2-}$$

$$K^{\ominus}=K_{a_1}^{\ominus}K_{a_2}^{\ominus}=\frac{c^2(H^+)c(S^{2-})}{c(H_2S)}$$

$$c(H^+)=\sqrt{\frac{K_{a_1}^{\ominus}\cdot K_{a_2}^{\ominus}c(H_2S)}{c(S^{2-})}}=\sqrt{\frac{1.39\times10^{-21}}{1.6\times10^{-18}}}\approx2.9\times10^{-2}(\text{mol}\cdot\text{L}^{-1})$$

$$pH=1.54$$

(2) 计算 Mn^{2+} 开始沉淀时的 $c(S^{2-})$、$c(H^+)$ 和 pH。

$$c(S^{2-})=\frac{K_{sp}^{\ominus}(MnS)}{c(MnS)}=\frac{2.5\times10^{-13}}{0.1}=2.5\times10^{-12}(\text{mol}\cdot\text{L}^{-1})$$

$$c(H^+)=\sqrt{\frac{K_{a_1}^{\ominus}\cdot K_{a_2}^{\ominus}c(H_2S)}{c(S^{2-})}}=\sqrt{\frac{1.39\times10^{-21}}{2.5\times10^{-12}}}\approx2.4\times10^{-5}(\text{mol}\cdot\text{L}^{-1})$$

$$pH=4.64$$

因此，只要将 pH 控制在 1.54～4.64，就能使 Zn^{2+} 沉淀完全，而 Mn^{2+} 不产生沉淀，从而实现 Zn^{2+} 和 Mn^{2+} 的分离。

7.4.2 沉淀的转化

由一种沉淀转化为另一种更难溶沉淀的过程，称为沉淀的转化。在生产实践和科研中，有些沉淀(如难溶强酸盐)既不溶于水也不溶于酸，也不能用氧化还原和配位溶解法将它溶解，此时可先将难溶强酸盐转化为难溶弱酸盐，然后用酸溶解。例如，工业锅炉的锅垢中常含有 $CaSO_4$ 沉淀，$CaSO_4$ 不溶于酸，较难除去。若用 Na_2CO_3 处理，可使锅垢中的 $CaSO_4$ 沉淀转化为结构疏松的 $CaCO_3$ 沉淀。$CaCO_3$ 易溶于酸，用盐酸即可将其除去。

$CaSO_4$ 转化为 $CaCO_3$ 的反应为

$$CaSO_4(s)+CO_3^{2-}(aq)\rightleftharpoons CaCO_3(s)+SO_4^{2-}(aq)$$

反应的平衡常数为

$$K^{\ominus}=\frac{c(SO_4^{2-})}{c(CO_3^{2-})}=\frac{c(SO_4^{2-})c(Ca^{2+})}{c(CO_3^{2-})c(Ca^{2+})}=\frac{K_{sp}^{\ominus}(CaSO_4)}{K_{sp}^{\ominus}(CaCO_3)}$$

$$=\frac{9.1\times10^{-6}}{2.8\times10^{-9}}=3.25\times10^{3}$$

计算表明，这一沉淀转化反应向右进行的趋势很大。若难溶电解质的类型相同，沉淀转化程度的大小取决于两种难溶电解质溶度积的相对大小。一般地说，溶度积较大的难溶电解质易于转化为溶度积较小的难溶电解质。两种沉淀物的溶度积相差越大，沉淀转化反应越完全。

7.5 沉淀的纯度及影响沉淀纯度的因素

在许多过程中，都要求得到较纯的沉淀。但当沉淀从溶液中析出时，不可避免地夹杂溶液中的一些其他组分（杂质或母液），从而使沉淀不纯。为了得到一定纯度的沉淀，必须尽可能地减少沉淀的夹杂。这就要求了解在沉淀过程中，杂质混入沉淀的各种途径，从而找出减少杂质混入的方法，以获得尽可能纯的沉淀。影响沉淀纯度的主要因素有共沉淀现象和后沉淀现象。

7.5.1 共沉淀现象

当一种沉淀从溶液析出时，某些在该条件下是可溶性的组分，常常会被沉淀夹带下来而与沉淀一起析出，这种现象称为共沉淀。例如，用 $BaSO_4$ 质量法测定 SO_4^{2-} 时，如果溶液中存在 Fe^{3+}，$BaSO_4$ 沉淀中就会夹杂着 $Fe_2(SO_4)_3$，使灼烧后的称量物不是白色沉淀而呈黄棕色。产生共沉淀的原因有三个方面。

1. 表面吸附共沉淀

沉淀表面的吸附作用，是共沉淀中最普遍的现象，它是由晶体表面电荷不平衡所引起的。例如，将 NaCl 溶液加入到含有 NaAc 的 $AgNO_3$ 溶液中，形成 AgCl 沉淀。在沉淀颗粒的内部，Ag^+ 或 Cl^- 都被其上、下、左、右、前、后 6 个带相反电荷的构晶离子 Cl^- 或 Ag^+ 所包围，整个沉淀颗粒的内部处于静电平衡状态。而在沉淀颗粒的表面上，Ag^+ 或 Cl^- 至少有一个面没有与带相反电荷的构晶离子相连接，存在着不平衡的静电力场。因而，它具有吸引溶液中带相反电荷离子的能力。当 $AgNO_3$ 过量时，沉淀表面的 Cl^- 首先

强烈地吸引溶液中过量的 Ag^+，形成吸附层（或称第一吸附层）。然后 Ag^+ 再通过静电引力进一步吸引溶液中的异性电荷离子作为抗衡离子，即 Ac^- 或 NO_3^-，组成扩散层（或称第二吸附层）。带有不同电荷的吸附层及扩散层共同组成沉淀表面的双电层。双电层中正、负离子总数相等，电荷平衡。

表面吸附具有一定的吸附规律。

(1) 当某一构晶离子过量时，沉淀首先吸附构晶离子。

(2) 对于抗衡离子，离子的价数越高，浓度越大，越容易被吸附。

(3) 如果各抗衡离子的浓度、电荷相同，则首先吸附那些能与构晶离子形成溶解度最小或离解度最小的化合物的离子。

(4) 一些在电场作用下容易变形的大阴离子（如有机染料），也易被吸附。例如，在过量 $AgNO_3$ 溶液中沉淀 AgCl，溶液中除过量的 $AgNO_3$ 外，还有 K^+、Na^+、Ac^- 等离子，则 AgCl 沉淀表面首先吸附溶液中的构晶离子 Ag^+，而不是 Na^+、K^+；作为扩散层被吸附到沉淀表面上的抗衡离子是 Ac^-，而不是 NO_3^-，这是由于 AgAc 的溶解度小于 $AgNO_3$。

(5) 沉淀表面吸附杂质的量还与下列因素有关。①与沉淀的总表面积有关。当沉淀量一定时，沉淀的颗粒越小则其比表面积越大，吸附杂质的量就越多。晶形沉淀颗粒较大，表面吸附现象不严重，而无定形沉淀颗粒很小，表面吸附较严重。因此，表面吸附共沉淀是无定形沉淀被玷污的主要原因。②与溶液中杂质的浓度有关。一般情况下，杂质的浓度越大，被沉淀吸附的量越多。③与溶液的温度有关。因为吸附是放热过程，因此，溶液温度升高可减少杂质的吸附量。

因为表面吸附现象发生在沉淀的表面，所以洗涤是除去表面吸附杂质的有效方法。洗涤可以将沉淀外层结合得较松散的抗衡离子除去，特别是用电解质的稀溶液作洗涤液时，可以置换出杂质离子。例如，用 NaCl 沉淀剂沉淀 Ag^+，生成的 AgCl 沉淀表面存在着 NaCl 吸附共沉淀。用稀 HNO_3 溶液作洗涤液，则 H^+ 将沉淀表面吸附的 Na^+ 置换下来，转化为 HCl，HCl 在烘干时挥发去除，便得到较纯净的 AgCl 沉淀。

2. 生成混晶共沉淀

晶形沉淀都有一定的晶体结构，具有一定的晶格。如果溶液中存在着与构晶离子半径相近、电荷相同的杂质离子，则在沉淀过程中，杂质离子就有可能占据沉淀中的某些晶格位置而进入沉淀颗粒的内部，这种沉淀颗粒就称为混晶，也称为固溶体。例如，$BaSO_4$-$PbSO_4$、AgCl-AgBr、CaC_2O_4-SrC_2O_4、$PbCrO_4$-$BaCrO_4$ 等，都可形成混晶。另外，$KMnO_4$ 与 $BaSO_4$ 的离子电荷虽然不同，但半径相近，都有 ABO_4 型的化学组成，也能形成固溶体，使 $BaSO_4$ 白色沉淀呈粉红色。由于形成混晶的杂质离子进入了晶体内部或晶格，所以难于去除。

减少或消除混晶的最好方法是将杂质离子事先分离去除。例如，为了防止 $BaSO_4$-$PbSO_4$ 混晶的生成，先将 Pb^{2+} 沉淀为 PbS，与 Ba^{2+} 分离；将 Ce^{3+} 氧化成 Ce^{4+}，则不再与 La^{3+} 形成混晶。此外，加入配位剂、改变沉淀剂也可防止或减少混晶共沉淀。

3. 包藏共沉淀

在沉淀过程中，由于沉淀剂加入过快，沉淀生长太快，最初生成的沉淀颗粒表面吸附的杂质来不及离开沉淀表面就被随后生成的沉淀所覆盖，使杂质或母液被包藏在沉淀颗粒的内部，这种杂质包裹在沉淀内部的共沉淀现象称为包藏或吸留。

包藏是晶形沉淀被玷污的主要原因。由于包藏的杂质在沉淀的内部，不能用洗涤的方法除去。减少包藏共沉淀的方法是陈化，即将沉淀与母液一起放置一段时间，晶体中不完整部分的杂质离子容易重新进入溶液，而在溶液中的离子又不断回到晶体表面，使结晶趋于完整，沉淀更为纯净。重结晶也是去除吸留杂质的有效方法。

共沉淀现象有时也是可以被利用的。尤其是在分离、富集一些微量组分方面，共沉淀是一种很好的手段。利用共沉淀的原理，可将稀溶液中的有效组分沉积下来。

7.5.2 后沉淀现象

后沉淀现象是指当溶液中某一组分沉淀析出之后，另一种本来难以析出沉淀的组分，在沉淀与母液一起放置的过程中，逐渐沉积于沉淀表面上的过程。例如，在 0.01mol·L^{-1} Zn^{2+}的 H_2SO_4溶液中通入 H_2S，ZnS 沉淀难以析出。若在上述溶液中存在 Cu^{2+}或 Hg^{2+}时，开始时有 CuS 或 HgS 沉淀生成，而无 ZnS 析出。放置一段时间后，ZnS 就逐渐在 CuS 或 HgS 表面上析出。这是由于 CuS 或 HgS 沉淀表面选择性地吸附了 S^{2-}，S^{2-}进一步吸附 Zn^{2+}作为抗衡离子，则在 CuS 或 HgS 沉淀的表面附近 S^{2-}及 Zn^{2+}的浓度比母液中大，相对过饱和度显著增加，因而导致 ZnS 沉淀的生成。用草酸盐沉淀分离 Ca^{2+}和 Mg^{2+}时，草酸镁容易形成稳定的过饱和溶液，当草酸钙沉淀析出后，就发生了草酸镁的后沉淀，影响分离效果。特别是加热、放置更会加剧后沉淀现象。

因此，当可能有后沉淀发生时，可以在前一个沉淀完成后立即过滤，以减少或避免后沉淀，得到更纯净的沉淀。

【新型陶瓷】

一、思考题

1. 用溶度积规则解释：HgS 既不溶于非氧化性强酸，也不溶于氧化性硝酸，但可溶于王水。

2. 解释下列现象。

(1) $Fe(OH)_3$沉淀能溶解于稀 H_2SO_4。

(2) $BaSO_4$难溶于稀 HCl 中。

(3) MnS 溶于 HAc，而 ZnS 不溶于 HAc，但能溶于稀 HCl 溶液中。

(4) CaF_2在 pH=3 的溶液中的溶解度较在 pH=5 的溶液中的溶解度大。

(5) Ag_2CrO_4 在 0.0010mol·L^{-1} $AgNO_3$ 溶液中的溶解度较在 0.0010mol·L^{-1} K_2CrO_4溶液中的溶解度小。

(6) $BaSO_4$沉淀要用水洗涤，而 AgCl 沉淀要用稀 HNO_3洗涤。

(7) $BaSO_4$沉淀要陈化，而 AgCl 或 $Fe_2O_3 \cdot nH_2O$ 沉淀不需要陈化。

3. 在 $ZnSO_4$溶液中通入 H_2S，ZnS 的沉淀往往很不完全，甚至不沉淀。若往 $ZnSO_4$溶液中先加入适当 NaAc 后，再通入 H_2S，则 ZnS 几乎可沉淀完全。为什么？

4. 某人计算 $M(OH)_3$ 沉淀在水中的溶解度时，不分析情况，即用公式 $K_{sp}^{\ominus}=c(M^{3+})c^3(OH^-)$计算，已知 $K_{sp}^{\ominus}=1.0\times10^{-32}$，求得溶解度为 4.4×10^{-9} mol·L^{-1}。试问这种计算方法有无错误？为什么？

5. 用过量的 H_2SO_4 沉淀 Ba^{2+} 时，K^+、Na^+ 均能引起共沉淀。问哪一个共沉淀严重？此时沉淀组成可能是什么？已知离子半径：$r_{K^+}=133pm$，$r_{Na^+}=95pm$，$r_{Ba^{2+}}=135pm$。

二、练习题

1. 选择题

(1) 难溶电解质 AB_2 的平衡反应式为 $AB_2(S) \rightleftharpoons A^{2+}(aq)+2B^-(aq)$，当达到平衡时，难溶物 AB_2 的溶解度 S 与溶度积 $K_{sp}^{\ominus}$ 的关系为(　　)。

(A) $S=(2K_{sp}^{\ominus})^2$　　(B) $S=(K_{sp}^{\ominus}/4)^{1/3}$

(C) $S=(K_{sp}^{\ominus}/2)^{1/2}$　　(D) $S=(K_{sp}^{\ominus}/27)^{1/4}$

(2) 已知 $K_{sp}^{\ominus}(AB)=4.0\times10^{-10}$，$K_{sp}^{\ominus}(A_2B)=3.2\times10^{-11}$，则两者在水中的溶解度关系为(　　)。

(A) $S(AB)>S(A_2B)$　　(B) $S(AB)<S(A_2B)$

(C) $S(AB)=S(A_2B)$　　(D) 不能确定

(3) $Mg(OH)_2$ 沉淀在下列哪一种情况下其溶解度最大(　　)。

(A) 纯水中　　(B) 在 $0.1mol\cdot L^{-1}$ HCl 中

(C) $0.1mol\cdot L^{-1}$ HCl 和 $NH_3\cdot H_2O$ 中　　(D) 在 $0.1mol\cdot L^{-1}$ HCl 和 $MgCl_2$ 中

(4) 在一混合离子的溶液中，$c(Cl^-)=c(Br^-)=c(I^-)=0.0001mol\cdot L^{-1}$，若滴加 $1.0\times10^{-5}mol\cdot L^{-1}$ $AgNO_3$ 溶液，则出现沉淀的顺序为(　　)。

(A) AgBr>AgCl>AgI　　(B) AgI>AgCl>AgBr

(C) AgI>AgBr>AgCl　　(D) AgCl>AgBr>AgI

(5) $K_{sp}^{\ominus}(AgCl)=1.8\times10^{-10}$，AgCl 在 $0.01mol\cdot L^{-1}$ NaCl 溶液中的溶解度 $(mol\cdot L^{-1})$ 为(　　)。

(A) 1.8×10^{-10}　　(B) 1.34×10^{-5}　　(C) 0.001　　(D) 1.8×10^{-8}

(6) 已知 $K_{sp}^{\ominus}(Ag_2CrO_4)=1.1\times10^{-12}$，在 $0.10mol\cdot L^{-1}$ Ag^+ 溶液中，要产生 Ag_2CrO_4 沉淀，CrO_4^{2-} 的浓度至少应大于(　　)。

(A) $1.1\times10^{-10}mol\cdot L^{-1}$　　(B) $2.25\times10^{-11}mol\cdot L^{-1}$

(C) $0.10mol\cdot L^{-1}$　　(D) $1.0\times10^{-11}mol\cdot L^{-1}$

(7) 欲使 $CaCO_3$ 在水溶液中的溶解度增大，可以采用的方法是(　　)。

(A) 加入 $1.0mol\cdot L^{-1}$ Na_2CO_3　　(B) 加入 $2.0mol\cdot L^{-1}$ NaOH

(C) 加入 $0.10mol\cdot L^{-1}$ EDTA　　(D) 降低溶液的 pH

(8) 已知 $K_{sp}^{\ominus}(AgCl)=1.8\times10^{-10}$，$K_{sp}^{\ominus}(Ag_2CrO_4)=1.1\times10^{-12}$，$K_{sp}^{\ominus}(AgI)=8.3\times10^{-17}$，在含以上沉淀的溶液中滴加氨水，三种沉淀中最易溶解的是(　　)。

(A) Ag_2CrO_4　　(B) AgCl

(C) AgI　　(D) 无法判断

(9) 在下列浓度相同的溶液中，AgI 具有最大溶解度的是(　　)。

(A) NaCl　　(B) $AgNO_3$

(C) $NH_3\cdot H_2O$　　(D) KCN

2. 通过计算说明下列情况有无沉淀生成？

(1) $0.010mol\cdot L^{-1}$ $SrCl_2$ 溶液 2mL 和 $0.10mol\cdot L^{-1}$ K_2SO_4 溶液 3mL 混合。

(2) 1 滴 $0.001mol\cdot L^{-1}$ $AgNO_3$ 溶液与 2 滴 $0.0006mol\cdot L^{-1}$ K_2CrO_4 溶液混合(1 滴按

0.05mL 计算)。

(3) 在 100mL 0.010mol·L^{-1} $Pb(NO_3)_2$溶液中，加入固体 NaCl(忽略体积改变)。

3. 求 CaC_2O_4在纯水中及在 0.1mol·L^{-1} $CaCl_2$溶液中的溶解度。

4. 考虑酸效应，计算下列微溶化合物的溶解度。

(1) CaF_2在 pH=2.0 的溶液中。

(2) $BaSO_4$在 2.0mol·L^{-1} HCl 中。

(3) $PbSO_4$在 0.10mol·L^{-1} HNO_3中。

(4) CuS 在 pH=0.5 的饱和 H_2S 溶液中，已知：$c(H_2S)\approx 0.1mol \cdot L^{-1}$，氢硫酸($H_2S$)的解离常数 $K_{a_1}^{\ominus}=1.07\times10^{-7}$，$K_{a_2}^{\ominus}=1.26\times10^{-13}$。

5. 将固体 AgBr 和 AgCl 加入到 50.0 mL 纯水中，不断搅拌使其达到平衡。计算溶液中 Ag^+的浓度。

6. 往 0.010mol·L^{-1}的 $ZnCl_2$溶液中通入 H_2S 至饱和，欲使溶液中不产生 ZnS 沉淀，则溶液中的 H^+浓度不应低于多少。已知 $c(H_2S)\approx 0.1mol \cdot L^{-1}$，氢硫酸($H_2S$)的解离常数 $K_{a_1}^{\ominus}=1.07\times10^{-7}$，$K_{a_2}^{\ominus}=1.26\times10^{-13}$。

7. 假定 $Mg(OH)_2$在饱和溶液中完全电离，计算：

(1) $Mg(OH)_2$在水中的溶解度。

(2) $Mg(OH)_2$饱和溶液中 OH^-的浓度。

(3) $Mg(OH)_2$饱和溶液中 Mg^{2+}的浓度。

(4) $Mg(OH)_2$在 0.010mol·L^{-1} NaOH 溶液中的溶解度。

(5) $Mg(OH)_2$在 0.010mol·L^{-1} $MgCl_2$溶液中的溶解度。

8. 在 20mL0.50mol·L^{-1} $MgCl_2$溶液中加入等体积的 0.10mol·L^{-1}的 $NH_3 \cdot H_2O$ 溶液，问有无 $Mg(OH)_2$沉淀生成？为了不使 $Mg(OH)_2$沉淀析出，至少要加入多少克 NH_4Cl固体(设加入 NH_4Cl 固体后，溶液的体积不变)？

9. 在 Cl^-和 CrO_4^{2-}离子浓度都是 0.100mol·L^{-1}的混合溶液中逐滴加入 $AgNO_3$溶液(忽略体积改变)时，问 AgCl 和 Ag_2CrO_4哪一种先沉淀？当 Ag_2CrO_4开始沉淀时，溶液中 Cl^-离子浓度是多少？

10. AgI 沉淀用$(NH_4)_2S$溶液处理使之转化为 Ag_2S 沉淀，该转化反应的平衡常数是多少？若在 1.0L$(NH_4)_2S$溶液中转化 0.010mol AgI，$(NH_4)_2S$溶液的最初浓度是多少？

11. 计算下列反应的平衡常数，并估计反应的方向。

(1) $PbS+2HAc \rightleftharpoons Pb^{2+}+H_2S+2Ac^-$

(2) $Cu^{2+}+H_2S \rightleftharpoons CuS(S)+2H^+$

12. 称取 CaC_2O_4和 MgC_2O_4的纯混合试样 0.6240g，在 500℃下加热，定量转化为 $CaCO_3$和 $MgCO_3$后为 0.4830g。

(1) 计算试样中 $CaCO_3$和 $MgCO_3$的质量分数。

(2) 若在 900℃加热该混合物，定量转化为 CaO 和 MgO 的质量为多少克？

第8章

配位化合物

(1) 掌握配位化合物的定义、组成和命名。

(2) 了解配位化合物的分类和异构现象。

(3) 掌握配位化合物价键理论，了解晶体场理论的基本要点。

(4) 掌握配位平衡和配位平衡常数的意义及其有关计算，理解配位平衡的移动及与其他平衡的关系。

历史上发现的第一个配位化合物是我们所熟悉的亚铁氰化铁 $Fe_4[Fe(CN)_6]_3$（普鲁士蓝）。它是1704年普鲁士人狄斯巴赫在染料作坊中为寻找蓝色染料，而将兽皮、兽血与碳酸钠在铁锅中强烈地煮沸而得到的。但当时并没有引起化学家的注意。直至1798年，法国化学家塔赦特(Tassert)观察到钴盐在氯化铵和氨水溶液中转变为 $CoCl_3 \cdot 6NH_3$，才引起许多无机化学家的兴趣。但是大家一直不明白为什么像 $CoCl_3$ 等一些原子价饱和的无机物还能进一步结合而形成新的化合物，而这些新化合物的结构又是怎样的呢？直到1893年，瑞士化学家维尔纳(Werner)创立配位学说以后才逐步弄清这些问题。在配位学说创立后100多年的今天，由研究配位化合物而形成的无机化学分支——配位化学，其内容实际上已打破了传统的无机化学、有机化学、物理化学和生物化学的界限，进而成为各分支化学的交叉点。当前，这门新兴的化学学科不仅是国际上十分活跃的前沿学科，而且在金属的分离和提取、分析技术、化工合成上的配位催化、无机高分子材料、染料、电镀、鞣革、医药等国民经济和人民生活的各个方面，有着非常广泛的应用。

【维尔纳——配位化学理论奠基人】

8.1 配位化合物的组成和命名

8.1.1 配位化合物的定义

向 $CuSO_4$ 的稀溶液中逐滴加入 $6mol \cdot L^{-1}$ 氨水，则先有浅蓝色的碱式硫酸铜沉淀生成，继续加入氨水时，碱式硫酸铜沉淀溶解，溶液的颜色变为深蓝，反应式如下。

$$2Cu^{2+} + SO_4^{2-} + 2NH_3 + 2H_2O = (CuOH)_2SO_4 \downarrow + 2NH_4^+$$

$$(CuOH)_2SO_4 + 6NH_3 + 2NH_4^+ = 2[Cu(NH_3)_4]^{2+} + SO_4^{2-} + 2H_2O$$

将上述反应式合并，则

$$Cu^{2+} + 4NH_3 = [Cu(NH_3)_4]^{2+}$$

或

$$CuSO_4 + 4NH_3 = [Cu(NH_3)_4]SO_4$$

若往上述深蓝色溶液中加入适量的酒精，即有深蓝色的晶体析出，经分析证明为$[Cu(NH_3)_4]SO_4$。

在纯的$[Cu(NH_3)_4]SO_4$溶液中，除了水合的SO_4^{2-}离子和深蓝色的$[Cu(NH_3)_4]^{2+}$离子外，几乎检查不出Cu^{2+}离子和NH_3分子的存在。$[Cu(NH_3)_4]^{2+}$等复杂离子不仅存在于溶液中，也存在于晶体中。

在$[Cu(NH_3)_4]^{2+}$复杂离子中，每个NH_3分子中的N原子各提供一对孤对电子，填入Cu^{2+}的空轨道，形成4个配位键。这些含有配位键，在水溶液中不能完全离解为简单组成的部分称为配合单元，用方括号表示。凡是由配合单元组成的化合物均称为配位化合物，简称配合物。例如，$[Cu(NH_3)_4]SO_4$、$[Ag(NH_3)_2]Cl$、$K_4[Fe(CN)_6]$、$K_3[Fe(CN)_6]$、$Ni(CO)_4$、$Fe(CO)_5$等均是配合物。当配合单元为离子时，称为配(位)离子；当配合单元为分子时，称为配(位)分子(如$Ni(CO)_4$、$Fe(CO)_5$)。带负电荷的配离子称为配阴离子(如$[Ni(CN)_6]^{4-}$、$[Fe(CN)_6]^{4-}$等)；带正电荷的配离子称为配阳离子(如$[Ag(NH_3)_2]^+$、$[Co(NH_3)_6]^{2+}$等)。有时把配离子也称为配合物，所以配合物包括含有配离子的化合物和电中性配合物。

需要指出的是，配合物和复盐是不同的。配合物是由中心离子(原子)和配位体以配位键相结合而形成的不易解离的复杂离子或分子所组成的化合物；而复盐是由两种或两种以上同种晶形的简单盐类所组成的化合物，如明矾($KAl(SO_4)_2 \cdot 12H_2O$)等。配合物和复盐的主要区别：配合物在其晶体或水溶液中，都含有存在配位键的、不易解离的结构单元；而复盐在晶体或水溶液中都以简单的组成离子存在。

8.1.2 配位化合物的组成

在配合物中，有一个阳离子(或中性原子)位于它们的几何中心，称为中心离子(或配合物的形成体)；与中心离子直接以配位键结合的阴离子或中性分子，称为配位体；中心离子与配位体构成配合物的内界，这是配合物的特征部分，写化学式时用方括号括起来；距中心离子较远的部分称为配合物的外界，通常写在方括号的外面。内界与外界共同构成配合物，如$[Cu(NH_3)_4]SO_4$。配合物的组成可图示如下。

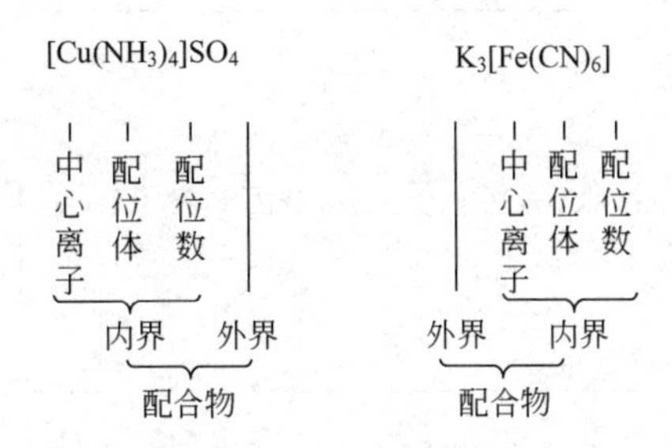

下面简要讨论配合物特征部分的组成和特性。

(1) 形成体。形成体就是配合物的中心离子或原子，一般是具有空的价电子轨道的金属阳离子。特别是过渡金属离子，它们形成配合物的能力很强，如 Fe^{3+}、Co^{2+}、Ni^{2+}、Cu^{2+}、Zn^{2+}等。有些具有空的价电子轨道的金属原子也可以成为配合物的形成体，它们形成配合分子，如$[Fe(CO)_5]$中的 Fe 原子，$[Ni(CO)_4]$中的 Ni 原子。某些高氧化数的非金属元素也可以作为中心离子，如$[SiF_6]^{2-}$中的 Si(Ⅳ)、$[BF_4]^-$中的 B(Ⅲ)。

(2) 配位体和配位原子。配位体简称配体，是与形成体结合的离子或中性分子。配位体可以是简单阴离子，也可以是多原子离子或中性分子。提供配位体的物质称为配位剂。在配位体中，提供孤电子对与形成体直接结合形成配位键的原子，称为配位原子，如 NH_3中的 N 原子，CN^-中的 C 原子。作为配位原子，必须具有孤对电子，它们大多是位于周期表右上方ⅣA，ⅤA，ⅥA，ⅦA 族电负性较强的非金属原子。

只有一个配位原子的配位体称为单基(或单齿)配(位)体，如 NH_3、CN^-等；含有两个或两个以上配位原子的配位体称为多基(或多齿)配(位)体，如乙二胺 $\ddot{N}H_2—CH_2—CH_2—\ddot{N}H_2$(简写为 en)、草酸根 $C_2O_4^{2-}$(简写为 ox)是双基配位体，乙二胺四乙酸(简称 EDTA)是六基配位体。

由多基配位体与同一金属离子形成的具有环状结构的配合物称为螯合物，如$[Cu(en)_2]^{2+}$。螯合物中形成的环称为螯环，以五元环和六元环最稳定。由于螯环的形成，使螯合物比一般配合物稳定性强，而且环越多，螯合物越稳定，这种由于螯环的形成而使螯合物稳定性增加的作用称为螯合效应。螯合物的组成一般用螯合比来表示，即中心离子与螯合剂(多基配位体)数目之比。常见的配位体见表 8-1。

表 8-1 常见的配位体

类型	配位原子	实例
单齿配位	C	CO、C_2H_4、CNR(R 代表烃基)、CN^-
	N	NH_3、NO、NR_3、RNH_2、C_5H_5N(吡啶、简写为 Py)、NCS^-、NH_2^-、NO_2^-
	O	ROH、R_2O、H_2O、R_2SO、OH^-、$RCOO^-$、ONO^-、SO_4^{2-}、CO_3^{2-}
	P	PH_3、PR_3、PX_3(X 代表卤素)、PR_2^-
	S	R_2S、RSH、$S_2O_3^{2-}$
	X	F^-、Cl^-、Br^-、I^-
双齿	N	乙二胺(en)$\ddot{N}H_2—CH_2—CH_2—\ddot{N}H_2$，联吡啶(bipy)$\ddot{N}H_5C_5—C_5H_5\ddot{N}$
	O	草酸根(ox)$C_2O_4^{2-}$、乙酰丙酮离子(acac) $[H_3C—C(=\ddot{O})—CH=C(—\ddot{O})—CH_3]^-$
三齿	N	二乙基三胺(dien) $H_2\ddot{N}—CH_2—CH_2—\ddot{N}H—CH_2—CH_2—\ddot{N}H_2$

（续）

类型	配位原子	实例
四齿	N，O	氨基三乙酸 $\ddot{N}(CH_2CO\ddot{O}H)_3$
五齿	N，O	乙二胺三乙酸根离子 $[\ddot{O}C(=O)-CH_2-\ddot{N}H-CH_2-CH_2-\ddot{N}-[CH_2-C(=O)\ddot{O}]_2]^{3-}$
六齿	N，O	乙二胺四乙酸根离子 $[[\ddot{O}C(=O)-CH_2]_2-\ddot{N}-CH_2-CH_2-\ddot{N}-[CH_2-C(=O)\ddot{O}]_2]^{4-}$

(3) 配位数。在配合物中，直接与形成体成键的配位原子总数称为配位数。配位数是中心离子的重要特征，中心离子配位数一般为 2，4，6，也有少数奇数的配位数(1，3，5，7)。对于单基配位体，中心离子的配位数就等于配位体的数目；而对多基配位体，配位数与配位体的数目就不一致。如$[Cu(en)_2]^{2+}$中，个乙二胺中有两个配位原子，与Cu^{2+}配合时配位数为 4。因此，对于多基配合物，配位数等于配位体的数目乘以该配位体的基数(齿数)。

影响配位数的因素很多，主要是中心离子和配位体的电荷数及中心离子和配位体的半径。中心离子的电荷数越高，吸引配位体的能力越强，越有利于形成高配位数。例如，$[Cu(NH_3)_4]^{2+}$的 Cu(Ⅱ)的配位数为 4，而$[Cu(NH_3)_2]^+$中 Cu(Ⅰ)的配位数为 2。配体带电荷越多，相互间排斥力越大，不利于形成高配位数。当配位体的半径一定时，中心离子半径越大，其周围可容纳的配位体越多，配位数越大。例如，Al^{3+}的离子半径比B^{3+}的离子半径大，它们的氟配离子分别是$[AlF_6]^{3-}$和$[BF_4]^-$。但是中心离子的半径若过大时，由于核间距大，反而会减弱它和配体的结合，使配位数降低，如$[CdCl_6]^{4-}$和$[HgCl_4]^{2-}$。相反，配体的半径越大，配位的位阻也随之增大，导致配位数越小，因为在中心离子周围容纳不下过多的配体。例如，离子半径大小的顺序：$Br^- > Cl^- > F^-$，它们与Al^{3+}形成的配离子分别是$[AlF_6]^{3-}$、$[AlCl_4]^-$和$[AlBr_4]^-$。此外，配位数的大小还与配合物形成时的温度、溶液的浓度有关。一般来说，温度越低，配体浓度越大，配位数也越大。

(4) 配离子的电荷。在配合物中，绝大多数是带电荷的配离子形成的配盐。配离子的电荷等于中心离子和配位体电荷的代数和。例如，$[Fe(CN)_6]^{4-}$的电荷是$+2+(-1)\times 6=-4$。由于整个配盐是中性的，因此也可以由外界离子的电荷数来确定配离子的电荷，如$K_3[Fe(CN)_6]$中，外界有 3 个K^+离子，可知$[Fe(CN)_6]^{3-}$的电荷数是-3，从而可进一步推断中心离子是Fe^{3+}。

8.1.3 配位化合物的命名

配合物的命名方法服从一般无机化合物的命名原则，即阴离子在前，阳离子在后。现以不同种类的配位化合物的命名分别举例说明如下。

1. 配离子

配离子的命名方法一般依照如下顺序：配体数→配体名称→“合”→中心离子(原子)名称→中心离子(原子)氧化值。配位体数用中文数字一、二、三……表示；如果中心离子有不同的氧化数，可在该元素名称后加一括号，括号内用罗马数字注明氧化数。例如

$[Cu(NH_3)_4]^{2+}$　四氨合铜(Ⅱ)离子

$[Cr(en)_3]^{3+}$　三乙二胺合铬(Ⅲ)离子

2. 含配阴离子的配合物

母体名称为“某酸某”或“某酸”，将配阴离子作为复杂酸根来命名。在配阴离子名称和外界离子(或氢离子)名称之间加一“酸”字。例如

$K_2[PtCl_6]$　六氯合铂(Ⅳ)酸钾

$Ca_2[Fe(CN)_6]$　六氰合铁(Ⅱ)酸钙

外界为 H 的配合物，命名时在词尾用“酸”字。例如

$H_2[PtCl_6]$　六氯合铂(Ⅳ)酸

$H_2[SiF_6]$　六氟合硅(Ⅳ)酸

3. 含配阳离子的配合物

母体名称为“某酸某”或“某化某”，将配阳离子作为复杂阳离子来命名。若外界是简单负离子如 Cl^-、OH^- 等，则称作“某化某”；若外界是复杂负离子如 SO_4^{2-}、NO_3^- 等，则称为“某酸某”。例如

$[Cu(NH_3)_4]SO_4$　硫酸四氨合铜(Ⅱ)

$[Ag(NH_3)_2]OH$　氢氧化二氨合银

$[Co(NH_3)_6]Cl_3$　三氯化六氨合钴(Ⅲ)

4. 配位体的次序

如果在同一配合物(或配离子)中的配体不止一种时，不同配位体之间以“·”分开，配位体的命名顺序。

(1) 既有无机配体又有有机配体时，则无机配体在前，有机配体在后。

(2) 无机配体既有离子又有分子时，离子在前，分子在后。有机配体也是如此。例如

$K[PtNH_3Cl_3]$　三氯·氨合铂(Ⅱ)酸钾

(3) 同类配体的名称，按配位原子元素符号的拉丁字母顺序排列。例如

$[CoH_2O(NH_3)_5]Cl_3$　三氯化五氨·一水合钴(Ⅲ)

(4) 同类配体若配位原子也相同，则将含较少原子数的配体排在前面。

(5) 若配位原子相同，配体中所含原子的数目也相同，则按在结构式中与配原子相连的原子元素符号的字母顺序排列。例如

$[Pt(NH_3)_2(NO_2)(NH_2)]$　一氨基·一硝基·二氨合铂(Ⅱ)

注意，某些配位体的化学式相同，但提供的配位原子不同，其名称也不相同。例如

$—NO_2$(以 N 配位)　硝基

—ONO(以 O 配位)　亚硝酸根

—SCN(以 S 配位) 硫氰酸根

—NCS(以 N 配位) 异硫氰酸根

5. 没有外界的配合物

中心原子的氧化数为 0 时，可不必标明。例如

$Ni(CO)_4$ 四羰基合镍

$[Pt(NH_3)_2Cl_2]$ 二氯·二氨合铂(Ⅱ)

有些配合物常有其习惯上的名称，如六氰合铁(Ⅲ)酸钾 $K_3[Fe(CN)_6]$可称为铁氰化钾，俗名赤血盐；$K_4[Fe(CN)_6]$又称为亚铁氰化钾，俗名黄血盐；$[Cu(NH_3)_4]^{2+}$称为铜氨配离子，$[Ag(NH_3)_2]^+$称为银氨配离子，$H_2[SiF_6]$称为氟硅酸。

8.2 配位化合物的类型与异构现象

8.2.1 配位化合物的类型

配合物的种类很多，主要可分为简单配合物、螯合物、多核配合物、羰合物、原子簇化合物、夹心配合物和大环配合物七类。

1. 简单配合物

简单配合物是由中心离子和单基配体配位而形成的配合物。这类配合物的配体主要为无机物，配位数在 2～12。简单配合物在溶液中逐级解离成一系列配位数不同的配离子。例如，$[Ag(NH_3)_2]^+$、$[SiF_6]^{2-}$、$[Cu(NH_3)_4]SO_4$、$K_2[PtCl_6]$、$[Pt(NH_3)_2Cl_2]$等均是简单配合物。大量的水合物也是以水为配体的简单配合物，如 $CuSO_4 \cdot 5H_2O$ 就是配合物$[Cu(H_2O)_4]SO_4 \cdot H_2O$。

2. 螯合物

螯合物是一类由中心离子与多基配体所形成的具有环状结构的配合物。例如，乙二胺(en)具有两个可提供孤对电子的 N 原子，是一个多基配体，当 Cu^{2+}与乙二胺(en)进行配位反应时，就形成具有环状结构的配合物$[Cu(en)_2]^{2+}$。在$[Cu(en)_2]^{2+}$中，有两个五原子环，每个环均由两个 C 原子、两个 N 原子和中心离子构成，即

```
CH2—NH2         NH2—CH2
|       ↘      ↙       |
|        Cu2+          |
|       ↗      ↖       |
CH2—NH2         NH2—CH2
```

大多数螯合物具有五原子环或六原子环，螯合物中配位体数目虽少，但由于形成环状结构，稳定性较简单配合物高，而且成环数目越多，螯合物越稳定。由于螯合物结构复杂，且多具有特殊颜色，常用于金属离子的鉴定、溶剂萃取、比色定量分析等工作中。

多基配体中两个或两个以上能给出孤电子对的原子应间隔两个或三个其他原子。因为这样才有可能形成稳定的五原子环或六原子环。例如，联氨分子 $H_2N—NH_2$，虽然有两个配位氮原子，但中间没有间隔其他原子，它与金属离子配位后只能形成一个三原子环，环的张力很大，故不能形成稳定的螯合物。

3. 多核配合物

一个配位原子同时与两个中心离子结合形成的配合物称为多核配合物。可形成多核配合物的配体一般为—OH、—NH_2、—O—、—O_2—、Cl—等。在这些配体中有孤对电子数大于1的配位原子O、N、Cl等。例如，在μ-二羟基·八水合二铁(Ⅲ)中，配位原子O分别和两个Fe^{3+}配位，该配合物的结构为

$$\left[\begin{array}{ccc} & \mathrm{H} & \\ & \mathrm{O} & \\ (\mathrm{H_2O})_4\mathrm{Fe} & & \mathrm{Fe}(\mathrm{H_2O})_4 \\ & \mathrm{O} & \\ & \mathrm{H} & \end{array}\right]^{4+}$$

4. 羰合物

以CO为配体的配合物统称为羰基配合物，简称羰合物。例如，Na[$Co(CO)_4$]、$Ni(CO)_4$、[$Mn(CO)_5Br$]等。羰合物中的形成体大多为低氧化态(−1，0，+1)的过渡金属。利用羰合物的分解可制备纯金属，羰合物还可以作为催化剂用于许多有机合成反应。

5. 原子簇化合物

两个或两个以上的金属原子以金属—金属(M—M)键直接结合而形成的配合物称为原子簇化合物(简称簇合物)。按配体划分，原子簇化合物可分为羰基簇、卤素簇等；按金属原子数又可分为二核簇、三核簇、四核簇等。最简单的双核簇合物[Re_2Cl_8]的结构如图8.1所示。

某些簇合物具有生物活性，如固氮酶的活性中心——铁钼蛋白就是簇合物。还有一些簇合物具有特殊的催化活性和导电性能，在配位催化、材料科学等领域具有广阔的应用前景。

6. 夹心配合物

过渡金属离子和具有离域π键(大π键)的分子或离子(如环戊二烯和苯等)形成的配合物称为夹心配合物。在这类配合物中，中心离子被对称地夹在与键轴垂直、且相互平行的两配体之间，具有夹心面包式的结构。双环戊二烯基合铁(Ⅱ)(俗称二茂铁)的结构如图8.2所示。双环戊二烯基阴离子的每个C原子上各有一个垂直于茂环平面的带一个单电子的

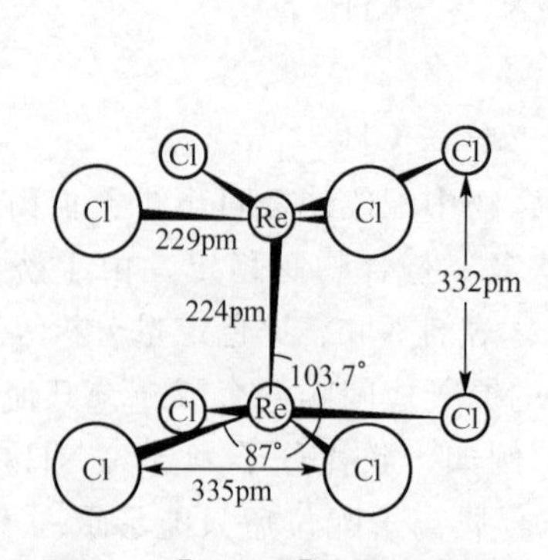

图8.1 [Re_2Cl_8]的结构示意图

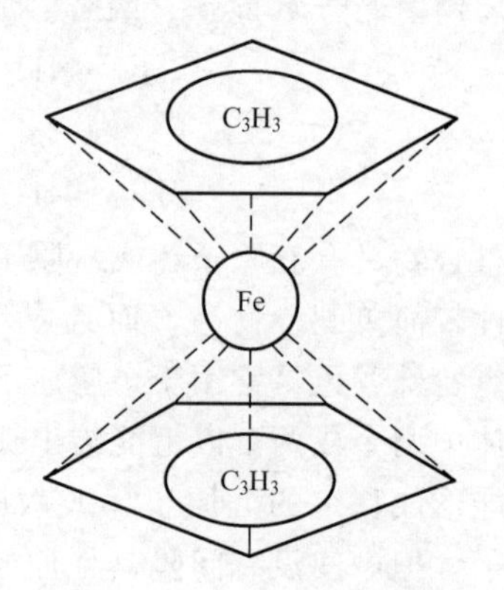

图8.2 二茂铁结构示意图

2p轨道，由这5个2p轨道的单电子和一价阴离子的负电荷构成离域π键(Π_5^6)，两个茂环的Π_5^6键电子填入Fe^{2+}的空轨道形成夹心配合物。Ti、V、Zr、Cr、Mn等过渡金属也能形成这类夹心配合物。

7. 大环配合物

在环状骨架上含有O、N、S、P或As等多个配位原子的多齿配体所形成的配合物称为大环配合物。大环配合物的配体结构比较复杂，有环状的冠醚、三维空间的穴醚和不同孔径的球醚等。大环配合物在仿生化学、生物医药、金属酶的模拟、细胞膜的传输和超分子的组装等方面有其重要意义。大环配合物还存在于许多生物体中，如人体血液中具有载氧功能的血红素是卟啉的铁的配合物，其结构如图8.3所示。在植物光合作用中起光能捕集作用的叶绿素就是含卟啉环的镁配合物，其结构如图8.4所示。

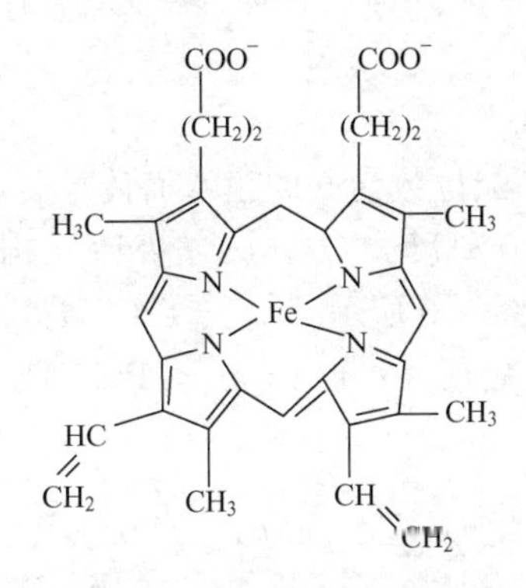

图8.3 血红素的结构

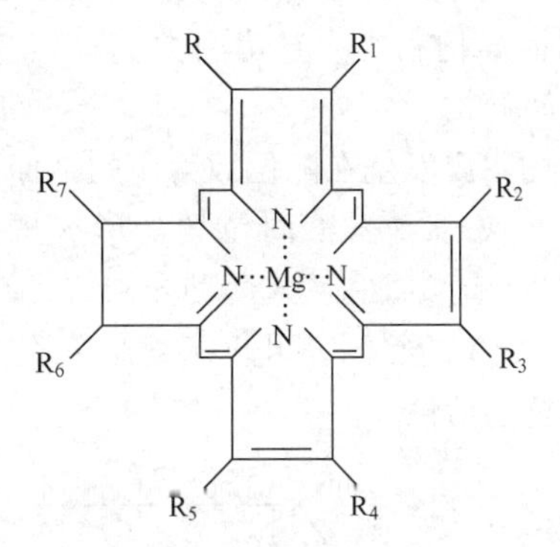

图8.4 叶绿素的结构

8.2.2 配位的异构现象

化学式相同，但结构和性质不同的化合物称为异构体。在配合物和配离子中，这种异构现象相当普遍。异构现象包括结构异构和空间异构两种基本形式。

1. 结构异构

由配合物中原子间连接方式不同而引起的异构现象称为结构异构。结构异构主要包括电离异构、水合异构、配位异构、配体异构和键合异构等几种类型。

(1) 电离异构。

配合物中由阴离子在内、外界的位置不同引起的异构现象称为电离异构，如$[CoSO_4(NH_3)_5]Br$(红色)和$[CoBr(NH_3)_5]SO_4$(紫色)。

(2) 水合异构。

由水分子在配合物内、外界的位置不同而形成的结构异构称为水合异构。水合异构体常常具有不同的颜色。例如，$[Cr(H_2O)_6]Cl_3$呈紫色，$[Cr(H_2O)_5Cl]Cl_2 \cdot H_2O$呈亮绿色，$[CrCl_2(H_2O)_4]Cl \cdot 2H_2O$呈绿色。

(3) 配位异构。

配阳离子和配阴离子的配体相互交换而形成的结构异构称为配位异构，如$[Co(en)_3][Cr(ox)_3]$和$[Cr(en)_3][Co(ox)_3]$(en表示乙二胺，ox表示草酸根)。

(4) 配体异构。

在配合物中，由于两个配体是异构体而形成的结构异构称为配体异构。例如，1，2—二胺基丙烷(L)和 1，3—二胺基丙烷(L′)两者是异构体，则它们所生成的配合物如 $[Cu(L)_2Cl_2]$和$[Cu(L')_2Cl_2]$互为配位异构。

(5) 键合异构。

化学式相同的配体以不同的配位原子配位引起的异构现象称为键合异构。例如，$[Co(NO_2)(NH_3)_5]Cl_2$为黄褐色，酸中稳定；而$[Co(ONO)(NH_3)_5]Cl_2$为红褐色，酸中不稳定。能产生键合异构的配体还有硫氰酸根(—SCN，以 S 配位)和异硫氰酸根(—NCS，以 N 配位)。

2. 空间异构

配合物中由于配体在空间的排布位置不同而产生的异构现象称为空间异构。空间异构主要包括几何异构和旋光异构两类。

(1) 几何异构。

几何异构主要发生在配位数为 4 的平面正方形和配位数为 6 的正八面体配合物中。配体可以围绕中心离子占据不同位置，形成顺式(*cis*－)和反式(*trans*－)两种异构体。例如，$[Pt(NH_3)_2Cl_2]$有顺式和反式两种异构体，其结构如图 8.5 所示。*cis*－$[Pt(NH_3)_2Cl_2]$呈橙黄色，能抑制 DNA 的复制，阻止癌细胞分裂，具有抗癌活性；但 *trans*－$[Pt(NH_3)_2Cl_2]$呈亮黄色，不具抗癌活性。

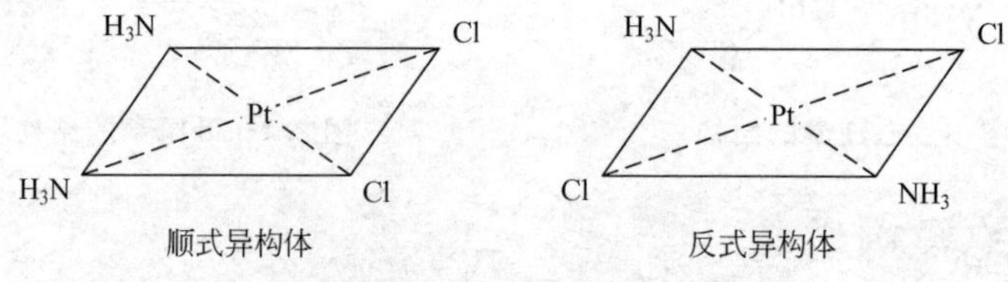

图 8.5 $[Pt(NH_3)_2Cl_2]$的结构示意图

(2) 旋光异构。

旋光异构指两种异构体的对称关系类似于人的左、右手，互成镜像关系。其结构特点是没有对称面，即不能把这个分子或离子“分割”成相同的两半。具有旋光异构特性的分子称为手性分子。例如，$[PtBr_2Cl(NH_3)_2H_2O]$的两个旋光异构体在镜面上互成镜像，但不能叠合，如图 8.6 所示。

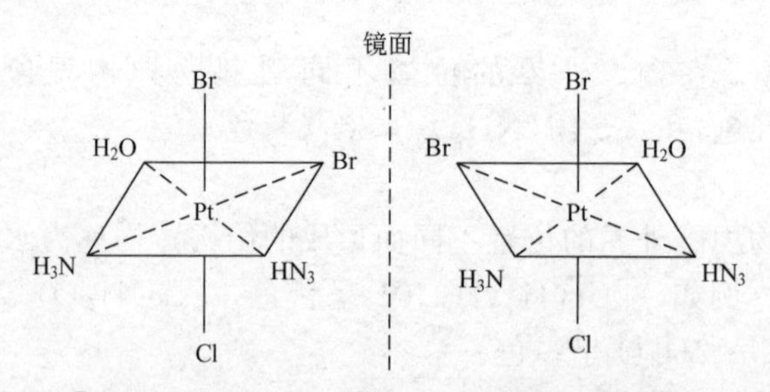

图 8.6 $[PtBr_2Cl(NH_3)_2H_2O]$的两个旋光异构体的结构示意图

具有旋光异构的配合物对普通的化学试剂和一般的物理检查都不能表现出差异，但却能使平面偏振光发生方向相反的偏转，向左偏转者称为左旋体，用“L”表示，向右偏转者称为右旋体，用“D”表示。等量的左旋体和右旋体混合，旋光性互相抵消，称为外消旋混合物。左旋和右旋异构体往往具有不同的生理活性。例如，二羟基苯基－1－丙氨酸的左旋体是治疗震颤性麻痹症的特效药，而其右旋体却没有药性。

8.3 配离子在溶液中的解离平衡

8.3.1 配位平衡常数

1. 稳定常数($K_f^\ominus$)

在 AgCl 沉淀上加氨水时，由于 Ag^+ 与 NH_3形成稳定的$[Ag(NH_3)_2]^+$配离子，AgCl 沉淀溶解。若再向此溶液中加入 KI 溶液，则有黄色的 AgI 沉淀析出。这一现象说明$[Ag(NH_3)_2]^+$配离子的溶液中仍有 Ag^+ 存在。即溶液中既有 Ag^+ 与 NH_3 的配位反应，也有$[Ag(NH_3)_2]^+$配离子的离解反应。当配离子的形成与离解达到平衡状态时，其表达式如下：

$$Ag^+ + 2NH_3 \rightleftharpoons [Ag(NH_3)_2]^+$$

这种平衡称为配离子的配位平衡。根据化学平衡原理，平衡常数为

$$K_f^\ominus = \frac{c([Ag(NH_3)_2]^+)}{c(Ag^+)\cdot c^2(NH_3)} \qquad (8-1)$$

式中，$K_f^\ominus$ 称为配合物的稳定常数（或生成常数）。$K_f^\ominus$ 越大，表示形成配离子的倾向越大，配离子越稳定。$[Ag(NH_3)_2]^+$配离子的 $K_f^\ominus=1.12\times10^7$，$[Ag(CN)_2]^-$配离子的 $K_f^\ominus=1.0\times10^{21}$，因此$[Ag(CN)_2]^-$比$[Ag(NH_3)_2]^+$更稳定。在$[Ag(CN)_2]^-$配离子溶液中加入 KI 溶液，则不会析出黄色的 AgI 沉淀。

2. 不稳定常数($K_d^\ominus$)

除了可用稳定常数($K_f^\ominus$)表示配合物的稳定性外，也可用配离子的解离程度来表示其稳定性。例如，配离子$[Ag(NH_3)_2]^+$在水中的解离平衡为

$$[Ag(NH_3)_2]^+ \rightleftharpoons Ag^+ + 2NH_3$$

其平衡常数表达式为

$$K_d^\ominus = \frac{c(Ag^+)\cdot c^2(NH_3)}{c([Ag(NH_3)_2]^+)} \qquad (8-2)$$

式中，$K_d^\ominus$ 为配合物的不稳定常数(或解离常数)。$K_d^\ominus$ 越大，表示配离子越容易解离，即越不稳定。很明显

$$K_f^\ominus = \frac{1}{K_d^\ominus} \qquad (8-3)$$

3. 逐级稳定常数($K_n^\ominus$)

配离子的生成一般是分步进行的，因此在溶液中存在一系列的配合平衡，对应于这些平衡也有一系列的稳定常数。例如：

$Cu^{2+} + NH_3 \rightleftharpoons [Cu(NH_3)]^{2+}$，第一级逐级稳定常数为

$$K_1^\ominus = \frac{c[Cu(NH_3)^{2+}]}{c(Cu^{2+})\cdot c(NH_3)}$$

$[Cu(NH_3)]^{2+} + NH_3 \rightleftharpoons [Cu(NH_3)_2]^{2+}$，第二级逐级稳定常数为

$$K_2^{\ominus} = \frac{c[Cu(NH_3)_2^{2+}]}{c[Cu(NH_3)^{2+}] \cdot c(NH_3)}$$

$[Cu(NH_3)_2]^{2+} + NH_3 \rightleftharpoons [Cu(NH_3)_3]^{2+}$，第三级逐级稳定常数为

$$K_3^{\ominus} = \frac{c[Cu(NH_3)_3^{2+}]}{c[Cu(NH_3)_2^{2+}] \cdot c(NH_3)}$$

$[Cu(NH_3)_3]^{2+} + NH_3 \rightleftharpoons [Cu(NH_3)_4]^{2+}$，第四级逐级稳定常数为

$$K_4^{\ominus} = \frac{c[Cu(NH_3)_4^{2+}]}{c[Cu(NH_3)_3^{2+}] \cdot c(NH_3)}$$

对于配合物 ML_n，其逐渐形成反应及对应的逐级稳定常数可表示为

$M + L \rightleftharpoons ML$，第一级逐级稳定常数为

$$K_1^{\ominus} = \frac{c(ML)}{c(M)c(L)}$$

$ML + L \rightleftharpoons ML_2$，第二级逐级稳定常数为

$$K_2^{\ominus} = \frac{c(ML_2)}{c(ML)c(L)}$$

$$\vdots$$

$ML_{n-1} + L \rightleftharpoons ML_n$，第 n 级逐级稳定常数为

$$K_n^{\ominus} = \frac{c(ML_n)}{c(ML_{n-1})c(L)} \qquad (8-4)$$

4．累积稳定常数($\beta_n^{\ominus}$)

在许多配位平衡的计算中，更常用到累积稳定常数($\beta_n^{\ominus}$)。对配位反应

$$M + L \rightleftharpoons ML$$
$$M + 2L \rightleftharpoons ML_2$$
$$\vdots$$
$$M + nL \rightleftharpoons ML_n$$

所对应的平衡常数称为相应反应的累积稳定常数，用 $\beta_1^{\ominus}$，$\beta_2^{\ominus}$，…，$\beta_n^{\ominus}$ 表示。将各级逐级稳定常数依次相乘，可得到各级累积稳定常数。

$$\beta_1^{\ominus} = K_1^{\ominus} = \frac{c(ML)}{c(M)c(L)}$$

$$\beta_2^{\ominus} = K_1^{\ominus} \cdot K_2^{\ominus} = \frac{c(ML_2)}{c(M)c^2(L)}$$

$$\vdots$$

$$\beta_n^{\ominus} = K_1^{\ominus} \cdot K_2^{\ominus} \cdots K_n^{\ominus} = \frac{c(ML_n)}{c(M)c^n(L)} = K_f^{\ominus} \qquad (8-5)$$

最后一级累积稳定常数就是配合物的总的稳定常数。一些离子的累积稳定常数见附录Ⅴ。利用配合物的稳定常数，可以计算配合物中有关物质的浓度，讨论配位平衡及其移动。

8.3.2 配位平衡的移动

如前所述，金属离子 M^{n+} 和配体 L^- 生成配离子$[ML_x]^{(n-x)+}$，在水溶液中存在如下平衡。

$$M^{n+} + xL^- \rightleftharpoons [ML_x]^{(n-x)+}$$

这种配位平衡也是一种相对的动态平衡。根据平衡移动原理，改变 M^{n+} 或 L^- 的浓度，会使上述平衡发生移动。例如，向上述平衡体系中加入某种试剂，如酸、碱、沉淀剂、氧化剂(或还原剂)或其他配合剂，当其与 M^{n+} 或 L^- 发生各种化学反应时就会导致上述配位平衡发生移动。这一过程涉及配位平衡与其他各种化学平衡相互联系的多重平衡。下面将分别予以讨论。

1. 酸度的影响

(1) 配体的酸效应。

配合物的配位体若为酸根离子或弱碱，当溶液中 $c(H^+)$增大时，配位体便与 H^+ 结合成弱酸分子，降低了配位体浓度，使配位平衡向解离的方向移动，配合物的稳定性下降，这种作用称为配位体的酸效应。配位体的酸效应实际上是包含了配位平衡和酸碱平衡的多重平衡。例如，在$[FeF_6]^{3-}$溶液中，如果酸度过大(如 $c(H^+) > 0.05 mol \cdot L^{-1}$)，则 F^- 与 H^+ 结合生成 HF，使$[FeF_6]^{3-}$的解离平衡向解离的方向移动。

$$\begin{array}{l} [FeF_6]^{3-} \rightleftharpoons Fe^{3+} + 6F^- \\ \qquad\qquad\qquad\qquad + \\ \qquad\qquad\qquad 6H^+ \rightleftharpoons 6HF \end{array}$$

总反应为

$$[FeF_6]^{3-} + 6H^+ \rightleftharpoons Fe^{3+} + 6HF$$

$$K^{\ominus} = \frac{c(Fe^{3+}) \cdot c^6(HF)}{c([FeF_6]^{3-}) \cdot c^6(H^+)} = \frac{c(Fe^{3+}) \cdot c^6(HF)}{c([FeF_6]^{3-}) \cdot c^6(H^+)} \cdot \frac{c^6(F^-)}{c^6(F^-)} = \frac{1}{K_f^{\ominus} \cdot (K_a^{\ominus})^6}$$

$K^{\ominus}$是多重平衡常数，显然，$K_f^{\ominus}$ 越小即配合物稳定性越弱，或者 $K_a^{\ominus}$ 越小即生成的酸越弱，则 $K^{\ominus}$越大，即配离子越容易被破坏。

【例 8-1】 在 1.0L 水中加入 1.0mol $AgNO_3$ 和 2.0mol NH_3(设无体积变化)，计算溶液中各组分的浓度。当加入 HNO_3(设无体积变化)使配离子消失掉 99%时，溶液的 pH 为多少？已知：$[Ag(NH_3)_2]^+$ 的 $K_f^{\ominus} = 1.12 \times 10^7$，$NH_3$的 $K_b^{\ominus} = 1.8 \times 10^{-5}$。

解：设平衡时，$c(Ag^+) = x mol \cdot L^{-1}$，则有

$$Ag^+ + 2NH_3 \rightleftharpoons [Ag(NH_3)_2]^+$$

平衡浓度$(mol \cdot L^{-1})$　　x　　$2x$　　$1.0 - x \approx 1.0$

$$K_f^{\ominus} = \frac{c[Ag(NH_3)_2^+]}{c(Ag^+) \cdot c^2(NH_3)} \approx \frac{1.0}{x(2x)^2} = 1.12 \times 10^7$$

解之得 $x = 2.8 \times 10^{-3}$，所以

$$c(Ag^+) = 2.8 \times 10^{-3} mol \cdot L^{-1},\ c(NH_3) = 2 \times 2.8 \times 10^{-3} = 5.6 \times 10^{-3} (mol \cdot L^{-1})$$

$$c(Ag(NH_3)_2{}^+) \approx 1.0 mol \cdot L^{-1}$$

当加入 HNO_3后，配离子$[Ag(NH_3)_2]^+$发生部分解离。设使配离子消失掉 99%时，溶液的氢离子浓度 $c(H^+) = y mol \cdot L^{-1}$，总反应为

$$[Ag(NH_3)_2]^+ + 2H^+ \rightleftharpoons Ag^+ + 2NH_4^+$$

平衡浓度($mol \cdot L^{-1}$) 0.01　　y　　0.99　2×0.99

$$K^{\ominus}=\frac{c(Ag^+)\cdot c^2(NH_4^+)}{c([Ag(NH_3)_2]^+)\cdot c^2(H^+)}=\frac{0.99\times(2\times0.99)^2}{0.01y^2}$$

$$=\frac{1}{K_f^{\ominus}\cdot(K_a^{\ominus})^2}=\frac{[K_b^{\ominus}(NH_3)]^2}{K_f^{\ominus}\cdot(K_w^{\ominus})^2}=2.9\times10^{11}$$

解之得 $y=3.7\times10^{-5}$，$c(H^+)=3.7\times10^{-5}\ mol\cdot L^{-1}$，所以

$$pH=4.43$$

通过以上的讨论可知，对配体为碱的配合物，增加体系酸度将使配合物的解离平衡向解离的方向移动。

(2) 金属离子的水解效应。

过渡元素的金属离子，尤其在高氧化态时，都有显著的水解作用。当溶液的酸度降低到一定程度时，金属离子就会发生水解从而使配合物解离。溶液酸度越低，水解的趋势越强。由于金属离子形成氢氧化物沉淀而使配离子稳定性降低甚至被破坏，这种作用称为金属离子的水解效应。例如，若配合物的中心离子为 Fe^{3+}，当酸度低到一定程度时会水解生成 $Fe(OH)_3$沉淀，使配合物被破坏。

$$[FeF_6]^{3-} \rightleftharpoons Fe^{3+} + 6F^-$$
$$+$$
$$3OH^- \rightleftharpoons Fe(OH)_3\downarrow$$

增大溶液的酸度可抑制水解，防止游离金属离子浓度的降低，有利于配离子的形成。因此，酸度对配位平衡的影响是多方面的，既要考虑配位体的酸效应，又要考虑金属离子的水解效应，但通常以酸效应为主。

2. 沉淀反应对配位平衡的影响

一些难溶盐的沉淀可因形成配离子而溶解，同时，有些配离子却因加入沉淀剂生成沉淀而被破坏。这是沉淀平衡与配位平衡相互影响的结果。利用配离子的稳定常数和沉淀的溶度积常数，可分析和判断反应进行的方向。

在 AgCl 沉淀中加入浓氨水时，NH_3 会与 Ag^+ 结合生成$[Ag(NH_3)_2]^+$配离子，从而使 Ag^+ 浓度降低，促使沉淀溶解，反应式为

$$AgCl(s) \rightleftharpoons Ag^+ + Cl^-$$
$$+$$
$$2NH_3 \rightleftharpoons [Ag(NH_3)_2]^+$$

总反应为

$$AgCl + 2NH_3 \rightleftharpoons [Ag(NH_3)_2]^+ + Cl^-$$

该平衡是包含了配位平衡与沉淀溶解平衡的多重平衡，反应的实质就是配位剂和沉淀剂共同争夺金属离子的过程。其平衡常数 $K^{\ominus}$ 为

$$K^{\ominus}=\frac{c([Ag(NH_3)_2]^+)\cdot c(Cl^-)}{c^2(NH_3)}=\frac{c([Ag(NH_3)_2]^+)\cdot c(Cl^-)}{c^2(NH_3)}\cdot\frac{c(Ag^+)}{c(Ag^+)}=K_f^{\ominus}\cdot K_{sp}^{\ominus}$$

显然，配合反应可以促进沉淀溶解，沉淀反应也可破坏配合物。沉淀能否被配位剂溶解，配合物能否被沉淀所破坏，主要取决于 $K_{sp}^{\ominus}$和 $K_f^{\ominus}$ 的相对大小，同时还与沉淀剂和配

位剂的浓度有关。一般而言，沉淀越易溶解，配合物稳定性越大，则沉淀越易通过形成配合物而溶解。反之，中心离子与沉淀剂形成的沉淀越难溶，配合物越不稳定，则配合物越易于解离而生成沉淀。

【例 8-2】 如果在 1.0L 氨水中溶解 0.10mol 的 AgCl，需氨水的最初浓度是多少？若溶解 0.10mol 的 AgI，氨水的浓度应是多少？

解：

$$AgCl+2NH_3 \rightleftharpoons [Ag(NH_3)_2]^+ + Cl^-$$

$$K^{\ominus}=\frac{c([Ag(NH_3)_2]^+)\cdot c(Cl^-)}{c^2(NH_3)}=K_f^{\ominus}\cdot K_{sp}^{\ominus}$$

假定溶解了的 Ag^+ 都转化成$[Ag(NH_3)_2]^+$，则溶液中

$c([Ag(NH_3)_2]^+)=c(Cl^-)=0.10mol\cdot L^{-1}$（忽略$[Ag(NH_3)_2]^+$的解离）。由上式可得

$$c(NH_3)=\sqrt{\frac{c([Ag(NH_3)_2]^+)\cdot c(Cl^-)}{K_f^{\ominus}\cdot K_{sp}^{\ominus}}}=\sqrt{\frac{0.10\times 0.10}{1.12\times 10^7\times 1.77\times 10^{-10}}}$$

$$\approx 2.24\ (mol\cdot L^{-1})$$

在溶解过程中消耗氨水的浓度为 $2\times 0.10=0.20(mol\cdot L^{-1})$，所以

$$c(NH_3)_{总}=c(NH_3)+0.20mol\cdot L^{-1}=2.44mol\cdot L^{-1}$$

故溶解 0.10molAgCl 需要氨水的总浓度至少应为 $2.44mol\cdot L^{-1}$。

若溶解 AgI，则

$$AgI+2NH_3 \rightleftharpoons [Ag(NH_3)_2]^+ + I^-$$

依上代入相应数据，得

$$c(NH_3)=\sqrt{\frac{c([Ag(NH_3)_2]^+)\cdot c(Cl^-)}{K_f^{\ominus}\cdot K_{sp}^{\ominus}}}=\sqrt{\frac{0.10\times 0.10}{1.12\times 10^7\times 8.51\times 10^{-17}}}$$

$$=3.24\times 10^3(mol\cdot L^{-1})$$

NH_3的浓度如此之大是不可能的，故 AgI 不溶于氨水中。

【例 8-3】 在 $0.10mol\cdot L^{-1}$的$[Ag(NH_3)_2]^+$溶液中加入 KBr 溶液，使 KBr 浓度达到 $0.10mol\cdot L^{-1}$，有无 AgBr 沉淀生成？已知：$K_f^{\ominus}([Ag(NH_3)_2]^+)=1.12\times 10^7$，$K_{sp}^{\ominus}(AgBr)=5.35\times 10^{-13}$。

解： 这是一个配位平衡和沉淀平衡共存的系统。首先计算出平衡时的 $c(Ag^+)$，然后根据溶度积规则进行判断。设$[Ag(NH_3)_2]^+$配离子离解所生成的 $c(Ag^+)=x mol\cdot L^{-1}$，则

$$Ag^+ + 2NH_3 \rightleftharpoons [Ag(NH_3)_2]^+$$

平衡浓度$(mol\cdot L^{-1})$　x　　$2x$　　$0.10-x$

$[Ag(NH_3)_2]^+$解离度较小，故 $0.10-x\approx 0.10$，代入$[Ag(NH_3)_2]^+$的 $K_f^{\ominus}$表达式，得

$$K_f^{\ominus}=\frac{c([Ag(NH_3)_2]^+)}{c^2(NH_3)c(Ag^+)}=\frac{0.10}{x(2x)^2}=1.12\times 10^7$$

解之得 $x=1.3\times 10^{-3}$，即 $c(Ag^+)=1.3\times 10^{-3}mol\cdot L^{-1}$。

因为 $Q_i=c(Ag^+)\cdot c(Br^-)=1.3\times 10^{-3}\times 0.10=1.3\times 10^{-4}>K_{sp}^{\ominus}(AgBr)$，所以有 AgBr沉淀产生。

【例 8-4】 在 $0.30mol\cdot L^{-1}[Cu(NH_3)_4]^{2+}$溶液中，加入等体积的 $0.20mol\cdot L^{-1}$ NH_3和 $0.02mol\cdot L^{-1}$ NH_4Cl 的混合溶液，是否有 $Cu(OH)_2$ 沉淀生成？已知：

$K_f^{\ominus}([Cu(NH_3)_4]^{2+})=2.09\times10^{13}$，$K_b^{\ominus}(NH_3)=1.8\times10^{-5}$，$K_{sp}^{\ominus}[Cu(OH)_2]=2.2\times10^{-20}$。

解：这是一个配位平衡、沉淀平衡和酸碱平衡共存的系统。首先计算出平衡时的 $c(Cu^{2+})$ 和 $c(OH^-)$，然后根据溶度积规则进行判断。

溶液混合物各物质浓度为原溶液的一半，即

$$c([Cu(NH_3)_4]^{2+})=0.15\text{mol}\cdot L^{-1}$$

$$c(NH_3)=0.10\text{mol}\cdot L^{-1}$$

$$c(NH_4^+)=0.010\text{mol}\cdot L^{-1}$$

平衡时 $c(Cu^{2+})$ 依据配位平衡计算：

$$K_f^{\ominus}=\frac{c([Cu(NH_3)_4]^{2+})}{c(Cu^{2+})\cdot c^4(NH_3)}=2.09\times10^{13}$$

$$c(Cu^{2+})=\frac{c([Cu(NH_3)_4]^{2+})}{K_f^{\ominus}\cdot c^4(NH_3)}=\frac{0.15}{2.09\times10^{13}\times(0.10)^4}\approx7.18\times10^{-11}(\text{mol}\cdot L^{-1})$$

平衡时的 $c(OH^-)$ 依据碱的解离平衡计算：

$$K_b^{\ominus}(NH_3)=\frac{c(OH^-)c(NH_4^+)}{c(NH_3)}=1.8\times10^{-5}$$

$$c(OH^-)=\frac{K_b^{\ominus}(NH_3)\cdot c(NH_3)}{c(NH_4^+)}=\frac{1.8\times10^{-5}\times0.10}{0.010}=1.8\times10^{-4}(\text{mol}\cdot L^{-1})$$

由于

$$Q_i=c(Cu^{2+})c^2(OH^-)=7.18\times10^{-11}\times(1.8\times10^{-4})^2\approx2.32\times10^{-10}$$

$$Q_i>K_{sp}^{\ominus}[Cu(OH)_2]$$

所以有 $Cu(OH)_2$ 沉淀生成。

3. 氧化还原反应对配位平衡的影响

在配位平衡系统中如果发生氧化还原反应，将产生两种情况。

(1) 降低配合物的稳定性。

由于溶液中金属离子发生氧化还原反应，降低了金属离子的浓度，从而降低了配离子的稳定性。例如，Fe^{3+} 与 SCN^- 生成血红色 $[Fe(SCN)_6]^{3-}$ 离子，如果在此溶液中滴加 $SnCl_2$ 溶液，Sn^{2+} 可将 Fe^{3+} 还原为 Fe^{2+}，使 Fe^{3+} 浓度减少，配位平衡向解离的方向移动，配离子被破坏，血红色消失。反应式为

$$[Fe(SCN)_6]^{3-}\rightleftharpoons 6SCN^-+Fe^{3+}$$

$$+$$

$$Sn^{2+}\rightleftharpoons Fe^{2+}+Sn^{4+}$$

总反应为

$$2[Fe(SCN)_6]^{3-}+Sn^{2+}\rightleftharpoons 2Fe^{2+}+12SCN^-+Sn^{4+}$$

(2) 改变金属离子的氧化还原性。

如果金属离子形成较稳定的配合物，则将改变其氧化或还原的能力，使氧化还原平衡发生移动。若电对中氧化型金属离子形成较稳定的配离子，由于氧化型金属离子的减少，则电极电势会减小。例如：

$$Fe^{3+}+e\rightleftharpoons Fe^{2+}\qquad \varphi^{\ominus}(Fe^{3+}/Fe^{2+})=0.771V$$

$$I_2+2e\rightleftharpoons 2I^-\qquad \varphi^{\ominus}(I_2/I^-)=0.536V$$

由电极电势可知，Fe^{3+}可以把I^-氧化为I_2，其反应为

$$Fe^{3+}+I^- \rightleftharpoons Fe^{2+}+1/2\ I_2$$

如果向该系统中加入F^-，Fe^{3+}立即与F^-形成了$[FeF_6]^{3-}$，降低了Fe^{3+}浓度，因而减弱了Fe^{3+}的氧化能力，使上述氧化还原平衡向左移动，I_2又被还原成I^-。

总反应为

$$2Fe^{2+}+I_2+12F^- \rightleftharpoons 2[FeF_6]^{3-}+2I^-$$

由此可见，在通常情况下，Fe^{3+}可将I^-氧化为I_2；但在有配位剂F^-存在时，由于形成了$[FeF_6]^{3-}$而使Fe^{3+}的氧化性降低，此时Fe^{3+}不仅不能将I^-氧化为I_2，相反，I_2可将Fe^{2+}氧化为Fe^{3+}。

4. 配合物的相互转化与平衡

在一种配离子溶液中，加入能与中心离子形成更稳定配离子的配位剂，则发生配离子的转化。例如，在$[Fe(SCN)_6]^{3-}$溶液中加入NaF，$[Fe(SCN)_6]^{3-}$转化为更稳定的$[FeF_6]^{3-}$：

$$[Fe(SCN)_6]^{3-}+6F^- \rightleftharpoons [FeF_6]^{3-}+6SCN^-$$

$$K^{\ominus}=\frac{c([FeF_6]^{3-})\cdot c^6(SCN^-)}{c([Fe(SCN)_6]^{3-})\cdot c^6(F^-)}=\frac{c([FeF_6]^{3-})\cdot c^6(SCN^-)}{c([Fe(SCN)_6]^{3-})\cdot c^6(F^-)}\cdot\frac{c(Fe^{3+})}{c(Fe^{3+})}$$

$$=\frac{K_f^{\ominus}([FeF_6]^{3-})}{K_f^{\ominus}([Fe(SCN)_6]^{3-})}=\frac{1.0\times10^{16}}{2.29\times10^{3}}\approx6.7\times10^{12}$$

这一转化反应的平衡常数很大，说明转化得很完全。一种配离子转化成另一种配离子的可能性和程度，取决于两种配离子的稳定常数的相对大小。一般情况下，$K_f^{\ominus}$小的配离子容易转化成$K_f^{\ominus}$大的配离子，且$K_f^{\ominus}$相差越大转化得越彻底。

【例8-5】 计算反应

$[Ag(NH_3)_2]^+ + 2CN^- \rightleftharpoons [Ag(CN)_2]^- + 2NH_3$的平衡常数，并判断配位反应进行的方向。已知：$K_f^{\ominus}([Ag(NH_3)_2]^+)=1.12\times10^7$，$K_f^{\ominus}([Ag(CN)_2]^-\})=1.0\times10^{21}$。

解：

$$K^{\ominus}=\frac{c([Ag(CN)_2]^-)\cdot c^2(NH_3)}{c([Ag(NH_3)_2]^+)\cdot c^2(CN-)}=\frac{c([Ag(CN)_2]^-)\cdot c^2(NH_3)}{c([Ag(NH_3)_2]^+)\cdot c^2(CN^-)}\cdot\frac{c(Ag^+)}{c(Ag^+)}$$

$$=\frac{K_f^{\ominus}([Ag(CN)_2]^-)}{K_f^{\ominus}([Ag(NH_3)_2]^+)}=\frac{1.0\times10^{21}}{1.12\times10^{7}}\approx8.9\times10^{13}$$

转化反应的平衡常数很大，所以反应朝生成$[Ag(CN)_2]^-$的方向进行。

8.4 配位化合物的重要性

由于自然界中大多数化合物是以配合物的形式存在，配合物的形成能够更明显地表现出各元素的化学特性，因此，配合物化学所涉及的范围和应用非常广泛。例如，分析技术、金属的分离和提取、化工合成上的配位催化、无机高分子材料、染料、电镀、鞣革、医药和生命科学等方面，都和配合物有密切的关系。本节简要地介绍配合物应用的几个实例。

8.4.1 分析技术

在分析化学的定性检出和定量测定中都经常用到配位化学的原理。例如，一些螯合剂

与某些金属离子生成有色难溶的螯合物，因此可作为检验金属离子的特效试剂；利用有色配离子的形成，使仪器分析中分光光度法的应用范围大大地扩展；利用形成配合物的反应进行滴定分析；利用配合剂与干扰离子发生配位反应来消除干扰离子的影响。这些都是分析化学中常用的方法。

8.4.2 湿法冶金

将含有金、银等单质的矿石放入NaCN(或KCN)的溶液中，经搅拌，借助于空气中氧的作用，使Au和Ag分别形成配合物$[Au(CN)_2]^-$和$[Ag(CN)_2]^-$而溶解。以Au为例，其溶解反应为

$$4Au+8CN^-+2H_2O+O_2 \rightleftharpoons 4[Au(CN)_2]^-+4OH^-$$

然后在溶液中加Zn还原，即可得到Au。还原反应式为

$$2[Au(CN)_2]^-+Zn \rightleftharpoons [Zn(CN)_4]^{2-}+2Au$$

我国铜矿的品位一般较低，通常是采用一种螯合剂（如2-羟基-5-仲辛基二苯甲酮肟等）使铜富集起来。20世纪70年代以来，应用溶剂萃取法回收铜是湿法冶金中一个较为突出的成就。

8.4.3 无机离子的分离和提纯

稀土金属元素的离子半径几乎相等，其化学性质也非常相似，难以用一般的化学方法使之分离。可利用它们和某种螯合物如二苯基-18-冠-6[$C_{20}H_{24}O_6$，简称冠醚]对稀土进行萃取分离。较大、较轻的稀土离子可以和冠醚生成螯合物，易溶于有机溶剂，而重稀土离子则不能形成稳定的配合物。经用冠醚萃取后，重稀土留在水相，而轻金属则进入有机相中。

又如，对含镍矿粉在一定条件下通入CO气体，可得剧毒的液态$[Ni(CO)_4]$(四羰基合镍配合物)，然后再加热使之分解为高纯度的金属镍。钴不能与CO发生上述反应，故可利用这种方法分离镍和钴。

8.4.4 配位催化作用

许多基本有机合成反应，如氧化、氢化、聚合、羰基化等许多重要反应，均可借助于以过渡金属配合物为基础的催化剂来实现，这些反应称为配位催化反应。例如，乙烯在钯配合物上直接氧化制取乙醛的方法已投入生产。首先是在水溶液中，乙烯同Pd^{2+}离子配合成$[(C_2H_4)Pd(H_2O)Cl_2]$，接着它水解成$[(C_2H_4)Pd(OH)Cl_2]^-$离子，最后生成乙醛(CH_3CHO)。同时，Pd^{2+}被还原成金属Pd，又可循环使用。配合催化在石油化学工业、合成橡胶等工业应用非常广泛。

8.4.5 染料工业

配合物被广泛地应用于染料工业，如配位金属染料。有的纤维如羊毛、尼龙（聚酰胺纤维）等对一般染料没有亲和力，染色后牢固度很差。若染色后再用金属盐处理（如铬、铝、铁、铜盐），不仅牢固度增加，而且使颜色加深。羊毛中含有可与金属离子配位的基团，如

羊毛蛋白质，而许多染料也是一种强的配位剂。在染色过程，金属离子与染料和纤维生成一种混合型的配合物，而使染料牢固地固定在纤维上，并由于螯合物的生成而使颜色加深。

8.4.6 电镀与电镀液的处理

为了获得光滑、均匀、附着力强的金属镀层，需要降低电镀液中被镀金属离子的浓度。通常是使金属离子形成配合物，常用的配位体是KCN、酒石酸、柠檬酸等。用过的电镀液中含有的CN^-是剧毒物质，可在电镀废液中加入$FeSO_4$，使之与CN^-配位，形成无毒的$[Fe(CN)_6]^{4-}$，而后排放。电镀废液对水源的污染是非常严重的。当前电镀大都尽量采用无毒电镀液，只在特殊的不得已的情况下才使用氰化物，如应用柠檬酸、焦磷酸、氨三乙酸等配位剂进行无氰电镀。

8.4.7 生命科学中的配合物

配合物在生命机体的正常代谢过程中起着重要的作用。例如，人体和动物体中氧的运载体是肌红蛋白和血红蛋白，它们都含有血红素基团，而血红素是铁的配合物。植物叶中的叶绿素是镁的配合物，它是进行光合作用的基础。生物体内的大多数反应都是在酶的催化下进行的，而许多酶的分子含有以配合形态存在的金属。这些金属往往起着活性中心的作用，如铁酶、锌酶、铜酶和钼酶。酶作为催化剂，其催化效率比一般非生物催化剂高一千万倍至十万亿倍。根据近年的研究，具有固氮活力的固氮酶，是由一个铁蛋白(含铁)和另一个铁钼蛋白(含铁、钼)所组成。通过固氮酶的催化作用能够在常温常压下将空气中的氮气转变成氨。因此，化学模拟固氮是一个重要的基础科学研究课题。此外，硼、铜、钼、锰等微量元素对植物的生理机能也起着十分重要的作用。由于一些微量元素在土壤中易于沉淀，如土壤中的磷常与Fe^{3+}、Al^{3+}形成难溶磷酸盐而不被植物吸收，如果使它们成为水溶性螯合物就能被植物吸收。配合物与生物学各个领域的关系是十分密切的。金属配合物抗癌功能的研究也受到很大重视，如顺式二氯二氨合铂（Ⅱ）$[Pt(NH_3)_2Cl_2]$(简称顺铂)，有显著的肿瘤抑制作用，已广泛应用于临床。

【配合物在医学上的应用】

【金属纳米体系的自组装】

一、思考题

1. 举例说明什么是配合物？它与复盐有何区别？水合物、氨合物是否可认为是配合物？

2. 试用配合物化学的知识来解释下列事实。

(1) 为何大多数过渡元素的配离子是有色的，而大多数Zn(Ⅱ)配离子是无色的？

(2) 为什么大多数的Cu(Ⅱ)配离子的空间构型为平面正方形？

(3) 为何将Cu_2O溶于浓氨水中，得到的溶液是无色的？

(4) 为何AgI不能溶于过量氨水中，却能溶于KCN溶液中？

(5) AgBr沉淀可溶于KCN溶液中，但Ag_2S不溶于KCN溶液中？

(6) 为何CdS能溶于KI溶液中？

(7) 为何用简单的锌盐和铜盐的混合溶液进行电镀，锌和铜不会同时析出。如果在此混合溶液中加入 NaCN 溶液就可以镀出黄铜（铜锌合金）？

3. 市售的用作干燥剂的蓝色硅胶，常掺有蓝色的 Co^{2+} 离子同氯离子键合的配合物，用久后，变为粉红色则无效。

(1) 写出蓝色配离子的化学式。

(2) 写出粉红色配离子的化学式。

(3) Co(Ⅱ)离子的 d 电子数为多少？如何排布？

(4) 写出粉红色、蓝色配离子与水的有关反应式。

4. 用 $NH_3 \cdot H_2O$ 处理含 Ni^{2+} 和 Al^{3+} 离子的溶液，起先得到有色沉淀，继续加氨，沉淀部分溶解形成深蓝色的溶液，剩下的沉淀是白色的。再用过量的碱溶液（如 NaOH 溶液）处理，得到澄清的溶液。如果往澄清溶液中慢慢地加入酸，则又形成白色沉淀，继续加酸则沉淀又溶解。写出每一步反应的离子方程式。

5. 有两种配合物 A 和 B，它们的组成均为 $CoCl_3 \cdot 5NH_3 \cdot H_2O$，根据下列实验事实写出这两种配合物的结构式。

(1) A 和 B 的水溶液均呈弱酸性，加入强碱并加热至沸腾，放出 NH_3，同时有 Co_2O_3 沉淀析出。

(2) 向 A 和 B 的溶液中加入 $AgNO_3$ 溶液，均有白色 AgCl 沉淀析出。

(3) 滤去沉淀，在滤液中再加入 $AgNO_3$，则均无沉淀，但加热至沸腾，A 溶液无变化，而 B 溶液又有白色 AgCl 沉淀生成，其沉淀量为原来 B 溶液沉淀量的一半。

二、练习题

1. 选择题

(1) 下列物质中，在氨水中最容易溶解的是(　　)。

(A) Ag_2S　　(B) AgI　　(C) AgBr　　(D) AgCl

(2) 下列配位体中能作螯合剂的是(　　)。

(A) SCN^-　　(B) H_2NNH_2

(C) SO_4^{2-}　　(D) $H_2NCH_2CH_2NH_2$

(3) 下列配合物能在强酸介质中稳定存在的为(　　)。

(A) $[Ag(NH_3)_2]^+$　　(B) $[FeCl_4]^-$

(C) $[Fe(C_2O_4)_3]^{3-}$　　(D) $[Ag(S_2O_3)_2]^{3-}$

(4) 利用生成配合物而使难溶电解质溶解时，下列哪种情况最有利于沉淀的溶解(　　)。

(A) $\lg K_f^\ominus(MY)$大，$K_{sp}^\ominus$小　　(B) $\lg K_f^\ominus(MY)$大，$K_{sp}^\ominus$大

(C) $\lg K_f^\ominus(MY)$小，$K_{sp}^\ominus$大　　(D) $\lg K_f^\ominus(MY) \gg K_{sp}^\ominus$

(5) 易于形成配离子的金属元素主要位于周期表中的(　　)。

(A) p 区　　(B) d 区和 ds 区　　(C) s 区和 p 区　　(D) s 区

(6) 将过量的 $AgNO_3$ 溶液加入到一定浓度的 $Co(NH_3)_4Cl_3$ 溶液中，产生与配合物等物质的量的 AgCl 沉淀，则可判断该化合物中心原子的氧化数和配位数分别是(　　)。

(A) +2 和 6　　(B) +2 和 4　　(C) +3 和 6　　(D) +3 和 4

(7) 下列配离子属于外轨型的是(　　)。

(A) $[Fe(CN)_6]^{3-}$　　(B) $[Co(CN)_6]^{3-}$　　(C) $[Ni(CN)_4]^{2-}$　　(D) $[FeF_6]^{3-}$

(8) $[FeF_6]^{3-}$配离子杂化轨道的类型是(　　)。

(A) d^2sp^3杂化，内轨型　　(B) sp^3d^2杂化，内轨型

(C) d^2sp^3杂化，外轨型　　(D) sp^3d^2杂化，外轨型

(9) 四异硫氰酸根·二氨合钴(Ⅲ)酸铵的化学式是(　　)。

(A) $(NH_4)_2[Co(SCN)_4(NH_3)_2]$　　(B) $(NH_4)_2[Co(NH_3)_2(SCN)_4]$

(C) $NH_4[Co(NCS)_4(NH_3)_2]$　　(D) $(NH_4)_2[Co(NH_3)_2(NCS)_4]$

(10) 下列物质中，哪一个不适宜做配体(　　)。

(A) $S_2O_3^{2-}$　　(B) H_2O　　(C) Cl^-　　(D) NH_4^+

2. 在 0.20mol·L^{-1} 氨水和 0.20mol·L^{-1} 氯化铵的缓冲溶液中加入等体积的 0.02mol·L^{-1}$[Cu(NH_3)_4]Cl_2$ 溶液，问混合后能否有 $Cu(OH)_2$ 沉淀生成？已知：$K_{sp}^{\ominus}(Cu(OH)_2)=2.2\times10^{-20}$，$K_f^{\ominus}([Cu(NH_3)_4]^{2+})=4.8\times10^{12}$，$K_b^{\ominus}(NH_3)=1.76\times10^{-5}$。

3. 比较 AgCl 在 6.0mol·L^{-1} 氨水和水中的溶解度。已知：$K_{sp}^{\ominus}(AgCl)=1.8\times10^{-10}$，$K_f^{\ominus}([Ag(NH_3)_2]^+)=1.12\times10^7$。

4. 假设体积不变，欲使 0.010mol 的 AgCl 完全溶解在 100L 的水中，需加入多少克 NaCl？已知：$K_f^{\ominus}(AgCl_2^-)=3.0\times10^5$，$K_{sp}^{\ominus}(AgCl)=1.0\times10^{-10}$。

5. 为了把 Cu^{2+} 的量减少到 10^{-13}mol·L^{-1}，则在 0.0010mol·L^{-1} 的 $Cu(NO_3)_2$ 溶液中 NH_3 的浓度应为多少？已知：$[Cu(NH_3)_4]^{2+}$ 的 $K_d^{\ominus}=5.35\times10^{-13}$。

6. 配合物 A 和 B 具有相同的实验式：$Co(NH_3)_3(H_2O)_2ClBr_2$。在一个干燥器中 A 很快失去 1mol 水，而同样条件下 B 不失水。当将 $AgNO_3$ 加入 A 的溶液时，1mol A 可沉淀出 1mol AgBr，而将 $AgNO_3$ 加入 B 的溶液时，1mol B 可沉淀出 2mol AgBr。根据上述现象写出 A 和 B 的化学式。

7. Ag^+ 与 $[Ag(CN)_2]^-$ 可生成 $Ag[Ag(CN)_2]$ 沉淀。计算 $Ag[Ag(CN)_2]$ 在 0.10mol·L^{-1}KCN 中的溶解度。已知：$K_{sp}^{\ominus}Ag[Ag(CN)_2]=2.0\times10^{-12}$，$K_f^{\ominus}[Ag(CN)_2^-]=1.3\times10^{21}$。

8. 城市的净化水设备常常由于水中 $Ca(HCO_3)_2$ 转变为 $CaCO_3$ 而堵塞，为了防止这种现象发生，可加入 $Na_4P_2O_7$ 生成$[CaP_2O_7]^{2-}$，以降低 Ca^{2+} 浓度而不生成 $CaCO_3$ 沉淀。问 1000L 水中(含 Ca^{2+} 约 4.0×10^{-4}mol·L^{-1})应加多少克 $Na_4P_2O_7$？已知：$K_f^{\ominus}[CaP_2O_7]^{2-}=1.0\times10^5$。

9. 在 pH=10 时，欲使 0.10mol·L^{-1} 的 Al^{3+} 溶液不生成 $Al(OH)_3$ 沉淀，问 NaF 浓度至少要多大？已知：$K_{sp}^{\ominus}(Al(OH)_3)=1.3\times10^{-33}$，$K_f^{\ominus}(AlF_6^{3-})=6.94\times10^{19}$。

10. 计算下述平衡 $[Zn(NH_3)_4]^{2+}+4OH^- \rightleftharpoons [Zn(OH)_4]^{2-}+4NH_3$ 的平衡常数。当 NH_3 的浓度为 1.0mol·L^{-1} 时 $c(Zn(NH_3)_4^{2+})/c(Zn(OH)_4^{2-})$ 的值为多少？($K_b^{\ominus}(NH_3)=1.8\times10^{-5}$，$K_f^{\ominus}(Zn(OH)_4^{2-})=3.0\times10^{15}$，$K_f^{\ominus}[Zn(NH_3)_4^{2+}]=2.88\times10^9$)。

第9章 氧化还原反应与电化学

(1) 掌握氧化还原反应的基本概念，能配平氧化还原反应方程式。

(2) 理解电极电势的概念，能用能斯特公式进行有关计算。

(3) 掌握电极电势在有关方面的应用。

(4) 了解原电池电动势与吉布斯函数变的关系。

(5) 掌握元素电势图及其应用。

(6) 了解电解的有关基本理论及其应用，了解金属电化学腐蚀的机理及防护。

根据反应过程中是否有氧化值的变化或电子转移，化学反应基本上可分为两大类：有电子转移或氧化值变化的氧化还原反应和没有电子转移或氧化值无变化的非氧化还原反应。前几章讨论的酸碱反应、沉淀反应和配合反应都是非氧化还原反应，本章讨论氧化还原反应。氧化还原反应对于制备新物质，获取化学热能和电能具有重要的意义，与我们的衣、食、住、行及工农业生产、科学研究都密切相关。据不完全统计，化工生产中约50%以上的反应都涉及氧化还原反应。实际上，整个化学的发展就是从氧化还原反应开始的。所以，有必要对其机理、速率、应用等做深入的探讨，使之得到更广泛的应用。

9.1 氧化还原反应的基本概念

9.1.1 氧化值

1970年，国际纯粹和应用化学联合会(IUPAC)较严格地定义了氧化值的概念：氧化值是指某元素一个原子的表观电荷数，这个电荷数是假设把每一个化学键中的电子指定给电负性更大的原子而求得的。

确定氧化值的一般规则如下。

(1) 在单质中，元素的氧化值为零。

(2) 在中性分子中，所有原子氧化值的代数和等于零。

(3) 在复杂离子中，所有原子的氧化值代数和等于离子的电荷数。单原子离子的氧化值等于它所带的电荷数。

(4) 氧在化合物中的氧化值一般为-2；在过氧化物(如 H_2O_2、Na_2O_2 等)中为-1；在超氧化物(如 KO_2)中为$-\frac{1}{2}$；在 OF_2 中为$+2$。氢在化合物中的氧化值一般为$+1$，仅在与活泼金属生成的离子型氢化物(如 NaH、CaH_2)中为-1。

根据这些规则，就可以确定化合物中其他原子的氧化值。

【例 9-1】 通过计算确定下列化合物中 S 原子的氧化值：

(a) H_2SO_4；(b) $Na_2S_2O_3$；(c) SO_3^{2-}；(d) $S_4O_6^{2-}$。

解： 设题给化合物中 S 的氧化值分别为 x_1、x_2、x_3 和 x_4，根据上述有关规则可得

(a) $2(+1)+1(x_1)+4(-2)=0$，$x_1=+6$

(b) $2(+1)+2(x_2)+3(-2)=0$，$x_2=+2$

(c) $1(x_3)+3(-2)=-2$，$x_3=+4$

(d) $4(x_4)+6(-2)=-2$，$x_4=+2.5$

应该指出的是，在确定有过氧链的化合物中各元素的氧化数时，要写出化合物的结构式，例如，过氧化铬 CrO_5 和过二硫酸根的结构式分别为

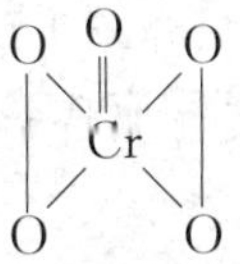

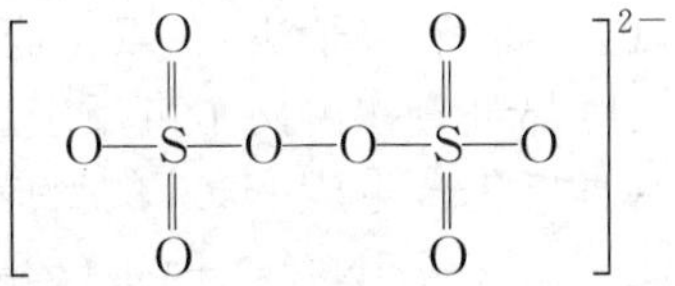

$$\begin{array}{ccccc} O & & O & & O \\ | & \diagdown & \| & \diagup & | \\ | & & Cr & & | \\ | & \diagup & & \diagdown & | \\ O & & & & O \end{array} \qquad \left[\begin{array}{ccccccc} & & O & & & O & \\ & & \| & & & \| & \\ O & - & S & -O-O- & & S & -O \\ & & \| & & & \| & \\ & & O & & & O & \end{array}\right]^{2-}$$

它们的分子中都存在着过氧链。在过氧链中氧的氧化数为-1，因此上述两个化合物中 Cr 和 S 的氧化数均为$+6$。如果将氧的氧化数都看作是-2，则上面两个化合物中 Cr 和 S 的氧化数分别为$+10$ 和$+7$，这显然是与事实不符的。例如，反应

$$K_2Cr_2O_7+4H_2O_2+H_2SO_4 = 2CrO_5+K_2SO_4+5H_2O$$

本不属于氧化还原反应(实际上是一个过氧链转移的反应)，但如果将 CrO_5 中 Cr 的氧化数定为$+10$，那么上述反应就成为氧化还原反应了。又如，反应

$$2Mn^{2+}+5S_2O_8^{2-}+8H_2O \xlongequal{Ag^+} 2MnO_4^-+10SO_4^{2-}+16H^+$$

起氧化作用的是 $S_2O_8^{2-}$ 中的过氧链上的氧原子，其氧化数由-1 变到-2。但如果将 $S_2O_8^{2-}$ 中 S 的氧化数定为$+7$，就会误认为 $S_2O_8^{2-}$ 中 S 起氧化作用，其氧化数由$+7$ 变到$+6$。

9.1.2 氧化与还原

根据氧化值的概念，在一个反应中，氧化值升高的过程称为氧化，氧化值降低的过程称为还原，反应中氧化过程和还原过程同时发生。在化学反应过程中，元素的原子或离子在反应前后氧化值发生变化的一类反应称为氧化还原反应。

在氧化还原反应中，若一种反应物的组成元素的氧化值升高(氧化)，则必有另一种反应物的组成元素的氧化值降低(还原)。氧化值升高的物质称为还原剂，还原剂是使另一种物质还原，本身被氧化，它的反应产物称为氧化产物。氧化值降低的物质称为氧化剂，氧化剂是使另一种物质氧化，本身被还原，它的反应产物称为还原产物。

$$\underset{(氧化剂)}{\overset{+1}{NaClO}} + \underset{(还原剂)}{\overset{+2}{2FeSO_4}} + H_2SO_4 = \underset{(还原产物)}{\overset{-1}{NaCl}} + \underset{(氧化产物)}{\overset{+3}{Fe_2(SO_4)_3}} + H_2O$$

在这个反应中，次氯酸钠是氧化剂，氯元素的氧化值从+1降低到-1，它本身被还原，使硫酸亚铁氧化。硫酸亚铁是还原剂，铁元素的氧化值从+2升高到+3，它本身被氧化，使次氯酸钠还原。在这个反应中，硫酸虽然也参加了反应，但氧化值没有改变，通常称硫酸溶液为介质。如果氧化数的升高和降低都发生在同一化合物中，这种氧化还原反应称为自氧化还原反应，如

$$2K\overset{+5}{Cl}\overset{-2}{O_3} \xrightarrow[\triangle]{MnO_2} 2K\overset{-1}{Cl} + 3\overset{0}{O_2}$$

如果氧化数的升、降都发生在同一物质中的同一元素上，则这种氧化还原反应称为歧化反应，如

$$4K\overset{+5}{Cl}O_3 \overset{\triangle}{=} 3K\overset{+7}{Cl}O_4 + K\overset{-1}{Cl}$$

$$2H_2\overset{-1}{O_2} = 2H_2\overset{-2}{O} + \overset{0}{O_2}$$

歧化反应是自氧化还原反应的一种特殊类型。

9.1.3 氧化还原反应方程式的配平

氧化还原反应往往比较复杂，反应方程式很难用目视法配平。配平这类反应方程式最常用的有半反应法(也称离子-电子法)、氧化值法等，这里只介绍半反应法。

任何氧化还原反应都可看作由两个半反应组成，一个半反应代表氧化，另一个则代表还原。例如，钠与氯直接化合生成 NaCl 的反应

$$2Na(s) + Cl_2(g) = 2NaCl(s)$$

两个半反应是

$$2Na \longrightarrow 2Na^+ + 2e^- \quad (氧化)$$

$$Cl_2 + 2e^- \longrightarrow 2Cl^- \quad (还原)$$

这样的方程式称为离子-电子方程式。

像任何其他化学反应式一样，离子-电子方程式必须反映化学变化过程的实际。氧化值发生变化的元素只能以实际存在的物种出现在方程式中。例如，NO_3^- 离子在酸性溶液中被 H_2S 还原的基本反应为

$$NO_3^- + H_2S \longrightarrow NO + S$$

该式的离子-电子方程式只能是

$$NO_3^- + 3e^- \longrightarrow NO$$

$$H_2S \longrightarrow S + 2e^-$$

像离子方程式一样，离子-电子方程式两端应保持原子和电荷平衡，平衡电荷时既要考虑到离子所带的电荷，也要考虑到电子所带的电荷。上述两个半反应的配平结果如下

$$NO_3^- + 4H^+ + 3e^- \longrightarrow NO + 2H_2O$$

$$H_2S \longrightarrow S + 2H^+ + 2e^-$$

用离子-电子方程式配平氧化还原反应方程式的方法称为离子-电子法，又称半反应法。其具体步骤如下。

(1) 写出未配平的基本反应式(离子方程式)。

(2) 写出未配平的两个离子-电子方程式。

(3) 配平每一个离子-电子方程式的原子数和电荷数。

(4) 如果必要，将两个半反应分别乘以适当的系数，以确保反应中得失的电子数相等。例如，上述两个半反应分别乘以2和3，使反应中得失的电子数均为6：

$$2NO_3^- + 8H^+ + 6e^- \longrightarrow 2NO + 4H_2O$$

$$3H_2S \longrightarrow 3S + 6H^+ + 6e^-$$

(5) 两个半反应相加就得到一个配平的离子反应方程式。例如，上述两个半反应相加，得

$$2NO_3^- + 3H_2S + 2H^+ = 3S + 2NO + 4H_2O$$

在半反应方程式中，如果反应物和生成物内所含的氧原子数目不同，可以根据介质的酸碱性，分别在半反应方程式中加 H^+、加 OH^- 或加 H_2O，并利用水的解离平衡使反应式两边的氧原子数目相等。不同介质条件下配平氧原子的经验规则见表9-1。

表9-1 配平氧原子的经验规则

介质条件	比较方程式两边氧原子数	配平时左边应加入物质	生成物
酸性	左边O多	H^+	H_2O
	左边O少	H_2O	H^+
碱性	左边O多	H_2O	OH^-
	左边O少	OH^-	H_2O
中性(或弱碱性)	左边O多	H_2O	OH^-
	左边O少	H_2O(中性)	H^+
		OH^-(弱碱性)	H_2O

【例9-2】 酸性介质中，$S_2O_8^{2-}$ 能将 Cr^{3+} 氧化为 $Cr_2O_7^{2-}$，自身还原为 SO_4^{2-}，写出配平的离子反应方程式。

解：基本反应

$$S_2O_8^{2-} + Cr^{3+} \longrightarrow Cr_2O_7^{2-} + SO_4^{2-}$$

分解为两个半反应

氧化反应： $Cr^{3+} \longrightarrow Cr_2O_7^{2-}$

还原反应： $S_2O_8^{2-} \longrightarrow SO_4^{2-}$

配平半反应的原子数和电荷数。

$$2Cr^{3+} + 7H_2O = Cr_2O_7^{2-} + 14H^+ + 6e^-$$

$$S_2O_8^{2-} + 2e^- \longrightarrow 2SO_4^{2-}$$

将两个半反应乘以适当的系数后相加，得

$$2Cr^{3+} + 3S_2O_8^{2-} + 7H_2O = Cr_2O_7^{2-} + 6SO_4^{2-} + 14H^+$$

9.2 电极电势概述

9.2.1 原电池

1. 原电池的概念

如果把一片金属锌插入 $CuSO_4$ 溶液中，可以看到蓝色的 $CuSO_4$ 溶液颜色逐渐变浅，而

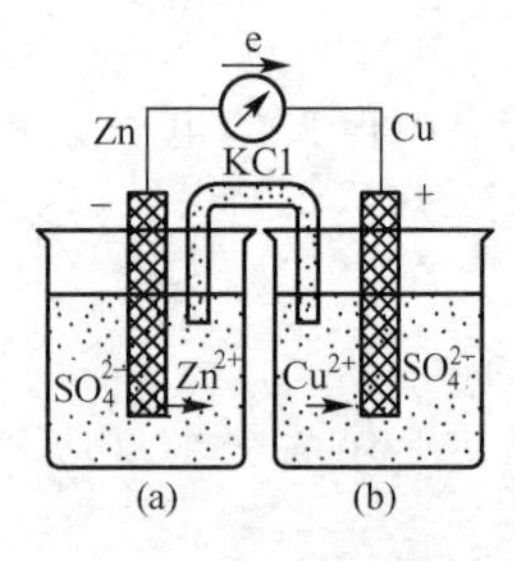

图 9.1 铜-锌原电池

且在 Zn 片上沉积着一层疏松的红色金属铜，这是由于发生了氧化还原反应

$$Zn+Cu^{2+}=\!=\!=Zn^{2+}+Cu$$

在这个反应中，虽然有电子从 Zn 片转移到 Cu^{2+} 离子上，但是由于 Zn 片直接和 Cu^{2+} 离子接触，因而无电流。若将该反应设计在如图 9.1 所示的装置中进行，就可以使电子定向移动而产生电流。这种借助于氧化还原反应，把化学能转变成电能的装置称为原电池。

在图 9.1 的容器(a)中盛有 $1.0mol\cdot L^{-1}$的 $ZnSO_4$ 溶液，并插入一块锌片；容器(b)中盛有 $1.0mol\cdot L^{-1}$的 $CuSO_4$ 溶液，并插入一块铜片。两金属片间用导线串联一个灵敏检流计。当用由饱和 KCl 溶液和琼脂制成的倒置 U 形管作为盐桥将两容器中的溶液联通时，可以观察到：①检流计指针发生偏转(从 Zn 片指向 Cu 片)；②在铜片上有金属铜沉积，而锌片逐渐被溶解(变薄)；③取出盐桥，检流计指针回至零点；④放入盐桥，指针又发生偏转。

电路接通后，检流计指针发生偏转，说明电路中有电流通过。这是由于 Zn 比 Cu 活泼，Zn 在原电池中是电子流出的极，称为负极，放出电子成为 Zn^{2+} 离子，在负极发生了氧化反应；Cu 是电子流入的极，称为正极，溶液中的 Cu^{2+} 离子在铜电极上得到电子而析出金属铜，在正极发生了还原反应。

负极(Zn)　　$Zn-2e^{-}=\!=\!=Zn^{2+}$　　发生氧化反应

正极(Cu)　　$Cu^{2+}+2e^{-}=\!=\!=Cu$　　发生还原反应

由于发生了以上反应，因而可以观察到铜片上有金属铜沉积，锌片逐渐溶解而变薄。原电池中的电极反应是分别在两个半电池中进行的，这种在半电池中进行的反应称为半反应。将两个半反应合并所得到的总反应，称为电池反应，如

$$Zn+Cu^{2+}=\!=\!=Zn^{2+}+Cu$$

随着两个半电池中半反应的进行，在容器(a)中，由于 Zn^{2+} 离子的不断增加，使原来电中性的 $ZnSO_4$ 溶液带正电荷；而容器(b)中，由于 Cu^{2+} 离子的不断沉积，而使电中性的 $CuSO_4$ 溶液带负电荷(SO_4^{2-} 过剩)，这样就阻碍了电子继续从 Zn 片流向 Cu 片。盐桥的作用就是使其中的阳离子(K^{+})向 $CuSO_4$ 溶液迁移，使其中的阴离子(Cl^{-})向 $ZnSO_4$ 溶液中迁移，从而保持 $ZnSO_4$ 溶液和 $CuSO_4$ 溶液的电中性，同时也起到了使整个装置构成闭合回路的作用。因此，观察到放入盐桥时，检流计指针偏转，取出盐桥时，检流计指针回到零的现象。

在原电池中，有的电极参加电极反应，如铜片和锌片；有的电极不参加电极反应，只起导电作用。这种只起导电作用的电极称为惰性电极，常用的有铂和石墨。

每个半电池都是由同一元素不同氧化值的物种构成，其中具有低氧化值的物种称为还原型物种，具有高氧化值的物种称为氧化型物种。同一元素的氧化型物种和其对应的还原型物种构成的整体，称为氧化还原电对。氧化还原电对常用符号 Ox/Red 表示，如 Cu^{2+}/Cu、Zn^{2+}/Zn、H^{+}/H_2、O_2/H_2O、ClO_3^{-}/Cl_2、MnO_4^{-}/Mn^{2+} 等。对应的氧化还原半反应通常表示为还原半反应，即

$$Ox+ne^{-}=\!=\!=Red$$

式中，n 表示半反应中转移的电子数。

2. 原电池符号

原电池的装置可以用符号表示，通常对符号作如下规定。

(1) 半电池中，两相之间的界面以"|"表示，同相的不同物种用","隔开。

(2) 两半电池之间的盐桥或隔膜，用"‖"表示。

(3) 负极写在左边，正极写在右边，分别用符号(－)和(＋)表示。

(4) 溶液要注明活度或浓度，气体要注明分压。

例如，用原电池符号表示 Cu-Zn 原电池

$$(-)Zn|Zn^{2+}(c_1)\|Cu^{2+}(c_2)|Cu(+)$$

(5) 若组成半电池的氧化还原电对没有导电的电极，需借助一根惰性电极起导电作用，但要标明电极材料。有时介质对原电池反应的方向也是有影响的，在原电池符号中也应标明。

【例 9-3】 写出下列电池的电池符号：

(1) $Fe+2H^+(1.0mol \cdot L^{-1})=\!=\!=Fe^{2+}(0.1mol \cdot L^{-1})+H_2(100kPa)$

(2) $MnO_4^-(0.1mol \cdot L^{-1})+5Fe^{2+}(0.1mol \cdot L^{-1})+8H^+(1.0mol \cdot L^{-1})$

$$=\!=\!=Mn^{2+}(0.1mol \cdot L^{-1})+5Fe^{3+}(0.1mol \cdot L^{-1})+4H_2O$$

解： (1) $(-)Fe(s)|Fe^{2+}(0.1mol \cdot L^{-1})\|H^+(1.0mol \cdot L^{-1})|H_2(100kPa), Pt(+)$

(2) $(-)Pt|Fe^{2+}(0.1mol \cdot L^{-1}), Fe^{3+}(0.1mol \cdot L^{-1})\|MnO_4^-(0.1mol \cdot L^{-1}), Mn^{2+}(0.1mol \cdot L^{-1}), H^+(1.0mol \cdot L^{-1})|Pt(+)$

3. 常见电极的分类

电极是电池的基本组成部分，众多的氧化还原反应对应各种各样的电极，根据电极的组成不同，常见电极分为以下四种类型。

(1) 金属-金属离子电极。这类电极是由金属及其离子的溶液组成。例如，Cu^{2+}/Cu 对应的电极属这类电极。

电极反应：　　$Cu^{2+}+2e^- \rightleftharpoons Cu$

电极符号：　　$Cu(s)|Cu^{2+}(c)$

(2) 气体-离子电极。这类电极是由气体与其饱和的离子溶液及惰性电极材料组成。如氢电极。

电极反应：　　$2H^++2e^- \rightleftharpoons H_2$

电极符号：　　$Pt, H_2(p)|H^+(c)$

(3) 均相氧化还原电极。这类电极是由同一元素不同氧化数对应的物质、介质及惰性电极材料组成，如电对 $Cr_2O_7^{2-}/Cr^{3+}$ 对应的电极。

电极反应：　　$Cr_2O_7^{2-}+14H^++6e^- \rightleftharpoons 2Cr^{3+}+7H_2O$

电极符号：　　$Pt|Cr_2O_7^{2-}(c_1), Cr^{3+}(c_2), H^+(c_3)$

(4) 金属-金属难溶盐-阴离子电极。这类电极的构成较为复杂，它是将金属表面涂以该金属难溶盐后，将其浸入与难溶盐有相同阴离子的溶液中构成的，如氯化银电极。

【纳米微电极及其应用】

电极反应：　　$AgCl+e^- \rightleftharpoons Ag+Cl^-$

电极符号：　　$Ag(s), AgCl(s)|Cl^-(c)$

金属-金属难溶盐-阴离子电极又称固体电极。这类电极性质稳定，经常用作参比电极。实验室常用的甘汞电极属于这类电极。

9.2.2 电极电势

在上述铜锌原电池中，为什么电子从 Zn 原子转移给 Cu^{2+} 离子而不是从 Cu 原子转移给 Zn^{2+} 离子？这是由于 Cu 电极与 Zn 电极电势不同所致。

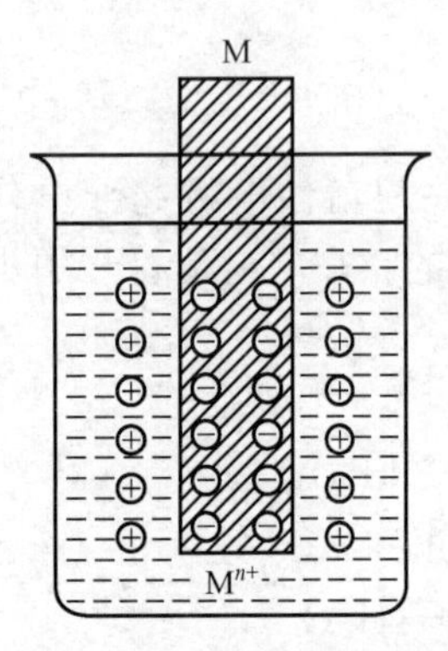

图 9.2 金属的电极电势

当把金属 M 棒放入它的盐溶液中时，一方面金属 M 表面构成晶格的金属原子和极性大的水分子互相吸引，失去电子以水合离子 $M^{n+}(aq)$的形式进入溶液，金属越活泼，溶液越稀，这种倾向越大；另一方面，盐溶液中的 $M^{n+}(aq)$离子可以从金属 M 表面获得电子而沉积在金属表面上，金属越不活泼，溶液越浓，这种倾向越大。这两种对立着的倾向在某种条件下达到暂时的平衡。

$$M \rightleftharpoons M^{n+}(aq) + ne^-$$

在某一给定浓度的溶液中，若失去电子的倾向大于获得电子的倾向，到达平衡时的最后结果将是金属离子 M^{n+} 进入溶液，使金属棒上带负电，靠近金属棒附近的溶液带正电，如图 9.2 所示。这时，在金属和盐溶液之间产生电位差，这种产生在金属和它的盐溶液之间的电势称为金属的电极电势。金属的电极电势除与金属本身的活泼性和金属离子在溶液中的浓度有关外，还与温度有关。

在铜锌原电池中，Zn 片与 Cu 片分别插在它们各自的盐溶液中，构成 Zn^{2+}/Zn 电极与 Cu^{2+}/Cu 电极。实验告诉我们，如将两电极连以导线，电子流将由锌电极流向铜电极。这说明 Zn 片上留下的电子要比 Cu 片上多，也就是 Zn^{2+}/Zn 电极的上述平衡比 Cu^{2+}/Cu 电极的平衡更偏于右方，或 Zn^{2+}/Zn 电对与 Cu^{2+}/Cu 电对两者具有不同的电极电势，Zn^{2+}/Zn 电对的电极电势比 Cu^{2+}/Cu 电对要负一些。由于两电极电势不同，连以导线，电子流(或电流)得以定向通过。

9.2.3 标准电极电势

1. 标准氢电极

事实上，电极电势的绝对值目前尚无法测定，只能选定某一电对的电极电势作为参比标准，将其他电对的电极电势与它比较而求出各电对平衡电势的相对值。通常选作标准的是标准氢电极(standard hydrogen electrode，SHE)，如图 9.3 所示。其电极可表示为

$$Pt|H_2(100kPa)|H^+(1.0mol \cdot L^{-1})$$

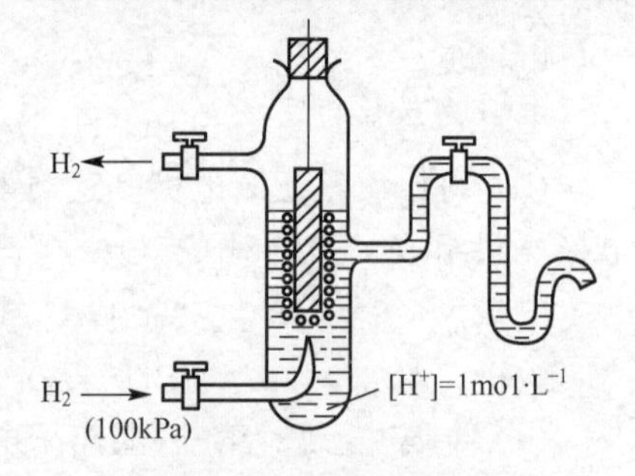

图 9.3 标准氢电池

标准氢电极是将铂片镀上一层蓬松的铂(称铂黑)，并把它浸入 H^+ 浓度[①]为 $1mol \cdot L^{-1}$ 的稀硫酸溶液中，

① 严格地说，应是 H^+ 离子的活度 $a_{H^+}=1$，在稀溶液中活度可用浓度近似代替。

在 298.15K 时不断通入压力为 100kPa 的纯氢气流，这时氢被铂黑所吸收，此时被氢饱和了的铂片就像由氢气构成的电极一样。铂片在标准氢电极中只是作为电子的导体和氢气的载体，并未参加反应。H_2电极与溶液中的 H^+ 建立了如下平衡。

$$H_2(g) \rightleftharpoons 2H^+(aq) + 2e^-$$

这样，在标准氢电极和具有上述浓度的 H^+ 之间的电极电势称为标准氢电极的电极电势，人们规定它为零，即 $\varphi^{\ominus}(H^+/H_2)=0.0000V$。用标准氢电极与其他电极组成原电池，通过测定该原电池的电动势就可以计算各种电极的电极电势。

2. 标准电极电势

如果参加电极反应的物质均处于标准态，这时的电极称为标准电极，对应的电极电势称为标准电极电势，用 $\varphi^{\ominus}$ 表示，SI 单位为 V，通常测定时的温度为 298.15K。所谓标准态是指组成电极的离子的浓度为 $1.0mol \cdot L^{-1}$，气体的分压为 100kPa，液体或固体都是纯净物质，温度可以任意指定，但通常为 298.15K。如果原电池的两个电极均为标准电极，这时的电池称为标准电池，对应的电动势称为标准电池电动势，用 $E^{\ominus}$ 表示。

$$E^{\ominus}=\varphi_{+}^{\ominus}-\varphi_{-}^{\ominus} \tag{9-1}$$

3. 甘汞电极

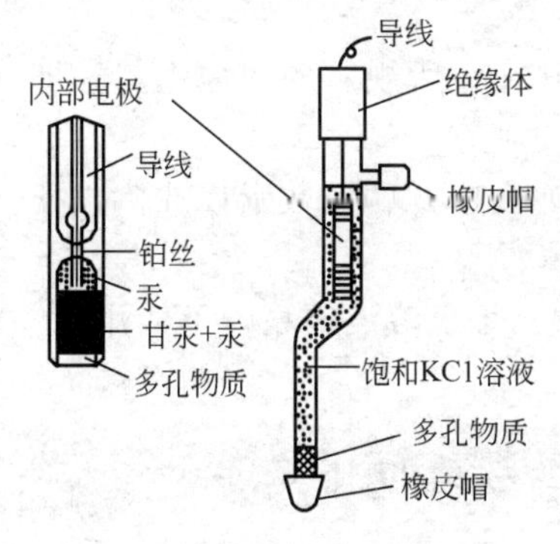

图 9.4 甘汞电极示意图

标准氢电极要求氢气的纯度很高，并要求氢气压力稳定。另外，铂在溶液中还易吸附其他组分，产生中毒失活现象，所以其制备和使用条件十分苛刻。因此，在实际应用中，往往采用易于制备、使用方便，而且其电极电势稳定的甘汞电极作为参比电极。参比电极的电势可根据标准氢电极准确测定。

甘汞电极是金属汞和 Hg_2Cl_2 及 KCl 溶液组成的电极，其构造如图 9.4 所示。内玻璃管中封接一根铂丝，铂丝插入纯汞中(厚度为 0.5～1cm)，下面有一层甘汞(Hg_2Cl_2)和汞的糊状物，外玻璃管中装入 KCl 溶液。电极下端与待测溶液的接触部分是熔结陶瓷芯或玻璃砂芯等多孔物质。

甘汞电极的符号为

$$Pt, Hg, Hg_2Cl_2 | Cl^-(c)$$

其电极反应为

$$Hg_2Cl_2(s) + 2e^- = 2Hg(l) + 2Cl^-(aq)$$

甘汞电极的电极电势与 Cl^- 浓度有关，通常用饱和 KCl 溶液，称为饱和甘汞电极。它的电极电势是一定的，在 25℃时其电极电势为+0.2415V。饱和甘汞电极常作为参比电极使用，比标准氢电极方便、优越。

4. 标准电极电势的测定

将待测电极与标准氢电极组成原电池，用检流计确定电池的正负极，用电位计测得电池的电动势即可求出待测电极的标准电极电势。

例如，测定 298K 锌电极的标准电极电势 $\varphi^{\ominus}(Zn^{2+}/Zn)$：将标准锌电极与标准氢电极组成原电池。实验测得，锌为负极，电池的标准电动势 $E^{\ominus}=+0.76V$。

电池符号为

$$(-)Zn(s)|Zn^{2+}(1.0mol\cdot L^{-1})\parallel H^{+}(1.0mol\cdot L^{-1})|H_2(100kPa)|Pt(+)$$

$$E^{\ominus}=\varphi^{\ominus}(H^{+}/H_2)-\varphi^{\ominus}(Zn^{2+}/Zn)$$

$$\varphi^{\ominus}(Zn^{2+}/Zn)=\varphi^{\ominus}(H^{+}/H_2)-E^{\ominus}=0V-0.76V=-0.76V$$

用相同的方法测得下面电池(298K)：

$$(-)Pt|H_2(100kPa)|H^{+}(1.0mol\cdot L^{-1})\parallel Ag^{+}(1.0mol\cdot L^{-1})|Ag(s)(+)$$

$$E^{\ominus}=+0.799V$$

由 $E^{\ominus}=\varphi^{\ominus}(Ag^{+}/Ag)-\varphi^{\ominus}(H^{+}/H_2)$，则 $0.799=\varphi^{\ominus}(Ag^{+}/Ag)-0$，即

$$\varphi^{\ominus}(Ag^{+}/Ag)=+0.799V$$

其他电极的标准电极电势可用类似的方法得到。附录Ⅶ中给出了一些电极的标准电极电势。

在实际工作中，通常是用待测电极与饱和甘汞电极组成原电池来进行测量的。

电极电势是表示氧化还原电对所对应的氧化型物质或还原型物质得失电子能力(即氧化还原能力)相对大小的一个物理量。电极电势代数值越小，电对所对应的还原型物质还原能力越强，氧化型物质氧化能力越弱；电极电势代数值越大，电对所对应的还原型物质还原能力越弱，氧化型物质氧化能力越强。使用标准电极电势表时应注意以下几点。

(1) 本书采用1953年国际纯粹和应用化学联合会(IUPAC)所规定的还原电势，即认为Zn比H_2更容易失去电子，$\varphi^{\ominus}(Zn^{2+}/Zn)$为负值。

(2) 电极电势是强度性质，没有加合性。即无论半电池反应式的系数乘以或除以任何实数，$\varphi^{\ominus}$值仍然不变。

(3) $\varphi^{\ominus}$是水溶液体系的标准电极电势。对于非标准态、非水溶液体系，不能用$\varphi^{\ominus}$比较物质的氧化还原能力。

9.2.4 原电池的电动势和化学反应吉布斯函数之间的关系

在等温等压下，体系吉布斯函数的减少，等于体系所做的最大有用功(非膨胀功)。在电池反应中，如果非膨胀功只有电功一种，那么反应过程中吉布斯函数的降低值就等于电池所做的最大电功，即

$$\Delta_r G_m=-W(\text{电池电功})$$

$$\text{电池电功}=\text{电池电动势}\times\text{电量}$$

$$\text{电动势}\ E=\varphi_{\text{正极}}-\varphi_{\text{负极}}$$

因1个电子的电量为1.602×10^{-19}C，则1mol电子的电量为96485C。如反应过程有$n$mol电子转移，其电量为nF(其中F为法拉第常量，$F=96485C\cdot mol^{-1}$)，所以电池电功为

$$W=EQ=nFE$$

$$\Delta_r G_m=-nFE \qquad (9-2)$$

若电池中所有物质都处于标准状态，电池的电动势就是标准电动势$E^{\ominus}$。这时的$\Delta_r G_m$就是标准摩尔吉布斯函数变$\Delta_r G_m^{\ominus}$，则上式可以写为

$$\Delta_r G_m^{\ominus}=-nFE^{\ominus} \qquad (9-3)$$

式中，F的单位为$C\cdot mol^{-1}$，$E^{\ominus}$的单位为V，n为氧化还原方程式中的得失电子数。

这个关系式把热力学和电化学联系起来。根据原电池的电动势 $E^{\ominus}$，可以求出该电池的最大电功，以及反应的标准摩尔吉布斯函数变 $\Delta_r G_m^{\ominus}$。反之，若已知某个氧化-还原反应的标准摩尔吉布斯函数变 $\Delta_r G_m^{\ominus}$ 的数据，就可求得该反应所构成原电池的电动势 $E^{\ominus}$。由 $\Delta_r G_m^{\ominus}$（或 $E^{\ominus}$）可判断氧化还原反应进行的方向和限度。

【例 9-4】 若把下列反应设计成电池，求电池的电动势 $E^{\ominus}$ 及反应的 $\Delta_r G_m^{\ominus}$。

$$Cr_2O_7{}^{2-} + 6Cl^- + 14H^+ = 2Cr^{3+} + 3Cl_2 + 7H_2O$$

解： 正极的电极反应 $Cr_2O_7^{2-} + 14H^+ + 6e^- \longrightarrow 2Cr^{3+} + 7H_2O$ $\varphi_+^{\ominus} = 1.330V$

负极的电极反应 $Cl_2 + 2e \longrightarrow 2Cl^-$ $\varphi_-^{\ominus} = 1.358V$

$$E^{\ominus} = \varphi_+^{\ominus} - \varphi_-^{\ominus} = 1.330 - 1.358 = -0.028(V)$$

$$\Delta_r G_m^{\ominus} = -nFE^{\ominus} = -6 \times 96485 \times (-0.028) \approx 1.6 \times 10^4 (J \cdot mol^{-1})$$

9.2.5 能斯特公式

标准电极电势是在标准态及温度通常为298.15K时测得的。但化学反应往往是在非标准态下进行的，当浓度和温度改变时，电极电势也随之改变。影响电极电势的因素主要有电极的本性、氧化型(Ox)和还原型(Red)物种的浓度(或分压)及温度等。

德国科学家能斯特(Nernst)从理论上推导出电极电势与反应温度、反应物的浓度(或分压)的定量关系式，称为能斯特公式。

【能斯特——电化学理论创始人】

电极反应： $a\text{Ox} + ne^- \rightleftharpoons b\text{Red}$

能斯特公式为

$$\varphi = \varphi^{\ominus} + \frac{RT}{nF} \ln \frac{c^a(\text{Ox})}{c^b(\text{Red})} \tag{9-4}$$

式中，R为摩尔气体常数；F 为法拉第常数，取值96485C·mol^{-1}；n 为电极反应的电荷数；T 为反应的热力学温度。

氧化还原反应一般在常温下进行，如反应不特别指明温度，通常指反应是在298K下进行的。在298K时，式(9-4)可改写为

$$\varphi = \varphi^{\ominus} + \frac{8.314 \times 298 \times 2.303}{n \times 96485} \lg \frac{c^a(\text{Ox})}{c^b(\text{Red})}$$

则

$$\varphi = \varphi^{\ominus} + \frac{0.0592}{n} \lg \frac{c^a(\text{Ox})}{c^b(\text{Red})} \tag{9-5}$$

式中，φ 的单位为伏特(V)。

使用能斯特公式时，应注意以下问题。

(1) 电极反应中的纯固体、纯液体及稀溶液中的溶剂，它们的相对浓度值(严格地说应为活度)可以取1。

(2) 对电极反应中的气体物质，能斯特公式中的相对浓度值代表相对分压。

(3) 电极反应中，若除了Ox、Red物种外，还有其他物种，如 H^+、OH^- 等，也必须将这些物种列在能斯特公式中。

例如：

$Cu^{2+} + 2e^- = Cu$ 的能斯特公式为

$$\varphi(Cu^{2+}/Cu)=\varphi^{\ominus}(Cu^{2+}/Cu)+\frac{0.0592}{2}\lg c(Cu^{2+})$$

$Br_2(l)+2e^- \!=\!=\!= 2Br^-$ 的能斯特公式为

$$\varphi(Br_2/Br^-)=\varphi^{\ominus}(Br_2/Br^-)+\frac{0.0592}{2}\lg\frac{1}{c^2(Br^-)}$$

$Cl_2(g)+2e^- \!=\!=\!= 2Cl^-$ 的能斯特公式为

$$\varphi(Cl_2/Cl^-)=\varphi^{\ominus}(Cl_2/Cl^-)+\frac{0.0592}{2}\lg\frac{p(Cl_2)/p^{\ominus}}{c^2(Cl^-)}$$

$Cr_2O_7^{2-}+14H^+ +6e^- \!=\!=\!= 2Cr^{3+}+7H_2O$ 的能斯特公式为

$$\varphi(Cr_2O_7^{2-}/Cr^{3+})=\varphi^{\ominus}(Cr_2O_7^{2-}/Cr^{3+})+\frac{0.0592}{6}\lg\frac{c(Cr_2O_7^{2-})\cdot c^{14}(H^+)}{c^2(Cr^{3+})}$$

$O_2+2H_2O+4e^- \!=\!=\!= 4OH^-$ 的能斯特公式为

$$\varphi(O_2/OH^-)=\varphi^{\ominus}(O_2/OH^-)+\frac{0.0592}{4}\lg\frac{p(O_2)/p^{\ominus}}{c^4(OH^-)}$$

能斯特公式有适用于电极反应和电池反应的两种形式，将电池反应的两个半反应的能斯特公式合并即得电池反应的能斯特方程。

$$E=E^{\ominus}-\frac{RT}{nF}\ln Q \qquad (9-6)$$

在 298K 时，有

$$E=E^{\ominus}-\frac{0.0592}{n}\lg Q \qquad (9-7)$$

式中，Q 称为化学反应的反应商，n 为氧化还原反应中所转移的电子总数。

9.2.6 电极物质浓度对电极电势的影响

对于特定的电极，在一定的温度下，电极中氧化型(Ox)物质和还原型(Red)物质的相对浓度决定电极电势的高低。$\frac{c(\text{氧化型})}{c(\text{还原型})}$越大，电极电势值越高；$\frac{c(\text{氧化型})}{c(\text{还原型})}$越小，电极电势值越低。

1. 电对物质本身浓度变化对电极电势的影响

下面以例 9-5 来说明电对物质本身浓度变化对电极电势的影响。

【例 9-5】 已知 $Fe^{3+}+e^- \!=\!=\!= Fe^{2+}$，$\varphi^{\ominus}=0.771V$。试求 $c(Fe^{3+})/c(Fe^{2+})=10000$ 时的 $\varphi(Fe^{3+}/Fe^{2+})$值。

解：

$$\begin{aligned}\varphi&=\varphi^{\ominus}+\frac{0.0592}{n}\lg\frac{c(\text{氧化型})}{c(\text{还原型})}\\&=0.771+\frac{0.0592}{1}\lg 10^4\\&=0.771+0.0592\times 4\\&\approx 1.01V\end{aligned}$$

即随着 Fe^{2+} 浓度降低至原来的 $1/10^4$，电极电势升高了 0.236V，作为氧化剂的 Fe^{3+} 夺取电子的能力增强。这和化学平衡移动的概念是一致的，也就是说 Fe^{2+} 浓度降低，促使平衡向右移动。

计算结果表明，还原型物质浓度降低，电极电势升高，氧化还原电对氧化型物质的氧化能力增强，还原型物质的还原能力减弱；若增加氧化型物质浓度，也会使电极电势升高。反之，若降低氧化型物质浓度或增加还原型物质的浓度，则使电极电势降低，电对中氧化型物质的氧化能力减弱，还原型物质的还原能力增强。

2. 沉淀的生成对电极电势的影响

下面以例9－6来说明沉淀的生成对电极电势的影响。

【例9－6】 在含Cu^{2+}和Cu^{+}离子的溶液中，加入KI达到平衡时，$c(I^-)=c(Cu^{2+})=1.0mol\cdot L^{-1}$。已知：$K_{sp}^{\ominus}(CuI)=1.1\times10^{-12}$。计算298K时$\varphi(Cu^{2+}/Cu^{+})$的值。

解： 因为$Cu^{2+}+e^-\rightleftharpoons Cu^+$，知$\varphi^{\ominus}=0.153V$，又$Cu^++I^-\rightleftharpoons CuI(s)$，使$c(Cu^+)$降低，则

$$c(Cu^+)=\frac{K_{sp}^{\ominus}(CuI)}{c(I^-)}=\frac{1.1\times10^{-12}}{1.0}=1.1\times10^{-12}(mol\cdot L^{-1})$$

$$\varphi(Cu^{2+}/Cu^+)=\varphi^{\ominus}(Cu^{2+}/Cu^+)+\frac{0.0592}{1}\lg\frac{c(Cu^{2+})}{c(Cu^+)}$$

$$=0.153+0.0592\lg\frac{1.0}{1.1\times10^{-12}}\approx0.859(V)$$

上例说明，若在溶液中加入能与电对中的氧化型或还原型物质生成沉淀的物质，会明显改变电对的电极电势，影响氧化型的氧化能力和还原型的还原能力。

3. 配合物的生成对电极电势的影响

在电极中加入配位剂使其与氧化型物质或还原型物质生成稳定的配合物，则溶液中游离的氧化型物质或还原型物质的浓度明显降低，从而使电极电势发生变化。

【例9－7】 298K时，向标准铜电极中加入氨水，使平衡时$c(NH_3)=c([Cu(NH_3)_4]^{2+})=1.0mol\cdot L^{-1}$，求$\varphi(Cu^{2+}/Cu)$值。

解： 电极反应为

$$Cu^{2+}+2e^-\rightleftharpoons Cu \quad \varphi^{\ominus}(Cu^{2+}/Cu^+)=0.34V$$

加入NH_3后，有

$$Cu^{2+}+4NH_3\rightleftharpoons[Cu(NH_3)_4]^{2+} \quad K_f^{\ominus}([Cu(NH_3)_4]^{2+})=2.09\times10^{13}$$

当$c(NH_3)=c([Cu(NH_3)_4]^{2+})=1.0mol\cdot L^{-1}$时，

$$c(Cu^{2+})=\frac{1}{K_f^{\ominus}([Cu(NH_3)_4]^{2+})}$$

$$\varphi(Cu^{2+}/Cu)=\varphi^{\ominus}(Cu^{2+}/Cu)+\frac{0.0592}{2}\lg c(Cu^{2+})$$

$$=\varphi^{\ominus}(Cu^{2+}/Cu)+\frac{0.0592}{2}\lg\frac{1}{K_f^{\ominus}([Cu(NH_3)_4]^{2+})}$$

$$=0.34+\frac{0.0592}{2}\lg\frac{1}{2.09\times10^{13}}$$

$$\approx-0.05(V)$$

此时的电极对应另一类新电极，即$[Cu(NH_3)_4]^{2+}/Cu$电极，电极反应为

$$[Cu(NH_3)_4]^{2+}+2e^-\rightleftharpoons Cu+4NH_3 \quad \varphi^{\ominus}([Cu(NH_3)_4]^{2+}/Cu)=-0.05V$$

由上面的计算过程可知，这类电极的$\varphi^{\ominus}$值除与原来电极的$\varphi^{\ominus}$值有关外，还与生成配合物的稳定性有关。当氧化型物质生成配合物时，配合物的稳定性越大，对应电

极的 $\varphi^{\ominus}$ 值越低。当还原型物质生成配合物时，生成配合物的稳定性越大，对应电极的 $\varphi^{\ominus}$ 值越高。

4. 酸度对电极电势的影响

由能斯特公式可知，如果 OH^- 或 H^+ 参与了电极反应，则溶液的酸度变化会引起电极电势的变化。

【例 9-8】 已知：$Cr_2O_7^{2-}+14H^++6e^- \rightleftharpoons 2Cr^{3+}+7H_2O$，$\varphi^{\ominus}=1.33V$。当其他条件同标准态时，求 pH=3.00 时的电极电势。

解：

$$c(Cr_2O_7^{2-})=c(Cr^{3+})=1.0mol \cdot L^{-1}$$

$$c(H^+)=1.0\times10^{-3}mol \cdot L^{-1}$$

则

$$\varphi=\varphi^{\ominus}+\frac{0.0592}{6}\lg\frac{c(Cr_2O_7^{2-})c^{14}(H^+)}{c^2(Cr^{3+})}$$

$$=1.33+\frac{0.0592}{6}\lg(1.0\times10^{-3})^{14}\approx0.92(V)$$

计算表明，$K_2Cr_2O_7$ 的氧化能力随溶液酸度的增加而增加，随溶液酸度的降低而减弱。在实验室或工厂中，$K_2Cr_2O_7$ 总是在较强的酸液中用作氧化剂。

9.2.7 条件电极电势

实验发现，利用式(9-4)计算得到的电极电势数值与实际测量值有较大的偏差。产生偏差的原因是：①忽略了离子强度(以浓度代替活度)；②氧化型物质和还原型物质可能存在的其他型体(副反应)对电极电势的影响。但在实际工作中，溶液的离子强度常常较大，电极物质的副反应比较多，它们对电极电势的影响往往比较大，不能忽略。因此在利用电极电势讨论物质的氧化还原能力时，必须考虑离子强度及副反应对电极电势的影响。

1. 副反应系数

电极物质易与介质中的某些物质发生反应，结果使实际游离浓度小于理论值。下面以 HCl 介质中 Fe^{3+}/Fe^{2+} 电极为例来说明氧化还原过程中发生的副反应。

电极反应：

$$Fe^{3+}+e^- \rightleftharpoons Fe^{2+}$$

Fe^{3+}、Fe^{2+} 还易与 H_2O、Cl^- 等发生下列副反应：

$$Fe^{3+}+H_2O \longrightarrow Fe(OH)^{2+}+H^+ \xrightarrow{H_2O} Fe(OH)_2^+ \cdots$$

$$Fe^{3+}+Cl^- \longrightarrow FeCl^{2+} \xrightarrow{Cl^-} FeCl_2^+ \cdots$$

Fe^{2+} 也可发生与 Fe^{3+} 类似的副反应。若以 c(FeⅢ)、c(FeⅡ)分别表示 Fe^{3+}、Fe^{2+} 的分析浓度(即总浓度)，则有

$$c(\text{FeⅢ})=c(Fe^{3+})+c(Fe(OH)^{2+})+\cdots+c(FeCl^{2+})+\cdots$$

$$c(\text{FeⅡ})=c(Fe^{2+})+c(Fe(OH)^{+})+\cdots+c(FeCl^{+})+\cdots$$

则 Fe^{3+}、Fe^{2+} 的副反应系数分别定义为

$$\alpha(Fe^{3+})=\frac{c(\text{FeⅢ})}{c(Fe^{3+})},\ \alpha(Fe^{2+})=\frac{c(\text{FeⅡ})}{c(Fe^{2+})}$$

游离的 Fe^{3+} 、Fe^{2+} 的平衡浓度分别为

$$c(Fe^{3+})=\frac{c(Fe\text{Ⅲ})}{\alpha(Fe^{3+})}, c(Fe^{2+})=\frac{c(Fe\text{Ⅱ})}{\alpha(Fe^{2+})}$$

2. 条件电极电势

如果考虑到离子强度及副反应的影响，对 $Fe^{3+}+e^{-}\rightleftharpoons Fe^{2+}$ 的能斯特公式有下列形式(298K 时)：

$$\varphi(Fe^{3+}/Fe^{2+})=\varphi^{\ominus}(Fe^{3+}/Fe^{2+})+\frac{0.0592}{n}\lg\frac{\gamma(Fe^{3+})\alpha(Fe^{2+})c(Fe\text{Ⅲ})}{\gamma(Fe^{2+})\alpha(Fe^{3+})c(Fe\text{Ⅱ})} \quad (9-8)$$

式(9-8)是考虑上面两个因素后的能斯特公式。但当溶液的离子强度较大，副反应较多时，活度系数 γ 和副反应系数 α 都不易求得。为了简化，将式(9-8)写成下列形式。

$$\varphi(Fe^{3+}/Fe^{2+})=\varphi^{\ominus}(Fe^{3+}/Fe^{2+})+\frac{0.0592}{n}\lg\frac{\gamma(Fe^{3+})\alpha(Fe^{2+})}{\gamma(Fe^{2+})\alpha(Fe^{3+})}+\frac{0.0592}{n}\lg\frac{c(Fe)}{c(Fe)}$$

考虑到 γ、α 在条件一定时数值固定，上式的前两项合并为一常数，用 $\varphi^{\ominus\prime}(Fe^{3+}/Fe^{2+})$ 表示。

$$\varphi^{\ominus\prime}(Fe^{3+}/Fe^{2+})=\varphi^{\ominus}(Fe^{3+}/Fe^{2+})+\frac{0.0592}{n}\lg\frac{\gamma(Fe^{3+})\alpha(Fe^{2+})}{\gamma(Fe^{2+})\alpha(Fe^{3+})}$$

$\varphi^{\ominus\prime}(Fe^{3+}/Fe^{2+})$称为条件电极电势。它是在特定的条件下，氧化型和还原型物质的浓度均为 $1.0mol\cdot L^{-1}$，并校正了各种因素的影响后的实际电势。引入条件电极电势后，式(9-8)变为

$$\varphi(Fe^{3+}/Fe^{2+})=\varphi^{\ominus\prime}(Fe^{3+}/Fe^{2+})+\frac{0.0592}{n}\lg\frac{c(Fe\text{Ⅲ})}{c(Fe\text{Ⅱ})} \quad (9-9)$$

条件电极电势的引入使处理分析化学中的问题更方便，更符合实际。附录Ⅷ中列出了部分电极的条件电势。各种条件下的条件电势是由实验测得的。目前，条件电极电势的数据比较少，实际应用时，亦可采用条件相近的 $\varphi^{\ominus\prime}$ 或用标准电极电势数值做近似处理。

【例 9-9】 计算 298K、$3.0mol\cdot L^{-1}$ HCl 条件下，电极 $Cr_2O_7^{2-}+14H^{+}+6e^{-}\rightleftharpoons 2Cr^{3+}+7H_2O$ 的 $\varphi(Cr_2O_7^{2-}/Cr^{3+})$值并与由标准电极电势计算的结果进行比较。已知：$c(Cr_2O_7^{2-})=c(Cr^{3+})=0.10mol\cdot L^{-1}$。

解：

$$Cr_2O_7^{2-}+14H^{+}+6e^{-}\rightleftharpoons 2Cr^{3+}+7H_2O$$

$$\varphi^{\ominus}(Cr_2O_7^{2-}/Cr^{3+})=1.33V, \varphi^{\ominus\prime}(Cr_2O_7^{2-}/Cr^{3+})=1.08V$$

(1) 由标准电极电势计算：

$$\varphi(Cr_2O_7^{2-}/Cr^{3+})=\varphi^{\ominus}(Cr_2O_7^{2-}/Cr^{3+})+\frac{0.0592}{n}\lg\frac{c(Cr_2O_7^{2-})c^{14}(H^{+})}{c^{2}(Cr^{3+})}$$

$$=1.33+\frac{0.0592}{6}\lg\frac{0.10\times3.0^{14}}{0.10^{2}}\approx1.30(V)$$

(2) 由条件电极电势计算

$$\varphi(Cr_2O_7^{2-}/Cr^{3+})=\varphi^{\ominus\prime}(Cr_2O_7^{2-}/Cr^{3+})+\frac{0.0592}{n}\lg\frac{c(Cr_2O_7^{2-})}{c^{2}(Cr^{3+})}$$

$$=1.08+\frac{0.0592}{6}\lg\frac{0.10}{0.10^{2}}\approx1.09(V)$$

计算表明，在实验条件下的电极电势比由标准电极电势计算的值低，说明 $Cr_2O_7^{2-}$ 的氧化能力比理论预测的要弱。

前面讨论的影响电极电势的因素如酸度、沉淀、配位等对电极电势的影响，也就是忽略了离子强度影响的情况下条件电势的计算。

9.3 电极电势的应用

9.3.1 比较氧化剂或还原剂的相对强弱

不同的电极具有不同的电极电势，电极电势的大小与电对的性质具有直接的关系。表9-2列出了一些电对的还原电势。表中标准电极电势 $\varphi^{\ominus}(Ox/Red)$ 的代数值越小，该电对的还原型越易失去电子，其还原型的还原能力就越强；$\varphi^{\ominus}(Ox/Red)$ 的代数值越大，该电对的氧化型越易得到电子，其氧化型的氧化能力越强。

要注意：这里的 $\varphi^{\ominus}(Ox/Red)$ 是水溶液体系的标准电极电势，对于非标准态、非水溶液体系，就不能用 $\varphi^{\ominus}(Ox/Red)$ 来比较物质的氧化还原能力。

表 9-2 某些电对的标准电极电势(298.15K)

电对	$Ox+ne^-=Red$	$\varphi_A^{\ominus}/V$
K^+/K	$K^++e^-=K$	−2.925
Ca^{2+}/Ca	$Ca^{2+}+2e^-=Ca$	−2.870
Na^+/Na	$Na^++e^-=Na$	−2.714
Mg^{2+}/Mg	$Mg^{2+}+2e^-=Mg$	−2.370
Al^{3+}/Al	$Al^{3+}+3e^-=Al$	−1.660
Zn^{2+}/Zn	$Zn^{2+}+2e^-=Zn$	−0.763
Fe^{2+}/Fe	$Fe^{2+}+2e^-=Fe$	−0.440
Sn^{2+}/Sn	$Sn^{2+}+2e^-=Sn$	−0.136
Pb^{2+}/Pb	$Pb^{2+}+2e^-=Pb$	−0.126
H^+/H_2	$2H^++2e^-=H_2$	+0.0000
Cu^{2+}/Cu	$Cu^{2+}+2e^-=Cu$	+0.3370
Hg_2^{2+}/Hg	$Hg_2^{2+}+2e^-=2Hg$	+0.7930
Ag^+/Ag	$Ag^++e^-=Ag$	+0.7990
Pt^{2+}/Pt	$Pt^{2+}+2e^-=Pt$	~+1.20
Au^{3+}/Au	$Au^{3+}+3e^-=Au$	+1.500
氧化剂氧化能力增强 ↓	还原剂还原能力增强 ↑	代数值增大 ↓

9.3.2 计算原电池的标准电动势 $E^{\ominus}$ 和电动势 E

在组成原电池的两个半电池中，电极电势代数值较大的半电池是原电池的正极，电极电势代数值较小的半电池是原电池的负极。原电池的电动势等于正极的电极电势减去负极的电极电势。

$$E=\varphi_{+}-\varphi_{-}$$

在标准态时，

$$E^{\ominus}=\varphi_{+}^{\ominus}-\varphi_{-}^{\ominus}$$

9.3.3 判断氧化还原反应进行的方向

在恒温恒压下，氧化还原反应进行的方向可由反应的吉布期函数变来判断。根据 $\Delta_r G_m=-nFE=-nF(\varphi_{+}-\varphi_{-})$，有

(1) $\Delta_r G_m<0$，$E>0$，$\varphi_{+}>\varphi_{-}$，反应正向自发进行。

(2) $\Delta_r G_m=0$，$E=0$，$\varphi_{+}=\varphi_{-}$，反应处于平衡。

(3) $\Delta_r G_m>0$，$E<0$，$\varphi_{+}<\varphi_{-}$，反应逆向自发进行。

如果是在标准状态下，则可用 $E^{\ominus}$ 进行判断。

所以，在氧化还原反应组成的原电池中，使反应物中的氧化剂电对作正极，还原剂电对作负极，比较两电极的电极电势值的相对大小即可判断氧化还原反应的方向。例如：

$$2Fe^{3+}(aq)+Sn^{2+}(aq) \rightleftharpoons 2Fe^{2+}(aq)+Sn^{4+}(aq)$$

在标准状态下，反应是从左向右进行还是从右向左进行？可查标准电势数据

$$\varphi^{\ominus}(Sn^{4+}/Sn^{2+})=0.151V,\ \varphi^{\ominus}(Fe^{3+}/Fe^{2+})=0.771V$$

反应物中 Fe^{3+} 是氧化剂作正极，两者相比，$\varphi^{\ominus}(Fe^{3+}/Fe^{2+})>\varphi^{\ominus}(Sn^{4+}/Sn^{2+})$，这说明反应中应该是 Sn^{2+} 给出电子，而 Fe^{3+} 接受电子，所以反应是自发地由左向右进行。

由于电极电势 φ 的大小不仅与 $\varphi^{\ominus}$ 有关，还与参加反应的物质的浓度、酸度有关。因此，如果有关物质的浓度不是 $1.0mol \cdot L^{-1}$ 时，则须按能斯特方程分别算出氧化剂电对和还原剂电对的电极电势，然后再根据计算出的电势，判断反应进行的方向。但大多数情况下，可以直接用 $\varphi^{\ominus}$ 值来判断，因为一般情况下，$\varphi^{\ominus}$ 值在 φ 中占主要部分，当标准电动势 $E^{\ominus}>0.2V$ 时，一般不会因浓度变化而使电池电动势 E 值改变符号；而 $E^{\ominus}<0.2V$ 时，离子浓度改变时，氧化还原反应的方向常因参加反应物质的浓度和酸度的变化而有可能产生逆转。

9.3.4 判断氧化还原反应进行的次序

如果在一个体系中同时存在几种物质，它们都可以与同一种氧化剂或还原剂发生氧化还原反应，而且有关的氧化还原反应速率都足够快，那么，这些氧化还原反应是同时进行，还是按照一定的次序先后进行呢？实验证明，电极电势高的电对的氧化型物种(Ox)首先氧化电极电势较低的电对的还原型物种(Red)，再依次氧化电极电势较高的电对的还原型物种(Red)，即氧化剂首先氧化与其电势差较大的还原剂，再依次氧化与其电势差较小的还原剂。

9.3.5 计算氧化还原反应的平衡常数

氧化还原反应的平衡常数可根据能斯特方程式从有关电对的标准电极电势求得，因此用电极电势可以判断氧化还原反应进行的程度。

氧化还原反应的通式为

$$n_2 Ox_1+n_1 Red_2 \rightleftharpoons n_2 Red_1+n_1 Ox_2$$

设反应温度为 298.15K，则氧化剂和还原剂两电对的电极电势分别为

$$\varphi_1=\varphi_1^{\ominus}+\frac{0.0592}{n_1}\lg\frac{c(\mathrm{Ox_1})}{c(\mathrm{Red_1})}$$

$$\varphi_2=\varphi_2^{\ominus}+\frac{0.0592}{n_2}\lg\frac{c(\mathrm{Ox_2})}{c(\mathrm{Red_2})}$$

式中，$\varphi_1^{\ominus}$、$\varphi_2^{\ominus}$ 分别为氧化剂、还原剂两个电对的标准电极电势；n_1、n_2为氧化剂、还原剂半反应中的电子转移数目。反应达到平衡时，$\varphi_1=\varphi_2$，即

$$\varphi_1^{\ominus}+\frac{0.0592}{n_1}\lg\frac{c(\mathrm{Ox_1})}{c(\mathrm{Red_1})}=\varphi_2^{\ominus}+\frac{0.0592}{n_2}\lg\frac{c(\mathrm{Ox_2})}{c(\mathrm{Red_2})}$$

整理后，得

$$\lg K^{\ominus}=\lg\left(\frac{c(\mathrm{Red_1})}{c(\mathrm{Ox_1})}\right)^{n_2}\left(\frac{c(\mathrm{Ox_2})}{c(\mathrm{Red}_2)}\right)^{n_1}=\frac{(\varphi_1^{\ominus}-\varphi_2^{\ominus})n_1n_2}{0.0592}=\frac{(\varphi_1^{\ominus}-\varphi_2^{\ominus})n}{0.0592}$$

式中，n 为 n_1、n_2的最小公倍数，即在氧化还原反应中所转移的电子总数。

由上式可见，平衡常数 $K^{\ominus}$ 值的大小是由氧化剂和还原剂两个电对的标准电极电势之差 $\Delta\varphi^{\ominus}$ 和转移的电子总数决定的。$\varphi_1^{\ominus}$ 和 $\varphi_2^{\ominus}$ 相差越大，$K^{\ominus}$ 值越大，反应进行得越完全。实际上大多数氧化还原反应，$\Delta\varphi^{\ominus}$ 都比较大，所以有较大的平衡常数。

根据标准摩尔反应吉布斯函数变和平衡常数的关系，也可以推导出氧化还原反应平衡常数的计算公式，即

$$\Delta_r G_m^{\ominus}=-RT\ln K^{\ominus}=-2.303RT\lg K^{\ominus}$$

所有氧化还原反应从原则上讲都可以组成原电池，则

$$\Delta_r G_m^{\ominus}=-nFE^{\ominus}$$

以上两式合并，得

$$-nFE^{\ominus}=-2.303RT\lg K^{\ominus}$$

所以

$$\lg K^{\ominus}=\frac{nFE^{\ominus}}{2.303RT}$$

当温度为 298K 时，$2.303RT/F$ 是一个常数，其值为 0.0592V，代入上式得到：

$$\lg K^{\ominus}=\frac{nE^{\ominus}}{0.0592} \qquad (9-10)$$

式中，n 是指氧化还原反应中所转移的电子总数。

9.3.6 测定溶液的 pH 及物质的某些常数

【例 9-10】 298K 时测得下列电池的电动势为 $E=0.463\mathrm{V}$，计算弱酸 HA 的解离常数及溶液的 pH。

$(-)\mathrm{Pt},\ \mathrm{H_2}(p^{\ominus})\,|\,\mathrm{HA}(0.10\mathrm{mol\cdot L^{-1}}),\ \mathrm{A^-}(0.10\mathrm{mol\cdot L^{-1}})\,\|\,\mathrm{KCl}(饱和)\,|\,\mathrm{Hg_2Cl_2(s)}\,|\,\mathrm{Hg}(+)$

解：饱和甘汞电极　$\varphi^{\ominus}(\mathrm{Hg_2Cl_2/Hg})=0.268\mathrm{V}$，$E=0.463\mathrm{V}$，而 $\varphi_+-\varphi_-=E$，故

$$\varphi_-=\varphi_+-E=0.268\mathrm{V}-0.463\mathrm{V}=-0.195\mathrm{V}$$

负极反应：

$$2\mathrm{H^+}+2\mathrm{e^-}=\mathrm{H_2}$$

$$\varphi_-=\varphi^{\ominus}(\mathrm{H^+/H_2})+\frac{0.0592\mathrm{V}}{2}\lg\frac{c^2(\mathrm{H^+})}{p(\mathrm{H_2})/p^{\ominus}}$$

$$-0.195=\frac{0.0592}{2}\lg\frac{c^2(\mathrm{H^+})}{100/100}$$

$$c(H^+)=5.1\times10^{-4}\,mol\cdot L^{-1}$$

$$pH=3.29$$

由 $K_a^{\ominus}=\dfrac{c(H^+)c(A^-)}{c(HA)}$，而 $c(A^-)=c(HA)$

故

$$K_a^{\ominus}=c(H^+)=5.1\times10^{-4}$$

【例 9-11】 已知 $\varphi^{\ominus}(Ag^+/Ag)=0.80V$，$\varphi^{\ominus}(AgBr/Ag)=0.071V$，求标准状态下 AgBr 的溶度积常数。

解：可把上述两电对设计成两个电极，把它们的电极反应合并就是电池反应，根据求算平衡常数的公式即可算出难溶物的溶度积常数。

正极反应：$Ag^+ + e^- \rightleftharpoons Ag$ $\qquad \varphi^{\ominus}(Ag^+/Ag)=0.80V$

负极反应：$Ag + Br^- - e^- \rightleftharpoons AgBr$ $\qquad \varphi^{\ominus}(AgBr/Ag)=0.071V$

两式相加得总反应：$Ag^+ + Br^- \rightleftharpoons AgBr$

此反应的平衡常数就是溶度积常数的倒数。

所以

$$\lg K^{\ominus}=\lg\frac{1}{K_{sp}^{\ominus}}=\frac{1\times E^{\ominus}}{0.0592}=\frac{0.80-0.071}{0.0592}$$

$$K_{sp}^{\ominus}\approx4.9\times10^{-13}$$

9.4 元素标准电极电势图及其应用

9.4.1 元素标准电极电势图

同一元素的不同氧化态物质的氧化或还原能力是不同的。为了突出表示同一元素各不同氧化态物质的氧化还原能力及它们相互之间的关系，拉蒂莫尔(Latimer)建议把同一元素的不同氧化态物质，按照从左到右其氧化值降低的顺序排列成以下图式，并在两种氧化态物质之间的连线上标出对应电对的标准电极电势的数值。

例如，碘的元素电势图如图 9.5 所示。

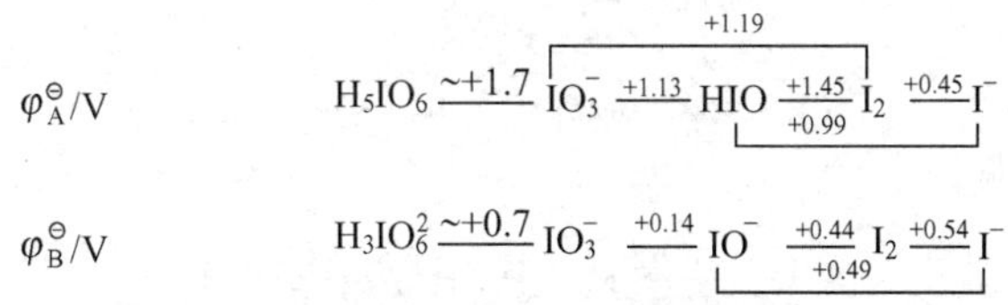

+1.19

$$\varphi_A^{\ominus}/V \qquad H_5IO_6 \xrightarrow{\sim+1.7} IO_3^- \xrightarrow{+1.13} HIO \xrightarrow{+1.45} I_2 \xrightarrow{+0.45} I^-$$

+0.99

$$\varphi_B^{\ominus}/V \qquad H_3IO_6^{2} \xrightarrow{\sim+0.7} IO_3^- \xrightarrow{+0.14} IO^- \xrightarrow{+0.44} I_2 \xrightarrow{+0.54} I^-$$

+0.49

图 9.5 碘的元素电势图

也可以列出其中一部分，例如：

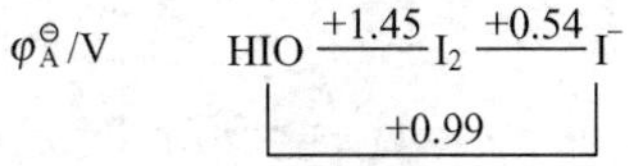

$$\varphi_A^{\ominus}/V \qquad HIO \xrightarrow{+1.45} I_2 \xrightarrow{+0.54} I^-$$

+0.99

这种表示元素各种氧化态物质之间电极电势变化的关系图，称为元素标准电极电势图

(简称元素电势图或 Latimer 图)。它清楚地表明了同种元素的不同氧化态的氧化、还原能力的相对大小。其中 $\varphi_A^\ominus$ 代表 pH=0 时的标准电极电势，$\varphi_B^\ominus$ 代表 pH=14 时的标准电极电势。

9.4.2 元素标准电极电势图的应用

1. 判断是否发生歧化反应

同一元素的原子间发生的氧化还原反应称为歧化反应。在歧化反应中，同一元素的一部分原子氧化数升高，而另一部分原子的氧化数降低。例如：

$$Cl_2 + 2OH^- = ClO^- + Cl^- + H_2O$$

这就是 Cl_2 的歧化反应，反应中一部分 Cl 原子氧化数升高为+1，另一部分 Cl 原子氧化数降低为-1。电势图中某元素三种氧化数物质及对应的电对的电极电势值为

$$A \xrightarrow{\varphi_{A/B}^\ominus} B \xrightarrow{\varphi_{B/C}^\ominus} C$$

当 $\varphi^\ominus(A/B) > \varphi^\ominus(B/C)$ ($\varphi_{左}^\ominus > \varphi_{右}^\ominus$)，A 与 C 能反歧化为 B。

当 $\varphi^\ominus(B/C) > \varphi^\ominus(A/B)$ ($\varphi_{右}^\ominus > \varphi_{左}^\ominus$)，B 歧化为 A、C。

2. 计算标准电极电势

利用元素电势图，根据相邻电对的已知标准电极电势，可以求算任一未知电对的标准电极电势。假如有下列元素电势图：

$$A \underset{n_1}{\overset{\varphi_1^\ominus}{\text{———}}} B \underset{n_2}{\overset{\varphi_2^\ominus}{\text{———}}} C \quad (A \text{—} C: \varphi_3^\ominus)$$

将这三个电对分别与标准氢电极组成原电池，电池反应的标准摩尔吉布斯函数变分别为

$$A + \frac{n_1}{2}H_2 = B + n_1H^+ \tag{1}$$

$$\Delta_r G_{m(1)}^\ominus = -n_1 F \varphi_1^\ominus$$

$$B + \frac{n_2}{2}H_2 = C + n_2H^+ \tag{2}$$

$$\Delta_r G_{m(2)}^\ominus = -n_2 F \varphi_2^\ominus$$

式(1)加式(2)，得

$$A + \frac{n_1+n_2}{2}H_2 = C + (n_1+n_2)H^+ \tag{3}$$

$$\Delta_r G_{m(3)}^\ominus = -(n_1+n_2) F \varphi_3^\ominus$$

由于

$$\Delta_r G_{m(3)}^\ominus = \Delta_r G_{m(1)}^\ominus + \Delta_r G_{m(2)}^\ominus$$

因此

$$-(n_1+n_2)\varphi_3^\ominus = -n_1\varphi_1^\ominus - n_2\varphi_2^\ominus$$

$$\varphi_3^\ominus = \frac{n_1\varphi_1^\ominus + n_2\varphi_2^\ominus}{n_1+n_2}$$

若有 i 个相邻的电对，则

$$A \frac{\varphi_1^{\ominus}}{n_1} B \frac{\varphi_2^{\ominus}}{n_2} C \cdots I \frac{\varphi_i^{\ominus}}{n_i} J$$

则

$$\varphi_{A/J}^{\ominus} = \frac{n_1\varphi_1^{\ominus} + n_2\varphi_2^{\ominus} + \cdots + n_i\varphi_i^{\ominus}}{n_1 + n_2 + \cdots + n_i} \tag{9-11}$$

式中，n_1，n_2，n_i分别代表各电对内转移的电子数。

从元素电极电势图可以很方便地计算出电对的电极电势，所以在电势图上就没有必要标出所有电对的电极电势，一般只标出最基本的、最常用的电极电势即可。

9.5 电　　解

9.5.1 电解的基本概念

对一些不能自发进行的氧化还原反应，可用外加电压迫使其发生反应，将电能转变成化学能。这种利用外加电压使氧化还原反应进行的过程称为电解。实现电解过程的装置称为电解池或电解槽。

在电解池中，与直流电源正极相连的电极是阳极，与负极相连的电极是阴极。阳极发生氧化反应，阴极发生还原反应。由于阳极带正电，阴极带负电，电解液中正离子移向阴极，负离子移向阳极。在阳极上发生(失电子的)氧化反应，在阴极上发生(得电子的)还原反应，在电解池的两极上物质得失电子的过程称为放电。电流在通过电解池时，要从电子导电转变为离子导电，并再从离子导电转变为电子导电。这两次转变都是通过电化学反应来实现的。

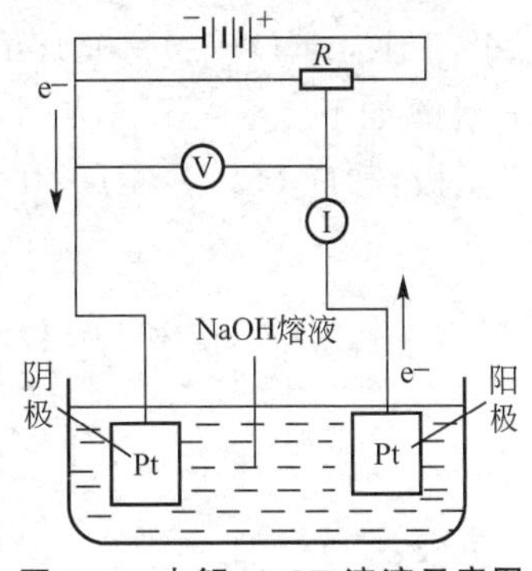

图 9.6　电解 NaOH 溶液示意图

例如，以铂为电极，电解 0.10mol·L^{-1} 的 NaOH 溶液，如图 9.6 所示。电解时，H^+ 移向阴极，OH^- 移向阳极，分别放电。

阴极反应：$4H_2O + 4e^- = 2H_2(g) + 4OH^-$

阳极反应：$4OH^- - 4e^- = 2H_2O + O_2(g)$

总反应：$2H_2O = 2H_2(g) + O_2(g)$

因此，以铂为电极电解 NaOH 溶液，实际上是电解水，NaOH 的作用是增加溶液的导电性。

9.5.2 法拉第电解定律

通过电解池的电量与电解池两极上发生化学反应生成的物质的量有着直接的关系。早在 1834 年，法拉第(Faraday)就通过实验归纳出了这一关系：当有 1F(法拉第)电量通过电解池时，在电解池的两极上分别生成相当于得失 1mol 电子所还原或氧化的物质。这就是著名的法拉第电解定律。例如，在电解水时，当有 1F 电量通过时，在阴极上可生成 1/2mol H_2，在阳极上可生成 1/4mol O_2。由于一个电子的电量为 $1.60217733 \times 10^{-19}$C，1mol 电子所具有的电量为

$$1F = 1.60217733\times10^{-19}\times6.0221367\times10^{23}$$
$$\approx 9.6485309\times10^{4}\,\mathrm{C\cdot mol^{-1}}$$

F 称为法拉第常数，即 1mol 电子所具有的电量。在精确度要求不高的计算中，F 常取 $96485\mathrm{C\cdot mol^{-1}}$ 或 $96500\ \mathrm{C\cdot mol^{-1}}$。

9.5.3 分解电压与超电势

1. 分解电压

电解 NaOH 溶液时，用可变电阻 R 调节外加电压 V，用电流计 I 指示在一定外加电压下通过电解液的电流，作如图 9.7 所示的 $I-V$ 曲线。由图可见，当外加电压很小时，电流很小；电压逐渐增加到 1.23V 时，电流仍很小，电极上看不出有气泡析出。当电压增加到约 1.70V 时，电流开始剧增。以后电流随电压增加直线上升，同时在两极上有明显的气泡产生，电解顺利进行。使电解能顺利进行所需的最低外加电压称为分解电压。图 9.7 中 D 点的电压即为分解电压。产生分解电压的原因是电解时，在阴极上析出的 H_2 和阳极上析出的 O_2，分别被吸附在铂片上，形成了氢电极和氧电极，组成原电池。

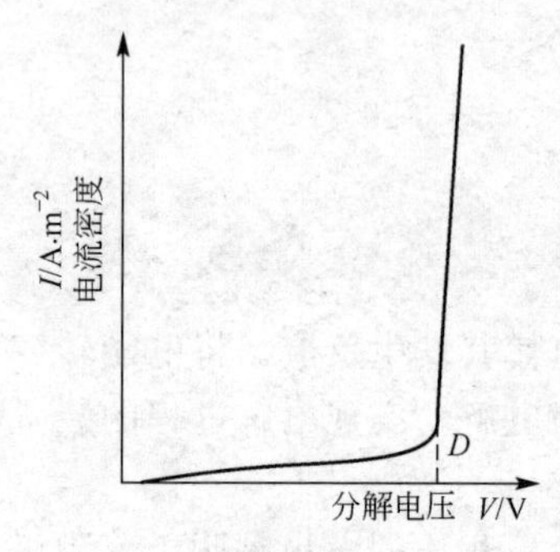

图 9.7 分解电压示意图

$$(-)\mathrm{Pt}\,|\,\mathrm{H_2}[\mathrm{g},p(\mathrm{H_2})]\,|\,\mathrm{NaOH}(0.10\mathrm{mol\cdot L^{-1}})\,|\,\mathrm{O_2}[\mathrm{g},p(\mathrm{O_2})]\,|\,\mathrm{Pt}(+)$$

在 298.15K，$c(\mathrm{OH^-})=0.10\mathrm{mol\cdot L^{-1}}$ 时，当 $p(\mathrm{H_2})=p(\mathrm{O_2})=p^{\ominus}$ 时，该原电池的电动势 E 计算如下。

正极：$2\mathrm{H_2O}+\mathrm{O_2(g)}+4e^- = 4\mathrm{OH^-}$

$$\varphi_+=\varphi(\mathrm{O_2/OH^-})=\varphi^{\ominus}(\mathrm{O_2/OH^-})+\frac{0.0592}{4}\lg\frac{\frac{p(\mathrm{O_2})}{p^{\ominus}}}{c^4(\mathrm{OH^-})}$$

$$=0.401+\frac{0.0592}{4}\lg\frac{1}{c^4(\mathrm{OH^-})}$$

负极：
$$2\mathrm{H_2(g)}+4\mathrm{OH^-}-4e^- = 4\mathrm{H_2O}$$

$$\varphi_-=\varphi(\mathrm{H_2O/H_2})=\varphi^{\ominus}(\mathrm{OH^-/H_2})+\frac{0.0592}{4}\lg\frac{1}{c^4(\mathrm{OH^-})\left(\frac{p(\mathrm{H_2})}{p^{\ominus}}\right)^2}$$

$$=-0.828-\frac{0.0592}{4}\lg c^4(\mathrm{OH^-})$$

$$E=\varphi_+-\varphi_-=0.401-(-0.828)=1.229(\mathrm{V})$$

此电池电动势称为理论分解电压 $E_{理,分}$，其方向和外加电压相反。要使电解顺利进行，外加电压必须克服这一反向的电动势。可见，分解电压是由于电解产物在电极上形成某种原电池，产生反向电动势所引起的。当外加电压稍大于理论分解电压，电解似乎应能进行。但此反应实际的分解电压为 1.70V。为什么反应的实际分解电压大于理论分解电压呢？

2. 超电势

实际分解电压大于理论分解电压的原因主要与电极的超电势有关。当外加电压刚好等于两极的平衡电势时，整个系统处于平衡状态，电解反应系统的吉布斯自由能变为零。要使 O_2 和 H_2 顺利地从电极上析出，阳极的电极电势必须高于其平衡电势，阴极的电极电势必须低于其平衡电势。这种实际析出电势与电极的平衡电势之间的差值就称为超电势，以 η 表示。

超电势均为正值，阴极超电势($\eta_{阴}$)和阳极超电势($\eta_{阳}$)之和就是实际分解电压($E_{实}$)与理论分解电压($E_{理}$)之差的主要部分：

$$E_{实} \approx E_{理} + \eta_{阳} + \eta_{阴}$$

物质在电极上发生化学反应是一个比较复杂的过程，涉及多个电化学步骤，包括离子扩散、得失电子、产物形成等。这些都是在偏离平衡状态下进行的，都会使物质的析出电势对平衡电势产生偏离而出现超电势。另外，电极材料及其表面状态、电流密度、反应温度等因素都对超电势有一定的影响。

实践证明，在阴极上析出金属的超电势一般都比较小，但在电极上析出气体时的超电势都相当大。气体在不同的电极材料上析出时，超电势的差别也很大。例如，H_2 在镀铂黑的 Pt 电极上析出时，超电势约为零，但在 Hg 电极和 Pb 电极上的超电势相当大，可达1V 左右。O_2 在 Pt 电极上的超电势相当大，而在 Ni 电极上析出的超电势却相当小。在同一电极材料上，随着电流密度的增大，超电势的值也会增大。

9.5.4 电解池中两极的电解产物

在电解池的两极上接上直流电源，并逐渐加大两极间的电压，这样电解池中阳极电势不断升高，阴极电势不断下降。电解液中的阴离子向阳极迁移，阳离子向阴极迁移。当外加电压达到物质的分解电压时，电解反应就开始进行。对于各电极来说，只要电极电势达到相应物质的析出电势，这种物质就会在电极上放电，电解反应就可进行。如前所述，电解池两极的析出电势可用如下式子表示。

$$\varphi_{阳} = \varphi'_{阳} + \eta_{阳}$$

$$\varphi_{阴} = \varphi'_{阴} - \eta_{阴}$$

式中，$\varphi_{阳}$、$\varphi_{阴}$ 分别是阳极和阴极上的析出电势；$\varphi'_{阳}$、$\varphi'_{阴}$ 分别是阳极和阴极的平衡电势，也就是前面各节所讨论的各种电对的电极电势。

1. 阴极反应

在电解池的阴极上发生还原反应。金属离子可在阴极得电子被还原为金属，H^+ 离子也可在阴极得电子被还原为 H_2。当电解液中同时存在几种阳离子时，析出电势较高的离子优先得电子被还原析出，析出电势较低的离子则后放电析出。各种金属离子的超电势一般都较小，可以近似地用平衡电势代替析出电势。例如，若溶液中含有 1.0mol·L^{-1} 的 Cu^{2+} 和 1.0mol·L^{-1} Ag^+，当阴极电势达 0.7996V 时，阴极上就开始析出银，随着银的析出，Ag^+ 浓度减小。由能斯特方程可知，阴极的析出电势会逐渐降低，当阴极的析出电势下降至 0.3419V 时，Cu 就开始析出了。此时，Ag 和 Cu 同时在阴极析出。但根据计算，此时溶液中 Ag^+ 离子浓度已下降到 1.86×10^{-8} mol·L^{-1}，即在 Cu 开始析出时，溶液中的 Ag^+ 已完全被还原为 Ag。

在水溶液中进行电解时，必须考虑 H^+ 放电析出氢气的问题。当用锌板作电极来电解硫酸锌溶液时，设溶液中 Zn^{2+} 的浓度为 $2.0mol \cdot L^{-1}$，溶液中 H^+ 离子浓度为 $0.01mol \cdot L^{-1}$，以 $1000A \cdot m^{-2}$ 的电流密度进行电解。锌在锌板上析出的超电势很小，可以用平衡时的电极电势代替析出电势，即

$$\varphi(Zn^{2+}/Zn) = \varphi^{\ominus}(Zn^{2+}/Zn) + \frac{0.0592}{2}\lg c(Zn^{2+})$$

$$= -0.762 + \frac{0.0592}{2}\lg 2.0 \approx -0.753(V)$$

即锌的析出电势为 $-0.753V$。而氢气析出时的平衡电极电势为

$$\varphi(H^+/H_2) = \varphi^{\ominus}(H^+/H_2) + \frac{0.0592}{2}\lg \frac{c^2(H^+)}{\frac{p(H_2)}{p^{\ominus}}}$$

设 H_2 析出时的分压为 $p^{\ominus}$(100kPa)，则

$$\varphi(H^+/H_2) = 0 + \frac{0.0592}{2}\lg 0.01^2 \approx -0.118(V)$$

由于氢气在锌电极上析出的超电势较大，不可忽略。当电流密度为 $1000A \cdot m^{-2}$ 时，超电势为 1.05V，故氢气的析出电势为

$$\varphi(H_2,析出) = \varphi(H^+/H_2) - \eta(H_2) = -0.118 - 1.05 = -1.168(V)$$

从计算可知，锌的析出电势高于氢气的析出电势，故 Zn^{2+} 离子应优先于 H^+ 离子放电。即在以上条件下，电解硫酸锌时，阴极产物是锌，而基本不会放出氢气。

2. 阳极反应

在电解池中的阳极上发生氧化反应，析出电势低的离子将优先在阳极上放电被氧化。当阳极用惰性材料如 Pt、石墨等时，阴离子 Cl^-、Br^-、I^- 及 OH^- 离子将被氧化为 Cl_2、Br_2、I_2 和 O_2 而放出。一般含氧酸根因析出电势很高，则不易在阳极上放电。例如，用石墨作阳极电解饱和 NaCl 溶液，在电流密度为 $1000A \cdot m^{-2}$ 时，Cl_2 在石墨上析出的超电势为 0.25V，而 O_2 在石墨上析出的超电势为 1.06V，设溶液的 pH 为 7，气体分压为标准压力(100kPa)，则 O_2 的析出电势为

$$\varphi(O_2，析出) = 0.401 + \frac{0.0592}{4}\lg \frac{1}{(10^{-7})^4} + 1.06 \approx 1.875(V)$$

饱和 NaCl 溶液中 Cl^- 浓度约为 $6.0mol \cdot L^{-1}$，则 Cl_2 的析出电势为

$$\varphi(Cl_2，析出) = 1.36 + \frac{0.0592}{2}\lg \frac{1}{6.0^2} + 0.25 \approx 1.566(V)$$

可见 Cl_2 在石墨电极上的析出电势低于 O_2 在石墨电极上的析出电势。故用石墨电极电解饱和 NaCl 溶液时，阳极上放出 Cl_2 而不放出 O_2。

当阳极材料为非惰性的金属时，阳极金属被氧化为金属离子而进入电解液。金属氧化的超电势一般较小，且其电极电势一般较低，故不需要很高的电势就可将其氧化。许多有色金属的电解精炼就是以粗金属为阳极，在电解过程中发生阳极溶解，使金属以离子形式进入电解液中，而在阴极上析出很纯的金属。在阳极进行氧化溶解时，阳极中所含的金属杂质或其他杂质的析出电势若比电解提纯金属的析出电势高，则不被氧化而落入电解池中成为阳极泥，从而达到除去杂质的目的。

9.5.5 电解的应用

电解的应用很广，在对材料进行加工和表面处理时，常用到的电镀、电抛光、阳极氧化、电解加工等都属于电解的应用。

1. 电镀

为使物品美观、不受侵蚀，常用电解的方法将其外表面镀一薄层其他金属，这一工艺称为电镀。电镀时，以被镀物为阴极，欲镀金属为阳极，两极浸入含欲镀金属离子的溶液中，接直流电源。例如，电镀锌，以被镀器件为阴极，金属锌为阳极，两极浸入 $Na_2[Zn(OH)_4]$溶液中。选择 $Na_2[Zn(OH)_4]$溶液，是因为$[Zn(OH)_4]^{2-}$配离子的存在，使溶液中 Zn^{2+} 的浓度不大，金属在镀件上析出速率不致太快，从而镀层细致光滑。同时 Zn^{2+} 放电时，$[Zn(OH)_4]^{2-}$ 解离，保证镀液中 Zn^{2+} 浓度基本稳定。两极的主要反应为

$$\text{阴极}\ Zn^{2+} + 2e^- = Zn$$

$$\text{阳极}\ Zn - 2e^- = Zn^{2+}$$

2. 电抛光

电抛光是利用电解过程中，金属表面凸出部分的溶解速率大于凹入部分溶解速率，从而使金属表面平滑光亮的加工工艺。电抛光时，将工件(如钢铁)作阳极，铅板作阴极，两极浸入含有磷酸、硫酸和铬酐(CrO_3)的电解液中进行电解。

3. 阳极氧化

金属铝与空气接触后即形成一层均匀致密的氧化膜 Al_2O_3，起到保护作用。但自然形成的氧化膜只有 0.02～1μm。在电解过程中，把待保护的金属作阳极，使之氧化可得到厚度达 50～300μm 的氧化膜，增加了金属防腐耐蚀的能力，这种加工工艺称为阳极氧化。

4. 电解加工

电解加工是利用金属在电解液中可发生阳极溶解的原理，将工件加工成型。电解加工时，工件为阳极，模件为阴极，两极间距很小(0.1～1mm)，使电解液流过，以达到输送电解液和及时带走电解产物的目的。阳极金属能较大量地溶解，最后成为与阴极模件表面相吻合的形状。用此方法可加工切削刀具、汽轮机叶片等用常规方法较难加工的部件。

5. 非金属电镀

非金属电镀先采用化学镀的工艺，使非金属表面变为金属表面，然后再进行一般的电镀。化学镀是指使用合适的还原剂，使镀液中的金属离子还原成金属而沉积在非金属表面上的一种镀覆工艺。

9.6 金属的腐蚀与防护

金属与周围介质接触时，由于发生了化学作用或电化学作用而引起的破坏称为金属的腐蚀。铁生锈、银变暗等都是金属腐蚀现象。世界每年因腐蚀而不能使用的金属制品的质量大约相当于金属年产量的 1/4 左右。因此，研究金属的腐蚀和防护具有重要意义。

9.6.1 腐蚀的分类及其机理

按金属腐蚀机理的不同，金属腐蚀可分为化学腐蚀和电化学腐蚀两类。

1. 化学腐蚀

单纯由化学作用而引起的腐蚀称为化学腐蚀。其特点是介质为非电解质溶液或干燥气体，腐蚀过程无微电流产生。例如，润滑油、液压油及干燥空气中 O_2、H_2S、SO_2、Cl_2 等物质与金属接触时，在金属表面生成相应的氧化物、硫化物、氯化物等都属化学腐蚀。温度对化学腐蚀的速率影响很大。例如，钢铁在常温和干燥的空气中不易腐蚀，但在高温下(如轧钢时)易被氧化生成一种氧化皮(由 FeO、$Fe_2O_3 \cdot Fe_3O_4$ 组成)；若温度高于700℃，还会发生脱碳现象。这是由于钢铁中渗碳体 Fe_3C 与高温气体发生了反应，即

$$Fe_3C(s)+O_2(g) = 3Fe(s)+CO_2(g)$$

$$Fe_3C(s)+CO_2(g) = 3Fe(s)+2CO(g)$$

$$Fe_3C(s)+H_2O(g) = 3Fe(s)+CO(g)+H_2(g)$$

这些反应在高温下的反应速率是较大的。由脱碳产生的 H_2，可以向金属内部扩散渗透产生氢脆。脱碳和氢脆都会使钢铁性能变坏。

2. 电化学腐蚀

金属与电解质溶液接触时，由于电化学作用而引起的腐蚀称为电化学腐蚀。与化学腐蚀比较，电化学腐蚀要严重得多。据统计，电化学腐蚀约占整个腐蚀损失的90%左右。

电化学腐蚀的特点是形成腐蚀原电池。在腐蚀原电池中，有发生氧化反应的负极和发生还原反应的正极。这样，氧化反应与还原反应在不同的区域进行，因此造成了比化学腐蚀更严重的损害。电化学腐蚀有不同的类型，最常见的有析氢腐蚀、吸氧腐蚀和差异充气腐蚀等，其阳极过程均为金属阳极的溶解。

(1) 析氢腐蚀。在酸性介质中，金属受到腐蚀的同时要析出 H_2，这种腐蚀称为析氢腐蚀。例如，Fe浸在无氧的酸性介质中(如钢铁酸洗时)，Fe作为腐蚀电池的负极(即阳极)被腐蚀，Fe中的碳或其他比铁不活泼的杂质作为腐蚀电池的正极(即阴极)，构成腐蚀原电池，为 H^+ 的还原提供反应界面，腐蚀反应如下。

阳极(Fe)：$Fe-2e^- = Fe^{2+}$

阴极(杂质)：$2H^++2e^- = H_2(g)$

总反应：$Fe+2H^+ = Fe^{2+}+H_2(g)$

(2) 吸氧腐蚀。由于氢超电势的影响，在中性介质中难以发生析氢腐蚀。通常遇到的大量的腐蚀现象往往是有氧存在，在pH接近中性条件下的腐蚀，称为吸氧腐蚀。此时，金属仍作为腐蚀电池的负极(即阳极)而溶解，金属中的杂质作为腐蚀电池的正极(即阴极)，为溶于水膜中的氧获取电子提供反应界面，腐蚀反应如下。

阳极(Fe)：$2Fe-4e^- = 2Fe^{2+}$

阴极(杂质)：$O_2+2H_2O+4e^- = 4OH^-$

总反应：$2Fe+O_2+2H_2O = 2Fe(OH)_2(s)$

一般条件下，$\varphi(O_2/OH^-) > \varphi(H^+/H_2)$。大多数金属电极电势低于 $\varphi(O_2/OH^-)$，所以很多金属都可能发生吸氧腐蚀。甚至在酸性介质中，金属在发生析氢腐蚀的同时，如果有氧存在也会发生吸氧腐蚀。发电厂的锅炉用水，在进入锅炉前均要除氧，就是为了防

止吸氧腐蚀。

(3) 差异充气腐蚀。由于金属处在含氧量不同的介质中引起的腐蚀称为差异充气腐蚀。由能斯特方程可导出，在 298.15K 时，有

$$\varphi(O_2/OH^-)=1.23-0.0592pH+0.0148\lg[p(O_2)/p^{\ominus}]$$

在 $p(O_2)$ 大的部位，$\varphi(O_2/OH^-)$ 值大；在 $p(O_2)$ 小的部位，$\varphi(O_2/OH^-)$ 值小。根据电池组成原则，φ 大的为阴极，φ 小的为阳极。因而在充气少的部位，金属成为阳极被腐蚀。铁罐的底部，若有某处被异物覆盖，则覆盖处较易被腐蚀就是这个道理。

9.6.2 腐蚀的防护

金属腐蚀的防护，应从材料和环境两方面着手。常用的防护措施如下。

1. 正确选用材料，合理设计结构

选用材料时，应以在使用环境下不易腐蚀为原则。设计金属结构时，应避免电势差大的金属材料相互接触。

2. 电化学保护法

电化学保护法分为阴极保护法和阳极保护法。

(1) 阴极保护法。阴极保护法使被保护的金属成为电池的阴极而不受腐蚀，是常用的电化学保护法。阴极保护法又分为牺牲阳极保护法和外加电源阴极保护法。

① 牺牲阳极保护法。将较活泼金属与被保护金属连接，较活泼金属作为腐蚀电池的阳极而被腐蚀（作为牺牲阳极），被保护金属则作为腐蚀电池的阴极而不被腐蚀。常用于牺牲阳极的材料有镁、铝、锌及其合金。牺牲阳极保护法常用于蒸汽锅炉的内壁、海船的外壳、石油输送管道和海底设备等。牺牲阳极的面积通常占被保护金属表面积的 1%～5%，分散在被保护金属的表面上。

② 外加电源阴极保护法。将被保护的金属与外加直流电源的负极相接，以一不溶性导电材料（如石墨）与外加电源的正极相接组成电解池。被保护的金属成为电解池的阴极而不被腐蚀。这种方法广泛用于土壤、海水和河水中设备的防腐。

(2) 阳极保护法。将被保护金属与外加直流电源的正极相连，通过外加电压使被保护金属的电势处于 φ-pH 图的钝化区，从而达到防止腐蚀的目的。采用阳极保护法必须特别小心，要确保被保护金属能形成致密的钝化膜，否则会引起加速腐蚀的严重后果。

3. 覆盖层保护法

该法将被保护的金属与介质用保护膜隔开，以避免组成腐蚀电池。覆盖金属保护层的方法有电镀、喷镀、化学镀、浸镀、真空镀等。覆盖非金属保护层的方法是将涂料、塑料、搪瓷、高分子材料、油漆等涂在被保护金属的表面。

4. 缓蚀剂法

在腐蚀介质中，加入少量缓蚀剂（能减小腐蚀速率的物质）以降低腐蚀速率的方法称为缓蚀剂法。常用的缓蚀剂有无机缓蚀剂，如铬酸盐、重铬酸盐、磷酸盐、碳酸氢盐等。它们主要是在金属表面形成氧化膜和沉淀物。有机缓蚀剂一般是含有 S、N、O 的有机化

合物，如胺类、吡啶类、硫脲类等，其缓蚀作用主要是由于它们有被金属表面强吸附的特性。不同的缓蚀剂对某些金属只有在特定的温度和浓度范围内才有效，具体需由实验决定。

综合练习

一、思考题

1. 什么叫氧化还原反应、自身氧化还原反应和歧化反应？试各举例说明。

【电渗析方法简介】

2. 原电池中的盐桥起什么作用？

3. 只有氧化还原反应才能组成原电池吗？

4. 怎样利用电极电势来决定原电池的正、极？电池电动势如何计算？在原电池中电子转移的方向怎样？正负离子移动的方向怎样？

5. 什么是条件电极电势？它与标准电极电势的关系如何？

6. 当有电流通过电解池时，判断两电极上分别发生什么反应，并写出反应式。

(1) 以碳棒为阳极，铜为阴极，溶液为氯化铜。

(2) 以铜为电极，溶液为氯化铜。

(3) 以银为电极，溶液为盐酸。

7. 有两根同时安装的地下自来水管道，一根在完全均匀的土质中通过，另一根通过的土质变化复杂，有的位置为黏土，有的位置为沙土，有的位置潮湿，有的位置干燥。试问这两根管道哪一根使用年限长一些？为什么？

二、练习题

1. 选择题

(1) 根据 $\varphi^{\ominus}(Cu^{2+}/Cu)=0.34V$，$\varphi^{\ominus}(Fe^{3+}/Fe^{2+})=0.77V$，判断标准态下能将 Cu 氧化为 Cu^{2+}，但不能氧化 Fe^{2+} 的氧化剂与其还原剂对应的电极电位 $\varphi^{\ominus}$ 值应是(　　)。

(A) $\varphi^{\ominus}<0.77V$　　(B) $\varphi^{\ominus}>0.34V$

(C) $0.34V<\varphi^{\ominus}<0.77V$　　(D) $\varphi^{\ominus}<0.34V$，$\varphi^{\ominus}>0.77V$

(2) 已知：$\varphi^{\ominus}(S/ZnS)>\varphi^{\ominus}(S/MnS)>\varphi^{\ominus}(S/S^{2-})$，则(　　)。

(A) $K_{sp}^{\ominus}(ZnS)>K_{sp}^{\ominus}(MnS)$　　(B) $K_{sp}^{\ominus}(ZnS)<K_{sp}^{\ominus}(MnS)$

(C) $K_{sp}^{\ominus}(ZnS)=K_{sp}^{\ominus}(MnS)$　　(D) 无法确定

(3) 现有 A、B 两个氧化还原反应，通过以下哪个条件能判断反应 A 比反应 B 进行得完全(　　)。

(A) $E_A^{\ominus}>E_B^{\ominus}$　　(B) $K_A^{\ominus}>K_B^{\ominus}$

(C) $n_A E_A^{\ominus}>n_B E_B^{\ominus}$　　(D) $E_A>E_B$

(4) 分别在下列电极中加入相关的离子，则其氧化型物质的氧化能力增强的是(　　)。

(A) $AgCl/Ag$　　(B) $Ag(CN)_2^-/Ag$

(C) S/MnS　　(D) O_2/OH^-

(5) 已知：$\varphi^{\ominus}(Cu^{2+}/Cu^+)=0.16V$，$\varphi^{\ominus}(Cu^{2+}/CuI)=0.86V$，则 $K_{sp}^{\ominus}(CuI)$ 为(　　)。

(A) 89　　(B) 3.5×10^{-18}

(C) 1.0×10^{-24}　　　　　　　　(D) 1.32×10^{-12}

(6) 已知：$\varphi^{\ominus}(Fe^{3+}/Fe^{2+})=0.771V$；$[Fe(CN)_6]^{3-}$和$[Fe(CN)_6]^{4-}$的$K_f^{\ominus}$分别为$1.0\times10^{42}$和$1.0\times10^{35}$，则$\varphi^{\ominus}([Fe(CN)_6]^{3-}/[Fe(CN)_6]^{4-})$应为(　　)。

(A) 0.36V　　(B) −0.36V　　(C) 1.19V　　(D) 0.771V

(7) 已知：电极反应$NO_3^-+4H^++3e^-\rightleftharpoons NO+2H_2O$，$\varphi^{\ominus}(NO_3^-/NO)=0.96V$。当$c(NO_3^-)=1.0mol\cdot L^{-1}$，$p(NO)=100kPa$，$c(H^+)=1.0\times10^{-7}mol\cdot L^{-1}$，上述电极反应的电极电势是(　　)。

(A) 0.41V　　(B) −0.41V　　(C) 0.82V　　(D) 0.56V

(8) 已知钒元素的电势图及下列各电对的$\varphi^{\ominus}$值：

$$V(V)\xrightarrow{1.00V}V(IV)\xrightarrow{0.31V}V(III)\xrightarrow{-0.255V}V(II)$$

$$\varphi^{\ominus}(Zn^{2+}/Zn)=-0.763V \qquad \varphi^{\ominus}(Sn^{4+}/Sn^{2+})=0.154V$$

$$\varphi^{\ominus}(Fe^{3+}/Fe^{2+})=0.771V \qquad \varphi^{\ominus}(Fe^{2+}/Fe)=-0.44V$$

欲将V(Ⅴ)只还原到V(Ⅳ)，下列还原剂中合适的是(　　)。

(A) Zn　　(B) Sn^{2+}　　(C) Fe^{2+}　　(D) Fe

2. 将下列反应设计成原电池，并写出原电池的符号。

(1) $Fe+Cu^{2+}=Fe^{2+}+Cu$　　　　(2) $Ni+Pb^{2+}=Ni^{2+}+Pb$

(3) $Cu+2Ag^+=Cu^++2Ag$　　　　(4) $Sn+2H^+=Sn^{2+}+H_2$

3. 下列物质在一定条件下都可以作为氧化剂：$KMnO_4$、$K_2Cr_2O_7$、$CuCl_2$、$FeCl_3$、H_2O_2、I_2、Br_2、F_2、PbO_2。试根据标准电极电势的数据，把它们按氧化能力的大小排列顺序，并写出它们在酸性介质中的还原产物。

4. 已知：$MnO_4^-+8H^++5e^-=Mn^{2+}+4H_2O$　　$\varphi^{\ominus}=1.51V$

$Fe^{3+}+e^-=Fe^{2+}$　　$\varphi^{\ominus}=0.771V$

(1) 判断下列反应的方向。

$$MnO_4^-+Fe^{2+}+H^+\longrightarrow Mn^{2+}+4H_2O+5Fe^{3+}$$

(2) 将这两个半电池组成原电池，用电池符号表示该原电池的组成，标明电池的正负极，并计算其标准电动势。

(3) 当氢离子浓度为$10mol\cdot L^{-1}$时，其他各离子浓度均为$1mol\cdot L^{-1}$时，计算该电池的电动势。

5. 已知：$Hg_2Cl_2(s)+2e^-=2Hg(l)+2Cl^-$　　$\varphi^{\ominus}=0.28V$

$Hg_2^{2+}+2e^-=2Hg(l)$　　$\varphi^{\ominus}=0.80V$

求$K_{sp}^{\ominus}(Hg_2Cl_2)$。(提示：$Hg_2Cl_2(s)=Hg_2^{2+}+2Cl^-$)

6. 为了测定溶度积，设计了下列原电池

$$(-)Pb|PbSO_4,\ SO_4^{2-}(1.0mol\cdot L^{-1})\|Sn^{2+}(1.0mol\cdot L^{-1})|Sn(+)$$

在25℃时测得电池电动势$E^{\ominus}=0.22V$，求$PbSO_4$溶度积常数$K_{sp}^{\ominus}$。

7. 简答题

(1) 已知铁、铜元素的标准电位图：

$$\varphi_A^{\ominus}/V\quad Fe^{3+}\xrightarrow{0.77}Fe^{2+}\xrightarrow{-0.41}Fe\qquad Cu^{2+}\xrightarrow{0.15}Cu^+\xrightarrow{0.52}Cu$$

试分析，为什么金属铁能从铜溶液(Cu^{2+})中置换出铜，而金属铜又能溶于三氯化铁溶液。

(2) 试根据电极电位分析：

① Na_2S 试剂中的硫比 H_2S 中的硫更易被空气氧化。

② HNO_3的氧化性大于 KNO_3。

(3) 实验室利用 Cu^{2+} 与 I^- 反应来制备 CuI。但 CuCl、CuBr 却不能用类似的反应来制取，请分析原因。已知：$\varphi^\ominus(Cu^{2+}/Cu^+)=0.16V$，$\varphi^\ominus(Br_2/Br^-)=1.07V$，$\varphi^\ominus(Cl_2/Cl^-)=1.36V$，$\varphi^\ominus(I_2/I^-)=0.54V$，$K_{sp}^\ominus(CuI)=1.1\times10^{-12}$，$K_{sp}^\ominus(CuBr)-2.0\times10^{-9}$，$K_{sp}^\ominus(CuCl)=2.0\times10^{-6}$。

8. 计算 298K 时下列电池的电动势及电池反应的平衡常数。

(1) $(-)Pb|Pb^{2+}(0.10mol\cdot L^{-1})\|Cu^{2+}(0.50mol\cdot L^{-1})|Cu(+)$；

(2) $(-)Sn|Sn^{2+}(0.050mol\cdot L^{-1})\|H^+(1.0mol\cdot L^{-1})|H_2(10^5Pa), Sn(+)$；

(3) $(-)Pt, H_2(10^5Pa)|H^+(1.0mol\cdot L^{-1})\|Sn^{4+}(0.50mol\cdot L^{-1}), Sn^{2+}(0.10mol\cdot L^{-1})|Pt(+)$；

(4) $(-)Pt, H_2(10^5Pa)|H^+(0.010mol\cdot L^{-1})\|H^+(1.0mol\cdot L^{-1})|H_2(10^5Pa), Pt(+)$。

9. 已知：298K 时，$\varphi^\ominus(Ag^+/Ag)=0.80V$，$\varphi^\ominus(Fe^{3+}/Fe^{2+})=0.77V$。如用 Fe^{3+}/Fe^{2+}，Ag^+/Ag 组成原电池。

(1) 写出标准态下自发进行的电池反应，计算反应的平衡常数。

(2) 求当 $c(Ag^+)=0.10mol\cdot L^{-1}$，$c(Fe^{3+})=c(Fe^{2+})=0.10mol\cdot L^{-1}$时电池的电动势。

(3) 若在 Ag^+/Ag 电极中加入固体 NaCl 并使 $c(Cl^-)=1.0mol\cdot L^{-1}$，$Fe^{3+}/Fe^{2+}$ 电极处于标准态。计算说明 Fe^{3+} 能否氧化 Ag，写出自发进行的反应式。已知：$K_{sp}^\ominus(AgCl)=1.8\times10^{-10}$。

10. 判断 298K 标准态下，反应

$$MnO_2(s)+2Cl^-+4H^+ = Mn^{2+}+Cl_2+2H_2O$$

能否正向自发反应？若用 $c(HCl)=12.0mol\cdot L^{-1}$ 的盐酸与 MnO_2 反应，上述反应能否正向自发进行？设其他物质处于标准态。

11. 已知 $Co^{3+}+e^- \rightleftharpoons Co^{2+}$　　$\varphi^\ominus(Co^{3+}/Co^{2+})=1.92V$

$Cl_2+2e^- \rightleftharpoons 2Cl^-$　　$\varphi^\ominus(Cl_2/Cl^-)=1.36V$

由标准电极电位值可知，在标准态下，Cl_2不能氧化 Co^{2+}。然而 $Co(OH)_3$ 是在 $CoCl_2$ 中加氯水，再加 NaOH 制得的。试计算说明之，并写出反应式。已知：$K_{sp}^\ominus[Co(OH)_3]=1.6\times10^{-44}$，$K_{sp}^\ominus[Co(OH)_2]=1.6\times10^{-15}$。

第10章 过渡元素

(1) 了解钛、钒及其重要化合物的化学性质。

(2) 掌握Cr(Ⅲ)和Cr(Ⅵ)化合物的酸碱性、氧化还原性及CrO_4^{2-}和$Cr_2O_7^{2-}$之间的相互转化关系；了解钼、钨的重要化合物。

(3) 掌握Mn(Ⅱ)、Mn(Ⅳ)、Mn(Ⅵ)、Mn(Ⅶ)重要化合物的化学性质及各氧化态锰之间相互转化的关系。

(4) 掌握铁、钴、镍的+2、+3氧化态稳定性变化规律及这些氧化态化合物在反应性上的差异；熟悉铁、钴、镍的重要配合物。

(5) 了解铂及其重要化合物的性质。

(6) 了解ds区元素单质的重要化学性质，掌握这些金属与酸碱的反应；掌握ds区元素氧化物、氢氧化物、重要盐类的性质及金属离子的配位性。

(7) 了解镧系和锕系元素电子层结构的特点；掌握镧系收缩及其对镧系元素本身和镧系后面元素性质的影响。

鉴于主族元素的有关知识已在中学阶段介绍过，本书只讨论过渡元素。过渡元素是指具有部分填充d或f壳层电子的元素，包括d区元素、ds区元素和f区元素。这些元素都是金属元素，也称为过渡金属。过渡元素根据电子构型的特点可分为外过渡元素(d区、ds区元素)和内过渡元素(f区元素)两大组。外过渡元素是指除镧系、锕系以外的其他过渡元素，内过渡元素是指镧系和锕系元素。ⅢB族的钇(Y)和镧系元素在性质上非常相似，常将它们称为稀土元素。

10.1 d区元素

10.1.1 d区元素概述

d区元素都是金属，包括ⅢB～Ⅷ族元素，属外过渡元素。根据d区元素所在周期的不同，通常将d区元素分为下列三个过渡系。

(1) 第一过渡系：包括第四周期的Sc、Ti、V、Cr、Mn、Fe、Co、Ni八种元素。

(2) 第二过渡系：包括第五周期的Y、Zr、Nb、Mo、Tc、Ru、Rh、Pd八种元素。

(3) 第三过渡系：包括第六周期的La、Hf、Ta、W、Re、Os、Ir、Pt八种元素。

按金属的密度，习惯上把第四周期的d区元素称为轻过渡元素，第五、六周期的d区元素称为重过渡元素。

1. d区元素的原子半径

d区元素原子的价层电子构型是$(n-1)d^{1\sim10}ns^{0\sim2}$(见元素周期表)。对第四周期而言，随着原子序数的增大，有效核电荷增大，原子半径缓慢减小；第五、六周期从左到右元素的原子半径仅略有减小。同族元素从上往下，原子半径增大，但第五、六周期（ⅢB除外）由于镧系收缩的影响，几乎抵消了同族元素由上往下周期数增加的影响，使这两周期同族元素原子半径十分接近，导致第二和第三过渡系同族元素在性质上的差异比第一和第二过渡系相应的元素要小。d区元素的原子半径随原子序数的变化情况如图10.1所示。

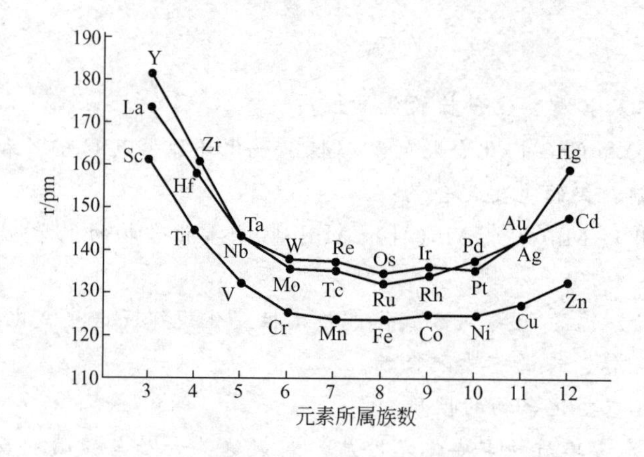

图10.1 d区元素的原子半径

2. d区元素的物理性质

d区元素的单质都是高熔点、高沸点、密度大、导电性和导热性良好的金属。在同周期中，它们的熔点从左到右一般是先逐渐升高，然后又缓慢下降。通常认为产生这种现象的原因是在这些金属原子间除了主要以金属键结合之外，还可能具有部分共价性，这与原子中未成对的d电子参与成键有关。原子中未成对的d电子数增多，金属键中由这些电子参与成键造成的部分共价性增强，表现出这些金属单质的熔点升高，在各周期中熔点最高的金属在ⅥB族中出现，如图10.2所示。在同一族中，第二过渡系元素的单质的熔点、沸点大多高于第一过渡系，而第三过渡系的熔点、沸点又高于第二过渡系(ⅢB族除外)，熔点、沸点最高的单质是钨(熔点3683K，沸点5933K)。应当指出，金属的熔点还与金属原子半径的大小、晶体结构等因素有关，并非单纯地决定于未成对d电子数目的多少。过渡元素单质的硬度也有类似的变化规律，硬度最大的金属是铬。另外，在过渡元素中，单质密度最大的是Ⅷ族的锇(Os)，其次是铱(Ir)、铂(Pt)、铼(Re)，这些金属都比室温下同体积的水重20倍以上，是典型的重金属。

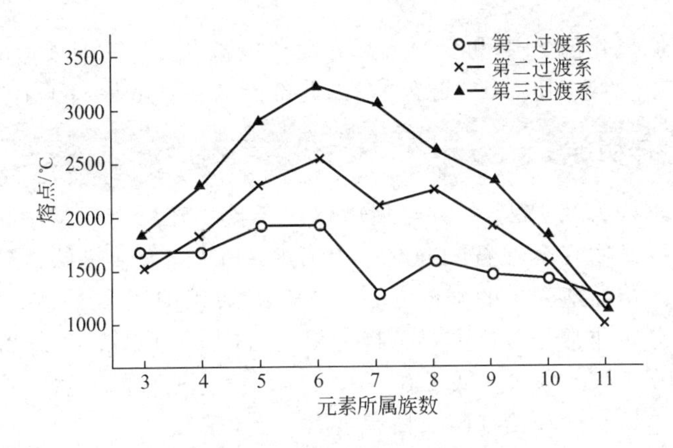

图 10.2　d 区元素单质的熔点

3. d 区元素的化学性质

在化学性质上，第一过渡系元素的单质比第二、三过渡系元素的单质活泼。例如，第一过渡系中除铜外，其他金属都能与稀酸作用，而第二、三过渡系的单质大多较难与稀酸发生反应。在第二、三过渡系中，有些元素的单质仅能溶于王水和氢氟酸中，如锆(Zr)、铪(Hf)等，有些甚至不溶于王水，如钌(Ru)、铑(Rh)、锇(Os)、铱(Ir)等。化学性质的这些差别，与第二、三过渡系的原子具有较大的电离能和标准摩尔升华焓(原子化焓)有关，有时这些金属在表面上易形成致密的氧化膜，也影响了它们的活泼性。

过渡元素的单质能与活泼的非金属单质直接形成化合物。过渡元素与氢元素形成金属型氢化物，又称为过渡型氢化物。这类氢化物的特点是组成大多不固定，通常是非化学计量的，如 $VH_{1.8}$、$TaH_{0.76}$ 等。在金属型氢化物中，氢原子钻到金属晶体的空隙中形成化合物，也有人认为氢与金属组成固溶体，氢原子在晶体中占据与金属原子相似的位置。金属型氢化物基本上保留着金属的一些物理性质，如金属光泽、导电性等，其密度小于相应的金属。

有些元素(如ⅣB～ⅦB 族的元素)的单质，还能与原子半径较小的非金属(如 B、C、N)形成间充(或间隙)式化合物。这类化合物是由 B、C、N 原子钻到金属晶格的空隙中而形成的，它们的组成往往是可变的，是非化学计量的，常随 B、C、N 在金属中溶解的多少而改变。间充式化合物比相应的纯金属的熔点高、硬度大，化学性质不活泼。工业上常用 W_2C 作硬质合金，可用其制造某些特殊设备。

过渡元素的单质由于具有多种优良的物理性能和化学性能，在冶金工业上用来制造各种合金钢，如不锈钢(含铬、镍等)、弹簧钢(含钒等)、建筑钢(含锰等)。另外，过渡元素的一些单质或化合物在化学工业上常用作催化剂。

4. d 区元素的氧化值

过渡元素大都可以形成多种氧化值的化合物。在某种条件下，过渡元素的原子只有最外层的 s 电子参与成键；而在另外条件下，这些元素的部分或全部 d 电子也参与成键。一般说来，过渡元素的高氧化值化合物比其他低氧化值化合物的氧化性强。过渡元素与非金属元素形成二元化合物时，往往只有电负性较大、阴离子难被氧化的非金属元素(氧或氟)才能与它们形成高氧化值的二元化合物，如 Mn_2O_7、CrF_6 等；而电负性较小、阴离子易被氧化的非金属(如碘、溴、硫等)，则难与它们形成高氧化值的二元化合物。在过渡元素的高氧化值化合物中，其含氧酸盐较稳定。

过渡元素的较低氧化值(+2 和+3)大都有简单的离子 M^{2+} 和 M^{3+}，这些离子的氧化性一般都不强(Co^{3+}、Ni^{3+} 和 Mn^{3+} 除外)，因此都能与多种酸根离子形成盐类。

10.1.2 钛、锆和铪

钛在地壳中的丰度为 0.632%，在金属中仅次于铁，在所有元素中排第九位。但大都处于分散状态，主要矿物有金红石(TiO_2)、钛铁矿($FeTiO_3$)和钒钛铁矿。钛的资源虽然丰富，但冶炼困难。锆在地壳中的含量为 0.0162%，海水中为 2.6×10^{-9}%，比铜、锌和铅的总量还多，但分布非常分散，主要矿物为斜锆石(ZrO_2)和锆英石($ZrSO_4$)。铪在地壳中的含量为 2.8×10^{-4}%，海水中低于 8×10^{-7}%，没有独自的矿物，在自然界与锆共生于锆英石中。所以，钛、锆和铪都归入稀有金属。

【金属中的魔术师——记忆合金】

1. 钛的性质和用途

钛属于高熔点的轻金属，具有许多优异性能，如比铁轻，比强度(强度与质量之比)是铁的 2 倍以上，铝的 5 倍。钛具有铁和铝无法相比的抗腐蚀性能，所以广泛应用于制造航天飞机、火箭、导弹、潜艇、轮船和化工设备。钛还能承受超低温，用于制备盛放液氮和液氧等设备。此外，钛具有生物相容性，用于接骨和制作人工关节，故誉为“生物金属”。

钛是活泼金属，其标准电极电势为−1.63V，在空气中能迅速与氧反应生成致密的氧化物膜而钝化，使其在室温下不与水、稀酸和碱反应。但钛能生成配合物 $TiF_6{}^{2-}$ 而可溶于氢氟酸或酸性氟化物溶液。

$$Ti+6HF=\!=\!=TiF_6^{2-}+2H^++2H_2$$

钛也能溶于热的浓盐酸，生成绿色的 $TiCl_3\cdot6H_2O$：

$$2Ti+6HCl=\!=\!=2TiCl_3+3H_2$$

钛在高温下可与碳、氮、硼反应生成碳化钛(TiC)、氮化钛(TiN)和硼化钛(TiB)。它们硬度大、熔点高、性质稳定，被称为金属陶瓷。氮化钛为青铜色，涂层能仿金。钛与氢反应形成非整比的氢化物，可作为储氢材料。钛与氧反应生成 TiO_2。因为钛与氧、氯、氮、氢有很大的亲和力，因此制备纯的金属钛比较困难。钛的化学反应如图 10.3 所示。

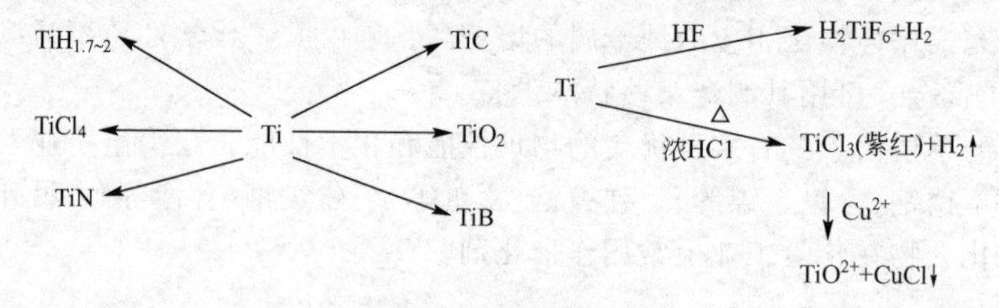

图 10.3 钛的化学反应

2. 金属钛的制备

大规模生产钛一般采用 $TiCl_4$ 金属热还原法。即将 TiO_2 或天然金红石与碳粉混合加热至 1000～1100K，进行氯化处理制备 $TiCl_4$，然后用金属镁或钠在 1070K、氩气中还原得到金属钛。

$$TiO_2(s)+2Cl_2(g)+2C(s)\xlongequal{1000\sim1100K}TiCl_4(g)+2CO(g)$$

$$TiCl_4(l)+2Mg(s)\xlongequal[Ar]{1070K}Ti(s)+2MgCl_2(s)$$

过量的 Mg 和 $MgCl_2$ 用稀盐酸处理除去，得到“海绵钛”。

3. TiO_2

自然界中 TiO_2 有三种晶型——金红石型、锐钛矿型和板钛矿型，其中最重要的是金红石型。金红石型属于简单四方晶系($a=b\neq c$，$\alpha=\beta=\gamma=90°$)。TiO_2 是白色粉末，不溶于水和稀酸，但溶于氢氟酸和热的浓硫酸中。

$$TiO_2+6HF=H_2[TiF_6]+2H_2O$$

$$TiO_2+H_2SO_4=TiOSO_4+H_2O$$

TiO_2 俗称钛白(或钛白粉)，是一种优良的白色颜料，具有折射率高、着色力和遮盖力强、化学稳定性好等优点，是制备高级涂料和白色橡胶的重要原料；也是造纸和人造纤维工业的消光剂；是陶瓷工业特别是功能陶瓷如 $BaTiO_3$ 的重要原料。纳米 TiO_2 有极好的光催化性能，在有机污水处理领域有广阔的应用前景。

4. 锆和铪的性质和用途

由于镧系收缩，使锆和铪的性质极为相似。锆是具有钢灰色的可锻金属，铪是银白色的柔软性可锻金属，它们都是活泼金属。致密金属在空气中是稳定的；在高温下，能与空气反应生成氧化物保护膜；在更高的温度下，氧化速率增大。此外，高温下，氧可在锆中溶解，在真空中加热也不能除去。铪的亲氧能力更强，粉末铪在高温时甚至可以夺取 MgO、BeO 和 ThO_2 坩埚中的氧，所以它们只能在金属坩埚中熔融。它们都能吸收氢气，锆的吸氢能力更强，在 573～673K 时能生成一系列氢化物，如 Zr_2H、ZrH、ZrH_2。在真空中加热到 1273～1473K 时，氢气几乎全部排出。在高温下，它们可以与碳及其含碳气体化合物(CO、CH_4 等)作用生成高硬、高熔点的碳化物(ZrC、HfC)；与硼作用可以生成硼化物(ZrB_2、HfB_2)；吸收氮气形成固溶体和氮化物。这些碳化物、硼化物和氮化物都是重要的金属陶瓷材料。锆具有比钛和不锈钢更高的抗化学腐蚀能力，在 373K 以下，锆能抵抗浓盐酸、硝酸和浓度低于 50%的硫酸和各种强碱；但可溶于氢氟酸、浓硫酸、王水及熔融强碱。铪的抗化学腐蚀的能力稍差，低温下可抵抗稀酸和稀碱，可溶于硫酸。

锆和铪主要用于原子能工业。锆用作核反应堆中核燃料的包套材料。铪具有特别强的热中子吸收能力，主要用于军舰和潜艇原子反应堆的控制棒。锆合金强度高，用作反应堆结构材料。铪合金难熔，具有抗氧化性，用作火箭喷嘴、发动机和宇宙飞行器等。锆不与人体的血液、骨骼及组织发生作用，已用作外科和牙科医疗器械，并能强化和代替骨骼。它们还可用于化工设备和电子管的吸气剂等。

10.1.3 钒、铌和钽

钒在地壳中的丰度为 0.0136%，是银的 1000 倍，在所有元素中排第 23 位。但它的分布广且分散，海水中含量仅占 $2\times10^{-9}\%\sim35\times10^{-9}\%$，但在海洋生物体内得到富集，如海鞘体内钒的含量是海水的几千倍。钒主要以 +3 和 +5 氧化值存在于矿石中，其主要矿物为绿硫钒(VS_2 或 V_2S_5)、钒铅矿[$Pb_5(VO_4)_3Cl$]和钒酸钾铀矿[$K(UO_2)VO_4\cdot\frac{3}{2}H_2O$]等。由于镧系收缩的影响，铌和钽性质相似，在自然界共生，其矿物可用通式 $Fe(MO_3)_2$ 表示。钒、铌、钽均是稀有金属。

1. 钒

(1) 钒的性质和用途。

金属钒呈银白色、有光泽，熔点高，易呈钝态，硬度比钢大。钒元素的基本性质见表10-1。

表10-1 钒元素的基本性质

元素	价电子层构型	主要氧化值	共价半径/pm	M5+离子半径/pm	第一电离能/kJ·mol^{-1}	电负性	$\varphi_A^{\ominus}(VO_2^+/V)$
钒	$3d^34s^2$	+2，+3，+4，+5	123	59	650	1.63	−0.25

从标准电极电势看，钒是强还原剂，但由于呈钝态，因此室温下钒的化学活泼性较低。钒不与空气、水、苛性碱作用，也不与非氧化性的酸作用，但可溶于氢氟酸、浓硫酸、硝酸和王水，即

$$2V+6HF = 2VF_3+3H_2(g)$$

在高温时，钒能和大多数非金属化合，并可与熔融的苛性碱发生作用，如

$$4V+5O_2 \xlongequal{\text{高于 933K}} 2V_2O_5$$

钒与氯在加热时生成四氯化钒，即

$$V+2Cl_2 \xlongequal{\triangle} VCl_4$$

钒主要用来制造钒钢。钒钢具有强度大、弹性好、抗磨损、抗冲击等优点，因此钒钢是汽车和飞机制造业中特别重要的材料。

(2) 钒的重要化合物。

钒的价层电子构型为$3d^34s^2$，可形成氧化值为+2、+3、+4和+5的化合物，其中以氧化值为+5的化合物最重要。

① 五氧化二钒。

五氧化二钒呈橙黄色或砖红色粉末，无臭、无味、有毒、微溶于水。加热偏钒酸铵可获得纯的五氧化二钒(V_2O_5)，即

$$2NH_4VO_3 \xlongequal{\triangle} V_2O_5+2NH_3(g)+H_2O$$

V_2O_5为两性偏酸性的氧化物，既能溶于强碱生成偏钒酸盐或钒酸盐，反应为

$$V_2O_5+2NaOH = 2NaVO_3+H_2O$$

也能溶于强酸中，在pH<1的酸性溶液中，能生成淡黄色的钒二氧基(VO_2^+)阳离子，即

$$V_2O_5+2H^+ = 2VO_2^+ +H_2O$$

V_2O_5是较强的氧化剂，溶于浓盐酸时，钒(V)能被还原成钒(Ⅳ)，并且放出氯气，即

$$V_2O_5+6HCl = 2VOCl_2+Cl_2(g)+3H_2O$$

V_2O_5是一种重要的催化剂，常用在接触法合成硫酸和一些有机合成中。把V_2O_5加入玻璃中还可以防止紫外线透过。

② 钒酸盐。

钒酸盐有偏钒酸盐 $M^{I}VO_3$ 和正钒酸盐 $M_3^{I}VO_4$。正钒酸根离子 VO_4^{3-} 的基本构型与 ClO_4^-、SO_4^{2-} 和 PO_4^{3-} 等含氧酸根离子一样，都是四面体构型。简单的正钒酸根离子 VO_4^{3-} 只存在于强碱性溶液中，向正钒酸盐中加酸，使 pH 逐渐下降，单钒酸根离子逐渐脱水缩合为多钒酸根离子。随着 H^+ 离子浓度的增加，多钒酸中的氧逐渐被 H^+ 离子夺走而使钒与氧的比值依次下降。到 pH<1 时，溶液中主要是淡黄色的 VO_2^+ 离子。其变化过程如下。

pH	≥13	≥8.48	~3	~2.2	~2	<1
主要离子	VO_4^{3-}	$V_2O_7^{4-}$	$V_3O_9^{3-}$	$V_{10}O_{28}^{6-}$	$V_2O_5 \cdot xH_2O$	VO_2^+
V∶O	1∶4	1∶3.5	1∶3	1∶2.8	1∶2.5	1∶2

钒酸根离子在溶液中的缩合平衡，除了与 pH 有关外，还与钒酸根离子的浓度有关。

在酸性溶液中，钒酸盐是一个强氧化剂，它的标准电极电势如下。

$$VO_2^+ + 2H^+ + e = VO^{2+} + H_2O \qquad \varphi_A^{\ominus}(VO_2^+/VO^{2+}) = 1.0V$$

VO_2^+ 可以被 Fe^{2+}、草酸、酒石酸和乙醇等还原剂还原为 VO^{2+}，反应如下。

$$VO_2^+(\text{钒酰离子}) + Fe^{2+} + 2H^+ = VO^{2+}(\text{亚钒酰离子}) + Fe^{3+} + H_2O$$

$$2VO_2^+ + H_2C_2O_4 + 2H^+ \xlongequal{\triangle} 2VO^{2+} + 2CO_2(g) + 2H_2O$$

上述反应可用于氧化还原容量法测定钒。

2. 铌和钽

铌和钽都是钢灰色金属，略带蓝色。它们具有极其相似的性质，具有极强的抗腐蚀能力，能抵抗浓热的盐酸、硫酸、硝酸和王水。铌和钽只能溶于氢氟酸或氢氟酸与硝酸的热混合液中，在熔融碱中被氧化为铌酸盐或钽酸盐。铌酸盐或钽酸盐进一步转化为其氧化物，再由金属热还原得到铌或钽。

铌和钽最重要的性质是具有吸收氧、氮和氢等气体的能力，如 1g 铌在常温下可吸收 100mL 的氢气。另外，它们对人的肌肉和细胞无任何不良影响，而且细胞可在其上生长发育。钽片可以弥补头盖骨的损伤，钽丝可以缝合神经和肌腱，钽条可代替骨头，因此在医学方面有重要应用。目前，钽主要用于制备固体电解质电容器，在计算机、雷达、导弹和彩电等电子线路中发挥重要作用。

10.1.4 铬、钼和钨

铬(Cr)、钼(Mo)和钨(W)是ⅥB 族元素。Cr 和 Mo 的价层电子构型分别为 $3d^54s^1$ 和 $4d^55s^1$，W 的价层电子构型为 $5d^46s^2$。Cr、Mo、W 各有 6 个价电子，它们的最高氧化值为+6。虽然 Cr 和 Mo 具有相同的价层电子构型 $(n-1)d^5ns^2$，但由于受镧系收缩的影响，Mo 与 Cr 在性质上有许多差异，而与 W 在性质上相近。Cr 的常见氧化值为+2、+3、+6，其氧化值为+6 的化合物是强氧化剂。Mo 和 W 的主要氧化值为+6，也有不稳定的氧化值+2、+5。

1. 铬、钼和钨的单质

铬、钼和钨都是灰白色金属，它们的熔点和沸点都很高。铬在金属中是硬度最大的。

Cr、Mo、W 的金属性并不活泼，这是由于它们容易钝化的缘故。在工业上，为了防止生锈，常在铁制品表面上镀一层铬，这一镀层能长期保持光亮。常温下，铬能溶于稀盐酸和浓硫酸中，钼和钨溶于硝酸和氢氟酸的混合溶液中(钨溶解速度缓慢)。在高温下，铬、钼和钨都能与活泼非金属单质反应，与碳、氮、硼元素也能形成化合物。铬、钼、钨都是重要的合金元素。

2. 铬的化合物

(1) 铬(Ⅲ)的化合物。

① 氧化铬和氢氧化铬。

在高温下，金属铬与氧化合生成氧化铬。

$$4Cr+3O_2 = 2Cr_2O_3$$

加热重铬酸铵也能制得氧化铬。

$$(NH_4)_2Cr_2O_7 \overset{\triangle}{=} Cr_2O_3+4H_2O\uparrow+N_2\uparrow$$

氧化铬为绿色固体，不溶于水，是一种两性氧化物，既溶于酸溶液生成铬盐，也溶于强碱溶液生成亚铬酸盐。

$$Cr_2O_3+3H_2SO_4 = Cr_2(SO_4)_3+3H_2O$$

$$Cr_2O_3+2NaOH = 2NaCrO_2+H_2O$$

灼烧过的 Cr_2O_3 不溶于酸，但与酸性熔剂共熔可转化为可溶性盐。

$$Cr_2O_3+3K_2S_2O_7 \overset{熔融}{=} Cr_2(SO_4)_3+3K_2SO_4$$

Cr_2O_3 常用作颜料，少量 Cr_2O_3 可使玻璃呈现出美丽的绿色，陶瓷的绿色釉也掺有 Cr_2O_3。

与氧化铬对应的氢氧化物是氢氧化铬，它可由铬(Ⅲ)盐溶液与氨溶液或氢氧化钠溶液反应而制得。

$$Cr_2(SO_4)_3+6NH_3+6H_2O = 2Cr(OH)_3\downarrow+3(NH_4)_2SO_4$$

氢氧化铬为灰蓝色胶状沉淀，它在溶液中存在下列平衡。

$$\underset{(紫蓝色)}{Cr^{3+}+3OH^-} \rightleftharpoons \underset{(灰蓝色)}{Cr(OH)_3} \rightleftharpoons HCrO_2+H_2O \rightleftharpoons \underset{(绿色)}{CrO_2^-}+H_3O^+$$

氢氧化铬是两性氢氧化物。加酸时，平衡向生成 Cr^{3+} 的方向移动；加碱时，平衡向生成 CrO_2^- 的方向移动。

$$Cr(OH)_3+3HCl = CrCl_3+3H_2O$$

$$Cr(OH)_3+NaOH = NaCrO_2+H_2O$$

② 铬(Ⅲ)盐和亚铬酸盐。

重要的铬(Ⅲ)盐是硫酸铬和铬钒。将 Cr_2O_3 溶于冷的浓硫酸中，可得到紫色的 $Cr_2(SO_4)_3\cdot18H_2O$，此外还有绿色的 $Cr_2(SO_4)_3\cdot6H_2O$ 和桃红色的无水 $Cr_2(SO_4)_3$。硫酸铬(Ⅲ)与碱金属的硫酸盐可以形成铬钒，铬钾钒[$K_2SO_4\cdot Cr_2(SO_4)_3\cdot2H_2O$]在鞣革、纺织等工业上有广泛的用途。铬钾钒可用 SO_2 还原重铬酸钾的酸性溶液而制得。

$$K_2Cr_2O_7+H_2SO_4+3SO_2+H_2O = K_2SO_4\cdot Cr_2(SO_4)_3\cdot2H_2O$$

亚铬酸盐在碱性溶液中具有较强的还原性，可被 H_2O_2 或 Na_2O_2 氧化成铬(Ⅵ)酸盐。

$$2CrO_2^-+3H_2O_2+OH^- = 2CrO_4^{2-}+4H_2O$$

在酸性溶液中 Cr^{3+} 的还原性很弱，只有强氧化剂(如过硫酸铵、高锰酸钾等)才能将 Cr(Ⅲ)氧化成 Cr(Ⅵ)，如

$$Cr_2(SO_4)_3+3(NH_4)_2S_2O_8+7H_2O \xrightarrow[\triangle]{Ag^+} (NH_4)_2Cr_2O_7+2(NH_4)_2SO_4+7H_2SO_4$$

工业上从铬铁矿生产铬酸盐的主要反应就是上述反应。

③ 铬(Ⅲ)的配合物。

Cr^{3+} 的外层电子构型为 $3d^34s^04p^0$，它的半径也较小(63pm)，因此它容易采取 d^2sp^3 杂化形成配位数为 6 的配合物。Cr^{3+} 在水溶液中就是以六水合铬(Ⅲ)配离子 $[Cr(H_2O)_6]^{3+}$ 存在，Cr^{3+} 实际上并不存在于水溶液中，这样写只是为了直观和方便。

$[Cr(H_2O)_6]^{3+}$ 中的水分子可被其他配体所取代，如在不同浓度的氨水中可形成 $[CrNH_3(H_2O)_5]^{3+}$(紫色)、$[Cr(NH_3)_2(H_2O)_4]^{3+}$(紫红色)、$[Cr(NH_3)_3(H_2O)_3]^{3+}$(浅红色)、$[Cr(NH_3)_4(H_2O)_2]^{3+}$(橙红色)、$[Cr(NH_3)_5H_2O]^{3+}$(橙黄色)、$[Cr(NH_3)_6]^{3+}$(黄色)等配离子。

(2) 铬(Ⅵ)的化合物。

① 三氧化铬。

三氧化铬俗称铬酐，向重铬酸钾(钠)的浓溶液中加入过量的浓硫酸时，则有橙红色的三氧化铬晶体析出。

$$K_2Cr_2O_7+H_2SO_4 = K_2SO_4+2CrO_3+H_2O$$

CrO_3 的熔点为 196℃，对热不稳定，加热超过其熔点时便逐步分解，最后产物是 Cr_2O_3：

$$4CrO_3 \xlongequal{400\sim500℃} 2Cr_2O_3+3O_2\uparrow$$

三氧化铬容易潮解，易溶于水生成铬酸(H_2CrO_4)，溶于碱生成铬酸盐。三氧化铬有强氧化性，遇到易燃的有机物(如酒精)时易燃烧，本身还原为 Cr_2O_3。

② 铬酸盐。

常见的铬酸盐是铬酸钾和铬酸钠，都是黄色晶体。碱金属及铵的铬酸盐易溶于水，碱土金属的铬酸盐的溶解度从 Mg 到 Ba 依次减小。铅、银等贵金属的铬酸盐难溶于水。在铬酸盐的溶液中加入铅盐或钡盐溶液，可得到铬酸铅(铬黄)和铬酸钡(柠檬黄)的沉淀。

$$Pb^{2+}+CrO_4^{2-} = PbCrO_4\downarrow$$

$$Ba^{2+}+CrO_4^{2-} = BaCrO_4\downarrow$$

在分析化学中通常用 Pb^{2+}、Ba^{2+} 和 Ag^+ 来检验 CrO_4^{2-} 的存在。

③ 重铬酸盐。

在所有的重铬酸盐中，重铬酸钾在低温下的溶解度最小，而且不含结晶水，可以通过重结晶法制得纯盐，在分析化学中用作基准试剂。在工业上，$K_2Cr_2O_7$ 大量用于鞣革、印染、颜料、电镀等。往铬酸钠溶液中加入适量的硫酸，溶液则变成红色，将浓溶液冷却则析出 $Na_2Cr_2O_7$，反应式为

$$2Na_2CrO_4+H_2SO_4 = Na_2SO_4+Na_2Cr_2O_7+H_2O$$

$K_2Cr_2O_7$ 可由 $Na_2Cr_2O_7$ 与 KCl 或 K_2SO_4 进行复分解反应制取，反应式为

$$Na_2Cr_2O_7+2KCl \rightleftharpoons K_2Cr_2O_7+2NaCl$$

利用重铬酸钾在低温时溶解度较小，在高温时溶解度较大，而温度对食盐的溶解度影

响不大的性质，可将 $K_2Cr_2O_7$ 与 NaCl 分离。重铬酸钾受强热时按下式分解。

$$4K_2Cr_2O_7 \xlongequal{\triangle} 4K_2CrO_4 + 2Cr_2O_3 + 3O_2\uparrow$$

重铬酸盐在酸性溶液中是强氧化剂，在冷溶液中可以氧化 H_2S、H_2SO_3 和 HI；加热时，可以氧化 HBr 和 HCl。$K_2Cr_2O_7$ 氧化 H_2SO_3 的反应式为

$$Cr_2O_7^{2-} + 3SO_3^{2-} + 8H^+ \xlongequal{} 2Cr^{3+} + 3SO_4^{2-} + 4H_2O$$

在分析化学中常用 $K_2Cr_2O_7$ 来测定铁的质量分数。

$$K_2Cr_2O_7 + 6FeSO_4 + 7H_2SO_4 \xlongequal{} 3Fe_2(SO_4)_3 + Cr_2(SO_4)_3 + K_2SO_4 + 7H_2O$$

实验室中所用的洗液，是重铬酸钾饱和溶液和浓硫酸的混合物，称为铬酸洗液。铬酸洗液具有强氧化性，可用来洗涤化学玻璃器皿，以除去器壁上黏附的油脂层。洗液经使用后，棕红色逐渐转变成暗绿色，若全部变成暗绿色，说明 Cr(Ⅵ)已转化成为 Cr(Ⅲ)，洗液已失效。

在铬酸钾或重铬酸钾的水溶液中，存在 CrO_4^{2-} 与 $Cr_2O_7^{2-}$ 的平衡。

$$\underset{\text{(橙红)}}{Cr_2O_7^{2-}} + H_2O \rightleftharpoons 2HCrO_4^- \rightleftharpoons \underset{\text{(黄色)}}{2CrO_4^{2-}} + 2H^+$$

溶液中 CrO_4^{2-} 与 $Cr_2O_7^{2-}$ 的浓度的相对大小，取决于溶液的 pH。除了在加酸、加碱条件下可使上述平衡发生移动外，向溶液中加入 Ba^{2+}、Pb^{2+} 或 Ag^+，由于这些离子与 CrO_4^{2-} 反应而生成难溶的铬酸盐，也都能使平衡向右移动。$Cr_2O_7^{2-}$ 与 Ag^+ 反应的离子方程式为

$$Cr_2O_7^{2-} + 4Ag^+ + H_2O \xlongequal{} 2H^+ + 2Ag_2CrO_4\downarrow$$

3. 钼和钨的化合物

钼和钨在化合物中可以表现+2 到+6 的氧化值，其中最稳定的氧化值为+6，如三氧化物、钼酸和钨酸及其盐。

(1) 氧化物。

钼和二硫化钼在空气中灼烧，得到三氧化钼。实验室通常是在钼酸铵溶液中加入盐酸，析出 H_2MoO_4，再加热焙烧而得到 MoO_3，有关反应式为

$$(NH_4)_2MoO_4 + 2HCl \xlongequal{} H_2MoO_4\downarrow + 2NH_4Cl$$

$$H_2MoO_4 \xlongequal{\triangle} MoO_3 + H_2O\uparrow$$

MoO_3 是白色晶体，熔点为 1068K，沸点为 1428K，即使在低于熔点的情况下，它也有显著的升华现象。WO_3 为淡黄色粉末，加热时变为橙黄色，熔点为 1746K，沸点为 2023K。

与 CrO_3 不同，MoO_3 和 WO_3 虽然都是酸性氧化物，但它们都不溶于水，仅能溶于氨水和强碱溶液生成相应的含氧酸盐，有关反应式为

$$MoO_3 + 2NH_3 + H_2O \xlongequal{} (NH_4)_2MoO_4$$

$$WO_3 + 2NaOH \xlongequal{} Na_2WO_4 + H_2O$$

MoO_3 和 WO_3 的氧化性很弱，仅在高温下能被氢气、碳或铝还原。用氢气还原三氧化钼和三氧化钨可得纯度较高的粉状金属钼和钨。

MoO_2 为紫色粉末，WO_2 为棕色粉末，它们都不溶于酸溶液和碱溶液。

（2）钼、钨的含氧酸及其盐。

MoO_3溶于碱生成钼酸盐。钼酸盐在浓硝酸中可以转化为水合钼酸（$H_2MoO_4 \cdot H_2O$）而析出。水合钼酸是黄色晶体，逐渐加热至334K，将脱水而成白色的H_2MoO_4。

在钨酸盐（M_2WO_4）的热溶液中加入强酸，析出黄色的钨酸（H_2WO_4）；在冷溶液中加入过量的酸，则析出白色胶体的钨酸（$H_2WO_4 \cdot xH_2O$）。白色的钨酸经长时间煮沸后，即转化为黄色的钨酸。钨酸溶于过量强酸中形成正钨酸盐。

按照铬酸（H_2CrO_4）、钼酸（H_2MoO_4）和钨酸（H_2WO_4）的顺序，其酸性和氧化性逐渐减弱，即H_2CrO_4的酸性和氧化性最强，而H_2WO_4最弱。

钼和钨的含氧酸盐中，只有铵、钠、钾、铷、锂、镁、铍和铊(I)的盐可溶于水，其他含氧酸盐都难溶于水。在可溶性钼酸盐和钨酸盐中，最重要的是钠盐和铵盐。

钼酸盐和钨酸盐在酸性溶液中有很强的缩合倾向。例如，将钼酸盐溶液的酸性逐渐增强，钼酸盐将逐渐聚合成二钼酸（$Mo_2O_7^{2-}$）、三钼酸（$Mo_3O_{10}^{2-}$）等一系列的同多酸盐；在CrO_4^{2-}溶液中加酸后得$Cr_2O_7^{2-}$，当酸性很强时，还可以形成$Cr_3O_{10}^{2-}$、$Cr_4O_{13}^{2-}$等多铬酸根离子。与铬酸盐相比，钼酸盐与钨酸盐形成多酸盐的缩合现象更为突出。

10.1.5 锰、锝和铼

锰、锝和铼是ⅦB族金属，价电子构型为$(n-1)d^5ns^2$。锰在地壳中分布广泛，其丰度为0.106%，最重要的矿物有软锰矿（$MnO_2 \cdot xH_2O$）、黑锰矿（Mn_3O_4）和菱锰矿（$MnCO_3$）。

1. 锰

锰是硬而脆的银白色金属，在空气中极易生成氧化物保护膜而钝化。锰与水反应生成难溶于水的氢氧化物$Mn(OH)_2$而阻止反应继续进行，与强稀酸反应生成Mn^{2+}的盐和氢气。锰可被浓硫酸、浓硝酸钝化。加热时可与卤素、氧、硫、氮、碳和硅等生成相应的化合物，但不能直接与氢化合。锰也是维持植物光合作用必不可少的微量元素。金属锰的最重要用途是生产金属合金材料。例如，锰钢（Mn 12%～15%，Fe 83%～87%，C 约 2%）坚硬、耐磨、抗冲击，应用于制造钢轨、钢甲和破碎机等；代替 Ni 制造不锈钢（16%～20%Cr，8%～10%Mn，0.1%C），铝锰合金具有良好的抗腐蚀性能和力学性能。

锰的价电子构型为$3d^54s^2$，能呈现+2、+3、+4、+6、+7等氧化态。锰的电势图如下。

$$\varphi_A^{\ominus}/V \quad MnO_4^- \xrightarrow{0.564} MnO_4^{2-} \xrightarrow{2.26} MnO_2 \xrightarrow{0.95} Mn^{3+} \xrightarrow{1.51} Mn^{2+} \xrightarrow{-1.19} Mn$$

$$MnO_4^- \xrightarrow{1.507} Mn^{2+} \qquad MnO_4^- \xrightarrow{1.695} MnO_2 \qquad MnO_2 \xrightarrow{1.23} Mn^{2+}$$

$$\varphi_B^{\ominus}/V \quad MnO_4^- \xrightarrow{0.564} MnO_4^{2-} \xrightarrow{0.60} MnO_2 \xrightarrow{-0.20} Mn(OH)_3 \xrightarrow{0.1} Mn(OH)_2 \xrightarrow{-1.55} Mn$$

从锰的元素电势图可看出：①MnO_4^{2-}、Mn^{3+}可以发生歧化反应，酸性介质中倾向更大，MnO_2则发生反歧化反应；②酸性介质中，高价态的锰化合物（MnO_4^-、MnO_4^{2-}）不稳定，是强氧化剂，易被还原为低价态；碱性介质中，低价态的锰化合物[$Mn(OH)_2$、$Mn(OH)_3$]不稳定，是强还原剂，易被氧化为高价态。

（1）Mn(Ⅱ)的化合物。

Mn(Ⅱ)常以氧化物、氢氧化物、硫化物、Mn(Ⅱ)盐、配合物等形式存在。Mn(Ⅱ)盐以

$MnCl_2$和$MnSO_4$最重要，它们与碱反应可生成$Mn(OH)_2$。$Mn(OH)_2$极易被空气氧化。

$$Mn^{2+}+2OH^- = Mn(OH)_2$$

$$2Mn(OH)_2+O_2 = 2MnO(OH)$$

在硫酸或硝酸介质中，强氧化剂($S_2O_8^{2-}$、$NaBiO_3$、PbO_2)可将Mn^{2+}氧化为MnO_4^-，反应式为

$$S_2O_8^{2-}(NaBiO_3，PbO_2)+H^++Mn^{2+} \longrightarrow MnO_4^-+SO_4^{2-}(Bi^{3+}，Pb^{2+})$$

该反应可用于Mn^{2+}的检验。

Mn^{2+}具有$3d^5$构型，易形成高自旋配合物，如$[Mn(H_2O)_6]^{2+}$、$[Mn(NH_3)_6]^{2+}$等。只有与一些强配位体如CN^-，才生成低自旋配合物，如$[Mn(CN)_6]^{4-}$。

(2) MnO_2的性质及应用。

MnO_2是一种黑色粉末状固体，晶体呈金红石结构，不溶于水，属弱酸性氧化物。在MnO_2中，Mn的氧化数为+4，居中，既有氧化性，也有还原性。

① 作氧化剂：

$$MnO_2+4HCl(浓) \stackrel{\triangle}{=} MnCl_2+Cl_2+2H_2O$$

$$4MnO_2+6H_2SO_4 \stackrel{383K}{=} 2Mn_2(SO_4)_3+6H_2O+O_2$$

② 作还原剂：

$$2MnO_2+4KOH+O_2 \stackrel{\triangle}{=} 2K_2MnO_4+2H_2O$$

MnO_2在玻璃中作为脱色剂，在锰-锌干电池中用作去极化剂。

(3) Mn(Ⅵ)和Mn(Ⅶ)化合物。

Mn(Ⅵ)化合物一般都不稳定，其中最稳定的锰酸盐也仅能在强碱性介质中存在。从锰的电势图可以看出，MnO_4^{2-}在$1mol \cdot L^{-1}$的OH^-溶液中就可发生歧化反应，且溶液酸度越高，歧化反应进行得越彻底。

$$3MnO_4^{2-}+4H^+ = 2MnO_4^-+MnO_2(s)+2H_2O$$

如果在锰酸盐溶液中通入氯气，就能将锰酸盐氧化成高锰酸盐

$$2MnO_4^{2-}+Cl_2 = 2MnO_4^-+2Cl^-$$

最重要的Mn(Ⅶ)化合物是高锰酸钾($KMnO_4$)，它是紫黑色晶体，水溶液呈紫红色(MnO_4^-的颜色)。在酸性溶液中，MnO_4^-不是很稳定，会缓慢地分解：

$$4MnO_4^-+4H^+ = 4MnO_2(s)+2H_2O+3O_2(g)$$

光对$KMnO_4$分解起催化作用，所以配制好的$KMnO_4$溶液必须保存在棕色瓶中。$KMnO_4$是强氧化剂，在医药中被用作杀菌消毒剂，质量分数为5%的$KMnO_4$溶液可治疗烫伤。介质的酸碱性不仅影响$KMnO_4$的氧化能力，也影响它的还原产物，在酸性介质、弱碱性或中性介质、强碱性介质中，其还原产物依次是Mn^{2+}、MnO_2或MnO_4^{2-}。例如，$KMnO_4$与K_2SO_3反应

$$2KMnO_4+5K_2SO_3+3H_2SO_4 = 2MnSO_4+6K_2SO_4+3H_2O$$

(酸性介质)

$$2KMnO_4+3K_2SO_3+H_2O = 2MnO_2(s)+3K_2SO_4+2KOH$$

(中性或弱碱性介质)

$$2KMnO_4 + K_2SO_3 + 2KOH = 2K_2MnO_4 + K_2SO_4 + H_2O$$

（强碱性介质）

在酸性介质中，$KMnO_4$氧化能力很强，它本身有很深的紫红色，而它的还原产物(Mn^{2+})几乎无色(浓Mn^{2+}溶液呈浅红色)，所以在定量分析中用它来测定还原性物质时，不需另外添加指示剂。

Mn(Ⅶ)的氧化物为Mn_2O_7。Mn_2O_7为绿色油状液体，氧化性极强，极不稳定，易分解为二氧化锰和氧气，摩擦或与有机物接触会发生爆炸。通过$KMnO_4$与冷的浓H_2SO_4反应可制得Mn_2O_7，反应式为

$$KMnO_4 + H_2SO_4(浓) \xlongequal{冷} Mn_2O_7 + K_2SO_4 + H_2O$$

2. 锝和铼

锝是人造元素，铼是稀有金属。锝和铼的性质极其相似，与Mn不同，它们不形成+2氧化数化合物，而+3(Re)、+4、+6、+7氧化数化合物很普遍。TcO_4^-和ReO_4^-离子的氧化性较MnO_4^-弱得多。

锝和铼都是高熔点金属，在空气中缓慢氧化失去金属光泽。温度高于673K时，它们在氧气中燃烧生成可升华的M_2O_7。它们溶于浓硝酸和浓硫酸，但不溶于氢氟酸和盐酸。与锝不同的是，铼可溶于过氧化氢的氨水溶液中，生成含氧酸盐。

$$2Re + 7H_2O_2 + 2NH_3 = 2NH_4ReO_4 + 6H_2O$$

锝是已有公斤级产量的人造元素，因为它具有较好的抗腐蚀性能，并且不易吸收中子，因而成为建造核反应堆防腐层的理想材料。锝及其合金具有超导性能。铼是高活性的催化剂，选择性好，抗毒能力强，广泛应用于石化工业。铼及其合金在电子管中用作加热灯丝、阳极、阴极、栅极和结构材料。

10.1.6 铁系元素

Ⅷ族元素包括铁(Fe)、钴(Co)、镍(Ni)、钌(Ru)、铑(Rh)、钯(Pd)、锇(Os)、铱(Ir)、铂(Pt)九种元素。第一过渡系的Ⅷ族元素铁、钴、镍的性质很相似，称为铁系元素。第二过渡系和第三过渡系的Ⅷ族元素钌、铑、钯、锇、铱、铂统称为铂系元素。由于镧系收缩的影响，钌、铑、钯与锇、铱、铂的性质比较相似，而与铁、钴、镍的性质差别比较显著。

1. 铁系元素概述

铁、钴、镍三种元素的价电子层构型分别是$3d^64s^2$、$3d^74s^2$、$3d^84s^2$。它们的原子半径十分相近，在最外层的4s轨道上都有2个电子，只是次外层的3d电子数不同，分别为6、7、8，所以它们的化学性质很相似。第一过渡系元素原子的电子填充过渡到Ⅷ族时，3d电子已超过5个，在一般情况下它们的价电子全部参加成键的可能性逐渐减少，因而铁元素已不再呈现与族数相当的最高氧化值。铁的最高氧化值为+6，其他氧化值有+5、+4、+3、+2，在某些配位化合物中，也呈现更低的氧化值。在一般条件下，铁的常见氧化值是+2和+3。与很强的氧化剂作用，铁可以生成不稳定的+6氧化值的化合物。钴、镍元素的最高氧化值为+4，其他氧化值有+3和+2，在某些配位化合物中也呈现更低的氧化值。在一般条件下，钴、镍的常见氧化值都是+2，钴的+3氧化值在一般化合

物中是不稳定的，而镍的+3氧化值则更少见。

镍的相对原子质量比钴小，这是因为镍的质量数小的一种同位素所占的比例大。铁、钴、镍单质都是具有光泽的白色金属，铁、钴略带灰色，而镍为银白色，它们的密度都较大，熔点也较高。钴比较硬而脆，铁和镍却有很好的延展性，它们都表现铁磁性，钴、镍、铁合金是很好的磁性材料。

铁、钴、镍都是中等活泼的金属。在常温和无水情况下，铁系的单质均较稳定，但在高温时，它们能与氧气、硫、氮气、氯气发生剧烈的反应。常温时，铁和铝、铬一样，与浓硝酸、浓硫酸因被“钝化”而不起作用，所以可用铁制容器盛装和运输浓硝酸和浓硫酸。稀硝酸能溶解铁，当铁过量时，生成 $Fe(NO_3)_2$；当 HNO_3 过量时，则生成 $Fe(NO_3)_3$。铁能从非氧化性酸中置换出氢气，也能被浓碱溶液所侵蚀，在潮湿空气中生成铁锈($Fe_2O_3 \cdot xH_2O$)。钴和镍在大多数无机酸中缓慢溶解，但在碱性溶液中稳定性较高。

2. 铁的重要化合物

(1) 氧化物和氢氧化物。

铁的氧化物有氧化亚铁(FeO)、四氧化三铁(Fe_3O_4)和氧化铁(Fe_2O_3)。

FeO是碱性氧化物，溶于酸形成铁(Ⅱ)盐。

Fe_2O_3是两性物质，但碱性强于酸性。在低温下制得的 Fe_2O_3 易溶于强酸生成铁(Ⅲ)盐；在600℃以上制得的 Fe_2O_3 则不易溶于强酸，但能与碳酸钠共熔生成铁(Ⅲ)酸盐：

$$Fe_2O_3 + Na_2CO_3 = 2NaFeO_2 + CO_2\uparrow$$

Fe_2O_3 及其水合物具有多种颜色，故可作为颜料。

Fe_3O_4 是黑色、具有磁性的物质，粉末状 Fe_3O_4 可作为颜料，称为“铁黑”。Fe_3O_4 可认为是 Fe_2O_3 与 FeO 的混合物或铁(Ⅲ)酸铁(Ⅱ)[$Fe(FeO_2)_2$]。

铁的氢氧化物有 $Fe(OH)_2$ 和 $Fe(OH)_3$，它们都是难溶于水的弱碱。在亚铁盐(除尽并隔绝空气)、铁盐溶液中加碱时，即有相应的氢氧化物沉淀生成。

$$Fe^{2+} + 2OH^- = Fe(OH)_2\downarrow \text{(白色)}$$

$$Fe^{3+} + 3OH^- = Fe(OH)_3\downarrow \text{(红棕色)}$$

氢氧化铁实际上是含水量不定的水合氧化铁。

$Fe(OH)_2$ 极不稳定，遇到空气时，白色的 $Fe(OH)_2$ 迅速氧化为红棕色的 $Fe(OH)_3$。

$$4Fe(OH)_2 + O_2 + 2H_2O = 4Fe(OH)_3$$

(2) 盐类。

铁(Ⅱ)和铁(Ⅲ)的硝酸盐、硫酸盐、氯化物和高氯酸盐等都易溶于水，由于在水中微弱水解使溶液显酸性；它们的碳酸盐、磷酸盐、硫化物等弱酸盐都难溶于水。

铁(Ⅱ)和铁(Ⅲ)的可溶性盐类从溶液中析出时，常常带有结晶水，如 $FeSO_4 \cdot 7H_2O$，$Fe_2(SO_4)_3 \cdot 9H_2O$。

① 硫酸亚铁。

将铁屑与稀硫酸反应即生成硫酸亚铁，工业上用氧化黄铁矿的方法来制取硫酸亚铁。

$$2FeS_2 + 7O_2 + 2H_2O = 2FeSO_4 + 2H_2SO_4$$

从溶液中结晶出来的是绿色的 $FeSO_4 \cdot 7H_2O$ 晶体，俗称绿矾。硫酸亚铁与鞣酸反应生成易溶的鞣酸亚铁，由于它在空气中易被氧化成黑色的鞣酸铁，所以可以用来制造蓝黑墨水。绿矾在农业上用作杀虫剂，防治大麦的黑穗病和条纹病，还可用于染色和木材防腐。绿矾加热失水得到白色的无水 $FeSO_4$，加强热则分解。

$$2FeSO_4 \xlongequal{\Delta} Fe_2O_3 + SO_2\uparrow + SO_3\uparrow$$

绿矾在空气中可逐渐风化而失去一部分结晶水，并且表面容易氧化为黄褐色的碱式硫酸铁(Ⅲ)：

$$4FeSO_4 + 2H_2O + O_2 \xlongequal{} 4Fe(OH)SO_4$$

因此，绿矾在空气中不稳定而变为黄褐色，其溶液久置也常有棕色沉淀。在酸性介质中 Fe^{2+} 较稳定，在碱性介质中立即被氧化，保存 Fe^{2+} 溶液应加足够浓度的酸，同时放入几颗铁钉防止氧化。

硫酸亚铁与碱金属硫酸盐形成复盐 $M_2SO_4 \cdot FeSO_4 \cdot 6H_2O$，其中最重要的是 $(NH_4)_2SO_4 \cdot FeSO_4 \cdot 6H_2O$，俗称摩尔盐，它比绿矾稳定得多，在分析化学中常被用作还原剂。

② 三氯化铁。

三氯化铁是比较重要的铁(Ⅲ)盐，可由氯气与铁粉在高温下直接合成。三氯化铁具有明显共价性，能用升华法提纯，它的熔点(555K)、沸点(588K)都比较低，容易溶解在有机溶剂(如丙酮)中，这些事实说明它具有共价性。673K 时，它的蒸气中有双聚分子 Fe_2Cl_6 存在，Cl 在 Fe(Ⅲ)的周围呈四面体排布。在 1023K 以上，双聚分子解离为单分子。三氯化铁易潮解、易溶于水并形成含有 2～6 个水分子的水合物。其水合晶体一般为 $FeCl_3 \cdot 6H_2O$，加热则水解失去 HCl 生成碱式盐。

三氯化铁和其他铁(Ⅲ)盐在酸性溶液中是较强的氧化剂，可以将碘离子氧化成单质碘，将 H_2S 氧化成单质硫，还可以被 $SnCl_2$ 还原，有关反应式为

$$2FeCl_3 + 2KI \xlongequal{} 2KCl + 2FeCl_2 + I_2\downarrow$$

$$2FeCl_3 + H_2S \xlongequal{} 2FeCl_2 + 2HCl + S\downarrow$$

$$2FeCl_3 + SnCl_2 \xlongequal{} 2FeCl_2 + SnCl_4$$

三氯化铁在某些有机反应中用作催化剂，还用作照相、印染、印刷电路的腐蚀剂和氧化剂。由于三氯化铁可以使蛋白沉淀，故可作外伤止血剂。

(3) 配合物。

Fe^{3+} 和 Fe^{2+} 不仅可以与 F^-、Cl^-、SCN^-、CN^-、$C_2O_4^{2-}$ 等离子形成配合物，还可以与 CO、NO 等分子及许多有机配体形成配合物。由于 Fe^{2+} 的电荷数比 Fe^{3+} 小，所以 Fe^{2+} 的配合物的稳定性一般要比 Fe^{3+} 的配合物差。

① 氨配合物。

Fe^{2+} 难形成稳定的氨配合物，如在无水状态下，$FeCl_2$ 与 NH_3 形成 $[Fe(NH_3)_6]Cl_2$，但遇水即按下式分解。

$$[Fe(NH_3)_6]Cl_2 + 2H_2O \xlongequal{} Fe(OH)_2\downarrow + 4NH_3 + 2NH_4Cl$$

Fe^{3+} 由于发生水解，在水溶液中加入氨时不会形成氨合物，而是生成 $Fe(OH)_3$ 沉淀。

② 硫氰配合物。

在 Fe^{3+} 的溶液中加入 SCN^- 溶液立即出现血红色。

$$Fe^{3+} + xSCN^- \xlongequal{} [Fe(NCS)x]^{3-x}$$

式中，x=1～6，随 SCN^- 的浓度而异。这是鉴定 Fe^{3+} 的灵敏反应之一，也常用于 Fe^{3+}

的吸收光谱法测定。反应时应保证溶液一定的酸度，否则 Fe^{3+} 发生水解；当 Fe^{3+} 浓度很低时，可用乙醚或异戊醇进行萃取，从而得到较好的效果。

③ 氰配合物。

Fe^{2+} 和 Fe^{3+} 都能与 CN^- 形成稳定的铁氰配合物。Fe^{2+} 先与 KCN 溶液生成 $Fe(CN)_2$ 沉淀，KCN 过量则沉淀溶解。

$$FeSO_4 + 2KCN = Fe(CN)_2 \downarrow + K_2SO_4$$
$$Fe(CN)_2 + 4KCN = K_4[Fe(CN)_6]$$

从溶液中析出的黄色晶体是 $K_4[Fe(CN)_6] \cdot 3H_2O$，称为六氰合铁(Ⅱ)酸钾，俗称黄血盐。黄血盐在 373K 时失去所有结晶水，得到白色粉末，进一步加热则分解。

$$K_4[Fe(CN)_6] \xlongequal{\triangle} 4KCN + FeC_2 + N_2 \uparrow$$

在黄血盐溶液中通入氯气或加入其他氧化剂，则生成六氰合铁(Ⅲ)酸钾。

$$2K_4[Fe(CN)_6] + Cl_2 = 2KCl + 2K_3[Fe(CN)_6]$$

六氰合铁(Ⅲ)酸钾的晶体为深红色，俗称赤血盐，其溶解度比黄血盐大。赤血盐在碱性介质中有氧化作用。

$$4K_3[Fe(CN)_6] + 4KOH = 4K_4[Fe(CN)_6] + O_2 \uparrow + 2H_2O$$

在中性溶液中，$K_3[Fe(CN)_6]$有微弱的水解作用。

$$K_3[Fe(CN)_6] + 3H_2O = Fe(OH)_3 + 3KCN + 3HCN$$

所以在使用赤血盐溶液时，最好现用现配制。另外，由于$[Fe(CN)_6]^{4-}$不易水解，因此赤血盐的毒性比黄血盐大。

Fe^{3+} 与$[Fe(CN)_6]^{4-}$生成蓝色沉淀，称为普鲁士蓝，常用于鉴定 Fe^{3+}。Fe^{2+} 与赤血盐溶液生成滕氏蓝沉淀，用于鉴定 Fe^{2+}。普鲁士蓝主要用于油漆和油墨工业，也用于制蜡笔、图画颜料等。

④ 卤离子配合物。

Fe^{3+} 与卤离子的配合物稳定性从 F^- 到 Br^- 显著减小，Fe^{3+} 与 I^- 不能形成配离子，Fe^{3+} 与 F^- 能形成由$[FeF]^{2+}$ 到$[FeF_6]^{3-}$ 的一系列配合物，而且这些配合物都十分稳定。氯离子的配合物的稳定性明显减小，经常生成四面体配合物$[FeCl_4]^-$。

⑤ 羰基配合物。

铁与一氧化碳作用生成羰基配合物，即

$$Fe + 5CO \xlongequal[\text{加压}]{473K} Fe(CO)_5$$

铁还可以与烯烃、炔烃等不饱和烃生成配合物，如 Fe(Ⅱ)与环戊二烯反应生成环戊二烯基铁，又称二茂铁。

3. 钴和镍的重要化合物

钴和镍的常见氧化值为+2 和+3。钴(Ⅲ)的一般简单化合物是不稳定的，但是某些配合物却相当稳定。镍的氧化值主要为+2，氧化值为+3 的化合物比较少见。

(1) 氧化物和氢氧化物。

在隔绝空气的条件下，加热使钴(Ⅱ)或镍(Ⅱ)的碳酸盐、草酸盐或硝酸盐分解，能制得灰绿色的氧化钴(Ⅱ)(CoO)或暗绿色的氧化镍(Ⅱ)(NiO)。CoO 和 NiO 都能溶于酸性溶液中，但难溶于水，一般不溶于碱性溶液。

在空气中加热钴(Ⅱ)的碳酸盐、草酸盐或硝酸盐，则分解生成黑色的四氧化三钴(Co_3O_4)。低于298K时用次溴酸钾的碱性溶液与硝酸镍(Ⅱ)溶液反应，镍(Ⅱ)被氧化，生成黑色沉淀β-NiO(OH)，它易溶于酸中。用NaOCl碱性溶液与镍(Ⅱ)盐溶液反应，镍(Ⅱ)进一步被氧化，得到黑色$NiO_2 \cdot xH_2O$。它不稳定，对有机化合物是一个有用的氧化剂。

向钴(Ⅱ)盐溶液或镍(Ⅱ)盐溶液中加碱，可以得到$Co(OH)_2$或$Ni(OH)_2$沉淀。$Co(OH)_2$在空气中慢慢地被氧化为$Co(OH)_3$，而$Ni(OH)_2$不被空气所氧化。与$Fe(OH)_2$不同，$Co(OH)_2$的两性比较显著，它既溶于酸形成钴(Ⅱ)盐，也溶于过量的浓碱溶液形成$[Co(OH)_4]^{2-}$。$Ni(OH)_2$则是碱性氢氧化物。

当溶液的pH大于3.5时，向钴(Ⅱ)盐溶液中加入强氧化剂(如Cl_2、NaOCl等)可制得$Co(OH)_3$。低于298K时向镍(Ⅱ)盐的碱性溶液中加入氧化剂Br_2，可制得$Ni(OH)_3$。$Co(OH)_3$和$Ni(OH)_3$都是强氧化剂，与盐酸反应生成Cl_2，如

$$2Co(OH)_3 + 6HCl \xlongequal{} 2CoCl_2 + Cl_2\uparrow + 6H_2O$$

(2) 盐类。

① 硫酸盐。

硫酸钴(Ⅱ)、硫酸镍(Ⅱ)可利用它们的氧化物(Ⅱ)或碳酸盐(Ⅱ)溶于稀硫酸制得，硫酸镍(Ⅱ)还可用金属镍与硫酸和硝酸反应制得：

$$2Ni + 2H_2SO_4 + 2HNO_3 \xlongequal{} 2NiSO_4 + NO_2\uparrow + NO\uparrow + 3H_2O$$

从溶液中结晶出来的硫酸钴(Ⅱ)、硫酸镍(Ⅱ)常含有结晶水，如$CoSO_4 \cdot 7H_2O$、$NiSO_4 \cdot 7H_2O$。硫酸钴(Ⅱ)、硫酸镍(Ⅱ)都可以与碱金属硫酸盐或硫酸铵形成复盐，如$(NH_4)_2SO_4 \cdot NiSO_4 \cdot 6H_2O$。

② 卤化物。

钴和镍与氯气反应可以制得二氯化钴和二氯化镍。二氯化钴由于含结晶水数目不同而呈现不同颜色。

$$\underset{\text{(粉红)}}{CoCl_2 \cdot 6H_2O} \xrightleftharpoons{325K} \underset{\text{(紫红色)}}{CoCl_2 \cdot 2H_2O} \xrightleftharpoons{363K} \underset{\text{(蓝紫色)}}{CoCl_2 \cdot H_2O} \xrightleftharpoons{393K} \underset{\text{(蓝色)}}{CoCl_2}$$

蓝色无水二氯化钴在潮湿的空气中逐渐变为粉红色，所以常在干燥剂硅胶中掺入无水二氯化钴。当干燥硅胶吸水后，逐渐由蓝色变为粉红色，在烘箱中加热又失水由粉红色变为蓝色，可重复使用。$CoCl_2$主要用于电解金属钴和制备钴的化合物，此外还用作氨的吸收剂、防毒面具和肥料添加剂等。

二氯化镍存在一系列水合物，均为绿色晶体，加热逐渐失去结晶水。

$$NiCl_2 \cdot 7H_2O \xrightleftharpoons{239K} NiCl_2 \cdot 6H_2O \xrightleftharpoons{301K} NiCl_2 \cdot 4H_2O \xrightleftharpoons{337K} NiCl_2 \cdot 2H_2O$$

$NiCl_2$在乙醚或丙酮中的溶解度比$CoCl_2$小得多，利用这一性质可分离$CoCl_2$和$NiCl_2$。

钴(Ⅲ)的卤化物CoF_3受热按下式分解。

$$2CoF_3 \xlongequal{} 2CoF_2 + F_2\uparrow$$

$CoCl_3$在室温和有水存在时按下式分解。

$$2CoCl_3 \xlongequal{} 2CoCl_2 + Cl_2\uparrow$$

相应的氧化值为+3的镍盐尚未制得。

③ 配合物。

铁、钴、镍都是配位能力较强的中心原子，其中钴(Ⅱ)能与许多不同类型的配体形成具有不同立体化学构型的配合物，最常见的是八面体和四面体构型。钴(Ⅱ)比其他任何过渡金属离子(除 Zn^{2+} 外)更容易形成四面体配合物$[CoX_4]^{2-}$(X 一般是单齿阴离子配体，如 Cl^-、Br^-、I^-、SCN^-、OH^- 等)。例如，向 Co^{2+} 的溶液中加入硫氰化钾溶液生成蓝色的$[Co(SCN)_4]^{2-}$，它在水溶液中易解离成简单离子。

$$[Co(SCN)_4]^{2-} \rightleftharpoons Co^{2+} + 4SCN^-$$

但$[Co(SCN)_4]^{2-}$溶于丙酮或戊醇等有机溶液中，且在有机溶剂中比较稳定，可用于可见吸收光谱的分析中。向$[Co(SCN)_4]^{2-}$的溶液中加入 Hg^{2+}，则有 $Hg[Co(SCN)_4]$沉淀析出。

$$Hg^{2+} + [Co(SCN)_4]^{2-} = Hg[Co(SCN)_4]\downarrow$$

Co^{2+} 与配体 NO_3^- 可形成$[Co(NO_3)_4]^{2-}$，Co^{2+} 的配位数为 8，NO_3^- 起双齿配体的作用。

许多钴(Ⅱ)盐及它们的水溶液含有八面体的粉红色$[Co(H_2O)_6]^{2+}$，因为钴的最稳定氧化值为+2。但 Co^{3+} 很不稳定，氧化性很强。

$$[Co(H_2O)_6]^{3+} + e^- \rightleftharpoons [Co(H_2O)_6]^{2+};\ \varphi^{\ominus} = 1.84V$$

当将过量氨水加入 Co^{2+} 的溶液中时，生成可溶性的$[Co(NH_3)_6]^{2+}$。它不稳定，易被空气中的氧气氧化为$[Co(NH_3)_6]^{3+}$。

$$4[Co(NH_3)_6]^{2+} + O_2 + 2H_2O = 4[Co(NH_3)_6]^{3+} + 4OH^-$$

许多钴(Ⅱ)配合物容易被氧化而生成钴(Ⅲ)的配合物，如用活性炭作催化剂，向含有 $CoCl_2$、NH_3 和 NH_4Cl 的溶液中通入空气或加入 H_2O_2，可从溶液中结晶出橙黄色的$[Co(NH_3)_6]Cl_3$晶体。

$$2[Co(H_2O)_6]^{2+} + 10NH_3 + 2NH_4^+ + H_2O_2 = 2[Co(NH_3)_6]^{3+} + 14H_2O$$

用 KCN 溶液与钴(Ⅱ)盐溶液作用，先有红色的 $Co(CN)_2$ 沉淀析出，加入过量 KCN 可析出紫红色 $K_4[Co(CN)_6]$晶体，该配合物很不稳定，将它的溶液稍加热，就会发生下列反应。

$$2[Co(CN)_6]^{4-} + 2H_2O = 2[Co(CN)_6]^{3-} + 2\ OH^- + H_2\uparrow$$

向钴(Ⅱ)盐溶液中加入过量 KNO_2，并用少量醋酸酸化，加热后从溶液中析出的也是钴(Ⅲ)配合物 $K_3[Co(NO_2)_6]$。

$$Co^{2+} + 7NO_2^- + 3K^+ + 2H^+ = K_3[Co(NO_2)_6] + NO\uparrow + H_2O$$

在镍(Ⅱ)盐的水溶液中，Ni^{2+} 总是以$[Ni(H_2O)_6]^{2+}$存在，它能与许多配体形成配离子，如$[Ni(NH_3)_6]^{2+}$、$[Ni(CN)_4]^{2-}$。镍(Ⅱ)配合物的配位数很少超过 6，主要是六配位的八面体和四配位的平面正方形构型。

Ni^{2+} 常与多齿配体形成螯合物，将丁二酮肟(镍试剂)加入 Ni^{2+} 溶液时，立即生成一种鲜红色的二(丁二酮肟)合镍(Ⅱ)螯合物。

$$Ni^{2+} + \begin{array}{l} CH_3-C=NOH \\ \qquad\ \ | \\ CH_3-C=NOH \end{array} = \left[\begin{array}{ccccc} & O & -H\cdots & O & \\ & | & & | & \\ CH_3-C= & N & & N & =C-CH_3 \\ | & & \searrow\ \ \swarrow & & | \\ & & Ni & & \\ | & & \nearrow\ \ \nwarrow & & | \\ CH_3-C= & N & & N & =C-CH_3 \\ & | & & | & \\ & O & \cdots H- & O & \end{array}\right] + 2H^+$$

在二(丁二酮肟)合镍(Ⅱ)中，与中心原子配位的4个N形成平面正方形，这是鉴别Ni^{2+}的特征反应。

10.1.7 铂系元素

1. 单质的特点

铂系金属是指ⅧB族的钌(Ru)、铑(Rh)、钯(Pd)、锇(Os)、铱(Ir)、铂(Pt)六个铂系稀有元素，它们都是有色金属。铂系金属按照密度大小分为两组，钌、铑、钯的密度约为$12g \cdot cm^{-3}$，称为轻铂系元素；锇、铱、铂密度约为$22g \cdot cm^{-3}$，称为重铂系元素。

铂系金属的性质非常相似，在自然界共生。它们在地壳中的丰度(%)分别为钌(Ru)10^{-8}、铑(Rh)10^{-8}、钯(Pd)1.5×10^{-6}、锇(Os)5×10^{-10}、铱(Ir)10^{-7}、铂(Pt)10^{-6}。它们在自然界可以游离态存在，如铂矿和锇铱矿；也可共生于铜和镍的硫化物中，因此在电解精炼铜和镍后，铂系金属和金、银常以阳极泥的形式存在于电解槽中。

铂系金属原子的价电子构型分别是：Ru $4d^7 5s^1$、Rh $4d^8 5s^1$、Pd $4d^{10}$、Os $5d^6 6s^2$、Ir $5d^7 6s^2$、Pt $5d^9 6s^1$，与原子核外电子排布规律不完全一致。这是因为与3d和4s相比，4d和5s及5d和6s能级差更小，更易发生能级交错现象，导致铂系元素的原子最外层电子有从ns进入$(n-1)d$的更强趋势，而且这种趋势随原子序数的增大而增强。

铂系金属除锇呈蓝灰色外，其余均呈银白色。它们熔点、沸点高，密度大。钌、锇硬而脆，其余韧性、延展性好。特别是纯铂，可塑性极高，可冷轧成厚度为$2.5\mu m$的箔。

铂系金属都有良好的吸收气体(特别是氢气和氧气)的能力，具有高度的催化活性，是优良的催化剂。铂是烯烃和炔烃氧化反应的催化剂，也是氨氧化合成硝酸的催化剂。钌是苯氢化作用的催化剂。

铂系金属呈化学惰性，在常温下不与氧、氟、氮等非金属反应，具有极高的抗氧化和抗腐蚀性能。Ru、Rh、Ir和块状的Os不溶于王水。Pd和Pt相对较活泼，可溶于王水。Pt溶于王水的反应式为

$$3Pt+4HNO_3+18HCl \xlongequal{} 3H_2[PtCl_6]+4NO\uparrow+8H_2O$$

Pd可溶于浓硝酸和浓硫酸中。在有氧化剂如KNO_3、$KClO_3$等存在时，铂系金属与碱共熔可转化成可溶性化合物。

铂系金属除作催化剂外，用途很广。铂可做蒸发皿、坩埚和电极；铂及其铂铑合金可制造测量高温的热电偶，铂铱合金可制造金笔的笔尖和国际标准米尺。

2. 重要化合物

(1) 配合物。

铂系金属容易生成配合物，水溶液中几乎全是配合物。Pd(Ⅱ)、Pt(Ⅱ)、Rh(Ⅰ)、Ir(Ⅰ)等d^8型离子与强场配体常常生成反磁性的平面正方形配合物。这些正方形配合物配位不饱和，在适当条件下，可在z轴方向进入某些配体使配位数和氧化数发生改变，并使分子活化，实现均相催化。所以它们都是优良的催化剂。

① 卤配合物。

PtF_6是最强的氧化剂之一。

$$PtF_6+O_2 \xlongequal{} [O_2]^+[PtF_6]^-\text{(深红色)}$$

基于O_2与Xe的电离能相近，于1962年成功制备了稀有气体的第一个化合物。

$$Xe+PtF_6 = [Xe]^+[PtF_6]^-\text{（橙黄色）}$$

Na_2PtCl_6 为橙红色晶体，易溶于水和酒精；$(NH_4)_2PtCl_6$、K_2PtCl_6 为黄色晶体难溶于水。

② 氨配合物。

在铂黑催化下，用草酸钾、二氧化硫等还原剂使 $K_2[PtCl_6]$ 还原可制得 $K_2[PtCl_4]$。

$$K_2[PtCl_6]+K_2C_2O_4 \xlongequal{\text{铂黑}} K_2[PtCl_4]+2KCl+2CO_2\uparrow$$

将 $K_2[PtCl_4]$ 与醋酸铵作用或用 NH_3 处理 $[PtCl_4]^{2-}$，可制得顺二氯·二氨合铂(Ⅱ)(顺铂)。

$$K_2[PtCl_4]+2NH_4Ac = [Pt(NH_3)_2Cl_2]+2KAc+2HCl$$

顺铂具有抗癌活性，能抑制细胞分裂，特别是抑制癌细胞的增生。

③ 铂系金属与富勒烯形成配位化合物。

铂系金属与富勒烯形成的配合物，其中心金属常呈现低氧化数，使金属-富勒烯配位键上有较多的 π 电子，在光照下电子容易流动，具有优良的光电转换性能，是有实用价值的光电材料。

(2) 二氯化钯。

在红热条件下，把金属钯直接氯化可制得二氯化钯。

在常温常压下，乙烯在二氯化钯催化下被氧化成乙醛，这是一个重要的配位催化反应，是目前生产乙醛的主要方法。

二氯化钯溶液与一氧化碳作用，即被还原成金属钯。

$$PdCl_2+CO+H_2O = Pd\downarrow+CO_2\uparrow+2HCl$$

析出的少量钯使溶液呈现黑色，因此可利用这一反应检验 CO 的存在。

10.2　ds 区元素

ds 区元素由ⅠB 族和ⅡB 族元素组成。ⅠB 族元素包括铜(Cu)、银(Ag)和金(Au)三种元素，通常称为铜族元素；ⅡB 族元素包括锌(Zn)、镉(Cd)和汞(Hg)三种元素，通常称为锌族元素。本章将讨论铜族和锌族元素的单质及其重要化合物，重点讨论铜、银、锌和汞。

10.2.1　铜族元素

1. 铜族元素概述

(1) 铜族元素的通性。

铜族元素原子的外层电子构型为 $(n-1)d^{10}ns^1$。从最外层电子来看，铜族元素与碱金属元素相同，都只有 1 个 s 电子，但它们的次外层电子数目却不相同，铜族元素次外层为 18 个电子，而碱金属元素次外层为 8 个电子(锂次外层为 2 个电子)。由于 18 电子层结构对原子核的屏蔽效应比 8 电子层结构要小，铜元素原子作用在最外层电子上的有效核电荷较多，因此铜族元素原子最外层的 s 电子受原子核的吸引比碱金属元素原子要强得多，所以铜族元素的电离能比同周期碱金属元素显著增大，原子半径也显著减小，铜族元素的单质的化学性质远不如相应的碱金属元素的单质活泼。

铜族元素的氧化值有 +1、+2 和 +3，而碱金属元素的氧化值只有 +1。这是由于铜族元素原子的最外层 ns 电子的能量与外次层 $(n-1)$d 电子的能量相差较小，在反应中不仅能失去 ns 电子，在一定条件下还可以失去 1 个或 2 个 $(n-1)$d 电子，所以呈现三种氧化值。

铜族元素的标准电极电势比碱金属元素大得多。铜、银、金的元素电势图分别如下所示。

$$\varphi_A^{\ominus}/V$$

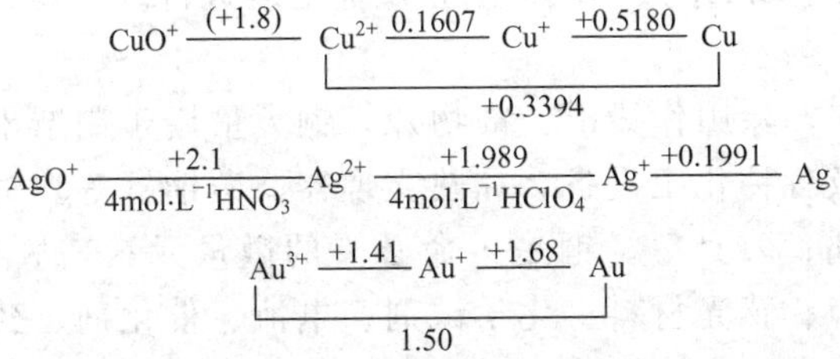

$$CuO^+ \xrightarrow{(+1.8)} Cu^{2+} \xrightarrow{0.1607} Cu^+ \xrightarrow{+0.5180} Cu$$

$$Cu^{2+} \xrightarrow{+0.3394} Cu$$

$$AgO^+ \xrightarrow[4mol \cdot L^{-1}HNO_3]{+2.1} Ag^{2+} \xrightarrow[4mol \cdot L^{-1}HClO_4]{+1.989} Ag^+ \xrightarrow{+0.1991} Ag$$

$$Au^{3+} \xrightarrow{+1.41} Au^+ \xrightarrow{+1.68} Au$$

$$Au^{3+} \xrightarrow{1.50} Au$$

从元素电势图可以看出，铜、银、金单质所在电对的标准电极电势都比标准氢电极的大，所以铜族元素单质在水溶液中的活泼性远小于碱金属单质，金属活泼性按铜、银、金的顺序降低。这与碱金属从钠到铯金属活泼性增强恰好相反。这是因为从 Cu 到 Au，原子半径虽增加但并不明显，而核电荷对最外层电子的吸引力增大了许多，所以金属活泼性依次减弱。从元素电势图还可以看出，在酸性溶液中，Cu^+ 和 Au^+ 均不稳定，容易发生歧化反应。

由于铜族元素的离子具有 18 电子或 9～17 电子构型，具有较强的极化力和明显的变形性，所以本族元素容易形成共价化合物。同时，本族元素离子的 $(n-1)$d、ns、np、nd 轨道能量相差较小，且空轨道较多，因此形成配合物的倾向较大。

(2) 铜族元素的单质。

① 单质的物理性质。

纯铜为红色，金为黄色，银为银白色，它们的密度大于 $5g \cdot cm^{-3}$，都是重金属，其中金的密度最大，为 $19.3g \cdot cm^{-3}$。与过渡元素单质相比，它们的熔点、沸点相对较低，硬度小，有极好的延展性和可塑性，金更为突出。1g 金可以拉成长达 3.4km 的金丝，也能展压成 1μm 厚的金箔。这三种金属的导热、导电能力极强，尤以银为最佳，铜是最通用的导体。铜、银、金能与许多金属形成合金，其中铜的合金种类最多，如黄铜、青铜、白铜等，其中黄铜表面经抛光可呈金黄色，是仿金首饰的材料。银表面反射光线能力强，过去用作银镜、保温瓶、太阳能反射镜。

② 单质的化学性质。

铜、银、金的化学活泼性较差。在干燥空气中铜很稳定，但有二氧化碳及湿气存在时，表面生成绿色的碱式碳酸铜(“铜绿”的主要成分)。

$$2Cu + O_2 + H_2O + CO_2 = Cu_2(OH)_2CO_3$$

金是在高温下唯一不与氧气起反应的金属，在自然界中仅与碲形成天然化合物(碲化金)。

银的活泼性介于铜和金之间，在室温下不与氧气和水作用，即使在高温下也不与氢气、氮气或碳作用，与卤素反应较慢，在室温下与含有 H_2S 的空气接触时，表面因形成一层 Ag_2S 而发暗，这是银币和银首饰变暗的原因。反应式为

$$4Ag+2H_2S+O_2 = 2Ag_2S+2H_2O$$

铜、银不溶于非氧化性稀酸，能与硝酸、热的浓硫酸作用。

$$3Cu+8HNO_3(\text{稀}) = 3Cu(NO_3)_2+2NO\uparrow+4H_2O$$

$$Ag+2HNO_3 = AgNO_3+NO_2\uparrow+H_2O$$

金不溶于单一的无机酸，但能溶于王水(浓硝酸与浓盐酸的体积比为 3∶1)。

$$Au+HNO_3+4HCl = H[AuCl_4]+NO\uparrow+2H_2O$$

银在王水中因表面生成 AgCl 薄膜而阻止反应继续进行。

③ 单质的用途。

铜、银的用途很广，除用作钱币、饰物外，铜大量用于制造电线、电缆，广泛用于电子工业和航天工业及各种化工设备，如热交换器、蒸馏器等。铜合金主要用于制造齿轮等机械零件、热电偶、刀具等。铜是生命必需的微量元素，故有“生命元素”之称。银主要用作电镀、制镜、感光材料、化学试剂、电池、催化剂、药物等及修补牙齿用的银汞齐等。

金主要作为黄金储备、铸币、电子工业及制造首饰，为使金饰品变得坚硬且便宜，通常与适量 Ag 和 Cu 熔炼成保持金黄色的合金，其中金的质量分数用“K”表示，1 K 表示金的质量分数为 4.166%，纯金为 24K 金。金在镶牙、电子工业和航天工业方面也有重要用途。

2. 铜的重要化合物

(1) 氧化物和氢氧化物。

① 氧化铜和氢氧化铜。

加热分解硝酸铜或碳酸铜可得黑色的 CuO，它不溶于水，但可溶于酸。CuO 的热稳定性很高，加热到 1000℃才开始分解为暗红色的 Cu_2O。

$$4CuO \xlongequal{1000℃} 2Cu_2O+O_2\uparrow$$

加强碱于铜盐溶液中，可析出浅蓝色的 $Cu(OH)_2$ 沉淀，它受热易脱水变成 CuO。

$$Cu^{2+}+2OH^- = Cu(OH)_2\downarrow$$

$$Cu(OH)_2 \xlongequal{80\sim90℃} CuO+H_2O$$

$Cu(OH)_2$ 显两性，但以弱碱性为主，易溶于酸；它也能溶于浓的强碱溶液，生成亮蓝色的四羟基合铜(Ⅱ)配离子。

$$Cu(OH)_2+2H^+ = Cu^{2+}+2H_2O$$

$$Cu(OH)_2+2OH^- = [Cu(OH)_4]^{2-}$$

$[Cu(OH)_4]^{2-}$ 可被葡萄糖还原为暗红色的 Cu_2O。

$$2[Cu(OH)_4]^{2-}+\underset{\text{(葡萄糖)}}{C_6H_{12}O_6} = Cu_2O\downarrow+\underset{\text{(葡萄糖酸)}}{C_6H_{12}O_7}+4OH^-+2H_2O$$

医学上用此反应来检查糖尿病。

$Cu(OH)_2$ 也易溶于氨水，可生成深蓝色的 $[Cu(NH_3)_4]^{2+}$。

② 氧化亚铜。

Cu_2O 对热很稳定，在 1235℃熔化也不分解，难溶于水，但易溶于稀酸，并立即歧化为 Cu 和 Cu^{2+}。

$$Cu_2O+2H^+ = Cu^{2+}+Cu+H_2O$$

Cu_2O 与盐酸反应形成难溶于水的 CuCl 白色沉淀。

$$Cu_2O+2HCl = 2CuCl\downarrow+H_2O$$

Cu_2O 主要用作玻璃、搪瓷工业的红色颜料。此外，由于 Cu_2O 具有半导体性质，可用它和铜制造亚铜整流器。

CuOH 极不稳定，至今尚未制得 CuOH。

(2) 盐类。

① 氯化亚铜。

氯化亚铜(CuCl)是一种白色晶体，熔点为 430℃，难溶于水，在空气中吸湿后变绿，溶于氨水。

在热的浓盐酸溶液中，用铜粉还原 $CuCl_2$，生成无色的$[CuCl_2]^-$，用水稀释即可得到难溶于水的 CuCl 白色沉淀。

$$Cu^{2+}+Cu+4Cl^- = 2[CuCl_2]^-$$

$$2[CuCl_2]^- \xlongequal{H_2O} 2CuCl\downarrow+2Cl^-$$

CuCl 的盐酸溶液能吸收 CO，形成$[CuCl(CO)]\cdot H_2O$，此反应在气体分析中可用于测定混合气体中 CO 的含量。在有机合成中，CuCl 用作催化剂和还原剂。

② 氯化铜。

无水氯化铜($CuCl_2$)为棕黄色固体，可由单质直接化合而成。它不但易溶于水，而且易溶于一些有机溶剂(如乙醇、丙酮)中，这表明 $CuCl_2$ 具有较强的共价性。$CuCl_2$ 溶液通常为黄绿色或绿色，这是由于溶液中同时含有$[CuCl_4]^{2-}$和$[Cu(H_2O)_4]^{2+}$的缘故。氯化铜用于制造玻璃、陶瓷用颜料、消毒剂、媒染剂和催化剂等。

③ 硫酸铜。

无水硫酸铜($CuSO_4$)为白色粉末，但从水溶液中结晶时，得到的是蓝色的硫酸铜的水合物 $CuSO_4\cdot 5H_2O$，俗称胆矾或蓝矾。$CuSO_4\cdot 5H_2O$ 受热后逐步脱水，最后生成无水硫酸铜。

$$CuSO_4\cdot 5H_2O \xrightarrow{375K} CuSO_4\cdot 3H_2O \xrightarrow{386K} CuSO_4\cdot H_2O \xrightarrow{531K} CuSO_4$$

无水硫酸铜易溶于水，难溶于乙醇或乙醚，具有很强的吸水性，吸水后呈现出特征的蓝色，可利用这一性质检验或除去乙醇、乙醚等有机溶剂中所含有的少量水分。硫酸铜是制备其他含铜化合物的重要原料，在电解或电镀工业中用作电解液和用于配制电镀液。硫酸铜具有杀菌能力，用作蓄水池、游泳池净化水的除藻剂；在医学上用作收敛剂、防腐剂和催吐剂；在农业上，硫酸铜与石灰乳的混合液(波尔多液)用作果树和农作物的杀虫剂和杀菌剂。

(3) 配合物。

① Cu^+ 的配合物。

Cu^+ 可与单齿配体形成配位数为 2、3 和 4 的配位化合物。Cu^+ 形成的常见配离子有$[CuCl_2]^-$、$[Cu(SCN)_2]^-$、$[Cu(NH_3)_2]^+$、$[Cu(S_2O_3)_2]^{3-}$、$[Cu(CN)_2]^-$。大多数 Cu^+ 的配合物溶液具有吸收烯烃、炔烃和一氧化碳的能力，如

$$[Cu(NH_3)_2]^+ + CO \rightleftharpoons [Cu(NH_3)_2(CO)]^+$$

上述反应是可逆的，受热时放出 CO，可用于合成氨的铜洗工段(吸收可使催化剂中毒的 CO)。

② Cu^{2+} 的配合物。

Cu^{2+} 的价电子构型为 $3s^2 3p^6 3d^9$，有 1 个单电子，所以它的化合物具有顺磁性。由于可以发生 d－d 跃迁，铜(Ⅱ)化合物都有颜色。Cu^{2+} 比 Cu^+ 的配位能力更强，它与单齿配体通常形成配位数为 4 的配合物，如$[Cu(NH_3)_4]^{2+}$、$[Cu(H_2O)_4]^{2+}$、$[CuCl_4]^{2-}$ 等。此外，Cu^{2+} 还能与一些有机配位体(如 en、EDTA 等)形成稳定的螯合物。

(4) Cu^{2+} 与 Cu^+ 的相互转化。

由铜的元素电势图可知，$\varphi^{\ominus}(Cu^+/Cu) > \varphi^{\ominus}(Cu^{2+}/Cu^+)$，所以在酸性介质中 Cu^+ 易发生歧化反应

$$2Cu^+ \rightleftharpoons Cu + Cu^{2+}$$

在 298.15K 时，此歧化反应的标准平衡常数($K^{\ominus} = 1.2 \times 10^6$)很大，溶液中只要有微量的 Cu^+ 存在，就几乎全部转变为 Cu 和 Cu^{2+}，在水溶液中 Cu^{2+} 是稳定的。只有当 Cu^+ 形成沉淀或配合物，使溶液中 Cu^+ 浓度降低到非常低，反歧化反应的电动势升高到 $E>0$ 时，反应才能逆向进行。例如，铜与氯化铜在热浓盐酸中形成亚铜的化合物。

$$Cu + CuCl_2 + 2HCl = 2HCuCl_2$$

由于生成了$[CuCl_2]^-$，溶液中 Cu^+ 浓度很低，反应可继续向右进行到完全程度。又如，Cu^{2+} 与 I^- 反应由于生成 CuI 沉淀，也使反应能向生成 CuI 的方向进行。可见在水溶液中，Cu^+ 的化合物除了以难溶解的沉淀或以配离子的形式存在外，其他可溶性盐都是不稳定的。

因为 Cu^{2+} 的极化作用比 Cu^+ 强，在高温下，Cu^{2+} 化合物变得不稳定，受热变成稳定的 Cu^+ 化合物。例如，CuO 加热到 1273K 以上就分解为 O_2 和 Cu_2O。

$$4CuO = 2Cu_2O + O_2\uparrow$$

其他 Cu^{2+} 的化合物(如 CuS、$CuCl_2$、$CuBr_2$)加热至高温都可分解为相应的亚铜化合物，甚至有些化合物[CuI_2、$Cu(CN)_2$]在常温下就分解为 Cu^+ 化合物。可见两种氧化值的铜的化合物各在一定条件下存在，当条件变化时发生相互转化。

3. 银的重要化合物

(1) 氧化银。

在 $AgNO_3$ 溶液中加入 NaOH 溶液，首先析出白色 AgOH 沉淀，AgOH 极不稳定，立即脱水生成暗棕色 Ag_2O 沉淀。Ag_2O 微溶于水，其溶液呈微碱性。Ag_2O 稳定性较差，加热到 573K 时，就完全分解。氧化银具有较强的氧化性，容易被 CO 或 H_2O_2 所还原。

$$Ag_2O + CO = 2Ag + CO_2$$

$$Ag_2O + H_2O_2 = 2Ag + H_2O + O_2\uparrow$$

Ag_2O 和 MnO_2、Co_2O_3、CuO 的混合物能在室温下将 CO 迅速氧化成 CO_2，可用在防毒面具中。

(2) 硝酸银。

$AgNO_3$ 是最重要的可溶性银盐，将银溶于热的质量分数为 65% 的硝酸溶液中，蒸发、结晶，制得无色菱片状硝酸银晶体。$AgNO_3$ 受热不稳定，加热到 713K，按下式分解。

$$2AgNO_3 \xlongequal{\triangle} 2Ag + 2NO_2\uparrow + O_2\uparrow$$

在日光照射下，$AgNO_3$也会按上式缓慢地分解，因此$AgNO_3$必须保存在棕色瓶中。

硝酸银具有氧化性，遇微量的有机化合物即被还原为黑色的单质银。一旦皮肤沾上$AgNO_3$溶液，就会出现黑色斑点。

$AgNO_3$主要用于制造照相底片所需的溴化银乳剂，它还是一种重要的分析试剂。医药上常用它作消毒剂和腐蚀剂。

(3) 卤化银。

Ag^+为18电子构型，有强的极化力，且容易变形，它与易变形的Cl^-、Br^-、I^-结合生成的AgX的性质(如颜色、溶解性、键型等)呈现出有规律的变化。卤化银中只有AgF是离子型化合物，易溶于水，其他卤化银均难溶于水。硝酸银与可溶性卤化物反应，生成不同颜色的卤化银沉淀。卤化银的颜色依AgF(白)、AgCl(白)、AgBr(淡黄)、AgI(黄)的顺序加深，其溶解度也依次降低。

卤化银有感光性，在光照下被分解为单质(先变为紫色，最后变为黑色)：

$$2AgX \xlongequal{光} 2Ag + X_2$$

基于卤化银的感光性，可用作照相底片上的感光物质。例如，照相底片上敷有一层含有AgBr胶体粒子的明胶，在光照下AgBr被分解为“银核”(银原子)。

$$AgBr \xlongequal{光} Ag + Br$$

然后用显影剂处理，使含有银核的AgBr粒子被还原为金属银而变为黑色，最后在定影液(主要含$Na_2S_2O_3$)作用下，使未感光的AgBr形成配离子$[Ag(S_2O_3)_2]^{3-}$而溶解，晾干后就得到“底片”(负像)。

$$AgBr + 2S_2O_3^{2-} \xlongequal{\quad} [Ag(S_2O_3)_2]^{3-} + Br^-$$

印相时，将“底片”放在照相纸上进行曝光，经显影、定影，即得普通照片(正像)。

AgI在人工降雨中用作冰核形成剂。作为快离子导体(固体电解质)，AgI已用于固体电解质电池和电化学器件中。

(4) 配合物。

Ag^+与单齿配体形成的配离子中，以配位数为2的直线形最为常见。常见的Ag^+的配离子有$[Ag(NH_3)_2]^+$、$[Ag(SCN)_2]^-$、$[Ag(S_2O_3)_2]^{3-}$、$[Ag(CN)_2]^-$等，它们的稳定性依次增强。$[Ag(NH_3)_2]^+$具有弱氧化性，工业上用它在玻璃或暖水瓶胆上化学镀银。

$$2[Ag(NH_3)_2]^+ + RCHO + 3OH^- \xlongequal{\quad} 2Ag\downarrow + RCOO^- + 4NH_3\uparrow + 2H_2O$$

(甲醛或葡萄糖)

$[Ag(NH_3)_2]^+$溶液在放置过程中会逐渐转变成具有爆炸性的Ag_2NH和$AgNH_2$，因此切勿将$[Ag(NH_3)_2]^+$溶液长期放置，使用后应及时处理。

$[Ag(CN)_2]^-$在过去曾作为镀银电解液的主要成分，但因氰化物为剧毒，近年来逐渐由无毒镀银液(如$[Ag(SCN)_2]^-$等)所代替。

10.2.2 锌族元素

1. 锌族元素概述

(1) 锌族元素的通性。

ⅡB族的锌(Zn)、镉(Cd)、汞(Hg)，称为锌族。Zn、Cd、Hg的价电子构型分别为

$3d^{10}4s^2$、$4d^{10}5s^2$ 和 $4f^{14}5d^{10}6s^2$，它们的稳定氧化数为+2，汞可以 Hg_2^{2+} 的形式呈现+1氧化值。由于锌族元素原子次外层有 18 个电子，而 18 电子构型对原子核的屏蔽作用较小，因此ⅡB 族元素原子作用在最外层 s 电子上的有效核电荷较大，原子核对最外层电子吸引力较强。与同周期碱土金属元素相比较，锌族元素的原子半径和离子半径较小，所以锌族元素的电负性和电离能都比碱土金属元素大，锌族元素的活泼性比碱土金属元素差。

锌族元素单质的熔点、沸点、标准摩尔熔化焓和标准摩尔气化焓不仅比碱土金属低，而且比铜族元素单质低。这可能是由于锌族元素原子的最外层 s 电子成对后稳定性增大的缘故，而且这种稳定性随着锌族元素的原子序数增大而增强。由于锌族元素原子最外层的 *n*s 轨道已填满，能脱离的自由电子数量不多，与铜族元素相比，锌族元素单质的导电性较差。

锌族元素原子的次外层 d 轨道已填满，满层中的电子很难失去，s 电子与 d 电子的电离能的差值远比铜族元素大，通常只能失去最外层的 2 个 s 电子而呈现+2 氧化值。至于氧化值为+1 的亚汞离子 Hg_2^{2+} 的存在，可能是 Hg 原子中 4f 电子对 6s 电子的屏蔽较小，使 Hg 的第一电离能特别大，与 Rn 的第一电离能相近，于是 6s 电子较难失去而共用，形成$[-Hg:Hg-]^{2+}$。或者说，Hg 的外三层的电子构型为 32、18、2，是一种封闭的饱和结构，在 Hg_2^{2+} 中每个 Hg 仍保持这种封闭结构，这也是单质汞呈液态和表现出一定惰性结构的原因。锌族元素的电势图如下。

$\varphi_A^{\ominus}/V$

$Zn^{2+} \xrightarrow{-0.7621} Zn$

$Cd^{2+} \xrightarrow{>-0.6} Cd_2^{2+} \xrightarrow{<-0.2} Cd$（$Cd^{2+} \to Cd$：$-0.4022$）

$Hg^{2+} \xrightarrow{0.9083} Hg_2^{2+} \xrightarrow{0.7955} Hg$（$Hg^{2+} \to Hg$：$0.8519$）

$HgCl_2 \xrightarrow{0.63} HgCl_2 \xrightarrow{0.2682} Hg$

$\varphi_B^{\ominus}/V$

$[Zn(OH)_2] \xrightarrow{-1.249} Zn$

$[Zn(OH)_4]^{2+} \xrightarrow{-1.295} Zn$

$[Cd(OH)_4]^{2-} \xrightarrow{-0.622} Cd$

$HgO \xrightarrow{0.0724} Hg_2O \xrightarrow{0.123} Hg$（$HgO \to Hg$：$0.0977$）

由元素电势图可看出，锌族元素的标准电极电势比同周期的铜族元素更小，所以锌族元素的单质在水溶液中比铜族元素的单质活泼。除汞外，锌和镉是较活泼金属，活泼性按 Zn、Cd、Hg 次序减弱，锌和镉的化学性质比较接近，汞与它们相差较大，类似于铜族元素。

(2) 锌族元素的单质。

① 物理性质。

Zn、Cd、Hg 都是银白色金属，由于 d 电子没有参与形成金属键，故本族金属均较软。汞是常温下唯一的液态金属，且在 273～473K 体积膨胀系数很均匀，又不润湿玻璃，故用来制造温度计。汞的密度很大($13.55g \cdot cm^{-3}$)，蒸气压低，可用于制造压力计，还可用于高压汞灯和日光灯等。

汞能溶解许多金属，如钠、钾、银、金、锌、镉、锡、铅和铊等而形成汞齐。汞齐可以是简单化合物(如 AgHg)，或是溶液(如少量锡溶于汞)，或是两者的混合物。当溶解于汞中的金属含量不高时，所得汞齐呈液态或糊状。钠-汞齐反应平稳，是有机合成的常用还原剂；银、锡、铜汞齐可做牙齿的填充材料。过去曾用汞与金形成汞齐回收贵金属金。

铊-汞齐在 213K 才凝固，可做低温温度计。锌和镉主要用于电镀镀层、电池和催化剂。

② 化学性质。

锌和镉的化学性质相似，而汞的化学活泼性差得多。锌在加热条件下可以与绝大多数非金属单质发生化学反应；在 1000℃时，锌在空气中燃烧生成氧化锌。汞需加热至沸才缓慢与氧气作用生成氧化汞，在 500℃以上又重新分解成氧气和汞。锌在潮湿空气中，表面生成的一层致密碱式碳酸盐 $Zn(OH)_2 \cdot ZnCO_3$，对内部的锌起保护作用，故铜、铁等制品表面常镀锌防腐。

$$2Zn + O_2 + H_2O + CO_2 = Zn(OH)_2 \cdot ZnCO_3$$

锌与铝相似，具有两性，既可溶于酸溶液，也可溶于碱溶液。

$$Zn + 2H^+ = Zn^{2+} + H_2 \uparrow$$

$$Zn + 2OH^- + 2H_2O = [Zn(OH)_4]^{2-} + H_2 \uparrow$$

与铝不同的是，锌与氨水能形成配离子而溶解。

$$Zn + 4NH_3 + 2H_2O = [Zn(NH_3)_4]^{2+} + 2OH^- + H_2 \uparrow$$

汞与硫粉直接研磨时，由于汞呈液态，接触面积较大，且二者亲合力较强，可以形成硫化汞。

2. 锌的重要化合物

(1) 氧化锌和氢氧化锌。

锌与氧气直接化合，得白色粉末状氧化锌，俗称锌白，可用作白色颜料。ZnO 对热稳定，微溶于水，显两性，溶于酸、碱溶液分别形成锌盐、锌酸盐。

由于 ZnO 对气体吸附性强，在石油化工上用作脱氢剂及苯酚与甲醛缩合等反应的催化剂。ZnO 大量用作橡胶填料及油漆颜料，医药上用它制软膏、锌糊、橡皮膏等。

在锌盐溶液中，加入适量的碱溶液可析出 $Zn(OH)_2$沉淀。$Zn(OH)_2$也显两性，溶于酸溶液形成锌盐，溶于碱溶液形成锌酸盐。

$$Zn(OH)_2 + 2OH^- = [Zn(OH)_4]^{2-}$$

$Zn(OH)_2$能溶于氨水，形成配合物。

$$Zn(OH)_2 + 4NH_3 = [Zn(NH_3)_4]^{2+} + 2OH^-$$

(2) 氯化锌。

无水氯化锌为白色固体，可由锌与氯气反应，或在 700℃下用干燥的氯化氢通过金属锌而制得。$ZnCl_2$在乙醇和其他有机溶剂中溶解度较大，这说明它具有共价性。$ZnCl_2$吸水性很强，极易溶于水，其水溶液由于 Zn^{2+} 的水解而显弱酸性。在 $ZnCl_2$浓溶液中，由于形成 $H[ZnCl_2(OH)]$而使溶液具有显著的酸性，能溶解金属氧化物。

$$ZnCl_2 + H_2O = H[ZnCl_2(OH)]$$

$$Fe_2O_3 + 6H[ZnCl_2(OH)] = 2Fe[ZnCl_2(OH)]_3 + 3H_2O$$

因此在用锡焊接金属之前，常用 $ZnCl_2$浓溶液清除金属表面的氧化物。焊接时它不损害金属表面，当水分蒸发后，熔盐覆盖在金属表面，使之不再氧化，能保证焊接金属的直接接触。

欲制取无水 $ZnCl_2$，可将 $ZnCl_2$水合物与 $SOCl_2$(氯化亚砜)一起加热。

$$ZnCl_2 \cdot xH_2O + xSOCl_2 = ZnCl_2 + 2xHCl + xSO_2 \uparrow$$

$ZnCl_2$主要用作有机合成工业的脱水剂、缩合剂和催化剂及印染工业的媒染剂，也用作石油净化剂和活性炭活化剂。此外，$ZnCl_2$还用于干电池、电镀、医药、木材防腐和农药等方面。

(3) 硫化锌。

向锌盐溶液中通入 H_2S 时，生成 ZnS 白色沉淀。

$$Zn^{2+} + H_2S = ZnS\downarrow + 2H^+$$

ZnS 是常见难溶硫化物中唯一呈白色的，可用作白色颜料，它与 $BaSO_4$ 共沉淀所形成的混合物晶体 $ZnS \cdot BaSO_4$ 称为锌钡白(俗称立德粉，是一种优良的白色颜料)。无定形 ZnS 在 H_2S 气流中灼烧可以转变为 ZnS 晶体。若在 ZnS 晶体中加入微量 Cu、Mn、Ag 作活化剂，经光照射后可发出不同颜色的荧光，这种材料可作荧光粉，用于制作荧光屏。

(4) 配合物。

Zn^{2+} 为 18 电子构型，极化能力和变形性都较大，能与 NH_3、CN^- 等配体形成配位数为 4 的配离子$[Zn(NH_3)_4]^{2+}$、$[Zn(CN)_4]^{2-}$等，其中 Zn^{2+} 与 CN^- 形成的配离子$[Zn(CN)_4]^{2-}$很稳定。

3. 汞的重要化合物

(1) 氧化汞。

氧化汞有红、黄两种变体，都不溶于水，有毒。氧化汞在 500℃时分解为汞和氧气。在汞盐溶液中加入碱，可得到黄色 HgO，这是由于生成的 $Hg(OH)_2$ 极不稳定，立即脱水分解。

$$Hg^{2+} + 2OH^- = HgO\downarrow(\text{黄色}) + H_2O$$

红色的 HgO 一般是由硝酸汞受热分解而制得。

$$2Hg(NO_3)_2 \overset{\Delta}{=} 2HgO(\text{红色}) + 4NO_2\uparrow + O_2\uparrow$$

HgO 是制备许多汞盐的原料，还用作医药制剂、分析试剂、陶瓷颜料等。

(2) 氯化汞和氯化亚汞。

氯化汞($HgCl_2$)为白色针状晶体，可在过量的氯气中加热金属汞制得。$HgCl_2$ 为共价型化合物，氯原子以共价键与汞原子结合成直线形分子(Cl－Hg－Cl)。$HgCl_2$ 的熔点较低(280℃)，易升华，因而又称升汞。$HgCl_2$ 略溶于水，在水中解离度很小，主要以 $HgCl_2$ 分子形式存在，所以 $HgCl_2$ 又称为“假盐”。$HgCl_2$ 在水中稍有水解，即

$$HgCl_2 + H_2O \rightleftharpoons Hg(OH)Cl + HCl$$

$HgCl_2$ 与稀氨水反应，则生成白色的氨基氯化汞沉淀。

$$HgCl_2 + 2NH_3 = Hg(NH_2)Cl\downarrow(\text{白色}) + NH_4Cl$$

$HgCl_2$ 还可与碱金属氯化物反应形成四氯合汞(Ⅱ)配离子，使 $HgCl_2$ 的溶解度增大。

$$HgCl_2 + 2Cl^- = [HgCl_4]^{2-}$$

$HgCl_2$ 在酸性溶液中具有一定的氧化性，适量的 $SnCl_2$ 可将其还原为难溶于水的白色氯化亚汞。

$$2HgCl_2 + SnCl_2 = Hg_2Cl_2\downarrow(\text{白色}) + SnCl_4$$

如果 $SnCl_2$ 过量，生成的 Hg_2Cl_2 进一步被 $SnCl_2$ 还原为金属汞，使沉淀变黑。

$$Hg_2Cl_2 + SnCl_2 = 2Hg\downarrow + SnCl_4$$

在分析化学中利用此反应鉴定 Hg^{2+} 或 Sn^{2+}。

$HgCl_2$ 的稀溶液有杀菌作用，外科上常用作消毒剂。$HgCl_2$ 也可用作有机反应的催化剂。

金属汞与 $HgCl_2$ 固体一起研磨，可制得氯化亚汞。

$$HgCl_2 + Hg \xlongequal{} Hg_2Cl_2$$

Hg_2Cl_2 为直线形分子（Cl－Hg－Hg－Cl）。在亚汞化合物中，汞总是以双聚体 Hg_2^{2+} 出现，两个 Hg^+ 以共价键相结合。从 Hg^+ 的价电子构型 $5d^{10}6s^1$ 推测，亚汞化合物应是顺磁性的，但实际上是反磁性的。*X* 射线衍射实验结果也表明，单个 Hg^+ 是不存在的。

Hg_2Cl_2 为白色固体，难溶于水。少量的 Hg_2Cl_2 无毒，因味略甜，又称甘汞，常用于制作甘汞电极。在医药上，Hg_2Cl_2 用作泻剂和利尿剂。Hg_2Cl_2 见光易分解：

$$Hg_2Cl_2 \xlongequal{光} HgCl_2 + Hg$$

Hg_2Cl_2 与氨水反应可生成氨基氯化汞和汞，使沉淀显灰色。此反应可用于鉴定 Hg_2^{2+}，反应式为

$$Hg_2Cl_2 + 2NH_3 \xlongequal{} Hg(NH_2)Cl\downarrow + Hg\downarrow + NH_4Cl$$

(3) 硝酸汞和硝酸亚汞。

硝酸汞和硝酸亚汞都溶于水，并水解生成碱式盐沉淀：

$$2Hg(NO_3)_2 + H_2O \xlongequal{} HgO\cdot Hg(NO_3)_2\downarrow + 2HNO_3$$

$$Hg_2(NO_3)_2 + H_2O \xlongequal{} Hg_2(OH)NO_3\downarrow + HNO_3$$

在配制 $Hg(NO_3)_2$ 和 $Hg_2(NO_3)_2$ 溶液时，为防止水解，应先溶于稀硝酸中。

在 $Hg(NO_3)_2$ 溶液中，加入 KI 可产生橘红色 HgI_2 沉淀，后者溶于过量 KI 中，形成无色 $[HgI_4]^{2-}$。

$$Hg^{2+} + 2I^- \xlongequal{} HgI_2\downarrow（橘红色）$$

$$HgI_2 + 2I^- \xlongequal{} [HgI_4]^{2-}$$

在 $Hg_2(NO_3)_2$ 溶液中加入 KI，先生成浅绿色 Hg_2I_2 沉淀，继续加入 KI 溶液则形成 $[HgI_4]^{2-}$，同时有汞析出。

$$Hg_2^{2+} + 2I^- \xlongequal{} Hg_2I_2\downarrow（浅绿色）$$

$$Hg_2I_2 + 2I^- \xlongequal{} [HgI_4]^{2-} + Hg$$

在 $Hg(NO_3)_2$ 溶液中加入氨水，可得碱式氨基硝酸汞白色沉淀。

$$2Hg(NO_3)_2 + 4NH_3 + H_2O \xlongequal{} HgO\cdot NH_2HgNO_3\downarrow（白色）+ 3NH_4NO_3$$

而在硝酸亚汞 $Hg_2(NO_3)_2$ 溶液中加入氨水，不仅有上述沉淀产生，同时有汞析出。

$$2Hg_2(NO_3)_2 + 4NH_3 + H_2O \xlongequal{} HgO\cdot NH_2HgNO_3\downarrow（白色）+ 2Hg\downarrow + 3NH_4NO_3$$

$Hg_2(NO_3)_2$ 受热时按下式分解。

$$Hg_2(NO_3)_2 \xlongequal{\Delta} 2HgO + 2NO_2\uparrow$$

在空气中，$Hg_2(NO_3)_2$ 易被氧化为 $Hg(NO_3)_2$。

$$2Hg_2(NO_3)_2 + O_2 + 4HNO_3 \xlongequal{} 4Hg(NO_3)_2 + 2H_2O$$

为防止氧化，$Hg_2(NO_3)_2$ 溶液中加入少量金属汞，使所生成的 Hg^{2+} 被还原为 Hg_2^{2+}。

$$Hg^{2+} + Hg \xlongequal{} Hg_2^{2+}$$

(4) 配合物。

Hg_2^{2+} 形成配合物的倾向较小。Hg^{2+} 易与 Cl^-、Br^-、I^-、CN^-、SCN^- 等配体形成配位数为 4 的稳定配离子，如 $[HgCl_4]^{2-}$、$[HgI_4]^{2-}$、$[Hg(SCN)_4]^{2-}$、$[Hg(CN)_4]^{2-}$ 等。当配体一定时，Hg^{2+} 形成的配离子比 Zn^{2+} 形成的配离子稳定得多。

$K_2[HgI_4]$和 KOH 的混合溶液称为奈斯勒试剂，是鉴定 NH_4^+ 的特效试剂。如果溶液中有微量 NH_4^+ 存在，滴加奈斯勒试剂，就会立即生成红棕色沉淀。

$$NH_4^+ + 2[HgI_4]^{2-} + 4OH^- = O\begin{matrix} Hg \\ \\ Hg \end{matrix}NH_2I\downarrow(\text{红棕色}) + 3H_2O$$

(5) Hg^{2+} 与 Hg_2^{2+} 的相互转化。

从汞的元素电势图可知，$\varphi^\ominus(Hg^{2+}/Hg_2^{2+}) > \varphi^\ominus(Hg_2^{2+}/Hg)$，因此在酸性溶液中 Hg^{2+} 可氧化 Hg 生成 Hg_2^{2+}。

$$Hg^{2+} + Hg \rightleftharpoons Hg_2^{2+}$$

这是一个 Hg_2^{2+} 离子的反歧化反应，在 298.15K 时该反应的标准平衡常数 $K^\ominus = 80$。从反应的标准平衡常数来看，平衡时 Hg^{2+} 基本上转变为 Hg_2^{2+}，因此常用汞盐和金属汞制备亚汞盐。

根据平衡移动原理，如果 Hg^{2+} 生成沉淀或配离子，则会降低 Hg^{2+} 的浓度，有利于 Hg_2^{2+} 发生歧化反应。例如，在 Hg_2^{2+} 溶液中分别加入 NaOH、Na_2S、KI 时，就会发生 Hg_2^{2+} 的歧化反应

$$Hg_2^{2+} + 2OH^- = HgO\downarrow + Hg\downarrow + H_2O$$

$$Hg_2^{2+} + S^{2-} = HgS\downarrow + Hg\downarrow$$

$$Hg_2^{2+} + 4I^- = [HgI_4]^{2-} + Hg\downarrow$$

除 Hg_2F_2 外，Hg_2X_2 都难溶于水。如果用适量 X^- 与 Hg_2^{2+} 作用，生成物是 Hg_2X_2 沉淀。只有当 X^- 过量时，Hg_2^{2+} 才能歧化为$[HgX_4]^{2-}$和 Hg。

10.3 f 区 元 素

周期表中第六周期第ⅢB 族的位置代表了从 57 号元素镧(La)到 71 号元素镥(Lu)，共 15 种元素，统称镧系元素。第七周期第ⅢB 族的位置则代表了从 89 号元素锕(Ac)到 103 号元素铹(Lr)，也是 15 种元素，统称锕系元素。f 区元素就是包括除镧、锕以外的镧系和锕系元素。

镧系元素和ⅢB 族另一种元素钇 Y 一起，合称为稀土元素。因为它们的化学性质相似，在自然界中基本上共生在一起。

锕系元素都是放射性元素。在钚后面的九种元素(95～103)是在 1940—1962 年用人工核反应合成的。锕系元素除钍、铀外，其他元素在地壳中含量极微或者根本不存在，目前对于它们的性质研究得还不充分。

10.3.1 镧系元素

1. 镧系元素的通性

位于周期表下方的 15 个镧系元素，挤在第六周期第ⅢB 族的同一格子内，常用符号 Ln 作为镧系 15 个元素的总代表。它们的价层电子构型为 $4f^{0\sim14}5d^{0\sim1}6s^2$。4f 轨道的能量略低于 5d，所以自铈(Ce)开始，随原子序数增加，电子依次填入 4f，只有钆($_{64}Gd$)新增

电子进入 5d，从而保持 $4f^7$ 的半充满，这样的电子排布符合洪特规则。

镧系元素的常见氧化态为+3。只有 $_{63}Eu$ 和 $_{70}Yb$ 容易形成+2 氧化态，$_{58}Ce$ 和 $_{65}Tb$ 容易形成+4 氧化态。这是因为 2 个或 4 个电子参与成键之后，有 f^7 或 f^{14} 壳层的形成。例如，镧与 O_2 作用都生成 La_2O_3，而 Ce 与 O_2 则生成 CeO_2，因为 Ce(Ⅳ)比 Ce(Ⅲ)更稳定。能以+4 氧化态稳定存在于水溶液的镧系离子只有 Ce^{4+}，其氧化性很强。

$$Ce^{4+} + e = Ce^{3+} \quad \varphi^{\ominus} = 1.45V$$

$\varphi^{\ominus}(Ce^{4+}/Ce^{3+})$ 和 $\varphi^{\ominus}(ClO^-/Cl^-)$ 的大小接近，Ce^{4+} 可定量地使 Fe^{2+} 氧化为 Fe^{3+}，用 Ce^{4+} 为氧化剂的定量分析方法称为"铈量法"。Ln 在 300～400℃ 和 H_2 反应可以生成 LnH_2，但 EuH_2 和 YbH_2 为离子型氢化物，而其他 LnH_2 则为金属型氢化物，具有导电性。其实，这类金属氢化物中 Ln 的氧化态还是+3，因为还有一个电子占据导带成离域状态，所以能导电。

镧系金属都是活泼金属，它们的标准电极电势 $\varphi^{\ominus}(Ln^{3+}/Ln)$ 都低于−2.0，其中只有 $\varphi^{\ominus}(Eu^{3+}/Eu) = -2.0V$。而在碱性介质中，$\varphi^{\ominus}(Ln(OH)_3/Ln)$ 在−2.9～−2.7，说明无论在酸性还是碱性介质中，Ln 都是活泼金属。

与 d 区元素离子相似，镧系元素离子的颜色也非常丰富。d 区元素离子的颜色主要来源于 d 轨道分裂，发生 d−d 跃迁；而镧系元素的颜色主要源于 f 轨道分裂，即 f−f 跃迁。由于 f 轨道深处内层，很少受到外界环境(如配体和溶剂)的影响，因此镧系离子的颜色和吸收光谱都相当稳定，可以用于定性和定量分析。此外，镧系元素+3 价阳离子的颜色呈现有趣的规律性，自 $_{57}La^{3+}$ 至 $_{71}Lu^{3+}$，其颜色由无色→有色→无色→有色→无色不断变化。以 $_{64}Gd$ 为中点，分别向原子序数增加和减少两个方向移动时，颜色变化很相似，但由于镧系元素电子能级的复杂性，至今对这种颜色变化规律尚无明确的解释。

镧系金属离子中，除了 La^{3+}、Ce^{4+} 和 Lu^{3+} 的核外电子排布是全空或全满，具有反磁性之外，其他离子都有未成对电子，因此都具有顺磁性。由于镧系元素内层 f 电子的能级受外界环境变化的影响较小，因此镧系合金或化合物可作为优良的磁性材料。例如，Nb－Fe－B永磁材料及其他许多磁性材料中都应用了镧系元素。

2. 镧系收缩现象

镧系元素的原子半径和离子半径随原子序数的增加而缓慢减小的现象称为镧系收缩现象，如图 10.4 所示。由于镧系元素的电子几乎是依次填入内层的 4f 轨道的，而 4f 电子的递增不能完全抵消核电荷的递增，因此镧系元素的原子半径随原子序数增加缓慢下降。由 57 号元素 La 至 71 号元素 Lu，原子半径由 188pm 降低为 173pm。这是镧系元素物理化学性质相近的主要因素。由图 10.4 还可以看出 Eu 和 Yb 的原子半径显著大于其他各元素。

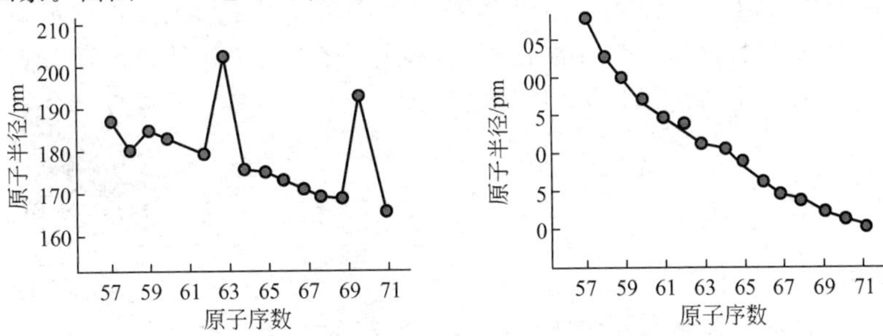

图 10.4 镧系元素的原子半径和离子半径

镧系收缩现象不仅影响到镧系元素，也使位于镧系元素后面ⅣB族的$_{72}$Hf(铪)和$_{40}$Zr(锆)、VB族的$_{73}$Ta(钽)和$_{41}$Nb(铌)与ⅥB族的$_{74}$W(钨)和$_{42}$Mo(钼)的原子半径差不多相等。原子序数相差32，而原子半径却变化不大，导致这些第五周期、第六周期的同族元素性质非常相似，在自然界共生，难于分离，见表10－2。第六周期位于La后面的$_{72}$Hf、$_{73}$Ta、$_{74}$W、$_{75}$Re、$_{76}$Os等金属都具有密度大、熔点高、硬度大等特点。这也是因为受镧系收缩的影响，其核电荷增大，半径增加却很少，原子间作用力增强的缘故。这就是所谓的镧系收缩效应。

表10－2　镧系收缩对于过渡元素金属半径的影响

ⅣB	原子半径/pm	VB	原子半径/pm	ⅥB	原子半径/pm
$_{40}$Zr	160	$_{41}$Nb	146	$_{42}$Mo	139
$_{72}$Hf	159	$_{73}$Ta	146	$_{74}$W	139

总之，镧系15种元素以相似性为主，在自然界共生，因此镧系元素的分离是复杂而艰巨的工作。但它们也有微小的差异，可利用它们氧化还原能力的不同或溶解度的不同进行分离。化学家在19世纪初就发现了一种新元素，取名铈土，其实它是镧系元素的混合物。经历了几代人的努力，到20世纪初才把它们一一分离开来。

3. 镧系元素的用途

我国是世界上稀土资源储量丰富的国家之一。近几十年来，稀土工业发展十分迅速，它在各个工业部门，尤其在尖端科学技术领域中应用越来越广泛，如高磁性材料、激光材料(Nd^{3+}、Er^{3+})，超导体、发光材料(Ce、Eu、Tb、Er)和原子堆的控制材料(Sm、Eu、Gd)等。已发现它们在农业和医药上的应用，如根据我国某些地区大田试验结果，发现稀土元素微量肥料能促使多种作物增产。对小麦来说，每亩施硝酸稀土40g，可增产10%。稀土元素可作为植物光合作用的催化剂，既可促进谷物灌浆的生理过程，又可促进无机磷的转化过程。

10.3.2　锕系元素概述

15种锕系元素位于第七周期ⅢB族，在镧系的下面。它们的性质和镧系相似，存在锕系收缩现象；+3价金属离子的颜色从无色→有色→无色，依次变化。

与镧系元素相比，锕系元素的核外电子排布更复杂。镧系元素的特征价态是+3，但是锕系元素则没有这么规律。锕系元素的主要价态除了+3之外，+2、+4和+5都比较常见。这主要是由于5f电子比4f电子更容易失去，从而易于形成高价稳定离子。

锕系元素都是放射性元素。普通的化学反应涉及原子核外电子重排，而放射性化学反应则涉及原子核内中子和质子的重新组合，即核化学反应。

【在太空中制备材料】　【金属疲劳】

一、思考题

1. 过渡元素的共性有哪些？并请列举熔点最高的金属、硬度最大的金属、沸点最高的金属、密度最大的金属。

2. 对同一族元素来说，随周期数增加，为什么主族元素低氧化态趋于稳定，而过渡元素高氧化态趋于稳定？

3. 用反应式来解释下列实验现象。

(1) 黄色的$BaCrO_4$溶解在浓 HCl 中，得到一种绿色溶液。

(2) 在$K_2Cr_2O_7$饱和溶液中加入浓H_2SO_4，并加热至200℃，溶液的颜色由橙红色变成蓝绿色。

(3) 在酸性介质中用 Zn 还原$Cr_2O_7^{2-}$时，溶液颜色由橙色经绿色而变成蓝色，放置后又变回绿色。

(4) Co^{2+}溶液中加入 KCN 固体，稍稍加热有气体放出。

(5) 在酸性介质中用 Zn 还原Na_2MoO_4时，溶液变成棕色，而还原Na_2WO_4时，溶液呈蓝色。

4. 有一黑色的化合物 A，它不溶于碱液，加热可溶于浓 HCl 得淡红色溶液 B，同时放出气体 C。在 B 溶液中加 NaOH 溶液可得白色沉淀 D。D 在空气中慢慢变成棕色 E。将 E 和固体 NaOH 一起熔融并通入气体 C，可得到绿色物质 F。将 F 溶于水后再通入气体 C，则变成紫色溶液 G。试指出各字母所代表的物质，并写出有关的反应方程式。

5. 为什么氯化亚汞的分子式要写成Hg_2Cl_2而不写成 HgCl?

6. 在含配离子 A 的溶液中加入稀盐酸，有黄色沉淀 B、刺激性气体 C 和白色沉淀 H 生成。气体 C 能使$KMnO_4$溶液褪色。若将氯气通到溶液 A 中，则得到白色沉淀 H 和含 D 的溶液。D 和$BaCl_2$作用，有不溶于酸的白色沉淀 E 产生。若在 A 溶液中加入 KI 溶液，产生黄色沉淀 F，再加入 NaCN 溶液，黄色沉淀 F 溶解形成无色溶液 G。试确定 A、B、C、D、E、F、G 和 H 各为何物，并写出各步的反应方程式。

7. 请解释下列实验现象。

(1) 向$FeCl_3$溶液中加入 KSCN 溶液，溶液立即变红，加入适量的$SnCl_2$后溶液变成无色。

(2) 向$FeSO_4$溶液中加入碘水溶液，碘水不褪色，再加入适量的$NaHCO_3$后，碘水褪色。

(3) 向$FeCl_3$溶液中通入H_2S，并没有硫化物沉淀析出。

8. 为什么镧系元素化学性质很相似，而锕系元素彼此间化学性质差别较大？

二、练习题

1. 向 Cr(Ⅲ)盐溶液中逐滴加入 NaOH 试液，先有灰蓝色胶状沉淀生成，继而沉淀溶解，溶液变成深绿色。此时加入适量的H_2O_2试液，溶液变成黄色，加酸至过量，溶液由黄色变为橙红色，再加入适量的H_2O_2试液和少量的乙醚，溶液显蓝色，放置后溶液又变成绿色。试写出每一步变化的反应方程式。

2. 以二氧化锰为原料，制备下列化合物。

(1) 硫酸锰；(2) 锰酸钾；(3) 高锰酸钾。

3. 回答下列问题。

(1) $KMnO_4$溶液为何应储存在棕色瓶中？

(2) Mn(Ⅱ)的配合物为何大多无色或颜色较淡？

(3) 为什么不能将$KMnO_4$固体与浓硫酸混合？

(4) 说明 Cr(Ⅵ)和 Mn(Ⅶ)含氧化合物颜色较深的原因。

(5) 若溶液中同时含有 Cr^{3+}、Al^{3+} 和 Fe^{3+}，应如何分离它们。

4. 有一种棕黑色的固体铁化合物 A，与盐酸作用生成浅绿色溶液 B，同时放出臭味气体 C，将 C 通入 $CuSO_4$ 溶液生成棕黑色沉淀 D，将 Cl_2 通入 B 中得到黄色溶液 E，向 E 中加入 KSCN 试液得到血红色液体 F，向 F 中加入 NaF 固体生成无色液体 G。试指出 A、B、C、D、E、F、G 各为何物，并写出有关的反应方程式。

5. 在 Fe^{2+}、Co^{2+} 和 Ni^{2+} 的溶液中分别加入足量的 NaOH，在无 CO_2 的空气中放置后各有什么变化？写出反应方程式。

6. 氯化钴溶液与过量的浓氨水作用，并将空气通入该溶液。请描述可能观察到的现象，写出相关化学反应方程式。

7. 能否用铂制容器盛装下列试剂，如不能请写出相关化学反应式。实验室在使用铂制器皿时，应注意些什么？

(1) 浓 HCl；(2) 浓 HNO_3；(3) 氢氟酸；(4) 王水。

8. 写出下列由所给的原料制备所指的化合物的反应式：

(1) 由 MnS 制备 $KMnO_4$；

(2) 由 $FeSO_4$ 制备无水 $FeCl_3$；

(3) 由 FeS_2 制备 $Fe(CO)_5$；

(4) 由 $CoCl_2$ 制备 $Co(ClO_4)$。

9. 解释下列现象：

(1) $BaCrO_4$ 和 $BaSO_4$ 溶度积相近，为什么前者能溶于强酸，而后者却不溶？

(2) 为什么 $Cu(NH_3)_2^+$ 无色而 $Cu(NH_3)_4^{2+}$ 呈深蓝色？

(3) 变色硅胶为什么干燥时呈蓝色，吸水后变粉红色？

10. 找出实现下列变化所需的物质，并写出反应方程式：

(1) $Mn^{2+} \rightarrow MnO_4^-$；

(2) $Cr^{3+} \rightarrow CrO_4^{2-}$；

(3) $Co^{2+} \rightarrow Co(CN)_6^{3-}$；

(4) 粗 Ni→纯 Ni。

11. 比较 H_2CrO_4、H_2MoO_4、H_2WO_4 以下几方面性质的大小：氧化性、稳定性、酸性、生成多酸趋势、水中溶解度。

12. 欲制备纯 $ZnSO_4$，已知粗 $ZnSO_4$ 溶液中含有 Fe^{2+}、Fe^{3+}、Cu^{2+}，在不引进杂质的条件下，如何设计除杂工艺？

13. 请选用适当的配位剂将下列各种沉淀物溶解，写出相应的方程式：

(1) $Cu(OH)_2$；(2) AgBr；(3) $Zn(OH)_2$；(4) HgI_2。

14. 同属 ds 区元素，为什么铜族元素不仅可失去 s 轨道上的价电子，还可失去 $(n-1)$d 轨道上的 d 电子而显 +2 甚至 +3 氧化态，而ⅡB 族元素则无 +3 氧化态？

15. 分离并鉴定下列物质：

(1) 用三种不同方法区别锌盐和镁盐；(2) 用两种不同方法区别锌盐与镉盐；(3) 分离 ①Cd^{2+} 和 Cu^{2+}，②Zn^{2+}、Cd^{2+} 和 Mg^{2+}。

16. 有一份测试报告说明溶液中同时含有 Ag^+、K^+、$S_2O_3^{2-}$ 和 Sn^{2+}，这个结论是否正确？简述原因。

第11章 化学与能源

(1) 熟悉能源的概念，了解能源的分类和能量的转化过程。

(2) 了解煤的组成、结构，熟悉煤的焦化、气化和液化过程。

(3) 了解石油的组成，熟悉石油的炼制和石油化工；了解天然气的组成及应用，了解页岩油和页岩气的组成和应用。

(4) 熟悉化学电源的各种主要类型、特点、工作原理及其应用。

(5) 了解核裂变能和核聚变能的特点及其应用。

(6) 了解太阳能向热能、化学能和电能转化的主要途径；了解生物质能、氢能、风能、地热能和海洋能的利用。

能源是指能够向人们提供能量的自然资源，是人类社会赖以生存和发展的物质基础。自从有了火，人类便开始使用柴草作为能源。18 世纪发明了蒸汽机以后，煤炭开始被大量开采，逐渐取代柴草成为主要能源。到了第二次世界大战以后，石油的消费很快超过了煤炭，在世界能源消费结构中跃居首位。能源的发展是社会生产力发展的主要标志之一。每一次能源技术的创新和突破都给人类社会进步带来了重大和深远的影响。当今世界是一个耗能社会，人类的一切活动都离不开能源。可我们现在使用的主要能源如煤炭、石油、天然气等资源日趋减少，能源供需之间的矛盾越来越尖锐。能源匮乏的问题困扰着我们，解决能源危机已是人类面临的最紧迫的问题之一。在能源的开发和利用上，化学担负着重要的使命。

11.1 能源与社会

11.1.1 能源的概念与分类

1. 能源的概念

能源是指能提供能量的自然资源。自古以来人类所使用的各种能量资源，如机械能、热能、化学能、原子能、生物能、光能等总称为能源。它们是进行经济建设、发展科学技术和改善人们生活必不可少的物质基础。能源的消费水平在很大程度上是一个国家综合实力的表现。

2. 能源的分类

自然界中蕴藏着丰富的能源，从不同的角度可进行不同的分类。

(1) 按来源，通常把能源分为一次能源和二次能源。存在于自然界中的可直接利用其能量的能源称为一次能源；而把必须用其他能源制取或产生的能源称为二次能源。煤炭、石油、天然气等化石燃料(又称矿物燃料)及核能、地热、水能等属于一次能源；电力、汽油、柴油、甲烷、酒精、焦炭、煤气、氢能等则属于二次能源。

(2) 按使用程度，通常把能源分为常规能源(传统能源)和新能源。常规能源是指目前应用比较普遍的能源，如煤炭、石油、天然气、核能、水能等。常规能源又可分为可再生常规能源和非再生常规能源。其中煤炭、石油、天然气、油页岩、沥青砂、核裂变原料等属于一次性非再生常规能源，而水能、生物质能(柴草、植物秸秆等)则属于可再生常规能源。近年来才被利用的能源或正在开发研究的能源(如太阳能、风能、地热能等)则称为新能源。能源分类见表 11－1。

表 11－1　能源分类

类别		常规能源	新型能源
一次能源	可再生能源	水能、生物质能(柴草、植物秸秆等)	太阳能(发电、供热等)、风能(动力、发电等)、地热能(供热、发电等)等
	非再生能源	煤炭、石油、天然气、油页岩、沥青砂、核裂变原料	核聚变原料
二次能源		煤炭制品(煤气、焦炭、水煤浆)、石油制品(汽油、煤油、柴油和煤气)、电力、氢能、沼气、激光、等离子体和发酵酒精	

(3) 按能源消耗后是否污染环境，能源可分为污染型能源和清洁型能源。煤炭和石油属于污染型能源；水力、氢能、燃料电池和太阳能等则属于清洁型能源。

11.1.2　能量的转化

能源在一定条件下可以释放出能量。能量有各种不同的形式，如机械能、势能、动能、热能、化学能、光能、电能、核能等。各种形式的能量是可以相互转化的。能量转化包括同种能量和不同种能量的转化，又包括能量的直接转化和间接转化。能量转化服从热力学第一定律——能量守恒定律。化学反应是能量转化的重要技术之一。能量的化学转化主要利用热化学反应、光化学反应、电化学反应和含有微生物的生物化学反应等。表 11－2列出了能量的化学转化途径。

表 11－2　用化学反应进行的能量转化

能量化学转化	现象	能量化学转化	现象
化学能→热能	燃烧反应、反应热	化学能→电能	电化学反应、化学电源
热能→化学能→热能	化学热管	电能→化学能	电解、电镀
热光能→生物能	光合作用、生化反应	生物能→电能	生物化学反应、发酵
光能→化学能→电能	光化学电池	光能→化学能	光化学反应

能量的转化很难十分彻底，在实际过程中，未能做有用功的部分，通常以热的形式表现。有的能量(如热能)理论上已经证明不可能百分之百地转换成别的能量，如火力发电和原子能发电的效率通常只有30%～40%，其余的能量则以热的形式散失掉。

11.1.3 能源与社会进步

地球从太阳辐射获取光和热，经植物的光合作用转化为生物质能。埋藏在地下的动植物残骸经过漫长的地质作用转化为煤炭、石油和天然气等化石能源。江河湖海中的水经蒸发、凝结降落在高山丘陵形成水力能。空气经太阳能加热，因密度差而形成风能。所以可以说除核能外，太阳能是地球能源的总来源。

从火的发现到18世纪产业革命之间，树枝、杂草、秸秆等生物质燃料一直是人类使用的主要能源，这称为柴草时期。18世纪中叶，煤炭开始大规模开采。1769年瓦特发明蒸汽机，煤炭作为蒸汽机的动力之源，完成了第一次产业革命，使煤炭成为人类的主要能源，这称为煤炭时期。20世纪初，在美国、中东、北非等地区相继发现了大油田及伴生的天然气。石油的大量开采和炼油工艺的提高，使石油很快成为能源消费的主流，这称为石油时期。常规能源(如煤炭、石油和天然气)的燃烧将化学能转换为热能和光能，同时生成二氧化碳、水和其他无机物。由于其中含有硫、氮等有害元素，在燃烧过程中转化为二氧化硫和氮氧化物而造成大气污染。同时，人类对化石燃料的消费速度远远超过了动植物经地质作用形成化石能源的速度，因此化石能源面临着被消耗殆尽的危险。

以信息、生物和新材料技术为标志的第三次工业革命为新能源技术创造了机遇和条件，使氢能、太阳能、核能和天体运动能正在成为代替化石燃料的新能源。

11.2 化石燃料

化石燃料是由植物和动物残骸经过漫长的地质作用转化而成的能源，包括煤、石油和天然气等。作为能源，它们最初都是由水和大气中的二氧化碳经光合作用合成的，从而把太阳能转化为化学能，最后储存在矿物燃料中。目前在世界能源消费结构中仍然以化石燃料为主，消耗量非常大。据国际能源署(IEA)统计，2007年世界一次能源消费构成比例为石油38%，煤炭26%，天然气24%，核电6%，水电及其他6%，其中化石燃料高达88%。我国是世界上少数以煤为主要能源的国家，2007年我国总能源消费中，煤炭占67%，石油占23%，天然气占3%，水电和核能占7%。化石燃料属于不可再生能源，因此合理地利用化石燃料非常重要。

11.2.1 煤

1. 煤的来源与组成

(1) 煤的来源。

煤是地球上储量最多的化石燃料，全世界的总储量估计有13万亿吨，它也是化学工业的重要原料。我国已探明煤储量超过1万亿吨。目前，煤在我国还是主要能源(约占总能源的80%)，这种状况会保持较长一段时间。

煤是由远古时期植物的残骸累积并随地层变动埋入地下，经长时间的地热高温、高压和细菌作用逐步形成的。

① 在细菌作用下，残骸的表层部分由于接触空气，经腐解变质，蛋白质和纤维素等生成 CO_2 和 H_2O 等气体和液体产物，深埋地下。在缺氧或无氧条件下，厌氧菌将木质素等转变为腐殖酸和沥青等，后者再经多种不同步骤转化为煤。

② 随着地层的下沉和沉积层的加厚明显升高，使成煤过程的变质作用得以进行。

③ 温度高时，压力也大，压力是变质作用的必要条件之一。

煤的类型主要有泥炭、褐煤、烟煤和无烟煤，其煤化程度依次增高。它们的形成过程，可用化学式大致表示如下。

$$\underset{\text{植物}}{C_{17}H_{24}O_{10}} \xrightarrow{-3H_2O,\ -CO_2} \underset{\text{泥炭}}{C_{16}H_{18}O_5} \xrightarrow{-2H_2O} \underset{\text{褐煤}}{C_{16}H_{14}O_3}$$

$$\xrightarrow{-CO_2} \underset{\text{烟煤}}{C_{15}H_{14}O} \xrightarrow{-H_2O,\ -2\,CH_4} \underset{\text{无烟煤}}{C_{13}H_4}$$

可见，随着煤转化程度的提高，各类产物中的碳氢比依次增高，而氧含量逐渐减小，因此其热值也依次递增。其含碳量、燃烧热值和挥发成分含量见表 11-3。

表 11-3　煤的等级及其性能

煤级	固定碳质量分数/%	燃烧热值/$kJ \cdot kg^{-1}$	挥发成分质量分数/%
泥煤	<60	$\sim 1.3\times10^4$	—
褐煤	60～75	$(2.5\sim3.0)\times10^4$	>40
烟煤	75～90	$(3.0\sim3.7)\times10^4$	10～40
无烟煤	>90	$(3.2\sim3.6)\times10^4$	<10

(2) 煤的组成。

煤是一种具有高碳氢比的复杂混合物，其可燃成分主要是碳和氢，还含有少量氧、氮、硫。它们的主体是三维空间的高分子化合物，组成并非是均一单体的聚合物，而是由许多结构相似的结构单元通过桥键联结而成。煤的结构单元以缩合芳香环为核心，缩合环的数目随煤化程度的增加而增加，C 含量为 70%～83%时，平均环数为 2；C 含量为 83%～90%时，平均环数为 3～5；C 含量大于 90%时，环数目为 6～40；C 含量大于 95%时，环数目大于 40。煤中碳元素芳香化程度：烟煤小于等于 80%，无烟煤接近 100%。

煤中氧的存在形式除含氧官能团外，还有醚键和杂环。

几乎所有的煤中都含有硫，即使优质煤仍含 0.28%～0.45%的硫。煤中的硫以单质硫、有机硫、黄铁矿和硫酸盐四种形态存在。前三种为可燃硫，在燃烧中转化为气态硫氧化物(SO_x)，是大气污染源之一，且含量很大。硫燃烧的热值极低，是煤平均发热量低的原因之一。有机硫主要来源于植物有机体。煤中的硫酸盐化学性质稳定，实际上不参与煤的燃烧反应，故称不可燃硫，最终进入灰渣。

煤中的氮主要以吡啶环、吡咯环及氨基、亚氨基等形式存在，它们来源于植物有机体，含量一般在 1%～2%。煤燃烧时，所含的氮几乎全部转变为 NO 和 NO_2，通常表示为 NO_x，统称氮氧化物，是大气污染的重要成分之一。

燃煤对大气环境危害最大的成分是烟尘，主要由煤中的灰分转化而来。煤中的灰分主要是一些不能燃烧的矿物性杂质，含有钙、镁、铁、硅和微量或痕量砷、钡、铍、铅、汞、锌等，也含有少量的放射性元素。

(3) 煤的结构模型。

关于煤的化学结构，科学家们已提出了几十种模型，目前公认的模型如图 11.1 所示。

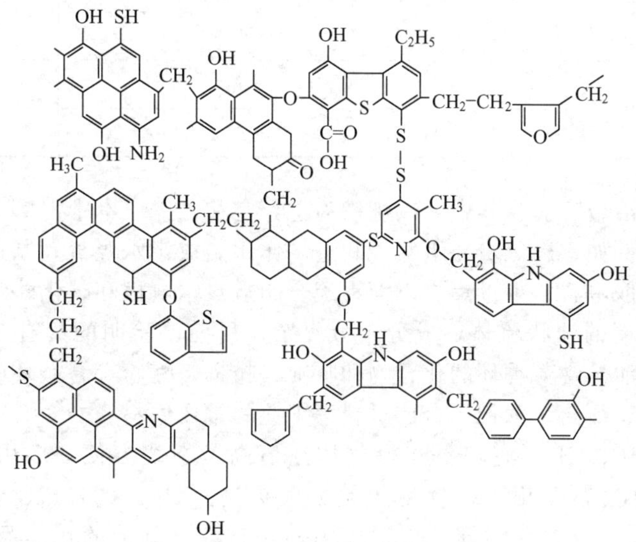

图 11.1 煤的结构模型

煤的现代结构理论认为：煤结构的主体是三维交联大分子，由若干结构相似但不完全相同的结构单元通过共价键结合而成。小分子通过氢键、范德华力等弱作用力嵌在大分子网络中，可通过溶剂抽提出来。煤分子结构的核心是芳香核，芳香度和缩合芳香环数随煤化程度的增加而增加。煤分子大小不均，分子之间相似而不完全相同。对煤结构的研究可以帮助人们更多地认识煤的性质，从而更好地利用煤炭资源。

2. 煤的综合利用

煤的开采既困难又危险，其运输、贮藏、使用等都相当不便，特别是在燃烧过程中释放出大量烟尘、二氧化硫和其他有害物质，造成严重的大气污染。从产业革命直到 20 世纪 50 年代的公害泛滥时期，煤的使用引起的环境污染一直处于主导地位。正是这种原因，后来它被石油取而代之，处于次要地位。因此，各国竞相开发使煤流体化的技术，以便更加有效地利用煤炭资源。

煤炭的综合利用包括将煤作为一次能源、用煤制造二次能源和化工原料等。目前具有实用价值的主要有煤的焦化、气化和液化。

(1) 煤的焦化。

煤的焦化又称煤的干馏，就是将煤置于隔绝空气的密闭炼焦炉内加热，随着温度的升高，煤中有机物逐渐分解，得到气态的焦炉气、液态的煤焦油和固态的焦炭。按照最终温度的不同，焦化方法有低温焦化(500～600℃)、中温焦化(750～800℃)和高温焦化(1000～1100℃)。它们不仅最终温度不同，而且使用原料也不同，此外所用焦化设备、生产规模和产品性质也不相同，见表 11－4。

表 11-4 低温焦化和高温焦化产品收率

使用原料		低温焦化（褐煤为主，部分烟煤）	高温焦化（烟煤为主）
产品收率	焦炭	70%～80%	～70%
	粗苯	—	1.1%～1.4%
	焦油	6%～12%	4%～5%
	煤气	150～250$m^3 \cdot t^{-1}$	300～330$m^3 \cdot t^{-1}$
	硫酸铵	4～5$kg \cdot t^{-1}$	8～10$kg \cdot t^{-1}$

焦炭主要用于冶金工业，其中又以炼铁为主，它在生铁成本中占1/3～1/2。焦炭还可应用于化工生产。例如，以焦炭与水蒸气和空气作用制成半水煤气，制造合成氨；还可与石灰石高温反应制取电石；少量焦炭以沥青配合制造炭精电极和碳化硅(SiC)等。

焦油是黑色黏稠的油状流体，成分十分复杂，目前已验明的约有500多种，其中有苯、酚、萘、蒽、菲等含芳香环的化合物和吡啶、喹啉、噻吩等含杂环的化合物。它们是医药、农药、染料、炸药、助剂、合成材料等工业的重要原料。

焦炉气中的H_2、CH_4、CO等可燃气体热值高，燃烧方便，多用作冶金工业燃料或城市煤气，与直接燃煤相比，环境效益大大提高。H_2、CH_4、C_2H_4等还可用于合成氨、甲醇、塑料、合成纤维等。焦炉气中还含有许多其他的化学品，是化学工业的宝贵原料。

(2) 煤的气化。

煤作为燃料有两个主要缺点：一是脏，难以处理；二是污染严重(正是由于这些原因使工业发达国家的发电厂在20世纪60年代开始大规模用石油来代替煤作为燃料)。因此，人们试图通过将煤加工气化，使其转变成干净而又方便运输的燃料。所谓煤的气化就是在氧气不足的情况下，把煤中的有机物部分氧化为可燃气体的过程。选择不同气化剂可以得到不同组成和用途的煤气。

① 水煤气。

煤与有限的空气和水蒸气反应，得到一种气态混合物，称为半煤气，反应方程式为

$$H_2O(g)+C(s)+\text{空气}\longrightarrow CO(g)+H_2(g)+N_2(g)+110.4kJ\cdot mol^{-1}$$

由于半煤气中含有大量N_2(50%左右)，因此热值较低，其热含量仅为天然气的1/6左右。如果在高温时将煤与水蒸气反应即可制得水煤气，即得到不含氮的一氧化碳和氢的混合物，又称为合成气或煤气。这种气体因不含氮，其燃烧热就比半煤气高1倍，反应方程式为

$$C(s)+H_2O(g)=\!=\!=CO(g)+H_2(g)-129.7kJ\cdot mol^{-1}$$

② 合成天然气。

煤在氧气中燃烧可得到主要成分为CO和H_2的中热值气，它可短距离输送，用作居民用煤气，也可用于合成氨、甲烷。中热值气在适当催化剂的作用下，又可以变成主要成分为甲烷的合成天然气。其反应式为

$$CO(g)+3H_2(g)\xlongequal[650K]{Ni}CH_4(g)+H_2O(g)$$

甲烷化反应所需要的H_2，可以通过水-气转换反应实现：

$$CO(g)+H_2O(g)\xlongequal{催化剂}CO_2(g)+H_2(g)$$

当前煤气化的开发重点主要集中在高燃烧热值煤气上。

③ 合成气。

纯氧和水蒸气在加压条件下通过灼热的煤，使煤中的苯酚(C_6H_5OH)等成分挥发出来，并生成一种气态燃料混合物，按体积分数约含40%$H_2(g)$、15%$CO(g)$、15%$CH_4(g)$和30%$CO_2(g)$，这种混合气体称为合成气。合成气的发热量约为天然气的1/3。

由于深井开采既不安全又损害健康，而露天开采破坏环境，于是人们就考虑是否可以地下气化。所谓煤炭地下气化是将埋在地下的煤炭进行有控制的燃烧，通过对煤的热作用及化学变化产生煤气输至地面，并加以综合开发利用。由于这种气化技术是把传统的物理采煤方式转变为化学采煤方式，建井、采煤、气化三大工艺合而为一，相比地下开采可节省投资78%，节约成本62%，提高工效3倍，每吨煤增值10倍以上，且燃烧后的灰渣留在地下，具有显著的经济、环保和社会效益。这一技术经过一个多世纪的实验，中国矿业大学与新汶矿务局孙庄矿合作于2000年4月底已在井下生产出标准煤气，并一次在地面点火成功。

(3) 煤的液化。

煤的液化又称为人造石油。煤液化是把固体煤炭通过化学加工过程，使其转化为液体燃料、化工原料和产品的先进洁净煤技术。根据不同的加工路线，煤液化可分为直接液化和间接液化两大类。

煤的直接液化是在适当的温度和压力条件下，直接催化加氢裂化，使其降解和加氢转化为油品的工艺过程。煤和石油相比，最重要的元素组成差异在于煤中的氢含量远低于石油，要实现煤转化为油，必须向煤中添加一定量的氢。通常，煤在一定技术工艺条件下加氢液化的过程可分为煤的热解、氢转移和加氢三个步骤。煤的直接液化又称加氢液化。液化油在进行提质加工后可生产洁净优质的汽油、柴油和航空燃料等。该方法的优点是热效率高，液体产品收率高，但对煤的品种要求较为严格。

煤的间接液化是先将煤全部气化成合成气，然后以煤基合成气(一氧化碳和氢气)为原料，在一定温度和压力下将其催化合成为烃类燃料油及化工原料和产品的工艺。其主要反应如下。

$$6CO(g)+13H_2(g)\xlongequal{}C_6H_{14}(g)+6H_2O(g)$$

$$8CO(g)+17H_2(g)\xlongequal{}C_8H_{18}(g)+8H_2O(g)$$

$$8CO(g)+4H_2(g)\xlongequal{}C_4H_8(g)+4CO_2(g)$$

由上述反应可以进一步制得汽油、柴油、液化石油气及甲醇等。该法的优点是适用煤种广，但总热效率低、投资大。

11.2.2 石油

石油也称原油，素有“工业血液”的美誉。石油是从地下深处开采出来的黄色至黑色的可燃性黏稠液体，常常与天然气共同存在，因此，常常并称为油气。通常具有商业价值的油田都位于地表以下500～700m深处，最深的油井在约6km深的地底。而10km以下的更深处则根本不会有石油或天然气。现认为可供开采的石油是由埋藏在地下的远古时代未被细菌分解的有机物在一定温度、压力条件下，经过几百万年的演变形成的。微生物将地表以下的有机物转化为碳氢化合物，剩下的埋藏在深层地底的有机物则在一定温度和压力条件下经过分解及复杂的化学反应生成石油。但是也有人认为，所有的石油都是从古老的岩石中生成的，浅层地表形成的低压条件更容易产生甲烷，而不是较重的碳氢化合物。在实验室中，将氧化铁、卵石和水加热至900℃高温时得到重碳氢化合物。据此认为，稳定的石油只有在30000atm（$1atm=1.01325\times10^5Pa$）条件下，也就是100km以下的地底才能形成。从岩层断裂处释放出的地热，使埋藏于地底100km深处的碳化无机物和水在高温高压作用下产生了碳氢化合物。所有的石油都是通过这种方式形成的，而且现在还有大量的矿点未被发掘。已有部分石油地理学家接受了这一观点。

尽管石油用作燃料的历史很早，但直到20世纪才成为重要能源。石油不仅是一种优质燃料，还是比煤更重要的化工原料。

石油是多种碳氢化合物的液体混合物。其中含有链烷烃、环烷烃，芳香烃和少量含氧和含硫有机物。石油可分为石蜡基石油、沥青基石油和混合基石油三种类型。它们经蒸馏后所余固体残留物分别为石蜡、沥青和两者比例固定的混合物。目前生产的大多数石油属于混合基类型。从寻找石油到利用石油，大致要经过四个主要环节，即寻找、开采、输送和加工，这四个环节一般又分别称为“石油勘探”“油田开发”“油气集输”和“石油炼制”。

石油经过分馏和裂化等加工过程后可得到石油气、汽油、煤油、柴油、润滑油、石蜡等系列产品。在这些产品中，最重要的燃料是汽油。为提高汽油质量，又发展了裂解、重整、异构化和烷基化等技术。

人类自1973年以来共向地球索取了5000亿桶(合800亿吨)石油，占当时探明贮量的85%。自那时以后，新发现的油田几乎使贮量翻了一番。一般估计，目前地球上大约还有1370亿吨石油贮量，按照现有的生产水平，全世界每年开采30亿吨石油，地球上的石油还可供人类开采40～50年。另外，最新科学考察表明，在地球永久冻土带和海洋冷水区深部存在大量气体水化物，主要成分为甲烷分子，外部被水分子包裹，形似雪状或冰状，故被称为“可燃冰”。据估计，地球永久冻土带蕴藏的气体水化物达5×10^9亿立方米，而深海底部则比上述贮量高100倍。

1. 石油的组成和性质

石油是由各种烷烃、环烷烃和芳烃组成的混合物。其特点为碳氢化合物以直链为主(煤以芳香烃为主)，含氢量高，含氧量低。石油所含的基本元素是碳和氢(达97%～98%)，同时含少量硫、氧、氮等元素。其外观为棕黑色黏稠状液态混合物，未经处理的石油称为原油。

石油的性质因产地不同而异。石油的相对密度(20℃)为0.81～1.00；黏度范围很宽；凝固点差别也很大，有高达30℃的，也有低到−66℃的；燃烧热为$43.7\sim46.2kJ\cdot kg^{-1}$；可以溶于许多有机溶剂；不溶于水，但能与水形成稳定的乳状液；沸点范围很宽，从常温到500℃以上。通过原油蒸馏可以把石油分离成汽油、煤油、柴油、减压馏分和减压渣油，分别供进一步加工和利用。

石油的主要组成元素是碳和氢，其中碳占83%～87%，氢占11%～14%，氢碳原子比为1.65～1.95。此外，含有少量的硫(0.06%～8.00%)、氮(0.02%～1.70%)、氧

(0.08%～1.82%)及微量金属元素(镍、钒、铁、铜)等。

世界各大洲均含有石油，但重要的含油带在北纬20°～48°，两个最大的产油带分别在长科迪勒地带和特提斯地带，一个为阿拉斯加—加拿大—美国—委内瑞拉—阿根廷；另一个为地中海—中东—印度尼西亚。这两个地带在地质变化过程中曾是海槽，故有“海相成油”之学说。

我国的石油资源并不丰富，20世纪80年代已开发利用大、小油田150处，甚至勘探出有油气资源的大陆架，估计含油量为东海＞南海＞渤海＞黄海。我国大庆油田的石油以烷烃为主；新疆、辽河和胜利油田的石油是烷烃、环烷烃混合基石油；台湾地区的石油则以芳香烃为主。

2. *石油的炼制*

石油的成分十分复杂。原油需经蒸馏、催化裂化、热裂化、加氢裂化、催化重整、石油焦化及产品精制等各种加工过程，将其各组分分离并改制成重要的石油产品和化工原料。

(1) 原油分馏。

将原油用蒸馏的方法分离成不同沸点范围的油品(称为馏分)的过程称为原油分馏。分馏前，应用电化学或加热沉降的方法进行预处理，脱除原油中的水、盐和固体杂质，然后经加热送入常压条件下的初馏塔，蒸出大部分轻汽油。沸点较高的初馏塔塔底原油加热至360～370℃进入常压蒸馏塔，从塔顶蒸出石脑油，与初馏塔顶的轻汽油一起可作为催化重整的原料。在蒸馏塔的不同温度段可分离出沸点更高的航空煤油、轻柴油、重柴油或变压器油，塔底产物为重油(称为常压渣油)。原油主要分馏产物见表11-5。

表11-5 石油主要分馏产物

馏分		沸点范围/℃	烃的碳原子	用途
气体	石油气	＜30	C_1～C_4	动力燃料、合成原料、制炭黑
轻油	石油醚	40～70	C_3～C_6	溶剂
	汽油	70～150	C_6～C_{10}	汽车、内燃机车、飞机的燃料
	煤油	150～280	C_{10}～C_{16}	喷气飞机燃料和其他动力燃料
	柴油	280～350	C_{17}～C_{20}	柴油发动机燃料
重油	润滑油	350～500	C_{17}～C_{20}	机器润滑油
	液体石蜡			油泵油、裂解原料
	固体石蜡		C_{20}～C_{30}	制蜡烛和蜡制品
	沥青		C_{30}～C_{40}	修路、沥青纸板
	渣油	＞500	＞C_{40}	渣油加氢脱硫、渣油加氢裂化

蒸馏中沸点最低，未能液化的成分称为石油气，其主要成分为C_4以下的烷烃、烯烃及氢气和少量氮气、二氧化碳等。

汽油在发动机汽缸中能形成均匀混合气体，点火后以一定的速率燃烧。若汽油性能与发动机不匹配，由于活塞的压缩和汽缸壁过热，就会突然燃烧，产生巨大的冲击压力。这种现象称为爆震。爆震不仅浪费汽油，还会损坏发动机零件。汽油的辛烷值是影响爆震的关键因素。辛烷值的标准将异辛烷的抗震性定为100，正庚烷的抗震性定为0。我国汽车用油，如93#、97#等就是根据其辛烷值不同而分类的。欲提高汽油的辛烷值，可采取各种措施。例如，曾使用过的抗震剂 $Pb(C_2H_5)_4$，由于其毒性大，燃烧后造成大气的铅污染，世界上一些国家(包括我国)已经禁止使用含铅汽油。无铅汽油中的抗震剂现多用甲基叔丁基醚。甲醇和乙醇也是汽油有效的抗震剂，但成本较高。

柴油发动机燃料油抗震性以十六烷值表示。正十六烷的十六烷值定为100，甲基萘的十六烷值为0，常用的抗震剂为硝酸烷基酯、二硝基化合物和过氧化物等。

(2) 石油的裂化。

原油直接蒸馏只能得到大约20%的汽油，而且这些汽油的质量也不好。为了从原油中生产出更多的汽油，通常采用裂化反应的方法。

大分子烷烃在高温下裂解成较小分子烃的反应，称为裂化反应。裂化方法可分为热裂化和催化裂化两种。

热裂化通常在700～900℃的高温下进行，目的是获得化工原料，如乙烯、丙烯、丁二烯、丁烯和少量的甲烷、乙烷、丙烷等。利用这些低分子烯烃聚合可得到聚乙烯、聚丙烯、顺丁橡胶、乙丙橡胶等，此外它们还能与许多物质进行加成，得到一系列其他有机产品。

催化裂化则是采用催化剂进行裂化，目的是获得高质量汽油。催化裂化反应温度较低(400～500℃)，产品质量较好。催化裂化能提高汽油的产量和质量，是因为在碳链断裂的同时，还有异构化、环化、脱氢等反应发生，生成带有支链的烷烃、烯烃和芳香烃等。

(3) 石油的催化重整。

催化重整是指在氢气和催化剂存在下，使燃料油中的环烷烃转化为辛烷值较高的芳香烃，同时直链烃在催化剂的作用下进行结构的重新调整，转化为带支链的烷烃异构体。例如，正丁烷催化异构为异丁烷，作为石油深加工的原料；正戊烷、正己烷的异构化可以提高辛烷值，由于 C_5、C_6 烃类异构化时反应率不高，产品辛烷值仅约增加10～12单位。近年来，开发了全异构化技术，将反应物经分子筛吸附分离，使正构体与异构体分开，正构部分再返回异构化反应器，最终产品的辛烷值可提高20个单位以上。催化重整还可由链烃制取轻质芳香烃，如苯、甲苯、二甲苯等。

(4) 渣油加氢。

渣油加氢技术有渣油加氢脱硫和渣油加氢裂化两种。渣油加氢脱硫的主要目的是脱硫、脱氮、脱碳、脱金属。由于硫主要集中在渣油中，渣油加氢是最有效的脱硫方法。脱硫后的尾油，是优良的重油催化裂化原料，可用于生产低硫气、柴油，也可用作低硫锅炉燃料油。而渣油加氢裂化除具有对原料的精制功能外，还可直接将高硫劣质渣油转化为优质油品，转化率可高达85%～90%。由于原料苛刻，渣油加氢过程中催化剂易结焦失活，因此渣油加氢裂化大多采用沸腾床、移动床或泥浆床反应器。

(5) 石油化工。

石油化学工业是以石油和天然气为原料生产化学品的领域，简称石油化工。它是20世纪20年代随着石油炼制工业的发展而形成的新兴工业。石油化工的迅速发展，使大量化学品的生产从传统的以煤和农林产品为原料，转变到以石油和天然气为原料，已成为化学工业的重要分支，在国民经济中占有举足轻重的地位。石油化工从各种石油馏分、炼厂气、天然气、油田气出发制得甲烷、乙烯、丙烯、丁烯、苯、甲苯、二甲苯等基本化工原料。这些基本化工原料作为庞大的有机化学工业的基础，可生产出一系列中间体、塑料、合成纤维、合成橡胶、合成洗涤剂、溶剂、涂料、黏合剂、农药、医药、染料等与工农业生产和人民日常生活密切相关的产品。石油化工生产，一般与石油炼制或天然气加工相结合，相互提供原料、副产品和半成品，以提高经济效益。因此，石油化工往往与石油炼制工业或天然气加工业，联合建立生产经营综合体，这成为现代石油和化学工业发展的重要特征之一。

(6) 石油的未来。

石油，作为一种主要能源及重要的化工原料，为人类社会的发展做出了巨大贡献。但随之也出现了两个严重的问题：一是石油资源由于大量开采已面临枯竭；二是使用以石油为主要原料而制成的燃料及其他一些化学品，对环境产生了严重的破坏和污染，特别是由于CO_2的超量排放而产生的温室效应。据统计，我国人均石油资源占有量仅为世界平均水平的1/10，属于人均占有油气资源相对贫乏的国家。20世纪80年代以来，我国石油年产量远远低于消耗量。从1993年起，我国已成为石油的净进口国，从而面临着严峻的能源危机。此外，我国环境污染又很严重，CO_2排放量位于世界前几位。开发和利用对环境友好并可再生的新能源已迫在眉睫。

11.2.3 天然气

天然气是蕴藏在地层中的可燃性气态碳氢化合物。其成因和形成历史与石油相同，二者可能伴生。但有时天然气会转移到另一处而造成油气分家。它们都是通过钻探到储油层或储气层的井开采出来的，常贮存于大型天然气贮罐中。天然气的主要成分为甲烷，并含有少量乙烷、丙烷、正丁烷和异丁烷等。

我国是最早开发利用天然气的国家，比西方最早利用天然气的国家还要早1300年。据史料记载，早在晋朝初年四川就发现了天然气，而且开始钻井利用；到了宋朝已大规模利用天然气来熬制井盐。我国有丰富的天然气资源，大多为干天然气，含硫量低，是很好的气体燃料。

天然气的热值是气体燃料中最高的，比一般煤气的热值高出一倍多。每克甲烷燃料可放出55.6kJ的热量。

$$CH_4(g)+2O_2(g) = CO_2(g)+2H_2O(l)$$

$$\Delta_r H_m^{\ominus}(298.15K)=-890kJ\cdot mol^{-1}$$

与其他化石燃料相比，天然气在空气充足的条件下燃烧完全时，仅排放少量的粉尘和极微量的一氧化碳、碳氢化合物、氮氧化物，对环境污染小。因此，天然气是一种清洁能源。天然气除用作一般工业燃料外，还被用于内燃机和燃气轮机。同时，它也是制造许多重要有机物的化工原料。

1. 天然气的定义与组成

广义的天然气是埋藏于地层中自然形成的气体的总称。但通常所称的天然气是指贮藏于地层较深部的可燃性气体(即气态化石燃料)，而与石油共生的天然气常称为油田伴生气。天然气产于油田、煤田和沼泽地带，它是古生物经过亿万年高温、高压作用形成的可燃性气体。天然气无色、无味、无毒、无腐蚀性，其主要成分为甲烷。根据其地质条件的不同，还含有不同数量的乙烷、丙烷、丁烷、戊烷、己烷等低分子烷烃。此外还有少量的H_2、N_2、CO_2、H_2S等，具体成分因产地不同而略有差异。通常天然气可分为以下两种。

(1) CH_4含量多(80%～90%)的天然气，称为干气或贫气。它难液化，常用作燃料或化工原料。

(2) CH_4含量少(含较多的乙烷、丙烷、丁烷)的天然气，称为湿气。它在加压降温后易液化，常可用作裂解燃料。

2. 天然气化工

以甲烷为主要原料的天然气化工从20世纪20年代以来，曾在世界化学工业中占据十分重要的地位。20世纪70年代中期以后，虽然受到了廉价的石油乙烯化工的强大冲击，但天然气化工由于其独特的技术经济优势而一直保持较稳定的发展。天然气作为来源广泛而廉价的化工原料，在生产合成氨、尿素、甲醇及其加工产品、乙烯(丙烯)及其衍生产品、乙炔及炔属精细化学品、合成气($CO+H_2$)、羰基合成产品、合成纤维、合成橡胶、塑料、医药、农药和日用化学品等大宗化工产品方面一直保持原料和技术领先的发展优势。目前，天然气化工仍然是世界化学工业的重要支柱，世界上约有80%的合成氨及化肥、80%的甲醇及甲醇化学品、40%的乙烯(丙烯)及衍生产品、60%的乙炔及炔属化学品等都是用天然气原料和天然气凝析液(NGL，天然气深冷分离得到的以乙烷、丙烷、丁烷为主要组分的轻质烃类混合物)原料生产的。

由于甲烷中的碳氢键比较稳定，反应活性不高，目前以天然气为原料直接制得的化学品并不多，且大吨位的产品很少，主要有天然气部分氧化法制乙炔；甲烷热氯化生产甲烷氯化物(一氯甲烷、二氯甲烷、三氯甲烷和四氯化碳)；甲烷氨空气氧化生产氢氰酸；甲烷气相硝化制硝基甲烷；甲烷制二硫化碳；天然气制炭黑和尾气利用，等等。目前大部分天然气都是先转化为合成气，再由合成气制得各种化工产品的。严格来说，这属于合成气化学范畴。人们不满足于甲烷一次加工的产品，而主要着眼于深加工产品，因而出现了合成气化学、甲醇化学、甲醛化学、CO化工、CO_2化工等，并发展成现在的C_1化学。

由于天然气的转化是制得各种化学品的基础，不同产品需要不同组成的合成气，而且在生产装置投资和产品能耗方面占主导地位，因此，天然气转化制合成气工艺始终是天然气化工的重点。

3. 可燃冰

可燃冰是天然气的一种存在形式，是天然气的水合物。它是一种白色固体物质，外形像冰雪，具有极强的燃烧力，可作为上等能源。天然气水合物由水分子和燃气分子(主要是甲烷分子)组成。此外，还有少量的硫化氢、二氧化碳、氮和其他烃类气体。

在低温(−10～10℃)和高压(10MPa以上)条件下，甲烷气体和水分子能够合成类冰固态物质，具有极强的储载气体的能力。这种天然气水合物的气体储载量可达其自身体积的100～200倍，1m^3的固态水合物包容约180m^3的甲烷气体。这意味着水合物的能量密度是煤和黑色页岩的10倍，是传统天然气的2～5倍。在海洋中，约有90%的区域都具备天然气水合物生成的温度和压力条件。目前，全球的“可燃冰”总能量是所有煤、石油、天然气总和的2～3倍。可燃冰是近20年来才被人们发现的，由于其能量高、分布广、埋藏规模大等特点，正崭露头角，有可能成为21世纪的重要能源。世界上绝大部分的可燃冰分布在海洋里，储存在海底之下500～1000m的范围以内。海洋里可燃冰的资源量约为$1.8\times10^8m^3$，是陆地资源量的100倍。

目前国际上已经形成了一个对可燃冰研究的热潮。美国、加拿大、德国、英国、日本、欧盟等发达国家和组织从能源战略角度考虑，纷纷制订了长远发展规划，开展了海底天然气水合物物理性质、勘探技术、开发工艺、经济评价、环境影响等方面的研究工作，取得了多方面的成果。目前，我国石油需求量约2.5亿吨，而在进入20世纪90年代后，石油资源形势严峻，我国已由石油输出国转变为最大的进口国。随着国民经济的持续快速发展，我国能源需求与供应的矛盾将长期存在。因此，从保障21世纪经济可持续发展战略的能源角度出发，把可燃冰资源的研究、勘探和开发纳入我国的能源发展和保障计划是十分必要和紧迫的。

4. 天然气的应用

天然气既是高效洁净的气体燃料又是重要的化工原料，其突出优势是热值高、大气污染排放物少、能源利用效率高，应用广泛。围绕天然气的生产和利用可以形成一个天然气产业链，可带动化工、建材、机械、冶金、电力、交通运输、环保等一系列产业。

在三大矿物燃料中，在质量相同的情况下天然气对环境造成的负面效应最小。资料显示，用120亿立方米天然气代替煤气供应民用，可节约标准煤3000万吨，少排放二氧化硫36万吨、烟尘30万吨。天然气可用来开动内燃机、发电、炼钢、焊接和切割金属。天然气用于发电，以其为燃料的燃气轮机电厂的废物排放水平大大低于燃煤与燃油电厂，而且发电效率高，建设成本低，建设速度快。天然气是廉价的化工原料，以天然气为原料的一次加工产品主要有合成氨、甲醇、炭黑等近20个品种，经二次或三次加工后的重要化工产品则包括甲醛、醋酸、碳酸二甲酯等50个品种以上。以天然气为原料的化工生产装置投资省、能耗低、占地少、人员少、环保性好、运营成本低。用它可制取化肥、合成纤维素、合成橡胶、塑料、农药、炸药等化工产品。天然气汽车的一氧化碳、氮氧化物与碳氢化合物排放水平都大大低于汽油、柴油发动机汽车，不积炭，不磨损，运营费用很低，是一种环保型汽车。

天然气和氧混合，可形成有很大爆炸力的混合物。所以在天然气的使用中应注意安全。

11.2.4 页岩油和页岩气

1. 油页岩与页岩油

油页岩与煤炭、石油、天然气一样属于化石燃料，是不可再生资源、一次能源。油页岩(又称油母页岩)是一种高灰分的含可燃有机质的沉积岩，它和煤的主要区别是灰分超过40%，与碳质页岩的主要区别是含油率大于3.5%。

页岩油是一种人造石油，是油页岩干馏时有机质受热分解生成的一种褐色、有特殊刺激气味的黏稠状液体产物。通过裂解化学变化，可将油页岩中的油母质转换为合成原油。类似天然石油，富含烷烃和芳烃，但含有较多的烯烃组分，并且还含有氧、氮、硫等的非烃类组分。页岩油的性质，因各地油页岩组成和热加工条件的差异而有所不同。比重约在

0.9～1.0。页岩油加工的方法与天然石油的炼制过程基本相同，包括精馏、热裂化、石油焦化、加氢精制等过程。从页岩油制取轻质油品，是目前人造石油制取合格液体燃料的方法中成本最低的一种。

目前，世界大部分油页岩分布区的地质勘探程度较低，很难对全球的油页岩资源量正确预测，只有部分国家对该国油页岩矿床进行了详细的勘探和评价工作。就目前的勘探情况而言，美国是世界上油页岩资源最丰富的国家，查明地质资源量为33400亿吨，折合页岩油为3036亿吨。2004—2006年，中国对油页岩资源进行了国内首次评价，查明地质资源量为7199亿吨，折合成页岩油为476亿吨。

在开采技术方面，可分为直接开采和地下转化工艺技术(ICP)两种。

直接开采包括露天和井下两种开采方式。露天开采适合埋藏较浅的矿床开采，成本低，安全系数高，辽宁抚顺和广东茂名就是典型的例子。井下开采有竖井、水平坑道采矿两种方式，适合埋藏较深的矿床。直接开采是一种较原始的开采方式，局限性较大，不仅对生态环境的破坏十分严重，而且对地层深部油页岩的开采也无能为力。

地下转化工艺技术(ICP)是壳牌公司投入巨资研发出的开采油页岩及其他非常规资源的专利技术，对开发深部油页岩尤其有利。ICP开采油页岩的基本原理是在地下对油页岩矿层进行加热和裂解，促使其转化为高品质的油或气，再通过相关通道将油、气分别提取出来。将这些高品质的油(气)采集到地面进行加工后，可生产出石脑油、煤油等成品油。该技术的突出优点：提高了资源开发利用效率；减少了开采过程中对生态环境的破坏，即少占地、无尾渣废料、无空气污染、少地下水污染及最大限度地减少有害副产品的产生。尽管该项技术现在还未完全商业化，但关键的工艺、设备等技术问题都已解决，并在美国科罗拉多州和加拿大阿尔伯特省进行了商业示范。使用ICP技术生产成本约为12美元/桶，ICP技术成本低于传统的干馏技术，该技术在油价高于25美元/桶时可以盈利。

油页岩的开采方式经过近两个世纪的发展，已取得许多成功的经验，并在不断改进。中国油页岩资源丰富，在煤炭开采过程中也产生了大量油页岩。开发利用油页岩不仅可以缓解石油供需矛盾，还可以解决因废弃油页岩造成的环境问题，提高资源利用率。因此，油页岩的综合开发具有非常广阔的前景。

2. 页岩气

页岩气，是从页岩层中开采出来的天然气，是一种重要的非常规天然气资源。页岩气的形成和富集有着自身的特点，往往分布在盆地内厚度较大、分布广的页岩烃源岩地层中。与常规天然气相比，页岩气开发具有开采寿命长和生产周期长等优点，大部分产气页岩分布范围广、厚度大且普遍含气，这使得页岩气井能够长期地以稳定的速率产气。但页岩气储集层渗透率低，开采难度较大。随着世界能源消费的不断攀升，包括页岩气在内的非常规能源越来越受到重视。美国和加拿大等国已实现页岩气商业性开发。页岩气的储层一般呈低孔、低渗透率的物性特征，气流的阻力比常规天然气大，所有的井都需要实施储层压裂改造才能开采出来，而我国至今还没有形成成熟的技术。此外，页岩气采收率比常规天然气低，常规天然气采收率在60%以上，而页岩气仅为5%～60%。低产影响着人们对它的热衷，现在美国已经有一些先进技术可以提高页岩气井的产量。中国页岩气藏的储层与美国相比有所差异，如四川盆地的页岩气层埋深比美国要大，美国的页岩气层深度在

800～2600m，而四川盆地的页岩气层埋深在2000～3500m。页岩气层深度的增加无疑给技术上本不成熟的我国开采页岩气又增添了难度。

在中国这个渴求能源的国家，页岩气这种非常规燃料储量巨大。根据预期，页岩气即蕴藏在页岩中的天然气由于能够提供廉价而充足的新型燃料来源，在未来几十年里将改变我国的能源供给格局。现在美国是世界最大的页岩气生产国。中国目前还没有投入商业生产的页岩气井，不过已经有几家公司展开了勘探项目，包括中石化、荷兰皇家壳牌、英国石油和雪佛龙。根据美国能源情报署估计，中国的页岩气储量超过其他国家，可采储量约为36万亿立方米。按当前的消耗水平，这些储量足够我国使用300多年。国家鼓励对页岩气和煤层气等非常规天然气资源进行开发，中国页岩气产量最终将超过美国。

11.3 化学电源

化学电源是指将化学能直接转换成直流电能的装置，常称为化学电池。由于化学电源具有能量转换效率高，能量密度高，产生环境污染少，使用方便等特点，近年来发展非常迅速。

1800年，伏打(Volta)将不同的金属与电解液接触制成第一个化学电源。20世纪50年代后，对电池的理论研究方面，特别是对电极过程动力学的研究取得了突破；加之电子、电气和信息工业发展的需要，促进了电池科技的进步，使电池科技取得了骄人的成就。

表征电池质量的常用指标如下。

(1) 开路电压和工作电压。电路断开时两极间的电势差即为开路电压，它在数值上接近于电池电动势。工作电压是电池接通负荷后在放电过程中显示的电压，也称为放电电压。一般工作电压总低于开路电压。

(2) 电池容量。是电池放电时能提供的总电量，常以符号C表示，以A·h或mA·h为单位。单位质量(或体积)的电池能提供的电量称为电池的比容量，分别以$A \cdot h \cdot kg^{-1}$或$A \cdot h \cdot L^{-1}$表示。由于实际电池的活性物质不可能完全被有效利用，所以实际容量低于理论容量。放电速率快、放电电流大、工作温度低都可使电池容量降低。

(3) 寿命和储存期。电池在储存期间虽无负荷却因自放电(俗称漏电)使电池容量自行损失。损失过大时，电池不能正常工作，甚至报废。因此，每种电池都有一定的储存期限。

化学电池的种类很多，可分为原电池、蓄电池和燃料电池三大类。下面简单介绍几种常见的化学电池。

11.3.1 原电池(一次电池)

原电池又称为一次电池，是利用化学反应得到电流，放电后不能再重复使用的电池。在一次电池中若电解质不流动(如糊状)，则把这种电池称为干电池。常见的一次电池有锌锰电池、锌银电池(纽扣电池)和锂电池等。

1. 锌锰电池

(1) 普通锌锰电池(锌锰干电池)。

1868年，法国人雷克兰士(Leclanché)发明了锌锰电池，最早的锌锰电池是糊式电池。

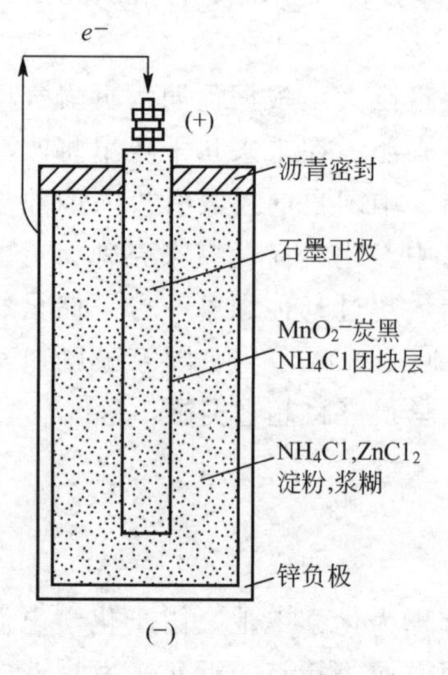

图 11.2　锌锰干电池示意图

其结构如图 11.2 所示，外壳用锌皮作为负极，NH_4Cl、$ZnCl_2$ 等制成糊状混合物作电解质溶液，并用多孔子纸包起来，使之与锌电极隔开，MnO_2 是正极，石墨碳棒仅起导电作用。糊式锌锰电池可用下式表示：

$$(-)Zn \mid ZnCl_2, NH_4Cl(糊状) \mid MnO_2 \mid C(+)$$

接通外电路放电时，其电极反应为

负极　$Zn(s) = Zn^{2+}(aq) + 2e^-$

正极　$2MnO_2(s) + 2NH_4^+(aq) + 2e^-$

$= Mn_2O_3(s) + 2NH_3(aq) + H_2O$

电池反应 $Zn(s) + 2MnO_2(s) + 2NH_4^+(aq) = Zn^{2+}(aq) + Mn_2O_3(s) + 2NH_3(aq) + H_2O(l)$

这种电池的缺点是产生的 NH_3 能被石墨电极吸附，引起极化，导致电动势下降；同时锌电极作为消耗性外壳，在使用过程中会变薄以致穿孔，故常有电池漏液现象发生。为了克服锌锰电池的这些缺点，普通锌锰电池已由糊式电池转向纸板式电池。

纸板式电池是第二代锌锰电池，它采用涂敷在纸板(基纸)上的复合浆料($ZnCl_2$)来代替浆糊层。纸板式电池可用下式表示：

$$(-)Zn \mid ZnCl_2 \mid MnO_2 \mid C(+)$$

纸板式电池克服了糊式电池的不足，同时具有较大的放电电流。我国的普通锌锰电池已基本转型到纸板电池的生产上来。

(2) 碱性锌锰电池。

碱性锌锰电池是继纸板式电池之后出现的第三代锌锰电池。这类电池的重要特征是电解液由原来的中性电解液变为离子导电性更好的碱性电解液，负极锌由原来的锌片变为锌粉。这使得反应面积成倍增长，放电电流大幅度提高，重负荷性能特别好，适用于电动玩具、剃须刀、录放机、照相机等新型高功率电器具。该电池也可根据用电器具的需要制成圆柱形或纽扣形。碱性锌锰电池可用下式表示：

$$(-)Zn \mid KOH(7 \sim 9mol \cdot L^{-1}) \mid MnO_2 \mid C(+)$$

放电时的电极反应为

负极　$Zn(s) + 2OH^-(aq) = ZnO(s) + H_2O(l) + 2e^-$

正极　$MnO_2(s) + 2H_2O(l) + 2e^- = Mn(OH)_2(s) + 2OH^-(aq)$

电池反应　$Zn(s) + MnO_2(s) + H_2O(l) = ZnO(s) + Mn(OH)_2(s)$

2. 锂电池

锂原电池又称锂电池，是以金属锂为负极的电池总称。锂的标准电极电势最负($\varphi^{\ominus}(Li^+/Li) = -3.045V$)，相对分子质量小，导电性能良好，可制成一系列贮存寿命长(20℃下可储存 10 年之久)，工作温度范围宽(−55～+70℃)、电池电压高(2.8～3.7V)的高能电池。

由于金属锂遇水会发生剧烈反应，因此锂电池的电解质溶液都选用非水电解液。正极材料可以选用 MnO_2、Ag_2CrO_4、SO_2、聚氟化碳、过渡金属的硫化物等。根据电解液和正极物质的物理状态，锂电池有三种不同的类型，即固体正极-有机电解质电池、液体正极-液体电解质电池、固体正极-固体电解质电池。

现有 Li/I_2、Li/Ag_2CrO_4、$Li/(CF)_n$、Li/MnO_2、Li/SO_2、$Li/SOCl_2$ 六个品种已商品化，应用于心脏起搏器、电子手表、计算器、录音机、通信设备、导弹点火系统、火炮发射系统、声呐浮标、潜艇、鱼雷、飞机及一些特殊军事装备中。

以锂-铬酸银(Li/Ag_2CrO_4)电池为例，该电池以锂为负极材料，以铬酸银为正极氧化剂，以含高氯酸锂的碳酸丙烯酯为导电介质，是一种采用有机电解质的新型电池。其放电电极反应如下：

负极　$Li(s) = Li^+(aq) + e^-$

正极　$Ag_2CrO_4(s) + 2Li^+(aq) + 2e^- = 2Ag(s) + Li_2CrO_4(s)$

电池反应　$2Li(s) + Ag_2CrO_4(s) = 2Ag(s) + Li_2CrO_4(s)$

11.3.2 蓄电池(二次电池)

电极活性物质经氧化还原反应输出电能(放电)被消耗后，可以用充电的方法使活性物质恢复的电池称为可充电电池或二次电池。因其兼有储存电能的作用，故又称为蓄电池。蓄电池的主要应用领域有：①用作启动电源；②牵引(移动)电源；③小型仪器设备电源；④空间电源；⑤小型工具和电动玩具电源等。它广泛用于宇航、国防、运输系统、电子仪器和日常生活中。蓄电池主要有铅蓄电池、碱性蓄电池(镉镍电池、氢镍电池)、锂离子电池和银锌电池等。

1. 铅蓄电池

铅蓄电池用硫酸作电解质，故又称为铅酸蓄电池。铅蓄电池由一组充满海绵状金属铅的铅锑合金格板做负极，另一组充满二氧化铅的铅锑合金格板做正极，两组格板相间浸泡在电解质稀硫酸中(图 11.3)。电池符号可用下式表示。

$$(-)Pb|H_2SO_4|PbO_2(+)$$

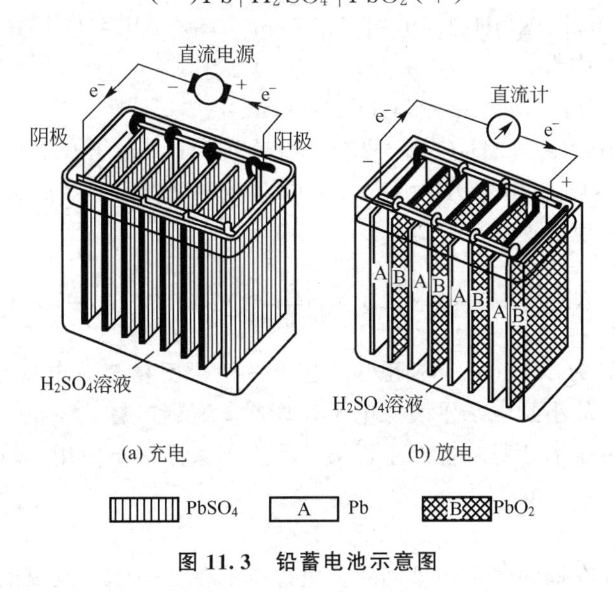

图 11.3 铅蓄电池示意图

放电时，电极反应为

负极　$Pb(s)+SO_4^{2-}(aq) \rightleftharpoons PbSO_4(s)+2e^-$

正极　$PbO_2(s)+SO_4^{2-}(aq)+4H^+(aq)+2e^- \rightleftharpoons PbSO_4(s)+2H_2O(l)$

放电后，正、负极板上都沉淀了一层 $PbSO_4$。充电时用一个直流电源与蓄电池相接，将负极上的 $PbSO_4$ 还原成 Pb，将正极上的 $PbSO_4$ 氧化成 PbO_2。充、放电总反应为

$$Pb(s)+PbO_2(s)+2H_2SO_4(aq) \underset{\text{充电}}{\overset{\text{放电}}{\rightleftharpoons}} 2PbSO_4(s)+2H_2O(l)$$

上述反应表示，铅蓄电池放电时硫酸的浓度减小。因此，铅蓄电池放电的程度也可用测定硫酸密度的方法来判断。一般说来，硫酸的密度下降到约 $1.1g \cdot cm^{-3}$ 时就需充电，硫酸密度增大到 $1.38g \cdot cm^{-3}$ 时，标志着充电过程已完成。

铅蓄电池充、放电可逆性好，放电电流大，稳定可靠，价格便宜，用途广泛，常用作汽车和柴油机车的启动电源，坑道、矿山和潜艇的动力电源，以及变电站的备用电源。铅蓄电池的主要缺点是笨重。现在用聚丙烯等有机材料做外壳，有效地减轻了自身质量；另外，采用硅胶与硫酸混合制成硅胶电解质代替硫酸溶液，使用更为安全。

由于铅蓄电池能量较低，废弃电池对环境污染又较严重，随着各种新系列蓄电池的不断问世，其应用领域将不断缩小并将最终被淘汰。

2. 碱性蓄电池

碱性蓄电池的正极活性物质是铜、镍、汞和锰的氢氧化物、氧化物或氧、卤素等(它们在制造电极时往往借助掺杂等不同的方法转变成非整比的半导体以补偿导电能力的不足，改善电极的高温容量等)；负极活性物质是不同形态的镉、铁、锌、氢等。碱性蓄电池的结构有两种类型：开口的和密封的。开口电池放电率高，价格低；密封电池无须维护，可以任意使用。

(1) 镉镍电池。

镉镍电池是一种开发较早的碱性蓄电池，可用下式表示。

$$(-)Cd \mid KOH(1.19 \sim 1.21g \cdot cm^{-3}) \mid NiO(OH) \mid C(+)$$

放电时的电极反应为

负极　$Cd(s)+2OH^-(aq) = Cd(OH)_2(s)+ 2e^-$

正极　$2NiO(OH)(s)+2H_2O(l)+2e^- = 2Ni(OH)_2(s)+2OH^-(aq)$

电池反应　$Cd(s)+2NiO(OH)(s)+2H_2O(l) = 2Ni(OH)_2(s)+Cd(OH)_2(s)$

充电反应即为上述反应的逆反应，即

$$Cd(s)+2NiO(OH)(s)+2H_2O(l) \underset{\text{充电}}{\overset{\text{放电}}{\rightleftharpoons}} 2Ni(OH)_2(s)+Cd(OH)_2(s)$$

镉镍电池电动势为 1.326V，内阻小，电压平稳，反复充放电次数多，使用寿命长，且能在低温下工作，故小到电子手表、电子计算器，大到矿灯、飞机、火箭乃至卫星，都用到镉镍电池。但由于镉会对环境产生污染，不少国家已禁止使用，取而代之的是性能更为优越的氢镍电池。

(2) 氢镍电池。

鉴于镉镍电池存在镉的严重污染问题，氢镍电池备受关注。氢镍电池是以新型贮氢材料(MH)——钛镍或镧镍合金材料作为负极，以镉镍电池用的氧化镍作为正极，以 KOH

水溶液为电解液，电池的电动势为1.20V，可用下式表示：

$$(-)_{(La-Ni)}^{Ti-Ni} \mid H_2 \mid KOH \mid NiO(OH) \mid C(+)$$

所谓贮氢材料是指在一定温度、压力下能大量可逆地吸收、释放氢气的材料。氢镍电池的充放电原理如图11.4所示。放电时的反应为

负极　$MH + OH^-(aq) \longrightarrow M + H_2O(l) + e^-$

正极　$NiO(OH)(s) + H_2O(l) + e^- \longrightarrow Ni(OH)_2(s) + OH^-(aq)$

电池反应　$MH + NiO(OH)(s) \longrightarrow Ni(OH)_2(s) + M$

充电反应即为上述反应的逆反应，即

$$MH + NiO(OH)(s) \underset{充电}{\overset{放电}{\rightleftharpoons}} Ni(OH)_2(s) + M$$

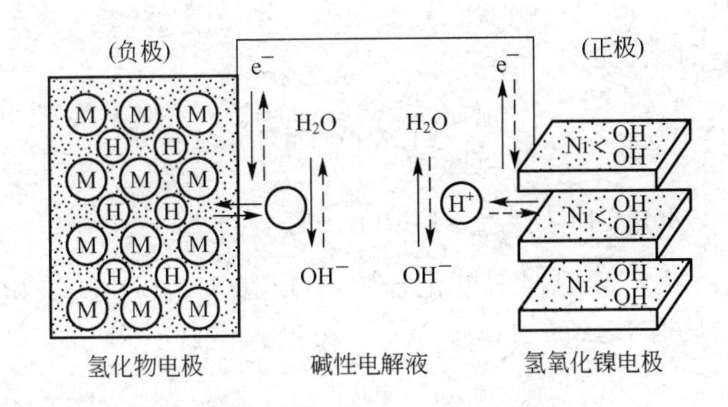

图11.4　氢镍电池充放电原理

在电池中，充电时MH作为阴极，电解KOH水溶液得到氢原子，被电极表面吸附并扩散到合金中形成金属氢化物，实现贮氢。放电时MH作为负极放出氢原子，在电极表面被氧化，失去电子生成水，实现放氢。

氢镍电池有许多独特的优点：能量密度高，是镉镍电池的1.5～2.0倍；可快速大电流充放电，低温性能好，无记忆效应，无毒，无环境污染，不使用贵金属，循环寿命长等。其电压与镉镍电池相当。自20世纪90年代，日本、美国将其投放市场以来，发展极为迅速。作为电极材料的储氢合金的主要成分，镍和稀土金属是我国的丰产金属，原材料取材方便、价格低廉。因此，我国发展氢镍电池更具有国际竞争力。

3. 锂离子电池

锂原电池的活性物质为金属锂，而锂离子电池的活性物质为锂离子。在锂离子电池中，正、负极材料为Li^+嵌入化合物。正极采用锂化合物$LiCoO_2$、$LiNiO_2$或$LiMn_2O_4$，负极采用锂-碳层间化合物，电解质为溶解性锂盐$LiPF_6$、$LiAsF_6$等的有机溶液。在充放电过程中，Li^+在两个电极之间往返嵌入和脱嵌，被形象地称为“摇椅电池”（rocking chair batteries，RCB）。

锂离子电池工作电压高(3.6V)，是镉镍、氢镍电池的3倍；体积小，比氢镍电池小30%；质量轻，比氢镍电池轻50%；能量密度高($140W \cdot h \cdot kg^{-1}$)，是镉镍电池的2～3倍，氢镍电池的1～2倍；且无记忆效应，无污染，自放电小，循环寿命长，是21世纪发展的理想能源。

锂离子电池是20世纪90年代发展起来的绿色能源，也是我国能源领域重点支持的高新技术产业，它以高可逆容量、高电压、高循环性能和高能量密度等优越性能而备受世人青睐。自1991年日本索尼公司开发成功以碳材料为负极的锂离子电池(Li_xC_6/LiX in PC-EC(1∶1)/$Li_{1-x}CoO_2$)以来(LiX为锂盐)，锂离子电池已迅速向产业化发展，并在移动电话、摄像机、笔记本电脑、便携式电器、电动车、军事、航天、航空、航海设备上大量应用。锂离子电池可制作成圆柱形、矩形、扣式等不同的形状。锂离子二次电池被称为21世纪的主导电源，其应用领域不断扩大，目前我国许多科研单位先后开展了锂离子电池材料及锂离子电池的研究，并已生产出产品。

锂离子电池的符号表示为

$$(-)C_n \mid LiClO_4-EC+DEC \mid LiMO_2(+)$$

充、放电时的反应为

负极 $Li_xC_n \underset{充电}{\overset{放电}{\rightleftharpoons}} C_n + xLi^+ + xe^-$

正极 $Li_{1-x}MO_2 + xLi^+ + xe^- \underset{充电}{\overset{放电}{\rightleftharpoons}} xLiMO_2$

电池反应 $Li_{1-x}MO_2 + Li_xC_n \underset{充电}{\overset{放电}{\rightleftharpoons}} xLiMO_2 + C_n$

式中，M=Co、Ni、Fe、W等，正极化合物有$LiCoO_2$、$LiNiO_2$、$LiMn_2O_4$、$LiFeO_2$、$LiWO_2$等，负极化合物有Li_xC_6、TiS_2、WO_3、NbS_2、V_2O_5等。

4. 锌-银电池

锌-银电池以锌作负极活性物质，AgO或Ag_2O作正极活性物质。锌-银电池可分为一次锌-银电池和锌-银蓄电池两类。

较大规格的一次锌-银电池一般都做成贮备电池，使用时采用人工或自动激活的方法激活。与其他系列的电池相比，锌-银电池具有质量轻、比能量大、输出电压稳定等优势，但该系列电池由于使用了贵金属银的化合物作电极，电池成本较高。扣式小型氧化银一次电池，以锌作负极，AgO或Ag_2O作正极，氢氧化钾或氢氧化钠溶液作电解液，原子辐射接枝膜等作隔离层。该电池适用于小电流连续放电的微型器具，输出电流为微安级，电压为1.55V。广泛用于电子手表、照相机、微型电子仪器等小型电子器具。

锌-银蓄电池可制成小到毫安级的扣式、大到几千安时的高容量开口式或密封式电池。锌电极一般采用涂膏式，银电极采用烧结式，银电极隔膜一般采用尼龙布，锌电极隔离物一般采用耐碱绵纸，主隔膜采用纤维素膜或接枝膜等。锌-银蓄电池主要用于国防、尖端科技领域。

11.3.3 燃料电池

与前面介绍的电池不同，燃料电池不是把氧化剂、还原剂物质全部储藏在电池内，而是在工作时不断从外界输入氧化剂和还原剂，同时将电极反应产物不断排出电池。因此，它的重要意义在于它是一种发电装置，能不断地将燃料直接转变为电能。燃料电池以还原剂(如氢气、甲醇、肼、烃、煤气、天然气等)为负极反应物质，以氧化剂(如氧气、空气等)为正极反应物质。为了使燃料便于进行电极反应，要求电极材料具有催化剂的特性，可用多孔碳、多孔镍和铂、银等贵金属作电极材料。电解质则有碱性、磷酸、熔融碳酸盐、固体氧化物电解质及高聚物电解质离子交换膜等。

燃料电池技术自1839年格罗夫(Grove)发表世界上第一篇关于燃料电池的报告至今已有180年的历史，近30年来发展迅猛。继氢氧碱型燃料电池(AFC)的发明并在宇宙飞船上成功应用之后，燃料电池又经历了供地面上使用的第一代磷酸盐燃料电池(PAFC)，第二代熔融碳酸盐燃料电池(MCFC)，现在已经发展到第三代高温固体氧化物电解质燃料电池(SOFC)。这期间，质子交换膜燃料电池(PEMFC)也取得了显著进展，甲醇直接氧化燃料电池(MDFC)再度兴起，生物燃料电池也正在探索。下面以碱性氢氧燃料电池为例说明其工作原理。

碱性氢氧燃料电池常用30%～50%(质量分数)的KOH为电解液，燃料是氢气，氧化剂是氧气，负极材料是多孔镍电极或多孔碳电极，正极材料是氧化镍覆盖的多孔镍电极或多孔碳电极，如图11.5所示。电池符号可用下式表示。

$$(-)C|H_2(p)|KOH(aq)|O_2(p)|C(+)$$

电极反应为

负极　$2H_2(g)+4OH^-(aq)$ ══ $4H_2O(l)+4e^-$

正极　$O_2(g)+2H_2O(l)+4e^-$ ══ $4OH^-(aq)$

电池反应　$2H_2(g)+O_2(g)$ ══ $2H_2O(l)$

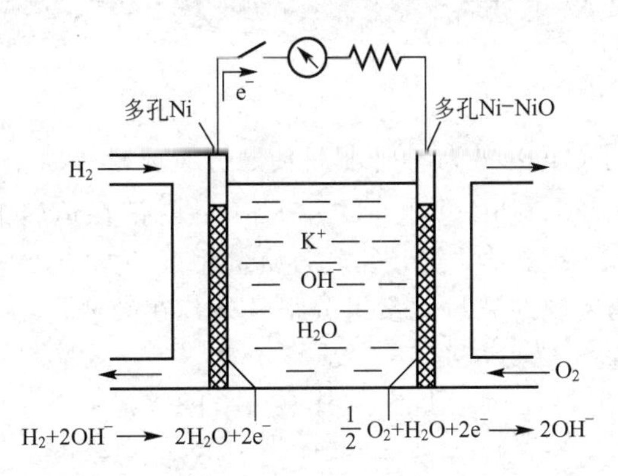

图11.5　碱性氢-氧燃料电池示意图

可见，燃料电池是从燃料与氧化剂反应直接产生电能的。但在热电厂中，燃料燃烧获得热能，热能再转变为机械能，然后机械能再带动发电机使其转变为电能。常规发电设备的最高能量转化效率不超过40%，而燃料电池的电能转化效率可高达75%。此外，与传统发电相比较，由于燃料电池自身不需要用水冷却，可以减少传统发电带来的水体热污染；燃料电池在发电过程中的主要产物是水，对环境无污染，而且其发电时噪声很小。所以说，燃料电池是一种环保型的清洁能源。然而目前燃料电池的发电成本还很高，暂时还不能取代常规的发电系统。随着对燃料电池研究的不断深入，新型燃料电池将会不断地创造出来。

11.3.4　废电池的污染

电池中含有大量的重金属、酸、碱、电解质溶液等污染物质。重金属主要有镉、铅、汞、镍、锌、锰等，其中镉、汞、铅是有毒元素，对环境和人体健康危害较大。危害较大的废电池除镉镍电池、铅蓄电池外，还有大量的含汞电池，包括氧化汞电池(已于1999年强令淘汰）、某些锌锰干电池和碱性锌锰电池。以常用的锌锰干电池为例，虽然负极材料锌、正极材料二氧化锰及中间电解质氯化铵危害并不严重，但为了防止电池中的锌溶解释放出氢气而造成电池的涨破，通用的方法是在电池糊状液中加入氯化汞。汞被锌置换出来后与锌形成锌汞齐，可以抑制锌极的过电势。在碱性锌锰电池中，为了防止氢气的释放，同样也在锌粉中加入汞以形成汞齐。发达国家在20世纪90年代就找到了汞的替代方法，并实现了电池的无汞化，我国目前正致力实现这一目标。因此，为了人类共同的家园，废电池的回收和综合利用已迫在眉睫。

11.4 核　能

核能是20世纪出现的能源。核能的和平利用，对于缓解能源紧张、减轻环境污染具有重大意义。自1954年前苏联建成世界上第一座核电站以来，核能发展异常迅速。目前，全世界共有近500座核电站，全年总发电量约占世界总发电量的18%以上。核能主要来自核裂变和核聚变两类核反应。核裂变是原子弹爆炸和核动力产生的基础，核聚变则是制造氢弹的基础。

11.4.1 核裂变反应与原子能的开发利用

1. 核裂变反应和核裂变能

核裂变反应是用中子($^{1}_{0}n$)轰击较重原子核使之分裂成较轻原子核的反应。能引起核裂变的核燃料主要有U-235、Pu-239、U-233。目前正在运转的核电厂所使用的都是U-235。U-235被慢中子轰击时发生分裂成为质量相近的两个碎片，同时有2～4个中子射出。U-235的核裂变生成的裂片元素组分很复杂，在裂变产物中有30多种元素组分。下面是几种重要的U-235裂变方式。

$$^{235}_{92}U + ^{1}_{0}n \longrightarrow ^{142}_{56}Ba + ^{91}_{36}Kr + 3^{1}_{0}n$$

$$^{235}_{92}U + ^{1}_{0}n \longrightarrow ^{90}_{38}Sr + ^{143}_{54}Xe + 3^{1}_{0}n$$

$$^{235}_{92}U + ^{1}_{0}n \longrightarrow ^{137}_{52}Fe + ^{97}_{40}Zr + 3^{1}_{0}n$$

原子核裂变时有质量亏损，因此裂变时伴随着巨大的能量释放，可用爱因斯坦质能关系式进行计算。现以

$$^{235}_{92}U + ^{1}_{0}n \longrightarrow ^{142}_{56}Ba + ^{91}_{36}Kr + 3^{1}_{0}n$$

为例，求该裂变反应所释放的能量。

已知$^{235}_{92}U$、$^{1}_{0}n$、$^{142}_{56}Ba$、$^{91}_{36}Kr$的摩尔质量分别为$235.0439g \cdot mol^{-1}$、$1.00867g \cdot mol^{-1}$、$141.9092g \cdot mol^{-1}$、$90.9056g \cdot mol^{-1}$，则

$$\Delta m = 141.9092 + 90.9056 + 3 \times 1.00867 - 235.0439 - 1.00867 = -0.2118\ (g \cdot mol^{-1})$$

$$\Delta E = \Delta m \cdot c^2 = -1.9035 \times 10^{10} kJ \cdot mol^{-1}$$

$1.000g\ ^{235}_{92}U$按上式裂变所放出的能量为

$$\Delta E = -1.9035 \times 10^{10} \times 1.000/235.0439 = -8.1 \times 10^{7} (kJ)$$

由此可知，1g U-235裂变所放出的能量约为8×10^7kJ，相当于燃烧3t标准煤所放出的能量。

从U-235裂变反应式可以看出，当U-235被中子轰击发生裂变时，会产生数量更

多的中子。这些中子又会去轰击U－235，引起更多的U－235裂变，产生更多的中子。核裂变反应是链式反应，裂变速率成指数增加，瞬间放出巨大的能量。原子弹爆炸的原理就是基于不控制的核裂变反应。若将连续核裂变反应，通过人工控制使链式反应在一定程度上连续进行，将其释放的能量加热水蒸气，则可以带动汽轮机发电，这是核电站工作的基本原理(受控核裂变)。

2. 原子弹的结构

原子弹里的炸药就是$^{235}_{92}U$(或$^{239}_{94}Pu$)。在天然铀矿中，U－235只占铀元素中总原子数的0.7%，其余是U－238，因此这两种核素的分离是首要问题。科学家们是利用六氟化铀(UF_6)气体扩散速度不同进行提纯的，使U－235富集到93%。其次，为了使原子弹在需要的时候才爆炸，一颗原子弹内部由两块分离的U－235组成，每块U－235的质量小于临界质量。所谓临界质量，是指能维持铀块链式反应所需的最小质量，也即铀块小于临界质量时，爆炸不发生。临界质量与铀块的形状和纯度等因素有关，现已知在有中子反射层的情况下，U－235的临界质量约为1kg。当两块铀合在一起超过其临界质量时，便在瞬间发生强烈爆炸，所以在原子弹中还用一个普通的小炸弹作为引爆装置，它的爆炸使两块U－235挤压在一起发生爆炸。原子弹的结构示意图如图11.6所示。

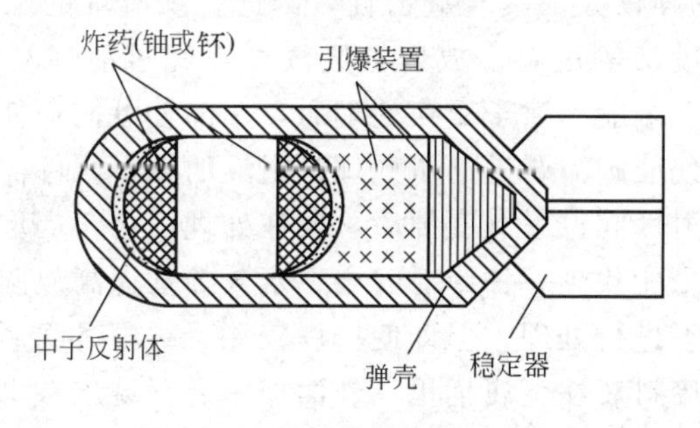

图11.6 原子弹的结构示意图

3. 核电站工作原理

核电站的中心是由核燃料和控制棒组成的反应堆。其关键设计是在核燃料中插入一定量的控制棒，用来吸收中子。控制棒可由硼(B)、镉(Cd)、铪(Hf)等材料制成，利用它们吸收中子的特性来控制链式反应进行的程度。U－235裂变时所释放的能量可将循环水加热至300℃，所得的高温水蒸气用来推动发电机发电。由此可见，核电生产过程中没有废气和煤灰，建设投资虽高，但运行时无需繁重的运输工作，因此总的来说是经济的。发展核电是解决电力缺口的重要选择。但有两个问题必须引起高度重视：一是电站的运行安全；二是核废料的处理。

在核电站的运行过程中，为了防止核裂变产生的大量放射性产物外逸，核电站设置了三道安全屏障(图11.7和图11.8)。第一道屏障——燃料包壳。燃料芯块叠装在锆合金管中，把管子密封起来，组成燃料元件棒，锆合金管能够把核燃料裂变产生的放射性物质密封住。第二道屏障——压力壳。燃料包壳密封层万一遭到破坏，放射性物质泄漏到水中，但它仍然被密闭在回路系统中，这个密闭回路系统也称为反应堆冷却剂压力边界，它可以防止这一回路的水泄漏。第三道屏障——安全壳。安全壳是一个内衬厚钢板、壁厚1m的庞大的钢筋混凝土建筑物，它进一步将可能的事故限制并消灭在安全壳内，它不但能够阻挡放射性物质的外逸，而且还能承受龙卷风、地震等自然灾害，能承受外来飞行物的冲击，保护环境和居民的安全。

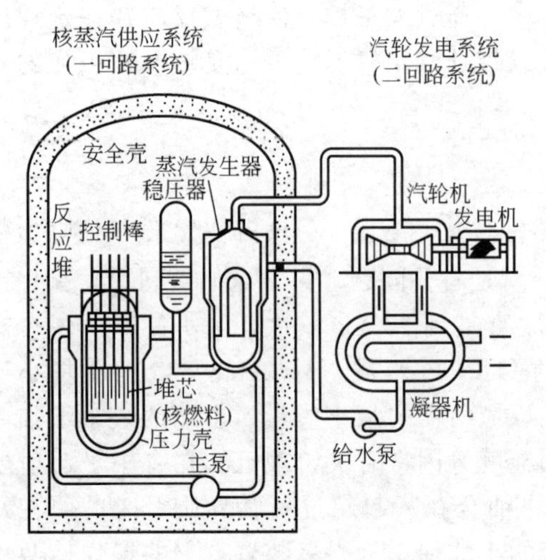

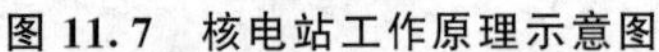
图 11.7　核电站工作原理示意图

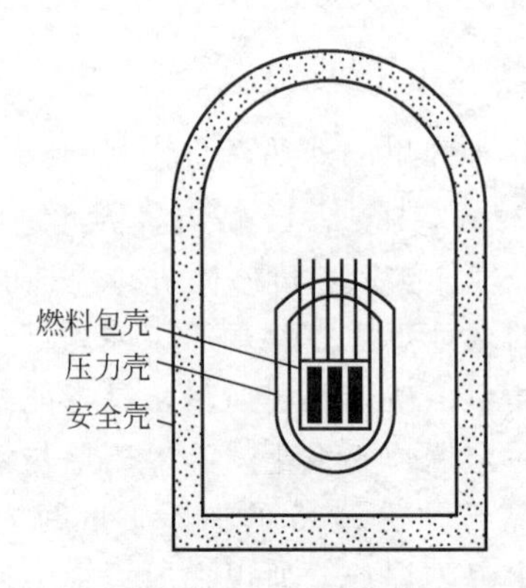

图 11.8　核电站反应堆的三道安全屏障

U－235 裂变产生的碎核大都具有放射性，因此，反应堆的工作过程中不可避免地产生一些放射性的废气、废液等废料。放射性废气可以经过活性炭吸附和过滤后由烟囱排放；放射性废液则经蒸发浓缩、离子交换处理后，一部分可循环使用，一部分经检测合格后向江河海排放，浓缩残液则需要进一步处理；出堆的燃料元件需先放在反应堆旁水池内半年以上，待大部分放射性同位素衰变掉后，再在处理厂化学提取未燃尽的铀、钚等有用物质。但是人们现在仍未能找到一种绝对安全、永久的处理高放射性核废料的办法。早期曾将核废料直接埋入地下进行处理，但即使掩埋较深，一段时间后地下水总会使这些放射性物质扩散。后来又将废料装在金属桶里，外面加一层混凝土或沥青，弃于海底，在大西洋北部和太平洋北部都有这些废料的“墓地”。目前，一种引人注目的方法是将核废料中的高放射性物质分离后，通过核反应将其转化为危害很小的短寿命放射性同位素或稳定性同位素。此外，用人造岩石对放射性废液进行固化处理的方法也引起人们的重视。不过这些新方法中许多技术问题至今还未得到圆满解决。某些发达国家甚至将核废料大量转移到贫穷国家。显然，核泄漏不能完全避免，它依然是核电进一步发展的障碍。一些国家的绿色和平组织及公众甚至要求世界各国放弃核能发电。考虑到国际正反两方面的经验、教训，我国在核电建设方面，采取了审慎而又积极的态度。

核能还被直接用作交通运输工具的推进动力，如核潜艇、核航空母舰、核破冰船等。由于核动力无需消耗氧气，因而可以使潜艇在水下长期航行。

11.4.2　核聚变能和氢弹

【不是核武器的核武器——贫铀弹】

核聚变是使很轻的原子核在异常高的温度下合并成较重的原子核的反应。这种核反应进行时放出更大的能量。以氘(^2_1H)和氚(^3_1H)的核聚变反应为例。

$$^2_1H+^3_1H \xlongequal{\quad} ^4_2He+^1_0n$$

已知：^2_1H、^3_1H、^4_2He 和 ^1_0n 的摩尔质量分别为 2.01355g · mol^{-1}、

3.01550g·mol^{-1}、4.00150g·mol^{-1}和1.00867g·mol^{-1}，则

$$\Delta m=(4.00150+1.00867)-(2.01355+3.01550)=-0.01888(\mathrm{g\cdot mol^{-1}})$$

$$\Delta E=\Delta m\cdot c^2=-0.01888\times10^{-3}\times(2.9979\times10^8)^2\approx-1.697\times10^{12}(\mathrm{J\cdot mol^{-1}})$$
$$=-1.697\times10^9\mathrm{kJ\cdot mol^{-1}}$$

对于1.000g核燃料来说，因^2_1H和^3_1H的摩尔质量分别为2.01355g·mol^{-1}和3.01550g·mol^{-1}，所以

$$\Delta E=-1.697\times10^9\times1.000/(2.01355+0.01550)=-3.37\times10^8(\mathrm{kJ})$$

由此可知，1.000g燃料核聚变所产生的能量约为核裂变相应能量的4倍。

核聚变反应需要在极高温度下(如几兆度)进行，故又称为热核反应。聚变过程所释放的能量能够继续维持高温，从而使聚变反应持续进行。这种自持的聚变反应是取得核能的另一重要途径。在自然界中，只有太阳等恒星内部，因温度极高，氢核才会克服相互排斥力，自动发生持续的核聚变反应。太阳等恒星内部进行着的正是氢核生成氦核的聚变过程。

人工核聚变目前只能在氢弹爆炸或由离子加速器产生的高能粒子碰撞中发生，氢弹的爆炸是利用$^{235}_{92}U$或$^{239}_{94}Pu$在裂变时发生爆炸所造成的极高温度，使内部的氢核发生剧烈而不可控制的核聚变反应并引发强烈爆炸。

用于工业目的的可控热核反应技术尚处于研究之中，如何取得所需的高温，用什么样的材料制造反应器及如何控制聚变过程等均处于实验和探索中。目前可控热核聚变还处于基础研究阶段，但已露出了曙光。有人预计到2050年前后能实现原型示范的可控核聚变堆，而发展到实用阶段，还有一段艰辛的路程。

作为能源，核聚变反应比核裂变反应更有发展前途。人类如果能够完全控制核聚变反应，那么可以从自然界提取大量的核燃料。海水中蕴藏的氘所能提供的聚变能按目前世界能源消费水平，估计可使用几百亿年，而且提炼氘比提炼铀容易得多。另外，核聚变产物是稳定的氦核，没有放射性污染物产生。所以，在不久的将来核聚变燃料可望作为一种较清洁的能源加以利用。

11.5 新 能 源

新能源通常指太阳能、生物质能、氢能、风能、地热能和海洋能等。它们的共同特点是资源丰富、可以再生、没有污染或很少污染。化学在新能源的开发和利用方面起着关键作用。下面简要介绍几种新能源。

11.5.1 太阳能

太阳能是取之不尽、用之不竭、对环境无任何污染的可再生清洁能源。太阳能资源虽然总量很大，但能量密度低，且强度受地域、季节、气候等的影响。这两大缺点大大限制了太阳能的有效利用，是开发利用太阳能面临的主要问题。20世纪50年代，太阳能利用领域出现了两项重大技术突破：一是太阳能电池；二是选择性热吸收涂层。这两项技术的突破，为太阳能利用进入现代发展时期奠定了技术基础。太阳能的直接利用现在主要有3个途径：光热转换、光电转换和光化学转换。

(1) 光热转换。

光热转换是利用各种集热部件将太阳辐射能转化为热能的一种技术，广泛应用于供

暖、加热、干燥、蒸馏、材料高温处理、热发电和空调等领域。按照用热温度可区分为低温热利用(t<100℃)，用于热水、采暖、干燥、蒸馏等；中温热利用(100℃≤t≤250℃)，用于工业用热、制冷空调、小型热动力等；高温热利用(t>250℃)，用于热发电、废物高温解毒、太阳炉等。太阳能热利用系统一般由集热、储热和供热三部分组成。其中太阳能集热器是太阳能热利用系统的核心部分。

太阳能集热器是通过对太阳能的采集和吸收将辐射能转换为热能的装置，已投入应用的有如下几种。

① 平板型集热器。采集和吸收辐射能的面积相同，能收集太阳直射和散射的能量并转换为热能。一般可获得 40～70℃的热水或热空气。

② 聚焦型集热器。由集光器和接收器组成，有的还有阳光跟踪系统。它把照射在采光面上的太阳辐射反射或折射汇聚到接收器上形成聚焦面，从而获得比平板型集热器更高的能量密度，使载热介质的工作温度提高，可获得 500℃以上的高温。

③ 真空管集热器。采用真空夹层，使对流与传导热损失可以忽略。使用光谱选择性吸收膜层，可以使热辐射损失下降到最低，极大地提高了集热器的效率，可用于寒冷的冬天。

④ 热管式真空管集热器。它运用真空技术，降低了集热管的热损失。同时，由于运用了热管技术，被加热工质不直接流经真空管。与普通真空管集热器相比，具有热容量小，有热二极管效应，防冻，系统承压高，易于安装、维修等优点。

(2) 光电转换。

太阳能的光电转换就是利用光电效应，将太阳辐射能直接转换为电能，光电转换的基本装置就是太阳能电池。太阳能电池是利用半导体的光伏效应进行光电转换的，因此光电转换又称太阳能光伏技术。单晶硅太阳能电池是当前最成熟的一种太阳能电池。首先制成高纯的单晶硅棒，再加工成硅晶片。通过掺杂(硼、磷等)扩散在硅片上形成P-N结。当晶片受光后，N型半导体的空穴往P型区移动，而P型区中的电子往N型区移动，从而形成从N型区到P型区的电流(图 11.9)。

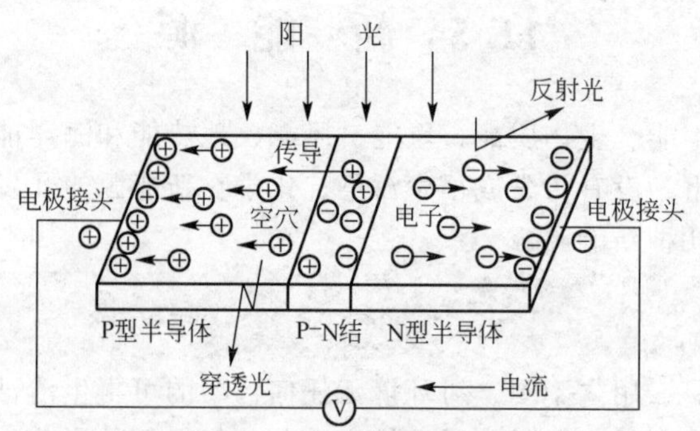

图 11.9　光电转换原理示意图

目前的单晶硅太阳能电池的光电转换效率为 15%左右，实验室成果也有 20%以上的。光伏技术发展的主要目标是通过开发新的电池材料、改进电池的制造工艺和结构来进一步提高光电转换效率和降低制造成本。高效、长寿命、廉价的太阳能光伏转换材料是开发太阳能的关键技术。近年来，各种新型太阳能电池的研究已经取得了一些成果。如多晶硅和非晶硅太阳能薄膜电池；以碲化镉(CdTe)、铜铟硒($CuInSe_2$)为代表的半导体化合物薄膜太阳能电池；还有多结太阳能电池、纳米材料太阳能电池、有机薄膜材料太阳能电池等。多晶硅和非晶硅太阳能薄膜电池因为较高的光电转换效率和相对较低的成本，可能会取代昂贵的单晶硅太阳能电池，成为主导产品。

太阳能电池是一种大有前途的新型电源，具有永久性、清洁性和灵活性三大优点。太阳能电池寿命长，只要太阳存在，太阳能电池就可以一次投资而长期使用。与火力发电、核能发电相比，太阳能电池不会引起环境污染；太阳能电池可以大、中、小并举，大到百万千瓦的中型电站，小到只供一户使用的太阳能电池组，这是其他电源无法比拟的。随着对太阳能电池光电转换材料的组成、结构和性能研究的不断深入，太阳能电池的开发应用必将逐步走向产业化、商业化，有望成为新世纪人们日常生活中的重要能源。

(3) 光化学转换。

光化学转换是直接利用太阳光来驱动化学反应的。早在1839年，法国科学家比克丘勒就发现一种奇特现象，即半导体在电解质溶液中会产生光电效应。1972年，日本首先完成了光化学电池产生电能的试验。他们用TiO_2半导体作负极，铂黑电极作正极组成光化学电池，其结构如图11.10所示。

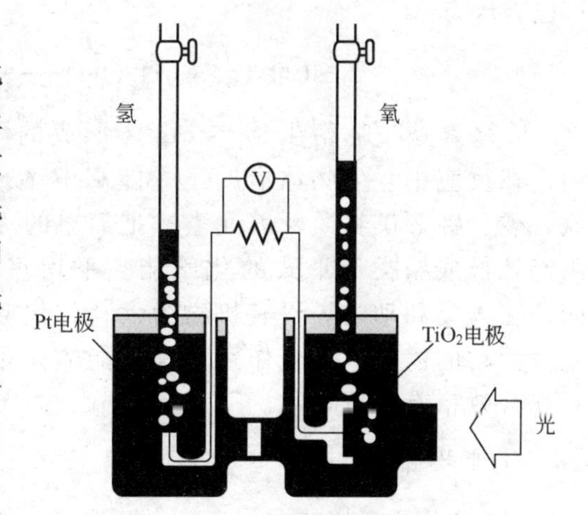

图 11.10 TiO_2电极光化学电池示意图

当阳光照射TiO_2半导体时，光能被电子吸收，获得能量的电子从内层脱出成为自由电子，同TiO_2接触的水分子被激发分解，负极释放氧气，正极释放氢气，同时产生直流电。电极反应为

负极 $TiO_2 \xrightarrow{h\nu} 2e^- + 2P^+$（空穴）

$$H_2O + 2P^+ \longrightarrow 2H^+ + \frac{1}{2}O_2$$

正极 $2H^+ + 2e^- \longrightarrow H_2$

总反应 $H_2O \xrightarrow{h\nu} H_2 + \frac{1}{2}O_2$

使TiO_2激发的有效光源波长小于387.5nm，而到达地面的太阳辐射中只有3%的辐射波长在这一数值以下。光化学转换的核心问题在于如何获得新型的电极材料，提高转换效率，并能使其有效地在弱紫外光区和可见光区被激发。光化学转换是太阳能利用的一个新领域，技术难度很大，至今仍处于实验室阶段。

11.5.2 生物质能

生物质能是指由太阳能转化并以化学能形式储藏在生物质中的能量。生物质本质上是由绿色植物和光合细菌等自养生物吸收光能，通过光合作用把水和二氧化碳转化成碳水化合物而形成的。绿色植物只吸收了照射到地球表面辐射能的1%～2%。即使如此，全部绿色植物每年所吸收的二氧化碳约7×10^{11} t，合成有机物约5×10^{11} t。因此，生物质能是一种极为丰富的能量资源，也是太阳能的最好储存方式。按照资源类型，生物质能包括古生物化石能源、现代植物能源和生物有机质废弃物。古生物化石能源是煤、石油、天然气等。现代植物能源是新生代以来进化产生的现代能源植物。水生生物质资源比陆生的更为广泛，品种更为繁多，资源量更大。现代人类生活和生产活动消耗了大量生物有机质，在此过程中产生的废弃物也已成为生物质能的重要组成部分。这些能量资源按加工层次又可区分为一次能源（如能源植物、农业废弃物）和二次能源（如生物热解气、沼气、生物炭等）。

1. 光合作用

光合作用是指绿色植物和光合细菌体内的叶绿素吸收光能使二氧化碳和水合成有机物并释放氧气，把光能转换为化学能储存于有机物之中的生物化学过程，光合作用的总反应可以表示为

$$6CO_2(g)+6H_2O(l)\xrightarrow[\text{叶绿素}]{h\nu}6O_2(g)+C_6H_{12}O_6(s)$$

叶绿素是卟啉衍生物与 Mg^{2+} 形成的配合物，其重要功能是参与生物体光合作用。在反应中，生物体借助于光能高效率地吸收空气中的 $CO_2(g)$、土壤中的水分和氮、磷、钾等矿物质营养元素，把简单的无机物转化为碳水化合物等有机物，并把太阳能转换成糖类等形式的化学能。平均每固定 1mol $CO_2(g)$ 约可储存 450kJ 的太阳能。在人类和动物界以有机物为食物的代谢过程中，这些能量又被释放出来，以满足生命活动的需要。光合作用是高效能的光化学氧化还原反应。水分、光照、温度等均对光合效率有显著影响。

2. 生物质的利用

(1) 生物质燃烧技术。

直接燃烧是生物质能最简单的转换技术。生物质燃料（秸秆、薪柴等）的燃烧是与空气中的氧发生的强烈放热的化学反应。人类燃烧柴草已有几千年的历史。燃烧装置大致分为原始炉灶、旧式炉灶、改良炉灶和节柴炉灶四个阶段。20 世纪 80 年代，我国研究的节柴炉灶由工厂批量生产并在全国推广，热效率达 40%左右。农业废弃物有巨大的能源潜力。蔗渣曾用作制糖的燃料，现又用来发电。巴西的蔗渣发电厂能力达 300MW；夏威夷 15 家糖厂为当地提供了 10%的电力。垃圾中的有机质除分离制备复合肥料外，将其用于供热和发电的工厂全球已有 500 余座。

(2) 生物质气化。

生物质气化是生物质在缺氧或无氧条件下热解生成以一氧化碳为主要有效成分的可燃气体，从而将化学能的载体由固态转化为气态的技术。由于可燃气体输送方便，燃烧充分、便于控制，因而扩大了生物质能的应用范围。20 世纪 20 年代，人们开发了煤炭和木柴的气化技术，进入 70 年代研究重点转向农林业废弃物和城镇垃圾可燃部分的气化，以扩大能源来源，提高能源品位，减轻废弃物对环境的污染。20 世纪 80 年代开始，我国研制了新一代农业废弃物气化技术，缓解了农村生产和生活用能源的紧张局面。此外，在生物质气化的工业利用方面的研究和应用也取得了突破性的进展。

(3) 沼气制取与应用。

沼气是微生物在厌氧条件下对有机质进行分解代谢的产物。主要成分是 CH_4（约 60%）和 CO_2（约 35%），及少量 H_2S、H_2、CO 和 N_2 等其他气体。生成沼气的过程称为沼

气发酵。发酵原料和条件不同，所得沼气的成分也有差异。人畜禽的粪便、屠宰废水等发酵所制得的沼气，甲烷可达70%；秸秆为原料时，沼气的甲烷含量约55%。含甲烷60%的沼气与空气混合物的爆炸下限为9%～23%。

发酵制沼气是自然界广泛存在的微生物过程。大致分为三个阶段：微生物分泌胞外酶将生物质水解为水溶性物质；进入微生物细胞的可溶性物质被各种胞内酶进一步分解代谢，成为挥发性的脂肪酸等；第三阶段由甲烷菌完成，最终产物以甲烷为主。

沼气可用于生产和生活，有燃料用途和非燃料用途之分。除炊事、照明外，还可作为内燃机燃料(驱动汽车、发电、抽水等)。发酵后的沼液含丰富的维生素、氨基酸、生长素、腐殖酸等生物活性物质及氮、磷、钾微量元素，经过滤后可浸种、喷施、制造高效有机肥料。沼渣可用于制造配合饲料等。随着经济的发展、人口的增长和生活水平的提高，大量工业有机废水和城镇生活污水已成为主要环境污染源。沼气发酵可使废水中COD值降至原来的20%以下，并可回收沼气能源。发展沼气已成为消除有机污染，改善人类生存环境的重要手段之一。

(4) 生物质液化。

生物质液化是通过热或生物化学方法将生物质部分或全部转化为液体燃料的技术。液化方法主要有热分解、直接液化、水解发酵和植物油酯化。生物质干馏和热解除得到可燃气体、焦炭外，所含挥发分可用于合成汽油和水解制酒精。干馏的液体产物粗木醋液(又称植物酸)中含酸、酯、醛、醚、烃等有机物，其中乙酸、乙酸乙酯、甲醇、丙醇、乙醛、糠醛、丙酮等有实际工业利用价值。液体燃料能量密度大，储运、使用方便，精炼后可得到优质燃料，因此近年来生物质热解的液体产物备受重视。

动植物油作为动力燃料早有研究。植物油热值大致相当于同质量柴油的87%～89%，并随碳链长度的增加而增大。由于其黏度较大，在发动机中雾化效果较差，多与柴油混合使用。

大规模采用发酵酒精作为汽车燃料是近年来生物质能应用的一大进展。它既可以减小对石油的依赖，又可减轻汽车尾气的污染。巴西90%的小汽车已使用酒精燃料。传统的生物质酿酒工艺与现代生物工程技术相结合，必将使酒精燃料的广泛应用成为现实。

“生物柴油”是一种石油替代品。众所周知，普通柴油是从石油中提炼的，而“生物柴油”则可从动物、植物的脂肪或餐馆用过的废弃食用油和炸过薯条的黄油中提取。使用“生物柴油”作汽车燃料对环保具有积极意义，因为排放的废气所含的二氧化碳远没有普通柴油那么多，这能减少二氧化碳的温室效应。

我国鼓励发展非粮乙醇作为重要的石油替代品。2007年9月，国家发展和改革委员会发布的《可再生能源发展规划》指出，目前，中国生物乙醇产量约在102万吨左右。在102万吨中有80多万吨的乙醇仍然使用玉米，其余20万吨使用其他粮食和薯类植物。基于粮食安全考虑，今后发展生物燃料乙醇，不再用玉米，而主要是用非粮物质，如甜高粱、小桐子，还有文冠果等植物，它们大多生长在盐碱地、荒地、荒山上，可以转变成生物燃料。近期的发展重点是以木薯、甘薯、甜高粱等为原料的燃料乙醇技术，以及以小桐子、黄连木等油料作物为原料的生物柴油技术。从长远看，应积极发展以纤维素生物质为原料的生物液体燃料技术。到2020年，我国的生物燃料乙醇利用量将达1000万吨，加上生物柴油利用量200万吨，总计替代约1000万吨成品油。

11.5.3 氢能

1. 氢能的特点

氢能是指以氢作为燃料时释放出来的能量。第二次世界大战以后，随着世界经济的迅速发展，能源消耗与日俱增，目前随矿物燃料(煤、石油、天然气等)燃烧排放到大气中的CO_2每年多达50亿吨，从而加剧了大气对地面的保温作用(称为温室效应)，地球平均气温不断升高。因此，科学家们需设法寻找干净的新能源。氢气被认为是一种理想的燃料，它具有许多特殊的优点：①氢的原料是丰富的水；②氢燃烧生成物是水，不污染环境；③氢来自水，燃烧后又回归于水，不影响地球上的物质循环；④与电力储藏困难相反，氢能储藏很容易；⑤氢能作为取代石油的液体燃料，可用于汽车、飞机等；⑥氢能可通过燃料电池直接用来发电，其发热量大，约为同质量汽油的三倍，点火温度低，燃烧速度快。

二次能源可分为“过程性能源”和“含能体能源”。电能就是应用最广的“过程性能源”；柴油、汽油则是应用最广的“含能体能源”。由于目前“过程性能源”尚不能大量地直接贮存，因此汽车、轮船、飞机等机动性强的现代交通运输工具就无法直接使用从发电厂输送出来的电能，只能采用像柴油、汽油这一类“含能体能源”。随着化石燃料耗量的日益增加，其储量日益减少，终有一天这些资源将要枯竭，这就迫切需要寻找一种不依赖化石燃料的、储量丰富的新含能体能源。氢能正是人们所期待的理想含能体能源。

【火箭推进剂】

氢作为一种理想的含能体能源，早在第二次世界大战期间就得到应用，氢被用作A-2火箭发动机的液体推进剂。1960年液氢首次用作航天动力燃料，1970年美国发射的“阿波罗”登月飞船使用的起飞火箭也是用液氢作燃料。

对现代航天飞机而言，减轻燃料自重，增加有效载荷十分重要。氢的能量密度很高，是普通汽油的3倍，这意味着燃料的自重可减轻2/3。这对航天飞机无疑是极为有利的，因此氢成了现代火箭领域的常用燃料。今天的航天飞机以氢作为发动机的推进剂，以纯氧作为氧化剂，液氢就装在外部推进剂桶内，每次发射需用1450m^3，质量约100t。现在科学家们正在研究一种“固态氢”的宇宙飞船。计划将固态氢既作为飞船的结构材料，又作为飞船的动力燃料。在飞行期间，飞船上所有的非重要零件都以“固态氢”制成，飞行期间转作能源而“消耗掉”，这样飞船在宇宙中就能飞行更长的时间。在超声速飞机和远程洲际客机上以氢作动力燃料的研究已进行多年，目前已进入样机和试飞阶段。

在交通运输方面，美国、德国、法国、日本等汽车大国早已推出以氢作燃料的示范汽车，并进行了几十万公里的道路运行试验。2002年7月，美国研制的氢能汽车时速可达140km，加氢一次可以行驶200余千米。试验证明，以氢作燃料的汽车在经济性、适应性和安全性三方面均有良好的前景，但目前仍存在储氢密度小和成本高两大障碍。前者使汽车连续行驶的路程受到限制，后者主要是由于液氢供应系统费用过高造成的。

2. 解决氢能源的关键问题

目前氢能大规模的商业应用有两个关键问题有待解决：一是制氢技术；二是可靠的储氢和输氢方法。

(1) 制氢技术。因为氢是一种二次能源，它的制取不但需要消耗大量的能量，而且目前制氢效率很低，因此寻求大规模廉价的制氢技术是各国科学家共同关心的问题。现在看来，高效率制氢的基本途径，是利用太阳能。如果能用太阳能来制氢，那就等于把无穷无尽的、分散的太阳能转变成了高度集中的干净的氢能源，其意义十分重大。目前利用太阳能分解水制氢的方法主要有“太阳能热分解水制氢”“太阳能发电电解水制氢”“阳光催化光解水制氢”和“太阳能生物制氢”等。利用太阳能制氢有重大的现实意义，但这却是一个十分困难的研究课题，有大量的理论问题和工程技术问题亟待解决。

(2)可靠的储氢和输氢方法。由于氢易气化、着火、爆炸，因此如何妥善解决氢能的储存和运输问题也就成为开发氢能的关键。根据技术发展趋势，今后储氢研究的重点是在新型高性能规模储氢材料上。国内的储氢合金材料已有小批量生产，但较低的储氢质量比和高价格仍阻碍其大规模应用。镁系合金虽有很高的储氢密度，但放氢温度高，吸放氢速度慢，因此研究镁系合金在储氢过程中的关键问题，可能是解决氢能规模储运的重要途径。近年来，纳米碳在储氢方面已表现出优异的性能，有关研究国内外尚处于初始阶段，正积极探索纳米碳作为规模储氢材料的可能性。

氢不但是一种优质燃料，还是石油、化工、化肥和冶金工业中的重要原料和物料。石油和其他化石燃料的精炼需要氢，如烃的增氢、煤的气化、重油的精炼等；化工中制氨、制甲醇也需要氢。氢还用来还原铁矿石。用氢制成燃料电池可直接发电。采用燃料电池和氢气-蒸汽联合循环发电，其能量转换效率将远高于现有的火电厂。随着制氢技术的进步和储氢手段的完善，氢能将在21世纪的能源舞台上大展风采。

11.5.4 其他新能源

1. 风能

风能是利用风力进行发电、提水、扬帆助航等的技术，是一种可以再生的干净能源。随着风力发电技术的提高和市场的不断扩大，风电正蓬勃发展，在世界范围内日益重要。在西班牙和丹麦，风电已提供20%的电力，在德国为10%。据世界风能协会(WWEA)的统计，2011年新增风电装机容量约4000万千瓦。截至2011年底，全世界风电总装机容量达2.38亿千瓦。目前，风力发电在全球电力来源中约占3%。据世界风能协会和国际绿色和平组织预测，风力发电产生的能源在2020年将占到世界能源总量的12%，到2050年更会增至30%。

截至2012年6月，我国并网风电达到5258万千瓦，首次超越美国，达到世界第一。从长远来看，2012年7月国家能源局发布了《风力发电“十二五”规划》，提出我国到2015年风电并网装机达到1亿千瓦，年发电量达到1900亿千瓦时，风电发电量在全部发电量中的比重将超过3%。预计2020年达到2亿千瓦，其中海上风电装机容量达到3000万千瓦，风电年发电量达到3900亿千瓦时，力争风电发电量在全国发电量中的比重超过5%。

2. 地热能

地热能是来自地球深处的可再生性热能，源于地球的熔融岩浆和放射性物质的衰变。地下水的深处循环和来自极深处的岩浆侵入到地壳后，把热量从地下深处带至近表层。其储量比目前人们所利用能量的总量多很多，大部分集中分布在构造板块边缘一带，该区域也是火山和地震多发区。地热能不但是无污染的清洁能源，而且如果热量提取速度不超过补充的速度，那么热能是可再生的。

在当今人们的环保意识日渐增强和能源日趋紧缺的情况下，对地热资源的合理开发利用已越来越受到人们的青睐。其中距地表2000m内储藏的地热能约相当于2500亿吨标准煤。全国地热可开采资源量为每年68亿立方米，所含地热量为973万亿千焦。在地热利用规模上，我国近些年来一直位居世界首位，并以每年近10%的速度稳步增长。在我国的地热资源开发中，经过多年的技术积累，地热发电效益显著提升。西藏的发电量中，一半是水力发电，约40%是地热电。西藏羊八井地热电站的水温在150℃左右。除地热发电外，直接利用地热水进行建筑供暖、发展温室农业和温泉旅游等利用途径也得到较快发展。全国已经基本形成以西藏羊八井为代表的地热发电、以天津和西安为代表的地热供暖、以东南沿海为代表的疗养与旅游和以华北平原为代表的种植和养殖的开发利用格局。

【海洋能资源】

3. 海洋能

在地球与太阳、月亮的互相作用下，海水不停地运动。其中蕴藏着潮汐能、波浪能、海流能、温差能等，这些能量总称为海洋能。从20世纪60年代起法国、苏联，加拿大、芬兰等国先后建成潮汐能发电站。中国海洋能资源十分丰富，可开发的潮汐能达2×10^7kW以上。

江厦潮汐试验电站是我国最大的潮汐能电站，也是目前世界第三大潮汐能电站。电站位于浙江省温岭市西南的江厦港上。电站于1972年经国家计委批准建设，到1985年12月完成了共5台机组的安装建设和并网发电，当时总装机容量为3200kW。2007年10月又完成了第六台700千瓦机组的安装，从而使江厦潮汐电站的总装机容量达到3900kW。规模至今仍是亚洲第一、世界第三，年发电量稳定在600多万千瓦时。电站建成后除了获得大量的电量之外，还包括围填海、水产养殖及旅游等综合利用效益。

11.5.5 节能技术

目前，国内外主要能源是煤、石油和天然气，都是不可再生的化石燃料，储量极其有限，因此必须节能。节能不是指简单地少用能量，而是要充分、有效地利用能源，尽量降低各种产品的单位能耗，这也是国民经济建设中一项长期的战略任务。能源利用率的高低一般是按生产总值与能源总消耗量的比值进行统计比较的，它与产业结构、产品结构和技术状况有关。我国单位GDP能耗比日本高4倍，比美国高2倍，比印度高1倍。要实现国民经济现代化，既要开发能源，又必须降低能耗，开源节流并举，并且要把节流放到更重要的位置。根据国家能源委员会的预测，到2020年，新型的节能车、新型的工业节能装置和热力系统，以及节约能源的部分基础设施将取代现存的能源设施。

一、思考题

1. 石油与煤相比，它们的成因和成分有何异同？

2. 何谓油田伴生气？何谓气田气？

3. 简述煤的组成及其综合利用的措施。

4. 下述能量转换能直接实现吗？它们各通过什么装置实现转换？

(1) 核能→电能　(2) 热能→机械能　(3) 电能→热能

(4) 太阳能→电能　(5) 热能→电能　(6) 化学能→机械能

5. 生物质能源有何特点？试述生物质利用的主要途径。

6. 简述核电站发电的基本原理，从核能的特点预测核能在未来的发展。

7. 试说明本章介绍的几种原电池的性能和使用范围。

8. 什么是氢能、氢化学能和氢核聚变能？

9. 燃料电池有何特点？以氢氧燃料电池为例，说明燃料电池怎样把化学能转变为电能。

10. 使用氢能源有何优点？目前大规模应用氢能源存在什么主要问题？

11. 太阳能利用主要有哪些方法？还需从哪些方面继续开发利用？

12. 怎样理解太阳能是地球上主要能源的总来源？与常规能源相比较，太阳能具有什么特点和不足？

13. 什么是沼气？发展中国家为什么将沼气作为重要能源进行开发？

二、练习题

1. 选择题(部分小题可能不止一个正确答案)

(1) 国际上(包括我国)已使用无铅汽油，油中的抗震剂多用(　　)。

(A) 二甲醚　(B) 苯酚

(C) 正丁醇　(D) 甲基叔丁基醚

(E) 丁酮

(2) 煤焦油是黑色黏稠油状流体，成分十分复杂，它们是医药、农药、染料、助剂的原料，组分中基本不含的是(　　)。

(A) 乙烯　(B) 甲烷　(C) 苯　(D) 酚

(E) 菲　(F) 萘　(G) 蒽　(H) 甲苯

(3) 电解制氢在 NaOH 或 KOH 水溶液中进行，氢氧化物的作用是(　　)。

(A) 参与电解反应　(B) 提高导电性

(C) 中和生成的 H^+　(D) 稳定电解电压

(E) 沉淀由 CO_2 生成的 Na_2CO_3

(4) 焦炉气是煤干馏的重要产物，所含可燃气的热值高，其中可燃组分以(　　)和(　　)为最多。

(A) CO　(B) CH_4　(C) H_2S　(D) H_2

(E) C_xH_y

(5) 沼气发酵随原料和条件的不同，所得沼气的成分也有所变化，各成分中最主要的是(　　)(约 60%)和(　　)(约 35%)。

(A) CO　(B) CH_4　(C) H_2S　(D) H_2O

(E) CO_2　(F) N_2

(6) 生物质在部分空气存在下进行有氧气化，所得产物气体组分中最多的是(　　)和(　　)。

(A) CO　(B) CH_4　(C) H_2S　(D) H_2

(E) CO_2　(F) N_2

(7) 下列操作中不属于生物质液化范畴的是(　　)。

(A) 生物质干馏的挥发分合成汽油　　(B) 生物质干馏的液体产物精馏

(C) 植物种子轧油　　(D) 生物质发酵制甲醇、乙醇

(E) 生物质厌氧发酵得沼气和沼液　　(F) 生物质残骸经漫长地质作用成为石油

(8) 下列物质中不属于生物质能的是(　　)。

(A) 绿色植物　　(B) 化石燃料　　(C) 生活垃圾　　(D) 放射性物质

(9) 下列各叙述中不适用于氢能的是(　　)。

(A) 单位体积的热值高　　(B) 燃烧产物无污染

(C) 易于点燃　　(D) 资源丰富，取之不尽，用之不竭

(E) 电解是最早的制备方法

(10) 与一般的化学电源一样，燃料电池中氧化剂电极为正极，还原剂电极为负极，可作为正极的物质是(　　)，可作为负极的物质是(　　)。

(A) 氢气　　(B) 锂　　(C) 氮气　　(D) 氧气

(E) 氨气　　(F) 镁　　(G) 硫　　(H) 空气

(I) 氯气　　(J) 烃

(11) 碱性镉-镍和铁-镍蓄电池均以 KOH 或 NaOH 溶液为电解质，其作用为(　　)。

(A) 参加电池反应　　(B) 延长电池寿命

(C) 中和生成的 H^+　　(D) 提高导电性

(E) 稳定电压

(12) 用多晶硅、单晶硅、非晶硅、砷化镓等作为太阳能电池材料，其中理论效率最低的是(　　)。

(A) 多晶硅　　(B) 单晶硅　　(C) 非晶硅　　(D) 砷化镓

2. 填空题

(1) 在石油、核裂变能、乙醇、风能、化学电池、电力、煤、氢气、天然气、生物质能、水能、太阳能等能源形式中，根据能源的不同分类方法，属于一次能源的是________，属于二次能源的是________；属于可再生能源的是________，属于不可再生能源的是________；可列入新能源的是________。

(2) 燃料汽油抗爆震指标是________，________的抗震性为 100，________的抗震性为 0；柴油的抗震性以________表示。

(3) 化石能源是指________，生物质能是指________。

(4) 下列物质按沸点递降的顺序排列为________。

① 柴油　② 凡士林　③ 渣油　④ 沥青　⑤ 煤油　⑥ 溶剂油

(5) 在世界能源消费结构中，现在________居首位，而我国以________为第一大能源。

(6) 煤的现代结构理论认为：煤结构的主体是________。煤分子结构的核心是________。小分子通过________等弱作用力嵌在大分子网络中。

(7) 太阳辐射能转换的 3 个主要途径是________、________、________。目前太阳能电池的不足是________和________。

(8) 氢能源的大规模应用有两个需要克服的技术瓶颈，一是________；二是________。

(9) 在核电的发展过程中，有两个问题始终引起人们的高度关注。一是________；二是________。

(10) 液化石油气的主要成分是________，是通过________方法制得的。

3. 试述石油和天然气的主要成分。

4. 石油中的含硫化合物、含氮化合物和含氧化合物有什么危害？

5. 石油中的胶状、沥青状物质是些什么样的物质？

6. 石油的加氢精制工艺的主要目的是什么？

7. 罐装液化石油气经常会有所谓的“残液”。“残液”为什么不能随便倾倒？

8. 石油的分馏基于什么原理？

9. 举例说明石油的催化裂化和催化重整。

10. 什么是煤的气化、液化和焦化？分别可得到哪些主要产物？

11. 煤的直接液化和间接液化在工艺上有什么不同？

12. 现有的核电站反应堆发生的是哪种核反应？裂变反应堆的关键设计是什么？

13. 为什么说核聚变能比核裂变能更有发展前途？

第12章 化学与生命

【抗生素滥用】

(1) 理解生命科学与化学间密不可分的联系。

(2) 了解生命必需元素的生物学作用和生理功能。

(3) 了解生物体最重要的生物大分子——糖、脂、蛋白质和核酸的组成、分类、结构特征及其在生物体内的作用；理解生命的本质是各种生物大分子协调作用的结果。

(4) 了解几种常见的化学致癌物质和毒品。

活的生物体具有储存和传递信息、繁衍后代、合理而有效地利用环境的物质与能量等功能。从化学的角度看，生物体好似一台复杂而完善的化学反应器，各种原料进入体内后，均有条不紊地在温和条件下进行着各种化学反应而转变成各种代谢物，有的成为生物体的组成部分，有的则通过各种渠道排出体外。长期以来，科学家不断探明生物体内各种化学反应的秘密。生命过程实质上就是一套在细胞内外发生的由生物整体调控的动态化学变化过程。因此，化学在研究生命现象及其运动规律时，起着极其重要的作用。本章将对构成生命体的基本化学物质——重要的无机元素和重要的有机化合物(糖类、脂类、蛋白质、核酸等)进行简单介绍。

12.1 生命体中重要的无机元素

12.1.1 生命必需元素

首先大家来观察一个演示实验。取一小块已灰化好的动物骨头，加入 0.5mL 浓硝酸，使灰分中的无机物溶解，再加入 10mL 蒸馏水稀释溶液，混匀。取三只试管，各取上层清液 2mL，分别加入 $0.1\text{mol}\cdot\text{L}^{-1}$ 硫氰化钾、草酸铵和钼酸铵，三支试管分别出现溶液变红、白色沉淀和黄色沉淀。由此可得出什么结论？

硫氰化钾、草酸铵、钼酸铵可以分别用来鉴定铁(Ⅲ)离子、钙(Ⅱ)离子和磷酸根。硫氰化钾与铁(Ⅲ)离子反应形成血红色的硫氰合铁(Ⅲ)配离子，草酸铵和钙离子反应形成白色的草酸钙沉淀，钼酸铵在酸性条件下与磷酸根反应形成黄色的磷钼酸铵沉淀。这说明骨骼中含有铁、钙和磷等元素。

实际上，生物体不仅由C、H、O、N等元素组成的大量有机分子构成，而且还含有许多无机成分，它们同样起着非常重要的生理和生化作用。人们在生物体中发现的元素已达81种，已经确认其中有27种(植物还包括B元素)是维持人体正常生物功能的必需元素。生命有关元素在周期表中的分布见表12－1。在上述27种人体必需元素中，除了含量高于0.01%(质量分数)的C、H、O、N等宏量营养元素(又称常量营养元素)外，还有16种微量营养元素(又称痕量营养元素)。表12－2给出了生命必需元素在人体中的含量。

表12－1　生命有关元素在周期表中的分布

	ⅠA	ⅡA	ⅢB	ⅣB	ⅤB	ⅥB	ⅦB	Ⅷ			ⅠB	ⅡB	ⅢA	ⅣA	ⅤA	ⅥA	ⅦA	0
1	H^{1}																	
2													B^{2}	C^{1}	N^{1}	O^{1}	F^{2}	
3	Na^{1}	Mg^{1}												Si^{2}	P^{1}	S^{1}	Cl^{1}	
4	K^{1}	Ca^{1}			V^{2}	Cr^{2}	Mn^{2}	Fe^{2}	Co^{2}	Ni^{2}	Cu^{2}	Zn^{2}	Ga^{3}	Gc^{3}	As^{2}	Se^{2}	Br^{2}	
5		Sr^{2}				Mo^{2}						Cd^{3}	In^{3}	Sn^{2}	Sb^{3}	Te^{3}	I^{2}	
6												Hg^{3}	Tl^{3}	Pb^{3}	Bi^{3}			

注：1为宏量营养元素；2为微量营养元素；3为有毒元素

表12－2　生命必需元素在人体中的含量

宏量营养元素	质量分数/10^{6}	微量营养元素	质量分数/10^{6}
O	6.28×10^{5}	Fe	50
C	1.94×10^{5}	Si	40
H	9.3×10^{4}	F	37
N	5.1×10^{4}	Zn	25
Ca	1.4×10^{4}	Cu	4
S	6.4×10^{3}	Br	2
P	6.3×10^{3}	Sn	2
K	2.6×10^{3}	I	1
Cl	1.8×10^{3}	Mn	1
Na	1.4×10^{3}	Mo	0.2
Mg	4.0×10^{2}	Se	0.2
		As	0.05
		Co	0.04
		Ni	0.04
		Cr	0.03
		V	0.03

宏量元素中，氧含量最高，约占整个体重的65%(质量分数)，然后依次为碳、氢、氮等，它们组成了人体中几乎所有的有机物，如蛋白质、糖类、脂肪、核酸等。而其他元素则以无机组分参与生物体的生化过程，它们大多属于微量元素，也有部分宏量元素如Ca、Na、K、Mg、Cl等。在27种生命必需元素中，有14种称为“生物金属”的金属元素，

它们是：Ca、Na、K、Mg、Fe、Zn、Cu、Mn、Mo、Co、V、Cr、Sn和Ni。前4种主族金属元素占人体内金属元素总量的99%以上，后10种金属在人体中含量都在60×10^{-6} mol·L^{-1}以下，除Sn外都是过渡金属。微量元素在人体中虽然量微，但却是酶、激素、维生素等在生命过程中有重要意义的物质的组成部分。

生物体中还有一部分元素称为非必需元素，这些元素有20～30种，它们普遍存在于生物组织中，但它们的浓度是变化的，其生物效应尚未被人们认识，还有待于研究。另外一些元素则能毒害有机体，如铅、镉、汞等，它们在血液中非常低的浓度就具有很强的毒害作用，这些元素被称为有毒元素或有害元素。需要说明的是，必需元素和有害元素的界限不是绝对的。事实上，即使是必需营养元素，也可能是有毒的，元素的这种二重性与它在体内的浓度水平有关。必需(宏量或微量)元素对生物体各有一段最佳的浓度(使生物体的功能达到最佳状态的浓度)范围，有的具有较大范围，有的在最佳浓度和中毒浓度之间只有一个狭窄的安全区，超过或低于这个范围都会引起疾病。例如，20世纪30年代，人们认为硒是致癌的有毒元素，而50年代却发现它对人、畜是必需的，而且是防癌、治癌的重要元素。这说明上述“必需”的划分仅是人类不同认识阶段的相对概念。再如，钠是生命必需元素，但盐吃多了会引起高血压、脑中风等很多疾病。必需元素的浓度与生物效应的关系可用图12.1来表示。

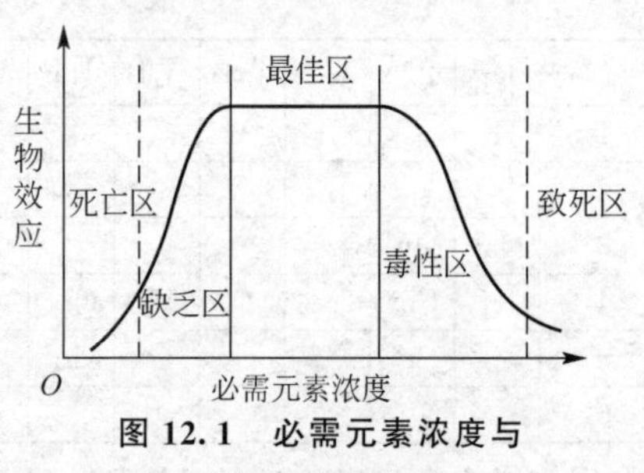

图12.1 必需元素浓度与生物效应的关系

12.1.2 生命必需元素的生物功能

在生命物质中，除C、H、O、S和N参与形成各种有机化合物外，其他生物元素各具有一定的化学形态和功能。这些形态包括它们的游离水合离子和与生物大分子或小分子配体形成的配合物，以及构成硬组织的难溶化合物等。表12-3汇列了生命必需元素的生物功能。

表12-3 生命必需元素的生物功能

元素	主要生物功能
金属	
Na、K	调节细胞内外渗透压，三磷酸腺苷(ATP)酶的激活剂
Ca	骨骼、牙齿的主要成分，神经传递和肌肉收缩所必需的
Mg	酶激活剂，稳定DNA和RNA的结构，叶绿素的成分
Fe	血红蛋白和肌红蛋白的成分，氧的储存和输送，铁酶的成分，电子传递
Zn	许多酶的活性中心，胰岛素的成分
Cu	载氧元素和电子载体，调节铁的吸收和利用，水解酶和呼吸酶的辅因子
Mn	酶的激活，植物光合作用中水光解的反应中心
Mo	固氮酶和某些氧化还原酶的活性组分
Co	维生素B_{12}的成分
Cr	胰岛素的辅因子，调节血糖代谢

（续）

元素	主要生物功能
V	藻生长因素，血钒蛋白载氧
Sn	存在于核酸的组成中，和蛋白质的生物合成有关
Ni	存在于人和哺乳动物的血清中，是某些动物生长所必需的微量元素，对人体的生物功能不详
非金属	
H、O	水、有机化合物组成成分
C、N	有机化合物的组成成分
S	蛋白质的成分
P	ATP的成分，为生物合成与能量代谢所必需的
F	骨骼和牙齿正常生长所必需的元素
Cl	存在于细胞外部体液中，调节渗透压和电荷平衡
Br	以有机溴化物形式存在于人和高等动物的组织和血液中，其生物功能不详
I	甲状腺素的成分
Se	清除自由基，参与肝功能与肌肉代谢
B	植物生长所必需的
Si	骨骼和软骨形成的初期阶段所必需的
As	对血红蛋白合成是必需的，能促进大鼠、山羊、小猪的生长，但过多的积累将损伤这些动物的繁殖能力

归纳起来，这些元素在生物体内所起的生理和生化作用，主要有以下几个方面。

(1) 结构材料，Ca、P、Fe构成硬组织，C、H、O、N、S构成有机大分子。

(2) 运载作用，担负着对某些元素和物质在体内传递的载体作用。

(3) 组成金属酶或作为酶的激活剂。

(4) 调节体液的物理、化学特性。

(5)“信使”作用，起着传递生命信息的作用。

(6) 维持核酸的正常代谢。

下面就某些常见的宏量元素和微量元素的生物功能作进一步的介绍。

1. 宏量元素的生物学作用

(1) 宏量非金属元素。

① 氧(O)、碳(C)、氢(H)和氮(N)。

氧、碳、氢、氮4种元素在生物体内含量最高，除了氢和氧元素形成生物体必不可少的水分子外，这4种元素共同构成对生命至关重要的蛋白质、核酸及糖、脂质、维生素、激素等生物大分子和小分子。

② 磷(P)。

磷元素首先是核酸的重要组分，此外也是骨骼和牙齿中除Ca^{2+}以外的另一种重要元素。人体中87.6%以上的磷元素存在于骨骼和牙齿中，以羟基磷灰石(生物矿物)的形式存

在。生物体中形成生物矿物的过程称为生物矿化。使牙釉质的羟基磷灰石从牙齿溶解下来的过程称为去矿化。在口腔中存在着如下平衡：

$$Ca_{10}(OH)_2(PO_4)_6 \underset{矿化}{\overset{去矿化}{\rightleftharpoons}} 10Ca^{2+} + 2OH^- + 6PO_4^{3-}$$

当糖吸附在牙齿上并被细菌利用时就会产生 H^+，引起 $Ca_{10}(OH)_2(PO_4)_6$(s)的溶解，结果使牙齿腐蚀。氟化物以 F^- 取代羟基磷灰石中的 OH^-，形成能抗酸腐蚀的 $Ca_{10}F_2(PO_4)_6$(s)，有助于防止龋齿，这就是“含氟牙膏”的作用原理。但在正常情况下，人并不缺氟，因此要谨慎选用这类牙膏。

磷也是细胞核蛋白、磷脂和某些辅酶的主要成分；磷酸盐能组成体内酸碱缓冲系统，维持体内的酸碱平衡；磷参与体内的能量转化，人体内代谢所产生的能量主要是以三磷酸腺苷(ATP)的形式被利用、贮存或转化；磷还能参与葡萄糖、脂肪和蛋白质的代谢。

③ 硫(S)。

硫对人体是不可缺少的，存在于一些化合物(包括胱氨酸、半胱氨酸、牛磺酸、蛋氨酸等)内，这些氨基酸主要存在于皮肤、结缔组织和头发中，硫含量可高达5%左右。在气味浓烈的蔬菜(如洋葱、大蒜、包心菜等)中，硫含量通常较高。皮肤和指甲的疾患往往伴有含硫氨基酸摄入的不足。

④ 氯(Cl)。

从普通的食用盐中，人们可获得足够的氯。氯主要存在于细胞外部体液中，其主要功能是维持机体的渗透压和电解质平衡。脑脊液内的氯化物对脑脊髓可起一定的保护作用。氯的缺乏常引起反复呕吐，特别是低盐食物者和一些厌食症患者。当氯化物丢失超过45%以上时，可出现肌无力。急性病例可发生脑水肿甚至死亡。

(2) 宏量金属元素。

① 钙(Ca)。

钙是骨骼和牙齿的重要组分，人体内99%的钙存在于骨骼和牙齿中；1%的钙存在于软组织、细胞外液和血液中，起着调控人体正常肌肉和心肌收缩的作用。生物体从环境中摄取 Ca^{2+} 并将其大部分转化成难溶性盐 $CaCO_3$ 或者 $Ca_3(PO_4)_2$。难溶盐的生成与溶解构成了生物体内钙化和脱钙的可逆过程。钙化、脱钙的平衡控制，随人的年龄、营养状况的变化而变化，一旦平衡被破坏，就会引起一系列疾病，如骨质疏松、龋齿或者骨质增生、结石等。

钙最重要的生物功能是具有细胞信使的作用，在细胞间的信号传导中起重要作用。血液和体液中的钙含量通常是一定的，血液中的游离钙称为血钙，其正常参考值为 2.25～2.75mmol·L^{-1}。若浓度过高则会出现高钙血症，如尿道结石、全身性骨骼变粗或软骨钙化、肌肉和神经迟钝；若浓度过低则会出现低钙血症，骨骼中的钙游离出来引起钙化不良、骨软化、神经和肌肉兴奋性增高、发生痉挛等。除结构功能外，钙还参与生物体很重要的生理生化过程。

② 镁(Mg)。

Mg^{2+} 是绿色植物叶绿素的重要成分。叶绿素素有“绿色血液”的美称。在分子结构上，叶绿素与人体血液中的血红蛋白分子相似，只是叶绿素分子的核心是 Mg^{2+}，而血红蛋白分子中心则是 Fe^{2+}。当这种“绿色血液”进入人体后，分子中的 Mg^{2+} 被 Fe^{2+} 置换出来，直接就变成血液的组成部分。与 Fe^{2+} 使血液呈现红色相似，Mg^{2+} 使植物呈现绿色。叶绿素中 Mg^{2+} 的存在不很稳定，当绿色蔬菜遇酸或加温时间过长时，叶绿素就会变成脱镁叶绿素而呈黄色。

在人体内，镁的生理功能主要表现为它和钙、磷共同构成骨骼和牙齿的主要成分；Mg^{2+} 参与体内所有能量代谢，能激活 300 多个酶系统，包括葡萄糖的利用，脂肪、蛋白质和核酸的合成及跨膜离子的转运等；与线粒体、细胞及所有膜结构和功能的完整性有关；Mg^{2+} 通过激活膜上的 Na^{+} - K^{+} ATP 酶，保持细胞内钾的稳定，维持心肌、神经、肌肉的正常功能。缺镁常引起缺钾，而直接补钾是无效的。机体内一旦缺镁，就会对健康造成诸多不利的影响，出现疲倦、恶心、肌肉痉挛、心率加快、精神错乱、定向力障碍等一系列病症。目前，许多发达国家已将镁列为人体必需的元素，补镁的重要性并不亚于补钙。

③ 钠(Na)和钾(K)。

钠、钾元素在体内常常相互配合作用。Na^{+} 是生物体体液中浓度最大、交换速率最快的阳离子，人体血浆中 Na^{+} 的浓度可高达 0.15mol・L^{-1}(即生理盐水浓度)。Na^{+} 的主要功能是维持渗透压和膜电压，保持细胞中适宜的含水量，以利于代谢物的溶解和输送。Na^{+} 还参与神经信息的传递过程等。K^{+} 是体液中最重要的阳离子之一，浓度为 0.1～0.5mol・L^{-1}。K^{+} 的电荷密度低，因而具有扩散通过疏水溶液的能力，以保持体液的正常流通和控制体内酸碱平衡。K^{+} 还是核糖体合成蛋白质所必需的元素。动物细胞膜必须维持细胞内 K^{+} 浓度高而细胞外 Na^{+} 浓度高的状态，以满足动物运动和代谢活动等所需能量的供应。例如，在正常情况下，神经细胞膜内 K^{+} 浓度约为膜外的 30 倍，而神经细胞膜外 Na^{+} 浓度约为膜内的 12 倍。人体盐分摄入不足会感觉乏力，是由于细胞外 Na^{+} 浓度偏低，能量不能及时供应所致。

总之，钠、钾、氯、钙、镁对保持生物体内水盐平衡是至关重要的。

2. 必需微量元素的生物学作用和生理功能

传统的生物化学以研究生物体内大量 C、H、O、N 等元素所形成的有机物的性质、结构和生理代谢过程为主要对象。很多事实表明，这些有机生物分子的代谢过程是受无机金属元素特别是微量元素调节控制的。即使在一千万个原子中只需一个微量元素原子，若机体缺少了它，生命活动也难以维持。这充分显示了微量元素所起的独特而又重要的作用。

(1) 铁(Fe)。

铁在人体中分布很广，约 60%～70%(质量分数，下同)的铁存在于血红蛋白中，3%存在于肌红蛋白中，0.2%～1%存在于细胞色素酶中，其余则以铁蛋白和含铁血黄素的形式贮存于肝、脾和骨髓的网状内皮系统等组织器官中。

铁与原卟啉结合成血红素，血红素与珠蛋白结合成血红蛋白、肌红蛋白。细胞中许多重要功能的酶，如细胞色素氧化酶、细胞色素还原酶、过氧化物酶、还原型烟酰胺腺嘌呤二核苷酸脱氢酶等，均含有与蛋白质结合的铁。

铁在红细胞运载 O_2 和 CO_2 过程中起着关键性作用。每个红细胞含大约 2.8 亿个血红蛋白，每个血红蛋白分子由 4 个各含 1 分子血红素的珠蛋白肽链组成。血红素分子具有卟啉结构，在卟啉分子中心，四个吡咯环上的氮原子可与一个亚铁离子配位结合。珠蛋白肽链第 8 位的组氨酸残基中的吲哚侧链上的氮原子从卟啉分子平面的上方与亚铁离子配位结合。当血红素不与O_2结合的时候，有一个水分子从卟啉环下方与亚铁离子配位结合，而当血红素载O_2的时候，就由O_2分子顶替水的位置。正是这些亚铁血红素中的Fe^{2+}，才使红细胞具有携带和输送O_2的功能。

血红素与O_2结合的过程是非常神奇的。首先，一个O_2分子与血红素四个亚基中的一个结合，与O_2结合之后的珠蛋白结构发生变化，使得第二个O_2分子更容易结合到另一个血红素上。这一结合会促进第三个O_2分子的结合，进而促进第四个O_2分子的结合(称为氧合作用)。在组织内释放O_2的过程与此类似，只是方向相反(称为氧离作用)，前一个O_2分子的离去会促进另一个O_2分子的离去，这种有趣的现象称为协同效应。

由于协同效应，血红素与O_2的结合曲线呈S形，在特定范围内随着环境中氧的含量进行变化。血红素与O_2分子的结合率有一个剧烈的变化，生物体内组织中的氧浓度和肺组织中的氧浓度恰好位于这一突变的两侧，因而在肺组织中，血红素可以充分地与O_2结合，在体内其他部分则可以充分地释放所携带的O_2分子。可是当环境中的O_2含量超过肺组织中的氧浓度或者低于组织中的氧浓度时，即使氧浓度有很大变化，也很难使血红素与O_2的结合率发生显著变化，因此健康人即使吸入纯氧，血液运载O_2的能力也不会有显著的提高。因此对健康人来说，吸氧的主要作用是心理暗示而非生理作用。

红细胞携带CO_2的过程与携带O_2的过程类似，只是运输方向正好相反。血红蛋白也能与CO_2结合成碳酸血红蛋白，在组织内(CO_2分压高)与CO_2结合，到肺内(CO_2分压低)放出CO_2。血红蛋白如此不断地运输O_2和CO_2，进行吐故纳新。

除了运载O_2和CO_2，血红素还可以与CO结合，结合的方式与结合O_2一样，只是CO与血红蛋白的结合力要比O_2与血红蛋白的结合力大200～300倍，形成的碳氧血红蛋白的解离程度却约为氧合血红蛋白的1/3600。因此，CO一经吸入，即与O_2争夺血红蛋白，同时由于碳氧血红蛋白的存在，妨碍氧合血红蛋白的合成和正常解离，使血液的携O_2功能发生障碍，造成机体急性缺氧，这就是煤气中毒的原理。遇到这种情况可以使用其他与CO结合能力更强的物质(如亚甲基蓝)来解毒(静脉注射)。这是因为CO与亚甲基蓝的键合比碳氧血红蛋白更牢固，有利于CO释放出血红蛋白。

肌红蛋白是肌肉贮存O_2的地方，每个肌红蛋白分子含一个亚铁血红素，当肌肉运动时，它可以提供或补充血液输送O_2的不足。血红蛋白和肌红蛋白的氧载体功能，是由于血红素中的Fe^{2+}与O_2分子的可逆配位作用。但两者的氧合能力不同，在较低O_2分压下，血红蛋白比肌红蛋白的氧合程度低，这有利于O_2从血红蛋白转移到肌红蛋白中，即将O_2输入肌肉组织细胞中。

当生理性铁需要增加(如生长旺盛的婴幼儿、青少年)、慢性出血(如月经期)和铁摄入不足时，会导致“缺铁性贫血”。这是最常见的一种贫血类型，其特点是血红蛋白降低比红细胞数减少更明显，即“小细胞、低色素性贫血”。患者的主要症状是面色苍白、乏力、心悸和心率加快，体力活动后出现气促、眼花耳鸣，容易兴奋、烦躁和头痛等。

由于肠道从食物中吸收铁的能力差，所以食物供应的铁应该比需要量多几十倍。含铁量较高的食物有黑木耳、海带、发菜、紫菜、香菇、猪肝等，其次为豆类、肉类、血和蛋等。人体对各种食物中铁的吸收量是不同的。动物的肝、肌肉、血和黄豆中能被吸收的铁可达15%～20%，而谷物、蔬菜或水果中则为1.7%～7.9%。用铁锅做饭、菜也能得到一定量的无机铁。人体从食物中补充的铁只占极小的一部分，而大部分来自红细胞解体或破坏后，从血红蛋白中解离出来的铁的重新再利用。

(2) 硅(Si)。

硅是胶原纤维、弹力纤维和细胞外无定形连接物质的组成成分，也存在于亚细胞结构的各种酶中。研究表明，硅是成骨细胞的主要成分之一，参与骨的钙化过程，也对维持血管弹性、防止血管硬化起着重要作用。正常人主动脉中硅的含量随年龄增长而递减。骨质疏松、指甲脆弱、肺部疾患、动脉硬化、生长缓慢者，组织内硅的含量与正常人相比可减少到50%。硅主要集中于骨骼、肺、淋巴结、胰腺、肾上腺、指甲和头发中，在主动脉、气管、肌腱、骨骼和皮肤的结缔组织中含量最高，小动脉、角膜、巩膜中也有相当高的含量。

硅与冠心病的关系已引起人们的重视。硅能增强血管的弹力纤维，特别是内膜弹力层，从而可构成一道屏障以阻碍脂质内侵。因此，硅抗动脉粥样硬化的作用可能是由于硅能起到保持弹力纤维和间质完整性而防止粥样硬化斑块的形成。随着年龄的增长，各种组织中的硅含量逐渐减少。因而，硅含量的减少程度可作为老化程度的参考指标，用以提醒人们加强保健、延缓衰老。

(3) 氟(F)。

氟的重要性在于参与钙磷代谢，有助于钙和磷形成氟化磷灰石，从而增强骨骼的强度，也参与牙釉质的形成，在牙齿表面形成氟化磷灰石保护层，提高牙齿的强度，增强牙釉质的抗酸能力。氟对细菌有抑制作用，可减少由于细菌活动产生的酸，从而有利于牙齿的防龋作用。

氟能抑制胆碱酯酶活性，减少体内乙酰胆碱分解从而提高神经的兴奋性和传导作用。还能抑制三磷酸腺苷酶，使体内的三磷酸腺苷(ATP)含量增多。ATP能提高肌肉对乙酰胆碱的敏感度，从而提高神经肌肉接头处的兴奋传导。实验证明，补充适量的氟能提高生物体的抗过氧化能力，减少体内衰老色素(脂褐素)的生成和积聚，从而发挥良好的抗衰老作用。

氟对铁的吸收有促进作用，特别是当机体处于缺铁的状态时更是如此，因此也能很好地促进造血机能。一般情况下，人体不会缺少氟。如果长期摄入过多氟元素，将会导致氟骨病(长期饮用含氟量高的水或食物而引起慢性骨骼氟中毒，导致骨质非常致密、硬化，腰腿疼痛，全身关节疼痛，关节活动受限，骨骼变形等)和斑釉牙等疾病。

(4) 锌(Zn)。

锌是必需微量元素中研究得较为充分的一种元素。其生理功能主要表现在以下几个方面。

① 锌与酶的关系极为密切，已发现200多种酶中含有锌元素，因此锌参与多种代谢过程，包括糖类、脂质、蛋白质与核酸的合成和降解过程。

② 锌与生长发育密切相关，直接参与核酸及蛋白质合成，以及细胞的分裂生长及再生、创伤修复等，故对生长发育旺盛的婴儿、儿童、青少年有特别的营养价值。

③ 锌在性器官发育和维持正常性功能中具有重要作用。缺锌者性功能低下，性器官及第二性征发育不全，也可能引起不育症和性器官萎缩及纤维化。

④ 锌能影响食欲和消化功能。

⑤ 锌与某些维生素的代谢有关，锌是肝脏及视网膜维生素A还原酶的组成成分，对维持血浆中维生素A的水平极为重要。研究表明，血清锌和头发锌含量减少时，维生素A的含量显著降低，从而影响视力和适应黑暗的能力；同时，补锌还可以减少维生素C的排

出量。

⑥ 锌是维护机体正常免疫功能和防御机能所必需的元素。胸腺作为中枢性免疫器官，对机体的免疫功能及状态的调控具有极其重要的作用。缺锌的患者胸腺发育不良，胸腺激素分泌减少，影响淋巴细胞的成熟，导致机体免疫功能缺陷。脾脏是体内最大的免疫器官，参与细胞免疫和体液免疫，是产生抗体的主要器官。缺锌时脾脏质量减少，而补充锌可增强脾脏的功能，提高血清抗体水平，提高人体抗肿瘤因子和抗感染的能力。

临床锌缺乏的主要表现为生长发育迟缓、食欲减退、伤口愈合缓慢、性功能障碍、夜盲症、抑郁症、脱发等。营养性侏儒症主要是由于机体缺少微量元素锌的缘故。

食物中锌的来源较广，像牡蛎、瘦肉、肝、蛋类、鱼、猪血、大豆、芝麻、花生等都含有大量的锌。

(5) 铜。

铜是人体必需的微量元素之一，对人体的生理功能主要体现在以下几个方面。

① 铜与人体的造血功能密切相关。一般认为，造血功能主要与微量元素铁有关，但在铁与珠蛋白结合形成血红蛋白的过程中，必须依赖血浆铜蓝蛋白的帮助。因此铜对体内铁的运输和利用有重要作用。铜缺乏时，即便体内有足量的铁也不能利用，也会造成血色素下降，这就是缺铜性贫血。对某些单纯补铁而不能治愈的贫血，同时补铜有时可得到良好的效果。

② 铜与人体的抗氧化作用有关。研究表明，氧自由基对人体的损害很大，如果体内生成自由基和清除自由基的平衡被打破，体内氧自由基过多，有可能发生肿瘤、动脉粥样硬化、关节炎、加速衰老及其他多种病症。体内含铜蛋白如金属硫蛋白(MT)、铜锌超氧化物歧化酶(SOD)等均具有较强的抗氧化作用，MT 主要清除羟自由基，SOD 主要清除过氧化氢等。

③ 赖氨酰氧化酶、酪氨酸酶等也是含铜的酶。铜缺乏可引起赖氨酰氧化酶活性降低，导致结缔组织弹性蛋白和胶原纤维交联障碍，成熟迟缓，血管、骨骼等组织脆性增加，容易引起出血。例如，羊膜早破的孕妇及其胎儿皆有缺铜现象。酪氨酸酶催化黑色素的形成，缺铜患者由于黑色素不足，常发生毛发脱色症(少白头)，不能耐受阳光照射。若体内严重缺乏酪氨酸酶则发生白化病。因此，适量补充含铜较高的食品对增加机体组织的柔韧性，防止毛发脱色具有积极意义。

④ 铜元素对人体骨架的形成有十分重要的作用，铜元素摄入不足会造成身材矮小。

⑤ 铜元素可抑制机体组织发生癌变，具有预防心血管病变、消炎抗风湿等作用。

含铜丰富的食物，有动物肝、肾、心、牡蛎、鱼类、瘦肉、豆类等。营养学家建议，为了防止铜缺乏，除在饮食中注意铜的摄入外，还应尽可能使用铜制器具。

(6) 碘(I)。

碘是人体(包括所有的动物)的必需微量元素，人体内碘的含量直接影响到身体健康。人体内平均含碘约 30mg，其中约 80%在甲状腺中，是甲状腺激素必不可少的成分。碘在人体内通过合成甲状腺素而实现其生理作用，主要是维持机体能量代谢和产热，促进体格发育，促进脑的生长发育和对垂体的支持作用。

机体的新陈代谢是由同时进行的物质代谢和能量代谢组成的，甲状腺素恰好作用在这两种代谢相联系的环节，即氧化磷酸化的过程中。生理剂量的甲状腺素可促进糖与脂肪的生物氧化，使氧化与磷酸化两者相对协调，并使释放的能量一部分储存于三磷酸腺苷

(ATP)中，另一部分以热的形式散出体外，用以维持体温。

碘缺乏会对中枢神经、骨骼、心血管及消化系统造成影响，从而影响人体正常的生长发育。缺碘最大的危害是智力伤残。在我国1017万个智力残疾患儿中，有80%是碘缺乏造成的。据调查，缺碘地区的孩子与正常孩子相比智商低10%～15%，弱智率高达5%～15%，同时他们身材矮小，称为“呆小症”。

一般地说，除菠菜和芹菜中碘含量较高外，大多数陆地植物中碘含量都较低。海产品是自然界含碘较高的食品，如海带、紫菜、海鱼等。人体碘80%～90%来自食物，10%～20%通过饮水获得。只要坚持使用国家监制的碘盐(食盐加入碘酸钾)就能满足人体对碘的需要。

(7) 硒。

硒是谷胱甘肽过氧化酶的活性中心元素，它能催化有毒的过氧化物还原为无毒的羟基化合物，清除体内氧自由基，从而保护生物大分子不被氧化破坏。若人体硒水平偏低，则衰老速度加快。因而，人体硒水平与衰老大致有平行关系。

① 硒与地方病。1935年黑龙江的克山县发现一种奇怪的病，患者面色苍白、手足冰凉、头晕、气短、恶心、呕吐，死亡率很高。当时找不出原因，又没有防治方法，就把这种病定名为克山病。后来在东北、华北、西南等许多地方都发现了这种病。我国科学工作者经过艰苦卓绝的努力，最终搞清了这种地方病的发病原因与缺硒有关，并用补硒(口服Na_2SeO_3)的方法防治了千百万人的克山病，其成绩令世界瞩目。而后又在另一种缺硒的地方性疾病——大骨节病的防治方面取得了成功。

② 硒与肿瘤。研究表明，癌症发生率与饮食中的硒含量成负相关，硒被冠以“抗癌之王”的美称。硒的抗癌机理可能包括：对迅速分化的癌细胞有毒性作用；减轻致癌物引起的氧化损伤；阻碍致癌物在体内的代谢和激活机体的免疫防御功能等。

③ 硒与心血管病。硒具有维持心血管系统正常结构和功能的作用。研究表明，心脏病的高死亡率和低硒状态相关联。随着年龄的老化，动脉粥样硬化的程度与脂质过氧化程度会增加，补充亚硒酸钠对冠心病和动脉粥样硬化有一定的抑制作用，可能与其抗脂质过氧化有关。动物实验证明，硒有利于维持血压的正常水平，对多种原因引起的高血压均有调节作用，这与硒抗氧化、保护细胞膜的完整从而维持细胞的正常结构和功能有关。

④ 硒与免疫。硒能有效提高机体免疫功能已为很多的研究结果所证实。在体液免疫方面，给动物补硒能促进免疫球蛋白M和免疫球蛋白G的生成。在细胞免疫方面，硒有激活巨噬细胞的功能。硒可能具有增强巨噬细胞的抗肿瘤活性及减少或消除巨噬细胞对淋巴细胞的抑制作用，深入研究硒对巨噬细胞的这种调节作用具有重要意义。

含硒较高的食品有香菇、枸杞、大蒜、木耳等，现在也开发了一些富硒产品，如富硒茶叶、富硒酵母等，为人类预防癌症和心血管疾病起到积极作用。

12.2 生命体系中重要的有机化合物

多糖、脂质、蛋白质和核酸是组成生物体最重要的生物大分子，它们都是由一些含有官能团彼此相同或相似的构件分子聚合而成，即生物大分子是由单体聚合而成的多聚体。

对于只有高等动、植物细胞体积1/500的大肠杆菌进行的化学分析表明，即便是如此微小的细胞，其化学成分也十分复杂。据粗略估计，大肠杆菌细胞中包含的分子种类有

3000～6000种。生物体中的各种分子(包括无机分子)在正常的生命活动中，都起着不可缺少的重要作用。但能说明生命系统特殊化学属性的并不是无机物，而是复杂的有机物，生命过程的本质是开放系统下无数有机化学反应的有序组合。

12.2.1 糖类

淀粉、糊精、麦芽糖、葡萄糖等都属于糖类物质。糖类是自然界中分布最广的有机物，是生物体中重要的能源和碳源，植物、动物、微生物都要从糖类的分解中获得生命所需的能量。一切生物都拥有使糖类化合物分解为二氧化碳和水，并放出能量的功能，糖代谢的中间产物可以转变或合成其他化合物，如氨基酸、核苷酸、脂肪酸等，进而为细胞的构成提供碳原子和碳链骨架。

糖类化合物的分子式大多为 $C_m(H_2O)_n$，除碳原子外，氢和氧原子数目之比与水相同，均为2∶1，因而糖类化合物也称为碳水化合物。例如，葡萄糖分子式为 $C_6H_{12}O_6$，可用 $C_6(H_2O)_6$ 表示，蔗糖的分子式为 $C_{12}H_{22}O_{11}$，可用 $C_{12}(H_2O)_{11}$ 表示。但后来发现也有例外，如鼠李糖 $C_6H_{12}O_5$，就不符合上述比例。

习惯上把糖分为三类：单糖、低聚糖和多糖。从结构上看，单糖是多羟基醛或多羟基酮，含有醛基的糖称为醛糖，含有酮基的糖称为酮糖。葡萄糖和果糖的链式结构如图12.2所示。由结构式可见，葡萄糖含有一个醛基，六个碳原子，故又称为己醛糖；而果糖则含有一个酮基，六个碳原子，称为己酮糖。单糖还可根据糖分子中碳原子数目的多少进行分类。在自然界分布广、意义大的是五碳糖和六碳糖，分别称为戊糖和己糖。核糖、脱氧核糖属于戊糖，葡萄糖、果糖、半乳糖属于己糖。

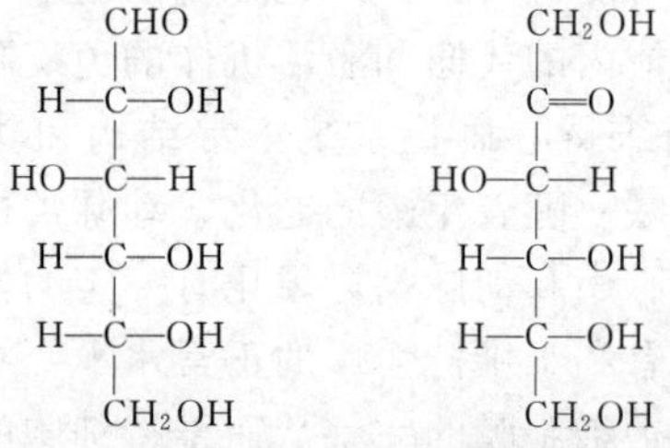

```
      CHO                 CH2OH
       |                    |
   H—C—OH                 C=O
       |                    |
  HO—C—H              HO—C—H
       |                    |
   H—C—OH              H—C—OH
       |                    |
   H—C—OH              H—C—OH
       |                    |
     CH2OH                CH2OH
     葡萄糖                 果糖
```

图12.2 葡萄糖和果糖的链式结构

当一个碳原子连接着四个不同的基团时，由该碳原子构成的分子具有旋光性。这种碳原子称为手性碳原子。单糖分子中即存在着手性碳原子，因而单糖分子具有旋光性。具有旋光性的分子，存在着旋光异构体。由于旋光异构体可以将平面偏振光分别向左(L-)和向右(D-)旋转，在命名单糖时，常将它们以L-或D-来区分这两种不同的旋光异构体。自然界中存在的糖类大多是D型旋光异构体，如葡萄糖、果糖、半乳糖等均是D型的。单糖分子既可以呈现链式的多羟基醛或多羟基酮结构，又可以通过氢的转移自行封闭而呈环式结构，即醇醚结构，如图12.3所示。链式葡萄糖分子实际上是卷曲的开链分子[图12.3(b)]；当羰基的1号C原子与5号C原子上的醇羟基接近时，羟基上的H原子转移(如虚线箭头所示)到羰基的O原子上，5号C原子相连的O原子与1号(羰基的)C原子相结合，就形成了两种含O原子(醇醚结构)的六元环。具有这两种结构的葡萄糖分别称为α-D-型环式葡萄糖和β-D-型环式葡萄糖。它们的区别在于与1号C原子相连的H原子和羟基具有不同的空间分布。这三种形式的葡萄糖在水溶液中可以互变并达到动态平衡，但链式结构只存在于溶液中，而且含量极少(质量分数小于1%)，不能以游离态析出。α型和β型葡萄糖能以结晶态从溶液中析出。

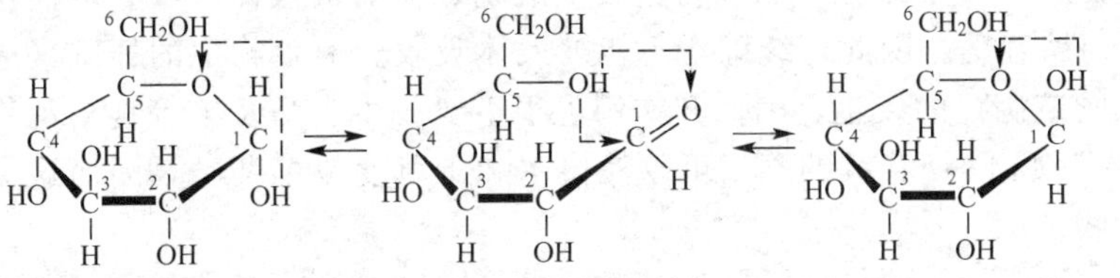

(a) α-D-型环式葡萄糖　(b) 羰基型链式葡萄糖　(c) β-D-型环式葡萄糖

图12.3　葡萄糖分子结构

低聚糖是由比较少的单糖(2～6个)结合形成的糖质，故又称为寡糖。在稀酸作用下，低聚糖可水解成各种单糖。低聚糖以双糖分布最为普遍。其中，蔗糖是由一分子β-果糖与一分子α-葡萄糖以1,2位羟基缩合而成；麦芽糖是一分子α-葡萄糖与另一分子α-葡萄糖以1,4位羟基缩合而成；乳糖则是一分子α-葡萄糖与另一分子β-半乳糖分子缩合而成。

多糖是由多个单糖分子缩合、失水形成的。它是自然界中分子结构复杂且庞大的糖类物质。常见的多糖有淀粉、纤维素和糖原等。图12.4给出了淀粉、纤维素和糖原的结构式。

链淀粉　支链淀粉

糖原　纤维素

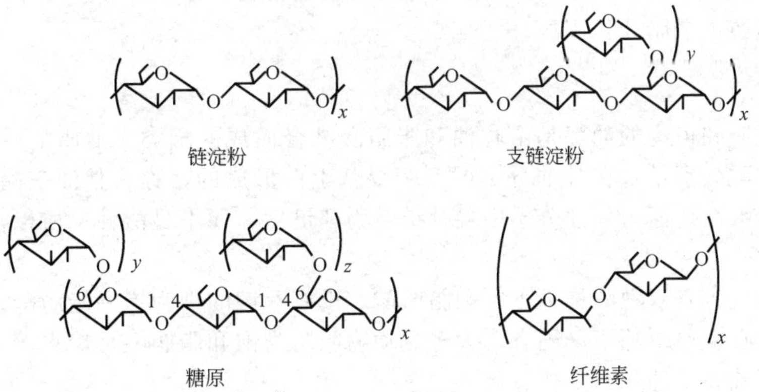

图12.4　淀粉、纤维素和糖原的结构式

淀粉根据结构的不同又分为直链淀粉(链淀粉)和支链淀粉(胶淀粉)两类。直链淀粉是由α-葡萄糖以1,4位缩合(形成糖苷键C—O—C)构成的一系列直链大分子，含有数百至数千不等的葡萄糖单元。支链淀粉则既有1,4位缩合，又有1,6位缩合构成带支链的多糖大分子。支链淀粉一般每隔24～30个葡萄糖就有一个分支。淀粉一般都含有直链和支链两种分子，如马铃薯淀粉中22%(质量分数，下同)是直链，78%是支链。但也有只含一种分子的，如豆类种子中所含淀粉全为直链淀粉，糯米淀粉则全为支链淀粉。

糖原是动物细胞中贮存的多糖，又称为动物淀粉。糖原也是由α-葡萄糖以1,4位缩合而成的。但糖原的分支比支链淀粉多，主链每隔8～12个葡萄糖就有一个分支，每个分支约有12～18个葡萄糖分子。糖原由于支链多，与特定酶的作用点多，在酶催化下，瞬间可以产生大量的葡萄糖，迅速释放出能量。

纤维素是糖类物质中比例最大的一种，约占植物界碳素总量的50%以上。高等植物细

胞的主要成分是纤维素。例如，木材中含50%纤维素，而棉花中则有90%。纤维素分子为线形多糖大分子，分子中无支链，由10000～15000个β-葡萄糖以1,4位缩合得到。纤维素水解时产生纤维二糖，再进一步水解成葡萄糖。人的唾液淀粉酶能破坏α-葡萄糖苷键，转化直链淀粉，并最终在小肠内将其转变成葡萄糖而被人体吸收。然而这种酶不能水解β-1,4-葡萄糖苷键，因此，纤维素不能被人体吸收。但食物中的纤维素成分能刺激肠道蠕动，降低肠道癌症的发生，因而其作用也很重要。牛、马及羊等食草动物的消化系统中存在能水解β-1,4-糖苷键的酶，可以使树木和干草变成葡萄糖，因而这类动物能以纤维素为主要食物。

12.2.2 脂类

脂肪酸(多是四个碳以上的长链一元羧酸)和醇(包括甘油醇、鞘氨醇、高级一元醇和固醇)所组成的酯类及其衍生物称为脂类，包括单纯脂类、复合脂类及衍生脂质。脂类化合物是非极性化合物，通常不溶于水，可溶于有机溶剂(即脂溶性溶剂)，如丙酮、氯仿和乙醚等。

脂类是生物膜的主要成分，也是生物体内储存的能源物质。每克脂肪氧化产生的能量约为9.3kcal(1kcal=4.1868kJ)，大约是糖氧化产能的两倍。脂类可构成生物表面的保护层，如皮肤、羽毛和果实外表的蜡质；动物皮下脂肪有保持正常体温的作用；维生素A、维生素D、肾上腺皮质激素等脂类分子是重要的生物活性物质。在生物学中具有重要作用的脂类包括脂肪、磷脂和类固醇。

1. 脂肪

动物的脂肪和植物的油都是由甘油和脂肪酸结合而成的酯类。油脂的分子结构相似，均是三个脂肪酸分别结合在甘油分子的三个羟基上而形成的，称为甘油三酯或三酰甘油。脂肪酸分子呈酸性，但与甘油分子中羟基结合为酯键后，便不显酸性，所以油和脂又称为中性脂肪。

脂肪酸烃链含有双键的称为不饱和脂肪酸，没有双键的则为饱和脂肪酸。具有高饱和脂肪酸的脂肪在室温下趋于呈固态。大多数动物脂肪为饱和脂肪酸，熔点较高，在室温下呈固态，如猪油和牛油。

含有一个不饱和双键的脂肪酸称为单不饱和脂肪酸，含有两个或两个以上不饱和双键的脂肪酸称为多不饱和脂肪酸。由于不饱和双键易发生扭曲弯折，造成不饱和脂肪酸与相邻的不含双键的饱和脂肪酸不能紧密平行排列，因而熔点较低，在室温条件下保持液态，不容易凝固。

必需脂肪酸是人体不能合成的，需要从食物中摄取。亚麻酸和亚油酸是人体的必需脂肪酸，这两种不饱和脂肪酸在营养上具有重要性，是合成两个以上双键的不饱和脂肪酸的前体。

2. 磷脂

磷脂又称为磷酸甘油酯，是细胞膜中含量最丰富和最具特性的脂。磷脂与脂肪的不同之处在于甘油的一个羟基不是与脂肪酸结合成酯，而是与磷酸及其衍生物结合，如与磷酸胆碱结合形成卵磷脂。

磷脂分子中的磷酸及小分子部分是极性的，即水溶性的；两个脂肪酸长碳氢链部分仍是非极性的，即脂溶性的。所以，磷脂具有一个极性的头和两条非极性的尾。磷脂的尾巴一般含有14～24个偶数碳原子。其中一条烃链常含有一个或数个双键，双键的存在造成这条不饱和链有一定角度的扭转。

磷脂又分为甘油磷脂和鞘磷脂两大类。甘油磷脂包括磷脂酰乙醇胺、磷脂酰胆碱(卵磷脂)、磷脂酰肌醇等。鞘磷脂是一种由神经酰胺的C-1羟基上连接了磷酸胆碱(或磷酸乙醇胺)构成的鞘脂。鞘磷脂存在于大多数哺乳动物细胞的质膜内，是髓鞘的主要成分。

3. 类固醇

类固醇(如胆固醇等)是含有三个六元环和一个五元环的脂类。四个环构成了固醇类的母核。不同的固醇类化合物，只是在母核上连上不同的侧链基团和取代基团。

胆固醇存在于真核细胞膜中。动物细胞质膜中胆固醇的含量较高，有的占膜脂的50%。胆固醇分子分为三部分：羟基团组成的极性头部、非极性的类固醇环结构和一个非极性的碳氢尾部。胆固醇的分子较其他膜脂要小，双亲媒性也较低。由于胆固醇分子是扁平环状，在质膜中对磷脂的脂肪酸尾部的运动具有干扰作用，所以胆固醇对调节膜的流动性、加强膜的稳定性有重要作用。

在动物细胞中，类固醇也是生成其他甾类或类固醇化合物，如雌性和雄性激素的前体物质。血液中类固醇含量高时易引发动脉血管粥样硬化。

12.2.3 氨基酸、多肽、蛋白质和酶

氨基酸、多肽、蛋白质和酶，是一组相互关联但又不完全等同的概念。氨基酸是多肽、蛋白质和酶的结构单体或构件分子。组成生命体的天然氨基酸有20种。相同或不同的氨基酸通过羧基与氨基之间的缩水作用，形成肽键。一般的，把2～50个氨基酸相连的多聚体称为肽，而把50个以上的多聚氨基酸称为蛋白质。酶一般是生物细胞中催化生物化学反应的一类蛋白质。它作为催化剂能够改变生化反应的速率，而自身并没有发生变化。细胞内的所有反应都是在酶的催化作用下进行的。

在结构上，多肽与蛋白质只有肽链长短和片段数目之别，肽是构成蛋白质的结构片段。从功能上讲，活性多肽具有独立的一种或几种生理活性，也是蛋白质发挥作用的活性部分。体内的功能性蛋白质多为载体，它们的活性部位为结合在其上的肽链段。近些年来，活性多肽片段的寻找和人工合成，成为生物技术领域中一个正在蓬勃兴起的产业。

无论是多肽、蛋白质还是酶，都是数量非常庞大的一类物质的总称。不同生命体所具有的种类不同，即使有一些在功能上相近或相同，其结构也有差异。一般在其功能的研究和描述上统称为蛋白质。

在所有生物分子中，蛋白质是结构和功能最复杂的一类生物大分子。这种复杂性首先在于组成蛋白质的20种氨基酸可以以无限制的方式排列与组合。例如，最简单的仅含2个氨基酸的二肽，其组成方式就会有20^2即400种；含有n个氨基酸的蛋白质，其可能的结构就有20^n种之多。人体有成千上万种蛋白质，每一种蛋白质都具有特定的三维空间结构和生物学功能。

1. 氨基酸

(1) 氨基酸的结构。

自然界中存在的氨基酸有几百种，但是存在于生物体内合成蛋白质的氨基酸只有20种。20种氨基酸中除脯氨酸为α-亚氨基酸外，其余均为α-氨基酸，通式如图12.5(a)所示。由于氨基酸分子中既含有酸性的羧基，又含有碱性的氨基，因此，在生理pH情况下，羧基几乎完全以$—COO^-$的形式存在，大多数氨基主要以$—NH_3^+$的形式存在。所以，氨基酸是偶极离子，它们在固态和溶液中均以内盐的形式存在，通式如图12.5(b)所示。当R＝H时为甘氨酸，无旋光性。其余19种氨基酸的α-碳原子均为手性碳原子，因此均具有旋光性，且都为L构型。

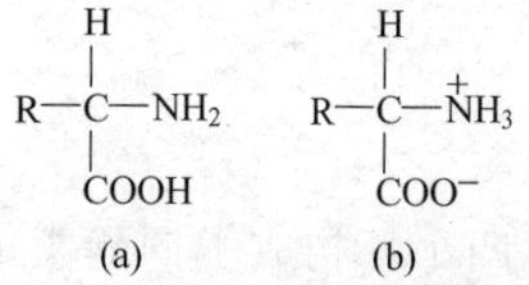

$$\underset{(a)}{R—\overset{\displaystyle H}{\underset{\displaystyle COOH}{C}}—NH_2} \qquad \underset{(b)}{R—\overset{\displaystyle H}{\underset{\displaystyle COO^-}{C}}—\overset{+}{N}H_3}$$

图12.5　α-氨基酸通式

(2) 氨基酸的分类和命名。

① 分类。

氨基酸有多种分类方法，根据分子中“R”的不同可分为脂肪族氨基酸、芳香族氨基酸和杂环氨基酸；也可以根据分子中羧基和氨基的相对数目分为酸性氨基酸、中性氨基酸和碱性氨基酸。中性氨基酸分子中均含一个羧基和一个氨基；酸性氨基酸是分子中所含羧基数多于氨基数的氨基酸；而碱性氨基酸分子中则多含一个碱基。

② 命名。

氨基酸虽可采用系统命名法命名，但习惯上往往根据其来源或某些特性而使用俗名。例如，氨基乙酸因其具有甜味而命名为甘氨酸，天冬氨酸最初是从天冬的幼苗中发现的，丝氨酸是从蚕丝中得来的。各种氨基酸常用其英文名称的前三个字母或单个字母的缩写来表示。表12-4列出了存在于生物体内合成蛋白的20种氨基酸的结构和名称。其中标有“*”的氨基酸为人体内不能合成或合成的速率远不能满足生命体需要的氨基酸，必须从食物中摄取而得到，故又称为必需氨基酸。

表12-4　组成蛋白质的20种主要氨基酸

中文名称	英文名称	R基团结构	等电点(PI)
1. 甘氨酸	glycine(Gly)	—H	5.97
2. 丙氨酸	alanine(Ala)	$—CH_3$	6.02
3. 丝氨酸	serine(Ser)	$—CH_2OH$	5.68
4. 半胱氨酸	cysteine(Cys)	$—CH_2SH$	5.07
5. 苏氨酸*	threonine(Thr)	$—CH(OH)CH_3$	5.60
6. 缬氨酸*	valine(Val)	$—CH(CH_3)_2$	5.97
7. 亮氨酸*	leucine(Leu)	$—CH_2CH(CH_3)_2$	5.98
8. 异亮氨酸*	isoleucine(Ile)	$—CH(CH_3)CH_2CH_3$	6.02
9. 蛋氨酸*	methionine(Met)	$—CH_2CH_2SCH_3$	5.75

（续）

中文名称	英文名称	R基团结构	等电点(PI)
10. 苯丙氨酸*	phenylananine(Phe)	$—CH_2—$	5.48
11. 色氨酸*	tryptophane(Trp)	$—CH_2—$ N H	5.89
12. 酪氨酸	tyrosine(Tyr)	$—CH_2—$ —OH	5.66
13. 天冬氨酸	aspartic acid(Asp)	$—CH_2COOH$	2.97
14. 天冬酰胺	asparagine(Asn)	$—CH_2CONH_2$	5.41
15. 谷氨酸	glutamicacid(Glu)	$—CH_2CH_2COOH$	3.22
16. 谷酰胺	glutamine(Gln)	$—CH_2CH_2CONH_2$	5.65
17. 赖氨酸*	lysine(Lys)	$—CH_2CH_2CH_2CH_2NH_2$	9.74
18. 精氨酸*	arginine(Arg)	$—CH_2CH_2CH_2NHCNH_2$ (‖ NH)	10.76
19. 组氨酸*	histidine(His)	$—CH_2—$ N NH	7.59
20. 脯氨酸	proline(Pro)	COOH N H H	6.48

(3) 氨基酸的理化性质。

氨基酸分子中同时含有氨基和羧基，一般条件下是无色或白色结晶，具有较高的熔点(通常在200～300℃)，都能溶于强酸或强碱溶液，且较难溶于非极性有机溶剂。

氨基酸的化学性质取决于其分子中的羧基、氨基、侧链基团及这些基团之间的相互影响。氨基酸的羧基能电离出H^+，与碱作用生成盐，与醇作用生成酯；同时其氨基能接受H^+而成$—NH_3^+$，与酸作用生成盐，与亚硝酸作用放出氮气(生成α-羟基酸、氮气和水，根据该反应放出一定量N_2的原理，可对氨基酸进行定量分析)，与酰卤或酸酐反应生成酰胺。侧链基团的性质因基团的不同而异。例如，半胱氨酸具有巯基反应，酪氨酸具有酚羟基反应，含苯环的氨基酸可发生硝化等亲电取代反应等。

氨基酸除具有$—NH_2$和$—COOH$的一般通性外，还表现出一些特殊的性质。

① 两性电离和等电点。氨基酸与强酸和强碱都能成盐。当溶液pH较小时，偶极离子中的$—COO^-$接受质子形成$—COOH$，使氨基酸由内盐变成阳离子；在pH较大的溶液中，偶极离子中的NH^+释放出质子形成$-NH_2$，使氨基酸由内盐变成阴离子。这就是氨基酸的两性电解质特征。若适当调节溶液的pH，使氨基酸保持内盐的偶极离子形式，净电荷为零，此时溶液的pH就称为氨基酸的等电点，常用“pI”表示。若溶液的pH偏离pI，就会使氨基酸带电荷。

酸性氨基酸的等电点(pI)一般在 2.5～3.5，中性氨基酸的 pI 一般在 5.0～6.5 之间，而碱性氨基酸的 pI 一般在 9.0～11.0。生命所需的 20 种氨基酸的等电点也见表 12-4。利用氨基酸 pI 的不同，可以分离、提纯和鉴定不同的氨基酸。

② 脱羧反应。α-氨基酸与 $Ba(OH)_2$ 共热，可脱羧生成少一个碳原子的伯胺。该反应可在酶的作用下进行。动物死后其尸体失去抗菌能力，散发出腐胺和尸胺等难闻的气味，是蛋白质腐败时精氨酸、鸟氨酸和赖氨酸脱羧的结果。某些鲜活食物中含有丰富的氨基酸，如螃蟹中含有的组氨酸对人体具有很高的营养价值，但一旦螃蟹死后，组氨酸在脱羧酶的作用下可转变成组胺。人体摄入过量的组胺会引起生化反应失去平衡而导致疾病或中毒。

③ 与金属离子的螯合作用。氨基酸中的羧基可以与金属的氢氧化物成盐，同时氨基氮原子上孤对电子与金属离子的空轨道形成配位键。因此，氨基酸可与多种金属形成配合物。例如，氨基酸与 Cu^{2+} 能形成具有完好晶形的稳定配合物，该配合物在水溶液中也不能被碱液分解，但加入 S^{2-} 离子可使其分解，并生成硫化铜沉淀。利用这一性质可以提取和精制氨基酸。对于人体重金属盐的中毒，常服用大量的乳制品和蛋清来解毒，也是利用了氨基酸的这一性质。

④ 与茚三酮的反应。茚三酮与氨基酸在溶液中共热，经过一系列反应，最终生成蓝紫色的化合物。该显色反应非常灵敏，根据生成罗曼紫颜色的深浅和产生的 CO_2 的量可以对氨基酸进行定量分析，并可以确定各种氨基酸在电泳、薄层色谱中所处的位置及大概浓度。

(4) 几种重要的氨基酸。

① 赖氨酸。赖氨酸为碱性必需氨基酸。由于谷物食品中赖氨酸的含量较低，且在加工过程中易被破坏而缺乏，故称为第一限制性氨基酸。在食物中添加少量赖氨酸可刺激胃蛋白酶与胃酸的分泌，提高胃液分泌功效，起到增进食欲、促进幼儿生长与发育的作用。赖氨酸还能提高钙的吸收及其在体内的积累，加速骨骼生长，从而起到增高的作用。

② 色氨酸。色氨酸可转化生成人体大脑中的一种重要神经传递物质 5-羟色胺，而 5-羟色胺有中和肾上腺素与去甲肾上腺素的作用，并可提高睡眠的持续时间。当动物大脑中的 5-羟色胺含量降低时，就会表现出异常的行为，出现神经错乱的幻觉以及失眠等症状。此外，5-羟色胺有很强的血管收缩作用，可存在于许多组织(如血小板和肠黏膜细胞)中，受伤后的机体会通过释放 5-羟色胺来止血。

③ 其他氨基酸。谷氨酸、天冬氨酸具有兴奋性递质作用，它们是哺乳动物中枢神经系统中含量最高的氨基酸，对维持和改进脑功能必不可少。胱氨酸是形成皮肤不可缺少的物质，能加速烧伤伤口的康复及放射性损伤的化学保护，刺激红、白细胞的增加等。

2. 肽键和多肽

由一个氨基酸的羧基与另一个氨基酸的氨基脱水而形成的化合物(即氨基酸通过酰胺键连接起来的化合物)称为肽，形成的酰胺键称为肽键。例如：

$$H_2N-\underset{H}{\overset{R_1}{C}}-\overset{O}{\overset{\|}{C}}-OH+H-\underset{H}{N}-\underset{H}{\overset{R_2}{C}}-COOH \xrightarrow{-H_2O} H_2N-\underset{H}{\overset{R_1}{C}}-\underbrace{\overset{O}{\overset{\|}{C}}-\underset{H}{N}}_{\text{肽键}}-\underset{H}{\overset{R_2}{C}}-COOH$$

最简单的肽由两个氨基酸组成，称为二肽。其中的氨基酸由于参与肽键的形成已经不是原来完整的分子，因此称为氨基酸残基。含有三个、四个、五个氨基酸残基的肽分别称为三肽、四肽、五肽等。任何一条肽链都有两个终端，即自由的 α-氨基和 α-羧基。前者常称为 N—端，后者常称为 C—端。氨基酸顺序是指由 N—端开始，以 C—端为终点的氨基酸排列顺序。肽可以用氨基酸残基来命名，通常从肽链的 N—端氨基酸开始，称为某氨酰某氨酰…某氨酸。例如，具有下列化学结构的四肽命名为谷氨酰甘氨酰丙氨酰丝氨酸，可用符号 Glu—Gly—Ala—Ser 表示。

N−端 H_3N^+—CH($CH_2CH_2COO^-$)—C(=O)—NH—CH_2—C(=O)—NH—CH(CH_3)—C(=O)—NH—CH(CH_2OH)—COO^- C−端

Glu　Gly　Ala　Ser

半胱氨酸中有一个硫羟基(巯基)，在温和氧化条件下，两个半胱氨酸可通过二硫键(S—S)形成胱氨酸。如果半胱氨酸在不同的肽链中，则形成胱氨酸后，在分子中可形成一个大环。例如，胰岛素是动物胰脏中分泌出来的一种激素，能调节糖代谢，降低血糖浓度。它是一种 51 肽，有两条肽链，一条 A 链(21 肽)，一条 B 链(30 肽)。A 链和 B 链通过两个二硫键连接起来。1965 年 9 月，我国科学家在世界上首次合成了结晶牛胰岛素，牛胰岛素的分子结构如下。

A链

Gly−Ile−Val−Glu−Gln−Cys−Cys−Ala−Ser−Val−Cys−Ser−Leu−Tyr−Gln−Leu−Glu−Asn−Tyr−Cys−Asn
(5, 10, 15, 21；A6 Cys 与 A11 Cys 以 S—S 相连)

S—S　S—S

B链

Phe−Val−Asn−Gln−His−Leu−Cys−Gly−Ser−His−Leu−Val−Glu−Ala−Leu−Tyr−Leu−Val−Cys−Gly−Glu−Arg−Gly−Phe
(5, 10, 15, 20)

Ala−Lys−Pro−Thr−Tyr−Phe
(30, 25)

多肽可以从蛋白质部分水解得到。多肽与蛋白质没有明显的界限，蛋白质具有生理活性，有的多肽也具有生理活性。一种区分多肽和蛋白质的简单方法是相对分子质量大于 1 万的为蛋白质，在 1 万以下的为多肽，即蛋白质是相对分子质量大的多肽。

3. 蛋白质

(1) 蛋白质的组成和分类。

① 组成。

蛋白质是生命的物质基础，没有蛋白质就没有生命。它是由氨基酸组成的大分子化合物，主要含有C、O、N、H、S等元素。对各种蛋白质进行元素分析，发现其组成为C 50%～55%，O 19%～24%，N 13%～19%，H 6.0%～7.3%，S 0～4%。此外，还含有P、I、Fe、Mn、Zn等元素。大多数蛋白质中N的含量占16%左右。

② 分类。

蛋白质的种类很多，性质、功能各异。对于种类繁多的蛋白质，可以按分子形状将其分为球状蛋白和纤维状蛋白，也可以按功能分为活性蛋白和非活性蛋白。通常按化学组成将其分为简单蛋白和结合蛋白。简单蛋白由α-氨基酸形成的肽链组成，结合蛋白由简单蛋白和非蛋白(辅基)组成，具体分类见表12-5。

表12-5 简单蛋白和结合蛋白

种类		性质与存在场合
简单蛋白	白蛋白	溶于水、稀酸、稀碱及中性盐溶液，不溶于饱和硫酸铵溶液，加热易凝固。存在于各种生物体中，如血清蛋白、卵清蛋白
	球蛋白	溶于稀酸、稀碱及中性盐溶液，不溶于水和半饱和硫酸铵溶液，加热易凝固。存在于各种生物体中，如免疫球蛋白、纤维蛋白原、肌球蛋白等
	谷蛋白	溶于稀酸、稀碱，不溶于水、中性盐和乙醇。存在于五谷中，如米谷蛋白、麦谷蛋白
	硬蛋白	不溶于水、稀酸、稀碱、中性盐溶液和一般有机溶剂。存在于指甲、角、毛发中，如角蛋白、腱中的胶原蛋白
	精蛋白	易溶于水、稀氨水和稀酸中，呈强碱性。存在于鱼类的精子中，如鱼精蛋白
	组蛋白	溶于水和稀酸中，不溶于稀氨水，加热不凝固。存在于胸腺和细胞核中，如胸腺组蛋白
	醇溶谷蛋白	不溶于水和中性盐溶液，溶于70%～80%的乙醇中。存在于植物种子中，如玉米醇溶谷蛋白、麦醇溶蛋白
结合蛋白	核蛋白	辅基为核酸。存在于所有动植物细胞核和细胞浆内，如病毒、核蛋白、动植物细胞中的染色体蛋白
	糖蛋白	辅基为糖类。存在于生物界、体内组织和体液中，如唾液中的糖蛋白、免疫球蛋白、蛋白多糖
	脂蛋白	辅基为各种脂类。存在于血浆和生物膜中，如乳糜微粒、低密度或高密度脂蛋白
	磷蛋白	辅基为磷酸。存在于乳剂中的酪蛋白，卵黄中卵黄蛋白，染色质中的磷蛋白
	色蛋白	辅基为色素。存在于动物血中的血红蛋白，植物中的叶绿蛋白和细胞色素等
	金属蛋白	辅基为金属离子。存在于激素、胰岛素、铁蛋白

(2) 蛋白质的结构。

蛋白质的结构很复杂，若以不同的“视野”来观察蛋白质分子的结构，可将其分为一级结构、二级结构、三级结构和四级结构。一级结构称为初级结构或基本结构，二级以上的结构属于构象范畴，称为高级结构或空间结构。

蛋白质的一级结构主要由肽键将氨基酸牢固地连接起来，肽键称为蛋白质分子的主键。除肽键外，还有各种副键维持着蛋白质分子的高级结构。这些副键有氢键、二硫键、离子键、疏水键和酯键等。此外，还有配位键及范德华力在蛋白质的空间结构中起稳定作用。

蛋白质的二级结构是由一级结构决定的。它是肽链的主链原子的局部空间排列，不涉及侧链 R 基团的构象。这种空间排列可用 α-螺旋、β-折叠、β-转角和无规卷曲几种模型表示，不同的氨基酸由于结构差异有形成不同二级结构的倾向。谷氨酸、丙氨酸和亮氨酸易形成 α-螺旋，而甘氨酸和脯氨酸是 α-螺旋的破坏者；酪氨酸、缬氨酸和异亮氨酸易形成 β-折叠，而谷氨酸、脯氨酸和天冬氨酸是 β-折叠的破坏者。由于蛋白质中氨基酸的种类和顺序是由遗传决定的，所以蛋白质的空间结构也是由遗传决定的。大多数蛋白质并不是以一种二级结构形式存在的，α-螺旋、β-折叠、β-转角往往各占一定比例。

蛋白质分子的三级结构是整条肽链中全部氨基酸残基的相对空间位置，包括侧链 R 基团之间的相互关系。三级结构是在二级结构的基础上按特定的方式形成的，主要靠氨基酸侧链之间的疏水相互作用、氢键、范德华力和盐键维持。具备三级结构的蛋白质一般都是球蛋白，都有近似球状或椭球状的外形，而且整个分子排列紧密，内部有时只能容纳几个水分子。同时，大多数疏水性氨基酸侧链都埋藏在分子内部，它们相互作用形成一个致密的疏水核，这些疏水区域常常是蛋白质分子的功能部位或活性中心。而大多数亲水性氨基酸侧链都分布在分子的表面，它们与水接触并强烈水化，形成亲水的分子外壳，从而使球蛋白分子可溶于水。

盘绕成三级结构的肽链，以两条或更多条肽链组合到一起，形成一定的空间形状就是蛋白质的四级结构。四级结构中的每条肽链称为一个亚基。不同的蛋白质中亚基数不一定相同，从一个到上千个不等。每一个单独的亚基一般没有生物学功能，只有完整的四级结构才具有生物学功能。维系四级结构中各亚基的作用力主要是非共价键。蛋白质的结构示意图如图 12.6 所示。

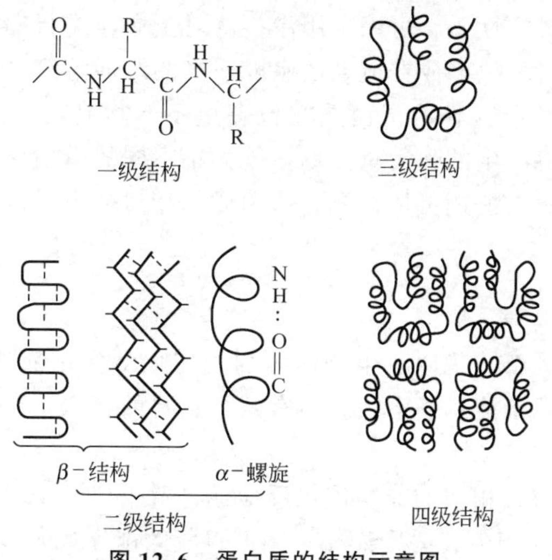

图 12.6 蛋白质的结构示意图

含有四级结构的蛋白质的亚基数一般为偶数，如 β-乳球蛋白有 2 个亚基，血红蛋白有 4 个亚基，脱铁蛋白的亚基数为 20 个，而肌红蛋白中有 3 个亚基，是比较少见的。

(3) 蛋白质的化学性质。

蛋白质由氨基酸组成，其性质与氨基酸相似，如具有两性电离和等电点(pI)，与茚三酮反应显色等。由于各种蛋白质的溶解度和等电点互不相同，适当的盐浓度和 pH 就能决定它们是否沉淀。因此，可以利用此性质采用分段盐析法分离混合蛋白质，也就是根据不同蛋白质盐析时所需盐浓度的不同而使不同的蛋白质分段发生沉淀，从而进行分离。例如，在分离血清中的清蛋白和球蛋白时，先在血清中加硫酸铵至半饱和状态使球蛋白析出，过滤得到球蛋白；再在滤液中继续加入硫酸铵至饱和状态，则清蛋白析出。

根据蛋白质的等电点特性，还可以通过调节蛋白质溶液的 pH 使其发生沉淀和变性。调节溶液的 pH 接近等电点(pI)，可以加入甲醇、乙醇、丙酮等极性大的溶剂使蛋白质发生沉淀或变性。调节溶液的 pH＞pI，加入重金属盐如氯化汞、硝酸银、乙酸铅、硫酸铜等可生成不溶性盐沉淀使蛋白质凝固而变性。根据此原理，临床上给铅、汞中毒者口服生鸡蛋和生牛奶，并在催吐作用下让其呕吐，从而达到解毒的目的。旧法生产松花皮蛋是利用 PbO 与蛋白质生成沉淀以达到蛋白质凝固的目的。调节溶液的 pH＜pI，加入苦味酸、鞣酸、钨酸、三氯乙酸和磺基水杨酸等也会与蛋白质形成沉淀而变性。据此，临床检验中，常用此类试剂沉淀血中有干扰的蛋白质以制备血滤液。

除了以上一些化学因素能使蛋白质变性外，一些物理因素如加热、高压、超声波、光照、辐射、振荡、剧烈搅拌、干燥等也能导致蛋白质变性。蛋白质变性有重要的实用意义。在日常生活中常采用高温、高压、煮沸、酒精、紫外线照射等进行消毒，就是利用这些因素使细菌体内的蛋白质变性失活，达到灭菌的目的。牛奶经发酵后成为酸奶，蛋白质变性，比鲜牛奶更容易消化吸收，营养价值也更高。临床用的生物制剂、疫苗、免疫血清等需在低温干燥条件下运输和储存，也是为了防止蛋白质变性。

除了具有氨基酸的某些特性外，蛋白质还是一类大分子化合物，分子直径一般在 1～100nm，处于胶体分散系范围，因此具有胶体的性质如布朗运动和不能透过半透膜等。根据蛋白质不能透过半透膜的性质，可以采用渗析法对蛋白质进行提纯和精制。也就是将蛋白质置于半透膜制成的包裹里，放在流动的水或适当的缓冲溶液中，让小颗粒的杂质透过半透膜除掉，而不能透过半透膜的蛋白质在包裹里不断得到纯化。根据蛋白质的胶体特性，还可利用超速离心机产生的强大重力场，使大小不同的蛋白质分步沉降，从而达到分离蛋白质的目的。超速离心法还可用来测定蛋白质的相对分子质量。

4. 酶和酶工程

(1) 酶。

在生命活动中，构成新陈代谢及生物体内的一切化学变化都是在酶的催化下进行的。可以说，没有酶，生命就不能延续下去。酶有两个主要的特点：①强大的催化能力；②高度的专一性。

酶催化反应速率比与其相似的非酶催化反应速率高 10^{10}～10^{14} 倍。换言之，酶催化在 5s 内能完成的反应，若无酶催化时则需要一千五百年才能完成。

酶的高度专一性催化机制可以用“锁钥模型”来解释。酶分子的空间结构可以使酶分子形成特定形状的空穴，称为活性中心，犹如锁一般。而与酶的空穴形状互补的底物分子(反应物)犹如钥匙。底物分子专一性地楔入到酶的空穴中形成酶-底物复合物。同时，酶催化反应物生成产物，然后产物离开酶的活性中心，酶继续催化另一分子底物的反应(图 12.7)。

酶既可以催化一个反应的正反应，也可以催化其逆反应，但用上述锁钥模型就无法解释，可用“诱导契合模型”说明之。诱导契合模型认为：酶分子的活性中心不是刚性、僵硬的，而具有一定的柔性，当底物分子邻近酶时，酶分子的空间结构受底物的诱导，使其发生有利于底物结合的变化，最终形成酶-底物复合物(图 12.8)。X 射线衍射分析结果证明，绝大多数酶与底物结合时，确有显著的空间结构变化。

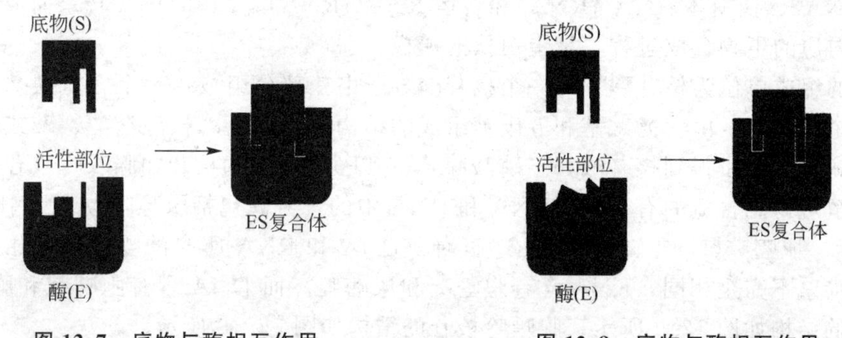

图 12.7　底物与酶相互作用的锁钥模型

图 12.8　底物与酶相互作用的诱导契合模型

所有的酶都是蛋白质，按其化学组成可将酶分为单纯蛋白酶和结合蛋白酶。结合蛋白酶是由酶蛋白和非蛋白小分子组成，非蛋白物质称为辅基或辅酶，如过氧化氢酶中的金属离子 Fe^{2+} 或 Fe^{3+}，辅酶 A 等。

(2) 酶工程。

酶工程是指酶制剂在工业上的大规模生产及应用。酶不但广泛存在于动植物组织细胞中，而且也存在于微生物细胞和它的培养基中。通过各种理化方法可把它提取出来，精制成较纯的酶制剂，这种制剂保存了它的生物催化特性。不同种类的酶制剂可借助不同种类的微生物来制取。某些不同种类的微生物也可以生产出同一种类的酶制剂。

酶工程的主要研究内容有酶的制备、酶和细胞的固定化、酶反应器的设计和放大、反应条件的设计和优化等。酶工程的主要任务是：通过预先设计，经过人工操作加以控制，从而获得大量生产实践所需要的酶，并通过各种方法保持酶的稳定性，发挥其最大的催化功能。

酶催化反应的基本步骤如下：酶制剂得到后，应用酶的固定化技术将酶制剂精制成固相酶(固态)，然后将其组装在特殊设计的器件(生物反应器)中，利用这种反应器将原料(底物)转化为人类需要的产品。例如，将天冬酰胺酶提纯并组装在生物反应器中，以富马酸(反丁烯二酸)为底物，则可以把富马酸转化成天冬氨酸，转化率高达 95%以上，反应产物几乎是纯品。

酶工程的实质是把酶或细胞直接应用于生物工程和化学工业的反应系统。其特点是转化率高，产品回收和提纯工艺简便，节约能源。酶工程的应用前景十分广阔。

12.2.4　核酸

1869 年，人类首次从脓细胞中分离出核酸。核酸是生物体内一种携带遗传信息和指导蛋白质生物合成的大分子化合物，与生物的生长、繁衍、遗传、变异等过程都有非常密切的关系。

1. 核酸的分类和组成

核酸是核蛋白的辅基，可由核蛋白水解得到。组成核酸的主要元素有 C、H、O、N、P 等，其含氮量约为 15%～16%，含磷量为 9%～10%。核酸包括脱氧核糖核酸(DNA)和核糖核酸(RNA)两大类。DNA主要存在于细胞核和线粒体内，其结构决定生物合成蛋白质的特定结构，并保证将这种特性遗传给下一代。RNA主要存在于细胞质中，分为信使RNA(mRNA)、核糖体RNA(rRNA)和转运RNA(tRNA)，均由DNA转录而成。它们直接参与蛋白质的生物合成过程，是蛋白质的模板。

核酸的组成单位为核苷酸。每一个核苷酸分子由三部分组成：一个含氮碱基、一个五碳糖和一个磷酸基。由含氮碱基和五碳糖组成的结构称为核苷。核酸在酸、碱或酶的催化作用下水解，可逐步得到核苷酸如三磷酸腺苷(ATP)、磷酸和核苷如腺嘌呤核苷，核苷再进一步水解可得到含氮的有机碱。DNA和RNA中的含氮碱包括腺嘌呤(A)、鸟嘌呤(G)、胞嘧啶(C)、尿嘧啶(U)和胸腺嘧啶(T)五种。DNA和RNA所含的嘌呤碱是相同的，但所含的嘧啶碱不完全相同，RNA含有胞嘧啶和尿嘧啶，而DNA含有胞嘧啶和胸腺嘧啶。含氮碱基的结构如图12.9所示，腺嘌呤核苷的结构如图12.10所示。

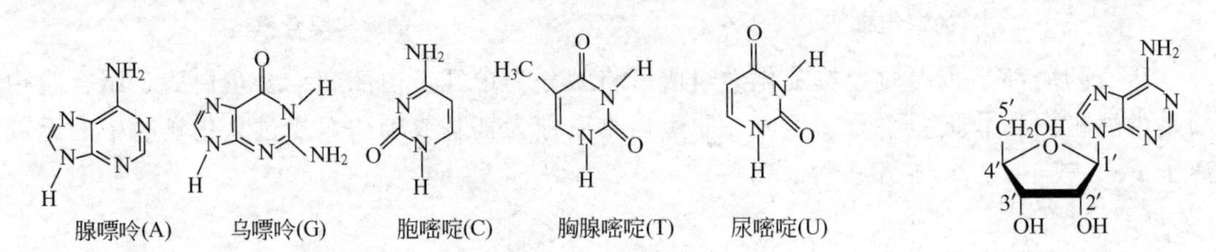

图12.9 含氮碱基的结构式

图12.10 腺嘌呤核苷的结构式

2. DNA和RNA的结构

核酸的结构非常复杂，分为一级结构和空间结构。一级结构是指组成核酸的各核苷酸残基之间的排列顺序，空间结构是指多核苷酸链内或链与链之间通过氢键折叠卷曲而成的构象。

(1) DNA的双螺旋结构。

DNA双螺旋可以几种不同类型的构象存在，即可能存在着A型、B型和Z型的DNA。A-DNA和B-DNA都是右手双螺旋结构，而Z-DNA是左手双螺旋结构。大多数DNA是以一种非常类似于标准B构象的形式存在的，但在螺旋的一定区域内会出现短序列的A-DNA。A-DNA中的碱基相对于螺旋轴大约倾斜20°，每一转含有11个碱基对，螺旋比B-DNA宽。Z-DNA是左手双螺旋结构，每一转含有12个碱基对。此外Z-DNA没有明显的沟，因为碱基对只稍偏离螺旋轴。尽管可以合成Z-DNA，但在生物体的基因组中很少出现这类DNA。1953年，美国生物学家Watson和Crick根据X射线数据提出了DNA的双螺旋结构(图12.11)。DNA的结构特点如下。

① DNA分子由两条反向平行的、以氢键相连的多聚脱氧核糖核苷酸链围绕同一中心轴构成。一条链的走向是5′→3′，另一条链的走向是3′→5′。螺旋表面形成两条凹沟，较深的为大沟，较浅的为小沟。

② 两条链中亲水的磷酸与脱氧核糖通过3′，5′-磷酸二酯键相连，形成DNA分子的骨架，位于双螺旋结构的外侧。疏水的碱基位于内侧，碱基平面与脱氧核糖-磷酸平面垂直。一条多核苷酸链上的碱基与另一条多核苷酸链上相应位置的碱基通过氢键连接在一起。腺嘌呤总是和胸腺嘧啶配对，它们之间形成两个氢键；鸟嘌呤总是和尿嘧啶配对，它们之间形成三个氢键。这种A-T、G-C配对的规律称为“碱基互补规则”(图12.12)。

③ 两条链都是右手螺旋，直径为 2nm，碱基平面与螺旋的纵轴垂直。相邻碱基平面的距离为 0.34nm，旋转的角度是 36°。螺旋每旋转一周包含 10 对碱基，故螺旋的螺距为 3.4nm。

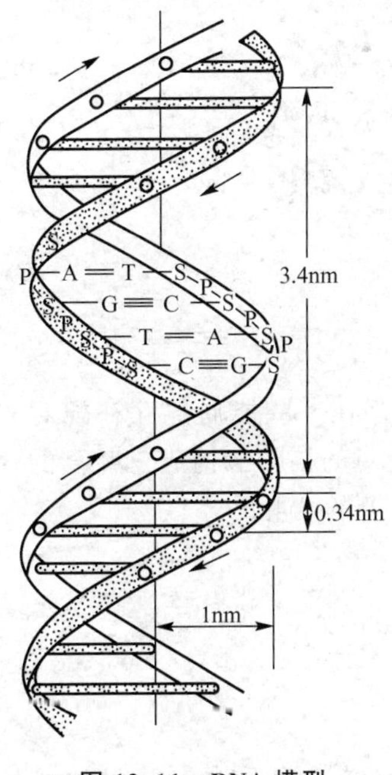

图 12.11 DNA 模型

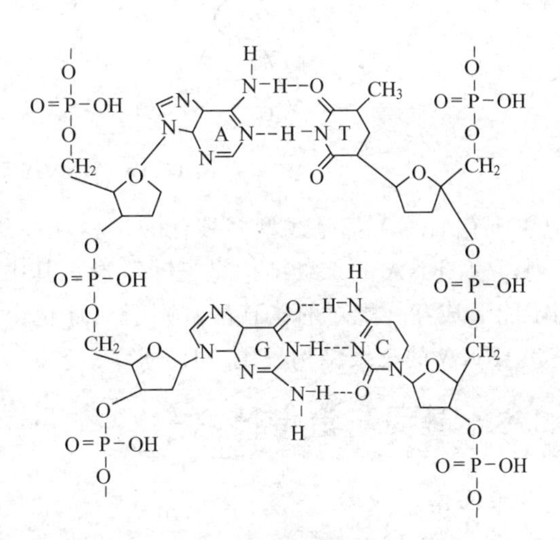

图 12.12 DNA 链上的碱基互补规则

④ 维持 DNA 分子双螺旋结构稳定的因素主要包括：DNA 分子两条链上的对应碱基之间形成的氢键维持双螺旋结构的横向稳定，碱基平面之间的疏水性碱基堆积力维持双螺旋结构的纵向稳定。后者是维持 DNA 双螺旋结构稳定的主要因素。

⑤ 在细胞内，大的 DNA 分子被压缩和包装。真核生物的组蛋白结合 DNA 形成核小体，核小体被串在一起，经一级一级地压缩，形成超螺旋附着在核内的 RNA-蛋白质支架上。

(2) RNA 的高级结构 。

RNA 是许多核糖核苷酸分子通过 3′,5′-磷酸二酯键相互连接而形成的多核苷酸链，其碱基组成不像 DNA 那样有严格的规律。研究表明，大多数天然 RNA 分子是一条单链，许多区域自身发生回折，使可以配对的碱基相遇，通过氢键把 A 与 U，G 与 C 连接起来，构成与 DNA 一样的双螺旋。不能配对的碱基则形成环状突起，这种短的双螺旋区域有单链突环的结构称为发夹结构。约有 40%～70%的核苷酸参与了螺旋的形成，所以 RNA 分子是含有短的不完全的螺旋区的多核苷酸链。RNA 的二、三级结构如图 12.13 所示。tRNA、mRNA 和 rRNA 功能不同，其二级结构也不同。

mRNA 的作用是将储存在 DNA 分子上的遗传信息按照碱基互补规则转录并从细胞核转移到细胞质中，作为指导蛋白质生物合成的模板，决定蛋白质分子中氨基酸残基的排列顺序。mRNA 分子中每三个核苷酸为一组，决定肽链分子上某一个氨基酸。这些三个一组的核苷酸都有 2～6 种相应的 tRNA。tRNA 的结构特点如下。

① tRNA 含有 10%～20%的稀有碱基，包括双氢尿嘧啶、假尿嘧啶和甲基化的嘌呤等。

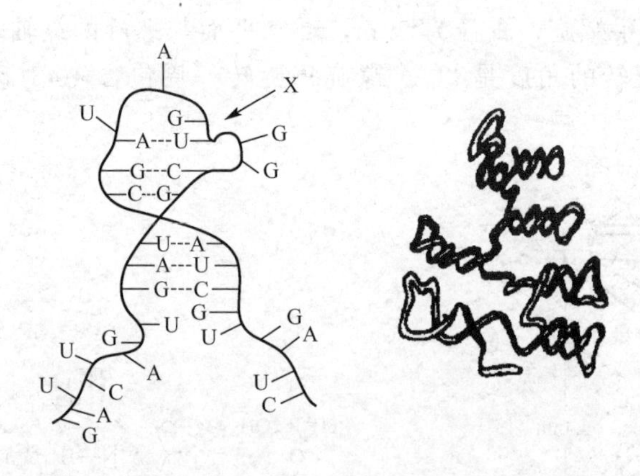

图 12.13　RNA 的二、三级结构

② 所有 tRNA 都是线型多核苷酸链，在一级结构中存在一些能局部互补配对的核苷酸序列，使 tRNA 的二级结构呈三叶草形。其中能互补配对的核苷酸构成三叶草的“柄”；中间不能形成互补配对的核苷酸链则形成环状，构成三叶草的“叶”。

③ tRNA 的三级结构呈倒“L”形。

12.2.5　基因与遗传信息

1. 染色体

染色体是由线型双链 DNA 分子同蛋白质形成的复合物，在显微镜下呈丝状或棒状(图 12.14)，因在细胞发生有丝分裂时期容易被碱性染料着色而得名。整组染色体统称为基因组。对真核生物如动物、植物及真菌而言，染色体被存放于细胞核内；对于原核生物(如细菌)而言，则是存放在细胞质中的类核里。一条染色体含有一个 DNA 分子。在无性繁殖物种中，生物体内所有细胞的染色体数目都一样。而在有性繁殖物种中，生物体的体细胞染色体成对分布，称为二倍体。性细胞如精子、卵子等是单倍体，染色体数目只是体细胞的一半。

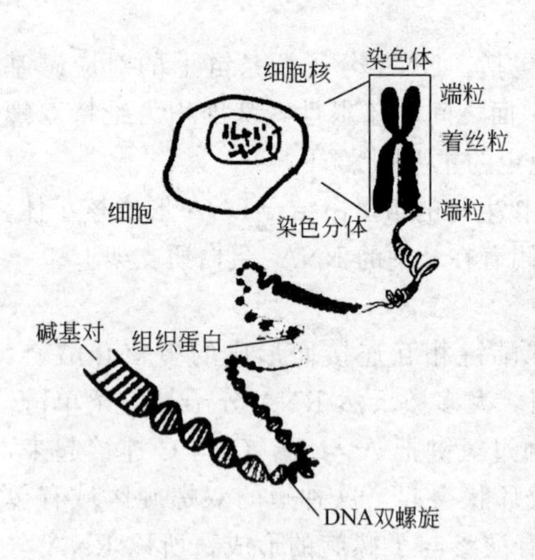

图 12.14　染色体的结构

染色体的主要化学成分是脱氧核糖核酸(DNA)和 5 种被称为组蛋白的蛋白质(H1、H2A、H2B、H3 和 H4)。核小体是染色体结构的最基本单位，呈串珠状结构，每个核小体包括 2 个 H2A、2 个 H2B、2 个 H3、1 个 H4 和大约 200 个 DNA 碱基对。组蛋白形成一个有组织的八聚体蛋白复合体，而 DNA 缠绕在蛋白复合体的外面，大约缠绕 1.75 圈，有 146 个 DNA 的碱基对处于与组蛋白复合体紧密结合的状态，形成一个核小体核心颗粒。核心颗粒之间的线称为连接 DNA，大约有 54 个碱基对长。第 5 个组蛋白 H1 既与连接 DNA 结合，又和核小体核心颗粒结合。密集成串的核小体形成了核质中的 10nm 左右的纤维，这就是染色体的“一级结构”。DNA 分子大约压缩为原来的 1/7。

2. 基因的概念

俗话说："种瓜得瓜，种豆得豆"。一个物种之所以是该物种，是由它的遗传信息决定的，而遗传信息的载体就是DNA分子。一粒豆子种到地下，只要"条件"合适，就会发芽、生根、出土。长出的豆株，可能与种下去的豆子一模一样，也可能大同小异。在这里，基因起着关键作用。

现代遗传学家认为，基因是遗传的基本单位，是DNA分子上具有遗传效应的特定核苷酸序列的总称，是具有遗传效应的DNA分子片段，能编码一种RNA或一种多肽。基因位于染色体上，并在染色体上呈线型排列。基因不仅可以通过复制把遗传信息传递给下一代，还可以使遗传信息得到表达。

【转基因食品】

基因的结构一般包括由DNA编码区域(exon，外显子)、非编码调节区域和内含子(intron)组成的DNA区域。一个基因决定一个特定的形状，且能发生突变，并随同源染色体区段之间的互换而发生交换。因此，基因不仅是一个决定性状的功能单位，而且还是一个突变单位和交换单位。

3. DNA的复制

任何细胞的分裂增殖，首先是其染色体DNA进行复制合成，然后出现细胞的分裂，这时复制的DNA会平均分配到两个子代细胞中去。这种以DNA为模板指导DNA全面合成的过程称为复制。复制的同时将亲代的全部遗传信息传递给子代. DNA复制是一个复杂的酶促反应过程，其复制具有以下特点。

(1) 半保留复制。DNA在复制时，首先两条双螺旋的多核苷酸之间的氢键断裂，然后以每条单链各自作为模板合成新的互补链，从而子代细胞的DNA双链与亲代DNA分子的碱基顺序完全一样。在该过程中，每个子代DNA分子的一条链来自亲代，而另一条链则是新合成的，如图12.15所示。这种复制称为半保留复制。

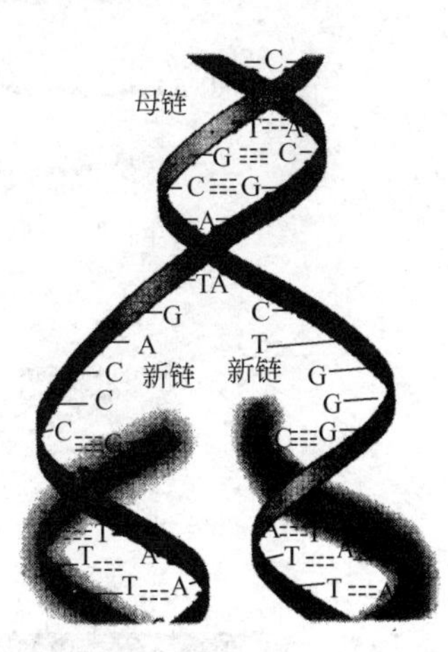

图12.15 DNA的半保留复制

(2) 半不连续复制。双链DNA由复制起始点处打开，沿两条张开的单链模板合成DNA新链，称为复制叉；其中以亲代3′→5′走向的单链为模板复制的新链称为领头链，可沿5′→3′方向连续合成；而另一条与复制叉移动方向相反的新链称为随从链，不能连续合成。该复制称为半不连续复制。

(3) 双向复制。DNA的复制是在特定的起始部位开始的。复制时DNA双链从起始点开始向两个方向解旋，形成两个移动方向相反的复制叉，称为双向复制。

(4) 复制的高保真性。DNA复制过程中具有高度的精确性，即遗传信息传递的保真性(保守性)，这种保真性体现在亲代与子代DNA之间碱基序列的一致性上，是保证遗传信息准确传递的基础。另外，复制过程中自发突变率约为10^{-9}，即每复制10^9个核苷酸会有一个碱基发生与原模板不配对的错误，这种自发突变也可能产生变异现象。

4. 蛋白质的合成

蛋白质生物合成需要200多种生物大分子参加。除需要氨基酸外(作为原料)，还需要mRNA、tRNA、核糖体、有关的酶(氨基酰-tRNA合成酶与某些蛋白质因子)、ATP、GTP等供应能量的物质及必要的无机离子等的参与。蛋白质在生物体中的合成是在核酸的指导和控制下进行的。复杂的蛋白质生物合成过程可以概括为以下四个步骤。

(1) 氨基酸活化与转运。这个过程是在氨基酸活化酶和镁离子作用下把氨基酸激活成为活化氨基酸。当然，这一过程还有许多其他因子的参与，其发生部位在细胞质。

(2) 肽链(蛋白质)合成的启动。以原核细胞中肽链合成的启动为例：首先是原核细胞中的起始因子结合在核蛋白体的小亚基上，使大小亚基分开，再与信使核糖核酸(mRNA)的一端形成复合物。核蛋白体大亚基与此小亚基复合物结合，形成核蛋白复合体，释放出起始因子，为以后肽链延长做准备。这一过程发生在核蛋白体上。

(3) 肽链(蛋白质)的延长。核蛋白体的大亚基上有两个位置可与转运核糖核酸(tRNA)结合，分别称为“给位”和“受位”。此时蛋氨酰-tRNA占据在给位上，而受位空着，准备接受下一个新的氨基酰-tRNA。

(4) 肽链(蛋白质)合成的终止。对信使核糖核酸(mRNA)上的终止密码进行识别，最后的肽酰-tRNA酯键水解，使新合成的肽链释放出来。这个过程与(3)一样，也是发生在核蛋白体上。蛋白质的合成过程如图12.16所示。

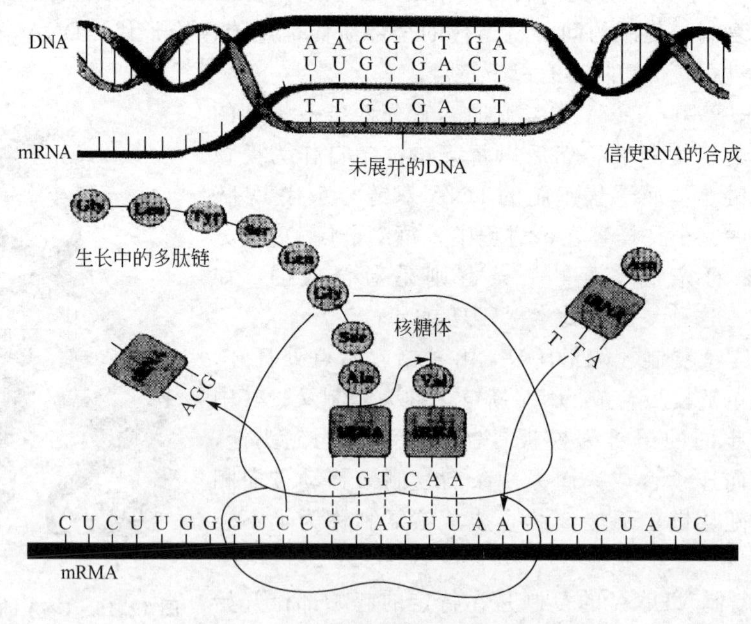

图12.16　蛋白质的合成过程示意图

5. 基因工程技术

基因工程技术是指利用载体系统的重组DNA技术(即基因克隆技术)及利用物理化学和生物学等方法把重组DNA导入有机体的技术，即在体外条件下，利用基因工程工具酶将目的基因片段和载体DNA分子进行“剪切”后，重新“拼接”，形成一个基因重组体。然后将其导入受体(宿主)生物的细胞内，使基因重组体得到无性繁殖(复制)。并可使目的基因在细胞内表达(转录、翻译)，产生人类所需要的基因产物或改造、创新新的生物类型，如转基因食品的生产和加工。

人类基因组计划是基因工程的重要任务之一。人类只有一个基因组，有5万～10万个基因。人类基因组计划是美国科学家于1985年率先提出的，旨在阐明人类基因组30亿个碱基对的序列，发现所有人类基因并搞清其在染色体上的位置，破译人类全部遗传信息，使人类第一次在分子水平上全面地认识自我。破译人类基因组序列这一生命科学成就将促进生物学的不同领域(如神经生物学、细胞生物学、发育生物学等)的发展；医学领域将发生一场深刻的革命，5000多种遗传性疾病及恶性肿瘤、心血管疾病和其他严重危害人类的疾病，都有可能得到预测、预防、早期诊断和治疗。人类基因组计划的主要内容是基因组作图、基因组测序、信息和材料的管理。

6. 遗传与变异

基因是DNA分子上具有遗传效应的特定核苷酸序列的总称，是具有遗传效应的DNA分子片段。基因位于染色体上，并在染色体上呈线型排列。基因不仅可以通过复制把遗传信息传递给下一代，还可以使遗传信息得到表达，也就是使遗传信息以一定的方式反映到蛋白质的分子结构上，从而使后代表现出与亲代相似的性状。一个基因要有正常的生理机能，它的几个正常组成部分一定要位于相继邻接的位置上，也就是说核苷酸要排成一定的次序，才能决定一种蛋白质的分子结构。假使几个正常组成部分分处于两个染色体上，理论上就是核苷酸的种类和排列改变了，这样就失去正常的生理机能。所以，基因不仅是一个遗传物质在上下代之间传递的基本单位，也是一个功能上的独立单位。

遗传从现象来看是亲子代之间相似的现象，它的实质是生物按照亲代的发育途径和方式从环境中获得物质，产生和亲代相似的复本。遗传是相对稳定的，生物不轻易改变从亲代继承的发病途径和方式。因此，亲代的外貌、行为、习性及优良性可在子代重现，甚至酷似亲代。而亲代的缺陷和遗传病同样可以传递给子代。变异是指亲子代之间，同胞兄弟姊妹之间及同种个体之间的差异现象。包括孪生同胞在内，世界上没有两个绝对相同的个体，这也说明了遗传的稳定性是相对的，而变异是绝对的。

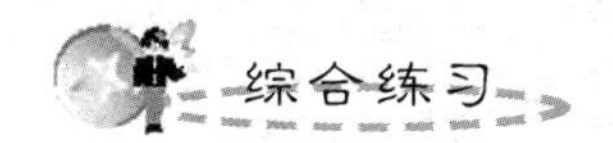

【化学药物的最新研究进展】

一、思考题

1. 人体常见的微量元素有哪些？它们的缺乏会导致哪些身体疾患？
2. 组成人体的宏量元素是什么？它们分别是人体哪些物质的组成成分？
3. 人们的日常饮食中，哪些食品主要含糖、含脂质、含蛋白质？各举三例说明。
4. 糖、脂、蛋白质和核酸在生物体内的主要功能是什么？
5. 分析DNA的结构特点，这些特点与生命特征的延续有什么关系？
6. 简述缓冲系统在调节血液pH中的作用。
7. RNA和DNA完全水解的产物是什么？
8. 简述碱基互补原则的生物学意义。
9. 平衡膳食的组成是什么？

二、练习题

1. 选择题(部分小题可能不止一个正确答案)

(1) 人体缺铬可引起(　　)。

(A) 糖尿病　(B) 大骨节病　(C) 呆小症　(D) 佝偻病

(2) 影响铁吸收的不利因素是(　　)。

(A) 胃酸　(B) 机体缺铜　(C) 胆汁　(D) 维生素 C

(3) 氟过量摄入，会引起(　　)。

(A) 氟骨病　(B)斑釉牙　(C) 克山病　(D) 克汀病

(4) 营养性侏儒症是由于机体缺少微量元素(　　)。

(A) 铜　(B) 钒　(C) 锌　(D) 硒

(5) 配合物人体血红素中的中心离子是(　　)。

(A) Co^{3+}　(B) Pt^{2+}　(C) Mg^{2+}　(D) Fe^{2+}

(6) 精氨酸属于(　　)。

(A) 芳香族氨基酸　(B) 脂肪族氨基酸

(C) 碱性氨基酸　(D) 中性氨基酸

(7) 组成蛋白质的基本氨基酸有(　　)。

(A) 180 多种　(B) 90 种　(C) 30 种　(D) 20 种

(8) 蛋白质生物合成中传递遗传信息的 RNA 为(　　)。

(A) rRNA　(B) tRNA　(C) mRNA　(D) nRNA

(9) 在生理 pH 条件下，下列氨基酸中带正电荷的是(　　)。

(A) 丙氨酸　(B) 酪氨酸　(C) 赖氨酸

(D) 蛋氨酸　(E) 异亮氨酸

(10) 蛋白质空间构象的特征主要取决于(　　)。

(A) 多肽链中氨基酸的排列顺序　(B) 次级键

(C) 链内及链间的二硫键　(D) 温度及 pH

(11) 酶催化作用对能量的影响在于(　　)。

(A) 增加产物能量水平　(B) 降低活化能

(C) 降低反应物能量水平　(D) 降低反应的自由能

(E) 增加活化能

(12) 竞争性抑制剂的作用特点是(　　)。

(A) 与酶的底物竞争激活剂　(B) 与酶的底物竞争酶的活性中心

(C) 与酶的底物竞争酶的辅基　(D) 与酶的底物竞争酶的必需基团

(E) 与酶的底物竞争酶的变构剂

2. 填空题

(1) 糖类化合物的分子式大多为________，除碳原子外，氢和氧原子数目之比与________相同，均为________，因而糖类化合物也称为________化合物。

(2) 多糖是由多个________分子缩合、失水形成的，它是自然界中分子结构复杂且庞大的糖类物质。常见的多糖有________等。

(3) 在生物学中，具有重要作用的脂类包括________。血液中类固醇含量高时易引发________。

(4) ________是多肽、蛋白质和酶的结构单体或构件分子。相同或不同的氨基酸通过羧基与氨基之间的缩水作用，形成________键。一般的，把 2～50 个氨基酸相连的多聚体称为________，而把 50 个以上的多聚氨基酸称为________。________是生物细胞中催化生物化学反应的一类蛋白质。

(5) DNA 主要存在于细胞核和线粒体内，其结构决定生物合成________的特定结构，并保证将这种特性________给下一代；RNA 主要存在于细胞质中，分为________，________和________，均由 DNA 转录而成，它们直接参与蛋白质的生物合成过程，是蛋白质的模板。

(6) 基因是遗传的________，是 DNA 分子上具有遗传效应的特定________的总称，是具有遗传效应的 DNA 分子片段。

3. 下列氨基酸水溶液在等电点(两性电解质正负电荷相等时的 pH)时是酸性还是碱性？为什么？

(1) 甘氨酸 (2) 赖氨酸 (3) 谷氨酸

4. 按题意写出相应的任意一个氨基酸的名称。

(1) 含硫氨基酸 (2) 含羟基氨基酸 (3) 酸性氨基酸 (4) 碱性氨基酸

5. 蛋白质中的氨基酸具有通式 $H_3{}^+N—CRH—COO^-$，写出 R 为下列基团的氨基酸名称，并指出它们属于哪类氨基酸。

(1) $—CH_3$

(2) $—CH_2COOH$

(3) $—CH_2CH_2CH_2CH_2NH_2$

(4) $—CH_2CH_2SCH_3$

(5) $—CH_2OH$

(6) $—CH_2—C_6H_5$（苯环）

6. 为什么患甲状腺肿的人内陆多于沿海？

7. 人的生长发育需要微量元素吗？

8. 按化学组成，蛋白质可分为几大类？简单蛋白质与结合蛋白质有何差异？蛋白质的等电点有哪些实际应用？

9. 简述 DNA 双螺旋结构的特点。

10. 简述蛋白质的合成步骤。

11. DNA 复制具有哪些特点？

12. 什么是蛋白质的一级结构、二级结构、三级结构和四级结构？

附　录

附录Ⅰ　本书采用的法定计量单位

1. 国际单位制基本单位

量的名称	单位名称	单位符号
长度	米	m
质量	千克	kg
时间	秒	s
电流	安培	A
热力学温度	开尔文	K
物质的量	摩[尔]	mol
光强度	坎德拉	cd

2. 国际单位制导出单位(部分)

量的名称	单位名称	单位符号
面积	平方米	m^2
体积	立方米	m^3
压力	帕斯卡	Pa
能、功、热量	焦耳	J
电量、电荷	库仑	C
电势、电压、电动势	伏特	V
摄氏温度	摄氏度	℃

3. 国际单位制词冠(部分)

倍数	中文符号	国际符号	分数	中文符号	国际符号
10^1	十	da	10^{-1}	分	d
10^2	百	h	10^{-2}	厘	c
10^3	千	k	10^{-3}	毫	m
10^6	兆	M	10^{-6}	微	μ
10^9	吉	G	10^{-9}	纳	n
10^{12}	太	T	10^{-12}	皮	p

4. 我国选定的非国际单位制单位(部分)

	单位名称	单位符号
时间	分	min
	[小]时	h
	天(日)	d
体积	升	L
	毫升	mL
能	电子伏特	eV
质量	吨	t

附录Ⅱ 一些重要的物理常数和本书使用的一些常用量的符号和名称

1. 一些重要的物理常数

量	符号	数值	单位
摩尔气体常数	R	8.314510	$J \cdot mol^{-1} \cdot K^{-1}$
阿伏加德罗常数	N_A	$6.022136\ 7\times10^{23}$	mol^{-1}
真空中的光速	c	$2.997924\ 58\times10^{8}$	$m \cdot s^{-1}$
普朗克常量	h	$6.626075\ 5\times10^{-34}$	$J \cdot s$
元电荷	e	$1.602177\ 22\times10^{-19}$	C
法拉第常数	F	96 487.309	$C \cdot mol^{-1}$或$J \cdot V^{-1} \cdot mol^{-1}$
热力学温度	T	$\{T\}=\{t\}+273.15$	K
原子质量单位	u	1.6605402×10^{-27}	kg
质子[静]质量	m_P	1.6726231×10^{-27}	kg
中子[静]质量	M_n	1.6749543×10^{-27}	kg
电子[静]质量	M_e	9.1093897×10^{-31}	kg
理想气体摩尔体积	$V_{m,0}$	2.241410×10^{-2}	$m^3 \cdot mol^{-1}$
波尔兹曼常量	k	1.380658×10^{-23}	$J \cdot K^{-1}$

2. 本书使用的一些常用量的符号与名称

符号	名称	符号	名称	符号	名称
α	活度	ρ	压力(压强)	α	副反应系数、极化率
E_A	电子亲和能	Q	热量、电量、反应商	β	累积平衡常数
c	物质的量浓度	r	粒子半径	γ	活度系数
d_i	偏差	s	标准偏差、溶解度	Δ	分裂能
D_i	键解离能	S	熵	θ	键角
G	吉布斯函数	T	热力学温度、滴定度	μ	真值、键矩、磁矩、偶极矩
H	焓	U	热力学能、晶格能	ρ	密度
I	离子强度、电离能	V	体积	ξ	反应进度
k	速率常数	ω	质量分数	σ	屏蔽常数
K	平衡常数	W	功	φ	电极电势
m	质量	x	摩尔分数、电负性	ψ	波函数、原子(分子)轨道
M	摩尔质量	$Y_{l,m}$	原子轨道的角度分布	ν	化学计量数、频率
n	物质的量	E_a	活化能	υ	反应速度
N_A	阿伏加德罗数	E	能量、误差、电动势		

附录Ⅲ　一些物质的热力学性质(298.15K，p=100kPa)

1. 标准摩尔生成焓、标准模摩尔生成吉布斯函数和标准摩尔熵

物质(状态)	$\Delta_f H_m^\ominus$ /kJ·mol⁻¹	$\Delta_f G_m^\ominus$ /kJ·mol⁻¹	$S_m^\ominus$ /J·mol⁻¹·K⁻¹	物质(状态)	$\Delta_f H_m^\ominus$ /kJ·mol⁻¹	$\Delta_f G_m^\ominus$ /kJ·mol⁻¹	$S_m^\ominus$ /J·moL⁻¹·K⁻¹
Ag	0	0	42.712	H_2(g)	0	0	130.695
Ag_2CO_3(s)	−506.14	−437.09	167.36	H^+(aq)	0	0	0
Ag_2O(s)	−30.56	−10.82	121.71	HBr(g)	−36.24	−53.22	198.60
Al(s)	0	0	28.315	HBr(aq)	−120.92	−102.80	80.71
Al(g)	313.80	273.2	164.553	HCl(g)	−92.311	−95.265	186.786
α-Al_2O_3	−1669.8	−2213.16	0.986	HCl(aq)	−167.44	−131.17	55.10
$Al_2(SO_4)_3$(s)	−3434.98	−3728.53	239.3	H_2CO_3(aq)	−698.7	−623.37	191.2
Br_2(s)	111.884	82.396	175.021	HI(g)	26.48	1.70	206.549
Br_2(g)	30.71	3.109	245.455	H_2O(g)	−241.825	−228.577	188.823
Br_2(l)	0	0	152.3	H_2O(l)	−285.838	−237.142	69.940

（续）

物质（状态）	$\Delta_f H_m^{\ominus}$ /kJ · mol^{-1}	$\Delta_f G_m^{\ominus}$ /kJ · mol^{-1}	$S_m^{\ominus}$ /J · mol^{-1} · K^{-1}	物质（状态）	$\Delta_f H_m^{\ominus}$ /kJ · mol^{-1}	$\Delta_f G_m^{\ominus}$ /kJ · mol^{-1}	$S_m^{\ominus}$ /J · moL^{-1} · K^{-1}
C(g)	718.384	672.942	158.101	H_2O(s)	−291.850	(−234.03)	(39.4)
C(金刚石)	1.896	2.866	2.439	H_2O_2(l)	−187.61	−118.04	102.26
C(石墨)	0	0	5.694	H_2O_2(g)	−136.31	−105.57	232.7
CO(g)	−110.525	−137.285	198.016	H_2S(g)	−20.146	−33.040	205.75
CO_2(g)	−393.511	−394.38	213.76	H_2SO_4(l)	−811.35	(−866.4)	156.85
Ca(s)	0	0	41.63	I_2(s)	0	0	116.70
CaC_2(s)	−62.8	−67.8	70.2	I_2(g)	62.242	19.34	260.60
$CaCO_3$(方解石)	−1206.87	−1128.70	92.8	N_2(g)	0	0	191.598
$CaCl_2$(s)	−795.0	−750.2	113.8	NH_3(g)	−46.19	−16.603	192.61
CaO	−635.6	−604.2	39.7	NO(g)	89.860	90.37	210.309
$Ca(OH)_2$(s)	−986.5	−896.89	76.1	NO_2(g)	33.85	51.86	240.57
$CaSO_4$(硬石膏)	−1432.68	−1320.24	106.7	N_2O(g)	81.55	103.62	220.10
Cl^-(aq)	−167.456	−131.168	55.10	N_2O_4(g)	9.660	98.39	304.42
Cl_2(g)	0	0	222.948	N_2O_5(g)	2.51	110.5	342.4
Cu(s)	0	0	33.32	O(g)	247.521	230.095	161.063
CuO(s)	−155.2	−127.1	43.51	O_2(g)	0	0	205.138
α − Cu_2O	−166.69	−146.33	100.8	O_3(g)	142.3	163.45	237.7
F_2(g)	0	0	203.5	OH^-(aq)	−229.940	−157.297	−10.539
α − Fe	0	0	27.15	S(单斜)	0.29	0.096	32.55
$FeCO_3$(s)	−747.68	−673.84	92.8	S(正交)	0	0	31.80
FeO(s)	−266.52	−244.3	54.0	S_8(g)	102.30	49.63	430.98
Fe_2O_3(s)	−822.1	−741.0	90.0	S(g)	278.81	238.25	167.825
Fe_3O_4(s)	−117.1	−1014.1	146.4	SO_2(g)	−296.90	−300.37	248.64
H(g)	217.4	203.122	114.724	SO_3(g)	−395.18	−370.40	256.34
NH_4Cl(s)	−314.43	−202.87	94.6	SO_4^{2-}(aq)	−907.51	−741.90	17.20
CH_3OH(l)	−238.66	−166.27	126.8	Na_2CO_3(s)	−1130.68	−1044.44	134.98
N_2H_4(l)	50.63	149.34	121.21	$NaHCO_3$(s)	−950.81	−851.0	101.7
Ag^+(ao)	105.6	77.11	72.68				
AgCl(s)	−127.068	−109.8	96.2				

2. 某些有机化合物的标准燃烧焓

表中 $\Delta_c H_m^{\ominus}$ 是有机化合物在 298.15K 时完全氧化的标准摩尔焓变。化合物中各种元素完全氧化的最终产物为 CO_2(g)、H_2O(l)、N_2(g)、SO_2。

物质		$\Delta_c H_m^{\ominus}$/kJ·mol^{-1}	物质		$\Delta_c H_m^{\ominus}$/kJ·mol^{-1}
烃类			醛、酮、酯类		
甲烷(g)	CH_4	−890.7	甲醛(g)	CH_2O	−570.8
乙烷(g)	C_2H_6	−1559.8	乙醛(l)	C_2H_4O	−1166.4
丙烷(g)	C_3H_8	−2219.1	丙酮(l)	C_3H_6O	−1790.4
丁烷(g)	C_4H_{10}	−2878.3	丁酮(l)	C_4H_8O	−2444.2
异丁烷(g)	C_4H_{10}	−2871.5	乙酸乙酯(l)	$C_4H_8O_2$	−2254.2
戊烷(g)	C_5H_{12}	−3536.2	酸类		
异戊烷(g)	C_5H_{10}	−3527.9	甲酸(l)	CH_2O_2	−254.6
正庚烷	C_7H_{16}	−4811.2	乙酸(l)	$C_2H_4O_2$	−874.5
辛烷(l)	C_8H_{18}	−5507.4	草酸(l)	$C_2H_2O_4$	−245.6
环已烷(l)	C_6H_{12}	−3919.9	丙二酸(s)	$C_3H_4O_4$	−861.2
乙炔(g)	C_2H_2	−1299.6	D，L-乳酸(l)	$C_3H_6O_3$	−1367.3
乙烯(g)	C_2H_4	−1410.9	顺丁烯二酸(s)	$C_4H_4O_4$	−1355.2
丙烯(g)	C_3H_6	−2058.5	反丁烯二酸(s)	$C_4H_4O_4$	−1334.7
丁烯(g)	C_4H_8	−2718.6	琥珀酸(s)	$C_4H_5O_4$	−1491.0
苯(l)	C_6H_6	−3267.5	L-苹果酸(s)	$C_4H_6O_5$	−1327.9
甲苯(l)	C_7H_8	−3925.4	L-酒石酸(s)	$C_4H_6O_6$	−1147.3
对二甲苯(l)	C_8H_{10}	−4552.8	苯甲酸(s)	$C_7H_6O_2$	−3228.7
萘(s)	$C_{10}H_8$	−5153.9	水杨酸(s)	$C_7H_6O_3$	−3022.5
蒽(s)	$C_{14}H_{10}$	−7163.9	油酸(l)	$C_{18}H_{34}O_2$	−11118.6
菲(s)	$C_{14}H_{10}$	−7052.9	硬脂酸(s)	$C_{18}H_{36}O_2$	−11280.6
醇、酚、醚类			碳水化合物类		
甲醇(l)	CH_4O	−726.6	阿拉伯糖(s)	$C_5H_{10}O_5$	−2342.6
乙醇(l)	C_2H_6O	−1366.8	木糖(s)	$C_5H_{10}O_5$	−2338.9
乙二醇(l)	$C_2H_6O_2$	−1180.7	葡萄糖(s)	$C_6H_{12}O_6$	−2820.9
甘油(l)	$C_3H_8O_3$	−1662.7	果糖(s)	$C_6H_{12}O_6$	−2829.6
苯酚(s)	C_6H_6O	−3053.5	蔗糖(s)	$C_{12}H_{22}O_{11}$	−5640.9
甲醚(g)	C_2H_6O	−1460.46	乳糖(s)	$C_{12}H_{22}O_{11}$	−5648.4
乙醚(l)	$C_4H_{10}O$	−2723.6	麦芽糖(s)	$C_{12}H_{22}O_{11}$	−5645.5

附录Ⅳ　弱酸、弱碱的解离常数 $K^{\ominus}$（25℃）

弱电解质	级数	解离常数	弱电解质	级数	解离常数
H_3AsO_4	1	6.3×10^{-3}	HOCN	1	3.3×10^{-4}
	2	1.1×10^{-7}	$C_6H_4(COOH)_2$（邻苯二甲酸）	1	1.1×10^{-3}
	3	3.2×10^{-12}		1	3.9×10^{-6}
H_3BO_3	1	5.8×10^{-10}	C_6H_5OH	1	1.05×10^{-10}
HBrO	1	2.4×10^{-9}	H_2S	1	1.07×10^{-7}
H_2CO_3	1	4.30×10^{-7}		2	1.3×10^{-13}
	2	5.61×10^{-11}	H_2SO_4	2	1.2×10^{-2}
$H_2C_2O_4$	1	5.90×10^{-2}	H_2SO_3	1	1.3×10^{-2}
	2	6.40×10^{-5}		2	6.3×10^{-8}
HCN	1	4.93×10^{-10}	H_2SiO_3	1	1.7×10^{-10}
HClO	1	3.2×10^{-8}		2	1.6×10^{-12}
H_2CrO_4	1	1.8×10^{-1}	HCOOH	1	1.77×10^{-4}
	2	3.20×10^{-7}	CH_3COOH	1	1.8×10^{-5}
HF	1	3.53×10^{-4}	$CH_2ClCOOH$	1	1.4×10^{-3}
HIO_3	1	1.69×10^{-1}	$CHCl_2COOH$	1	3.32×10^{-2}
HIO	1	2.3×10^{-11}	$H_3C_6H_5O_7$（柠檬酸）	1	7.4×10^{-4}
HNO_2	1	5.1×10^{-4}		2	1.7×10^{-5}
NH_4^+	1	5.64×10^{-10}		3	4.0×10^{-7}
H_2O_2	1	2.4×10^{-12}	$NH_3\cdot H_2O$	1	1.8×10^{-5}
H_3PO_4	1	7.52×10^{-3}	$H_2NCH_2CH_2NH_2$（乙二胺）	1	8.5×10^{-5}
	2	6.23×10^{-8}		2	7.1×10^{-8}
	3	2.2×10^{-13}	C_5H_5N	1	1.52×10^{-9}
C_6H_5COOH	1	6.3×10^{-5}	$(CH_3)_2AsO(OH)$	1	6.4×10^{-7}

附录Ⅴ 某些配离子的标准稳定常数

配离子	$K_f^\ominus$(298.15 K)	配离子	$K_f^\ominus$(298.15 K)
$[Ag(NH_3)_2]^+$	1.12×10^{7}	$[Cu(edta)]^{2-}$	5.0×10^{18}
$[Ag(CN)_2]^-$	1.0×10^{21}	$[Fe(CN)_6]^{3-}$	1.0×10^{42}
$[Ag(SCN)_2]^-$	2.04×10^{8}	$[Fe(CN)_6]^{4-}$	1.0×10^{35}
$[Ag(S_2O_3)_2]^{3-}$	2.9×10^{13}	$[Fe(edta)]^{2-}$	2.1×10^{14}
$[Ag(en)_2]^+$	5.0×10^{7}	$[Fe(edta)]^-$	1.7×10^{24}
$[Ag(edta)]^{3-}$	2.1×10^{7}	$[HgCl_4]^{2-}$	1.31×10^{15}
$[Al(OH)_4]^-$	3.31×10^{33}	$[HgBr_4]^{2-}$	9.22×10^{20}
$[AlF_6]^{3-}$	6.9×10^{19}	$[HgI_4]^{2-}$	5.66×10^{29}
$[Al(edta)]^-$	1.3×10^{16}	$[Hg(NH_3)_4]^{2+}$	1.95×10^{19}
$[Ba(edta)]^{2-}$	6.0×10^{7}	$[Hg(CN)_4]^{2-}$	1.82×10^{41}
$[Ca(edta)]^{2-}$	1×10^{11}	$[Hg(CNS)_4]^{2-}$	4.98×10^{21}
$[Cd(NH_3)_4]^{2+}$	2.78×10^{7}	$[Hg(edta)]^{2-}$	6.3×10^{21}
$[Cd(CN)_4]^{2-}$	1.95×10^{18}	$[Ni(NH_3)_6]^{2+}$	8.97×10^{8}
$[Cd(OH)_4]^{2-}$	1.20×10^{9}	$[Ni(CN)_4]^{2-}$	1.31×10^{30}
$[CdBr_4]^{2-}$	5.0×10^{3}	$[Ni(en)_3]^{2+}$	2.1×10^{18}
$[CdCl_4]^{2-}$	6.3×10^{2}	$[Ni(edta)]^{2-}$	3.6×10^{18}
$[CdI_4]^{2-}$	4.05×10^{5}	$[Pb(Ac)_4]^{2-}$	3.2×10^{8}
$[Cd(en)_3]^{2+}$	1.2×10^{12}	$[Pb(edta)]^{2-}$	2×10^{18}
$[Cd(edta)]^{2-}$	2.5×10^{16}	$[PtCl_4]^{2-}$	9.86×10^{15}
$[Co(NH_3)_4]^{2+}$	1.16×10^{5}	$[PtBr_4]^{2-}$	6.47×10^{17}
$[Co(NH_3)_6]^{2+}$	1.3×10^{5}	$[Pt(NH_3)_4]^{2+}$	2.18×10^{35}
$[Co(NH_3)_6]^{3+}$	1.6×10^{35}	$[Zn(OH)_4]^{2-}$	3.0×10^{15}
$[Co(NCS)_4]^{2-}$	1.0×10^{3}	$[Zn(NH_3)_4]^{2+}$	3.60×10^{8}
$[Co(edta)]^{2-}$	2.0×10^{16}	$[Zn(CN)_4]^{2-}$	5.71×10^{16}
$[Co(edta)]^-$	1×10^{36}	$[Zn(CNS)_4]^{2-}$	19.6
$[Cr(OH)_4]^-$	7.8×10^{29}	$[Zn(C_2O_4)_2]^{2-}$	2.96×10^{7}
$[Cr(edta)]^-$	1.0×10^{23}	$[Zn(edta)]^{2-}$	2.5×10^{16}
$[Cu(SO_3)_2]^{3-}$	4.13×10^{8}	$[Fe(SCN)_6]^{3-}$	1.5×10^{3}
$[Cu(NH_3)_4]^{2+}$	2.09×10^{13}	$[Fe(C_2O_4)_3]^{3-}$	1.59×10^{20}
$[Cu(C_2O_4)_2]^{2-}$	2.35×10^{9}	$[FeF_6]^{3-}$	1.0×10^{16}
$[Cu(CN)_2]^-$	9.98×10^{23}	$[FeCl_4]^-$	1.02

附录Ⅵ 常见难溶电解质的溶度积 $K_{sp}^{\ominus}$(298K)

难溶电解质	$K_{sp}^{\ominus}$	难溶电解质	$K_{sp}^{\ominus}$
AgCl	1.77×10^{-10}	CuS	1.27×10^{-36}
AgBr	5.35×10^{-13}	$Fe(OH)_2$	8.0×10^{-16}
AgI	8.51×10^{-17}	$Fe(OH)_3$	4.0×10^{-38}
Ag_2CO_3	8.45×10^{-12}	FeS	1.59×10^{-19}
Ag_2CrO_4	1.12×10^{-12}	Hg_2Cl_2	1.45×10^{-18}
$AgIO_3$	9.2×10^{-9}	HgS(黑)	6.44×10^{-53}
Ag_2SO_4	1.20×10^{-5}	$MgCO_3$	6.82×10^{-6}
$Ag_2S(\alpha)$	6.69×10^{-50}	$Mg(OH)_2$	5.61×10^{-12}
$Ag_2S(\beta)$	1.09×10^{-49}	$Mn(OH)_2$	2.06×10^{-13}
$Al(OH)_3$	1.3×10^{-33}	MnS	2.5×10^{-13}
$BaCO_3$	2.58×10^{-9}	$Ni(OH)_2$	5.47×10^{-16}
$BaSO_4$	1.07×10^{-10}	NiS	1.07×10^{-21}
$BaCrO_4$	1.17×10^{-10}	$PbCl_2$	1.17×10^{-5}
$CaCO_3$	4.96×10^{-9}	$PbCO_3$	1.46×10^{-13}
$CaC_2O_4\cdot H_2O$	2.34×10^{-9}	$PbCrO_4$	1.77×10^{-14}
CaF_2	2.7×10^{-11}	PbF_2	7.12×10^{-7}
$Ca_3(PO_4)_2$	2.07×10^{-33}	$PbSO_4$	1.82×10^{-8}
$CaSO_4$	7.10×10^{-5}	PbS	9.04×10^{-29}
$Cd(OH)_2$	5.27×10^{-15}	PbI_2	8.49×10^{-9}
CdS	1.40×10^{-29}	$Pb(OH)_2$	1.42×10^{-20}
$Co(OH)_2$(桃红)	1.09×10^{-15}	$SrCO_3$	5.60×10^{-10}
$Co(OH)_2$(蓝)	5.92×10^{-15}	$SrSO_4$	3.44×10^{-7}
$CoS(\alpha)$	4.0×10^{-21}	$ZnCO_3$	1.4×10^{-11}
$CoS(\beta)$	2.0×10^{-25}	ZnC_2O_4	2.7×10^{-8}
$Cr(OH)_3$	7.0×10^{-31}	$Zn(OH)_2$	1.2×10^{-17}
CuI	1.1×10^{-12}	α-ZnS	1.6×10^{-24}
$Cu(OH)_2$	2.2×10^{-20}	β-ZnS	2.5×10^{-22}
Cu_2S	2.5×10^{-48}	CuCl	1.2×10^{-6}
CuBr	5.3×10^{-9}	$Co(OH)_3$	1.6×10^{-44}

附录Ⅶ 标准电极电势 $\varphi^{\ominus}$(298K)

1. 酸性溶液中

	电极反应	$\varphi^{\ominus}$/V
Ag	$AgBr+e = Ag+Br^-$	0.07133
	$AgCl+e = Ag+Cl^-$	0.2223
	$Ag_2CrO_4+2e = 2Ag+CrO_4^{2-}$	0.447
	$Ag^++e = Ag$	0.7996
Al	$Al^{3+}+3e = Al$	−1.662
As	$HAsO_2+3H^++3e = As+2H_2O$	0.248
	$H_3AsO_4+2H^++2e = HAsO_2+2H_2O$	0.56
Bi	$BiOCl+2H^++3e = Bi+2H_2O+Cl^-$	0.1583
	$BiO^++2H^++3e = Bi+H_2O$	0.32
Br	$Br_2+2e = 2Br^-$	1.066
	$BrO_3^-+6H^++5e = 1/2Br_2+3H_2O$	1.482
Ca	$Ca^{2+}+2e = Ca$	−2.868
Cl	$ClO_4^-+2H^++2e = ClO_4^-+H_2O$	1.189
	$Cl_2+2e = 2Cl^-$	1.358
	$ClO_3^-+6H^++6e = Cl^-+3H_2O$	1.451
	$ClO_3^-+6H^++5e = 1/2Cl_2+3H_2O$	1.47
	$HClO+H^++e = 1/2Cl_2+H_2O$	1.611
	$ClO_3^-+3H^++2e = HClO_2+H_2O$	1.214
	$ClO_2+H^++e = HClO_2$	1.277
	$HClO_2+2H^++2e = HClO+H_2O$	1.645
Co	$Co^{3+}+e = Co^{2+}$	1.83
Cr	$Cr_2O_7^{2-}+14H^++6e = 2Cr^{3+}+7H_2O$	1.332
Cu	$Cu^{2+}+e = Cu^+$	0.153
	$Cu^{2+}+2e = Cu$	0.3419
	$Cu^++e = Cu$	0.522
Fe	$Fe^{2+}+2e = Fe$	−0.447
	$Fe(CN)_6^{3-}+e = Fe(CN)_6^{4-}$	0.358
	$Fe^{3+}+e = Fe^{2+}$	0.771
H	$2H^++e = H_2$	0

（续）

	电极反应	$\varphi^{\ominus}$/V
Hg	$Hg_2Cl_2+2e=2Hg+2Cl^-$	0.268
	$Hg_2^{2+}+2e=2Hg$	0.7973
	$Hg^{2+}+2e=2Hg$	0.851
	$2Hg^{2+}+2e=Hg_2^{2+}$	0.92
I	$I_2+2e=2I^-$	0.5355
	$I_3^-+2e=3I^-$	0.536
	$IO_3^-+6H^++5e=1/2I_2+3H_2O$	1.195
	$HIO+H^++e=I_2+H2O$	1.439
K	$K^++e=K$	−2.931
Mg	$Mg^{2+}+2e=Mg$	−2.372
Mn	$Mn^{2+}+2e=Mn$	−1.185
	$MnO_4^-+e=MnO_4^{2-}$	0.558
	$MnO_2+4H^++2e=Mn^{2+}+2H_2O$	1.224
	$MnO_4^-+8H^++5e=Mn^{2+}+4H_2O$	1.51
	$MnO_4^-+4H^++3e=MnO_2+2H_2O$	1.679
Na	$Na^++e=Na$	−2.71
N	$NO_3^-+4H^++3e=NO+2H_2O$	0.957
	$2NO_3^-+4H^++2e=N_2O_4+2H_2O$	0.803
	$HNO_2+H^++e=NO+H_2O$	0.983
	$N_2O_4+4H^++4e=2NO+2H_2O$	1.035
	$NO_3^-+3H^++2e=HNO_2+H_2O$	0.934
	$N_2O_4+2H^++2e=2HNO_2$	1.065
O	$O_2+2H^++2e=H_2O_2$	0.695
	$H_2O_2+2H^++2e=2H_2O$	1.776
	$O_2+4H^++4e=2H_2O$	1.229
P	$H_3PO_4+2H^++2e=H_3PO_3+H_2O$	−0.276
Pb	$PbI_2+2e=Pb+2I^-$	−0.365
	$PbSO_4+2e=Pb+SO_4^{2-}$	−0.3588
	$PbCl_2+2e=Pb+2Cl^-$	−0.2675
	$Pb^{2+}+2e=Pb$	−0.1262
	$PbO_2+4H^++2e=Pb^{2+}+2H_2O$	1.455
	$PbO_2+SO_4^{2-}+4H^++2e=PbSO_4+2H_2O$	1.6913

（续）

	电极反应	$\varphi^\ominus$/V
S	$H_2SO_3 + 4H^+ + 4e = S + 3H_2O$	0.449
	$S + 2H^+ + 2e = H_2S$	0.142
	$SO_4^{2-} + 4H^+ + 2e = H_2SO_3 + 2H_2O$	0.172
	$S_4O_6^{2-} + 2e = 2S_2O_3^{2-}$	0.08
	$S_2O_8^{2-} + 2e = 2SO_4^{2-}$	2.01
Sb	$Sb_2O_3 + 6H^+ + 6e = 2Sb + 3H_2O$	0.152
	$Sb_2O_5 + 6H^+ + 4e = 2SbO^+ + 3H_2O$	0.581
Sn	$Sn^{4+} + 2e = Sn^{2+}$	0.151
V	$V(OH)_4^+ + 4H^+ + 5e = V + 4H_2O$	−0.254
	$VO^{2+} + 2H^+ + e = V^{3+} + H_2O$	0.337
	$V(OH)_4^+ + 2H^+ + e = VO^{2+} + 3H_2O$	1
Zn	$Zn^{2+} + 2e = Zn$	−0.763

2. 碱性溶液中

	电极反应	$\varphi^\ominus$/V
Ag	$Ag_2S + 2e = 2Ag + S^{2-}$	−0.691
	$Ag_2O + H_2O + 2e = 2Ag + 2OH^-$	0.342
Al	$H_2AlO_3^- + H_2O + 3e = Al + 4OH^-$	−2.33
As	$AsO_2^- + 2H_2O + 3e = As + 4OH^-$	−0.68
	$AsO_4^{3-} + 2H_2O + 2e = AsO_2^- + 4OH^-$	−0.71
Br	$BrO_3^- + 3H_2O + 6e = Br^- + 6OH^-$	0.61
	$BrO^- + H_2O + 2e = Br^- + 2OH^-$	0.761
Cl	$ClO_3^- + H_2O + 2e = ClO_2^- + 2OH^-$	0.33
	$ClO_4^- + H_2O + 2e = ClO_3^- + 2OH^-$	0.36
	$ClO_2^- + H_2O + 2e = ClO^- + 2OH^-$	0.66
	$ClO^- + H_2O + 2e = Cl^- + 2OH^-$	0.81
Co	$Co(OH)_2 + 2e = Co + 2OH^-$	−0.73
	$Co(NH_3)_6^{3+} + e = Co(NH_3)_6^{2+}$	0.108
	$Co(OH)_3 + e = Co(OH)_2 + OH^-$	0.17
Cr	$Cr(OH)_3 + 3e = Cr + 3OH^-$	−1.48
	$CrO_2^- + 2H_2O + 3e = Cr + 4OH^-$	−1.2
	$CrO_4^{2-} + 4H_2O + 3e = Cr(OH)_3 + 5OH^-$	−0.13

（续）

	电极反应	$\varphi^{\ominus}$/V
Cu	$Cu_2O + H_2O + 2e \rightleftharpoons 2Cu + 2OH^-$	－0.360
Fe	$Fe(OH)_3 + e \rightleftharpoons Fe(OH)_2 + OH^-$	－0.56
H	$2H_2O + 2e \rightleftharpoons H_2 + 2OH^-$	－0.8277
Hg	$HgO + H_2O + 2e \rightleftharpoons Hg + 2OH^-$	0.0977
I	$IO_3^- + 3H_2O + 6e \rightleftharpoons I^- + 6OH^-$	0.26
	$IO^- + H_2O + 2e \rightleftharpoons I^- + 2OH^-$	0.485
Mg	$Mg(OH)_2 + 2e \rightleftharpoons Mg + 2OH^-$	－2.690
Mn	$Mn(OH)_2 + 2e \rightleftharpoons Mn + 2OH^-$	－1.56
	$MnO_4^- + 2H_2O + 3e \rightleftharpoons MnO_2 + 4OH^-$	0.595
	$MnO_4^{2-} + 2H_2O + 2e \rightleftharpoons MnO_2 + 4OH^-$	0.6
N	$NO_3^- + H_2O + 2e \rightleftharpoons NO_2^- + 2OH^-$	0.01
O	$O_2 + 2H_2O + 4e \rightleftharpoons 4OH^-$	0.401
S	$S + 2e \rightleftharpoons S^{2-}$	－0.47627
	$SO_4^{2-} + H_2O + 2e \rightleftharpoons SO_3^{2-} + 2OH^-$	－0.93
	$2SO_3^{2-} + 3H_2O + 4e \rightleftharpoons S_2O_3^{2-} + 6OH^-$	－0.571
	$S_4O_6^{2-} + 2e \rightleftharpoons 2S_2O_3^{2-}$	0.08
Sb	$SbO_2^- + 2H_2O + 3e \rightleftharpoons Sb + 4OH^-$	－0.66
Sn	$Sn(OH)_6^{2-} + 2e \rightleftharpoons HSnO_2^- + H_2O + 3OH^-$	－0.93
	$HSnO_2^- + H_2O + 2e \rightleftharpoons Sn + 3OH^-$	－0.909

附录Ⅷ　元素周期表

周期	ⅠA 1	ⅡA 2	ⅢB 3	ⅣB 4	ⅤB 5	ⅥB 6	ⅦB 7	Ⅷ B 8	Ⅷ B 9	Ⅷ B 10	ⅠB 11	ⅡB 12	ⅢA 13	ⅣA 14	ⅤA 15	ⅥA 16	ⅦA 17	0 18	电子层	0族电子数
1	1 H 氢 $1s^1$ 1.00794(7)																	2 He 氦 $1s^2$ 4.002602(2)	K	2
2	3 Li 锂 $2s^1$ 6.941(2)	4 Be 铍 $2s^2$ 9.012182(3)											5 B 硼 $2s^22p^1$ 10.811(7)	6 C 碳 $2s^22p^2$ 12.0107(8)	7 N 氮 $2s^22p^3$ 14.00674(7)	8 O 氧 $2s^22p^4$ 15.9994(3)	9 F 氟 $2s^22p^5$ 18.9984032(5)	10 Ne 氖 $2s^22p^6$ 20.1797(6)	L K	8 2
3	11 Na 钠 $3s^1$ 22.989770(2)	12 Mg 镁 $3s^2$ 24.3050(6)											13 Al 铝 $3s^23p^1$ 26.981538(2)	14 Si 硅 $3s^23p^2$ 28.0855(3)	15 P 磷 $3s^23p^3$ 30.973761(2)	16 S 硫 $3s^23p^4$ 32.066(6)	17 Cl 氯 $3s^23p^5$ 35.4527(9)	18 Ar 氩 $3s^23p^6$ 39.948(1)	M L K	8 8 2
4	19 K 钾 $4s^1$ 39.0983(1)	20 Ca 钙 $4s^2$ 40.078(4)	21 Sc 钪 $3d^14s^2$ 44.955910(8)	22 Ti 钛 $3d^24s^2$ 47.867(1)	23 V 钒 $3d^34s^2$ 50.9415(1)	24 Cr 铬 $3d^54s^1$ 51.9961(6)	25 Mn 锰 $3d^54s^2$ 54.938049(9)	26 Fe 铁 $3d^64s^2$ 55.845(2)	27 Co 钴 $3d^74s^2$ 58.933200(9)	28 Ni 镍 $3d^84s^2$ 58.6934(2)	29 Cu 铜 $3d^{10}4s^1$ 63.546(3)	30 Zn 锌 $3d^{10}4s^2$ 65.39(2)	31 Ga 镓 $4s^24p^1$ 69.723(1)	32 Ge 锗 $4s^24p^2$ 72.61(2)	33 As 砷 $4s^24p^3$ 74.92160(2)	34 Se 硒 $4s^24p^4$ 78.96(3)	35 Br 溴 $4s^24p^5$ 79.904(1)	36 Kr 氪 $4s^24p^6$ 83.80(1)	N M L K	8 18 8 2
5	37 Rb 铷 $5s^1$ 85.4678(3)	38 Sr 锶 $5s^2$ 87.62(1)	39 Y 钇 $4d^15s^2$ 88.90585(2)	40 Zr 锆 $4d^25s^2$ 91.224(2)	41 Nb 铌 $4d^45s^1$ 92.90638(2)	42 Mo 钼 $4d^55s^1$ 95.94(1)	43 Tc 锝 $4d^55s^2$	44 Ru 钌 $4d^75s^1$ 101.07(2)	45 Rh 铑 $4d^85s^1$ 102.90550(2)	46 Pd 钯 $4d^{10}$ 106.42(1)	47 Ag 银 $4d^{10}5s^1$ 107.8682(2)	48 Cd 镉 $4d^{10}5s^1$ 112.411(8)	49 In 铟 $5s^25p^1$ 112.411(8)	50 Sn 锡 $5s^25p^2$ 118.710(7)	51 Sb 锑 $5s^25p^3$ 121.760(1)	52 Te 碲 $5s^25p^4$ 127.60(3)	53 I 碘 $5s^25p^5$ 126.90447(3)	54 Xe 氙 $5s^25p^6$ 131.29(2)	O N M L K	8 18 18 8 2
6	55 Cs 铯 $6s^1$ 132.90545(2)	56 Ba 钡 $6s^2$ 137.357(7)	57—71 La—Lu 镧系	72 Hf 铪 $5d^26s^2$ 178.49(2)	73 Ta 钽 $5d^36s^2$ 180.9479(1)	74 W 钨 $5d^46s^2$ 183.84(1)	75 Re 铼 $5d^56s^2$ 186.207(1)	76 Os 锇 $5d^76s^2$ 190.23(3)	77 Ir 铱 $5d^76s^2$ 192.217(3)	78 Pt 铂 $5d^96s^1$ 195.078(2)	79 Au 金 $5d^{10}6s^1$ 196.96655(2)	80 Hg 汞 $5d^{10}6s^2$ 200.59(2)	81 Tl 铊 $6s^26p^1$ 204.38(2)	82 Pb 铅 $6s^26p^2$ 207.2(1)	83 Bi 铋 $6s^26p^3$ 208.98038(2)	84 Po 钋 $6s^26p^4$	85 At 砹 $6s^26p^5$	86 Rn 氡 $6s^26p^6$	P O N M L K	8 18 32 18 8 2
7	87 Fr 钫 $7s^1$	88 Ra 镭 $7s^2$	89—103 Ac—Lr 锕系	104 Rf 𬬻* $(6d^37s^2)$	105 Db 𬭊* $(6d^37s^2)$	106 Sg 𬭳*	107 Bh 𬭛*	108 Hs 𬭶*	109 Mt 鿏*	110 Ds 𫟼*	111 Rg 𬬭*	112 Cn 鿔*	113 Nh 鿭*	114 Fl 𫓧*	115 Mc 镆*	116 Lv 𫟷*	117 Ts 鿬*	118 Og 鿫		

镧系	57 La 镧 $5d^16s^2$ 138.9055(2)	58 Ce 铈 $4f^15d^16s^2$ 140.116(1)	59 Pr 镨 $4f^36s^2$ 140.90765(2)	60 Nd 钕 $4f^46s^2$ 144.24(3)	61 Pm 钷 $4f^56s^2$	62 Sm 钐 $4f^66s^2$ 150.36(3)	63 Eu 铕 $4f^76s^2$ 151.964(1)	64 Gd 钆 $4f^75d^16s^2$ 157.25(3)	65 Tb 铽 $4f^96s^2$ 158.92534(2)	66 Dy 镝 $4f^{10}6s^2$ 162.50(3)	67 Ho 钬 $4f^{11}6s^2$ 164.93032(2)	68 Er 铒 $4f^{12}6s^2$ 167.26(3)	69 Tm 铥 $4f^{13}6s^2$ 168.93421(2)	70 Yb 镱 $4f^{14}6s^2$ 173.04(3)	71 Lu 镥 $4f^{14}5d^16s^2$ 174.967(1)
锕系	89 Ac 锕 $6d^17s^2$	90 Th 钍 $6d^27s^2$ 232.0381(1)	91 Pa 镤 $5f^26d^17s^2$ 231.03588(2)	92 U 铀 $5f^36d^17s^2$ 238.0289(1)	93 Np 镎 $5f^46d^17s^2$	94 Pu 钚 $5f^67s^2$	95 Am 镅* $5f^77s^2$	96 Cm 锔* $5f^76d^17s^2$	97 Bk 锫* $5f^97s^2$	98 Cf 锎* $5f^{10}7s^2$	99 Es 锿* $5f^{11}7s^2$	100 Fm 镄* $5f^{12}7s^2$	101 Md 钔* $(5f^{13}7s^2)$	102 No 锘* $(5f^{14}7s^2)$	103 Lr 铹* $(5f^{14}6d^17s^2)$

原子序数 → 19　元素名称（注*的是人造元素）
元素符号 → K 钾
$4s^1$ ← 外围电子的构型，括号指可能的构型
原子量 → 39.0983

注:

1. 原子量录自1997年国际原子量表，以$^{12}C=12$为基准。原子量末位数的准确度加注在其后括号内。
2. 商品Li的原子量范围为6.94~6.99。

参考文献

北京师范大学、华中师范大学、南京师范大学无机化学教研室，2002. 无机化学（上册）. 4 版. 北京：高等教育出版社.
蔡苹，2016. 化学与社会 [M]. 2 版. 北京：科学出版社.
曹风歧，2005. 大学化学基础 [M]. 北京：高等教育出版社.
曹瑞军，2005. 大学化学 [M]. 北京：高等教育出版社.
曹晓荣，2016. 化学与社会生活——从实验中体验 [M]. 北京：经济科学出版社.
陈虹锦，2002. 无机与分析化学 [M]. 北京：科学出版社.
陈景文，唐亚文，2014. 化学与社会 [M]. 南京：南京大学出版社.
迟玉兰，于永鲜，牟文生，等，2006. 无机化学释疑与习题解析 [M]. 2 版. 北京：高等教育出版社.
崔爱莉，沈光球，寇会忠，等，2008. 现代化学基础 [M]. 2 版. 北京：清华大学出版社.
大连理工大学普通化学教研组，2006. 化学与现代社会 [M]. 大连：大连理工大学出版社.
大连理工大学普通化学教研组，2007. 大学普通化学 [M]. 6 版. 大连：大连理工大学出版社.
大连理工大学无机化学教研室，2001. 无机化学 [M]. 4 版. 北京：高等教育出版社.
邓建成，易清风，易兵，2008. 大学化学基础 [M]. 2 版. 北京：化学工业出版社.
丁廷桢，1998. 化学原理及应用基础（第三册）[M]. 北京：高等教育出版社.
傅献彩，1999. 大学化学（上册）[M]. 北京：高等教育出版社.
傅献彩，1999. 大学化学（下册）[M]. 北京：高等教育出版社.
顾登平，童汝亭，1993. 化学电源 [M]. 北京：高等教育出版社.
呼世斌，黄蔷蕾，2008. 无机及分析化学 [M]. 2 版. 北京：高等教育出版社.
胡忠鲠，2000. 现代化学基础 [M]. 北京：高等教育出版社.
江棂，2006. 工科化学 [M]. 2 版. 北京：化学工业出版社.
金安定，刘淑薇，吴勇，1999. 高等无机化学简明教程 [M]. 南京：南京师范大学出版社.
孔荣贵，等，1998. 化学原理及应用基础（第一册）. 北京：高等教育出版社.
雷家珩，郭丽萍，2009. 新编普通化学 [M]. 北京：科学出版社.
李保山，2003. 基础化学 [M]. 北京：科学出版社.
刘旦初，2000. 化学与人类 [M]. 2 版. 上海：复旦大学出版社.
南京大学《无机及分析化学》编写组，2010. 无机及分析化学 [M]. 4 版. 北京：高等教育出版社.
曲保中，朱炳林，周伟红，2007. 新大学化学 [M]. 2 版. 北京：科学出版社 .
邵景景，赵艳红，秦华，2008. 大学化学 [M]. 北京：化学工业出版社.
邵学俊，董平安，魏益海，2002. 无机化学（上册）[M]. 2 版. 武汉：武汉大学出版社.
邵学俊，董平安，魏益海，2002. 无机化学（下册）[M]. 2 版. 武汉：武汉大学出版社.
申泮文，2002. 近代化学导论 [M]. 北京：高等教育出版社.
沈光球，陶家洵，徐功骅，1999. 现代化学基础 [M]. 北京：清华大学出版社.
施宪法，1999. 化学原理及应用基础（第四册）[M]. 北京：高等教育出版社.
唐有祺，王夔，1997. 化学与社会 [M]. 北京：高等教育出版社 .
王风云，夏明珠，雷武，2009. 现代大学化学 [M]. 北京：化学工业出版社.
王志林，黄孟健，2002. 无机化学学习指导 [M]. 北京：科学出版社.
魏祖期，2008. 基础化学 [M]. 7 版. 北京：人民卫生出版社.
吴旦，2002. 化学与现代社会 [M]. 北京：科学出版社.
武汉大学《无机及分析化学》编写组，2008. 无机及分析化学 [M]. 3 版. 武汉：武汉大学出版社.

西南石油大学化学教研室，2007. 大学化学教程［M］. 北京：石油工业出版社.
谢克难，2006. 大学化学教程［M］. 北京：科学出版社.
邢其毅，徐瑞秋，周政，等，1993. 基础有机化学（上册）［M］. 2版. 北京：高等教育出版社.
邢其毅，徐瑞秋，周政，等，1994. 基础有机化学（下册）［M］. 2版. 北京：高等教育出版社.
徐崇泉，强亮生，2003. 工科大学化学［M］. 北京：高等教育出版社.
徐春祥，2007. 基础化学［M］. 北京：人民卫生出版社.
徐瑛，周宇帆，刘鹏，2007. 工科化学概论［M］. 北京：化学工业出版社.
杨秋华，曲建强，2009. 大学化学［M］. 3版. 天津：天津大学出版社.
杨晓达，2008. 大学基础化学［M］. 北京：北京大学出版社.
姚秉华，2009. 新编工科化学［M］. 北京：科学出版社.
易洪潮，2007. 无机及分析化学［M］. 北京：石油工业出版社.
张炜，2008. 大学化学［M］. 北京：化学工业出版社.
浙江大学，2003. 无机及分析化学［M］. 北京：高等教育出版社.
浙江大学普通化学教研组，2002. 普通化学［M］. 5版. 北京：高等教育出版社.
周公度，2009. 结构和物性——化学原理的应用［M］. 3版. 北京：高等教育出版社.
周享春，2017. 无机及分析化学［M］. 北京：北京大学出版社.
朱传征，高剑南，1998. 现代化学基础［M］. 上海：华东师范大学出版社.
朱裕贞，顾达，黑恩成，1998a. 现代基础化学（上册）［M］. 北京：化学工业出版社.
朱裕贞，顾达，黑恩成，1998b. 现代基础化学（下册）［M］. 北京：化学工业出版社.
Hill J W，Petrucci R H，1999. General Chemistry［M］. 2nd ed. New Jersey：Prentice Hall.
Oxtoby D W，Gillis H P，Nachtrieb N H，1999. Principles of Modern Chemistry［M］. 4th ed. New York：Saunders College Publishing.
Shriver D F，Atkins P W，Langford C H，1990. Inorganic Chemistry［M］. New York：Freeman and Company.